电子信息科学与工程类专业系列教材

信号与系统分析

吉建华　贾月辉　孙林娟　侯景忠　主编

滕建辅　贾志成　主审

电子工业出版社

Publishing House of Electronics Industry

北京·BEIJING

内 容 简 介

本书系统介绍信号与系统的基本概念、基本理论和基本分析方法。全书共分 3 篇、13 章：上篇（第 1 章~第 6 章）为信号分析的基本理论和方法，主要包括信号的定义、分类、基本运算、卷积积分、傅里叶级数、傅里叶变换、拉普拉斯变换、卷积和、z 变换；中篇（第 7 章~第 12 章）为系统分析的基本理论和方法，主要阐述系统的定义、描述、分类、LTI 系统的时域与变换域（频域、复频域和 z 域）分析、LTI 系统的信号流图和系统结构、状态变量分析法等；下篇（第 13 章）为实践部分，主要以 MATLAB 语言和 Python 语言为基础设计 41 个实验，以期增加读者对理论知识的感性认识。本书以"化繁为简、变抽象为具体，践以求知、学以致用"为编写原则，坚持教材的编写符合认识的一般规律、符合学生的学习规律，努力做到"内容准确、强调基础，例题典型、思路多样，深入浅出、通俗易懂"，在突出理论的同时，强调实践的地位和作用，追求理论和实践的完美结合。

本书既可作为高校电子电气类专业本科生和研究生学习信号与系统的教材和参考书，也可供从事信息技术的广大工程技术人员参考。

图书在版编目（CIP）数据

信号与系统分析/吉建华等主编. —北京：电子工业出版社，2017.1

电子信息科学与工程类专业规划教材

ISBN 978-7-121-30294-7

Ⅰ. ①信…　Ⅱ. ①吉…　Ⅲ. ①信号分析－高等学校－教材②信号系统－系统分析－高等学校－教材

Ⅳ. ①TN911.6

中国版本图书馆 CIP 数据核字（2016）第 269593 号

策划编辑：赵玉山

责任编辑：赵玉山　　特约编辑：邹小丽

印　　刷：大厂聚鑫印刷有限责任公司

装　　订：大厂聚鑫印刷有限责任公司

出版发行：电子工业出版社

　　　　　北京市海淀区万寿路 173 信箱　邮编　100036

开　　本：787×1 092　1/16　印张：25　字数：720 千字

版　　次：2017 年 1 月第 1 版

印　　次：2022 年 1 月第 5 次印刷

定　　价：49.90 元

凡所购买电子工业出版社图书有缺损问题，请向购买书店调换。若书店售缺，请与本社发行部联系，联系及邮购电话：（010）88254888，88258888。

质量投诉请发邮件至 zlts@phei.com.cn，盗版侵权举报请发邮件至 dbqq@phei.com.cn。

本书咨询联系方式：（010）88254556，zhaoys@phei.com.cn。

前　　言

随着电子信息技术的迅速发展和计算机的广泛应用，信号分析与处理的基本理论已成为科学工作者和工程技术人员不可或缺的必备知识。"信号与系统"课程主要介绍信号和系统分析的基本理论和方法，是高等学校通信工程、电子信息工程、电子科学与技术、自动化、电子仪器、电气工程等电子类、电气类专业一门重要的学科基础课程，对相关专业学生的知识、能力和综合素质的培养具有举足轻重的地位和作用。

本书系统介绍信号与系统的基本概念、基本理论和基本分析方法。全书共分 3 篇、13 章，其中上篇（第 1 章～第 6 章）为信号分析的基本理论和方法，中篇（第 7 章～第 12 章）为系统分析的基本理论和方法，下篇（第 13 章）为实践部分。具体内容为：第 1 章简要介绍信号的定义和分类；第 2 章阐述连续时间信号的基本运算和几种典型的连续时间信号以及卷积积分；第 3 章详细讨论周期信号的傅里叶级数、非周期信号的傅里叶变换和周期信号的傅里叶变换；第 4 章重点介绍拉普拉斯变换；第 5 章阐述离散时间信号的基本运算和几种典型的离散时间信号以及卷积和；第 6 章着重阐述离散时间信号的 z 变换；第 7 章简要介绍系统的定义、描述和分类；第 8 章讲述 LTI 连续时间系统的时域解法，并着重讨论冲激响应、阶跃响应、初始状态与初始值的关系及卷积在 LTI 连续时间系统时域分析中的作用；第 9 章详细阐述 LTI 连续时间系统的频域和复频域分析、连续时间信号的取样与恢复、LTI 连续时间系统的系统特性、信号流图和系统结构等；第 10 章讲述 LTI 离散时间系统的时域解法并介绍单位序列响应和阶跃响应；第 11 章详细讨论 LTI 离散时间系统的 z 域分析、系统特性、信号流图和系统结构；第 12 章介绍状态变量分析法的基本概念；第 13 章以 MATLAB 语言和 Python 语言为基础设计 41 个实验，每个实验均提供源代码和实验效果图。

在本书的编写过程中，我们以"化繁为简、变抽象为具体，践以求知、学以致用"为编写原则，坚持教材的编写符合认识的一般规律、符合学生的学习规律，努力做到"内容准确、强调基础，例题典型、思路多样，深入浅出、通俗易懂"，在突出理论的同时，强调实践的地位和作用，追求理论和实践的完美结合。总体上来说，本书具有以下几个特点：

1. 内容丰富、结构合理。从内容上看，本书几乎涵盖信号与线性系统分析的绝大部分理论和实验内容：连续时间信号和离散时间信号分析（含时域和变换域）、LTI 连续时间系统和离散时间系统的输入输出分析（含时域和变换域）、LTI 连续时间系统和离散时间系统的状态变量分析，以及信号与系统的相关实验内容。从结构上看，本书采用"先信号后系统、先连续后离散、先外部法后内部法、先理论后实践"的布局，方便教师选择讲授内容，符合学生学习的基本规律。

2. 深入浅出、通俗易懂。本书力图用最通俗易懂的语言深入浅出地讲解复杂抽象的理论，合理优化所涉及的证明方法和过程，并且简要阐述涉及的所有先习知识，从而确保不同基础的读者能够顺利学习本课程。同时，作者对重要知识点均从不同角度进行阐述，以帮助读者更好地理解本课程的内容，提高学习效果。

3. 题目典型、思路多样。本书强调用例题释疑、用练习巩固、用习题提高。同时，为拓展读者思维，着力用不同的思路求解同一题目。除实验部分外，本书提供各类题目共计 448 题（例题 205 题、练习 96 题、习题 147 题），所有题目的设置均强调针对性和层次性，以有助于读者对知识点的理解。

4. 优化实验、学以致用。为了使读者的学习符合"实践、认识，再实践、再认识"这一认识的一般规律，本书以例题的方式提供了 41 个典型实验。读者通过进行合理且适量的实验一定能够对复杂的理论有一个更加深入的认识，一定能够使抽象的理论感性化，让一般的原理具体化，从而达到"践以求知、学以致用"之目的。另外，所有实验均以 MATLAB 语言和 Python 语言设计，使读者在虚拟环境下既可完成实验环节，又可掌握常用信号处理软件的使用方法。

5. 资源丰富、易于使用。为方便读者学习和教师授课，本书配套提供各类电子资源，主要包括所有练习题和习题的详细解答、全套 PPT 格式的电子课件及全部实验的实验代码等。

全书由吉建华制定编写大纲并统稿。第 2、3、4、6、8、9、11 章由吉建华编写，第 1、5、12 章由贾月辉编写，第 7、10 章由侯景忠编写，第 13 章由孙林娟编写。本书承蒙天津大学滕建辅教授和河北工业大学贾志成教授担任主审并给予许多指导和建议，编者对此深表谢意。

本书在编写过程中得到天津大学祖光裕副教授的大力支持和帮助，唐磊磊和尹博然对部分章节进行了校对，在此一并表示衷心的感谢。

本书既可作为高校电子电气类专业本科生和研究生学习信号与系统的教材和参考书，也可供从事信息技术的广大工程技术人员参考。

由于作者水平有限，书中错误和疏漏之处在所难免，恳请广大读者批评指正。

作者

2016 年 9 月

目　录

上篇

信号分析

　　信号是信息的载体，信息通过信号而得以应用。21 世纪是信息世纪，大量的信息需要获取、处理、传输、应用和存储。因此，对信号进行多角度分析，得到或突出其某些重要特征，进而更好地对其进行理解和应用是信息化社会的必然要求。

　　本篇主要介绍信号的定义、分类、基本运算和卷积，重点对连续信号和离散信号进行了时域和变换域分析，并对在信号分析中占据重要地位的冲激信号和单位序列做了详细介绍。

第1章 信 号

【内容提要】

本章主要介绍信号的定义及常见的分类方法，重点对连续时间信号与离散时间信号、周期信号与非周期信号、能量信号与功率信号做了较为详尽的说明。通过对本章内容的学习，读者应对信号的基本概念有一个较为清晰的认识，为后续内容的学习奠定基础。

【重点难点】

★ 连续时间信号与离散时间信号

★ 周期信号与非周期信号

★ 能量信号与功率信号

1.1 信号的定义

信号与系统这门课程要解决的问题包括两个方面：信号分析和系统分析，这两方面的内容将分别在本书的上篇和中篇进行介绍。

为帮助读者更深刻地理解信号的概念，在介绍信号的定义之前，先介绍两个与之相似的概念：消息和信息。

人们常把来自外界的各种报道统称为消息，而把消息中有意义的内容称为信息。比如：你和朋友白天在户外，朋友告诉你："现在是白天"，这句话是一条消息而不是信息，因为这句话所表述的内容是你预先所知道的，即对于你（受信者）来说不是新知识。但如果你的朋友告诉你："明天要下雨"，则这句话既属于消息又属于信息，因为这句话带给了你一些你所不知道的新内容。由于消息和信息具有相对性，比如"明天要下雨"这句话对于已经看过天气预报的人来说，就只能是消息而不是信息；反之，则既是消息又是信息。本课程对"信息"和"消息"两个概念不加严格区分，下面给出信号的定义。

信号是信息的表示方式，是信息的载体，信息需要通过信号得以传递。

其实，我们对信号并不陌生。比如：上课铃声——声音信号，该信号传递的信息是该上课了；十字路口的交通信号灯——光信号，该信号传递的信息用于指挥交通；电视机接收的画面——电信号，该信号传递电视节目的内容。除此之外，还有广告牌上的文字、温度计测得的温度、压力传感器测得的压力等，均属于信号的范畴。

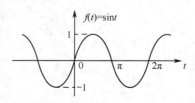

图 1.1-1 正弦信号的图形表示
（波形）

描述信号的常用方法主要有两种，一种是将信号表示为一个或多个独立变量的函数，如：$f(t) = \sin t$，正因如此，在本书中，"信号"与"函数"两词常相互通用，二者可看作同一个概念；另一种是将信号表示为波形，如可将上述正弦信号表示为图 1.1-1 所示的时域波形。

为了有效地表示、传播和利用信息，常常需要将信息转换成便于传输和处理的信号表达形式，而这恰恰就是本课程的研究内容之一——信号分析。

1.2 信号的分类

信号按其物理属性可分为电信号和非电信号（声音信号、光信号、压力信号等），通过传感器可以实现电信号和非电信号的相互转换。人们对电信号的研究有着悠久的历史，随着大规模、超大规模集成电路的快速发展，尤其是数字信号处理理论和技术的快速发展，人们对电信号的控制和处理变得更加得心应手，本课程主要讨论电信号。

电信号的基本表现形式有两种：一是将信号表示成随时间变化的电压，二是将信号表示成随时间变化的电流。

根据不同的分类标准，电信号可以分为不同的种类：连续时间信号和离散时间信号、周期信号和非周期信号、能量信号和功率信号、确定信号和随机信号、一维信号和多维信号、因果信号和非因果信号等，下面分别加以介绍。

1.2.1 连续时间信号和离散时间信号

根据定义域是否连续，信号可分为连续时间信号和离散时间信号。

1. 连续时间信号

在连续的时间范围内有定义的信号称为连续时间信号，简称连续信号。这里的"连续"是指信号的定义域（时间）是连续的，但可含间断点，至于值域可连续也可不连续。如果连续信号的值域也是连续的，则称之为模拟信号。在实际应用中，连续信号和模拟信号常相互通用。连续信号举例如图 1.2-1 所示。

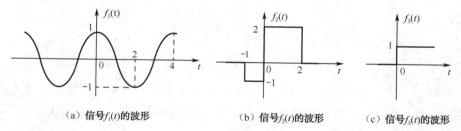

(a) 信号 $f_1(t)$ 的波形　　(b) 信号 $f_2(t)$ 的波形　　(c) 信号 $f_3(t)$ 的波形

图 1.2-1　连续信号举例

图 1.2-1（a）中信号的表达式为：

$$f_1(t) = \cos\left(\frac{\pi}{2}t\right), \quad -\infty < t < \infty$$

其定义域为 $(-\infty, \infty)$，显然信号 $f_1(t)$ 的定义域连续，故其为连续信号。

图 1.2-1（b）中信号的表达式为：

$$f_2(t) = \begin{cases} 0, & t < -1 \\ -1, & -1 < t < 0 \\ 2, & 0 < t < 2 \\ 0, & t > 2 \end{cases}$$

其定义域为 $(-\infty, \infty)$，且在 $t = -1$、$t = 0$ 和 $t = 2$ 处有间断点。一般不可定义间断点处的函数值，但为了使函数定义更加完整，规定：若函数 $f(t)$ 在 $t = t_0$ 处有间断点，则在该点的函数值等于其左极限 $f(t_{0-})$ 与右极限 $f(t_{0+})$ 之和的一半，即：

$$f(t_0) = \frac{1}{2}[f(t_{0-}) + f(t_{0+})] \qquad (1.2\text{-}1)$$

这样，信号 $f_2(t)$ 的表达式可改写为：

$$f_2(t) = \begin{cases} 0, & t < -1 \\ -\dfrac{1}{2}, & t = -1 \\ -1, & -1 < t < 0 \\ \dfrac{1}{2}, & t = 0 \\ 2, & 0 < t < 2 \\ 1, & t = 2 \\ 0, & t > 2 \end{cases}$$

由此可知，信号 $f_2(t)$ 在定义域 $(-\infty, \infty)$ 中均有确定的函数值，即其定义域连续，故为连续信号。

图 1.2-1（c）中信号的表达式为：

$$f_3(t) = \begin{cases} 0, & t < 0 \\ 1, & t > 0 \end{cases}$$

其定义域为 $(-\infty, \infty)$，且在 $t = 0$ 处有间断点。

根据间断点函数值的定义方法，可得：

$$f_3(0) = \frac{1}{2}(0+1) = \frac{1}{2}$$

故其表达式可改写为：

$$f_3(t) = \begin{cases} 0, & t < 0 \\ \dfrac{1}{2}, & t = 0 \\ 1, & t > 0 \end{cases}$$

由此可知，信号 $f_3(t)$ 在定义域 $(-\infty, \infty)$ 中均有确定的函数值，即其定义域连续，故为连续信号。

实际上，信号 $f_3(t)$ 是一个重要的特殊信号，称为单位阶跃信号，记为 $u(t)$，在后续章节中将对其加以详细介绍。

2. 离散时间信号

仅在一些离散的瞬间才有定义的信号称为离散时间信号，简称离散信号。这里的"离散"是指信号的定义域（时间）是离散的，它只在某些规定的离散瞬间有函数值，其余时间无定义，至于值域可连续也可不连续。如果离散信号的值域也是离散的，则称之为数字信号。实际上，通过对值域连续的离散信号进行量化可以得到数字信号。在实际应用中，离散信号和数字信号常不予区分。

离散信号中相邻离散点的时间间隔为：$T_n = t_{n+1} - t_n$，时间间隔可以相等也可不等，若取等间隔 T，则离散信号可表示为 $f(nT)$，简写为 $f(n)$。这种等间隔的离散信号也常称为序列，其中 n 称为序号。

序列 $f(n)$ 的数学表达式可以写成闭合函数的形式，也可逐个列出 $f(n)$ 的值。通常将对应某序号 m 的序列值称为第 m 个样点的"样值"。离散信号举例如图 1.2-2 所示。

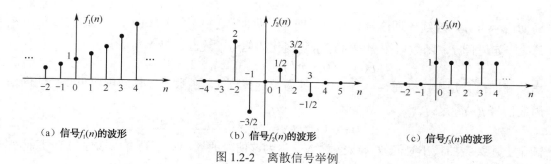

(a) 信号$f_1(n)$的波形　　　　(b) 信号$f_2(n)$的波形　　　　(c) 信号$f_3(n)$的波形

图 1.2-2　离散信号举例

图 1.2-2（a）中信号的表达式为：

$$f_1(n) = e^{\alpha n}, \alpha > 0 \text{ 为常数}, n \in Z$$

显然，该信号只在定义域中的整数点处有定义，因此其定义域离散，所以，信号 $f_1(n)$ 为离散信号。

图 1.2-2（b）中信号的表达式为：

$$f_2(n) = \begin{cases} 0, & n < -2 \\ 2, & n = -2 \\ -\dfrac{3}{2}, & n = -1 \\ 0, & n = 0 \\ \dfrac{1}{2}, & n = 1 \\ \dfrac{3}{2}, & n = 2 \\ -\dfrac{1}{2}, & n = 3 \\ 0, & n > 3 \end{cases}$$

也可以简写为：

$$f_2(n) = \left\{ \cdots, 0, 2, -\frac{3}{2}, \underset{\underset{n=0}{\uparrow}}{0}, \frac{1}{2}, \frac{3}{2}, -\frac{1}{2}, 0, \cdots \right\}$$

其中，箭头表示 $n=0$ 时的信号幅值，即 $f_2(0) = 0$。左右两边依次是 n 取负整数和正整数时对应的信号幅值。显然信号 $f_2(n)$ 的定义域和值域均离散，故为离散信号。

图 1.2-2（c）中信号的表达式为：

$$f_3(n) = \begin{cases} 0, & n < 0 \\ 1, & n \geqslant 0 \end{cases}$$

显然，其定义域和值域均离散，故为离散信号。实际上，信号 $f_3(n)$ 是一个重要的特殊信号，称为单位阶跃序列，记为 $u(n)$，在后续章节中将对其加以详细介绍。

需要强调的是，用来判断信号是连续信号还是离散信号的依据是信号的定义域是否连续，定义域连续（可含有间断点）则为连续信号，否则为离散信号。因此，在判断一个信号是连续信号还是离散信号时，无需考虑其值域的连续性。

1.2.2　周期信号和非周期信号

周期信号是指定义在 $(-\infty, \infty)$ 上，每隔一定间隔，函数值按相同规律重复变化的信号。由定义可以看出，周期信号的定义域一定是 $(-\infty, \infty)$，且函数值按照一定的间隔重复呈现，即周期信号的特点是周而复始且无始无终。

周期信号可分为连续周期信号和离散周期信号两种。其中，连续周期信号是指定义在 $(-\infty, \infty)$ 上，每隔一定时间 T，函数值按相同规律重复变化的信号，连续周期信号 $f(t)$ 满足：

$$f(t) = f(t + mT), \quad m = 0, \pm 1, \pm 2, \pm 3, \cdots \tag{1.2-2}$$

离散周期信号是指定义在 $(-\infty, \infty)$ 上，每隔一定整数 N，函数值按相同规律重复变化的信号，离散周期信号 $f(n)$ 满足：

$$f(n) = f(n + mN), \quad m = 0, \pm 1, \pm 2, \pm 3, \cdots \tag{1.2-3}$$

满足上述关系的最小时间 T（或整数 N）称为该信号的周期，不具有周期性的信号称为非周期信号。

需要强调的是，对于连续周期信号的周期 T 只要求其是最小的常数即可，没有其他限制。但对于离散周期信号的周期 N，除了要求是最小的常数之外，还要求其一定是整数。

例 1.2-1 判断正弦序列 $f(n) = \sin(\omega_0 n)$ 是否为周期信号，若是，确定其周期，式中 ω_0 为序列的数字角频率。

解：题目所给信号为离散信号，故需要注意其周期 N 为整数。

由题意知信号 $f(n)$ 的数字角频率为 ω_0，下面分析 $\dfrac{2\pi}{\omega_0}$。

1）当 $\dfrac{2\pi}{\omega_0}$ 为整数时，根据角频率和周期的关系可知信号 $f(n)$ 为周期信号，其周期为 $N = \dfrac{2\pi}{\omega_0}$；

2）当 $\dfrac{2\pi}{\omega_0}$ 为有理分数时，设 M 为整数，有：

$$f(n) = \sin(\omega_0 n) = \sin(\omega_0 n + 2\pi mM) = \sin\left[\omega_0\left(n + mM\frac{2\pi}{\omega_0}\right)\right] = \sin[\omega_0(n + mN)], \quad m = 0, \pm 1, \pm 2, \cdots$$

由此可见，当 $\dfrac{2\pi}{\omega_0}$ 为有理分数时，必然存在一个最小的整数 M，使得 $N = M\dfrac{2\pi}{\omega_0}$ 为整数，则信号 $f(n)$ 仍为周期信号，其周期为 $N = M\dfrac{2\pi}{\omega_0}$；

3）当 $\dfrac{2\pi}{\omega_0}$ 为无理数时，不存在一个整数 M，使得 $M\dfrac{2\pi}{\omega_0}$ 为整数，故信号 $f(n)$ 为非周期信号。

例 1.2-2 判断下列信号是否为周期信号，若是，确定其周期。

1）$f_1(t) = \sin(t) + \cos(5t)$ 2）$f_2(t) = \cos(3t) + \sin(2\pi t)$

3）$f_3(n) = \sin\left(\dfrac{\pi n}{3}\right) + \cos\left(\dfrac{\pi n}{2}\right)$ 4）$f_4(n) = \sin(3n)$

解：假设两个周期信号 $x(\cdot)$ 和 $y(\cdot)$［符号"·"表示信号的自变量为 t 或 n］的周期分别为 T_1（N_1）和 T_2（N_2），若其周期之比为有理数，则其和信号 $x(\cdot) + y(\cdot)$ 仍为周期信号，其周期为 T_1（N_1）和 T_2（N_2）的最小公倍数。

1）$\sin(t)$ 是周期信号，其角频率和周期分别为 $\omega_1 = 1\text{(rad/s)}$，$T_1 = \dfrac{2\pi}{\omega_1} = 2\pi\text{(s)}$，$\cos(5t)$ 是周期信号，其角频率和周期分别为 $\omega_2 = 5\text{(rad/s)}$，$T_2 = \dfrac{2\pi}{\omega_2} = \dfrac{2\pi}{5}\text{(s)}$。由于 $\dfrac{T_1}{T_2} = 5$ 为有理数，故 $f_1(t)$ 为周期信号，其周期为 T_1 和 T_2 的最小公倍数 2π。

2）$\cos(3t)$ 是周期信号，其角频率和周期分别为 $\omega_1 = 3\text{(rad/s)}$，$T_1 = \dfrac{2\pi}{\omega_1} = \dfrac{2\pi}{3}\text{(s)}$，$\sin(2\pi t)$ 是周

期信号，其角频率和周期分别为 $\omega_2 = 2\pi(\text{rad/s})$，$T_2 = \dfrac{2\pi}{\omega_2} = 1(\text{s})$。由于 $\dfrac{T_1}{T_2} = \dfrac{2\pi}{3}$ 为无理数，故 $f_2(t)$ 为非周期信号。

3）$\sin\left(\dfrac{\pi n}{3}\right)$ 是周期信号，其数字角频率和周期分别为 $\omega_1 = \dfrac{\pi}{3}(\text{rad})$，$N_1 = \dfrac{2\pi}{\omega_1} = 6$，$\cos\left(\dfrac{\pi n}{2}\right)$ 是周期信号，其角频率和周期分别为 $\omega_2 = \dfrac{\pi}{2}(\text{rad})$，$N_2 = \dfrac{2\pi}{\omega_2} = 4$。由于 $\dfrac{N_1}{N_2} = \dfrac{3}{2}$ 为有理数，故 $f_3(n)$ 为周期信号，其周期为 N_1 和 N_2 的最小公倍数 12。

4）$\sin(3n)$ 的数字角频率 $\omega_1 = 3(\text{rad})$，故 $\dfrac{2\pi}{\omega_1}$ 为无理数，因此，$f_4(n)$ 为非周期序列。

由例 1.2-2 可得如下结论：

① 由于离散周期信号的周期 N 一定为整数，而连续周期信号的周期 T 无此要求，故连续正弦信号一定是周期信号，而正弦序列不一定是周期序列，如信号 $f_4(n) = \sin(3n)$ 即为非周期序列。

② 连续周期信号之和不一定是周期信号，而周期序列之和一定是周期序列。由于连续周期信号的周期 T 可以为任意常数，故周期可以为有理数或无理数。若 T_1 为无理数、T_2 为有理数，则其周期之比一定为无理数，此时，两连续周期信号之和不是周期信号，如信号 $f_2(t) = \cos(3t) + \sin(2\pi t)$ 即为非周期信号；而离散周期信号的周期一定为整数，则其周期之比一定为有理数，故两周期序列之和一定是周期序列，如信号 $f_3(n) = \sin\left(\dfrac{\pi n}{3}\right) + \cos\left(\dfrac{\pi n}{2}\right)$ 为周期序列。

1.2.3　能量信号和功率信号

将信号（电压或电流）施加于 1Ω 电阻上所产生的能量或功率称为归一化能量或功率，这一定义常被用来分析信号的能量和功率。

若定义在区间 $(-\infty, \infty)$ 上信号的能量 E 有界，即信号的能量为一个有限值 $(0 < E < \infty)$，则这样的信号称为能量有限信号，简称能量信号。若定义在区间 $(-\infty, \infty)$ 上信号的平均功率 P 有界，即信号的平均功率为一个有限值 $(0 < P < \infty)$，则这样的信号称为功率有限信号，简称功率信号。

能量信号和功率信号也有连续和离散之分。对于连续信号 $f(t)$，其能量的定义为：

$$E \stackrel{\text{def}}{=} \lim_{T \to \infty} \int_{-T}^{T} |f(t)|^2 \mathrm{d}t \tag{1.2-4}$$

平均功率的定义为：

$$P \stackrel{\text{def}}{=} \lim_{T \to \infty} \frac{1}{2T} \int_{-T}^{T} |f(t)|^2 \mathrm{d}t \tag{1.2-5}$$

根据能量信号的定义，由于能量信号的能量为有限值，故式（1.2-5）中分子部分（信号的能量）为有限值，而分母部分为无穷大，故连续时间能量信号的平均功率一定为零。

根据功率信号的定义，由于式（1.2-5）中分母部分为无穷大，而信号的平均功率为有限值，故分子部分（信号的能量）一定为无穷大，所以，连续时间功率信号的能量一定为无穷大。

对于离散信号 $f(n)$，其能量的定义为：

$$E \stackrel{\text{def}}{=} \lim_{N \to \infty} \sum_{n=-N}^{N} |f(n)|^2 \tag{1.2-6}$$

平均功率的定义为：

$$P \stackrel{\text{def}}{=} \lim_{N \to \infty} \frac{1}{2N+1} \sum_{n=-N}^{N} |f(n)|^2 \tag{1.2-7}$$

与连续信号类似，离散时间能量信号的平均功率一定为零，离散时间功率信号的能量一定为无穷大。

例 1.2-3 判断下列信号是能量信号还是功率信号？

1）$f_1(t) = e^{-\alpha t}$，$t > 0, \alpha > 0$ 2）$f_2(t) = 1$ 3）$f_3(t) = e^{-t}$

4）$f_4(n) = 1$，$n \geq 0$ 5）$f_5(n) = \left(\dfrac{1}{2}\right)^n$，$0 \leq n \leq 10$

解：根据能量信号和功率信号的定义进行判断。

1）$E = \lim\limits_{T \to \infty} \int_{-T}^{T} |f_1(t)|^2 dt = \int_{-\infty}^{0} 0 dt + \int_{0}^{\infty} e^{-2\alpha t} dt = -\dfrac{1}{2\alpha} e^{-2\alpha t} \Big|_0^{\infty} = \dfrac{1}{2\alpha} \in (0, \infty)$，$P = 0$

因能量有限，故信号 $f_1(t) = e^{-\alpha t}$，$t > 0, \alpha > 0$ 为能量信号

2）$E = \lim\limits_{T \to \infty} \int_{-T}^{T} |f_2(t)|^2 dt = \int_{-\infty}^{\infty} 1 dt = \infty$，$P = \lim\limits_{T \to \infty} \dfrac{1}{2T} E = 1$

因功率有限，故信号 $f_2(t) = 1$ 为功率信号。

3）$E = \lim\limits_{T \to \infty} \int_{-T}^{T} |f_3(t)|^2 dt = \int_{-\infty}^{\infty} e^{-2t} dt = -\dfrac{1}{2} e^{-2t} \Big|_{-\infty}^{\infty} = \infty$，$P = \lim\limits_{T \to \infty} \dfrac{1}{2T} E = \infty$

因能量和功率均无限，故信号 $f_3(t) = e^{-t}$ 既非能量信号又非功率信号。

4）$E = \lim\limits_{N \to \infty} \sum\limits_{n=-N}^{N} |f_4(n)|^2 = \lim\limits_{N \to \infty} \sum\limits_{n=0}^{N} 1 = \infty$，$P = \lim\limits_{N \to \infty} \dfrac{1}{2N+1} \sum\limits_{n=-N}^{N} |f_4(n)|^2 = \lim\limits_{N \to \infty} \dfrac{N+1}{2N+1} = \dfrac{1}{2}$

因功率有限，故信号 $f_4(n) = 1$，$n \geq 0$ 为功率信号。

5）$E = \lim\limits_{N \to \infty} \sum\limits_{n=-N}^{N} |f_5(n)|^2 = \dfrac{1 - \left(\dfrac{1}{4}\right)^{11}}{1 - \dfrac{1}{4}} \approx \dfrac{4}{3}$，$P = \lim\limits_{N \to \infty} \dfrac{1}{2N+1} \sum\limits_{n=-N}^{N} |f_5(n)|^2 = 0$

因能量有限，故信号 $f_5(n) = \left(\dfrac{1}{2}\right)^n$，$0 \leq n \leq 10$ 为能量信号。

根据能量信号和功率信号的定义，可得如下结论：

① 仅在有限时间区间具有有限幅值的信号一定是能量信号，这些信号的平均功率为 0，所以只能从能量角度去考察。由于此类信号在有限时间区间内有定义，因此积分（求和）的上下限均为有限值，同时其幅值也为有限值，根据式（1.2-4）和式（1.2-6）可知其能量一定有界，故一定为能量信号，如 $f_5(n) = \left(\dfrac{1}{2}\right)^n$，$0 \leq n \leq 10$。

② 直流信号、阶跃信号等都是功率信号，不含第二类间断点的周期信号也是功率信号，其能量无限，只能从功率的角度去考察，如 $f_2(t) = 1$ 和 $f_4(n) = 1$，$n \geq 0$。

③ 一个信号不可能既是能量信号又是功率信号。

④ 少数信号既不是能量信号，也不是功率信号，如 $f_3(t) = e^{-t}$。

1.2.4 信号的其他分类

1. 确定信号和随机信号

根据是否有确定的函数表达式，信号可分为确定信号和随机信号。

所谓确定信号是指信号可以表示为一个或几个自变量的确定函数，确定信号也称为规则信号。对于确定信号，当给定某一时刻值时，这种信号有确定的函数值，如对于正弦信号 $f(t) = \sin t$ 而

言，当自变量 t 取确定值时，函数有确定的函数值。

所谓随机信号是指信号没有确定的函数表达式，或者说在发生以前无法确切地知道它的波形，而只能预测该信号对某一数值的概率分布，随机信号也称为不确定信号。电子系统中的起伏热噪声、雷电干扰信号就是两种典型的随机信号。

实际上，在通信系统中，收信方（信宿）在收到所传送的消息前，对发信方（信源）所发出的消息总是不可能完全知道的，否则通信就没有意义了。所以，严格来说，在实践中遇到的信号一般都是随机信号。但是，确定信号分析是随机信号分析的基础，本课程只讨论确定信号。

2．一维信号和多维信号

所谓一维信号是指可以表示为一个变量的函数的信号，所谓多维信号是指可以表示为两个或两个以上变量的函数的信号。由此可以看出，区分一维信号和多维信号的关键就在于信号自变量的个数。

语音信号可表示为声压随时间变化的函数，这是一维信号。而一张黑白图像的每个点（像素）具有不同的光强度，任一点又是二维平面坐标中两个变量的函数，这是二维信号。序列图像可以看成是三维信号的例子。

本课程只研究一维信号，且自变量多为时间 t 或 n。

3．因果信号和反因果信号

所谓因果信号是指当 $t/n<0$ 时，$f(\cdot)=0$ 的信号；所谓反因果信号是指当 $t/n\geqslant0$ 时，$f(\cdot)=0$ 的信号。最常见的因果信号就是阶跃信号和阶跃序列，其波形分别如图 1.2-1（c）和 1.2-2（c）所示。

练习题

1.2-1　判断题图 1.2-1 所示各信号是连续信号还是离散信号。

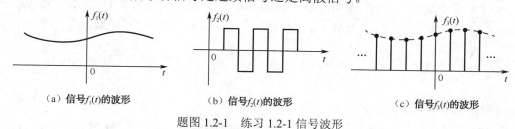

（a）信号 $f_1(t)$ 的波形　　　（b）信号 $f_2(t)$ 的波形　　　（c）信号 $f_3(t)$ 的波形

题图 1.2-1　练习 1.2-1 信号波形

1.2-2　判断下列信号属于周期信号还是非周期信号，如果是周期信号，计算其周期。

1）$f_1(t) = a\sin(3t) - b\sin(\pi t)$

2）$f_2(t) = a\cos\left(\dfrac{t}{7}\right) + b\sin\left(\dfrac{5}{2}t\right) + c\sin\left(\dfrac{6t}{5}\right)$

3）$f_3(n) = a\sin(3n) + b\cos(5n)$

4）$f_4(n) = a\sin\left(\dfrac{8}{5}\pi n\right)$

1.2-3　判断下列信号是能量信号还是功率信号，并计算其能量或平均功率。

1）$f_1(t) = \begin{cases} 3\sin(10\pi t), & t<0 \\ 0, & t\geqslant0 \end{cases}$　　2）$f_2(t) = 5\sin(2\pi t) + 10\cos(3\pi t)$　　3）$f_3(t) = \begin{cases} 4\mathrm{e}^{-4t}, & t\geqslant0 \\ 0, & t<0 \end{cases}$

1.3　本章小结

本章首先介绍了消息、信息和信号的联系与区别，并给出了信号的定义。之后介绍了信号的分类，其中连续信号和离散信号、周期信号和非周期信号、能量信号和功率信号需要读者详细阅读并深入理解，其余分类只作为相关知识的拓展，不作深入要求。

具体来讲，本章主要介绍了：

① 信号的定义。读者应了解信号是信息传递的载体，信号有多种表现形式。

② 连续信号和离散信号。重点是理解连续信号和离散信号的判定原则：信号的定义域是否连续（可含有间断点）。

③ 周期信号和非周期信号。读者要能够理解周期信号的无限延伸性，并注意离散周期信号的周期一定是整数这一区别于连续周期信号周期的关键点。

④ 能量信号和功率信号。读者要深入理解两类信号的定义，能够对二者加以熟练地判定并计算相应信号的能量和平均功率。

本章的主要知识脉络如图 1.3-1 所示。

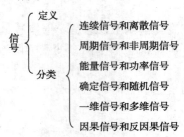

图 1.3-1　本章知识脉络示意图

练习题答案

1.2-1　题图 1.2-1（a）、（b）所示信号为连续信号，题图 1.2-1（c）所示信号为离散信号。

1.2-2　1）非周期信号　2）周期信号，$T = 140\pi$　3）非周期信号　4）周期信号，$N = 5$。

1.2-3　1）功率信号，$P = 2.25\text{W}$　2）功率信号，$P = 62.5\text{W}$　3）能量信号，$W = 2\text{J}$。

本 章 习 题

1.1　粗略画出下列信号的波形。

1）$f_1(t) = 5e^{-t} + 3e^{-2t}, t \geq 0$　2）$f_2(t) = e^{-2t}\sin(\pi t), 0 \leq t \leq 4$　3）$f_3(n) = (-2)^n$　4）$f_4(n) = n$

1.2　判断下列结论是否正确。

1）两个周期信号之和一定是周期信号。　2）非周期信号一定是能量信号。

3）能量信号一定是非周期信号。　4）周期信号一定是功率信号。

5）功率信号一定是周期信号。　6）两个功率信号的和仍是功率信号。

7）两个功率信号的乘积仍是功率信号。　8）功率信号与能量信号的乘积必为能量信号。

1.3　说明题图 1.1 所示各信号是连续信号还是离散信号。

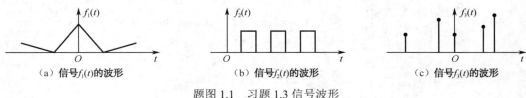

（a）信号 $f_1(t)$ 的波形　　（b）信号 $f_2(t)$ 的波形　　（c）信号 $f_3(t)$ 的波形

题图 1.1　习题 1.3 信号波形

1.4　判断下列信号是否为周期信号，若是周期信号，计算其周期。

1）$f_1(t) = \cos(10t) - \cos(3\pi t)$ 2）$f_2(t) = e^{j10t}$

3）$f_3(t) = \sin^2(8t)$ 4）$f_4(t) = 20e^{-|t|}\cos(\pi t)$

5）$f_5(n) = e^{j0.2n\pi} + e^{-j0.3n\pi}$ 6）$f_6(n) = \left(-\dfrac{1}{2}\right)^n$

1.5 判断下列信号哪些是能量信号，哪些是功率信号，并计算它们的能量或平均功率。

1）$f_1(t) = \cos(10t) - \cos(3\pi t)$ 2）$f_2(t) = e^{j10t}$

3）$f_3(t) = \sin^2(8t)$ 4）$f_4(t) = 20e^{-|t|}\cos(\pi t)$

5）$f_5(n) = e^{j0.2n\pi} + e^{-j0.3n\pi}$ 6）$f_6(n) = \left(-\dfrac{1}{2}\right)^n, n \geq 0$

第 2 章　连续信号的时域分析

【内容提要】

本章首先介绍连续信号的基本运算，接着给出几种典型的连续信号，最后对卷积积分进行详细说明。本章需要重点掌握连续信号的基本运算（平移、反转和尺度变换），阶跃信号、冲激信号及连续信号的卷积积分。通过对本章内容的学习，读者应能够熟练地进行连续信号的基本运算，能够深入理解并运用阶跃信号和冲激信号的定义和性质，能够透彻理解卷积积分的定义并熟练运用其性质。

【重点难点】

★ 连续信号的平移、反转和尺度变换

★ 阶跃信号的定义和性质

★ 冲激信号的定义和性质

★ 卷积积分的定义和性质

2.1　连续信号的基本运算

2.1.1　加（减）法和乘法

两连续信号 $f_1(t)$ 和 $f_2(t)$ 的相加（减）或相乘是指同一时刻两信号幅值对应相加（减）或相乘，即：

$$f(t) = f_1(t) \pm f_2(t) \tag{2.1-1}$$
$$f(t) = f_1(t) \times f_2(t) \tag{2.1-2}$$

实际上，信号的加（减）法和乘法运算都有具体应用。比如调音台将语音信号 $f(t)$ 和音乐信号 $g(t)$ 混合成调音信号 $m(t)$ 就是利用了信号的加法运算：

$$m(t) = f(t) + g(t)$$

而收音机接收到的信号则是将音频信号 $m(t)$ 加载到载波信号 $k_0 \cos(\omega_c t + \varphi_0)$ 上形成的调幅信号 $S_{AM}(t)$，该信号就是利用了信号的乘法运算：

$$S_{AM}(t) = k_0 m(t) \cos(\omega_c t + \varphi_0)$$

例 2.1-1　信号 $f_1(t)$ 和 $f_2(t)$ 的波形如图 2.1-1（a）、（b）所示，试画出 $f(t) = f_1(t) + f_2(t)$ 和 $g(t) = f_1(t) \times f_2(t)$ 的信号波形。

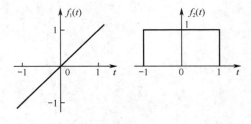

（a）信号 $f_1(t)$ 的波形　　　（b）信号 $f_2(t)$ 的波形

图 2.1-1　例 2.1-1 信号波形

解：根据信号加法和乘法的定义，可直接画出信号 $f(t)$ 和 $g(t)$ 的波形如图 2.1-2（a）、（b）所示。

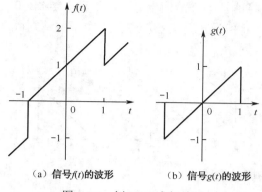

（a）信号 $f(t)$ 的波形　　（b）信号 $g(t)$ 的波形

图 2.1-2　例 2.1-1 求解结果

2.1.2　微分和积分

连续信号 $f(t)$ 的微分运算是指 $f(t)$ 对 t 取导数，即：

$$f'(t) = \frac{\mathrm{d}f(t)}{\mathrm{d}t} \tag{2.1-3}$$

连续信号 $f(t)$ 的积分运算是指 $f(\tau)$ 在 $(-\infty, t)$ 区间内的定积分，即：

$$f^{(-1)}(t) = \int_{-\infty}^{t} f(\tau)\mathrm{d}\tau \tag{2.1-4}$$

信号经微分运算后会突出其变化部分，而经积分运算后其变化部分会变得平滑。因此，合理利用信号的微分运算有利于对信号变化部分（如图像轮廓）的研究；合理利用信号的积分运算可消除信号中混入的颗粒噪声。

2.1.3　反转

连续信号的反转是指将信号 $f(t)$ 的自变量 t 换为 $-t$，即：

$$f(t) \rightarrow f(-t) \tag{2.1-5}$$

连续信号的反转也称为连续信号的反折。

根据连续信号反转的定义，对于信号 $f(t)$ 及常数 t_0，若取 $t = t_0$，则 $-t = -t_0$，故两个信号 $f(t)$ 和 $f(-t)$ 是关于纵坐标轴对称的，因此，连续信号反转的几何意义就是将连续信号 $f(t)$ 以纵坐标轴为轴反转 $180°$，连续信号的反转如图 2.1-3 所示。

图 2.1-3　连续信号的反转

没有实现信号反转功能的实际器件，在数字信号处理中可以实现此概念，例如堆栈中数据进出栈的顺序：先进后出。

2.1.4　平移

连续信号的平移是指将信号 $f(t)$ 的自变量 t 换为 $t - t_0$（t_0 为常数），即：

$$f(t) \rightarrow f(t-t_0) \tag{2.1-6}$$

连续信号的平移也称为连续信号的移位。

信号平移的几何意义是将信号 $f(t)$ 沿横坐标左右移动，若 $t_0 > 0$，则将信号 $f(t)$ 右移 t_0 个单位，否则左移 $|t_0|$ 个单位。如将信号 $f(t)$ 右移或左移 1 个单位，则可以得到图 2.1-4（a）、（b）所示的平移结果。

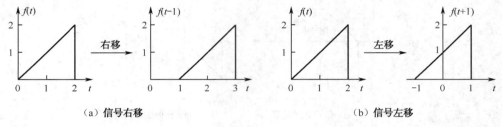

（a）信号右移 　　　　　　　　　　　　（b）信号左移

图 2.1-4　连续信号的平移

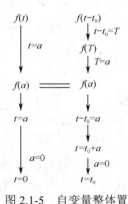

图 2.1-5　自变量整体置零法推导过程

上述确定连续信号平移方向的方法容易混淆，因此，可以采用自变量整体置零法确定平移的方向和距离，下面简要介绍自变量整体置零法的原理。

对于平移后的连续信号 $f(t-t_0)$，若令 $T = t-t_0$，则有 $f(t-t_0) = f(T)$。比较 $f(t)$ 与 $f(T)$ 可发现：对于在信号 $f(t)$ 定义域内的常数 a，如果令 T 取 a，而 t 也取 a，则可得到同样的函数值 $f(a)$，而 $T = t-t_0$，故 $t-t_0 = a$，即 $t = a+t_0$；通过比较 a 与 $a+t_0$ 的位置即可得出信号平移的方向和距离。方便起见，可取 $a=0$，即比较 0 和 t_0 的位置即可得出平移的方向和距离。自变量整体置零法的推导过程如图 2.1-5 所示。如将 $f(t)$ 平移为 $f(t+3)$，则令 $t+3=0$，可得 $t=-3$，而 -3 在 0 的左侧，故信号左移三个单位。

实际上，雷达接收到的目标回波信号就是原信号的平移信号，即与雷达发出的信号相比，时间上有了一个延迟（时延）。

例 2.1-2　信号 $f(t)$ 如图 2.1-6 所示，试画出 $f(2-t)$ 的波形。

解：由于信号的自变量 t 转换成了 $2-t = -t+2$，因此，本题用到了信号的反转和平移，故可采用两种方法求解：先平移再反转或先反转再平移。

解法一：先左移 2 个单位，即 $f(t) \rightarrow f(t+2)$，然后再反转，即 $f(t+2) \rightarrow f(-t+2)$，从而得到 $f(2-t)$ 的波形，解题过程如图 2.1-7 所示。

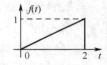

图 2.1-6　信号 $f(t)$ 的波形

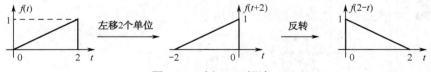

图 2.1-7　例 2.1-2 解法一

解法二：先反转，即 $f(t) \rightarrow f(-t)$，再平移，即 $f(-t) \rightarrow f(2-t)$。由于 $2-t = -t-(-2)$，因此，$t_0 = -2 < 0$，故左移 2 个单位，从而得 $f(2-t)$ 的波形，解题过程如图 2.1-8 所示。

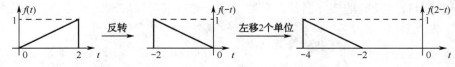

图 2.1-8　例 2.1-2 解法二（错误解法）

两种方法得到了两种结果，一定有一个结果是错误的。仔细观察信号平移的定义式可以发现，在确定平移的方向和距离时，自变量 t 的系数为 1，即平移的方向和距离均是相对于自变量 t 而言的。但是解法二确定平移的方向和距离时，自变量 t 的系数为-1，因此所谓的左移 2 个单位是针对 $-t$ 而不是自变量 t 的，所以导致了错误的结果。

正确的做法应该是：先反转，即 $f(t) \to f(-t)$，再平移，即 $f(-t) \to f(2-t) = f[-(t-2)]$，因此，$t_0 = 2 > 0$，故右移 2 个单位，从而得 $f(2-t)$ 的波形，解题过程如图 2.1-9 所示。

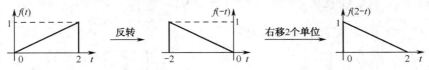

图 2.1-9 例 2.1-2 解法二（正确解法）

实际上，若采用自变量整体置零法判断平移的方向和距离则不会出错。由于信号平移后变为 $f(2-t)$，故有 $2-t=0$，解得 $t=2$，而 2 在 0 的右侧 2 个单位处，所以，将 $f(-t)$ 右移 2 个单位即可得到正确结果。

在后续内容中将看到，不仅仅平移的方向和距离是相对于自变量 t 而言的，信号基本运算中的所有操作均是对自变量 t 进行的。

2.1.5 尺度变换（横坐标展缩）

连续信号的尺度变换是指将信号 $f(t)$ 的自变量 t 用变量 at（a 为正常数）代替，即：

$$f(t) \to f(at) \tag{2.1-7}$$

其中，a 常被称为变换系数。信号的尺度变换也称为信号的横坐标展缩。

信号尺度变换的几何意义是将信号 $f(t)$ 沿横坐标展宽或压缩：若 $a > 1$，则信号 $f(at)$ 的波形沿横坐标压缩到原信号 $f(t)$ 的 $\dfrac{1}{a}$；若 $0 < a < 1$，则信号 $f(at)$ 的波形沿横坐标展宽至原信号 $f(t)$ 的 $\dfrac{1}{a}$ 倍。也就是说当变换系数为 a 时，变换比例为 $\dfrac{1}{a}$，下面加以简要证明。

对于信号 $f(t)$ 和信号 $f(T)$，由于它们的函数算子相同，只是自变量的表示不同，所以，对于相同的定义域，$f(t)$ 和 $f(T)$ 为同一信号。现假设 $t, T \in (-1,1)$，令 $T = ax$，则 $ax \in (-1,1)$，所以 $x \in \left(-\dfrac{1}{a}, \dfrac{1}{a}\right)$。因此 x 的定义域是 t 的定义域的 $\dfrac{1}{a}$ 倍，即 $f(ax)$ 将 $f(t)$ 的波形沿横坐标展缩至原来的 $\dfrac{1}{a}$，如果将 x 换为 t，即得出结论：信号 $f(at)$ 将信号 $f(t)$ 的波形沿横坐标展缩至原来的 $\dfrac{1}{a}$。

现对连续信号的尺度变换做如下总结：

① 连续信号的尺度变换只针对横坐标进行展缩，与纵坐标无关。

② 如果将信号 $f(t)$ 变换为 $f(at)$，则变换比例为 $\dfrac{1}{a}$。

信号的尺度变换在实际中有相应的应用。假设磁带正常播放时的语音信号为 $f(t)$，则以 2 倍速度播放的信号应为 $f(2t)$，它比以正常速度在单位时间内播放的信号 $f(t)$ 多一倍，故信号 $f(2t)$ 对原信号 $f(t)$ 在时间上进行了压缩，压缩比例为 $\dfrac{1}{2}$；以正常速度一半播放的信号为 $f\left(\dfrac{t}{2}\right)$，它比以正常速度在单位时间内播放的信号 $f(t)$ 少一半，故信号 $f\left(\dfrac{t}{2}\right)$ 对原信号 $f(t)$ 在时间上进行了扩展，扩展倍数为 2。

例 2.1-3 已知信号 $f(t)$ 的波形如图 2.1-10 所示，试画出信号 $f(2t)$ 和 $f\left(\dfrac{t}{2}\right)$ 的波形。

解：根据信号尺度变换的定义，将信号 $f(t)$ 沿横坐标压缩至原信号的 $\dfrac{1}{2}$，即可得到信号 $f(2t)$ 的波形，如图 2.1-11（a）所示。将信号 $f(t)$ 沿横坐标扩展至原信号的 2 倍，即可得到信号 $f\left(\dfrac{t}{2}\right)$ 的波形，如图 2.1-11（b）所示。

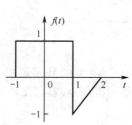

图 2.1-10　例 2.1-3 信号波形

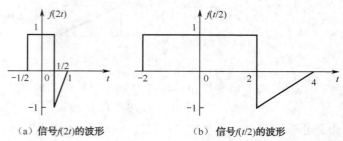

（a）信号 $f(2t)$ 的波形　　（b）信号 $f(t/2)$ 的波形

图 2.1-11　例 2.1-3 求解结果

将信号的平移、反转和尺度变换进行综合运用，即可由信号 $f(t)$ 求得信号 $f(at+b)$ 或反之。因为信号的上述转换存在三种操作，因此解题方法可以是该三种操作的任意排列：

① 平移，反转，尺度变换。
② 平移，尺度变换，反转。
③ 尺度变换，反转，平移。
④ 尺度变换、平移、反转。
⑤ 反转，尺度变换，平移。
⑥ 反转，平移，尺度变换。

需要注意的是，在信号的变换过程中，一定要尽量保证在进行信号平移时自变量 t 的系数为 1，这样可以确保平移的方向和距离不易出错。若进行信号平移时自变量 t 的系数不为 1，则应仔细考虑平移的方向和距离。当然如果在判断平移的方向和距离时采用自变量整体置零法，则不论自变量 t 的系数是否为 1，都可以很好地避免出错。

鉴于此，由信号 $f(t)$ 求 $f(at+b)$ 时，推荐采用方法①或方法②；由信号 $f(at+b)$ 求 $f(t)$ 时，推荐采用方法③或方法⑤。同时还应注意，由 $f(at+b)$ 求 $f(t)$ 时平移和尺度变换等操作需要反向进行。

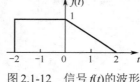

图 2.1-12　信号 $f(t)$ 的波形

例 2.1-4　已知信号 $f(t)$ 的波形如图 2.1-12 所示，试画出信号 $f(-4-2t)$ 的波形。

解：因为由 $f(t)$ 求 $f(-4-2t)$，故本题采用方法①求解。

首先，将信号 $f(t)$ 右移 4 个单位得到信号 $f(t-4)$，如图 2.1-13（a）所示。

然后，将信号 $f(t-4)$ 进行反转得到信号 $f(-t-4)$，如图 2.1-13（b）所示。

最后，对信号 $f(-t-4)$ 以 $\dfrac{1}{2}$ 为变换比例进行尺度变换得到信号 $f(-4-2t)$，如图 2.1-13（c）所示。

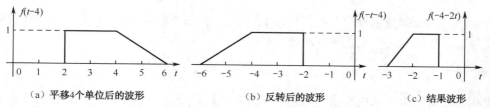

(a) 平移4个单位后的波形　　　　　　(b) 反转后的波形　　　　　　(c) 结果波形

图 2.1-13　例 2.1-4 解题过程

例 2.1-5 已知信号 $f(-4-2t)$ 的波形如图 2.1-14 所示，试画出信号 $f(t)$ 的波形。

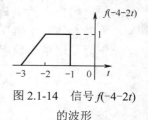

解：因为由 $f(-4-2t)$ 求 $f(t)$，故本题采用方法⑤求解。

首先，将信号 $f(-4-2t)$ 进行反转得到信号 $f(2t-4)$，如图 2.1-15（a）所示。

图 2.1-14　信号 $f(-4-2t)$ 的波形

然后，因为 $\frac{1}{2} \times 2t - 4 = t - 4$，即变换系数为 $\frac{1}{2}$、变换比例为 2，故对信号 $f(2t-4)$ 以 2 为变换比例进行尺度变换得到信号 $f(t-4)$，如图 2.1-15（b）所示。

最后，因为 $(t-4)+4=t$，故将信号 $f(t-4)$ 左移 4 个单位得到信号 $f(t)$，如图 2.1-15（c）所示。

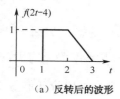 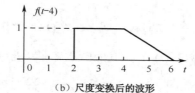 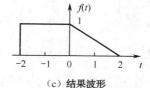

(a) 反转后的波形　　　　　　(b) 尺度变换后的波形　　　　　　(c) 结果波形

图 2.1-15　例 2.1-5 解题过程

练习题

2.1-1 画出下列信号的波形。

1）$f_1(t) = \cos(3t) + 3$　　2）$f_2(t) = \begin{cases} te^{-t}, & t \geq 0 \\ 0, & t < 0 \end{cases}$　　3）$f_3(t) = \sin'(2t)$　　4）$f_4(t) = \int_0^t e^{-\tau} d\tau$

2.1-2 已知信号 $f(t)$ 的波形如题图 2.1-1 所示，试画出 $f\left(-\dfrac{t}{2}+1\right)$ 的波形。

2.1-3 已知信号 $f\left(-\dfrac{t}{2}+1\right)$ 的波形如题图 2.1-2 所示，试画出 $f(t)$ 的波形。

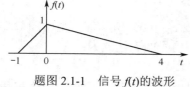 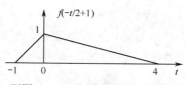

题图 2.1-1　信号 $f(t)$ 的波形　　　　　　　题图 2.1-2　信号 $f(-t/2+1)$ 的波形

2.2　典型连续信号

在信号分析中，通常将实际信号按某种条件理想化，然后再运用理想模型进行分析，由此也就形成了若干种不同的理想化信号。本节将介绍几种常见的连续信号，主要包括阶跃信号、冲激信号等奇异信号以及部分常见的普通信号，如斜升信号、门信号、符号信号、单边指数信号、双边指数信号、抽样信号、周期性单位冲激序列等。

2.2.1 阶跃信号

信号与系统分析中，常遇到信号本身有不连续点（跳变点）或其导数与积分有不连续点的情况，这类信号称为奇异信号或奇异函数。如质量集中于一点的密度分布、作用时间趋于零的冲击力、宽度趋于零的电脉冲信号等。常见的奇异信号主要有阶跃信号、冲激信号和冲激偶信号，本部分主要介绍阶跃信号。

下面采用求函数序列极限的方法定义阶跃信号。选定一个函数序列 $\gamma_n(t)$：

$$\gamma_n(t) = \begin{cases} 0, & t < -\dfrac{1}{n} \\ \dfrac{1}{2} + \dfrac{n}{2}t, & -\dfrac{1}{n} < t < \dfrac{1}{n} \quad n = 2, 3, \cdots \\ 1, & t > \dfrac{1}{n} \end{cases} \qquad (2.2\text{-}1)$$

其波形如图 2.2-1（a）中实线所示，其中，$\gamma_n(0) = \dfrac{1}{2}$。

当 n 增大时，$\gamma_n(t)$ 在区间 $\left(-\dfrac{1}{n}, \dfrac{1}{n}\right)$ 上的斜率增大，$\gamma_n(t)$ 在 $t = 0$ 处的值仍为 $\dfrac{1}{2}$，波形如图 2.2-1（a）中虚线所示。当 $n \to \infty$ 时，函数 $\gamma_n(t)$ 在 $t = 0$ 处由 0 立即跃变到 1，其斜率为无穷大，而 $\gamma_n(t)$ 在 $t = 0$ 处的值仍可认为是 $\dfrac{1}{2}$，波形如图 2.2-1（b）所示，这个信号就定义为单位阶跃信号（函数），简称阶跃信号（函数），用 $u(t)$ 或 $\varepsilon(t)$ 表示，即：

$$u(t) \overset{\text{def}}{=\!=} \lim_{n \to \infty} \gamma_n(t) = \begin{cases} 0, & t < 0 \\ \dfrac{1}{2}, & t = 0 \\ 1, & t > 0 \end{cases} \qquad (2.2\text{-}2)$$

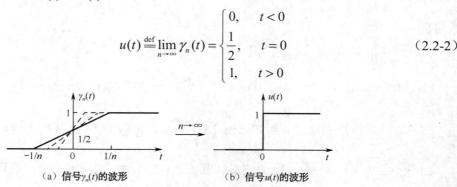

（a）信号 $\gamma_n(t)$ 的波形　　　　　（b）信号 $u(t)$ 的波形

图 2.2-1　阶跃信号定义

利用阶跃信号可以方便地表示信号的作用区间。图 2.2-2（b）所示信号是由图 2.2-2（a）所示信号截取 $t>0$ 部分得到的，根据阶跃信号的定义可得该信号的表达式为：

$$f_1(t) = f(t)u(t)$$

图 2.2-2（c）所示信号是由图 2.2-2（a）所示信号截取 $t_1 < t < t_2$ 部分得到的，而平移后的阶跃信号之差 $u(t-t_1) - u(t-t_2)$ 即可表示该区间，因此可得该信号的表达式为：

$$f_2(t) = f(t)[u(t-t_1) - u(t-t_2)]$$

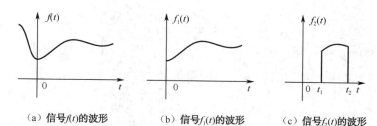

（a）信号 $f(t)$ 的波形　　　（b）信号 $f_1(t)$ 的波形　　　（c）信号 $f_2(t)$ 的波形

图 2.2-2　阶跃信号表示信号作用区间

例 2.2-1 利用阶跃信号写出图 2.2-3 所示信号的表达式。

解：图 2.2-3 信号可以表示为分段函数的形式：

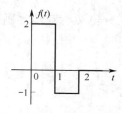

图 2.2-3　信号 $f(t)$ 的波形

$$f(t) = \begin{cases} 0, & t < 0 \\ 2, & 0 < t < 1 \\ -1, & 1 < t < 2 \\ 0, & t > 2 \end{cases}$$

由上式可知：

1）当 $t < 0$ 时，$f(t) = 0$，可以表示为：$f_1(t) = 0 \cdot u(-t)$；

2）当 $0 < t < 1$ 时，$f(t) = 2$，可以表示为：$f_2(t) = 2 \cdot [u(t) - u(t-1)]$；

3）当 $1 < t < 2$ 时，$f(t) = -1$，可以表示为：$f_3(t) = -1 \cdot [u(t-1) - u(t-2)]$；

4）当 $t > 2$ 时，$f(t) = 0$，可以表示为：$f_4(t) = 0 \cdot u(t-2)$。

将上述四个表达式相加即可将其写为闭合函数的形式：

$$f(t) = 2u(t) - 3u(t-1) + u(t-2)$$

实际上，可以直接根据信号波形写出信号的表达式，方法如下：

从左向右看，遇到跃变时间点，则在该时间点处有一个阶跃信号。向上跃变的幅值为多少，其阶跃信号前面的系数就是多少；向下跃变的幅值是多少，则阶跃信号前面的系数为负的多少。由此写出的信号表达式与上述采用分段函数的方法得到的结果相同。

2.2.2　冲激信号

1．冲激信号的定义

函数序列 $\gamma_n(t)$（见式 2.2-1）是定义在区间 $(-\infty, \infty)$ 上的可微函数，其在区间 $\left(-\dfrac{1}{n}, \dfrac{1}{n}\right)$ 上的斜率为 $\dfrac{n}{2}$，且 $\gamma_n(0) = \dfrac{1}{2}$。对 $\gamma_n(t)$ 求导可得脉冲信号：

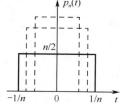

图 2.2-4　信号 $p_n(t)$ 的波形

$$p_n(t) = \gamma_n'(t) = \begin{cases} \dfrac{n}{2}, & -\dfrac{1}{n} < t < \dfrac{1}{n} \\ 0, & t < -\dfrac{1}{n} \text{ 或 } t > \dfrac{1}{n} \end{cases} \tag{2.2-3}$$

其波形如图 2.2-4 中实线部分所示。

由图 2.2-4 可以看出，该脉冲波形包围的面积为 1，不妨称其为函数 $p_n(t)$ 的强度。当 n 增大时，$p_n(t)$ 的幅度增大而宽度减小，其强度仍为 1，其波形如图 2.2-4 中虚线部分所示。当 $n \to \infty$ 时，函数 $p_n(t)$ 的宽度趋于零，而幅度趋于无限大，但其强度仍为 1，这个信号就定义为单位冲激信号（函数），简称冲激信号（函数），用 $\delta(t)$ 表示，即：

$$\delta(t) \overset{\text{def}}{=\!=} \lim_{n \to \infty} p_n(t) \tag{2.2-4}$$

由上述冲激信号的定义可知：当 $t \neq 0$ 时，$\delta(t) = 0$；当 $t = 0$ 时，其幅值趋向于无穷大，且其强度为 1。因此，也可以利用如下表达式表示冲激信号：

$$\left.\begin{array}{l} \delta(t) = 0, t \neq 0 \\[2mm] \int_{-\infty}^{\infty} \delta(t)\mathrm{d}t = 1 \end{array}\right\} \tag{2.2-5}$$

式（2.2-5）中，$\int_{-\infty}^{\infty} \delta(t)\mathrm{d}t = 1$ 的含义是该函数波形下的面积，即强度为 1。实际上，由于冲激信号只在 $t=0$ 处存在非零函数值，故上述积分区间可以分为三部分：

$$\int_{-\infty}^{\infty} \delta(t)\mathrm{d}t = \int_{-\infty}^{0_-} \delta(t)\mathrm{d}t + \int_{0_-}^{0_+} \delta(t)\mathrm{d}t + \int_{0_+}^{\infty} \delta(t)\mathrm{d}t = 0 + 1 + 0 = 1 \tag{2.2-6}$$

式（2.2-6）中的 0_- 和 0_+ 分别代表 0 时刻的左右极限。所以，只要积分区间包含冲激函数的非零时刻，则其积分一定为 1。

图 2.2-5　信号 $\delta(t)$ 的波形

由此可以看出，冲激信号是个奇异信号，它是对幅度极大，作用时间极短的一种物理量的理想化表示。式（2.2-5）最早由狄拉克提出，冲激信号的波形如图 2.2-5 所示。图中，箭头表示 $t = 0$ 时，冲激信号的幅值趋近于无穷大；"(1)" 表示冲激信号的强度为 1。

$\delta(t)$ 表示出现在 $t = 0$ 处的冲激信号，在 $t = t_1$ 处出现的冲激信号可写为 $\delta(t - t_1)$，如图 2.2-6 所示。信号 $a\delta(t)$ 表示出现在 $t=0$ 处、强度为 a 的冲激信号，如图 2.2-7 和图 2.2-8 所示。

图 2.2-6　延迟 t_1 的冲激信号（$t_1>0$）　　　图 2.2-7　信号 $a\delta(t)$ 的波形（$a>0$）　　　图 2.2-8　信号 $a\delta(t)$ 的波形（$a<0$）

2．冲激信号与阶跃信号的关系

如前所述，当 n 趋近于无穷大时可由函数序列 $\gamma_n(t)$ 得到阶跃信号 $u(t)$，由函数序列 $p_n(t)$ 得到冲激信号 $\delta(t)$，而对函数序列 $\gamma_n(t)$ 求导可得 $p_n(t)$，其关系如图 2.2-9 所示。

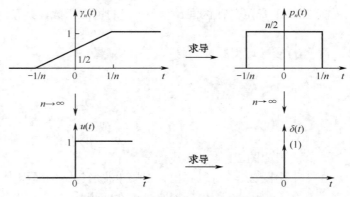

图 2.2-9　阶跃信号和冲激信号的关系

因此，冲激信号和阶跃信号的关系为：

$$\delta(t) = \frac{\mathrm{d}u(t)}{\mathrm{d}t} \qquad (2.2\text{-}7)$$

$$u(t) = \int_{-\infty}^{t} \delta(x)\mathrm{d}x \qquad (2.2\text{-}8)$$

换一种思路，由阶跃信号的波形可知，其在 $t=0$ 处的斜率为∞，而在 $t\neq0$ 处的斜率为 0，若对其求导，则可得 $t=0$ 处的幅值为∞，而 $t\neq0$ 处的幅值为 0 的信号，即冲激信号，由此也可以得到二者的关系。

3．冲激信号的筛分性质和取样性质

根据冲激信号的定义，其与普通函数做乘法运算时，只有当 $t=0$ 时有非零函数值，而 $t\neq0$ 时的乘积为 0，即：

$$f(t)\delta(t) = f(0)\delta(t) \qquad (2.2\text{-}9)$$

根据同样的思路，对于平移 a（a 为常数）个单位后的冲激信号，有如下性质：

$$f(t)\delta(t-a) = f(a)\delta(t-a) \qquad (2.2\text{-}10)$$

式（2.2-9）和式（2.2-10）称为冲激信号的筛分性质。

对式（2.2-9）在区间 $(-\infty,\infty)$ 上进行积分，有：

$$\int_{-\infty}^{\infty} f(t)\delta(t)\mathrm{d}t = \int_{-\infty}^{\infty} f(0)\delta(t)\mathrm{d}t = f(0)\int_{-\infty}^{\infty} \delta(t)\mathrm{d}t = f(0) \qquad (2.2\text{-}11)$$

对式（2.2-10）在区间 $(-\infty,\infty)$ 上进行积分，有：

$$\int_{-\infty}^{\infty} f(t)\delta(t-a)\mathrm{d}t = \int_{-\infty}^{\infty} f(a)\delta(t-a)\mathrm{d}t = f(a)\int_{-\infty}^{\infty} \delta(t-a)\mathrm{d}t = f(a) \qquad (2.2\text{-}12)$$

式（2.2-11）和式（2.2-12）称为冲激信号的取样性质。

例 2.2-2 计算下列各题。

1）$\displaystyle\int_{-\infty}^{\infty} \sin\left(t-\frac{\pi}{4}\right)\delta(t)\mathrm{d}t$ 　　2）$\displaystyle\int_{-1}^{1} 2\tau\delta(\tau-t)\mathrm{d}\tau$ 　　3）$\displaystyle\frac{\mathrm{d}}{\mathrm{d}t}[\mathrm{e}^{-2t}u(t)]$

解：1）令 $f(t) = \sin\left(t-\dfrac{\pi}{4}\right)$，由式（2.2-11），得：

$$\int_{-\infty}^{\infty} \sin\left(t-\frac{\pi}{4}\right)\delta(t)\mathrm{d}t = \sin\left(-\frac{\pi}{4}\right) = -\frac{\sqrt{2}}{2}$$

2）对本题而言，t 为参变量、τ 为变量、积分区间为 $(-1,1)$，在积分区间上为零的被积函数的积分为零。根据冲激信号的定义，当 $t\notin(-1,1)$ 时，$\displaystyle\int_{-1}^{1}\delta(\tau-t)=0$，故 $\displaystyle\int_{-1}^{1} 2\tau\delta(\tau-t)\mathrm{d}\tau=0$；当 $t\in(-1,1)$ 时，$\displaystyle\int_{-1}^{1}\delta(\tau-t)\neq0$，由式（2.2-12），可得：

$$\int_{-1}^{1} 2\tau\delta(\tau-t)\mathrm{d}\tau = 2t$$

故积分结果为：

$$\int_{-1}^{1} 2\tau\delta(\tau-t)\mathrm{d}\tau = \begin{cases} 2t, & -1<t<1 \\ 0, & \text{其他} \end{cases}$$

3）根据式（2.2-9），有：

$$\frac{\mathrm{d}}{\mathrm{d}t}[\mathrm{e}^{-2t}u(t)] = \mathrm{e}^{-2t}\delta(t) + (-2\mathrm{e}^{-2t})u(t) = \delta(t) - 2\mathrm{e}^{-2t}u(t)$$

4．冲激信号的导数 $\delta'(t)$

冲激信号 $\delta(t)$ 是奇异信号，不能用一般函数求导的方法定义它的导数。根据广义函数理论，

可定义冲激信号的一阶导数（也称为冲激偶信号）$\delta'(t)$ 为：

$$\int_{-\infty}^{\infty} f(t)\delta'(t)\mathrm{d}t = -f'(0) \tag{2.2-13}$$

证明：

$$\int_{-\infty}^{+\infty} f(t)\delta'(t)\mathrm{d}t = f(t)\delta(t)\Big|_{-\infty}^{\infty} - \int_{-\infty}^{\infty} f'(t)\delta(t)\mathrm{d}t = -f'(0)\int_{-\infty}^{\infty}\delta(t)\mathrm{d}t = -f'(0)$$

令 $f(t)=1$，则由式（2.2-13）可得：

$$\int_{-\infty}^{\infty} \delta'(t)\mathrm{d}t = 0 \tag{2.2-14}$$

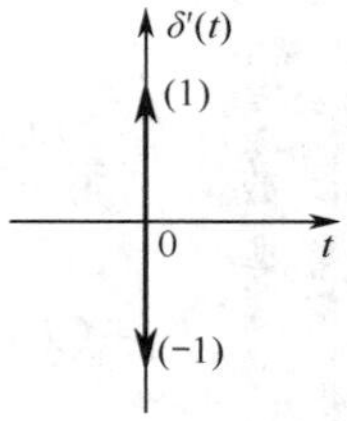

图 2.2-10　信号 $\delta'(t)$波形

由此可见，冲激偶信号的强度为 0，其波形如图 2.2-10 所示。

相应地，冲激信号的 n 阶导数 $\delta^{(n)}(t)$ 定义为：

$$\int_{-\infty}^{\infty} f(t)\delta^{(n)}(t)\mathrm{d}t = (-1)^n f^{(n)}(0) \tag{2.2-15}$$

冲激偶信号与普通信号相乘时，其结果为：

$$f(t)\delta'(t) = f(0)\delta'(t) - f'(0)\delta(t) \tag{2.2-16}$$

证明：

由 $[f(t)\delta(t)]' = f(t)\delta'(t) + f'(t)\delta(t)$，得：

$$f(t)\delta'(t) = [f(t)\delta(t)]' - f'(t)\delta(t) = [f(0)\delta(t)]' - f'(0)\delta(t) = f(0)\delta'(t) - f'(0)\delta(t)$$

5．冲激信号及其导数的尺度变换

设有常数 a>0，则：

$$\int_{-\infty}^{\infty} \delta(at)f(t)\mathrm{d}t \xlongequal{x=at} \int_{-\infty}^{\infty} \delta(x)f\left(\frac{x}{a}\right)\frac{\mathrm{d}x}{a} = \frac{1}{|a|}f(0) = \int_{-\infty}^{\infty}\frac{1}{|a|}\delta(t)f(t)\mathrm{d}t$$

所以当常数 a>0 时，有

$$\int_{-\infty}^{\infty} \delta(at)f(t)\mathrm{d}t = \int_{-\infty}^{\infty}\frac{1}{|a|}\delta(t)f(t)\mathrm{d}t \tag{2.2-17}$$

设有常数 a<0，则：

$$\int_{-\infty}^{\infty} \delta(at)f(t)\mathrm{d}t \xlongequal{x=at} \int_{\infty}^{-\infty} \delta(x)f\left(\frac{x}{a}\right)\frac{\mathrm{d}x}{-|a|} = \frac{1}{|a|}\int_{-\infty}^{\infty}\delta(x)f\left(\frac{x}{a}\right)\mathrm{d}x = \frac{1}{|a|}f(0) = \int_{-\infty}^{\infty}\frac{1}{|a|}\delta(t)f(t)\mathrm{d}t$$

所以当常数 a<0 时，有：

$$\int_{-\infty}^{\infty} \delta(at)f(t)\mathrm{d}t = \int_{-\infty}^{\infty}\frac{1}{|a|}\delta(t)f(t)\mathrm{d}t \tag{2.2-18}$$

令式（2.2-17）和式（2.2-18）中的 $f(t)=1$，对于任意非零常数 a，有：

$$\delta(at) = \frac{1}{|a|}\delta(t) \tag{2.2-19}$$

综合考虑式（2.2-19）及信号的平移，有：

$$\delta(at-t_0) = \delta\left[a\left(t-\frac{t_0}{a}\right)\right] = \frac{1}{|a|}\delta\left(t-\frac{t_0}{a}\right) \tag{2.2-20}$$

设有任意非零常数 a，由式（2.2-13），得：

$$\begin{aligned}\int_{-\infty}^{\infty} f(t)\delta'(at)\mathrm{d}t &\xlongequal{x=at} \frac{1}{|a|}\int_{-\infty}^{\infty} f\left(\frac{x}{a}\right)\delta'(x)\mathrm{d}x = \frac{1}{|a|}\frac{1}{a}[-f'(0)] \\ &= \frac{1}{|a|}\frac{1}{a}\int_{-\infty}^{\infty}\delta'(t)f(t)\mathrm{d}t = \int_{-\infty}^{\infty}\frac{1}{|a|}\frac{1}{a}\delta'(t)f(t)\mathrm{d}t\end{aligned}$$

所以，

$$\delta'(at) = \frac{1}{|a|} \cdot \frac{1}{a} \delta'(t) \qquad (2.2\text{-}21)$$

类似地，可推得：

$$\delta^{(n)}(at) = \frac{1}{|a|} \cdot \frac{1}{a^n} \delta^{(n)}(t), \ n = 0, 1, 2, \cdots \qquad (2.2\text{-}22)$$

当 $a=-1$ 时，由式（2.2-22），得：

$$\delta^{(n)}(-t) = (-1)^n \delta^{(n)}(t)$$

故有：

$$\delta(-t) = \delta(t)$$

$$\delta'(-t) = -\delta'(t)$$

所以，冲激信号是偶函数，而冲激偶信号是奇函数。

例 2.2-3 已知信号 $f(t)$ 如图 2.2-11 所示，试画出 $g(t) = f'(t)$ 和 $g(2t)$ 的波形。

解：本题有两种解法，下面分别加以介绍。

解法一：根据信号波形求解。

求解 $g(t) = f'(t)$ 时，考虑到信号 $f(t)$ 在 $t=-2$ 处有跳变，即斜率为 ∞，故求导后此处有一冲激信号，由于跳变方向向上且跳变幅值为 4，故求导后此处的冲激信号为 $4\delta(t+2)$。除此跳变点之外，信号 $f(t)$ 在其定义域的各处均无间断点，故对其求导后所得信号的幅值为其斜率。故可得信号 $g(t)$ 的波形如图 2.2-12（a）所示。

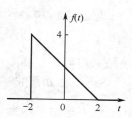

图 2.2-11　信号 $f(t)$ 的波形

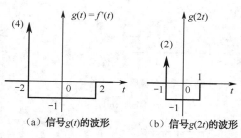

（a）信号 $g(t)$ 的波形　　（b）信号 $g(2t)$ 的波形

图 2.2-12　例 2.2-3 结果

信号 $g(2t)$ 由信号 $g(t)$ 以变换比例 $\frac{1}{2}$ 压缩而得，求解 $g(2t)$ 时，需注意冲激信号的尺度变换。令冲激信号为 $x(t) = 4\delta(t+2)$，由式（2.2-20），得：

$$x(2t) = 4\delta(2t+2) = 4 \times \frac{1}{|2|} \delta(t+1) = 2\delta(t+1)$$

信号 $g(t)$ 的其余部分均为普通信号，直接对其以变换比例 $\frac{1}{2}$ 进行压缩即可。故可得信号 $g(2t)$ 的波形如图 2.2-12（b）所示。

解法二：根据信号的表达式求解。

由图 2.2-11 得信号 $f(t)$ 的表达式为：

$$f(t) = (-t+2)[u(t+2) - u(t-2)]$$

故：

$$\begin{aligned}
g(t) &= f'(t) \\
&= -[u(t+2) - u(t-2)] + (-t+2)[\delta(t+2) - \delta(t-2)] \\
&= -u(t+2) + u(t-2) + 4\delta(t+2) \\
&= 4\delta(t+2) - [u(t+2) - u(t-2)]
\end{aligned}$$

由此可得信号 $g(t)$ 的波形如图 2.2-12（a）所示。

根据信号 $g(t)$ 的表达式，可以得到 $g(2t)$ 的表达式：

$$\begin{aligned}
g(2t) &= 4\delta(2t+2) - [u(2t+2) - u(2t-2)] \\
&= 4\delta[2(t+1)] - \{u[2(t+1)] - u[2(t-1)]\}
\end{aligned}$$

$$= 4 \times \frac{1}{2}\delta(t+1) - \{u[2(t+1)] - u[2(t-1)]\}$$
$$= 2\delta(t+1) - \{u[2(t+1)] - u[2(t-1)]\}$$

上式大括号内的信号波形画法较为复杂，下面给出两种作图方法。

1）根据阶跃信号定义求解。

根据阶跃信号的定义，当 $2(t+1)>0$，即 $t>-1$ 时，$u[2(t+1)]=1$；当 t 取其他值时，$u[2(t+1)]=0$。故可画出其波形如图 2.2-13（a）所示，同理画出 $u[2(t-1)]$ 的波形如图 2.2-13（b）所示。故 $u[2(t+1)] - u[2(t-1)]$ 的波形如图 2.2-13（c）所示。

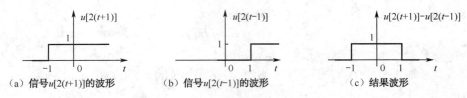

（a）信号$u[2(t+1)]$的波形　　（b）信号$u[2(t-1)]$的波形　　（c）结果波形

图 2.2-13　信号 $u[2(t+1)]-u[2(t-1)]$ 的波形（画法一）

2）根据尺度变换求解。

阶跃信号 $u(t)$ 的波形如图 2.2-14（a）所示，利用信号平移得 $u(t+2)$ 和 $u(t-2)$ 的波形如图 2.2-14（b）、（c）所示。根据信号的尺度变换（变换比例为 $\frac{1}{2}$），得 $u(2t+2)$ 和 $u(2t-2)$，即 $u[2(t+1)]$ 和 $u[2(t-1)]$ 的波形如图 2.2-14（d）、（e）所示，故可得 $u[2(t+1)] - u[2(t-1)]$ 的波形如图 2.2-14（f）所示。

由此可得信号 $g(2t)$ 的波形如图 2.2-12（b）所示。

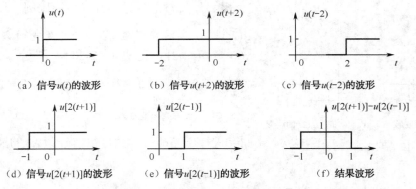

（a）信号$u(t)$的波形　　（b）信号$u(t+2)$的波形　　（c）信号$u(t-2)$的波形

（d）信号$u[2(t+1)]$的波形　　（e）信号$u[2(t-1)]$的波形　　（f）结果波形

图 2.2-14　信号 $u[2(t+1)]-u[2(t-1)]$ 的波形（画法二）

6．复合函数形式的冲激信号

实际中有时会遇到形如 $\delta[f(t)]$ 的冲激信号，其中 $f(t)$ 是普通函数，并且 $f(t)=0$ 有 n 个互不相等的实根 $t_i(i=1, 2, 3, \cdots, n)$，即 $f'(t_i) \neq 0$。则有：

$$\delta[f(t)] = \sum_{i=1}^{n} \frac{1}{|f'(t_i)|}\delta(t-t_i) \tag{2.2-23}$$

这表明，$\delta[f(t)]$ 是位于各 t_i 处、强度为 $\frac{1}{|f'(t_i)|}$ 的 n 个冲激函数构成的冲激函数序列。

例 2.2-4　化简 $\delta(4t^2-1)$。

解：由 $4t^2-1=0$ 可得 $t=\pm\frac{1}{2}$，由于两根互不相等，故根据式（2.2-23），得：

$$\delta(4t^2-1)=\frac{1}{\left|f'\left(-\frac{1}{2}\right)\right|}\delta\left(t+\frac{1}{2}\right)+\frac{1}{\left|f'\left(\frac{1}{2}\right)\right|}\delta\left(t-\frac{1}{2}\right)=\frac{1}{4}\delta\left(t+\frac{1}{2}\right)+\frac{1}{4}\delta\left(t-\frac{1}{2}\right)$$

2.2.3 其他常见连续信号

1. 斜升信号

对阶跃信号在区间 $(-\infty, t)$ 上进行积分，可得：

$$\int_{-\infty}^{t}u(\tau)\mathrm{d}\tau=\int_{0}^{t}1\mathrm{d}\tau=t$$

由于积分上限一定大于下限，故上述积分需满足条件 $t>0$，因此上述积分结果可写为 $tu(t)$，该信号称为斜升信号，即：

$$f(t)=tu(t) \tag{2.2-24}$$

其波形如图 2.2-15 所示。

2. 门信号

宽度为 τ，幅度为 1 的矩形脉冲信号称为门信号，用符号 $g_\tau(t)$ 表示，即：

$$g_\tau(t)=u\left(t+\frac{\tau}{2}\right)-u\left(t-\frac{\tau}{2}\right) \tag{2.2-25}$$

波形如图 2.2-16 所示。显然，门信号关于纵轴对称，为偶函数。

3. 符号信号

符号信号记作 sgn(t)，定义为：

$$\mathrm{sgn}(t)\overset{\mathrm{def}}{=\!=}\begin{cases}-1, & t<0\\ 0, & t=0\\ 1, & t>0\end{cases} \tag{2.2-26}$$

波形如图 2.2-17 所示。显然，符号信号关于原点对称，为奇函数。

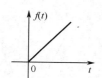
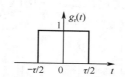
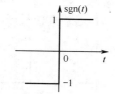

图 2.2-15　斜升信号的波形　　　　图 2.2-16　门信号的波形　　　　图 2.2-17　符号信号的波形

4. 单边指数信号

单边指数信号定义为：

$$f(t)=\mathrm{e}^{-\alpha t}u(t),\ \alpha>0 \tag{2.2-27}$$

波形如图 2.2-18 所示。显然，它是截取指数函数 $g(t)=\mathrm{e}^{-\alpha t}$，$\alpha>0$ 的 $t>0$ 部分后形成的信号。

5. 双边指数信号

双边指数信号定义为：

$$f(t)=\mathrm{e}^{-\alpha|t|},\ \alpha>0 \tag{2.2-28}$$

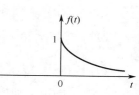

图 2.2-18　单边指数信号
的波形

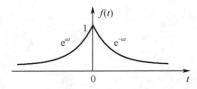

图 2.2-19　双边指数信号的波形

或者写为：

$$f(t) = \begin{cases} e^{\alpha t}, t < 0 \\ e^{-\alpha t}, t > 0 \end{cases}, \quad \alpha > 0 \tag{2.2-29}$$

波形如图 2.2-19 所示。

6. 抽样信号

抽样信号定义为：

$$Sa(t) = \frac{\sin t}{t} \tag{2.2-30}$$

抽样信号也称为取样信号，它是偶函数，当 $t \to 0$ 时，$Sa(t)=1$。其波形如图 2.2-20 所示。

7. 周期性单位冲激序列

周期为 T 的周期性单位冲激序列，也称为梳状函数，常用 $\delta_T(t)$ 或 $comb_T(t)$ 表示，其定义为：

$$\delta_T(t) = \sum_{m=-\infty}^{\infty} \delta(t - mT) \tag{2.2-31}$$

波形如图 2.2-21 所示。

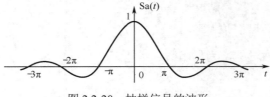

图 2.2-20　抽样信号的波形

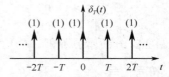

图 2.2-21　周期性单位冲激序列的波形

需要注意的是，周期性单位冲激序列看起来似乎是离散信号，但实际上却是连续信号。这是由于单位冲激信号是连续信号，故对其左右延拓形成的周期性单位冲激序列必然是连续信号而非离散信号。

练习题

2.2-1　利用基本信号或阶跃信号列写题图 2.2-1 中信号的表达式。

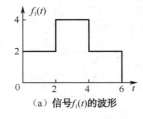

（a）信号 $f_1(t)$ 的波形

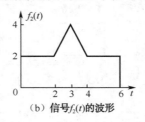

（b）信号 $f_2(t)$ 的波形

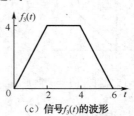

（c）信号 $f_3(t)$ 的波形

题图 2.2-1　练习 2.2-1 信号波形

2.2-2　计算下列各式。

1）$\int_{-\infty}^{\infty} (4 - t^2)\delta(t + 3)dt$　　2）$\int_{-2}^{6} (4 - t^2)\delta(t + 3)dt$　　3）$\int_{-\infty}^{10} \frac{\sin(3t)}{t}\delta(t)dt$

4）$\int_{-2}^{6} (4 - t^2)\delta'(t - 4)dt$　　5）$\int_{-\infty}^{\infty} (t^3 + 3)\delta(1 - t)dt$

2.2-3　画出下列信号的波形。

1）$\delta\left(2t^2 - \frac{1}{2}\right)$　　2）$\delta(\sin t)$

2.3   连续信号的卷积积分

卷积积分在信号与系统分析中占有极其重要的地位，是连续信号时域分析的重要方法。本节主要介绍连续信号卷积积分的定义和图解，卷积积分的性质将在下一节中介绍。

2.3.1   卷积积分定义

为了便于介绍卷积积分的定义，现将图 2.2-4 所示脉冲信号 $p_n(t)$ 的定义式重写如下：

$$p_n(t) = \begin{cases} \dfrac{n}{2}, & -\dfrac{1}{n} < t < \dfrac{1}{n} \\ 0, & t < -\dfrac{1}{n} \text{ 或 } t > \dfrac{1}{n} \end{cases}$$

若令 $\Delta\tau = \dfrac{2}{n}$，则上式可改写为：

$$p_n(t) = \begin{cases} \dfrac{1}{\Delta\tau}, & -\dfrac{\Delta\tau}{2} < t < \dfrac{\Delta\tau}{2} \\ 0, & t < -\dfrac{\Delta\tau}{2} \text{ 或 } t > \dfrac{\Delta\tau}{2} \end{cases} \tag{2.3-1}$$

其信号波形如图 2.3-1 所示。

现将脉冲信号 $p_n(t)$ 以 $\Delta\tau$ 为周期左右延拓得到信号 $p_n(t - k\Delta\tau)$，$k \in Z$，由式（2.3-1）可知，$p_n(t - k\Delta\tau)\Delta\tau = 1$，即脉冲的强度为 1。若利用脉冲信号 $p_n(t - k\Delta\tau)$ 对任意信号 $f(t)$ 进行分解，可得分解过程如图 2.3-2 所示。由图 2.3-2 可知，信号 $f(t)$ 在 $t = k\Delta\tau$ 时刻的幅值为 $f(k\Delta\tau)$，故 $f(k\Delta\tau)[p_n(t - k\Delta\tau)\Delta\tau]$ 表示在一个脉冲持续时间($\Delta\tau$)内，脉冲的幅值为 $f(k\Delta\tau)$，这样，就可将任意信号 $f(t)$ 近似看成由一系列幅值不同、接入时刻不同的窄脉冲组成，所有这些窄脉冲之和近似等于信号 $f(t)$，即：

$$f(t) \approx \sum_{k=-\infty}^{\infty} f(k\Delta\tau)p_n(t - k\Delta\tau)\Delta\tau$$

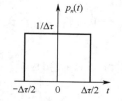

图 2.3-1   信号 $p_n(t)$ 的波形

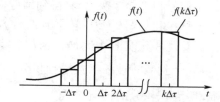

图 2.3-2   信号 $f(t)$ 分解为窄脉冲

在 $\Delta\tau \to 0$ 的极限情况下，将 $\Delta\tau$ 写作 dt，$k\Delta\tau$（即 k 个 $\Delta\tau$）写作 τ，它是时间变量，同时求和符号应改写为积分符号，则 $f(t)$ 可写为：

$$f(t) = \lim_{\Delta\tau \to 0} \sum_{k=-\infty}^{\infty} f(k\Delta\tau)p_n(t - k\Delta\tau)\Delta\tau = \int_{-\infty}^{\infty} f(\tau)\delta(t - \tau)\mathrm{d}\tau$$

一般地，已知定义在区间 $(-\infty, \infty)$ 的两个函数 $f_1(t)$ 和 $f_2(t)$，则定义积分：

$$f(t) = \int_{-\infty}^{\infty} f_1(\tau)f_2(t - \tau)\mathrm{d}\tau$$

为 $f_1(t)$ 与 $f_2(t)$ 的卷积积分，简称卷积，记为：

$$f(t) = f_1(t) * f_2(t)$$

即：

$$f(t) = f_1(t) * f_2(t) = \int_{-\infty}^{\infty} f_1(\tau) f_2(t-\tau) \mathrm{d}\tau \qquad (2.3\text{-}2)$$

需要注意的是，上述积分是在虚设的变量 τ 下进行的，τ 为积分变量，t 为参变量，卷积积分的结果仍为 t 的函数。在计算卷积时，确定积分的上下限是关键。

例 2.3-1 设 $f_1(t) = 3\mathrm{e}^{-2t} u(t)$，$f_2(t) = 2u(t)$，$f_3(t) = 2u(t-2)$，求卷积积分：

1）$f_1(t) * f_2(t)$　　　2）$f_1(t) * f_3(t)$

解： 1）
$$f_1(t) * f_2(t) = \int_{-\infty}^{\infty} 3\mathrm{e}^{-2\tau} u(\tau) \cdot 2u(t-\tau) \mathrm{d}\tau$$

对于 $u(\tau)$，当 $\tau < 0$ 时 $u(\tau) = 0$，故其积分下限可写为 0；

对于 $u(t-\tau)$，当 $t-\tau < 0$，即 $\tau > t$ 时 $u(t-\tau) = 0$，故其积分上限可写为 t；

考虑到 $\tau \in (0,t)$ 时 $u(\tau) = u(t-\tau) = 1$，故有：

$$f_1(t) * f_2(t) = \int_{-\infty}^{\infty} 3\mathrm{e}^{-2\tau} u(\tau) \cdot 2u(t-\tau) \mathrm{d}\tau = 6\int_0^t \mathrm{e}^{-2\tau} \mathrm{d}\tau = 6 \times \left(-\frac{1}{2}\mathrm{e}^{-2\tau}\Big|_0^t \right) = 3(1-\mathrm{e}^{-2t})$$

由于积分上限应该大于积分下限，故上式在 $t>0$ 时成立，故应写为：

$$f_1(t) * f_2(t) = 3(1-\mathrm{e}^{-2t})u(t)$$

2）
$$f_1(t) * f_3(t) = \int_{-\infty}^{\infty} 3\mathrm{e}^{-2\tau} u(\tau) \cdot 2u(t-\tau-2) \mathrm{d}\tau$$

对于 $u(\tau)$，当 $\tau < 0$ 时 $u(\tau) = 0$，故其积分下限可写为 0；

对于 $u(t-\tau-2)$，当 $t-\tau-2 < 0$，即 $\tau > t-2$ 时 $u(t-\tau-2) = 0$，故其积分上限可写为 $t-2$；

考虑到 $\tau \in (0,t-2)$ 时 $u(\tau) = u(t-\tau-2) = 1$，故有：

$$f_1(t) * f_3(t) = \int_{-\infty}^{\infty} 3\mathrm{e}^{-2\tau} u(\tau) \cdot 2u(t-\tau-2) \mathrm{d}\tau = 6\int_0^{t-2} \mathrm{e}^{-2\tau} \mathrm{d}\tau = 3[1-\mathrm{e}^{-2(t-2)}]$$

由于积分上限应该大于积分下限，故上式在 $t-2>0$ 时成立，故应写为：

$$f_1(t) * f_3(t) = 3[1-\mathrm{e}^{-2(t-2)}]u(t-2)$$

2.3.2 卷积的图解过程

图解法求解连续信号卷积积分的过程可分解为如下四个步骤：

① 换元：将信号自变量 t 换为 τ，得到信号 $f_1(\tau)$ 和 $f_2(\tau)$；

② 反转、平移：将信号 $f_2(\tau)$ 反转得到信号 $f_2(-\tau)$，然后平移 t 个单位得到 $f_2(t-\tau)$；

③ 乘积：计算卷积定义式中的被积函数 $f_1(\tau)f_2(t-\tau)$；

④ 积分：从 $-\infty$ 到 ∞ 对被积函数进行积分，即计算积分 $\int_{-\infty}^{\infty} f_1(\tau) \cdot f_2(t-\tau) \mathrm{d}\tau$。

下面举例说明卷积积分的图解过程。

例 2.3-2 求如下函数的卷积积分：$y(t) = f_1(t) * f_2(t)$。

$$f_1(t) = \begin{cases} 1, & |t| < 1 \\ 0, & |t| > 1 \end{cases}, \qquad f_2(t) = \frac{t}{2}(0 \leqslant t \leqslant 3)$$

解： 首先画出两个函数的波形分别如图 2.3-3（a）和（b）所示。

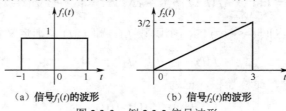

（a）信号 $f_1(t)$ 的波形　　　（b）信号 $f_2(t)$ 的波形

图 2.3-3　例 2.3-2 信号波形

1）对信号 $f_1(t)$，将自变量 t 换为 τ，得到 $f_1(\tau)$，其波形如图 2.3-4 所示。

2）对信号 $f_2(t)$，将自变量 t 换为 τ 并将其反转，得到 $f_2(-\tau)$，其波形如图 2.3-5 所示。

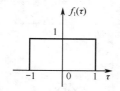

图 2.3-4　信号 $f_1(\tau)$ 的波形

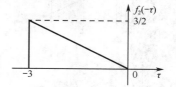

图 2.3-5　信号 $f_2(-\tau)$ 的波形

3）根据参变量 t 的范围，计算被积函数并积分，即求解 $\int_{-\infty}^{\infty} f_1(\tau) \cdot f_2(t-\tau)\mathrm{d}\tau$。

为求解卷积积分，需要首先确定 $f_2(t-\tau)$ 横坐标的起止范围，从而据此划分并确定积分区间。根据图 2.3-5，当 $-\tau = 0$ 时，$t-\tau = t$；当 $-\tau = -3$ 时，$t-\tau = t-3$，故可确定 $f_2(t-\tau)$ 的横坐标范围为 $(t-3, t)$。

（1）当 $t < -1$ 时，两信号波形如图 2.3-6（a）所示，因 $f_1(\tau) \cdot f_2(t-\tau) = 0$，故：
$$y(t) = f_1(t) * f_2(t) = 0$$

（2）当 $-1 < t < 1$ 时，两信号波形如图 2.3-6（b）所示，故：
$$y(t) = \int_{-1}^{t} f_1(\tau) \cdot f_2(t-\tau)\mathrm{d}\tau = \int_{-1}^{t} 1 \cdot \left(\frac{t-\tau}{2}\right)\mathrm{d}\tau = \frac{t}{2}\tau\Big|_{-1}^{t} - \frac{\tau^2}{4}\Big|_{-1}^{t} = \frac{t^2}{4} + \frac{t}{2} + \frac{1}{4}$$

（3）当 $1 < t < 2$ 时，两信号波形如图 2.3-6（c）所示，故：
$$y(t) = \int_{-1}^{1} 1 \cdot \left(\frac{t-\tau}{2}\right)\mathrm{d}\tau = \frac{t}{2}\tau\Big|_{-1}^{1} - \frac{\tau^2}{4}\Big|_{-1}^{1} = t$$

（4）当 $2 < t < 4$ 时，两信号波形如图 2.3-6（d）所示，故：
$$y(t) = \int_{t-3}^{1} 1 \cdot \left(\frac{t-\tau}{2}\right)\mathrm{d}\tau = \frac{t}{2}\tau\Big|_{t-3}^{1} - \frac{\tau^2}{4}\Big|_{t-3}^{1} = -\frac{t^2}{4} + \frac{t}{2} + 2$$

（5）当 $t > 4$ 时，两信号波形如图 2.3-6（e）所示，因 $f_1(\tau) \cdot f_2(t-\tau) = 0$，故：
$$y(t) = f_1(t) * f_2(t) = 0$$

故得卷积积分表达式为：
$$y(t) = \begin{cases} \dfrac{t^2}{4} + \dfrac{t}{2} + \dfrac{1}{4}, & -1 \leqslant t \leqslant 1 \\ t, & 1 \leqslant t \leqslant 2 \\ -\dfrac{t^2}{4} + \dfrac{t}{2} + 2, & 2 \leqslant t \leqslant 4 \\ 0, & t < -1 \text{或} t > 4 \end{cases}$$

其波形如图 2.3-6（f）所示。

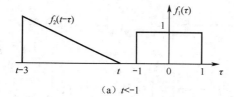
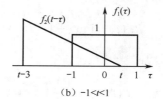

（a）$t < -1$　　　　　　　　　　　（b）$-1 < t < 1$

图 2.3-6　卷积积分过程

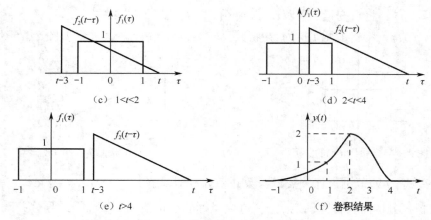

(c) $1<t<2$ 　　　　　 (d) $2<t<4$

(e) $t>4$ 　　　　　 (f) **卷积结果**

图 2.3-6　卷积积分过程（续）

　　图解法一般比较繁琐，但在只求某一时刻卷积值时还是比较方便的。

2.3.3　相关函数

　　相关函数是鉴别信号的有力工具，被广泛应用于雷达回波的识别，通信同步信号的识别等领域。相关是一种与卷积类似的运算，下面给出相关函数的概念。

　　如果 $f_1(t)$ 与 $f_2(t)$ 是实能量信号，则它们之间的互相关函数定义为：

$$R_{12}(\tau) = \int_{-\infty}^{\infty} f_1(t)f_2(t-\tau)\mathrm{d}t = \int_{-\infty}^{\infty} f_1(t+\tau)f_2(t)\mathrm{d}t \qquad (2.3\text{-}3)$$

$$R_{21}(\tau) = \int_{-\infty}^{\infty} f_1(t-\tau)f_2(t)\mathrm{d}t = \int_{-\infty}^{\infty} f_1(t)f_2(t+\tau)\mathrm{d}t \qquad (2.3\text{-}4)$$

　　可见，相关函数是两信号之间时间差 τ 的函数，因此相关运算可用来比较某一信号与另一延时 τ 的信号的相似程度。一般情况下 $R_{12}(\tau) \neq R_{21}(\tau)$，故式（2.3-3）与式（2.3-4）中下标 1 和 2 的顺序不能互换。

　　如果 $f_1(t)$ 与 $f_2(t)$ 是同一信号，即 $f_1(t) = f_2(t) = f(t)$，则可以得到信号 $f(t)$ 的自相关函数，用 $R(\tau)$ 表示：

$$R(\tau) = \int_{-\infty}^{\infty} f(t)f(t-\tau)\mathrm{d}t = \int_{-\infty}^{\infty} f(t+\tau)f(t)\mathrm{d}t \qquad (2.3\text{-}5)$$

不难看出，$R(\tau) = R(-\tau)$。

　　由相关函数和卷积积分的定义式，可知相关和卷积的关系如下：

$$R_{12}(t) = \int_{-\infty}^{\infty} f_1(\tau)f_2(\tau-t)\mathrm{d}\tau = \int_{-\infty}^{\infty} f_1(\tau)f_2[-(t-\tau)]\mathrm{d}\tau = f_1(t) * f_2(-t) \qquad (2.3\text{-}6)$$

　　如果 $f_1(t)$ 与 $f_2(t)$ 是实功率信号，则此时相关函数的定义为：

$$R_{12}(\tau) = \lim_{T \to \infty}\left[\frac{1}{T}\int_{-\frac{T}{2}}^{\frac{T}{2}} f_1(t)f_2(t-\tau)\mathrm{d}t\right] = \lim_{T \to \infty}\left[\frac{1}{T}\int_{-\frac{T}{2}}^{\frac{T}{2}} f_1(t+\tau)f_2(t)\mathrm{d}t\right] \qquad (2.3\text{-}7)$$

$$R_{21}(\tau) = \lim_{T \to \infty}\left[\frac{1}{T}\int_{-\frac{T}{2}}^{\frac{T}{2}} f_2(t)f_1(t-\tau)\mathrm{d}t\right] = \lim_{T \to \infty}\left[\frac{1}{T}\int_{-\frac{T}{2}}^{\frac{T}{2}} f_2(t+\tau)f_1(t)\mathrm{d}t\right] \qquad (2.3\text{-}8)$$

　　自相关函数为：

$$R(\tau) = \lim_{T \to \infty}\left[\frac{1}{T}\int_{-\frac{T}{2}}^{\frac{T}{2}} f(t)f(t-\tau)\mathrm{d}t\right] = \lim_{T \to \infty}\left[\frac{1}{T}\int_{-\frac{T}{2}}^{\frac{T}{2}} f(t+\tau)f(t)\mathrm{d}t\right] \qquad (2.3\text{-}9)$$

　　与卷积类似，也可以用图解的方法计算相关函数，其也包含了移位、相乘和积分三个步骤，与卷积不同的是参与相关运算的两个函数均不进行反转。

练习题

2.3-1 已知 $f_1(t) = 2[u(t) - u(t-1)]$，$f_2(t) = \sin(\pi t)[u(t) - u(t-1)]$，用定义法求解 $f_1(t) * f_2(t)$。

2.3-2 已知 $f_1(t) = 2u(t-1) + u(1-t)$，$f_2(t) = e^{-(t+1)}u(t+1)$，用图解法求解 $f_1(t) * f_2(t)$。

2.3-3 已知 $f_1(t) = u(t+1)$，$f_2(t) = \sin(t)u(t)$ 且 $f(t) = f_1(t) * f_2(t)$，用图解法求 $f(2)$ 的值。

2.4 卷积积分的性质

卷积积分是一种数学运算，它有许多重要的性质（或运算规则），灵活地运用它们能简化卷积运算。下面的讨论均假设卷积积分是收敛的，即卷积积分存在。

2.4.1 卷积的代数运算性质

卷积积分满足交换律、分配律和结合律。

1. 交换律

$$f_1(t) * f_2(t) = f_2(t) * f_1(t) \tag{2.4-1}$$

证明：由式（2.3-2）：

$$f_1(t) * f_2(t) = \int_{-\infty}^{\infty} f_1(\tau) f_2(t-\tau) \mathrm{d}\tau$$

令 $t - \tau = x$，则 $\tau = t - x$，可得：

$$f_1(t) * f_2(t) = -\int_{\infty}^{-\infty} f_1(t-x) f_2(x) \mathrm{d}x = \int_{-\infty}^{\infty} f_2(x) f_1(t-x) \mathrm{d}x = f_2(t) * f_1(t)$$

由于积分表示曲线与坐标轴所围成的面积，故卷积交换律的几何意义是对任意时刻 t，乘积函数 $f_1(\tau) \cdot f_2(t-\tau)$ 曲线下的面积与 $f_2(\tau) \cdot f_1(t-\tau)$ 下的面积相等。

2. 分配律

$$f_1(t) * [f_2(t) + f_3(t)] = f_1(t) * f_2(t) + f_1(t) * f_3(t) \tag{2.4-2}$$

证明：由式（2.3-2）得：

$$
\begin{aligned}
f_1(t) * [f_2(t) + f_3(t)] &= \int_{-\infty}^{\infty} f_1(\tau)[f_2(t-\tau) + f_3(t-\tau)] \mathrm{d}\tau \\
&= \int_{-\infty}^{\infty} f_1(\tau) f_2(t-\tau) \mathrm{d}\tau + \int_{-\infty}^{\infty} f_1(\tau) f_3(t-\tau) \mathrm{d}\tau \\
&= f_1(t) * f_2(t) + f_1(t) * f_3(t)
\end{aligned}
$$

3. 结合律

$$[f_1(t) * f_2(t)] * f_3(t) = f_1(t) * [f_2(t) * f_3(t)] \tag{2.4-3}$$

证明：由式（2.3-2）得：

$$[f_1(t) * f_2(t)] * f_3(t) = \int_{-\infty}^{\infty} \left[\int_{-\infty}^{\infty} f_1(\tau) f_2(x-\tau) \mathrm{d}\tau \right] f_3(t-x) \mathrm{d}x$$

令 $x - \tau = \eta$ 并交换积分次序，得：

$$[f_1(t) * f_2(t)] * f_3(t) = \int_{-\infty}^{\infty} f_1(\tau) \left[\int_{-\infty}^{\infty} f_2(\eta) f_3(t-\tau-\eta) \mathrm{d}\eta \right] \mathrm{d}\tau = f_1(t) * [f_2(t) * f_3(t)]$$

2.4.2 奇异信号的卷积性质

现考虑冲激信号和普通信号的卷积积分。由式（2.3-2）及冲激信号的取样性质和卷积的交换律，可得：

$$f(t) * \delta(t) = \delta(t) * f(t) = \int_{-\infty}^{\infty} \delta(\tau) \cdot f(t-\tau) \mathrm{d}\tau = f(t)$$

即：

$$f(t) * \delta(t) = \delta(t) * f(t) = f(t) \tag{2.4-4}$$

令 $f(t) = \delta(t)$，则根据式（2.4-4）可得推论1：

$$\delta(t) * \delta(t) = \delta(t) \tag{2.4-5}$$

式（2.4-4）和式（2.4-5）表明：信号（普通信号或冲激信号）与冲激信号的卷积结果是其本身。

现将式（2.4-4）中的冲激信号平移 t_1，可得推论2：

$$f(t) * \delta(t-t_1) = \delta(t-t_1) * f(t) = f(t-t_1) \tag{2.4-6}$$

式（2.4-4）和式（2.4-6）的波形分别如图 2.4-1（a）、（b）所示。

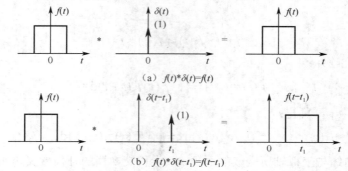

图 2.4-1　普通信号与冲激信号的卷积

令 $f(t) = \delta(t-t_2)$，则根据式（2.4-6）可得推论3：

$$\delta(t-t_2) * \delta(t-t_1) = \delta(t-t_1) * \delta(t-t_2) = \delta(t-t_1-t_2) \tag{2.4-7}$$

根据式（2.4-6）还可得出推论4：

$$f(t-t_2) * \delta(t-t_1) = f(t-t_1) * \delta(t-t_2) = f(t-t_1-t_2) \tag{2.4-8}$$

式（2.4-8）的波形如图 2.4-2 所示。

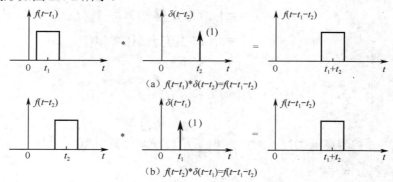

图 2.4-2　延时信号与延时冲激信号的卷积

若 $f(t) = f_1(t) * f_2(t)$，则根据式（2.4-6），有：

$$f_1(t-t_1) * f_2(t-t_2) = [f_1(t) * \delta(t-t_1)] * [f_2(t) * \delta(t-t_2)]$$
$$= [f_1(t) * \delta(t-t_2)] * [f_2(t) * \delta(t-t_1)]$$

$$= f_1(t - t_2) * f_2(t - t_1)$$

并且有

$$f_1(t - t_1) * f_2(t - t_2) = [f_1(t) * \delta(t - t_1)] * [f_2(t) * \delta(t - t_2)]$$
$$= f_1(t) * f_2(t) * \delta(t - t_1) * \delta(t - t_2)$$
$$= f(t) * \delta(t - t_1 - t_2)$$
$$= f(t - t_1 - t_2)$$

所以可得推论 5：

若：

$$f(t) = f_1(t) * f_2(t)$$

则：

$$f_1(t - t_1) * f_2(t - t_2) = f_1(t - t_2) * f_2(t - t_1) = f(t - t_1 - t_2) \tag{2.4-9}$$

式（2.4-9）的波形如图 2.4-3 所示。

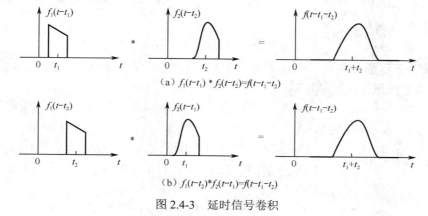

（a）$f_1(t-t_1) * f_2(t-t_2) = f(t-t_1-t_2)$

（b）$f_1(t-t_2) * f_2(t-t_1) = f(t-t_1-t_2)$

图 2.4-3　延时信号卷积

2.4.3　卷积的微积分性质

1. 微分性质

若：

$$f(t) = f_1(t) * f_2(t) = f_2(t) * f_1(t)$$

则：

$$\frac{\mathrm{d}f(t)}{\mathrm{d}t} = f'(t) = f_1'(t) * f_2(t) = f_1(t) * f_2'(t) \tag{2.4-10}$$

推广到 n 阶导数，有：

$$f^{(n)}(t) = f_1^{(n)}(t) * f_2(t) = f_1(t) * f_2^{(n)}(t) \tag{2.4-11}$$

2. 积分性质

若：

$$f(t) = f_1(t) * f_2(t) = f_2(t) * f_1(t)$$

则：

$$f^{(-1)}(t) = f_1^{(-1)}(t) * f_2(t) = f_1(t) * f_2^{(-1)}(t) \tag{2.4-12}$$

推广到 n 次积分，有：

$$f^{(-n)}(t) = f_1^{(-n)}(t) * f_2(t) = f_1(t) * f_2^{(-n)}(t) \tag{2.4-13}$$

3. 微积分性质

由式（2.4-10）和式（2.4-12），有：

$$f(t) = f_1^{(1)}(t) * f_2^{(-1)}(t) = f_1^{(-1)}(t) * f_2^{(1)}(t) \tag{2.4-14}$$

式（2.4-14）成立的条件是对 $f_1(t) * f_2(t)$ 进行一次微分和一次积分后仍能还原为 $f_1(t) * f_2(t)$。

由于：

$$\int_{-\infty}^{t} \frac{\mathrm{d}[f_1(\tau) * f_2(\tau)]}{\mathrm{d}\tau} \mathrm{d}\tau = f_1(t) * f_2(t) - \lim_{t \to -\infty}[f_1(t) * f_2(t)]$$

故必须使 $\lim_{t \to -\infty}[f_1(t) * f_2(t)] = 0$，才能使得对 $f_1(t) * f_2(t)$ 进行一次微分和一次积分后仍能还原为 $f_1(t) * f_2(t)$。

若：

$$f_1(-\infty) = f_2(-\infty) = 0 \tag{2.4-15}$$

则有 $\lim_{t \to -\infty}[f_1(t) * f_2(t)] = 0$，故式（2.4-15）可以看作是式（2.4-14）成立的条件。

用类似的推导还可得：

$$f^{(i)}(t) = f_1^{(j)}(t) * f_2^{(i-j)}(t) \tag{2.4-16}$$

式中，当 i 或 j 取正整数时表示导数的阶数，取负整数时表示积分的次数。式（2.4-16）表明了卷积的高阶导数和多重积分的运算规则。

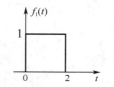

图 2.4-4　信号 $f_1(t)$ 的波形

例 2.4-1　已知信号 $f_1(t)$ 如图 2.4-4 所示，$f_2(t) = \mathrm{e}^{-t}u(t)$，计算 $f_1(t) * f_2(t)$。

解：由图 2.4-4 及信号 $f_2(t)$ 的表达式可知：$f_1(-\infty) = f_2(-\infty) = 0$，故可以利用卷积的微积分联合应用性质求解。

依题意，有：

$$f_1'(t) = \delta(t) - \delta(t-2)$$

$$f_2^{(-1)}(t) = \int_{-\infty}^{t} \mathrm{e}^{-\tau}u(\tau)\mathrm{d}\tau = \int_{0}^{t} \mathrm{e}^{-\tau}\mathrm{d}\tau = (1 - \mathrm{e}^{-t})u(t)$$

由式（2.4-14），得：

$$f_1(t) * f_2(t) = f_1'(t) * f_2^{(-1)}(t) = [\delta(t) - \delta(t-2)] * (1 - \mathrm{e}^{-t})u(t) = (1 - \mathrm{e}^{-t})u(t) - [1 - \mathrm{e}^{-(t-2)}]u(t-2)$$

例 2.4-2　已知信号 $f_1(t) = 1$，$f_2(t) = \mathrm{e}^{-2t}u(t)$，计算 $f_1(t) * f_2(t)$。

解：根据卷积定义及交换律，有：

$$f_1(t) * f_2(t) = f_2(t) * f_1(t) = \int_{-\infty}^{\infty} f_2(\tau)f_1(t-\tau)\mathrm{d}\tau = \int_{-\infty}^{\infty} \mathrm{e}^{-2\tau}u(\tau)\mathrm{d}\tau = \int_{0}^{\infty} \mathrm{e}^{-2\tau}\mathrm{d}\tau = \frac{1}{2}$$

注意：由于 $f_1(t)=1$，所以 $f_1(-\infty) = 1 \neq 0$，从而不满足式（2.4-15）。因此，本题不能利用卷积的微积分联合应用性质求解。实际上，如果利用了该性质，则会出现如下错误的结果：

$$f_1(t) * f_2(t) = f_1^{(1)}(t) * f_2^{(-1)}(t) = 0 * f_2^{(-1)}(t) = 0$$

2.4.4　几个重要性质

1. 任意时间信号与冲激偶信号的卷积积分

任意时间信号与冲激偶信号的卷积积分为：

$$f(t) * \delta'(t) = f'(t) * \delta(t) = f'(t) \tag{2.4-17}$$

证明：$f(t) * \delta'(t) = \delta'(t) * f(t) = \int_{-\infty}^{\infty} \delta'(\tau) \cdot f(t-\tau)\mathrm{d}\tau = f'(t)$。

即任意信号 $f(t)$ 与冲激偶信号 $\delta'(t)$ 的卷积，相当于对信号 $f(t)$ 进行一次微分。

推论 1：

$$f(t) * \delta^{(n)}(t) = f^{(n)}(t) \qquad (2.4\text{-}18)$$

推论 2：

$$f(t) * \delta^{(n)}(t - t_1) = f^{(n)}(t - t_1) \qquad (2.4\text{-}19)$$

2. 任意时间信号与阶跃信号的卷积

任意时间信号与阶跃信号的卷积为：

$$f(t) * u(t) = \int_{-\infty}^{\infty} f(\tau) \cdot u(t - \tau) \mathrm{d}\tau = \int_{-\infty}^{t} f(\tau) \mathrm{d}\tau \qquad (2.4\text{-}20)$$

$$f(t) * u(t - t_1) = \int_{-\infty}^{\infty} f(\tau) \cdot u(t - t_1 - \tau) \mathrm{d}\tau = \int_{-\infty}^{t - t_1} f(\tau) \mathrm{d}\tau \qquad (2.4\text{-}21)$$

即任意信号 $f(t)$ 与阶跃信号 $u(t)$ 的卷积，相当于对信号 $f(t)$ 进行一次积分。

推论：

$$u(t) * u(t) = \int_{-\infty}^{t} u(\tau) \mathrm{d}\tau * u'(t) = \int_{0}^{t} 1 \mathrm{d}\tau u(t) * \delta(t) = \int_{0}^{t} 1 \mathrm{d}\tau u(t) = t u(t) \qquad (2.4\text{-}22)$$

综上所述，求解卷积积分的方法主要有三种：定义法、图解法和性质法。其中，定义法对于容易求积分的函数比较有效，如指数函数、多项式函数等；图解法特别适用于求某时刻点上的卷积值；性质法使用比较灵活。在实际求解卷积积分时，三种方法常常结合起来使用。

例 2.4-3 求图 2.4-5 中信号 $f_1(t)$ 与 $f_2(t)$ 的卷积，并作图。

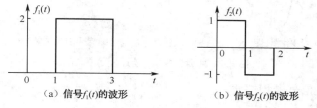

（a）信号$f_1(t)$的波形　　　　　　（b）信号$f_2(t)$的波形

图 2.4-5　例 2.4-3 信号波形

解：本题有若干种求解方法，下面给出主要的四种解法。

解法一：定义法。

根据图 2.4-5 写出信号表达式：

$$f_1(t) = 2u(t-1) - 2u(t-3), \quad f_2(t) = u(t) - 2u(t-1) + u(t-2)$$

根据卷积定义式及卷积交换律，有：

$$f_1(t) * f_2(t) = f_2(t) * f_1(t) = \int_{-\infty}^{\infty} f_2(\tau) f_1(t - \tau) \mathrm{d}\tau$$

$$= \int_{-\infty}^{\infty} [u(\tau) - 2u(\tau - 1) + u(\tau - 2)][2u(t - \tau - 1) - 2u(t - \tau - 3)] \mathrm{d}\tau$$

$$= \int_{-\infty}^{\infty} [2u(t - \tau - 1)u(\tau) - 4u(t - \tau - 1)u(\tau - 1) + 2u(t - \tau - 1)u(\tau - 2)$$

$$- 2u(t - \tau - 3)u(\tau) + 4u(t - \tau - 3)u(\tau - 1) - 2u(t - \tau - 3)u(\tau - 2)] \mathrm{d}\tau$$

$$= \int_{-\infty}^{\infty} 2u(t - \tau - 1)u(\tau) \mathrm{d}\tau - \int_{-\infty}^{\infty} 4u(t - \tau - 1)u(\tau - 1) \mathrm{d}\tau + \int_{-\infty}^{\infty} 2u(t - \tau - 1)u(\tau - 2) \mathrm{d}\tau$$

$$- \int_{-\infty}^{\infty} 2u(t - \tau - 3)u(\tau) \mathrm{d}\tau + \int_{-\infty}^{\infty} 4u(t - \tau - 3)u(\tau - 1) \mathrm{d}\tau - \int_{-\infty}^{\infty} 2u(t - \tau - 3)u(\tau - 2) \mathrm{d}\tau$$

考虑到：

$\tau < 0$ 时 $u(\tau) = 0$，$\tau > t - 1$ 时 $u(t - \tau - 1) = 0$；

$\tau < 1$ 时 $u(\tau - 1) = 0$，$\tau > t - 1$ 时 $u(t - \tau - 1) = 0$；

$\tau < 2$ 时 $u(\tau-2)=0$ ， $\tau > t-1$ 时 $u(t-\tau-1)=0$ ；

$\tau < 0$ 时 $u(\tau)=0$ ， $\tau > t-3$ 时 $u(t-\tau-3)=0$ ；

$\tau < 1$ 时 $u(\tau-1)=0$ ， $\tau > t-3$ 时 $u(t-\tau-3)=0$ ；

$\tau < 2$ 时 $u(\tau-2)=0$ ， $\tau > t-3$ 时 $u(t-\tau-3)=0$ 。

故上式可写为：

$$f_1(t)*f_2(t)=\int_0^{t-1}2\mathrm{d}\tau-\int_1^{t-1}4\mathrm{d}\tau+\int_2^{t-1}2\mathrm{d}\tau-\int_0^{t-3}2\mathrm{d}\tau+\int_1^{t-3}4\mathrm{d}\tau-\int_2^{t-3}2\mathrm{d}\tau$$

注意到积分上限大于下限，则有：

$$\begin{aligned}f_1(t)*f_2(t)&=2(t-1)u(t-1)-4[(t-1)-1]u(t-2)+2[(t-1)-2]u(t-3)\\&\quad-2(t-3)u(t-3)+4[(t-3)-1]u(t-4)-2[(t-3)-2]u(t-5)\\&=2(t-1)u(t-1)-4(t-2)u(t-2)+4(t-4)u(t-4)-2(t-5)u(t-5)\end{aligned}$$

由信号表达式分段画图（如图 2.4-6（a）所示），然后求和可得计算结果如图 2.4-6（b）所示。

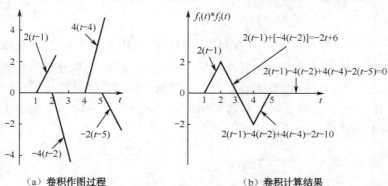

（a）卷积作图过程　　　　　　　　　（b）卷积计算结果

图 2.4-6　例 2.4-3 解题过程示意图

解法二：利用延时信号卷积性质。

根据图 2.4-5 写出信号表达式：

$$f_1(t)=2u(t-1)-2u(t-3)，\quad f_2(t)=u(t)-2u(t-1)+u(t-2)$$

故有：

$$\begin{aligned}f_1(t)*f_2(t)&=[2u(t-1)-2u(t-3)]*[u(t)-2u(t-1)+u(t-2)]\\&=2u(t-1)*u(t)-4u(t-1)*u(t-1)+2u(t-1)*u(t-2)\\&\quad-2u(t-3)*u(t)+4u(t-3)*u(t-1)-2u(t-3)*u(t-2)\end{aligned}$$

考虑到 $u(t)*u(t)=tu(t)$ 及式（2.4-9），得：

$$\begin{aligned}f_1(t)*f_2(t)&=2(t-1)u(t-1)-4(t-2)u(t-2)+2(t-3)u(t-3)\\&\quad-2(t-3)u(t-3)+4(t-4)u(t-4)-2(t-5)u(t-5)\\&=2(t-1)u(t-1)-4(t-2)u(t-2)+4(t-4)u(t-4)-2(t-5)u(t-5)\end{aligned}$$

作图过程及结果如图 2.4-6 所示。

解法三：微积分性质联合应用。

根据图 2.4-5，可知： $f_1(-\infty)=f_2(-\infty)=0$ ，故满足微积分性质联合应用的条件，可用该性质求解。

根据图 2.4-5 写出信号表达式：

$$f_1(t)=2u(t-1)-2u(t-3)，\quad f_2(t)=u(t)-2u(t-1)+u(t-2)$$

对 $f_1(t)=2[u(t-1)-u(t-3)]$ 求导，得：

$$f_1'(t)=2[\delta(t-1)-\delta(t-3)]$$

对 $f_2(t) = u(t) - 2u(t-1) + u(t-2)$ 积分，得：

$$f_2^{(-1)}(t) = tu(t) - 2(t-1)u(t-1) + (t-2)u(t-2)$$
$$= tu(t) - 2tu(t-1) + 2u(t-1) + tu(t-2) - 2u(t-2)$$
$$= t[u(t) - u(t-1)] - t[u(t-1) - u(t-2)] + 2[u(t-1) - u(t-2)]$$

其波形如图 2.4-7（a）和（b）所示。

根据式（2.4-14），有：

$$f_1(t) * f_2(t) = f_1^{(1)}(t) * f_2^{(-1)}(t) = 2\delta(t-1) * f_2^{(-1)}(t) - 2\delta(t-3) * f_2^{(-1)}(t)$$
$$= 2f_2^{(-1)}(t-1) - 2f_2^{(-1)}(t-3)$$

由此可画出卷积波形如图 2.4-7（c）所示。

将 $f_2^{(-1)}(t)$ 的表达式带入上式可得卷积表达式为：

$$f_1(t) * f_2(t) = 2(t-1)u(t-1) - 4(t-2)u(t-2) + 4(t-4)u(t-4) - 2(t-5)u(t-5)$$

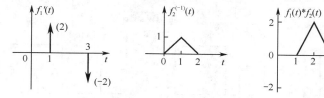

（a）信号 $f_1'(t)$ 的波形　　（b）信号 $f_2^{(-1)}(t)$ 的波形　　（c）卷积结果波形

图 2.4-7　解法三求解过程示意图

解法四：图解法。

根据卷积交换律，由于信号 $f_1(t)$ 较 $f_2(t)$ 简单，故对 $f_1(t)$ 反转平移。

1）对信号 $f_2(t)$，将自变量 t 换为 τ，得到 $f_2(\tau)$，其波形如图 2.4-8 所示。

2）对信号 $f_1(t)$，将自变量 t 换为 τ 并将其反转，得到 $f_1(-\tau)$，其波形如图 2.4-9 所示。

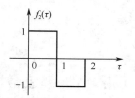

图 2.4-8　信号 $f_2(\tau)$ 的波形

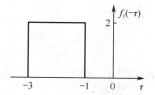

图 2.4-9　信号 $f_1(-\tau)$ 的波形

3）根据参变量 t 的范围，计算被积函数并积分，即求解 $\int_{-\infty}^{\infty} f_2(\tau) \cdot f_1(t-\tau) \mathrm{d}\tau$。

为求解卷积积分，需要首先确定 $f_1(t-\tau)$ 横坐标的起止范围，从而据此划分并确定积分区间。根据图 2.4-9，当 $-\tau = -1$ 时，$t-\tau = t-1$；当 $-\tau = -3$ 时，$t-\tau = t-3$，故可确定 $f_1(t-\tau)$ 的横坐标范围为 $(t-3, t-1)$。

（1）当 $t-1 < 0$，即 $t < 1$ 时，两信号波形如图 2.4-10（a）所示，因 $f_2(\tau)f_1(t-\tau) = 0$，故：

$$f_1(t) * f_2(t) = 0$$

（2）当 $0 < t-1 < 1$，即 $1 < t < 2$ 时，两信号波形如图 2.4-10（b）所示，故：

$$\int_0^{t-1} f_2(\tau)f_1(t-\tau)\mathrm{d}\tau = \int_0^{t-1} 2\mathrm{d}\tau = 2t - 2$$

（3）当 $1 < t-1 < 2$，即 $2 < t < 3$ 时，两信号波形如图 2.4-10（c）所示，故：

$$\int_0^{t-1} f_2(\tau)f_1(t-\tau)\mathrm{d}\tau = \int_0^1 2\mathrm{d}\tau + \int_1^{t-1} (-2)\mathrm{d}\tau = -2t + 6$$

（4）当 $2<t-1<3$，即 $3<t<4$ 时，两信号波形如图 2.4-10（d）所示，故：

$$\int_{t-3}^{2} f_2(\tau) f_1(t-\tau) \mathrm{d}\tau = \int_{t-3}^{1} 2\mathrm{d}\tau + \int_{1}^{2} (-2)\mathrm{d}\tau = -2t + 6$$

（5）当 $3<t-1<4$，即 $4<t<5$ 时，两信号波形如图 2.4-10（e）所示，故：

$$\int_{t-3}^{2} f_2(\tau) f_1(t-\tau) \mathrm{d}\tau = \int_{t-3}^{2} (-2)\mathrm{d}\tau = 2t - 10$$

（6）当 $t-1>4$，即 $t>5$ 时，两信号波形如图 2.4-10（f）所示，因 $f_2(\tau)f_1(t-\tau)=0$，故：

$$f_1(t) * f_2(t) = 0$$

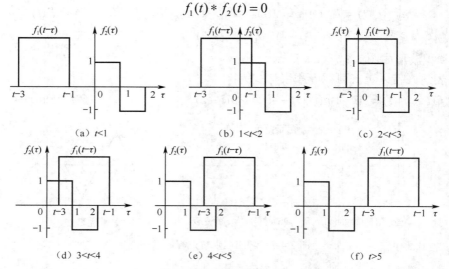

（a）$t<1$　　　　（b）$1<t<2$　　　　（c）$2<t<3$

（d）$3<t<4$　　　　（e）$4<t<5$　　　　（f）$t>5$

图 2.4-10　卷积图解过程

所以可得：

$$f_1(t) * f_2(t) = \begin{cases} 2t-2, & 1 \leqslant t \leqslant 2 \\ -2t+6, & 2 \leqslant t \leqslant 4 \\ 2t-10, & 4 \leqslant t \leqslant 5 \\ 0, & 其他 \end{cases}$$

即：

$$f_1(t) * f_2(t) = 2(t-1)u(t-1) - 4(t-2)u(t-2) + 4(t-4)u(t-4) - 2(t-5)u(t-5)$$

作图过程及结果如图 2.4-6 所示。

练习题

2.4-1　计算卷积：$[u(t)-u(t-1)]*u(t)$。

2.4-2　已知 $f_1(t) = \left[u\left(t+\dfrac{1}{2}\right) - u\left(t-\dfrac{1}{2}\right)\right] * \left[u\left(t+\dfrac{1}{2}\right) - u\left(t-\dfrac{1}{2}\right)\right]$，$f_2(t) = \delta\left(t+\dfrac{1}{2}\right) - \delta\left(t-\dfrac{1}{2}\right)$，求卷积 $f_1(t) * f_2(t)$。

2.4-3　应用卷积微积分性质计算卷积 $f_1(t) * f_2(t)$。

1）$f_1(t) = u(t) - u(t-1)$，$f_2(t) = u(t) - u(t-2)$　　2）$f_1(t) = u(t)$，$f_2(t) = u(t-1)$

2.5　本 章 小 结

本章首先介绍了连续信号的基本运算，主要包括加法和乘法、微积分、反转、平移和尺度变换等内容。之后介绍了几种典型的连续信号，其中重点介绍了阶跃信号和冲激信号。最后对在连续信号的时域分析中占有极其重要地位的卷积积分进行了详细介绍。连续信号的基本运算、阶跃信号和冲激信号的定义和性质以及卷积积分的定义和性质均需读者认真加以揣摩。

具体来讲，本章主要介绍了：

① 信号的加（减）法和乘法。重点是理解同一瞬时两函数值对应相加（减）和相乘。

② 信号的微积分。读者需要了解信号微积分的定义及其在信号处理中的作用。

③ 信号的平移、反转和尺度变换。重点理解任意一种操作均是针对自变量进行的，并能够熟练地进行正向变换 $f(t) \rightarrow f(at+b)$ 和逆向变换 $f(at+b) \rightarrow f(t)$。

④ 阶跃信号的定义和性质。读者应能够利用阶跃信号书写信号表达式以及根据信号表达式画出信号的波形。

⑤ 冲激信号的定义和性质。重点理解冲激信号定义，尤其是 $t=0$ 时刻冲激信号的幅值和强度，深入理解冲激信号和阶跃信号的关系，并熟练掌握和运用冲激信号的性质。

⑥ 卷积积分的定义、图解和性质。重点理解卷积积分的定义，并深刻理解卷积的图解过程。同时，应能够熟练掌握卷积积分的性质，尤其需要深入理解并熟练掌握卷积的微积分性质和奇异信号的卷积特性。

本章的主要知识脉络如图 2.5-1 所示。

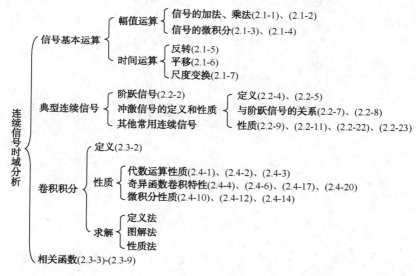

图 2.5-1　本章知识脉络示意图

练习题答案

2.1-1　1）

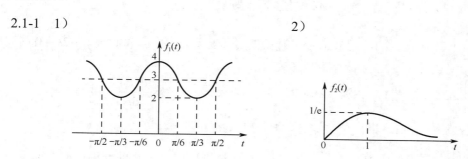

2）

3）

4）

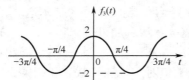

2.1-2

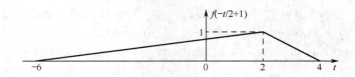

2.1-3

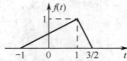

2.2-1 $f_1(t) = 2g_6(t-3) + 2g_2(t-3)$ 或 $f_1(t) = 2u(t) + 2u(t-2) - 2u(t-4) - 2u(t-6)$

$f_2(t) = 2g_6(t-3) + (2t-4)u(t-2) + (12-4t)u(t-3) + (2t-8)u(t-4)$

或 $f_2(t) = 2u(t) + (2t-4)u(t-2) + (12-4t)u(t-3) + (2t-8)u(t-4) - 2u(t-6)$

$f_3(t) = 2tu(t) + (4-2t)u(t-2) + (8-2t)u(t-4) + (2t-12)u(t-6)$

2.2-2   1）-5 2）0 3）3 4）8 5）4

2.2-3   1）   2）

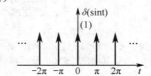

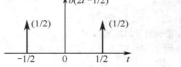

2.3-1 $\dfrac{2}{\pi}[1-\cos(\pi t)][u(t)-u(t-2)]$

2.3-2 $u(-t) + (2 - e^{-t})u(t)$

2.3-3 $1 - \cos(3)$

2.4-1 $tu(t) - (t-1)u(t-1)$

2.4-2 $\left(t + \dfrac{3}{2}\right)u\left(t + \dfrac{3}{2}\right) - \left(3t + \dfrac{3}{2}\right)u\left(t + \dfrac{1}{2}\right) + \left(3t - \dfrac{3}{2}\right)u\left(t - \dfrac{1}{2}\right) - \left(t - \dfrac{3}{2}\right)u\left(t - \dfrac{3}{2}\right)$

2.4-3   1）$tu(t) - (t-1)u(t-1) - (t-2)u(t-2) + (t-3)u(t-3)$ 2）$(t-1)u(t-1)$

本 章 习 题

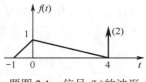

题图 2.1   信号 $f(t)$ 的波形

2.1   已知信号 $f(t)$ 的波形如题图 2.1 所示，试画出 $f(-2t-3)$ 的波形。

2.2   计算下列各式。

1）$e^t \delta(t-2)$ 2）若 $f(t) = e^{-2t}u(t)$，求 $\dfrac{df(t)}{dt}$

3）$\displaystyle\int_{-4}^{4} e^{-2t}\delta'(t-2)dt$ 4）$\displaystyle\int_{0}^{10} t^2\delta(2t-2)dt$

2.3   已知 $\dfrac{df(t)}{dt} = 3\displaystyle\sum_{k=-\infty}^{\infty}\delta(t-2k) - 3\displaystyle\sum_{k=-\infty}^{\infty}\delta(t-2k-1)$，试画出信号 $f(t)$ 的一种可能波形。

2.4 画出下列信号的波形。

1）$f(t) = u(t^2 - 1)$ 2）$f(t) = \delta(t^2 - 4)$

2.5 考虑一个周期信号 $f(t) = \begin{cases} 1, & 0 \le t \le 1 \\ -2, & 1 < t < 2 \end{cases}$，周期为 $T=2$。已知 $g(t) = \sum_{k=-\infty}^{\infty} \delta(t - 2k)$，可以证

明 $\dfrac{\mathrm{d}f(t)}{\mathrm{d}t} = A_1 g(t - t_1) + A_2 g(t - t_2)$，求 A_1，t_1，A_2，t_2 的值。

2.6 设 $f(t)$ 是一连续时间信号，并令 $y_1(t) = f(2t)$、$y_2(t) = f\left(\dfrac{t}{2}\right)$，判断以下说法是否正确。

1）若 $f(t)$ 是周期的，$y_1(t)$ 也是周期的。 2）若 $y_1(t)$ 是周期的，$f(t)$ 也是周期的。

3）若 $f(t)$ 是周期的，$y_2(t)$ 也是周期的。 4）若 $y_2(t)$ 是周期的，$f(t)$ 也是周期的。

2.7 计算以下卷积

1）$\mathrm{e}^{-2t} * \delta(t - 2)$ 2）$[\mathrm{e}^{-2t}u(t)] * \delta'(t - 2)$ 3）$\{t[u(t) - u(t - 2)]\} * [u(t) - u(t - 3)]$

2.8 已知 $y(t) = \mathrm{Sa}(t) * \left[\delta\left(t + \dfrac{1}{2}\right) + \delta\left(t - \dfrac{1}{2}\right)\right]$，不计算卷积，求解 $y(0)$ 的值。

2.9 已知 $f(t) * [tu(t)] = (t^2 + \mathrm{e}^{-2t})u(t)$，求 $f(t)$。

2.10 已知 $f(t) = g_1\left(t - \dfrac{1}{2}\right)$，$x(t) = f\left(\dfrac{t}{a}\right)$，$0 < a \le 1$。

1）求解卷积 $y(t) = f(t) * x(t)$ 并画出其波形。

2）若 $\dfrac{\mathrm{d}y(t)}{\mathrm{d}t}$ 仅含有三个不连续点，求 a 的值。

2.11 已知 $f_1(t)$ 和 $f_2(t)$ 的波形如题图 2.2 所示，求解卷积 $f_1(t) * f_2(-t)$。

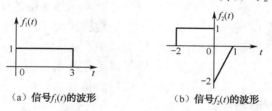

（a）信号$f_1(t)$的波形 （b）信号$f_2(t)$的波形

题图 2.2 习题 2.11 信号波形

2.12 已知 $y(t) = \mathrm{e}^{-t}u(t) * \sum_{k=-\infty}^{\infty} \delta(t - 3k)$，证明：$y(t) = A\mathrm{e}^{-t}$，$0 \le t \le 3$，并求出 A 的值。

2.13 证明 $f(t)\delta''(t) = f(0)\delta''(t) - 2f'(0)\delta'(t) + f''(0)\delta(t)$。

2.14 若 $y(t) = f(t) * h(t)$，证明：

1）当 $a > 0$ 时，$y(at) = af(at) * h(at)$

2）$y(-t) = f(-t) * h(-t)$

第3章　连续信号的频域分析

【内容提要】

本章以正弦信号和虚指数信号（$e^{j\omega t}$）为基本信号，将任意连续信号分解为一系列不同频率的正弦信号或虚指数信号之和，这里用于信号分析的独立变量是频率，故称之为频域分析。频域分析揭示了信号内在的频率特性及其与时间特性的密切关系，从而导出了信号的频谱、带宽等重要概念。

本章首先介绍信号正交的概念，然后依次讨论周期信号的傅里叶级数、非周期信号的傅里叶变换和周期信号的傅里叶变换。读者应重点掌握傅里叶级数和傅里叶变换的定义和性质，并对信号频谱的概念有一个深入的认识。

【重点难点】

★ 周期信号的傅里叶级数及频谱

★ 非周期信号傅里叶变换的定义、性质及频谱

★ 信号的功率谱和能量谱

★ 周期信号的傅里叶变换

3.1　信号的正交分解

数学上对任意函数进行分解，必须保证有一个可以表示该函数的正交、归一的函数族。如果将此用于信号分解上，则可以说一个正交、归一的函数族构成了一个信号空间，这个空间中的任意信号均可用该函数族的线性组合表示。在常用函数中，正交、归一的函数族有很多种：三角函数族、正负复指数函数族、沃尔什函数族等。为了讨论连续信号的频谱，下面引入正交三角函数族和正交复指数函数族，用这些基本的函数来完成任意信号的分解，从而建立频谱的概念，同时解决连续信号时域和频域之间的变换问题。

3.1.1　矢量正交与正交分解

如果矢量 $V_x = (v_{x1}, v_{x2}, v_{x3})$ 与 $V_y = (v_{y1}, v_{y2}, v_{y3})$ 的内积为零，即：

$$<V_x, V_y> = V_x V_y^{\mathrm{T}} = \sum_{i=1}^{3} v_{xi} v_{yi} = 0 \tag{3.1-1}$$

则称这两个矢量正交，其中 V_y^{T} 表示 V_y 的转置。

由两两正交的矢量组成的矢量集合称为正交矢量集，所谓矢量的正交分解就是利用一个正交矢量集的线性组合表示一个矢量。

例如：在三维空间中，由两两正交的矢量 $V_x = (1, 0, 0)$，$V_y = (0, 1, 0)$ 和 $V_z = (0, 0, 1)$ 组成的集合就是一个正交矢量集。一个三维空间的矢量 $A = (2, 5, 8)$，可以用一个三维正交矢量集 $\{V_x, V_y, V_z\}$ 分量的线性组合表示，即：

$$A = 2V_x + 5V_y + 8V_z$$

矢量空间正交分解的概念可推广到信号空间：在信号空间找到若干个相互正交的信号作为基本信号，使得信号空间中任意信号均可以表示成它们的线性组合。

3.1.2 信号正交与正交函数集

定义在区间 (t_1, t_2) 上的两个信号 $\varphi_1(t)$ 和 $\varphi_2(t)$，若满足两信号的内积为零：

$$\int_{t_1}^{t_2} \varphi_1(t)\varphi_2^*(t)\mathrm{d}t = 0 \qquad (3.1\text{-}2)$$

则称信号 $\varphi_1(t)$ 和 $\varphi_2(t)$ 在区间 (t_1, t_2) 内正交。式中，$\varphi_2^*(t)$ 是 $\varphi_2(t)$ 的共轭函数（若两函数均为实函数，则定义式可去掉共轭符号"*"）。

由 n 个函数 $\varphi_1(t), \varphi_2(t), \cdots, \varphi_n(t)$ 构成一个函数集，若这些函数在区间 (t_1, t_2) 内满足：

$$\int_{t_1}^{t_2} \varphi_i(t)\varphi_j^*(t)\mathrm{d}t = \begin{cases} 0, & i \neq j \\ K_i, & i = j \end{cases} \qquad (3.1\text{-}3)$$

则称此函数集为在区间 (t_1, t_2) 上的正交函数集，式中的 K_i 为非零常数。

若在正交函数集 $\{\varphi_1(t), \varphi_2(t), \cdots, \varphi_n(t)\}$ 之外，不存在任何非零函数 $\phi(t)$ 满足：

$$\int_{t_1}^{t_2} \phi^*(t)\varphi_i(t)\mathrm{d}t = 0, \quad i = 1, 2, \cdots, n \qquad (3.1\text{-}4)$$

则称此正交函数集为完备正交函数集。如三角函数集 $\{1, \cos(n\Omega t), \sin(n\Omega t), n = 1, 2, 3, \cdots\}$ 和虚指数函数集 $\{\mathrm{e}^{jn\Omega t}, n = 0, \pm 1, \pm 2, \cdots\}$ 就是两组典型的在区间 $\left(t_0, t_0 + \dfrac{2\pi}{\Omega}\right)$ 上的完备正交函数集。其中，Ω 为信号的角频率，$T = \dfrac{2\pi}{\Omega}$ 为信号的周期。

3.1.3 信号的正交分解

设有 n 个函数 $\varphi_1(t), \varphi_2(t), \cdots, \varphi_n(t)$ 在区间 (t_1, t_2) 上构成一个正交函数集，将任一信号 $f(t)$ 用这 n 个正交函数的线性组合来近似，可表示为：

$$f(t) \approx C_1\varphi_1(t) + C_2\varphi_2(t) + \cdots + C_n\varphi_n(t) = \sum_{j=1}^{n} C_j\varphi_j(t) \qquad (3.1\text{-}5)$$

式（3.1-5）右端是信号的近似表示，因此其与原信号有一定的误差，而误差的大小取决于系数 C_j 的选择。我们用均方误差来衡量误差的大小，均方误差的计算公式为：

$$\overline{\varepsilon^2} = \frac{1}{t_2 - t_1}\int_{t_1}^{t_2}\left[f(t) - \sum_{j=1}^{n} C_j\varphi_j(t)\right]^2 \mathrm{d}t \qquad (3.1\text{-}6)$$

根据函数极值理论，在 $j = 1, 2, \cdots, i, \cdots, n-1, n$ 中，为求得使均方误差最小的第 i 个系数 C_i，必须使得：

$$\frac{\partial \overline{\varepsilon^2}}{\partial C_i} = \frac{\partial}{\partial C_i}\int_{t_1}^{t_2}\left[f(t) - \sum_{j=1}^{n} C_j\varphi_j(t)\right]^2 \mathrm{d}t = 0 \qquad (3.1\text{-}7)$$

式（3.1-7）中所有不包含 C_i 的各项对 C_i 求导均为 0。另外，根据正交函数集的定义，序号不同的正交函数相乘的积分均为 0。因此，式（3.1-7）可写为：

$$\frac{\partial}{\partial C_i}\int_{t_1}^{t_2}[-2C_i f(t)\varphi_i(t) + C_i^2\varphi_i^2(t)]\mathrm{d}t = 0 \qquad (3.1\text{-}8)$$

交换微积分次序，得：

$$-2\int_{t_1}^{t_2} f(t)\varphi_i(t)\mathrm{d}t + 2C_i\int_{t_1}^{t_2} \varphi_i^2(t)\mathrm{d}t = 0$$

故求得系数为：

$$C_i = \frac{\int_{t_1}^{t_2} f(t)\varphi_i(t)\mathrm{d}t}{\int_{t_1}^{t_2} \varphi_i^2(t)\mathrm{d}t} = \frac{1}{K_i} \int_{t_1}^{t_2} f(t)\varphi_i(t)\mathrm{d}t \tag{3.1-9}$$

式中：

$$K_i = \int_{t_1}^{t_2} \varphi_i^2(t)\mathrm{d}t \tag{3.1-10}$$

$$C_i K_i = \int_{t_1}^{t_2} f(t)\varphi_i(t)\mathrm{d}t \tag{3.1-11}$$

考虑到序号不同的正交函数相乘的积分为 0，式（3.1-6）可展开为：

$$\overline{\varepsilon^2} = \frac{1}{t_2 - t_1} \left[\int_{t_1}^{t_2} f^2(t)\mathrm{d}t + \sum_{j=1}^{n} C_j^2 \int_{t_1}^{t_2} \varphi_j^2(t)\mathrm{d}t - 2\sum_{j=1}^{n} C_j \int_{t_1}^{t_2} f(t)\varphi_j(t)\mathrm{d}t \right]$$

将式（3.1-10）和式（3.1-11）代入上式，得：

$$\overline{\varepsilon^2} = \frac{1}{t_2 - t_1} \left[\int_{t_1}^{t_2} f^2(t)\mathrm{d}t + \sum_{j=1}^{n} C_j^2 K_j - 2\sum_{j=1}^{n} C_j \cdot C_j \cdot K_j \right] = \frac{1}{t_2 - t_1} \left[\int_{t_1}^{t_2} f^2(t)\mathrm{d}t - \sum_{j=1}^{n} C_j^2 K_j \right]$$

由于均方误差恒为非负，因此有：

$$\overline{\varepsilon^2} = \frac{1}{t_2 - t_1} \left[\int_{t_1}^{t_2} f^2(t)\mathrm{d}t - \sum_{j=1}^{n} C_j^2 K_j \right] \geqslant 0 \tag{3.1-12}$$

根据式（3.1-12），当 $\sum_{j=1}^{n} C_j^2 K_j$ 增大，即其项数 n 增多时，均方误差减小。因均方误差非负，

故当 $n \to \infty$ 时，$\sum_{j=1}^{n} C_j^2 K_j$ 取得极大值，此时均方误差为 0，正交函数的线性组合完全等于 $f(t)$。此

时有：

$$\int_{t_1}^{t_2} f^2(t)\mathrm{d}t = \sum_{j=1}^{\infty} C_j^2 K_j \tag{3.1-13}$$

式（3.1-13）称为帕斯瓦尔（Parseval）方程（定理/公式）。

如果信号 $f(t)$ 是电压或电流，那么，式（3.1-13）的等号左端就是在区间 (t_1, t_2) 内信号的能量，等号右端是在区间 (t_1, t_2) 内各正交分量的能量之和。式（3.1-13）表明，在区间 (t_1, t_2) 上，信号 $f(t)$ 所含能量恒等于其在完备正交函数集中分解的各正交分量的能量之和。

这样，当 $n \to \infty$ 时，式（3.1-5）可写为：

$$f(t) = C_1\varphi_1(t) + C_2\varphi_2(t) + \cdots + C_n\varphi_n(t) = \sum_{j=1}^{\infty} C_j\varphi_j(t) \tag{3.1-14}$$

即任一信号 $f(t)$ 均可分解为无穷多项正交函数的线性组合。

3.2 周期信号的傅里叶级数

由式（3.1-14）可知，周期信号 $f(t)$ 在区间 $(t_0, t_0 + T)$ 上可展开成在完备正交信号空间中的无穷多项正交函数之和，即无穷级数。如果完备的正交函数集是三角函数集或指数函数集，那么，周期信号所展开的无穷级数就分别称为"三角型傅里叶级数"或"指数型傅里叶级数"，统称傅里叶级数。

需要指出，只有当周期信号满足狄里赫利（Dirichlet）条件时，才能展开成傅里叶级数。狄里赫利条件是：

① 函数在任意有限区间内连续，或只有有限个第一类间断点。

如果 x_0 是函数 $f(x)$ 的间断点，若其左右极限都存在，则称 x_0 为函数 $f(x)$ 的第一类间断点。

在第一类间断点中，左右极限相等者称为可去间断点，不等者称为跳跃间断点。非第一类间断点即为第二类间断点。

② 在一个周期内，函数有有限个极大值或极小值。

③ 在一个周期内，函数绝对可积。

通常遇到的周期信号都满足该条件，以后不再特别说明。

3.2.1 三角型傅里叶级数

设周期信号 $f(t)$ 的周期为 T，则角频率为 $\Omega = \dfrac{2\pi}{T}$，当满足狄里赫利条件时，可分解为如下三角型傅里叶级数：

$$f(t) = \frac{a_0}{2} + \sum_{n=1}^{\infty} a_n \cos(n\Omega t) + \sum_{n=1}^{\infty} b_n \sin(n\Omega t) \tag{3.2-1}$$

式（3.2-1）中的系数 a_n 和 b_n 称为傅里叶系数。

为求取傅里叶系数，需要对式（3.1-9）进行计算。方便起见，将式（3.1-9）和式（3.1-10）的积分区间取为 $\left(-\dfrac{T}{2}, \dfrac{T}{2}\right)$，则有：

$$C_i = \frac{1}{K_i} \int_{-\frac{T}{2}}^{\frac{T}{2}} f(t)\varphi_i(t)\mathrm{d}t \tag{3.2-2}$$

$$K_i = \int_{-\frac{T}{2}}^{\frac{T}{2}} \varphi_i^2(t)\mathrm{d}t \tag{3.2-3}$$

根据式（3.2-3），分别对傅里叶系数 a_n 和 b_n 求取 K_i。

对 a_n： $K_i = \int_{-\frac{T}{2}}^{\frac{T}{2}} \cos^2\left(\frac{2n\pi}{T}t\right)\mathrm{d}t = \frac{1}{2}\int_{-\frac{T}{2}}^{\frac{T}{2}}\left[\cos\left(\frac{4n\pi}{T}t\right) + 1\right]\mathrm{d}t = \frac{T}{2}$

对 b_n： $K_i = \int_{-\frac{T}{2}}^{\frac{T}{2}} \sin^2\left(\frac{2n\pi}{T}t\right)\mathrm{d}t = \frac{1}{2}\int_{-\frac{T}{2}}^{\frac{T}{2}}\left[1 - \cos\left(\frac{4n\pi}{T}t\right)\right]\mathrm{d}t = \frac{T}{2}$

将上述计算结果代入式（3.2-2），得

$$a_n = \frac{2}{T}\int_{-\frac{T}{2}}^{\frac{T}{2}} f(t)\cos(n\Omega t)\mathrm{d}t \tag{3.2-4}$$

$$b_n = \frac{2}{T}\int_{-\frac{T}{2}}^{\frac{T}{2}} f(t)\sin(n\Omega t)\mathrm{d}t \tag{3.2-5}$$

可见，a_n 是 n 的偶函数，b_n 是 n 的奇函数。

将式（3.2-1）的同频率项合并，可将其改写为：

$$f(t) = \frac{A_0}{2} + \sum_{n=1}^{\infty} A_n \cos(n\Omega t + \varphi_n) \tag{3.2-6}$$

式中：

$$\left.\begin{array}{l} A_0 = a_0 \\[2mm] A_n = \sqrt{a_n^2 + b_n^2}, \quad n = 1, 2, \cdots \\[2mm] \varphi_n = -\arctan\left(\dfrac{b_n}{a_n}\right) \end{array}\right\} \tag{3.2-7}$$

$$a_0 = A_0$$
$$a_n = A_n \cos\varphi_n, n = 1, 2, \cdots$$
$$b_n = -A_n \sin\varphi_n$$

（3.2-8）

可见 A_n 是 n 的偶函数，φ_n 是 n 的奇函数。

式（3.2-6）表明，周期信号可分解为直流分量和许多余弦分量之和。其中，$\dfrac{A_0}{2}$ 为直流分量；$A_1\cos(\Omega t + \varphi_1)$ 称为基波或一次谐波，它的角频率与原周期信号相同；$A_2\cos(2\Omega t + \varphi_2)$ 称为二次谐波，它的角频率是基波角频率的 2 倍。一般而言，$A_n\cos(n\Omega t + \varphi_n)$ 称为信号 $f(t)$ 的 n 次谐波，其角频率是基波角频率的 n 倍。

例 3.2-1 将图 3.2-1 所示的方波信号 $f(t)$ 展开为三角型傅里叶级数。

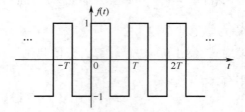

图 3.2-1 方波信号 $f(t)$ 的波形

解：由式（3.2-4）可得：

$$a_n = \frac{2}{T}\int_{-\frac{T}{2}}^{\frac{T}{2}} f(t)\cos(n\Omega t)\mathrm{d}t = \frac{2}{T}\int_{-\frac{T}{2}}^{0} (-1)\cos(n\Omega t)\mathrm{d}t + \frac{2}{T}\int_{0}^{\frac{T}{2}}\cos(n\Omega t)\mathrm{d}t$$

$$= \frac{2}{T}\cdot\frac{1}{n\Omega}[-\sin(n\Omega t)]\Big|_{-\frac{T}{2}}^{0} + \frac{2}{T}\cdot\frac{1}{n\Omega}[\sin(n\Omega t)]\Big|_{0}^{\frac{T}{2}}$$

考虑到 $\Omega = \dfrac{2\pi}{T}$，故有：

$$a_n = 0$$

由式（3.2-5）可得：

$$b_n = \frac{2}{T}\int_{-\frac{T}{2}}^{0}(-1)\sin(n\Omega t)\mathrm{d}t + \frac{2}{T}\int_{0}^{\frac{T}{2}}\sin(n\Omega t)\mathrm{d}t = \frac{2}{T}\cdot\frac{1}{n\Omega}\cos(n\Omega t)\Big|_{-\frac{T}{2}}^{0} + \frac{2}{T}\cdot\frac{1}{n\Omega}[-\cos(n\Omega t)]\Big|_{0}^{\frac{T}{2}}$$

考虑到 $\Omega = \dfrac{2\pi}{T}$，故有：

$$b_n = \frac{2}{n\pi}[1 - \cos(n\pi)] = \begin{cases} 0, & n = 2, 4, 6, \cdots \\ \dfrac{4}{n\pi}, & n = 1, 3, 5\cdots \end{cases}$$

将 a_n 和 b_n 代入到式（3.2-1），得图 3.2-1 所示信号的三角型傅里叶级数展开式为：

$$f(t) = \frac{4}{\pi}\left[\sin(\Omega t) + \frac{1}{3}\sin(3\Omega t) + \frac{1}{5}\sin(5\Omega t) + \cdots + \frac{1}{n}\sin(n\Omega t) + \cdots\right], \quad n = 1, 3, 5\cdots$$

它只含有一、三、五等各奇次谐波分量。

下面就本例简要分析用有限项级数逼近 $f(t)$ 引起的均方误差。根据式（3.1-12），考虑到 $t_2 = \dfrac{T}{2}$、$t_1 = -\dfrac{T}{2}$、$K_j = \dfrac{T}{2}$，故均方误差为：

$$\overline{\varepsilon^2} = \frac{1}{T}\left[\int_{-\frac{T}{2}}^{\frac{T}{2}} f^2(t)\mathrm{d}t - \sum_{j=1}^{n} b_j^2 \cdot \frac{T}{2}\right] = \frac{1}{T}\left(\int_{-\frac{T}{2}}^{\frac{T}{2}}\mathrm{d}t - \frac{T}{2}\sum_{j=1}^{n} b_j^2\right) = 1 - \frac{1}{2}\sum_{j=1}^{n} b_j^2$$

当 $n=1$，即只取基波时，均方误差为：

$$\overline{\varepsilon^2} = 1 - \frac{1}{2}\left(\frac{4}{\pi}\right)^2 = 0.189$$

当 $n=3$，即取基波和三次谐波时，均方误差为：

$$\overline{\varepsilon^2} = 1 - \frac{1}{2}\left(\frac{4}{\pi}\right)^2 - \frac{1}{2}\left(\frac{4}{3\pi}\right)^2 = 0.0994$$

当 $n=5$，即取一、三、五次谐波时，均方误差为：

$$\overline{\varepsilon^2} = 1 - \frac{1}{2}\left(\frac{4}{\pi}\right)^2 - \frac{1}{2}\left(\frac{4}{3\pi}\right)^2 - \frac{1}{2}\left(\frac{4}{5\pi}\right)^2 = 0.0669$$

当 $n=7$，即取一、三、五、七次谐波时，均方误差为：

$$\overline{\varepsilon^2} = 1 - \frac{1}{2}\left(\frac{4}{\pi}\right)^2 - \frac{1}{2}\left(\frac{4}{3\pi}\right)^2 - \frac{1}{2}\left(\frac{4}{5\pi}\right)^2 - \frac{1}{2}\left(\frac{4}{7\pi}\right)^2 = 0.0504$$

可见，随着傅里叶级数的项数不断增多，均方误差逐渐减小，可以预见，当取无穷多项时，均方误差趋近于零，即正交函数的线性组合趋近于 $f(t)$。

图 3.2-2 画出了一个周期的方波组成情况。由图 3.2-2 可见，当它包含的谐波分量愈多时，波形愈接近原来的方波信号 $f(t)$（如图 3.2-2 中虚线所示），其均方误差愈小。还可看出，频率较低的谐波振幅较大，它们组成方波的主体，而频率较高的高次谐波振幅较小，它们主要影响波形的细节，波形中所包含的高次谐波愈多，波形的边缘愈陡峭。

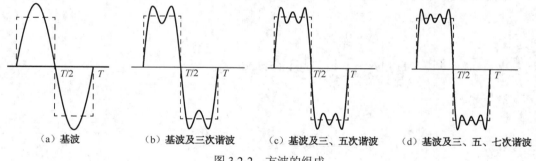

（a）基波　　　　（b）基波及三次谐波　　　（c）基波及三、五次谐波　　（d）基波及三、五、七次谐波

图 3.2-2　方波的组成

由图 3.2-2 还可看出，在间断点附近，所含谐波次数愈高，合成波形的尖峰愈靠近间断点，但尖峰幅度并未明显减小。可以证明，即使合成波形所含谐波次数 $n \to \infty$，在间断点处仍有约 9% 的偏差，这种现象称为吉布斯（Gibbs）现象。当傅里叶级数的项数取得很大时，间断点处尖峰下的面积非常小以至于趋近于零，因而在均方的意义上合成波形同原方波的真值之间没有区别。

3.2.2　特殊信号的傅里叶级数

若给定的信号 $f(t)$ 具有某些特点，那么，有些傅里叶系数将等于零，从而使得傅里叶系数的计算变得简便。

1. $f(t)$ 为偶函数

若 $f(t)$ 为偶函数，即 $f(-t) = f(t)$，则其波形相对于纵坐标轴对称（如图 3.2-3 所示）。因此，式（3.2-4）中的被积函数 $f(t)\cos(n\varOmega t)$ 为 t 的偶函数，式（3.2-5）中的被积函数 $f(t)\sin(n\varOmega t)$ 为 t

的奇函数。由于被积函数为偶函数时，在对称区间 $\left(-\dfrac{T}{2}, \dfrac{T}{2}\right)$ 上的积分等于在区间 $\left(0, \dfrac{T}{2}\right)$ 上积分的二倍；被积函数为奇函数时，在对称区间 $\left(-\dfrac{T}{2}, \dfrac{T}{2}\right)$ 上的积分等于零。根据式（3.2-4）和式（3.2-5）有：

$$\begin{cases} a_n = \dfrac{4}{T}\displaystyle\int_0^{\frac{T}{2}} f(t)\cos(n\Omega t)\mathrm{d}t \\ b_n = 0 \end{cases}, \quad n = 0, 1, 2, \cdots \tag{3.2-9}$$

由式（3.2-7）得：

$$\begin{cases} A_n = |a_n| \\ \varphi_n = m\pi(m \in Z) \end{cases}, \quad n = 0, 1, 2, \cdots \tag{3.2-10}$$

所以，若信号 $f(t)$ 为偶函数，则其展开为余弦级数，即 $b_n = 0$。

图 3.2-3　偶函数举例

2. $f(t)$ 为奇函数

若 $f(t)$ 为奇函数，即 $f(-t) = -f(t)$，则其波形相对于原点对称（如图 3.2-4 所示）。因此，式（3.2-4）中的被积函数 $f(t)\cos(n\Omega t)$ 为 t 的奇函数，式（3.2-5）中的被积函数 $f(t)\sin(n\Omega t)$ 为 t 的偶函数。根据式（3.2-4）和式（3.2-5）有：

$$\begin{cases} a_n = 0 \\ b_n = \dfrac{4}{T}\displaystyle\int_0^{\frac{T}{2}} f(t)\sin(n\Omega t)\mathrm{d}t \end{cases}, \quad n = 0, 1, 2, \cdots \tag{3.2-11}$$

由式（3.2-7）得：

$$\begin{cases} A_n = |b_n| \\ \varphi_n = \dfrac{(2m+1)\pi}{2}(m \in Z) \end{cases}, \quad n = 0, 1, 2, \cdots \tag{3.2-12}$$

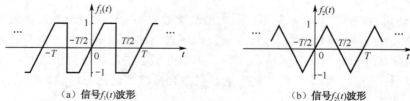

图 3.2-4　奇函数举例

所以，若信号 $f(t)$ 为奇函数，则其展开为正弦级数，即 $a_n = 0$。

例 3.2-2　求图 3.2-5 所示周期锯齿波信号的三角型傅里叶级数展开式。

解：本题所给信号为奇函数，故可直接利用结论求解，以简化运算。由图 3.2-5 可写出信号在一个周期内

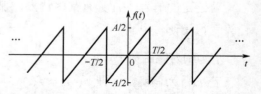

图 3.2-5　周期锯齿波信号波形

的表达式为：

$$f(t) = \frac{A}{T}t \ , \quad -\frac{T}{2} \leq t \leq \frac{T}{2}$$

由于 $f(t)$ 为奇函数，由式（3.2-11）可得：

$$a_n = 0$$

$$b_n = \frac{4}{T}\int_0^{\frac{T}{2}} \frac{A}{T}t\sin(n\Omega t)\mathrm{d}t = \frac{A}{n\pi}(-1)^{n+1}, \ n = 1, 2, 3\cdots$$

所以，周期锯齿波信号的三角型傅里叶级数展开式为：

$$f(t) = \frac{A}{\pi}\sin(\Omega t) - \frac{A}{2\pi}\sin(2\Omega t) + \frac{A}{3\pi}\sin(3\Omega t) - \frac{A}{4\pi}\sin(4\Omega t) + \cdots$$

实际上，任意信号 $f(t)$ 都可分解为奇分量 $f_{\mathrm{od}}(t)$ 和偶分量 $f_{\mathrm{ev}}(t)$ 两部分，即：

$$f(t) = f_{\mathrm{od}}(t) + f_{\mathrm{ev}}(t)$$

由于 $f(-t) = f_{\mathrm{od}}(-t) + f_{\mathrm{ev}}(-t) = -f_{\mathrm{od}}(t) + f_{\mathrm{ev}}(t)$，所以有：

$$\begin{cases} f_{\mathrm{od}}(t) = \dfrac{f(t) - f(-t)}{2} \\ f_{\mathrm{ev}}(t) = \dfrac{f(t) + f(-t)}{2} \end{cases} \tag{3.2-13}$$

需要注意，某信号是否为奇（偶）函数不仅与信号 $f(t)$ 的波形有关，而且与时间坐标原点的选择有关。例如图 3.2-3（b）中的三角波是偶函数，如果将坐标原点左移 $\frac{T}{4}$，它就变成了奇函数，其波形如图 3.2-4（b）所示。如果将坐标原点移动某一常数 t_0，而 t_0 又不等于 $\frac{T}{4}$ 的整数倍，那么该函数既非奇函数又非偶函数。

3. $f(t)$ 为奇谐函数

所谓奇谐函数是指信号 $f(t)$ 的前半周期平移半个周期后，与后半周期波形相对于横坐标轴对称，如图 3.2-6 所示。即奇谐函数满足：

$$f(t) = -f\left(t \pm \frac{T}{2}\right) \tag{3.2-14}$$

按照前述思路可以推得：奇谐函数的傅里叶级数中只含奇次谐波分量，而不含偶次谐波分量，即 $a_0 = a_2 = \cdots = b_2 = b_4 = \cdots = 0$。

4. $f(t)$ 为偶谐函数

所谓偶谐函数是指信号 $f(t)$ 的前半周期平移半个周期后，与后半周期波形重合，如图 3.2-7 所示。即偶谐函数满足：

$$f(t) = f\left(t \pm \frac{T}{2}\right) \tag{3.2-15}$$

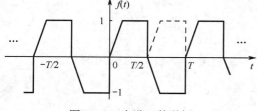

图 3.2-6　奇谐函数举例

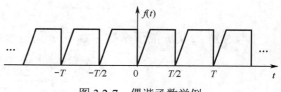

图 3.2-7　偶谐函数举例

按照前述思路可以推得：偶谐函数的傅里叶级数中只含偶次谐波分量，而不含奇次谐波分量，即 $a_1 = a_3 = \cdots = b_1 = b_3 = \cdots = 0$。

例 3.2-3　求图 3.2-8（a）所示三角波信号的三角型傅里叶级数展开式。

解：图 3.2-8（a）所示的三角波信号既非奇函数又非偶函数。如前面所述，可将其分解为奇分量与偶分量两部分。首先将图 3.2-8（a）波形反转，得到信号 $f(-t)$，如图 3.2-8（b）所示。再由式（3.2-13）得到三角波信号的奇、偶分量分别如图 3.2-8（c）、（d）所示。

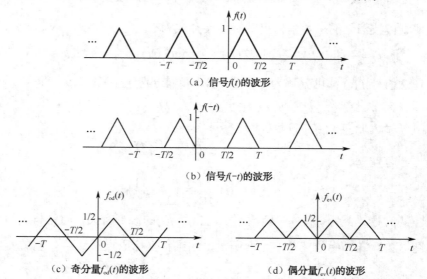

（a）信号 $f(t)$ 的波形

（b）信号 $f(-t)$ 的波形

（c）奇分量 $f_{od}(t)$ 的波形　　　　　（d）偶分量 $f_{ev}(t)$ 的波形

图 3.2-8　例 3.2-3 波形图

由图可见，奇分量 $f_{od}(t)$ 是奇谐函数，偶分量 $f_{ev}(t)$ 是偶谐函数。所以 $f_{od}(t)$ 的傅里叶级数展开式中只含奇次正弦分量，$f_{ev}(t)$ 的傅里叶级数展开式中只含偶次余弦分量。

根据表 3.2-2，可得该三角波信号的三角型傅里叶级数为：

$$f(t) = \frac{1}{4} + \frac{4}{\pi^2}\left[\sin(\Omega t) - \frac{1}{2}\cos(2\Omega t) - \frac{1}{9}\sin(3\Omega t) + \frac{1}{25}\sin(5\Omega t) - \frac{1}{18}\cos(6\Omega t) - \cdots\right]$$

3.2.3　指数型傅里叶级数

三角型傅里叶级数的含义比较明确，但运算常感不便，因而经常采用指数型傅里叶级数。指数型傅里叶级数可通过欧拉公式由三角型傅里叶级数直接推出。

考虑欧拉公式，由式（3.2-6）得：

$$f(t) = \frac{A_0}{2} + \sum_{n=1}^{\infty} A_n \cos(n\Omega t + \varphi_n) = \frac{A_0}{2} + \sum_{n=1}^{\infty} \frac{A_n}{2}\left[e^{j(n\Omega t + \varphi_n)} + e^{-j(n\Omega t + \varphi_n)}\right]$$

$$= \frac{A_0}{2} + \frac{1}{2}\sum_{n=1}^{\infty} A_n e^{j\varphi_n} e^{jn\Omega t} + \frac{1}{2}\sum_{n=1}^{\infty} A_n e^{-j\varphi_n} e^{-jn\Omega t}$$

将上式第三项的 n 用 $-n$ 替换，得：

$$f(t) = \frac{A_0}{2} + \frac{1}{2}\sum_{n=1}^{\infty} A_n e^{j\varphi_n} e^{jn\Omega t} + \frac{1}{2}\sum_{n=-\infty}^{-1} A_{-n} e^{-j\varphi_{-n}} e^{jn\Omega t}$$

考虑到 A_n 是 n 的偶函数，φ_n 是 n 的奇函数，即 $A_{-n} = A_n$，$\varphi_{-n} = -\varphi_n$，上式可写为：

$$f(t) = \frac{A_0}{2} + \frac{1}{2}\sum_{n=1}^{\infty} A_n e^{j\varphi_n} e^{jn\Omega t} + \frac{1}{2}\sum_{n=-\infty}^{-1} A_n e^{j\varphi_n} e^{jn\Omega t}$$

为简化上式，将上式第一项变为与后两项相同的形式，即令 $A_0 = A_0 \mathrm{e}^{\mathrm{j}\varphi_0} \mathrm{e}^{\mathrm{j}0\Omega t}$（其中 $\varphi_0 = 0$），则上式可写为：

$$f(t) = \frac{1}{2} \sum_{n=-\infty}^{\infty} A_n \mathrm{e}^{\mathrm{j}\varphi_n} \mathrm{e}^{\mathrm{j}n\Omega t} \qquad (3.2\text{-}16)$$

令：

$$F_n = \frac{1}{2} A_n \mathrm{e}^{\mathrm{j}\varphi_n} = |F_n| \mathrm{e}^{\mathrm{j}\varphi_n} \qquad (3.2\text{-}17)$$

显然 F_n 为复数，故称其为复傅里叶系数，简称傅里叶系数，其模为 $|F_n|$，相角为 φ_n。

将式（3.2-17）代入式（3.2-16），可得指数型傅里叶级数为：

$$f(t) = \sum_{n=-\infty}^{\infty} F_n \mathrm{e}^{\mathrm{j}n\Omega t} \qquad (3.2\text{-}18)$$

式（3.2-18）表明：任意周期信号 $f(t)$ 可分解为许多不同频率的虚指数信号之和。其中，F_0 为直流分量，F_n 是频率为 $n\Omega$ 的分量的系数。

由式（3.2-8）和式（3.2-17）得：

$$F_n = \frac{1}{2} A_n \mathrm{e}^{\mathrm{j}\varphi_n} = \frac{1}{2}(A_n \cos\varphi_n + jA_n \sin\varphi_n) = \frac{1}{2}(a_n - jb_n) \qquad (3.2\text{-}19)$$

将式（3.2-4）和式（3.2-5）代入式（3.2-19），得：

$$\begin{aligned}
F_n &= \frac{1}{T} \int_{-\frac{T}{2}}^{\frac{T}{2}} f(t)\cos(n\Omega t)\mathrm{d}t - \mathrm{j}\frac{1}{T} \int_{-\frac{T}{2}}^{\frac{T}{2}} f(t)\sin(n\Omega t)\mathrm{d}t \\
&= \frac{1}{T} \int_{-\frac{T}{2}}^{\frac{T}{2}} f(t)[\cos(n\Omega t) - \mathrm{j}\sin(n\Omega t)]\mathrm{d}t \\
&= \frac{1}{T} \int_{-\frac{T}{2}}^{\frac{T}{2}} f(t)\mathrm{e}^{-\mathrm{j}n\Omega t}\mathrm{d}t, \qquad n = 0, \pm 1, \pm 2, \cdots
\end{aligned} \qquad (3.2\text{-}20)$$

例 3.2-4 周期锯齿波信号 $f(t)$ 如图 3.2-9 所示，求该信号的指数型傅里叶级数。

解： 信号 $f(t)$ 在一个周期内的表达式为：

$$f_0(t) = \frac{2}{T} t, \qquad -\frac{T}{2} < t < \frac{T}{2}$$

由式（3.2-20）得其傅里叶系数为：

$$F_n = \frac{1}{T} \int_{-\frac{T}{2}}^{\frac{T}{2}} f_0(t) \mathrm{e}^{-\mathrm{j}n\Omega t}\mathrm{d}t = \frac{1}{T} \int_{-\frac{T}{2}}^{\frac{T}{2}} \frac{2}{T} t \mathrm{e}^{-\mathrm{j}n\Omega t}\mathrm{d}t$$

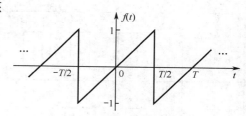

图 3.2-9 信号 $f(t)$ 的波形

利用分部积分法对上式进行积分，得：

$$F_n = \frac{2}{T^2} \left(\frac{t}{-\mathrm{j}n\Omega} \mathrm{e}^{-\mathrm{j}n\Omega t} \bigg|_{-\frac{T}{2}}^{\frac{T}{2}} + \frac{1}{\mathrm{j}n\Omega} \int_{-\frac{T}{2}}^{\frac{T}{2}} \mathrm{e}^{-\mathrm{j}n\Omega t}\mathrm{d}t \right)$$

考虑到 $\Omega = \frac{2\pi}{T}$，故有：

$$\begin{aligned}
F_n &= \frac{2}{T^2} \left[\left(-\frac{T^2}{\mathrm{j}n4\pi} \mathrm{e}^{-\mathrm{j}n\pi} - \frac{T^2}{\mathrm{j}n4\pi} \mathrm{e}^{\mathrm{j}n\pi} \right) + \left(\frac{T^2}{4n^2\pi^2} \mathrm{e}^{-\mathrm{j}n\pi} - \frac{T^2}{4n^2\pi^2} \mathrm{e}^{\mathrm{j}n\pi} \right) \right] \\
&= \frac{2}{T^2} \cdot \left\{ \frac{T^2}{\mathrm{j}n4\pi}[-\cos(n\pi) - \cos(n\pi)] + \frac{T^2}{4n^2\pi^2}[-\mathrm{j}\sin(n\pi) - \mathrm{j}\sin(n\pi)] \right\} \\
&= \mathrm{j}\frac{1}{n\pi}\cos(n\pi), \qquad n = 0, \pm 1, \pm 2, \cdots
\end{aligned}$$

由式（3.2-18），得其指数型傅里叶级数为：

$$f(t) = \sum_{n=-\infty}^{\infty} F_n \mathrm{e}^{jn\Omega t} = \sum_{n=-\infty}^{\infty} \mathrm{j}\frac{1}{n\pi}\cos(n\pi)\mathrm{e}^{jn\Omega t}, \qquad n = 0, \pm1, \pm2, \cdots$$

作为周期信号傅里叶级数的总结，表 3.2-1 给出了三角型和指数型傅里叶级数与系数的定义式及其相互关系，表 3.2-2 列出了常用信号的傅里叶系数。

表 3.2-1　周期信号展开为傅里叶级数

形　式	展　开　式	傅里叶系数	系数间关系
三角形式	$f(t) = \dfrac{a_0}{2}$ $+ \sum\limits_{n=1}^{\infty} a_n \cos(n\Omega t)$ $+ \sum\limits_{n=1}^{\infty} b_n \sin(n\Omega t)$ $= \dfrac{A_0}{2}$ $+ \sum\limits_{n=1}^{\infty} A_n \cos(n\Omega t + \varphi_n)$	$a_n = \dfrac{2}{T}\int_{-\frac{T}{2}}^{\frac{T}{2}} f(t)\cos(n\Omega t)\mathrm{d}t$ $b_n = \dfrac{2}{T}\int_{-\frac{T}{2}}^{\frac{T}{2}} f(t)\sin(n\Omega t)\mathrm{d}t$ $A_n = \sqrt{a_n^2 + b_n^2}, \ n=1,2,\cdots$ $\varphi_n = -\arctan\left(\dfrac{b_n}{a_n}\right)$	$a_n = A_n\cos\varphi_n = F_n + F_{-n}$ 是 n 的偶函数； $b_n = -A_n\sin\varphi_n = \mathrm{j}(F_n - F_{-n})$ 是 n 的奇函数。 $A_n = 2\lvert F_n\rvert$
指数形式	$f(t) = \sum\limits_{n=-\infty}^{\infty} F_n \mathrm{e}^{jn\Omega t}$	$F_n = \lvert F_n\rvert\mathrm{e}^{j\varphi_n} = \dfrac{1}{T}\int_{-\frac{T}{2}}^{\frac{T}{2}} f(t)\mathrm{e}^{-jn\Omega t}\mathrm{d}t$ $n = 0, \pm1, \pm2\cdots$	$F_n = \dfrac{1}{2}A_n\mathrm{e}^{j\varphi_n} = \dfrac{1}{2}(a_n - \mathrm{j}b_n)$ $\lvert F_n\rvert = \dfrac{1}{2}A_n = \dfrac{1}{2}\sqrt{a_n^2 + b_n^2}$ 是 n 的偶函数； $\varphi_n = -\arctan\left(\dfrac{b_n}{a_n}\right)$ 是 n 的奇函数。

表 3.2-2　常用信号的傅里叶系数表

信　号			傅里叶系数	
信号名称	波　形	对　称　性	a_n	b_n
周期矩形脉冲信号		偶函数	$\dfrac{2E}{n\pi}\sin\left(\dfrac{n\pi\tau}{T}\right)$	0
周期对称方波信号		偶函数 奇谐函数	$\dfrac{4E}{n\pi}\sin\left(\dfrac{n\pi}{2}\right)$	0
		奇函数 奇谐函数	0	$\dfrac{4E}{n\pi}\sin^2\left(\dfrac{n\pi}{2}\right)$
周期锯齿波		奇函数	0	$(-1)^{n+1}\dfrac{2E}{n\pi}$

信 号			傅里叶系数	
信号名称	波 形	对 称 性	a_n	b_n
周期三角信号		偶函数 去直流后为奇谐函数	$\dfrac{4E}{(n\pi)^2}\sin^2\left(\dfrac{n\pi}{2}\right)$	0
		奇函数 奇谐函数	0	$\dfrac{4E}{(n\pi)^2}\sin\left(\dfrac{n\pi}{2}\right)$
周期半波余弦信号		偶函数	$\dfrac{2E}{(1-n^2)\pi}\cos\left(\dfrac{n\pi}{2}\right)$	0
周期全波余弦信号		偶函数	$(-1)^{n+1}\dfrac{4E}{(4n^2-1)\pi}$	0

3.2.4 周期信号的频谱

周期信号的傅里叶级数在一定程度上反映了信号的频率结构，实际上，为了更醒目地反映信号的频率结构，还可将信号随频率变化的振幅和相位通过图形的形式表示出来。从广义上说，信号的某种特征量随信号频率变化的关系，称为信号的频谱，所画出的图形称为信号的频谱图。周期信号的频谱是指周期信号中各次谐波的幅值、相位随频率的变化关系。

如前所述，周期信号可以分解成一系列正弦信号或虚指数信号之和，即：

$$f(t)=\frac{A_0}{2}+\sum_{n=1}^{\infty}A_n\cos(n\Omega t+\varphi_n)$$

或：

$$f(t)=\sum_{n=-\infty}^{\infty}F_n\mathrm{e}^{jn\Omega t}$$

将 $A_n-\omega$（A_n-f）和 $\varphi_n-\omega$（φ_n-f）的关系分别画在以 ω（f）为横轴的平面上得到的两个图，分别称为幅度（振幅）频谱图（简称幅度谱）和相位频谱图（简称相位谱），如图 3.2-10（a）、（c）所示。因为三角型傅里叶级数展开式中的 n 为非负整数，故其幅度谱和相位谱仅出现在频谱图的右半平面，所以称这种频谱为单边谱。

将 $|F_n|-\omega$（$|F_n|-f$）和 $\varphi_n-\omega$（φ_n-f）的关系分别画在以 ω（f）为横轴的平面上得到的两个图也称为幅度谱和相位谱，如图 3.2-10（b）、（d）所示。因为指数型傅里叶级数展开式中的 n 可以取任意整数，所以频谱图两侧都有谱线存在，故称之为双边谱。

在频谱图中，代表各次谐波分量的振幅和相位的垂线称为谱线，每一根谱线的横坐标 $\omega=n\Omega$（$f=nF$）即为该谐波的角频率（频率）。连接各谱线顶点的曲线（如图中虚线所示）称为包络线，它反映了各谐波分量的幅度随角频率（频率）变化的情况。由于周期信号 $f(t)$ 可分解为包含直流分量和各次谐波分量的傅里叶级数，直流分量的角频率 ω（频率 f）为 0，基波分量的角频率 Ω（频率 F）等于交流信号 $f(t)$ 的角频率（频率），而 m 次谐波分量的角频率（频率）为基波角频率（频率）的整数倍，即 $\omega = m\Omega$（$f = mF$）。因此，周期信号的谱线只出现在角频率 ω（频率 f）为 $0, \Omega, 2\Omega, \cdots$（$0, F, 2F, \cdots$）等离散角频率（频率）点上，即周期信号的频谱是离散谱，相邻谱线间隔为 Ω（$\Omega = \dfrac{2\pi}{T}$）或 F（$F = \dfrac{1}{T}$）。同时，随着周期 T 的增大，各次谐波的角频率 $\omega = m\Omega$（频率 $f = mF$）将减小，即谱线间隔变小；当周期 T 趋于无穷大，即周期信号变为非周期信号时，谱线间隔趋于无穷小，即频谱变为连续谱。

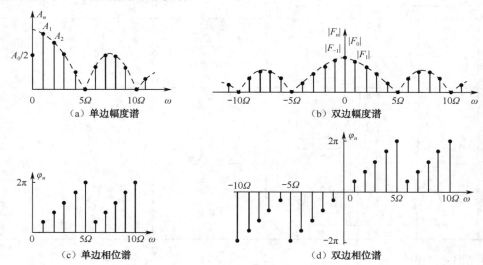

图 3.2-10　周期信号的频谱

例 3.2-5　已知 $f(t) = 1 + \sin(\omega_1 t) + 2\cos(\omega_1 t) - \cos\left(2\omega_1 t + \dfrac{\pi}{4}\right)$，试分别画出其单边和双边频谱图。

解： 1）单边频谱图。

由于同频次项属于同一个谐波分量，因此，首先需要将信号表达式中的同频次项合并：

$$\sin(\omega_1 t) + 2\cos(\omega_1 t) = \sqrt{5}\sin(\omega_1 t + \arctan 2) = \sqrt{5}\sin(\omega_1 t + 0.35\pi)$$

所以：

$$f(t) = 1 + \sqrt{5}\sin(\omega_1 t + 0.35\pi) - \cos(2\omega_1 t + 0.25\pi)$$

下面将本题中的减号全部变成加号并将正弦信号变为余弦信号，且保证 t 的系数为正数，从而使其符合三角型傅里叶级数表达式的形式。

因为 $\cos(\alpha - \pi) = -\cos\alpha$，故可将上式改写为：

$$f(t) = 1 + \sqrt{5}\sin(\omega_1 t + 0.35\pi) + \cos(2\omega_1 t - 0.75\pi)$$

由于 $\cos\left(\dfrac{\pi}{2} - \alpha\right) = \sin\alpha$，故有：

$$\sqrt{5}\sin(\omega_1 t + 0.35\pi) = \sqrt{5}\cos(-\omega_1 t + 0.15\pi)$$

由于余弦函数为偶函数，故 $\sqrt{5}\cos(-\omega_1 t + 0.15\pi) = \sqrt{5}\cos(\omega_1 t - 0.15\pi)$。于是得：

$$f(t) = 1 + \sqrt{5}\cos(\omega_1 t - 0.15\pi) + \cos(2\omega_1 t - 0.75\pi)$$

由于 $\sqrt{5}\cos(\omega_1 t - 0.15\pi)$ 的周期 $T_1 = \dfrac{2\pi}{\omega_1}$，$\cos(2\omega_1 t - 0.75\pi)$ 的周期 $T_2 = \dfrac{\pi}{\omega_1}$。所以信号 $f(t)$ 的周期 $T = \dfrac{2\pi}{\omega_1}$、角频率为 $\omega = \omega_1$。由于傅里叶级数的基波角频率等于原信号 $f(t)$ 的角频率，故基波角

频率为 $\Omega = \omega_1$。所以，1 是直流分量，$\sqrt{5}\cos(\omega_1 t - 0.15\pi)$ 为基波分量，$\cos(2\omega_1 t - 0.75\pi)$ 为二次谐波分量。

根据式（3.2-6），得三角型傅里叶级数的单边谱系数为：

$\dfrac{A_0}{2} = 1$，$\varphi_0 = 0$；$A_1 = \sqrt{5} = 2.236$，$\varphi_1 = -0.15\pi$；$A_2 = 1$，$\varphi_2 = -0.75\pi$。

由此可画出所给信号的单边频谱如图 3.2-11 所示。

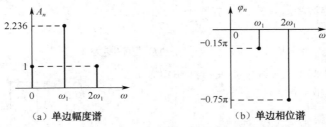

（a）单边幅度谱　　　　　　　（b）单边相位谱

图 3.2-11　单边频谱图

2）双边频谱图。

将所给信号表达式中的减号改为加号，得：

$$f(t) = 1 + \sin(\omega_1 t) + 2\cos(\omega_1 t) + \cos(2\omega_1 t - 0.75\pi)$$

利用欧拉公式将上式改写为指数形式：

$$f(t) = 1 + \frac{1}{2\mathrm{j}}(\mathrm{e}^{\mathrm{j}\omega_1 t} - \mathrm{e}^{-\mathrm{j}\omega_1 t}) + \frac{2}{2}(\mathrm{e}^{\mathrm{j}\omega_1 t} + \mathrm{e}^{-\mathrm{j}\omega_1 t}) + \frac{1}{2}[\mathrm{e}^{\mathrm{j}(2\omega_1 t - 0.75\pi)} + \mathrm{e}^{-\mathrm{j}(2\omega_1 t - 0.75\pi)}]$$

合并上式中的同频次项，得：

$$f(t) = 1 + \left(1 + \frac{1}{2\mathrm{j}}\right)\mathrm{e}^{\mathrm{j}\omega_1 t} + \left(1 - \frac{1}{2\mathrm{j}}\right)\mathrm{e}^{-\mathrm{j}\omega_1 t} + \frac{1}{2}\mathrm{e}^{-\mathrm{j}0.75\pi}\mathrm{e}^{2\mathrm{j}\omega_1 t} + \frac{1}{2}\mathrm{e}^{\mathrm{j}0.75\pi}\mathrm{e}^{-2\mathrm{j}\omega_1 t}$$

根据式（3.2-18），可得指数型傅里叶级数的双边频谱系数为：

$F_0 = 1$，$F_1 = \left(1 + \dfrac{1}{2\mathrm{j}}\right) = 1.12\mathrm{e}^{-\mathrm{j}0.15\pi}$，$F_{-1} = \left(1 - \dfrac{1}{2\mathrm{j}}\right) = 1.12\mathrm{e}^{\mathrm{j}0.15\pi}$，$F_2 = \dfrac{1}{2}\mathrm{e}^{-\mathrm{j}0.75\pi}$，$F_{-2} = \dfrac{1}{2}\mathrm{e}^{\mathrm{j}0.75\pi}$。

由此可画出所给信号的双边频谱如图 3.2-12 所示。

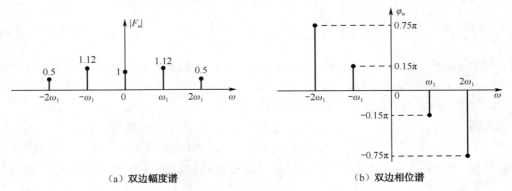

（a）双边幅度谱　　　　　　　（b）双边相位谱

图 3.2-12　双边频谱图

实际上，可由单边频谱图直接画出双边频谱图。考虑到 $|F_n|$ 是 n 的偶函数，φ_n 是 n 的奇函数，由（3.2-17）可知：

$$|F_n| = \frac{1}{2}A_n = |F_{-n}|，\qquad \varphi_{-n} = -\varphi_n$$

所以，将单边幅度谱的谱线幅值减半（直流分量除外），关于纵轴对称画出另一半，即可得到双边幅度谱。将单边相位谱的谱线对称于原点画出另一半即可得到双边相位谱。

由例 3.2-5 可知：除直流分量外，双边幅度谱是相应频点单边谱幅度的一半，且分布在相应正负角频率（频率）位置上；双边相位谱在 $n>0$ 时与单边谱的相位相同，$n<0$ 时的相位与 $n>0$ 时的相位关于原点对称。

需要提醒读者的是，对于双边频谱，负频率只有数学意义，而无物理意义。之所以引入负频率，是因为信号 $f(t)$ 是实函数，将其分解成虚指数函数之和时，共轭对 $\mathrm{e}^{jn\Omega t}$ 和 $\mathrm{e}^{-jn\Omega t}$ 同时出现才能保证 $f(t)$ 为实函数。

例 3.2-6　图 3.2-13 所示周期矩形脉冲信号 $f(t)$ 的幅度为 1、周期为 T、脉冲宽度为 τ，求其双边幅度谱和相位谱。

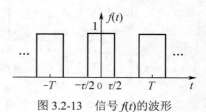

图 3.2-13　信号 $f(t)$ 的波形

解：根据式（3.2-20）得：

$$F_n = \frac{1}{T}\int_{-\frac{T}{2}}^{\frac{T}{2}} f(t)\mathrm{e}^{-jn\Omega t}\mathrm{d}t = \frac{1}{T}\int_{-\frac{\tau}{2}}^{\frac{\tau}{2}} \mathrm{e}^{-jn\Omega t}\mathrm{d}t = \frac{1}{T}\cdot\frac{\mathrm{e}^{-jn\Omega t}}{-jn\Omega}\bigg|_{-\frac{\tau}{2}}^{\frac{\tau}{2}}$$

$$= \frac{2}{T}\cdot\frac{\sin\left(\dfrac{n\Omega\tau}{2}\right)}{n\Omega} = \frac{\tau}{T}\cdot\frac{\sin\left(\dfrac{n\Omega\tau}{2}\right)}{\dfrac{n\Omega\tau}{2}},\quad n = 0, \pm1, \pm2, \cdots$$

考虑到 $\Omega = \dfrac{2\pi}{T}$，上式也可写为：

$$F_n = \frac{\tau}{T}\cdot\frac{\sin\left(\dfrac{n\pi\tau}{T}\right)}{\dfrac{n\pi\tau}{T}},\quad n = 0, \pm1, \pm2, \cdots$$

利用抽样信号改写上述两式，得：

$$F_n = \frac{\tau}{T}\cdot Sa\left(\frac{n\Omega\tau}{2}\right) = \frac{\tau}{T}\cdot Sa\left(\frac{n\pi\tau}{T}\right),\quad n = 0, \pm1, \pm2, \cdots \tag{3.2-21}$$

可见，周期矩形脉冲信号的频谱是实函数。

根据式（3.2-17）并考虑欧拉公式，可得：

$$F_n = |F_n|\,\mathrm{e}^{j\varphi_n} = |F_n|(\cos\varphi_n + j\sin\varphi_n) = \left|\frac{\tau}{T}\cdot Sa\left(\frac{n\Omega\tau}{2}\right)\right|(\cos\varphi_n + j\sin\varphi_n),\quad n = 0, \pm1, \pm2, \cdots$$

当相位 $\varphi_n = k\pi$，$k\in Z$ 时，$F_n = |F_n|\cos\varphi_n$ 为实函数。考虑到正余弦函数的周期为 2π，故其相位谱在区间 $[-\pi,\pi]$ 内取值即可，即当 $\varphi_n = 0$ 时，$F_n = |F_n|>0$；当 $\varphi_n = \pm\pi$ 时，$F_n = -|F_n|<0$。考虑到 φ_n 为 n 的奇函数，故可画出其幅度谱和相位谱分别如图 3.2-14（a）、（b）所示。

如前所述，当 $\varphi_n = 0$ 时，$F_n = |F_n|>0$，故当频谱 $F_n > 0$ 时，表示其相位谱为 0；$\varphi_n = \pm\pi$ 时，$F_n = -|F_n|<0$，故当频谱 $F_n < 0$ 时，表示其相位谱为 $\pm\pi$，即可用频谱的正负表示各谐波分量的相位。所以，对于频谱 F_n 为实函数的情况，可将其幅度谱和相位谱画在一张图上，如图 3.2-14（c）所示。

由图 3.2-14 可见，周期矩形脉冲信号的频谱具有一般周期信号频谱的共同特点：它们的频谱都是离散的，相邻两谱线的间隔是 Ω（$\Omega = \dfrac{2\pi}{T}$），周期 T 越长，谱线间隔越小，频谱越稠密，反之越稀疏。

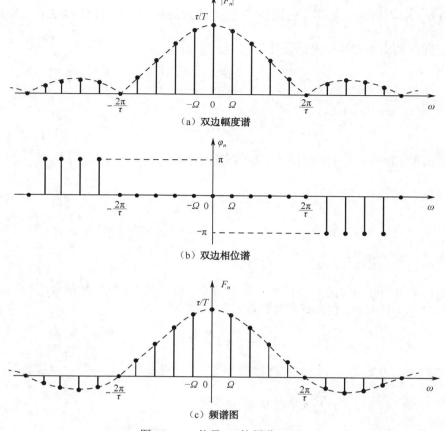

（a）双边幅度谱

（b）双边相位谱

（c）频谱图

图 3.2-14　信号 $f(t)$ 的频谱($T = 5\tau$)

除此之外，周期矩形脉冲信号的频谱还有其独有的特点：

① 包络线形状为抽样函数。

② 其频谱是实函数。

③ 幅度谱的最大值 $|F_n|_{\max} = \dfrac{\tau}{T}$ 出现在 $\omega = 0$ 处。

④ 脉冲宽度越窄，其频谱包络线第一个零点的频率越高；在 $\omega = \dfrac{2m\pi}{\tau}$ $(m \in Z, m \neq 0)$ 处，各谐波分量均为零。

结论④可作如下证明。由式（3.2-21）可知，当 $\dfrac{n\Omega\tau}{2} = \pi$，即横坐标 $\omega = n\Omega = \dfrac{2\pi}{\tau}$ 时，频谱包络出现第一个零点，故脉冲宽度 τ 越窄，则其横坐标越大，即包络线第一个零点的频率越高。同时，若 $m \in Z$ 且 $m \neq 0$，则当 $\dfrac{n\Omega\tau}{2} = m\pi$，即横坐标 $\omega = n\Omega = \dfrac{2m\pi}{\tau}$ 时，其频谱包络为零，相应的谱线，即谐波分量也等于零。

由图 3.2-14 可知，虽然周期矩形脉冲信号可分解为无穷多个谐波分量，但由于各谐波分量的幅度随角频率（频率）的增大而减小，故其信号能量主要集中在第一个零点（$\omega = \dfrac{2\pi}{\tau}$ 或 $f = \dfrac{1}{\tau}$）以内。在允许信号存在一定失真的条件下，原信号 $f(t)$ 可以用某段频率范围的信号 $f_c(t)$ 来近似表示，因此，在传输信号时，只需传送频率较低的那些谐波分量（即 $f_c(t)$）就够了，而 $f_c(t)$ 的频率范围称为信号的频带宽度或信号的带宽。

通常把 $0 \le f \le \dfrac{1}{\tau}$ $\left(0 \le \omega \le \dfrac{2\pi}{\tau}\right)$ 这段频率范围称为周期矩形脉冲信号的带宽，用符号 ΔF
（$\Delta \omega$）表示，即周期矩形脉冲信号的带宽为：

$$\Delta F = \frac{1}{\tau} \tag{3.2-22}$$

或：

$$\Delta \omega = \frac{2\pi}{\tau} \tag{3.2-23}$$

因此，周期矩形脉冲信号带宽内所含谐波分量的个数为：

$$\frac{\Delta \omega}{\Omega} = \frac{\dfrac{2\pi}{\tau}}{\dfrac{2\pi}{T}} = \frac{T}{\tau} \tag{3.2-24}$$

3.2.5　周期信号的功率

如前所述，幅值为有限值的周期信号为功率信号（可参见 1.2.3　能量信号与功率信号）。由式
（1.2-5）可知，如果周期信号 $f(t)$ 是实函数，则其平均功率为：

$$P = \frac{1}{T} \int_{-\frac{T}{2}}^{\frac{T}{2}} f^2(t) \mathrm{d}t \tag{3.2-25}$$

按照式（3.2-6）改写式（3.2-25），得：

$$\begin{aligned}
P &= \frac{1}{T} \int_{-\frac{T}{2}}^{\frac{T}{2}} \left[\frac{A_0}{2} + \sum_{n=1}^{\infty} A_n \cos(n\Omega t + \varphi_n) \right]^2 \mathrm{d}t \\
&= \frac{1}{T} \int_{-\frac{T}{2}}^{\frac{T}{2}} \left[\frac{A_0^2}{4} + 2 \times \frac{A_0}{2} \times \sum_{n=1}^{\infty} A_n \cos(n\Omega t + \varphi_n) + \right. \\
&\quad \left. \sum_{\substack{i=1, j=1 \\ i \ne j}}^{\infty} A_i A_j \cos(i\Omega t + \varphi_i) \cos(j\Omega t + \varphi_j) + \sum_{n=1}^{\infty} A_n^2 \cos^2(n\Omega t + \varphi_n) \right] \mathrm{d}t
\end{aligned}$$

在一个周期内，若函数与坐标轴所包围的面积关于横轴上下对称，则其积分为 0，因此，在
展开式中具有 $\cos(n\Omega t + \varphi_n)$ 形式的余弦项在一个周期内的积分等于零。另外，由于余弦函数为正
交函数，故具有 $A_n \cos(n\Omega t + \varphi_n) A_m \cos(m\Omega t + \varphi_m)$ 形式的项，当 $m \ne n$ 时，其积分值也为零，故上
式可改写为：

$$\begin{aligned}
P &= \frac{1}{T} \int_{-\frac{T}{2}}^{\frac{T}{2}} \left[\frac{A_0^2}{4} + \sum_{n=1}^{\infty} A_n^2 \cos^2(n\Omega t + \varphi_n) \right] \mathrm{d}t \\
&= \frac{1}{T} \int_{-\frac{T}{2}}^{\frac{T}{2}} \left\{ \frac{A_0^2}{4} + \sum_{n=1}^{\infty} A_n^2 \cdot \frac{1}{2} [1 + \cos(2n\Omega t + 2\varphi_n)] \right\} \mathrm{d}t \\
&= \frac{1}{T} \int_{-\frac{T}{2}}^{\frac{T}{2}} \left[\frac{A_0^2}{4} + \sum_{n=1}^{\infty} \frac{1}{2} A_n^2 + \sum_{n=1}^{\infty} \frac{1}{2} A_n^2 \cos(2n\Omega t + 2\varphi_n) \right] \mathrm{d}t \\
&= \frac{1}{T} \int_{-\frac{T}{2}}^{\frac{T}{2}} \left(\frac{A_0^2}{4} + \sum_{n=1}^{\infty} \frac{1}{2} A_n^2 \right) \mathrm{d}t = \frac{1}{T} \left(\frac{A_0^2}{4} + \sum_{n=1}^{\infty} \frac{1}{2} A_n^2 \right) \int_{-\frac{T}{2}}^{\frac{T}{2}} 1 \mathrm{d}t = \left(\frac{A_0}{2} \right)^2 + \sum_{n=1}^{\infty} \frac{1}{2} A_n^2
\end{aligned}$$

因此，周期信号的功率可表示为：

$$P = \frac{1}{T} \int_{-\frac{T}{2}}^{\frac{T}{2}} f(t)^2 \mathrm{d}t = \left(\frac{A_0}{2}\right)^2 + \sum_{n=1}^{\infty} \frac{1}{2} A_n^2 \qquad (3.2\text{-}26)$$

上式等号右端的第一项为直流功率，第二项为各次谐波的功率之和，即周期信号的功率等于直流功率与各次谐波功率之和。

由于 $|F_n| = |F_{-n}| = \frac{1}{2} A_n$，故式（3.2-26）可改写为：

$$P = \frac{1}{T} \int_{-\frac{T}{2}}^{\frac{T}{2}} f(t)^2 \mathrm{d}t = |F_0|^2 + 2\sum_{n=1}^{\infty} |F_n|^2 = \sum_{n=-\infty}^{\infty} |F_n|^2 \qquad (3.2\text{-}27)$$

式（3.2-26）和式（3.2-27）称为帕斯瓦尔恒等式。它表明：对于周期信号，在时域中求得的信号功率与在频域中求得的信号功率相等。

例 3.2-7 试计算图 3.2-15（a）所示信号 $f(t)$ 在其带宽内各谐波分量的平均功率占信号总平均功率的百分比。

解：考虑到 $T = 1$、$\tau = 0.2$，由式（3.2-25）可知信号 $f(t)$ 的平均功率为：

$$P = \frac{1}{T} \int_{-\frac{T}{2}}^{\frac{T}{2}} f(t)^2 \mathrm{d}t = \frac{1}{1} \int_{-0.1}^{0.1} 1^2 \mathrm{d}t = 0.2$$

由式（3.2-21）可知信号 $f(t)$ 的指数型傅里叶系数为：

$$F_n = \frac{\tau}{T} \mathrm{Sa}\left(\frac{n\pi\tau}{T}\right) = 0.2 \mathrm{Sa}(0.2 n\pi)$$

其频谱如图 3.2-15（b）所示。

频谱的第一个零点坐标为：

$$\omega = \frac{2\pi}{\tau} = \frac{2\pi}{0.2} = 10\pi$$

由于 $0.2 n\pi = \pi$，故频谱的第一个零点在 $n = 5$ 处。

根据式（3.2-27），信号带宽内各谐波分量的平均功率之和为：

$$P_{10\pi} = |F_0|^2 + 2\sum_{n=1}^{5} |F_n|^2$$

将 $|F_n|$ 的表达式代入上式，得：

$$\begin{aligned}
P_{10\pi} &= (0.2)^2 + 2(0.2)^2 [Sa^2(0.2\pi) + Sa^2(0.4\pi) + Sa^2(0.6\pi) + Sa^2(0.8\pi) + Sa^2(\pi)] \\
&= 0.04 + 0.08(0.8751 + 0.5728 + 0.2546 + 0.05470 + 0) \\
&= 0.1806
\end{aligned}$$

所以：

$$\frac{P_{10\pi}}{P} = \frac{0.1806}{0.2} = 90.3\%$$

即信号带宽内各谐波分量的平均功率占信号总平均功率的 90.3%。

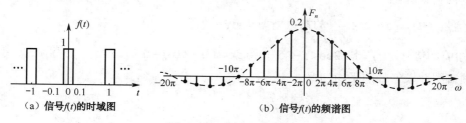

（a）信号 $f(t)$ 的时域图   （b）信号 $f(t)$ 的频谱图

图 3.2-15 例 3.2-7 波形图

练习题

3.2-1 选择题

1）下列叙述正确的是_____。

（A）若 $f(t)$ 为周期偶函数，则其傅里叶级数只有偶次谐波分量。

（B）若 $f(t)$ 为周期偶函数，则其傅里叶级数只有余弦偶次谐波分量。

（C）若 $f(t)$ 为周期奇函数，则其傅里叶级数只有奇次谐波分量。

（D）若 $f(t)$ 为周期奇函数，则其傅里叶级数只有正弦分量。

2）连续周期信号的傅里叶变换（级数）是_____。

（A）连续的   （B）周期性的   （C）离散的   （D）与单周期的相同

3）若信号 $f(t)$ 的周期为 T，则信号 $f(t) - f\left(t + \dfrac{5}{2}T\right)$ 的傅里叶级数中_____。

（A）只可能有正弦分量   （B）只可能有余弦分量

（C）只可能有奇次谐波分量   （D）只可能有偶次谐波分量

（E）以上全错

4）如题图 3.2-1 所示周期信号 $f(t)$，其直流分量等于_____。

（A）0   （B）2   （C）4   （D）6

3.2-2 填空题

1）连续周期信号 $f(t) = \cos(2\pi t) + 3\cos(6\pi t)$ 的傅里叶系数 a_n=_____，b_n_____。

2）题图 3.2-2 所示周期矩形脉冲信号 $f(t)$ 的频谱在 0～150kHz 内共有_____根谱线。

3）已知周期性单位冲激序列 $\delta_T(t) = \sum\limits_{n=-\infty}^{\infty} \delta(t - nT)$，其指数型傅里叶级数为_____，三角型傅里叶级数为_____。

4）周期信号 $f(t)$ 的双边频谱如题图 3.2-3 所示。若 $\Omega = 1\text{rad/s}$，则 $f(t)$ 的三角型傅里叶级数为_____。

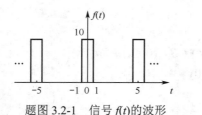
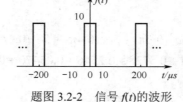
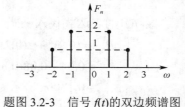

题图 3.2-1 信号 $f(t)$ 的波形　　　题图 3.2-2 信号 $f(t)$ 的波形　　　题图 3.2-3 信号 $f(t)$ 的双边频谱图

5）已知周期信号 $f(t)$ 的周期为 T，且 $f^*(-t)$ 的傅里叶系数为 a_n，则信号 $f(t)$ 的傅里叶系数为_____。

3.2-3 简答计算题

1）求信号 $f(t) = \cos\left(2t + \dfrac{\pi}{4}\right)$ 的指数型傅里叶级数。

2）已知周期信号 $f(t) = 1 + 2\cos(t - 45°) + 0.5\cos(3t + 60°) + 0.25\cos(5t - 75°)$，试分别画出其单边和双边频谱图并求信号的平均功率。

3.3 非周期信号的傅里叶变换

如前所述，如果周期信号的周期足够长，则该周期信号可以作为非周期信号进行处理。一般来说，对于周期信号主要采用傅里叶级数进行频域分析，而对于非周期信号则采用傅里叶变换的方法进行频域分析。当然，正如在本章的第六节所展示的那样，周期信号也存在傅里叶变换，这样就将周期信号和非周期信号在频域的分析方法统一了起来。

若周期信号 $f(t)$ 的周期 T 趋于无穷大，则该信号就变成了非周期信号，由式（3.2-20）可知，由于积分为定值，但信号周期 T 趋于无穷大，故其频谱 F_n 趋于无穷小，且谱线间隔 $\Omega = \dfrac{2\pi}{T}$ 趋于无穷小。因此，信号的频谱就由周期信号的离散谱变成了非周期信号的连续谱，且幅度为无穷小，因此，无法再用 F_n 表示频谱。但是，虽然其频谱的幅度为无穷小，但相对大小仍有区别，因此，需要找到一个合适的方法表示非周期信号的频谱。

由式（3.2-20）可知：

$$F_n T = \int_{-\frac{T}{2}}^{\frac{T}{2}} f(t) \mathrm{e}^{-jn\Omega t} \mathrm{d}t \qquad (3.3\text{-}1)$$

考虑到当 T 趋于无穷大时，谱线间隔 $\Omega = \dfrac{2\pi}{T}$ 趋于无穷小，故式（3.3-1）中的自变量 $n\Omega$ 就变为连续变量，记为 ω。同时，积分区间由 $\left(-\dfrac{T}{2}, \dfrac{T}{2}\right)$ 变为了 $(-\infty, \infty)$。类似于物质的密度是单位体积的质量，当 T 趋于无穷大时，函数 $F_n T$ 可看作是单位频率上的振幅。于是定义：

$$F(j\omega) \overset{\text{def}}{=} \lim_{T \to \infty} F_n T = \int_{-\infty}^{\infty} f(t) \mathrm{e}^{-j\omega t} \mathrm{d}t \qquad (3.3\text{-}2)$$

为信号 $f(t)$ 的傅里叶变换，且称 $F(j\omega)$ 为 $f(t)$ 的频谱密度函数，简称频谱。

由式（3.2-18）可知：

$$f(t) = \sum_{n=-\infty}^{\infty} F_n T \mathrm{e}^{jn\Omega t} \cdot \frac{1}{T} \qquad (3.3\text{-}3)$$

对于式（3.3-3），考虑到当 T 趋于无穷大时，谱线间隔趋于无穷小，故记为 $\mathrm{d}\omega$，$n\Omega$ 变为连续变量 ω。由于各谐波分量间隔 Ω 为无穷小，故其谐波分量个数 n 趋于无穷大，因此，上式中的求和运算变为积分运算，积分区间为 $(-\infty, \infty)$。根据周期和角频率的关系，可知 $T = \dfrac{2\pi}{\Omega} = \dfrac{2\pi}{\mathrm{d}\omega}$，从而 $\dfrac{1}{T} = \dfrac{\mathrm{d}\omega}{2\pi}$。所以，式（3.3-3）变为：

$$f(t) = \frac{\mathrm{d}\omega}{2\pi} \int_{-\infty}^{\infty} F(j\omega) \mathrm{e}^{j\omega t} = \frac{1}{2\pi} \int_{-\infty}^{\infty} F(j\omega) \mathrm{e}^{j\omega t} \mathrm{d}\omega \qquad (3.3\text{-}4)$$

式（3.3-4）称为函数 $F(j\omega)$ 的傅里叶逆变换，$f(t)$ 称为 $F(j\omega)$ 的原函数。

上述 $f(t)$ 和 $F(j\omega)$ 的关系也可简记为：

$$F(j\omega) = \mathscr{F}[f(t)]$$
$$f(t) = \mathscr{F}^{-1}[F(j\omega)]$$

或：

$$f(t) \leftrightarrow F(j\omega)$$

$F(j\omega)$ 一般是复函数，故将其写为：

$$F(j\omega) = |F(j\omega)| \mathrm{e}^{j\varphi(\omega)} = R(\omega) + jX(\omega) \qquad (3.3\text{-}5)$$

式中$|F(j\omega)|$和$\varphi(\omega)$分别是频谱函数$F(j\omega)$的模（幅度谱）和相位（相位谱）。$R(\omega)$和$X(\omega)$分别是它的实部和虚部。

前面的推导并未遵循严格的数学步骤。可以证明，信号$f(t)$的傅里叶变换存在的充分但非必要条件是在无穷区间内$f(t)$绝对可积，即：

$$\int_{-\infty}^{\infty}|f(t)|\mathrm{d}t < \infty \tag{3.3-6}$$

例 3.3-1 求门信号的频谱函数并粗略画出频谱图。

解：门信号是宽度为τ，幅度为1的矩形脉冲信号（其波形如图2.2-16所示）的表达式为：

$$g_\tau(t) = u\left(t + \frac{\tau}{2}\right) - u\left(t - \frac{\tau}{2}\right)$$

由式（3.3-2）可求得其频谱函数为：

$$F(j\omega) = \int_{-\infty}^{\infty} f(t)\mathrm{e}^{-j\omega t}\mathrm{d}t = \int_{-\frac{\tau}{2}}^{\frac{\tau}{2}} \mathrm{e}^{-j\omega t}\mathrm{d}t = \frac{\mathrm{e}^{-j\frac{\omega\tau}{2}} - \mathrm{e}^{j\frac{\omega\tau}{2}}}{-j\omega} = \frac{2\sin\left(\frac{\omega\tau}{2}\right)}{\omega} = \tau Sa\left(\frac{\omega\tau}{2}\right)$$

因此，$|F(j\omega)| = \left|\tau Sa\left(\dfrac{\omega\tau}{2}\right)\right|$，抽样信号的零点坐标为$\omega = \dfrac{2m\pi}{\tau}(m\neq 0, m\in Z)$，故可画出幅度谱如图3.3-1（a）所示，参考例3.2-6的方法可画出其相位谱如图3.3-1（b）所示。由于本例的频谱为实函数，故可用一张图表示其频谱，如图3.3-1（c）所示。

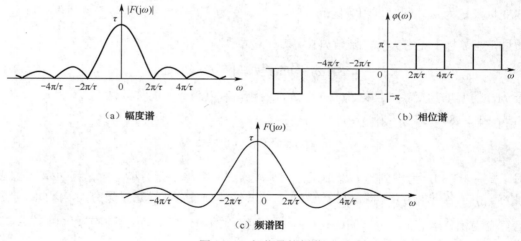

（a）幅度谱　　　　　　　　　　　　　　　　（b）相位谱

（c）频谱图

图 3.3-1　门信号的频谱

例 3.3-2 求单边指数信号的频谱函数并粗略画出频谱图。

解：单边指数信号（其波形如图2.2-18所示）的表达式为：

$$f(t) = \mathrm{e}^{-\alpha t}u(t), \ \alpha > 0$$

由式（3.3-2）可求得其频谱函数为：

$$F(j\omega) = \int_0^\infty \mathrm{e}^{-\alpha t}\cdot\mathrm{e}^{-j\omega t}\mathrm{d}t = -\frac{1}{\alpha + j\omega}\mathrm{e}^{-(\alpha+j\omega)t}\Big|_0^\infty = \frac{1}{\alpha + j\omega}$$

这是一个复函数，将它分为模和相位两部分：

$$F(j\omega) = \frac{1}{\alpha + j\omega} = \frac{1}{\alpha + j\omega}\cdot\frac{\alpha - j\omega}{\alpha - j\omega} = \frac{\alpha}{\alpha^2 + \omega^2} - j\frac{\omega}{\alpha^2 + \omega^2}$$

$$= \sqrt{\frac{\alpha^2 + \omega^2}{(\alpha^2 + \omega^2)^2}} e^{-j\arctan\left(\frac{\frac{\omega}{\alpha^2+\omega^2}}{\frac{\alpha}{\alpha^2+\omega^2}}\right)} = \frac{1}{\sqrt{\alpha^2 + \omega^2}} e^{-j\arctan\left(\frac{\omega}{\alpha}\right)} = |F(j\omega)| e^{j\varphi(\omega)}$$

可得幅度谱为：

$$|F(j\omega)| = \frac{1}{\sqrt{\alpha^2 + \omega^2}}$$

根据上式，当 $\omega = 0$ 时，$|F(j\omega)| = \dfrac{1}{\alpha}$，当 $\omega \to \pm\infty$ 时，$|F(j\omega)| \to 0$，由此可粗略画出幅度谱如图 3.3-2（a）所示。

相位谱为：

$$\varphi(\omega) = -\arctan\left(\frac{\omega}{\alpha}\right)$$

根据上式，当 $\omega = 0$ 时，$\varphi(\omega) = 0$，当 $\omega \to \infty$ 时，$\varphi(\omega) \to -\dfrac{\pi}{2}$，当 $\omega \to -\infty$ 时，$\varphi(\omega) \to \dfrac{\pi}{2}$，由此可粗略画出相位谱如图 3.3-2（b）所示。

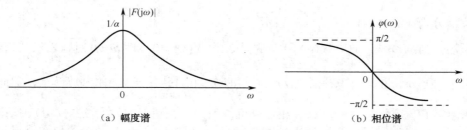

（a）幅度谱　　　　　　　　　（b）相位谱

图 3.3-2　单边指数信号的频谱

例 3.3-3　求双边指数信号的频谱函数并粗略画出频谱图。

解：双边指数信号（波形如图 2.2-19 所示）的表达式为：

$$f(t) = e^{-\alpha|t|}, \quad \alpha > 0$$

由式（3.3-2）可求得其频谱函数为：

$$F(j\omega) = \int_{-\infty}^{0} e^{\alpha t} \cdot e^{-j\omega t} dt + \int_{0}^{\infty} e^{-\alpha t} \cdot e^{-j\omega t} dt$$

$$= \frac{1}{\alpha - j\omega} + \frac{1}{\alpha + j\omega} = \frac{2\alpha}{\alpha^2 + \omega^2}$$

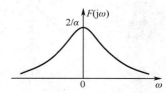

图 3.3-3　双边指数信号的频谱

由于此频谱函数为实函数且恒大于 0，故其相位谱为 0，因此，可用一张图表示其频谱，如图 3.3-3 所示。

例 3.3-4　求图 3.3-4（a）所示信号的频谱函数并粗略画出频谱图。

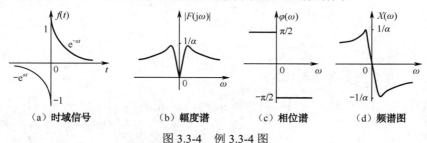

（a）时域信号　　（b）幅度谱　　（c）相位谱　　（d）频谱图

图 3.3-4　例 3.3-4 图

解：图 3.3-4（a）所示信号的表达式可写为：

$$f(t) = \begin{cases} -e^{\alpha t}, & t < 0 \\ e^{-\alpha t}, & t > 0 \end{cases}, \quad \alpha > 0$$

由式（3.3-2）可求得其频谱函数为：

$$F(j\omega) = -\int_{-\infty}^{0} e^{\alpha t} \cdot e^{-j\omega t} dt + \int_{0}^{\infty} e^{-\alpha t} \cdot e^{-j\omega t} dt = -\frac{1}{\alpha - j\omega} + \frac{1}{\alpha + j\omega} = -j\frac{2\omega}{\alpha^2 + \omega^2}$$

由上式可见，$F(j\omega)$ 为纯虚函数，即：

$$F(j\omega) = jX(\omega) = -j\frac{2\omega}{\alpha^2 + \omega^2}$$

根据式（3.3-5）并考虑欧拉公式，可得：

$$F(j\omega) = |F(j\omega)| e^{j\varphi(\omega)} = |F(j\omega)|(\cos\varphi(\omega) + j\sin\varphi(\omega))$$

显然，当相位 $\varphi(\omega) = \dfrac{(2k+1)\pi}{2}$ $(k \in Z)$ 时，$F(j\omega) = j|F(j\omega)|\sin\varphi(\omega) = jX(\omega)$ 为虚函数，考虑到正余弦函数的周期为 2π，故其相位谱在区间 $[-\pi, \pi]$ 内取值即可，即当 $\varphi(\omega) = \dfrac{\pi}{2}$ 时，$X(\omega) = |F(j\omega)| > 0$；$\varphi(\omega) = -\dfrac{\pi}{2}$ 时，$X(\omega) = -|F(j\omega)| < 0$。考虑到 $\varphi(\omega)$ 为奇函数，故可画出其幅度谱和相位谱分别如图 3.3-4（b）、（c）所示。

如前所述，当 $\varphi(\omega) = \dfrac{\pi}{2}$ 时，$X(\omega) > 0$，故当频谱 $X(\omega) > 0$，即 $\omega < 0$ 时，表示其相位谱为 $\dfrac{\pi}{2}$；$\varphi(\omega) = -\dfrac{\pi}{2}$ 时，$X(\omega) < 0$，故当频谱 $X(\omega) < 0$，即 $\omega > 0$ 时，表示其相位谱为 $-\dfrac{\pi}{2}$，因此，可用频谱的正负表示其相位谱，故其幅度谱和相位谱可以画在一张图上，如图 3.3-4（d）所示。

一般而言，信号的频谱函数需要用幅度谱 $|F(j\omega)|$ 和相位谱 $\varphi(\omega)$ 两个图形才能将它完全表示出来。但如果频谱函数 $F(j\omega)$ 是实函数或是虚函数，那么只用一条曲线即可表示其频谱，此时，可用频谱的正负分别表示其相应的相位。

例 3.3-5　求图 3.3-5（a）所示三角脉冲信号的频谱函数并粗略画出频谱图。

 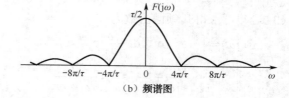

（a）时域波形　　　　　　　　（b）频谱图

图 3.3-5　例 3.3-5 图

解：图 3.3-5（a）所示信号的表达式可写为：

$$f(t) = \begin{cases} 1 - \dfrac{2}{\tau}|t|, & |t| < \dfrac{\tau}{2} \\ 0, & |t| > \dfrac{\tau}{2} \end{cases}$$

由式（3.3-2）可求得其频谱函数为：

$$F(j\omega) = \int_{-\infty}^{\infty} f(t)e^{-j\omega t} dt = \int_{-\infty}^{\infty} \left(1 - \frac{2}{\tau}|t|\right) \cdot \left[u\left(t + \frac{\tau}{2}\right) - u\left(t - \frac{\tau}{2}\right)\right] \cdot e^{-j\omega t} dt$$

$$= \int_{-\infty}^{\infty} \left(1 + \frac{2}{\tau}t\right) \cdot \left[u\left(t + \frac{\tau}{2}\right) - u(t)\right] \cdot e^{-j\omega t} dt + \int_{-\infty}^{\infty} \left(1 - \frac{2}{\tau}t\right) \cdot \left[u(t) - u\left(t - \frac{\tau}{2}\right)\right] \cdot e^{-j\omega t} dt$$

$$= \int_{-\frac{\tau}{2}}^{0} \left(1 + \frac{2}{\tau} t\right) e^{-j\omega t} dt + \int_{0}^{\frac{\tau}{2}} \left(1 - \frac{2}{\tau} t\right) e^{-j\omega t} dt$$

$$= \int_{-\frac{\tau}{2}}^{0} e^{-j\omega t} dt + \int_{-\frac{\tau}{2}}^{0} \frac{2}{\tau} t e^{-j\omega t} dt + \int_{0}^{\frac{\tau}{2}} e^{-j\omega t} dt - \int_{0}^{\frac{\tau}{2}} \frac{2}{\tau} t e^{-j\omega t} dt$$

$$= -\frac{1}{j\omega} + \frac{1}{j\omega} e^{j\frac{\omega\tau}{2}} + \frac{2}{\omega^2 \tau} - \frac{1}{j\omega} e^{j\frac{\omega\tau}{2}} - \frac{2}{\omega^2 \tau} e^{j\frac{\omega\tau}{2}} +$$

$$\frac{1}{j\omega} - \frac{1}{j\omega} e^{-j\frac{\omega\tau}{2}} + \frac{1}{j\omega} e^{-j\frac{\omega\tau}{2}} - \frac{2}{\omega^2 \tau} e^{-j\frac{\omega\tau}{2}} + \frac{2}{\omega^2 \tau}$$

$$= \frac{4}{\omega^2 \tau} - \frac{2}{\omega^2 \tau} \left(e^{j\frac{\omega\tau}{2}} + e^{-j\frac{\omega\tau}{2}} \right)$$

$$= \frac{4}{\omega^2 \tau} - \frac{4}{\omega^2 \tau} \cos\frac{\omega\tau}{2} = \frac{4}{\omega^2 \tau} \times 2\sin^2\frac{\omega\tau}{4} = \frac{\tau}{2} \times \left(\frac{\sin\frac{\omega\tau}{4}}{\frac{\omega\tau}{4}} \right)^2 = \frac{\tau}{2} Sa^2\left(\frac{\omega\tau}{4} \right)$$

频谱如图 3.3-5（b）所示。

例 3.3-6 求冲激信号的频谱函数并粗略画出频谱图。

解：根据式（3.3-2），并考虑冲激函数的取样性质，有：

$$F(j\omega) = \int_{-\infty}^{\infty} \delta(t) e^{-j\omega t} dt = 1$$

即 $\delta(t) \leftrightarrow 1$。

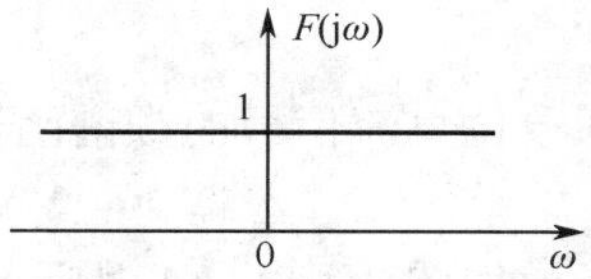

所以，冲激信号的频谱是常数 1，如图 3.3-6 所示。其频谱密度在 $-\infty < \omega < \infty$ 内处处相等，常称之为"均匀谱"或"白色频谱"。

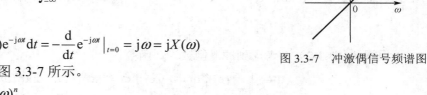

图 3.3-6　冲激信号频谱图

例 3.3-7 求冲激信号导数的频谱函数并粗略画出频谱图。

解：根据式（3.3-2），冲激偶信号的频谱函数为：

$$F(j\omega) = \int_{-\infty}^{\infty} \delta'(t) e^{-j\omega t} dt$$

由式（2.2-13），可知：

$$F(j\omega) = \int_{-\infty}^{\infty} \delta'(t) e^{-j\omega t} dt = -\frac{d}{dt} e^{-j\omega t} \Big|_{t=0} = j\omega = jX(\omega)$$

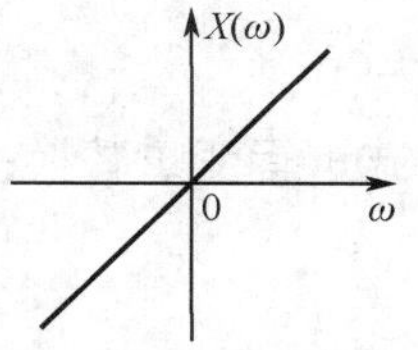

即 $\delta'(t) \leftrightarrow j\omega$，其频谱如图 3.3-7 所示。

图 3.3-7　冲激偶信号频谱图

同理可得 $\delta^{(n)}(t) \leftrightarrow (j\omega)^n$。

例 3.3-8 求图 3.3-8（a）所示单位直流信号的频谱函数并粗略画出频谱图。

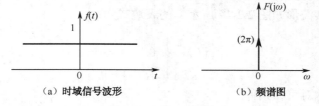

（a）时域信号波形　　　　　（b）频谱图

图 3.3-8　例 3.3-8 图

解：本例可采用两种解法求解，下面分别详述之。

解法一：广义傅里叶变换法。

单位直流信号不满足绝对可积条件，因此在求其傅里叶变换时，不能直接利用定义求解。实际上，除了单位直流信号，还有一些如阶跃信号等函数不满足绝对可积条件，但存在傅里叶变换。

对于这类信号，可构造一函数序列 $\{f_n(t)\}$ 逼近 $f(t)$，即 $f(t) = \lim_{n \to \infty} f_n(t)$，而 $f_n(t)$ 满足绝对可积条件，并且由 $\{f_n(t)\}$ 的傅里叶变换所形成的序列 $\{F_n(j\omega)\}$ 是极限收敛的。由此可定义信号 $f(t)$ 的傅里叶变换 $F(j\omega)$ 为：

$$F(j\omega) = \lim_{n \to \infty} F_n(j\omega)$$

根据上式可以求得此类信号的傅里叶变换，这样定义的傅里叶变换也称为广义傅里叶变换。

构造 $f_\alpha(t) = e^{-\alpha|t|}, \alpha > 0$，而 $f(t) = 1 = \lim_{\alpha \to 0} f_\alpha(t)$。根据例 3.3-3，可知 $f_\alpha(t)$ 的傅里叶变换为 $F_\alpha(j\omega) = \dfrac{2\alpha}{\alpha^2 + \omega^2}$。所以，有：

$$F(j\omega) = \lim_{\alpha \to 0} F_\alpha(j\omega) = \lim_{\alpha \to 0} \frac{2\alpha}{\alpha^2 + \omega^2} = \begin{cases} 0, & \omega \neq 0 \\ \infty, & \omega = 0 \end{cases}$$

显然，它是一个以 ω 为自变量的冲激信号，该冲激信号的强度为：

$$\int_{-\infty}^{\infty} \lim_{\alpha \to 0} \frac{2\alpha}{\alpha^2 + \omega^2} \, d\omega = \lim_{\alpha \to 0} \int_{-\infty}^{\infty} \frac{2}{1 + \left(\dfrac{\omega}{\alpha}\right)^2} \, d\left(\frac{\omega}{\alpha}\right) = \lim_{\alpha \to 0} 2 \arctan \frac{\omega}{\alpha} \Big|_{-\infty}^{\infty} = 2\pi$$

因此，该冲激信号可改写为：

$$\lim_{\alpha \to 0} \frac{2\alpha}{\alpha^2 + \omega^2} = 2\pi \delta(\omega)$$

即单位直流信号的频谱函数：

$$F(j\omega) = 2\pi \delta(\omega)$$

频谱如图 3.3-8（b）所示。

解法二：傅里叶逆变换法。

将傅里叶变换对 $\delta(t) \leftrightarrow 1$ 代入式（3.3-4），有：

$$\frac{1}{2\pi} \int_{-\infty}^{\infty} e^{j\omega t} \, d\omega = \delta(t)$$

对上式进行变量替换：$\omega \to t,\ t \to -\omega$，有：

$$\frac{1}{2\pi} \int_{-\infty}^{\infty} e^{-j\omega t} \, dt = \delta(-\omega)$$

再根据式（3.3-2）并考虑到冲激函数为偶函数，有：

$$1 \leftrightarrow \int_{-\infty}^{\infty} 1 \cdot e^{-j\omega t} \, dt = \int_{-\infty}^{\infty} e^{-j\omega t} \, dt = 2\pi \delta(-\omega) = 2\pi \delta(\omega)$$

即单位直流信号的频谱为 $2\pi \delta(\omega)$。

例 3.3-9 求符号信号的频谱函数并粗略画出频谱图。

解：符号信号（其波形如图 2.2-17 所示）的表达式为：

$$\operatorname{sgn}(t) \overset{\text{def}}{=} \begin{cases} -1, & t < 0 \\ 0, & t = 0 \\ 1, & t > 0 \end{cases}$$

显然该信号也不满足绝对可积条件。

构造函数：

$$f_\alpha(t) = \begin{cases} -e^{\alpha t}, & t < 0 \\ e^{-\alpha t}, & t > 0 \end{cases}, \quad \alpha > 0$$

则有：

$$\operatorname{sgn}(t) = \lim_{\alpha \to 0} f_\alpha(t)$$

由例 3.3-4 可知信号 $f_\alpha(t)$ 的频谱函数为：

$$F_\alpha(j\omega) = -j\frac{2\omega}{\alpha^2 + \omega^2}$$

故符号信号的频谱函数为：

$$F(j\omega) = jX(\omega) = \lim_{\alpha \to 0} F_\alpha(j\omega) = \lim_{\alpha \to 0}\left(-j\frac{2\omega}{\alpha^2 + \omega^2}\right) = \begin{cases} \dfrac{2}{j\omega}, & \omega \neq 0 \\ 0, & \omega = 0 \end{cases}$$

即 $\mathrm{sgn}(t) \leftrightarrow \dfrac{2}{j\omega}$，所以，其幅度谱为：

$$|F(j\omega)| = \sqrt{\left(\frac{2}{\omega}\right)^2} = \frac{2}{|\omega|}$$

相位谱为：

$$\arctan\frac{-\dfrac{2}{\omega}}{0} = \begin{cases} -\dfrac{\pi}{2}, & \omega > 0 \\ \dfrac{\pi}{2}, & \omega < 0 \end{cases}$$

幅度谱和相位谱分别如图 3.3-9（a）、（b）所示。由于其频谱为虚函数，故可将其幅度谱和相位谱画在一张图上，如图 3.3-9（c）所示。

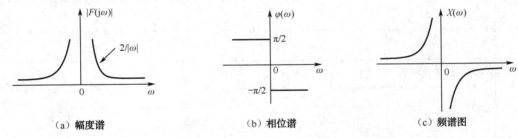

（a）幅度谱　　　　　　　　　（b）相位谱　　　　　　　　　（c）频谱图

图 3.3-9　符号信号的频谱图

例 3.3-10　求阶跃信号的频谱函数并粗略画出频谱图。

解：图 2.2-1（b）所示阶跃信号的表达式为：

$$u(t) = \begin{cases} 0, & t < 0 \\ \dfrac{1}{2}, & t = 0 \\ 1, & t > 0 \end{cases}$$

显然该函数也不满足绝对可积条件。

它可看作是幅度为 $\dfrac{1}{2}$ 的直流信号和幅度为 $\dfrac{1}{2}$ 的符号信号之和，即：

$$u(t) = \frac{1}{2} + \frac{1}{2}\mathrm{sgn}(t)$$

根据式（3.3-2），有：

$$F(j\omega) = \int_{-\infty}^{\infty} u(t)\mathrm{e}^{-j\omega t}\mathrm{d}t = \int_{-\infty}^{\infty}\left[\frac{1}{2} + \frac{1}{2}\mathrm{sgn}(t)\right]\mathrm{e}^{-j\omega t}\mathrm{d}t$$

$$= \frac{1}{2}\int_{-\infty}^{\infty} 1 \cdot \mathrm{e}^{-j\omega t}\mathrm{d}t + \frac{1}{2}\int_{-\infty}^{\infty}\mathrm{sgn}(t)\mathrm{e}^{-j\omega t}\mathrm{d}t$$

由例 3.3-8 和例 3.3-9 可知单位直流信号和符号信号的傅里叶变换

分别为 $2\pi\delta(\omega)$ 和 $\dfrac{2}{j\omega}$，故得其频谱函数为：

$$F(j\omega) = \pi\delta(\omega) + \frac{1}{j\omega} = \pi\delta(\omega) + j\left(-\frac{1}{\omega}\right)$$

其实部和虚部分别为 $R(\omega) = \pi\delta(\omega)$，$X(\omega) = -\dfrac{1}{\omega}$，频谱如图 3.3-10 所示。

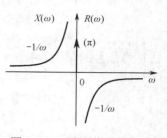

图 3.3-10　阶跃信号的频谱

作为本节的总结，表 3.3-1 列出了常用信号的傅里叶变换对。

表 3.3-1　常用信号的傅里叶变换对

序　号	名　称	时 间 函 数	频 谱 函 数
1	冲激信号	$\delta(t)$	1
2	冲激信号的导数	$\delta^{(n)}(t)$	$(j\omega)^n$
3	阶跃信号	$u(t)$	$\pi\delta(\omega) + \dfrac{1}{j\omega}$
4	符号信号	$\text{sgn}(t)$	$\dfrac{2}{j\omega}$
5	门信号	$g_\tau(t)$	$\tau Sa\left(\dfrac{\omega\tau}{2}\right)$
6	抽样信号	$Sa(\omega_c t)$	$\dfrac{\pi}{\omega_c} g_{2\omega_c}(\omega)$
7	单边指数信号	$e^{-\alpha t}u(t), \alpha>0$	$\dfrac{1}{\alpha + j\omega}$
8	双边指数信号	$e^{-\alpha|t|}, \alpha>0$	$\dfrac{2\alpha}{\alpha^2 + \omega^2}$
9	虚指数信号	$e^{j\omega_0 t}$	$2\pi\delta(\omega - \omega_0)$
10	三角脉冲信号	$\left(1 - \dfrac{2|t|}{\tau}\right)\left[u\left(t + \dfrac{\tau}{2}\right) - u\left(t - \dfrac{\tau}{2}\right)\right]$	$\dfrac{\tau}{2} Sa^2\left(\dfrac{\omega\tau}{4}\right)$
11	正弦信号	$\sin(\omega_0 t)$	$j\pi[\delta(\omega + \omega_0) - \delta(\omega - \omega_0)]$
12	余弦信号	$\cos(\omega_0 t)$	$\pi[\delta(\omega + \omega_0) + \delta(\omega - \omega_0)]$
13	冲激序列	$\delta_T(t) = \displaystyle\sum_{n=-\infty}^{\infty}\delta(t - nT)$	$\delta_\Omega(\omega) = \Omega\displaystyle\sum_{n=-\infty}^{\infty}\delta(\omega - n\Omega), \Omega = \dfrac{2\pi}{T}$

练习题

3.3-1　已知 $f(t) = 2e^{j2t}\delta(t)$，则其傅里叶变换是＿＿＿。

（A）2　　　　　（B）$j(\omega - 2)$　　　　　（C）0　　　　　（D）$j(2-\omega)\displaystyle\sum_{i=-\infty}^{k} 2^i\delta(i-2)$

3.3-2　已知信号 $f(t)$ 的波形如题图 3.3-1 所示，则其相位谱 $\varphi(\omega) = $＿＿＿。

（A）4ω　　　　　（B）2ω　　　　　（C）-2ω　　　　　（D）以上全错

3.3-3　题图 3.3-2 所示信号 $f(t)$ 的傅里叶变换记为 $F(j\omega)$，试求 $F(0) = $＿＿＿＿＿＿，

$\displaystyle\int_{-\infty}^{\infty} F(j\omega)d\omega = $＿＿＿＿＿＿。

3.3-4　求题图 3.3-3 所示半波余弦信号 $f(t) = \begin{cases} A\cos\left(\dfrac{\pi}{\tau}t\right), & |t| < \dfrac{\tau}{2} \\ 0, & |t| > \dfrac{\tau}{2} \end{cases}$ 的傅里叶变换。

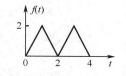

题图 3.3-1　信号 $f(t)$ 的波形

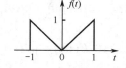

题图 3.3-2　信号 $f(t)$ 的波形

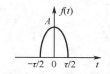

题图 3.3-3　信号 $f(t)$ 的波形

3.4　傅里叶变换的性质

本节介绍傅里叶变换的性质，其实质是研究在时域/频域中对信号进行某种运算时，在频域/时域中所引起的效应。

3.4.1　线性性质

若：

$$f_1(t) \leftrightarrow F_1(j\omega)，\quad f_2(t) \leftrightarrow F_2(j\omega)$$

则对任意常数 a 和 b，有：

$$af_1(t) + bf_2(t) \leftrightarrow aF_1(j\omega) + bF_2(j\omega) \tag{3.4-1}$$

式（3.4-1）称为傅里叶变换的线性性质，下面对其进行证明。

根据傅里叶变换的定义式，有：

$$
\begin{aligned}
af_1(t) + bf_2(t) &\leftrightarrow \int_{-\infty}^{\infty} [af_1(t) + bf_2(t)] e^{-j\omega t} dt \\
&= a\int_{-\infty}^{\infty} f_1(t) e^{-j\omega t} dt + b\int_{-\infty}^{\infty} f_2(t) e^{-j\omega t} dt \\
&= aF_1(j\omega) + bF_2(j\omega)
\end{aligned}
$$

显然，对于多个信号的情况，线性性质仍然适用。线性性质表明若信号 $f(t)$ 增大 a 倍，则其频谱函数 $F(j\omega)$ 也增大 a 倍；若干个信号之和的频谱函数等于各信号的频谱函数之和。

例 3.4-1　信号 $f_1(t)$ 和 $f_2(t)$ 的波形如图 3.4-1 所示，求 $f(t)=f_1(t)-f_2(t)$ 的傅里叶变换。

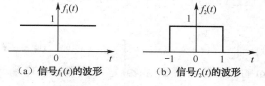

（a）信号 $f_1(t)$ 的波形　　　　　（b）信号 $f_2(t)$ 的波形

图 3.4-1　例 3.4-1 信号波形

解：由于 $f_1(t) = 1 \leftrightarrow 2\pi\delta(\omega)$，$f_2(t) = g_2(t) \leftrightarrow 2\mathrm{Sa}(\omega)$，故根据式（3.4-1）可得信号 $f(t)$ 傅里叶变换为：

$$F(j\omega) = 2\pi\delta(\omega) - 2\mathrm{Sa}(\omega)$$

3.4.2　奇偶虚实性

假设信号 $f(t)$ 的频谱函数为 $F(j\omega)$，且 $R(\omega)$ 和 $X(\omega)$ 分别为频谱函数的实部和虚部，$|F(j\omega)|$ 和 $\varphi(\omega)$ 分别为频谱函数的模和相位。

如果 $f(t)$ 是时间 t 的实函数，则有：

$$R(\omega) = R(-\omega), X(\omega) = -X(-\omega), |F(j\omega)| = |F(-j\omega)|, \varphi(\omega) = -\varphi(-\omega) \tag{3.4-2}$$

$$f(-t) \leftrightarrow F(-j\omega) = F^*(j\omega) \tag{3.4-3}$$

若 $f(t) = f(-t)$，则

$$X(\omega) = 0, F(j\omega) = R(\omega) \tag{3.4-4}$$

若 $f(t) = -f(-t)$，则

$$R(\omega) = 0, F(j\omega) = jX(\omega) \tag{3.4-5}$$

如果 $f(t)$ 是时间 t 的虚函数，则有：

$$R(\omega) = -R(-\omega), X(\omega) = X(-\omega), |F(j\omega)| = |F(-j\omega)|, \varphi(\omega) = -\varphi(-\omega) \tag{3.4-6}$$

$$f(-t) \leftrightarrow F(-j\omega) = -F^*(j\omega) \tag{3.4-7}$$

式（3.4-2）～式（3.4-7）称为傅里叶变换的奇偶虚实性，它研究了时间函数与其频谱之间的虚/实、奇/偶关系，下面对其进行证明。

首先讨论 $f(t)$ 是 t 的实函数的情况。

如果 $f(t)$ 是时间 t 的实函数，那么根据欧拉公式，傅里叶变换定义式可写为：

$$F(j\omega) = \int_{-\infty}^{\infty} f(t)e^{-j\omega t}dt = \int_{-\infty}^{\infty} f(t)\cos(\omega t)dt - j\int_{-\infty}^{\infty} f(t)\sin(\omega t)dt \tag{3.4-8}$$

频谱函数的实部和虚部分别为：

$$\begin{cases} R(\omega) = \int_{-\infty}^{\infty} f(t)\cos(\omega t)dt \\ X(\omega) = -\int_{-\infty}^{\infty} f(t)\sin(\omega t)dt \end{cases} \tag{3.4-9}$$

频谱函数的模和相位分别为：

$$\begin{cases} |F(j\omega)| = \sqrt{R^2(\omega) + X^2(\omega)} \\ \varphi(\omega) = \arctan\left[\dfrac{X(\omega)}{R(\omega)}\right] \end{cases} \tag{3.4-10}$$

由式（3.4-9）可见，由于 $\cos[(-\omega)t] = \cos(\omega t), \sin[(-\omega)t] = -\sin(\omega t)$，故若 $f(t)$ 是时间 t 的实函数，则频谱函数 $F(j\omega)$ 的实部 $R(\omega)$ 是角频率 ω 的偶函数，虚部 $X(\omega)$ 是角频率 ω 的奇函数。进而由式（3.4-10）可知，$|F(j\omega)|$ 是角频率 ω 的偶函数，$\varphi(\omega)$ 是角频率 ω 的奇函数，式（3.4-2）得证。

信号 $f(-t)$ 的傅里叶变换为：

$$f(-t) \leftrightarrow \int_{-\infty}^{\infty} f(-t)e^{-j\omega t}dt$$

令 $\tau = -t$，得：

$$f(-t) \leftrightarrow \int_{\infty}^{-\infty} f(\tau)e^{j\omega \tau}d(-\tau) = \int_{-\infty}^{\infty} f(\tau)e^{-j(-\omega)\tau}d\tau = F(-j\omega)$$

考虑到实部 $R(\omega)$ 是角频率 ω 的偶函数，虚部 $X(\omega)$ 是角频率 ω 的奇函数，故有：

$$f(-t) \leftrightarrow F(-j\omega) = R(-\omega) + jX(-\omega) = R(\omega) - jX(\omega) = F^*(j\omega)$$

式中 $F^*(j\omega)$ 是 $F(j\omega)$ 的共轭复函数，式（3.4-3）得证。

由式（3.4-8）可知，如果 $f(t)$ 是时间 t 的偶函数，则 $f(t)\sin(\omega t)$ 是 t 的奇函数，$f(t)\cos(\omega t)$ 是 t 的偶函数，于是有：

$$F(j\omega) = \int_{-\infty}^{\infty} f(t)\cos(\omega t)dt = R(\omega)$$

注意到频谱函数的自变量是 ω，而 $\cos(\omega t)$ 关于 ω 是偶函数，$f(t)$ 对于 ω 来说为常数，因此，此时的频谱函数是 ω 的实、偶函数，式（3.4-4）得证。

由式（3.4-8）可知，如果 $f(t)$ 是时间 t 的奇函数，则 $f(t)\cos(\omega t)$ 是 t 的奇函数，$f(t)\sin(\omega t)$ 是 t 的偶函数，于是有：

$$F(j\omega) = -j\int_{-\infty}^{\infty} f(t)\sin(\omega t)dt = jX(\omega)$$

注意到频谱函数的自变量是 ω，而 $\sin(\omega t)$ 关于 ω 是奇函数，$f(t)$ 对于 ω 来说为常数，因此，此时的

频谱函数是 ω 的虚、奇函数，式（3.4-5）得证。

下面讨论 $f(t)$ 是 t 的虚函数的情况。令 $x(t)$ 为实函数，则 $f(t) = jx(t)$ 为虚函数。

如果 $f(t)$ 是时间 t 的虚函数，那么根据欧拉公式，傅里叶变换定义式可写为：

$$F(j\omega) = \int_{-\infty}^{\infty} f(t)e^{-j\omega t}dt = \int_{-\infty}^{\infty} jx(t)e^{-j\omega t}dt = j\int_{-\infty}^{\infty} x(t)\cos(\omega t)dt + \int_{-\infty}^{\infty} x(t)\sin(\omega t)dt \qquad (3.4-11)$$

式（3.4-11）中频谱函数的实部和虚部分别为：

$$\begin{cases} R(\omega) = \int_{-\infty}^{\infty} x(t)\sin(\omega t)dt \\ X(\omega) = \int_{-\infty}^{\infty} x(t)\cos(\omega t)dt \end{cases} \qquad (3.4-12)$$

频谱函数的模和相位分别为：

$$\begin{cases} |F(j\omega)| = \sqrt{R^2(\omega) + X^2(\omega)} \\ \varphi(\omega) = \arctan\left[\dfrac{X(\omega)}{R(\omega)}\right] \end{cases} \qquad (3.4-13)$$

由式（3.4-12）可见，由于 $\cos[(-\omega)t] = \cos(\omega t), \sin[(-\omega)t] = -\sin(\omega t)$，故若 $x(t)$ 是时间 t 的实函数，即 $f(t)$ 是时间 t 的虚函数，则频谱函数 $F(j\omega)$ 的实部 $R(\omega)$ 是角频率 ω 的奇函数，虚部 $X(\omega)$ 是角频率 ω 的偶函数。进而由式（3.4-13）可知，$|F(j\omega)|$ 是 ω 的偶函数，$\varphi(\omega)$ 是角频率 ω 的奇函数，式（3.4-6）得证。

信号 $f(-t)$ 的傅里叶变换为：

$$f(-t) \leftrightarrow \int_{-\infty}^{\infty} f(-t)e^{-j\omega t}dt$$

令 $\tau = -t$，得：

$$f(-t) \leftrightarrow \int_{-\infty}^{-\infty} f(\tau)e^{j\omega \tau}d(-\tau) = \int_{-\infty}^{\infty} f(\tau)e^{-j(-\omega)\tau}d\tau = F(-j\omega)$$

根据频谱函数实部和虚部的奇偶性，可得：

$$f(-t) \leftrightarrow F(-j\omega) = R(-\omega) + jX(-\omega) = -[R(\omega) - jX(\omega)] = -F^*(j\omega)$$

式（3.4-7）得证。

根据以上分析，不难推导出 $f(t)$ 为复函数的一般情况，在此不再赘述。

3.4.3 对偶性

若：

$$f(t) \leftrightarrow F(j\omega)$$

则：

$$F(jt) \leftrightarrow 2\pi f(-\omega) \qquad (3.4-14)$$

式（3.4-14）称为傅里叶变换的对偶性，下面对其进行证明。

根据傅里叶逆变换的定义式：

$$f(t) = \frac{1}{2\pi}\int_{-\infty}^{\infty} F(j\omega)e^{j\omega t}d\omega$$

令 $t = -\tau$，则有：

$$f(-\tau) = \frac{1}{2\pi}\int_{-\infty}^{\infty} F(j\omega)e^{-j\omega \tau}d\omega$$

将上式中的 τ 和 ω 互换，则有：

$$f(-\omega) = \frac{1}{2\pi}\int_{-\infty}^{\infty} F(j\tau)e^{-j\omega \tau}d\tau$$

所以，有：

$$2\pi f(-\omega) = \int_{-\infty}^{\infty} F(j\tau)e^{-j\omega\tau}d\tau$$

将上式与傅里叶变换定义式进行对比可知，其等号右端部分是时域信号 $F(jt)$ 傅里叶变换计算式，故有上述对偶性。

如果 $f(t)$ 为偶函数，这种对称关系就会简化，即 $f(t)$ 的频谱为 $F(j\omega)$，那么 $F(jt)$ 的频谱即为 $2\pi f(\omega)$，也就是说，形状为 $F(jt)$ 的信号的频谱形状为 $f(\omega)$。如矩形脉冲信号的频谱为抽样信号，则抽样信号的频谱必然是矩形脉冲信号。如果 $f(t)$ 为奇函数，则这种对偶关系需要有一个关于横轴的反转。

例 3.4-2 求单位直流信号的傅里叶变换。

解：本题已在例 3.3-8 中采用两种方法求解，现在利用傅里叶变换的对偶性求解。

由常用信号的傅里叶变换对 $\delta(t) \leftrightarrow 1$，根据式（3.4-14）可得：

$$1 \leftrightarrow 2\pi\delta(-\omega)$$

考虑到冲激信号是偶函数，故有：

$$1 \leftrightarrow 2\pi\delta(\omega)$$

显然，本例结果与例 3.3-8 完全相同。

例 3.4-3 已知信号 $f(t) = \dfrac{1}{1+t^2}$，求其频谱 $F(j\omega)$。

解：由表 3.3-1 可知双边指数信号 $f(t) = e^{-\alpha|t|}, \alpha > 0$ 的频谱函数为：

$$F(j\omega) = \frac{2\alpha}{\alpha^2 + \omega^2}$$

若令 $\alpha = 1$，则有：

$$e^{-|t|} \leftrightarrow \frac{2}{1+\omega^2}$$

根据式（3.4-14），有：

$$\frac{2}{1+t^2} \leftrightarrow 2\pi e^{-|\omega|}$$

利用式（3.4-1），可得：

$$\frac{1}{1+t^2} \leftrightarrow \pi e^{-|\omega|}$$

例 3.4-4 求抽样信号 $Sa(t) = \dfrac{\sin t}{t}$ 的频谱函数。

解：由常用信号的傅里叶变换对 $g_\tau(t) \leftrightarrow \tau Sa\left(\dfrac{\omega\tau}{2}\right)$，令 $\tau = 2$，则有：

$$g_2(t) \leftrightarrow 2Sa(\omega)$$

根据式（3.4-14）并考虑到门信号是偶函数，有：

$$2Sa(t) \leftrightarrow 2\pi g_2(-\omega) = 2\pi g_2(\omega)$$

根据式（3.4-1），上式两边同除以 2，可得：

$$Sa(t) \leftrightarrow \pi g_2(\omega)$$

即抽样信号的频谱为宽度为 2，幅度为 π 的门信号。

3.4.4 尺度变换性质

若：

$$f(t) \leftrightarrow F(\mathrm{j}\omega)$$

则对于非零常数 a，有：

$$f(at) \leftrightarrow \frac{1}{|a|}F\left(\mathrm{j}\frac{\omega}{a}\right) \tag{3.4-15}$$

式（3.4-15）称为傅里叶变换的尺度变换性质，下面对其进行证明。

由傅里叶变换定义式可知：

$$f(at) \leftrightarrow \int_{-\infty}^{\infty} f(at)\mathrm{e}^{-\mathrm{j}\omega t}\mathrm{d}t$$

令 $at = x$，则当 $a>0$（即只进行尺度变换）时，有：

$$f(at) \leftrightarrow \int_{-\infty}^{\infty} f(x)\mathrm{e}^{-\mathrm{j}\omega \frac{x}{a}}\frac{\mathrm{d}x}{a} = \frac{1}{a}\int_{-\infty}^{\infty} f(x)\mathrm{e}^{-\mathrm{j}\frac{\omega}{a}x}\mathrm{d}x = \frac{1}{a}F\left(\mathrm{j}\frac{\omega}{a}\right)$$

当 $a<0$（即同时进行反转和尺度变换）时，有：

$$f(at) \leftrightarrow \int_{\infty}^{-\infty} f(x)\mathrm{e}^{-\mathrm{j}\omega \frac{x}{a}}\frac{\mathrm{d}x}{a} = -\frac{1}{a}\int_{-\infty}^{\infty} f(x)\mathrm{e}^{-\mathrm{j}\frac{\omega}{a}x}\mathrm{d}x = -\frac{1}{a}F\left(\mathrm{j}\frac{\omega}{a}\right)$$

综合上述两式，可证得傅里叶变换的尺度变换性质。

傅里叶变换的尺度变换性质表明，若信号 $f(t)$ 在时间坐标上压缩/扩展到原来的 $\frac{1}{a}$，那么其频谱函数在频率坐标上将展宽/压缩 a 倍，同时其幅度变为原来的 $\frac{1}{|a|}$。也就是说，在时域中信号占据时间的压缩/展宽对应于其频谱在频域中信号占有频带的展宽/压缩。由此可见，信号的持续时间与信号的占有频带成反比。在信号传输过程中，为了加快传输速度，即缩短信号的持续时间，就需要将信号的频带进行展宽。

例 3.4-5　已知信号 $f(t) = \dfrac{1}{1-\mathrm{j}t}$，求其频谱函数。

解：由常用信号的傅里叶变换对 $\mathrm{e}^{-\alpha t}u(t) \leftrightarrow \dfrac{1}{\alpha+\mathrm{j}\omega}$，令 $\alpha = 1$，有：

$$\mathrm{e}^{-t}u(t) \leftrightarrow \frac{1}{1+\mathrm{j}\omega}$$

根据式（3.4-14），有：

$$\frac{1}{1+\mathrm{j}t} \leftrightarrow 2\pi\mathrm{e}^{\omega}u(-\omega)$$

由式（3.4-15）（$a = -1$），有：

$$\frac{1}{1-\mathrm{j}t} \leftrightarrow 2\pi\mathrm{e}^{-\omega}u(\omega)$$

3.4.5　时移特性

若：

$$f(t) \leftrightarrow F(\mathrm{j}\omega)$$

则对于常数 t_0，有：

$$f(t \pm t_0) \leftrightarrow \mathrm{e}^{\pm\mathrm{j}\omega t_0}F(\mathrm{j}\omega) \tag{3.4-16}$$

式（3.4-16）称为傅里叶变换的时移特性或延时特性，下面对其进行证明。

由傅里叶变换定义式可知：

$$f(t \pm t_0) \leftrightarrow \int_{-\infty}^{\infty} f(t \pm t_0) \mathrm{e}^{-\mathrm{j}\omega t} \mathrm{d}t$$

令 $t \pm t_0 = x$，有：

$$f(t \pm t_0) \leftrightarrow \int_{-\infty}^{\infty} f(x) \mathrm{e}^{-\mathrm{j}\omega(x \mp t_0)} \mathrm{d}x = \mathrm{e}^{\pm \mathrm{j}\omega t_0} \int_{-\infty}^{\infty} f(x) \mathrm{e}^{-\mathrm{j}\omega x} \mathrm{d}x = \mathrm{e}^{\pm \mathrm{j}\omega t_0} F(\mathrm{j}\omega)$$

傅里叶变换的时移特性得证。

时移特性表明：若信号在时域中延时 t_0，则其在频域中的所有频率"分量"相应落后相位 ωt_0，而其幅度保持不变。

例 3.4-6 已知信号 $f(t)$ 的频谱函数为 $F(\mathrm{j}\omega)$，求信号 $f(at-b)$（a、b 为常数，且 $a \neq 0$）的频谱。

解：本题涉及到信号的平移和尺度变换两个操作，因此有两种解法，下面分别加以阐述。

解法一：先平移再尺度变换。

根据式（3.4-16），有：

$$f(t-b) \leftrightarrow \mathrm{e}^{-\mathrm{j}\omega b} F(\mathrm{j}\omega)$$

根据式（3.4-15），有：

$$f(at-b) \leftrightarrow \frac{1}{|a|} \mathrm{e}^{-\mathrm{j}\frac{\omega}{a}b} F\left(\mathrm{j}\frac{\omega}{a}\right) \tag{3.4-17}$$

解法二：先尺度变换再平移。

根据式（3.4-15），有：

$$f(at) \leftrightarrow \frac{1}{|a|} F\left(\mathrm{j}\frac{\omega}{a}\right)$$

注意到信号时移是针对自变量 t 进行的，根据式（3.4-16），有：

$$f(at-b) = f\left[a\left(t-\frac{b}{a}\right)\right] \leftrightarrow \frac{1}{|a|} \mathrm{e}^{-\mathrm{j}\frac{\omega}{a}b} F\left(\mathrm{j}\frac{\omega}{a}\right)$$

例 3.4-7 求图 3.4-2 所示信号的傅里叶变换。

解：图示信号可表示为：

$$f(t) = g_2(t+2) - g_2(t-2)$$

由常用信号的傅里叶变换对 $g_\tau(t) \leftrightarrow \tau \mathrm{Sa}\left(\dfrac{\omega\tau}{2}\right)$ 及式（3.4-16），可得：

$$g_2(t+2) \leftrightarrow 2\mathrm{Sa}(\omega)\mathrm{e}^{\mathrm{j}2\omega}, \quad g_2(t-2) \leftrightarrow 2\mathrm{Sa}(\omega)\mathrm{e}^{-\mathrm{j}2\omega}$$

根据式（3.4-1），有：

$$F(\mathrm{j}\omega) = 2\mathrm{Sa}(\omega)\mathrm{e}^{\mathrm{j}2\omega} - 2\mathrm{Sa}(\omega)\mathrm{e}^{-\mathrm{j}2\omega} = 2\mathrm{Sa}(\omega)(\mathrm{e}^{\mathrm{j}2\omega} - \mathrm{e}^{-\mathrm{j}2\omega}) = \mathrm{j}4\sin(2\omega)\mathrm{Sa}(\omega)$$

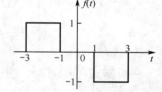

图 3.4-2 信号 $f(t)$ 的波形

3.4.6 频移特性

若：

$$f(t) \leftrightarrow F(\mathrm{j}\omega)$$

且 ω_0 为常数，则：

$$f(t)\mathrm{e}^{\pm \mathrm{j}\omega_0 t} \leftrightarrow F[\mathrm{j}(\omega \mp \omega_0)] \tag{3.4-18}$$

式（3.4-18）称为傅里叶变换的频移特性或调制特性。由此可以看出，信号在频域中左右移动相当于在时域中乘以因子 $\mathrm{e}^{\mp \mathrm{j}\omega_0 t}$。下面对频移特性进行证明。

由傅里叶逆变换定义式可知：

$$F[\mathrm{j}(\omega \mp \omega_0)] \leftrightarrow \frac{1}{2\pi} \int_{-\infty}^{\infty} F[\mathrm{j}(\omega \mp \omega_0)] \mathrm{e}^{\mathrm{j}\omega t} \mathrm{d}\omega$$

令 $\omega \mp \omega_0 = x$，有：

$$F[\mathrm{j}(\omega \mp \omega_0)] \leftrightarrow \frac{1}{2\pi} \int_{-\infty}^{\infty} F(\mathrm{j}x) \mathrm{e}^{\mathrm{j}(x \pm \omega_0)t} \mathrm{d}x = \left[\frac{1}{2\pi} \int_{-\infty}^{\infty} F(\mathrm{j}x) \mathrm{e}^{\mathrm{j}xt} \mathrm{d}x\right] \mathrm{e}^{\pm \mathrm{j}\omega_0 t} = f(t) \mathrm{e}^{\pm \mathrm{j}\omega_0 t}$$

傅里叶变换的频移特性得证。

例 3.4-8 已知信号 $f(t)$ 的傅里叶变换为 $F(\mathrm{j}\omega)$，求信号 $\mathrm{e}^{-\mathrm{j}2t} f(-3t+4)$ 的傅里叶变换。

解：由式（3.4-16），得：

$$f(t+4) \leftrightarrow F(\mathrm{j}\omega) \mathrm{e}^{\mathrm{j}4\omega}$$

根据式（3.4-15），有：

$$f(-3t+4) \leftrightarrow \frac{1}{|-3|} F\left(-\mathrm{j}\frac{\omega}{3}\right) \mathrm{e}^{\mathrm{j}\left(\frac{4\omega}{-3}\right)} = \frac{1}{3} F\left(-\mathrm{j}\frac{\omega}{3}\right) \mathrm{e}^{-\mathrm{j}\frac{4\omega}{3}}$$

实际上，也可利用式（3.4-17）直接求得 $f(-3t+4)$ 的傅里叶变换。

由式（3.4-18），得：

$$\mathrm{e}^{-\mathrm{j}2t} f(-3t+4) \leftrightarrow \frac{1}{3} F\left(-\mathrm{j}\frac{\omega+2}{3}\right) \mathrm{e}^{-\mathrm{j}\frac{4(\omega+2)}{3}}$$

3.4.7 卷积定理

两信号时域卷积对应于频域的乘积，时域乘积对应于频域的卷积，这就是卷积定理的基本内容。卷积定理在信号和系统分析中占有非常重要的地位，下面分述时域卷积定理和频域卷积定理。

时域卷积定理

若：

$$f_1(t) \leftrightarrow F_1(\mathrm{j}\omega)$$
$$f_2(t) \leftrightarrow F_2(\mathrm{j}\omega)$$

则：

$$f_1(t) * f_2(t) \leftrightarrow F_1(\mathrm{j}\omega) F_2(\mathrm{j}\omega) \tag{3.4-19}$$

式（3.4-19）称为傅里叶变换的时域卷积定理。由此可以看出，时域中两个信号的卷积对应于频域中两个频谱函数的乘积。

频域卷积定理

若：

$$f_1(t) \leftrightarrow F_1(\mathrm{j}\omega)$$
$$f_2(t) \leftrightarrow F_2(\mathrm{j}\omega)$$

则：

$$f_1(t) f_2(t) \leftrightarrow \frac{1}{2\pi} F_1(\mathrm{j}\omega) * F_2(\mathrm{j}\omega) \tag{3.4-20}$$

式（3.4-20）称为傅里叶变换的频域卷积定理。由此可以看出，时域中两个信号的乘积对应于频域中两个频谱函数的卷积积分的 $\frac{1}{2\pi}$ 倍。

下面对其进行证明。

由式（2.3-2）和式（3.3-2）可知：

$$f_1(t) * f_2(t) \leftrightarrow \int_{-\infty}^{\infty} \left[\int_{-\infty}^{\infty} f_1(\tau) f_2(t-\tau) \mathrm{d}\tau\right] \mathrm{e}^{-\mathrm{j}\omega t} \mathrm{d}t = \int_{-\infty}^{\infty} f_1(\tau) \left[\int_{-\infty}^{\infty} f_2(t-\tau) \mathrm{e}^{-\mathrm{j}\omega t} \mathrm{d}t\right] \mathrm{d}\tau$$

上式中的积分 $\int_{-\infty}^{\infty} f_2(t-\tau)\mathrm{e}^{-\mathrm{j}\omega t}\mathrm{d}t$ 是信号 $f_2(t-\tau)$ 的傅里叶变换计算式。由式（3.4-16）可得：

$$\int_{-\infty}^{\infty} f_2(t-\tau)\mathrm{e}^{-\mathrm{j}\omega t}\mathrm{d}t = F_2(\mathrm{j}\omega)\mathrm{e}^{-\mathrm{j}\omega\tau}$$

所以，有：

$$f_1(t)*f_2(t) \leftrightarrow \int_{-\infty}^{\infty} f_1(\tau)F_2(\mathrm{j}\omega)\mathrm{e}^{-\mathrm{j}\omega\tau}\mathrm{d}\tau = F_2(\mathrm{j}\omega)\int_{-\infty}^{\infty} f_1(\tau)\mathrm{e}^{-\mathrm{j}\omega\tau}\mathrm{d}\tau = F_1(\mathrm{j}\omega)F_2(\mathrm{j}\omega)$$

时域卷积定理得证。

由式（2.3-2）和式（3.3-4）可知：

$$\frac{1}{2\pi}F_1(\mathrm{j}\omega)*F_2(\mathrm{j}\omega) \leftrightarrow \frac{1}{2\pi}\int_{-\infty}^{\infty}\left\{\int_{-\infty}^{\infty}\frac{1}{2\pi}F_1(\mathrm{j}x)F_2[\mathrm{j}(\omega-x)]\mathrm{d}x\right\}\mathrm{e}^{\mathrm{j}\omega t}\mathrm{d}\omega$$

$$= \frac{1}{2\pi}\int_{-\infty}^{\infty}F_1(\mathrm{j}x)\left[\frac{1}{2\pi}\int_{-\infty}^{\infty}F_2[\mathrm{j}(\omega-x)]\mathrm{e}^{\mathrm{j}\omega t}\mathrm{d}\omega\right]\mathrm{d}x$$

上式中的积分 $\frac{1}{2\pi}\int_{-\infty}^{\infty}F_2[\mathrm{j}(\omega-x)]\mathrm{e}^{\mathrm{j}\omega t}\mathrm{d}\omega$ 是信号 $F_2[\mathrm{j}(\omega-x)]$ 的傅里叶逆变换计算式。由式（3.4-18）可得：

$$\frac{1}{2\pi}\int_{-\infty}^{\infty}F_2[\mathrm{j}(\omega-x)]\mathrm{e}^{\mathrm{j}\omega t}\mathrm{d}\omega = f_2(t)\mathrm{e}^{\mathrm{j}xt}$$

所以：

$$\frac{1}{2\pi}F_1(\mathrm{j}\omega)*F_2(\mathrm{j}\omega) \leftrightarrow \frac{1}{2\pi}\int_{-\infty}^{\infty}F_1(\mathrm{j}x)f_2(t)\mathrm{e}^{\mathrm{j}xt}\mathrm{d}x = f_2(t)\frac{1}{2\pi}\int_{-\infty}^{\infty}F_1(\mathrm{j}x)\mathrm{e}^{\mathrm{j}xt}\mathrm{d}x = f_1(t)f_2(t)$$

频域卷积定理得证。

例 3.4-9 求图 3.4-3 所示三角脉冲信号的频谱。

解：本题已在例 3.3-5 中利用傅里叶变换定义式求解，现在利用时域卷积定理求解。

图 3.4-3 所示信号的表达式为：

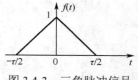

图 3.4-3 三角脉冲信号

$$f(t) = \left(1+\frac{2}{\tau}t\right)\left[u\left(t+\frac{\tau}{2}\right)-u(t)\right] + \left(1-\frac{2}{\tau}t\right)\left[u(t)-u\left(t-\frac{\tau}{2}\right)\right]$$

$$= \left(1+\frac{2}{\tau}t\right)u\left(t+\frac{\tau}{2}\right) - \frac{4}{\tau}tu(t) - \left(1-\frac{2}{\tau}t\right)u\left(t-\frac{\tau}{2}\right)$$

现在计算两个宽度为 $\frac{\tau}{2}$，幅度为 $\sqrt{\frac{2}{\tau}}$ 的门信号的卷积。

$$\sqrt{\frac{2}{\tau}}g_{\frac{\tau}{2}}(t)*\sqrt{\frac{2}{\tau}}g_{\frac{\tau}{2}}(t) = \sqrt{\frac{2}{\tau}}\left[u\left(t+\frac{\tau}{4}\right)-u\left(t-\frac{\tau}{4}\right)\right]*\sqrt{\frac{2}{\tau}}\left[u\left(t+\frac{\tau}{4}\right)-u\left(t-\frac{\tau}{4}\right)\right]$$

$$= \sqrt{\frac{2}{\tau}}u\left(t+\frac{\tau}{4}\right)*\sqrt{\frac{2}{\tau}}u\left(t+\frac{\tau}{4}\right) - 2\sqrt{\frac{2}{\tau}}u\left(t+\frac{\tau}{4}\right)*\sqrt{\frac{2}{\tau}}u\left(t-\frac{\tau}{4}\right) +$$

$$\sqrt{\frac{2}{\tau}}u\left(t-\frac{\tau}{4}\right)*\sqrt{\frac{2}{\tau}}u\left(t-\frac{\tau}{4}\right)$$

因为 $u(t)*u(t) = tu(t)$，故根据式（2.4-9），有：

$$\sqrt{\frac{2}{\tau}}g_{\frac{\tau}{2}}(t)*\sqrt{\frac{2}{\tau}}g_{\frac{\tau}{2}}(t) = \frac{2}{\tau}\left(t+\frac{\tau}{2}\right)u\left(t+\frac{\tau}{2}\right) - \frac{4}{\tau}tu(t) + \frac{2}{\tau}\left(t-\frac{\tau}{2}\right)u\left(t-\frac{\tau}{2}\right) = f(t)$$

可见，两个完全相同的门信号卷积可得三角脉冲信号。根据常用信号的傅里叶变换对

$g_\tau(t) \leftrightarrow \tau \mathrm{Sa}\left(\dfrac{\omega\tau}{2}\right)$，得：

$$g_{\frac{\tau}{2}}(t) \leftrightarrow \frac{\tau}{2}\mathrm{Sa}\left(\frac{\omega\tau}{4}\right)$$

考虑式（3.4-1），可得：

$$\sqrt{\frac{2}{\tau}}g_{\frac{\tau}{2}}(t) \leftrightarrow \sqrt{\frac{\tau}{2}}\mathrm{Sa}\left(\frac{\omega\tau}{4}\right)$$

根据式（3.4-19），可得三角脉冲信号的频谱函数为：

$$F(\mathrm{j}\omega) = \sqrt{\frac{\tau}{2}}\mathrm{Sa}\left(\frac{\omega\tau}{4}\right)\sqrt{\frac{\tau}{2}}\mathrm{Sa}\left(\frac{\omega\tau}{4}\right) = \frac{\tau}{2}\mathrm{Sa}^2\left(\frac{\omega\tau}{4}\right)$$

显然，本例结果与例 3.3-5 完全相同。

例 3.4-10 求斜升信号 $f_1(t) = tu(t)$ 和信号 $f_2(t) = |t|$ 的频谱。

解：1）求 $f_1(t) = tu(t)$ 的频谱。

由常用信号的傅里叶变换对 $\delta'(t) \leftrightarrow \mathrm{j}\omega$，根据式（3.4-14）并考虑到冲激偶信号是奇函数，可得：

$$t \leftrightarrow \mathrm{j}2\pi\delta'(\omega)$$

根据常用信号的傅里叶变换对 $u(t) \leftrightarrow \pi\delta(\omega) + \dfrac{1}{\mathrm{j}\omega}$ 及式（3.4-20），可得：

$$f_1(t) = tu(t) \leftrightarrow \frac{1}{2\pi}\times\mathrm{j}2\pi\delta'(\omega)*\left[\pi\delta(\omega)+\frac{1}{\mathrm{j}\omega}\right] = \mathrm{j}\pi\delta'(\omega)*\delta(\omega) + \delta'(\omega)*\frac{1}{\omega} = \mathrm{j}\pi\delta'(\omega) - \frac{1}{\omega^2}$$

即 $f_1(t) = tu(t) \leftrightarrow \mathrm{j}\pi\delta'(\omega) - \dfrac{1}{\omega^2}$。

2）求 $f_2(t) = |t|$ 的频谱。

改写信号表达式为：

$$f(t) = |t| = tu(t) + (-t)u(-t)$$

根据本例第一问的结果，考虑式（3.4-3），有：

$$(-t)u(-t) \leftrightarrow -\mathrm{j}\pi\delta'(\omega) - \frac{1}{\omega^2}$$

利用式（3.4-1），可得：

$$f_2(t) = |t| \leftrightarrow -\frac{2}{\omega^2}$$

3.4.8 时域微分和积分定理

时域微分定理

若：

$$f(t) \leftrightarrow F(\mathrm{j}\omega)$$

则：

$$f^{(n)}(t) = \frac{\mathrm{d}^n f(t)}{\mathrm{d}t^n} \leftrightarrow (\mathrm{j}\omega)^n F(\mathrm{j}\omega) \qquad (3.4\text{-}21)$$

时域积分定理

若：

$$f(t) \leftrightarrow F(\mathrm{j}\omega)$$

则：

$$f^{(-1)}(t) = \int_{-\infty}^{t} f(x)\mathrm{d}x \leftrightarrow \pi F(0)\delta(\omega) + \frac{F(\mathrm{j}\omega)}{\mathrm{j}\omega} \tag{3.4-22}$$

其中，$F(0) = F(\mathrm{j}\omega)\big|_{\omega=0}$，它可由傅里叶变换定义式 $F(\mathrm{j}\omega) = \int_{-\infty}^{\infty} f(t)\mathrm{e}^{-\mathrm{j}\omega t}\mathrm{d}t$ 中令 $\omega = 0$ 得到，即：

$$F(0) = F(\mathrm{j}\omega)\big|_{\omega=0} = \int_{-\infty}^{\infty} f(t)\mathrm{d}t \tag{3.4-23}$$

式（3.4-21）和式（3.4-22）分别称为傅里叶变换的时域微分定理和时域积分定理，下面对其进行证明。

先证时域微分定理。

根据式（2.4-4）和式（2.4-11），有：

$$f^{(n)}(t) = f^{(n)}(t) * \delta(t) = f(t) * \delta^{(n)}(t)$$

由式（3.4-19）并考虑常用信号的傅里叶变换对 $\delta^{(n)}(t) \leftrightarrow (\mathrm{j}\omega)^n$，可得：

$$f^{(n)}(t) = f(t) * \delta^{(n)}(t) \leftrightarrow (\mathrm{j}\omega)^n F(\mathrm{j}\omega)$$

时域微分定理得证。

再证时域积分定理。

根据式（2.4-4）和式（2.4-12），有：

$$f^{(-1)}(t) = f^{(-1)}(t) * \delta(t) = f(t) * \delta^{(-1)}(t)$$

由式（3.4-19）并考虑常用信号的傅里叶变换对 $u(t) \leftrightarrow \pi\delta(\omega) + \dfrac{1}{\mathrm{j}\omega}$，可得：

$$f^{(-1)}(t) = f(t) * \delta^{(-1)}(t) = f(t) * u(t) \leftrightarrow \pi F(\mathrm{j}\omega)\delta(\omega) + \frac{F(\mathrm{j}\omega)}{\mathrm{j}\omega}$$

由式（2.2-9），有：

$$f^{(-1)}(t) \leftrightarrow \pi F(0)\delta(\omega) + \frac{F(\mathrm{j}\omega)}{\mathrm{j}\omega}$$

时域积分定理得证。

例 3.4-11 求图 3.4-4（a）所示三角脉冲信号的频谱。

解：本题已在例 3.3-5 和例 3.4-9 中利用傅里叶变换定义式和时域卷积定理求解，现在利用时域积分定理求解。

图 3.4-4（a）所示三角脉冲信号的一阶、二阶导数分别如图 3.4-4（b）、（c）所示。

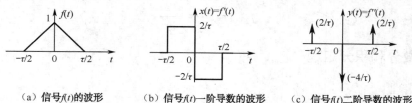

（a）信号 $f(t)$ 的波形　　（b）信号 $f(t)$ 一阶导数的波形　　（c）信号 $f(t)$ 二阶导数的波形

图 3.4-4　三角脉冲信号及其导数

图 3.4-4（c）所示信号的表达式为：

$$y(t) = \frac{2}{\tau}\delta\left(t + \frac{\tau}{2}\right) - \frac{4}{\tau}\delta(t) + \frac{2}{\tau}\delta\left(t - \frac{\tau}{2}\right)$$

利用式（3.4-16）及常用信号的傅里叶变换对 $\delta(t) \leftrightarrow 1$ 并考虑欧拉公式，可得：

$$Y(\mathrm{j}\omega) = \frac{2}{\tau}\mathrm{e}^{\mathrm{j}\omega\frac{\tau}{2}} - \frac{4}{\tau} + \frac{2}{\tau}\mathrm{e}^{-\mathrm{j}\omega\frac{\tau}{2}} = \frac{4}{\tau}\left[\cos\left(\frac{\omega\tau}{2}\right) - 1\right] = -\frac{8\sin^2\left(\dfrac{\omega\tau}{4}\right)}{\tau}$$

根据式（3.4-22）并考虑到 $Y(0)=0$，得：

$$X(\mathrm{j}\omega) = \frac{Y(\mathrm{j}\omega)}{\mathrm{j}\omega} = -\frac{8\sin^2\left(\dfrac{\omega\tau}{4}\right)}{\mathrm{j}\omega\tau}$$

再次利用式（3.4-22）并考虑到 $X(0)=0$，得：

$$F(\mathrm{j}\omega) = \frac{X(\mathrm{j}\omega)}{\mathrm{j}\omega} = \frac{8\sin^2\left(\dfrac{\omega\tau}{4}\right)}{\omega^2\tau} = \frac{\tau}{2}Sa^2\left(\frac{\omega\tau}{4}\right)$$

显然，本例结果与例 3.3-5 和例 3.4-9 完全相同。

例 3.4-12 求门信号 $g_\tau(t)$ 的积分 $f(t) = \dfrac{1}{\tau}\displaystyle\int_{-\infty}^{t} g_\tau(x)\mathrm{d}x$ 的频谱函数。

解：根据常用信号的傅里叶变换对 $g_\tau(t) \leftrightarrow \tau Sa\left(\dfrac{\omega\tau}{2}\right)$，考虑到 $Sa(0)=1$，由式（3.4-22）得信号 $f(t)$ 的频谱函数为：

$$F(\mathrm{j}\omega) = \pi Sa(0)\delta(\omega) + \frac{1}{\mathrm{j}\omega}Sa\left(\frac{\omega\tau}{2}\right) = \pi\delta(\omega) + \frac{1}{\mathrm{j}\omega}Sa\left(\frac{\omega\tau}{2}\right)$$

需要注意的是，有些函数的微积分并不可逆，即：虽然有 $f(t)=g'(t)$，但有可能 $g(t) \neq f^{(-1)}(t) = \displaystyle\int_{-\infty}^{t} f(x)\mathrm{d}x$，其原因如下：

若 $f(t) = \dfrac{\mathrm{d}g(t)}{\mathrm{d}t}$，则有：

$$\mathrm{d}g(t) = f(t)\mathrm{d}t$$

对上式从 $-\infty$ 到 t 积分，有：

$$g(t) - g(-\infty) = \int_{-\infty}^{t} f(x)\mathrm{d}x$$

即：

$$g(t) = \int_{-\infty}^{t} f(x)\mathrm{d}x + g(-\infty)$$

上式表明，$f^{(-1)}(t) = \displaystyle\int_{-\infty}^{t} f(x)\mathrm{d}x$ 中隐含着条件 $f^{(-1)}(-\infty)=0$，当常数 $g(-\infty) \neq 0$ 时，对上式进行傅里叶变换，得：

$$G(\mathrm{j}\omega) = \pi F(0)\delta(\omega) + \frac{F(\mathrm{j}\omega)}{\mathrm{j}\omega} + 2\pi g(-\infty)\delta(\omega) \tag{3.4-24}$$

也就是说，当 $g(-\infty) \neq 0$ 时，利用时域积分定理时需要采用式（3.4-24）而不再是式（3.4-22）。

显然，对于时限信号而言，一定可以满足 $g(-\infty)=0$，但是对于趋向于负无穷时仍存在定义的信号，需要读者认真选择所需公式。

例 3.4-13 求图 3.4-5（a）、（b）所示信号的傅里叶变换。

解：1）由图 3.4-5（a）可知：$f_1(t) = 2u(t+1)$，而 $f_1'(t) = x(t) = 2\delta(t+1)$，如图 3.4-5（c）所示。由于 $x(t) \leftrightarrow X(\mathrm{j}\omega) = 2\mathrm{e}^{\mathrm{j}\omega}$ 且 $X(0)=2$，故由式（3.4-22）得：

$$F_1(\mathrm{j}\omega) = 2\pi\delta(\omega) + \frac{2}{\mathrm{j}\omega}\mathrm{e}^{\mathrm{j}\omega}$$

2）由图 3.4-5（b）可知：$f_2(t) = \text{sgn}(t+1) = 2u(t+1) - 1$，而 $f_2'(t) = x(t) = 2\delta(t+1)$。但 $f_2(-\infty) = -1 \neq 0$，故由式（3.4-24）得：

$$F_2(j\omega) = 2\pi\delta(\omega) + \frac{2}{j\omega}e^{j\omega} - 2\pi\delta(\omega) = \frac{2}{j\omega}e^{j\omega}$$

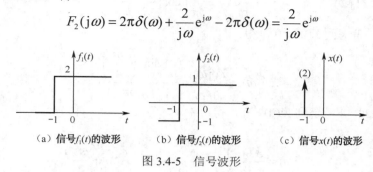

（a）信号 $f_1(t)$ 的波形　　　（b）信号 $f_2(t)$ 的波形　　　（c）信号 $x(t)$ 的波形

图 3.4-5　信号波形

3.4.9　频域微分和积分定理

频域微分定理

若：

$$f(t) \leftrightarrow F(j\omega)$$

则：

$$(-jt)^n f(t) \leftrightarrow F^{(n)}(j\omega) = \frac{dF^n(j\omega)}{d\omega^n} \tag{3.4-25}$$

频域积分定理

若：

$$f(t) \leftrightarrow F(j\omega)$$

则：

$$\pi f(0)\delta(t) + \frac{f(t)}{-jt} \leftrightarrow F^{(-1)}(j\omega) = \int_{-\infty}^{\omega} F(jx)dx \tag{3.4-26}$$

其中，$f(0) = \frac{1}{2\pi}\int_{-\infty}^{\infty} F(j\omega)d\omega$。

显然，如果 $f(0) = 0$，则有：

$$\frac{f(t)}{-jt} \leftrightarrow F^{(-1)}(j\omega) = \int_{-\infty}^{\omega} F(jx)dx \tag{3.4-27}$$

注意：与时域积分定理类似，式 $F^{(-1)}(j\omega) = \int_{-\infty}^{\omega} F(jx)dx$ 也隐含条件：$F^{(-1)}(-\infty) = 0$。

式（3.4-25）和式（3.4-26）分别称为傅里叶变换的频域微分定理和频域积分定理，下面对其进行证明。

先证频域微分定理。

根据式（2.4-4）和式（2.4-11），有：

$$F^{(n)}(j\omega) = F^{(n)}(j\omega) * \delta(j\omega) = F(j\omega) * \delta^{(n)}(j\omega)$$

根据式（3.4-14），并考虑常用信号的傅里叶变换对 $\delta^{(n)}(t) \leftrightarrow (j\omega)^n$，可得：

$$(jt)^n \leftrightarrow 2\pi\delta^{(n)}(-j\omega)$$

当 n 为偶数时，$2\pi\delta^{(n)}(-j\omega)$ 和 $(jt)^n$ 分别为 ω 和 t 的偶函数，即：

$$2\pi\delta^{(n)}(-j\omega) = 2\pi\delta^{(n)}(j\omega) \leftrightarrow (jt)^n = (-jt)^n$$

当 n 为奇数时，$2\pi\delta^{(n)}(-j\omega)$ 和 $(jt)^n$ 分别为 ω 和 t 的奇函数，即：

$$2\pi\delta^{(n)}(-\mathrm{j}\omega) = -2\pi\delta^{(n)}(\mathrm{j}\omega) \leftrightarrow (\mathrm{j}t)^n = -(-\mathrm{j}t)^n$$

根据式（3.4-1），上式等号两端同乘以-1，得：

$$2\pi\delta^{(n)}(\mathrm{j}\omega) \leftrightarrow (-\mathrm{j}t)^n$$

故有：

$$\delta^{(n)}(\mathrm{j}\omega) \leftrightarrow \frac{1}{2\pi}(-\mathrm{j}t)^n$$

由式（3.4-20）可得：

$$2\pi f(t)\cdot\frac{1}{2\pi}(-\mathrm{j}t)^n = f(t)(-\mathrm{j}t)^n \leftrightarrow F(\mathrm{j}\omega)*\delta^{(n)}(\mathrm{j}\omega) = F^{(n)}(\mathrm{j}\omega)$$

频域微分性质得证。

再证频域积分定理。

根据式（3.4-14），结合冲激信号积分（即阶跃信号）的傅里叶变换：

$$\delta^{(-1)}(t) = u(t) \leftrightarrow \pi\delta(\omega) + \frac{1}{\mathrm{j}\omega}$$

可得 $\pi\delta(t) + \dfrac{1}{\mathrm{j}t} \leftrightarrow 2\pi u(-\omega)$，即：

$$\frac{1}{2}\delta(t) + \frac{1}{\mathrm{j}2\pi t} \leftrightarrow u(-\omega) = \delta^{(-1)}(-\omega)$$

根据式（3.4-3），并考虑到冲激信号为偶函数，有：

$$\frac{1}{2}\delta(-t) + \frac{1}{\mathrm{j}2\pi(-t)} = \frac{1}{2}\delta(t) - \frac{1}{\mathrm{j}2\pi t} \leftrightarrow u(\omega) = \delta^{(-1)}(\omega)$$

根据式（2.4-4）和式（2.4-12），有：

$$F^{(-1)}(\mathrm{j}\omega) = F^{(-1)}(\mathrm{j}\omega)*\delta(\omega) = F(\mathrm{j}\omega)*\delta^{(-1)}(\omega) \leftrightarrow 2\pi f(t)\left[\frac{1}{2}\delta(t) - \frac{1}{\mathrm{j}2\pi t}\right] = \pi f(t)\delta(t) - \frac{f(t)}{\mathrm{j}t}$$

利用冲激信号的筛分性质，有：

$$F^{(-1)}(\mathrm{j}\omega) \leftrightarrow \pi f(0)\delta(t) + \frac{f(t)}{-\mathrm{j}t}$$

频域积分性质得证。

例 3.4-14　求斜升信号 $f(t) = tu(t)$ 的频谱函数。

解：本题已在例 3.4-10 中利用频域卷积定理求解，现在利用频域微分定理求解。

由常用信号的傅里叶变换对 $u(t) \leftrightarrow \pi\delta(\omega) + \dfrac{1}{\mathrm{j}\omega}$，并考虑式（3.4-25），可得：

$$-\mathrm{j}tu(t) \leftrightarrow \pi\delta'(\omega) - \frac{1}{\mathrm{j}\omega^2}$$

根据式（3.4-1），有：

$$f(t) = tu(t) \leftrightarrow \mathrm{j}\pi\delta'(\omega) - \frac{1}{\omega^2}$$

显然，本例结果与例 3.4-10 完全相同。

例 3.4-15　求抽样信号 $\mathrm{Sa}(t) = \dfrac{\sin(t)}{t}$ 的频谱函数。

解：本题已在例 3.4-4 中利用对偶性求解，现在利用频域积分定理求解。

为利用频域积分性质，令 $f(t) = \sin(t) = \dfrac{1}{2j}(e^{jt} - e^{-jt})$，由于 $1 \leftrightarrow 2\pi\delta(\omega)$，根据式（3.4-1）和式（3.4-18），得：

$$f(t) = \sin(t) \leftrightarrow \frac{1}{2j}[2\pi\delta(\omega-1) - 2\pi\delta(\omega+1)] = j\pi[\delta(\omega+1) - \delta(\omega-1)]$$

考虑到 $f(0) = \sin(0) = 0$，由式（3.4-27）得：

$$\frac{f(t)}{-jt} = \frac{\sin(t)}{-jt} \leftrightarrow j\pi\int_{-\infty}^{\omega}[\delta(\eta+1) - \delta(\eta-1)]d\eta$$

当 $\omega < -1$ 时，积分区间不包含-1 和 1，故积分为 0；

当 $-1 \leq \omega < 1$ 时，积分区间包含-1，故积分为 $j\pi u(\omega+1)$，用阶跃信号表示信号的作用区间可得积分为：$j\pi u(\omega+1)[u(\omega+1)-u(\omega-1)]=j\pi g_2(\omega)$；

当 $\omega \geq 1$ 时，积分区间包含-1 和 1，故积分为：$j\pi[u(\omega+1)-u(\omega-1)]$，用阶跃信号表示信号的作用区间可得积分为：$j\pi[u(\omega+1)-u(\omega-1)]u(\omega-1)=0$。故有：

$$\frac{\sin t}{-jt} \leftrightarrow j\pi g_2(\omega)$$

上式等号两端同乘以-j，得：

$$\text{Sa}(t) = \frac{\sin t}{t} \leftrightarrow \pi g_2(\omega)$$

显然，本例结果与例 3.4-4 完全相同。

例 3.4-16　求 $\int_0^{\infty} \dfrac{\sin(a\omega)}{\omega}d\omega$ 的值。

解：根据常用信号的傅里叶变换对 $g_\tau(t) \leftrightarrow \tau\text{Sa}\left(\dfrac{\omega\tau}{2}\right)$，可知：

$$g_{2a}(t) \leftrightarrow 2a \cdot \text{Sa}\left(\frac{2a\omega}{2}\right) = 2a \cdot \frac{\sin a\omega}{a\omega} = \frac{2\sin(a\omega)}{\omega}$$

根据式（3.3-4），有：

$$g_{2a}(t) = \frac{1}{2\pi}\int_{-\infty}^{\infty}\frac{2\sin(a\omega)}{\omega}e^{j\omega t}d\omega = \frac{1}{\pi}\int_{-\infty}^{\infty}\frac{\sin(a\omega)}{\omega}e^{j\omega t}d\omega$$

由于 $g_{2a}(0) = 1$ 并考虑到被积函数是 ω 的偶函数，令 $t=0$，得：

$$1 = g_{2a}(0) = \frac{1}{\pi}\int_{-\infty}^{\infty}\frac{\sin(a\omega)}{\omega}d\omega = \frac{2}{\pi}\int_0^{\infty}\frac{\sin(a\omega)}{\omega}d\omega$$

即 $\int_0^{\infty}\dfrac{\sin(a\omega)}{\omega}d\omega = \dfrac{\pi}{2}$。

上述解题过程均假设 $a>0$，若 $a<0$，则 $\sin(a\omega) = -\sin(|a|\omega)$，故有：

$$\int_0^{\infty}\frac{\sin(a\omega)}{\omega}d\omega = -\frac{\pi}{2}$$

故：

$$\int_0^{\infty}\frac{\sin(a\omega)}{\omega}d\omega = \begin{cases} \dfrac{\pi}{2}, a > 0 \\ -\dfrac{\pi}{2}, a < 0 \end{cases}$$

3.4.10　相关定理

若：

$$f_1(t) \leftrightarrow F_1(j\omega)$$

$$f_2(t) \leftrightarrow F_2(j\omega)$$
$$f(t) \leftrightarrow F(j\omega)$$

则：

$$R_{12}(\tau) \leftrightarrow F_1(j\omega)F_2^*(j\omega) \tag{3.4-28}$$
$$R_{21}(\tau) \leftrightarrow F_1^*(j\omega)F_2(j\omega) \tag{3.4-29}$$
$$R(\tau) \leftrightarrow |F(j\omega)|^2 \tag{3.4-30}$$

上述三式称为相关定理，它们描述了相关函数的傅里叶变换与时域信号傅里叶变换之间的关系，下面对其进行证明。

根据相关函数和卷积积分之间的关系及卷积定理，有：

$$\mathscr{F}[R_{12}(\tau)] = \mathscr{F}[f_1(\tau) * f_2(-\tau)] = \mathscr{F}[f_1(\tau)]\mathscr{F}[f_2(-\tau)]$$
$$\mathscr{F}[R_{21}(\tau)] = \mathscr{F}[f_1(-\tau) * f_2(\tau)] = \mathscr{F}[f_1(-\tau)]\mathscr{F}[f_2(\tau)]$$
$$\mathscr{F}[R(\tau)] = \mathscr{F}[f(\tau) * f(-\tau)] = \mathscr{F}[f(\tau)]\mathscr{F}[f(-\tau)]$$

由式（3.4-3），可知：

$$f(-\tau) \leftrightarrow F(-j\omega) = F^*(j\omega)$$

故有：

$$R_{12}(\tau) \leftrightarrow F_1(j\omega)F_2^*(j\omega)$$
$$R_{21}(\tau) \leftrightarrow F_1^*(j\omega)F_2(j\omega)$$
$$R(\tau) \leftrightarrow |F(j\omega)|^2$$

相关定理得证。

作为本节的总结，表 3.4-1 归纳了傅里叶变换的性质。

表 3.4-1 傅里叶变换的性质

名　称	时　域	频　域
定义	$f(t) = \dfrac{1}{2\pi}\displaystyle\int_{-\infty}^{\infty} F(j\omega)e^{j\omega t}\,d\omega$	$F(j\omega) = \displaystyle\int_{-\infty}^{\infty} f(t)e^{-j\omega t}\,dt$ $F(j\omega) = \|F(j\omega)\|e^{j\varphi(\omega)} = R(\omega) + jX(\omega)$
线性	$af_1(t) + bf_2(t)$	$aF_1(j\omega) + bF_2(j\omega)$
奇偶性	$f(t)$为实函数	$\|F(j\omega)\| = \|F(-j\omega)\|, \varphi(\omega) = -\varphi(-\omega)$ $R(\omega) = R(-\omega), X(\omega) = -X(-\omega)$ $F(-j\omega) = F^*(j\omega)$
	$f(t) = f(-t)$	$X(\omega) = 0, F(j\omega) = R(\omega)$
	$f(t) = -f(-t)$	$R(\omega) = 0, F(j\omega) = jX(\omega)$
	$f(t)$为虚函数	$\|F(j\omega)\| = \|F(-j\omega)\|, \varphi(\omega) = -\varphi(-\omega)$ $R(\omega) = -R(-\omega), X(\omega) = X(-\omega)$ $F(-j\omega) = -F^*(j\omega)$
反转	$f(-t)$	$F(-j\omega)$
对偶性	$F(jt)$	$2\pi f(-\omega)$
尺度变换	$f(at), a \neq 0$	$\dfrac{1}{\|a\|}F\left(j\dfrac{\omega}{a}\right)$
时移特性	$f(t \pm t_0)$	$e^{\pm j\omega t_0}F(j\omega)$
尺度变换与时移	$f(at - b), a \neq 0$	$\dfrac{1}{\|a\|}e^{-j\frac{\omega}{a}b}F\left(j\dfrac{\omega}{a}\right)$
频移特性	$f(t)e^{\pm j\omega_0 t}$	$F[j(\omega \mp \omega_0)]$

名　称		时　　域	频　　域
卷积定理	时域	$f_1(t) * f_2(t)$	$F_1(j\omega)F_2(j\omega)$
	频域	$f_1(t) \cdot f_2(t)$	$\dfrac{1}{2\pi}F_1(j\omega) * F_2(j\omega)$
时域微分		$f^{(n)}(t)$	$(j\omega)^n F(j\omega)$
时域积分		$f^{(-1)}(t)$	$\pi F(0)\delta(\omega)+\dfrac{F(j\omega)}{j\omega}$
频域微分		$(-jt)^n f(t)$	$F^{(n)}(j\omega)$
频域积分		$\pi f(0)\delta(t)+\dfrac{f(t)}{-jt}$	$F^{(-1)}(j\omega)$
相关定理		$R_{12}(\tau)$	$F_1(j\omega)F_2^*(j\omega)$
		$R_{21}(\tau)$	$F_1^*(j\omega)F_2(j\omega)$
		$R(\tau)$	$\lvert F(j\omega)\rvert^2$

练习题

3.4-1　选择题

1）若 $f(t)$ 为实偶信号，下列说法不正确的是____。

（A）该信号的幅度谱是偶函数　　　　（B）该信号的幅度谱是奇函数

（C）该信号的频谱是实偶函数　　　　（D）该信号频谱的实部是偶函数，虚部为零

2）信号 $f(t)=2\delta(t-1)$ 的傅里叶变换是____。

（A）2π　　　　（B）$2e^{j\omega}$　　　　（C）$2e^{-j\omega}$　　　　（D）-2

3）信号 $e^{-(2+j5)t}u(t)$ 的傅里叶变换是____。

（A）$\dfrac{1}{2+j\omega}e^{j5\omega}$　　（B）$\dfrac{1}{2+j(\omega+5)}$　　（C）$\dfrac{1}{-2+j(\omega-5)}$　　（D）$\dfrac{1}{5+j\omega}e^{j2\omega}$

4）设信号 $f(t)$ 的频谱函数为 $F(j\omega)$，则信号 $f\left(-\dfrac{t}{2}+3\right)$ 的频谱函数等于____。

（A）$\dfrac{1}{2}F\left(-j\dfrac{\omega}{2}\right)e^{-j\frac{3}{2}\omega}$　　　　　　　　（B）$\dfrac{1}{2}F\left(j\dfrac{\omega}{2}\right)e^{j\frac{3}{2}\omega}$

（C）$2F(-j2\omega)e^{j6\omega}$　　　　　　　　　（D）$2F(-j2\omega)e^{-j6\omega}$

5）脉冲信号 $f(t)$ 与 $2f(2t)$ 之间具有相同的____。

（A）频带宽度　　　（B）脉冲宽度　　　（C）直流分量　　　（D）能量

6）信号 $f(t)=\dfrac{\mathrm{d}}{\mathrm{d}t}[e^{-2(t-1)}u(t)]$ 的傅里叶变换等于____。

（A）$\dfrac{j\omega e^2}{2+j\omega}$　　　　（B）$\dfrac{j\omega e^2}{-2+j\omega}$　　　　（C）$\dfrac{j\omega e^{j\omega}}{2+j\omega}$　　　　（D）$\dfrac{j\omega e^{j\omega}}{-2+j\omega}$

7）已知实信号 $f(t)$ 的傅里叶变换 $F(j\omega)=R(\omega)+jX(\omega)$，则信号 $y(t)=\dfrac{1}{2}[f(t)+f(-t)]$ 的傅里叶变换等于____。

（A）$R(\omega)$　　　　（B）$2R(\omega)$　　　　（C）$2R(2\omega)$　　　　（D）$R(0.5\omega)$

3.4-2　若信号 $f(t)$ 的傅里叶变换为 $F(j\omega)=u(\omega+\omega_0)-u(\omega-\omega_0)$，求信号 $f(t)$。

3.4-3　若信号 $f(t)$ 的幅频特性 $\lvert F(j\omega)\rvert=2[\delta(\omega-2\pi)+\delta(\omega+2\pi)]$，相频特性 $\varphi(\omega)=-5\omega$，求信号 $f(t)$。

3.4-4 设信号 $f(t)$ 的频谱函数为 $F(\mathrm{j}\omega)$，求信号 $g(t) = f^2(t)\cos(\omega_0 t)$ 的频谱函数。

3.4-5 求单边衰减正弦信号 $f(t) = \mathrm{e}^{-\alpha t}\sin(\omega_0 t)u(t), \alpha > 0$ 的频谱函数。

3.5 信号的能量谱和功率谱

常见的信号描述方法主要包括：信号的时域表达式和波形以及信号的频谱函数和频谱图。实际上，还有一种描述信号的方法——能量谱或功率谱。尤其对于随机信号，由于无法用确定的时间函数表示，也就不能用时域表达式或频谱函数表示，这时，往往用能量谱或功率谱来描述其频域特性。本节简要阐述信号的能量谱和功率谱的概念。

3.5.1 信号的能量谱

第 1 章曾经介绍过能量信号和功率信号的概念及信号能量和平均功率的计算方法，若能量信号 $f(t)$ 为实函数，则其能量计算式可由式（1.2-4）改写为：

$$E = \lim_{T \to \infty} \int_{-T}^{T} f(t)^2 \mathrm{d}t \qquad (3.5\text{-}1)$$

或简单地写为：

$$E = \int_{-\infty}^{\infty} f(t)^2 \mathrm{d}t \qquad (3.5\text{-}2)$$

先从时域角度分析信号的能量。根据傅里叶逆变换定义式，式（3.5-2）可改写为：

$$E = \int_{-\infty}^{\infty} f(t)\left[\frac{1}{2\pi}\int_{-\infty}^{\infty} F(\mathrm{j}\omega)\mathrm{e}^{\mathrm{j}\omega t}\mathrm{d}\omega\right]\mathrm{d}t$$

交换积分次序，得：

$$\begin{aligned}
E &= \frac{1}{2\pi}\int_{-\infty}^{\infty} F(\mathrm{j}\omega)\left[\int_{-\infty}^{\infty} f(t)\mathrm{e}^{\mathrm{j}\omega t}\mathrm{d}t\right]\mathrm{d}\omega \\
&= \frac{1}{2\pi}\int_{-\infty}^{\infty} F(\mathrm{j}\omega)\left[\int_{-\infty}^{\infty} f(t)\mathrm{e}^{-\mathrm{j}(-\omega)t}\mathrm{d}t\right]\mathrm{d}\omega \\
&= \frac{1}{2\pi}\int_{-\infty}^{\infty} F(\mathrm{j}\omega)F(-\mathrm{j}\omega)\mathrm{d}\omega
\end{aligned}$$

考虑到 $f(t)$ 为实函数，根据式（3.4-3）和式（3.5-2），有：

$$E = \int_{-\infty}^{\infty} f(t)^2 \mathrm{d}t = \frac{1}{2\pi}\int_{-\infty}^{\infty} |F(\mathrm{j}\omega)|^2 \mathrm{d}\omega \qquad (3.5\text{-}3)$$

式（3.5-3）称为帕斯瓦尔方程或能量恒等式。

再从频域角度分析信号的能量。为了表征能量在频域中的分布状况，可以借助于密度的概念。定义能量密度函数（能量频谱或能量谱）$\mathscr{E}(\omega)$，它表征了单位频率内信号的能量。故在频带 $\mathrm{d}f$ 内信号的能量为 $\mathscr{E}(\omega)\mathrm{d}f$，所以，信号在整个频率区间 $(-\infty, \infty)$ 的总能量为：

$$E = \int_{-\infty}^{\infty} \mathscr{E}(\omega)\mathrm{d}f = \frac{1}{2\pi}\int_{-\infty}^{\infty} \mathscr{E}(\omega)\mathrm{d}\omega \qquad (3.5\text{-}4)$$

根据能量守恒原理，对于同一信号 $f(t)$，式（3.5-2）与式（3.5-4）应该相等。即：

$$E = \int_{-\infty}^{\infty} f^2(t)\mathrm{d}t = \frac{1}{2\pi}\int_{-\infty}^{\infty} \mathscr{E}(\omega)\mathrm{d}\omega \qquad (3.5\text{-}5)$$

比较式（3.5-3）和式（3.5-5）可知，能量谱为：

$$\mathscr{E}(\omega) = |F(\mathrm{j}\omega)|^2 \qquad (3.5\text{-}6)$$

能量谱的单位是 $\mathrm{J} \cdot \mathrm{s}$，它反映了信号能量在频域内的分布情况。由式（3.5-6）可知，信号的能量

谱 $\mathscr{E}(\omega)$ 是角频率 ω 的偶函数，它只取决于频谱函数的幅度，而与相位无关。

由式（3.4-30）和式（3.5-6）可知，能量信号的能量谱与信号的自相关函数是一对傅里叶变换：

$$R(\tau) \leftrightarrow \mathscr{E}(\omega) \tag{3.5-7}$$

3.5.2 信号的功率谱

如果功率信号 $f(t)$ 是实函数，则其平均功率计算式可由式（1.2-5）改写为：

$$P = \lim_{T \to \infty} \frac{1}{2T} \int_{-T}^{T} f(t)^2 \mathrm{d}t \tag{3.5-8}$$

由于功率信号的能量趋于无穷大，因此无法计算其能量。为此，从功率信号 $f(t)$ 中截取 $|t| \leqslant \dfrac{T}{2}$ 的一段，得到一个截尾信号 $f_T(t)$：

$$f_T(t) = f(t)\left[u\left(t + \frac{T}{2}\right) - u\left(t - \frac{T}{2}\right) \right] \tag{3.5-9}$$

由于 T 是有限值，故 $f_T(t)$ 的能量是有限的。若令信号 $f_T(t)$ 的频谱函数为 $F_T(\mathrm{j}\omega)$，则由式（3.5-3）可知，$f_T(t)$ 的能量 E_T 可表示为：

$$E_T = \int_{-\infty}^{\infty} f_T^2(t)\mathrm{d}t = \frac{1}{2\pi} \int_{-\infty}^{\infty} |F_T(\mathrm{j}\omega)|^2 \, \mathrm{d}\omega \tag{3.5-10}$$

由于 $\int_{-\infty}^{\infty} f_T^2(t)\mathrm{d}t = \int_{-\frac{T}{2}}^{\frac{T}{2}} f^2(t)\mathrm{d}t$，故由式（3.5-8）和式（3.5-10）得信号 $f(t)$ 的平均功率为：

$$P = \lim_{T \to \infty} \frac{1}{T} \int_{-\frac{T}{2}}^{\frac{T}{2}} f^2(t)\mathrm{d}t = \frac{1}{2\pi} \int_{-\infty}^{\infty} \lim_{T \to \infty} \frac{|F_T(\mathrm{j}\omega)|^2}{T} \mathrm{d}\omega \tag{3.5-11}$$

类似于能量密度函数，定义功率密度函数（功率频谱或功率谱）$\mathsf{p}(\omega)$ 为单位频率内信号的功率，从而信号的平均功率为：

$$P = \int_{-\infty}^{\infty} \mathsf{p}(\omega)\mathrm{d}f = \frac{1}{2\pi} \int_{-\infty}^{\infty} \mathsf{p}(\omega)\mathrm{d}\omega \tag{3.5-12}$$

比较式（3.5-11）和式（3.5-12），得功率谱 $\mathsf{p}(\omega)$ 为：

$$\mathsf{p}(\omega) = \lim_{T \to \infty} \frac{|F_T(\mathrm{j}\omega)|^2}{T} \tag{3.5-13}$$

功率谱的单位是 $\mathrm{W \cdot s}$，它反映了信号功率在频域中的分布情况。由式（3.5-13）可知，功率谱 $\mathsf{p}(\omega)$ 是角频率 ω 的偶函数，它只取决于频谱函数的幅度，而与相位无关。

实际上，功率信号的功率谱与信号的自相关函数也是一对傅里叶变换：

$$R(\tau) \leftrightarrow \mathsf{p}(\omega) \tag{3.5-14}$$

练习题

3.5-1 信号 $f(t) = \dfrac{2\sin t}{t}$ 的能量为 _____。

3.5-2 已知信号 $f(t)$ 如题图 3.5-1 所示，其傅里叶变换为 $F(\mathrm{j}\omega)$，则 $\int_{-\infty}^{\infty} |F(\mathrm{j}\omega)|^2 \mathrm{d}\omega =$ _____。

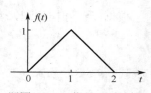

题图 3.5-1 信号 $f(t)$ 的波形

3.6 周期信号的傅里叶变换

如前所述，对于周期信号可以采用傅里叶级数的方法进行频域分析，而对于非周期信号则可以利用傅里叶变换的方法进行频域分析。本节将在此基础上，讨论周期信号的傅里叶变换以及傅里叶系数与傅里叶变换之间的关系。这样，就能把周期信号与非周期信号的分析方法统一到傅里叶变换上来。

首先分析正弦信号和余弦信号的傅里叶变换。

根据常用信号的傅里叶变换对 $1 \leftrightarrow 2\pi\delta(\omega)$，由式（3.4-18）可得：

$$\mathrm{e}^{\mathrm{j}\omega_0 t} \leftrightarrow 2\pi\delta(\omega - \omega_0)$$

$$\mathrm{e}^{-\mathrm{j}\omega_0 t} \leftrightarrow 2\pi\delta(\omega + \omega_0)$$

根据式（3.4-1）并考虑欧拉公式，有：

$$\sin(\omega_0 t) = \frac{1}{2\mathrm{j}}(\mathrm{e}^{\mathrm{j}\omega_0 t} - \mathrm{e}^{-\mathrm{j}\omega_0 t}) \leftrightarrow \mathrm{j}\pi[\delta(\omega + \omega_0) - \delta(\omega - \omega_0)] \tag{3.6-1}$$

$$\cos(\omega_0 t) = \frac{1}{2}(\mathrm{e}^{\mathrm{j}\omega_0 t} + \mathrm{e}^{-\mathrm{j}\omega_0 t}) \leftrightarrow \pi[\delta(\omega + \omega_0) + \delta(\omega - \omega_0)] \tag{3.6-2}$$

其频谱分别如图 3.6-1（a）、（b）所示。

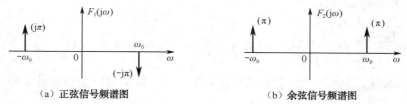

（a）正弦信号频谱图 （b）余弦信号频谱图

图 3.6-1 正弦信号和余弦信号的频谱图

下面分析一般周期信号 $f_T(t)$ 的傅里叶变换。根据式（3.2-18）和式（3.2-20），周期信号 $f_T(t)$ 可展开成指数型傅里叶级数：

$$f_T(t) = \sum_{n=-\infty}^{\infty} F_n \mathrm{e}^{\mathrm{j}n\Omega t} \tag{3.6-3}$$

其中，傅里叶系数为：

$$F_n = \frac{1}{T} \int_{-\frac{T}{2}}^{\frac{T}{2}} f_T(t) \mathrm{e}^{-\mathrm{j}n\Omega t} \mathrm{d}t, \qquad n = 0, \pm 1, \pm 2, \ldots \tag{3.6-4}$$

对式（3.6-3）的等号两端取傅里叶变换有：

$$F_T(\mathrm{j}\omega) = \int_{-\infty}^{\infty} \left(\sum_{n=-\infty}^{\infty} F_n \mathrm{e}^{\mathrm{j}n\Omega t} \right) \mathrm{e}^{-\mathrm{j}\omega t} \mathrm{d}t$$

由式（3.4-1），得：

$$F_T(\mathrm{j}\omega) = \sum_{n=-\infty}^{\infty} \int_{-\infty}^{\infty} F_n \mathrm{e}^{\mathrm{j}n\Omega t} \mathrm{e}^{-\mathrm{j}\omega t} \mathrm{d}t$$

由式（3.6-4）可知，F_n 不是时间 t 的函数，故可将其从积分号中提取出来，即：

$$F_T(\mathrm{j}\omega) = \sum_{n=-\infty}^{\infty} F_n \int_{-\infty}^{\infty} \mathrm{e}^{\mathrm{j}n\Omega t} \mathrm{e}^{-\mathrm{j}\omega t} \mathrm{d}t$$

上式中的积分式是 $\mathrm{e}^{\mathrm{j}n\Omega t}$ 的傅里叶变换定义式，故可得：

$$F_T(j\omega) = 2\pi \sum_{n=-\infty}^{\infty} F_n \delta(\omega - n\Omega) \qquad (3.6\text{-}5)$$

式（3.6-5）称为周期信号的傅里叶变换。由此可见，周期信号的傅里叶变换由无穷多个冲激信号组成，这些冲激信号位于频谱函数的各次谐波角频率 $n\Omega$（$n = 0, \pm 1, \pm 2, \cdots$）处，其强度为 $2\pi F_n$。

例 3.6-1 图 3.6-2（a）所示周期矩形脉冲信号 $p_T(t)$ 的幅度为 1、周期为 T、脉冲宽度为 τ，试求其频谱函数 $P_T(j\omega)$。

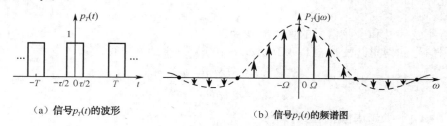

（a）信号$p_T(t)$的波形　　　　　　（b）信号$p_T(t)$的频谱图

图 3.6-2　周期矩形脉冲的傅里叶变换

解： 由例 3.2-6 可知其傅里叶系数为：

$$F_n = \frac{\tau}{T} \mathrm{Sa}\left(\frac{n\Omega\tau}{2}\right), n = 0, \pm 1, \pm 2, \cdots$$

由式（3.6-5）可知其频谱函数为：

$$P_T(j\omega) = \frac{2\pi\tau}{T} \sum_{n=-\infty}^{\infty} \mathrm{Sa}\left(\frac{n\Omega\tau}{2}\right) \delta(\omega - n\Omega) = \sum_{n=-\infty}^{\infty} \frac{2\sin\left(\frac{n\Omega\tau}{2}\right)}{n} \delta(\omega - n\Omega), \ n = 0, \pm 1, \pm 2, \cdots$$

式中，$\Omega = \dfrac{2\pi}{T}$ 为基波角频率。由上式可以看出，周期矩形脉冲信号的傅里叶变换（频谱密度）由位于 $\omega = 0, \pm\Omega, \pm 2\Omega, \cdots$ 处的冲激信号组成，其在 $\omega = n\Omega$ 处的强度为 $\dfrac{2\sin\left(\dfrac{n\Omega\tau}{2}\right)}{n}$。图 3.6-2（b）中画出了 $T = 4\tau$ 时的频谱图。由图可见，周期信号的频谱密度是离散的。

注意： 对周期信号进行傅里叶变换，得到的是频谱密度，它代表信号在单位频率上的幅度；对其展开为傅里叶级数，得到的是傅里叶系数，它代表虚指数分量的幅度和相位。因此，虽然从频谱的图形上看，这里的 $F(j\omega)$ 和第三节中的 F_n 极为相似，但二者的含义不同。

例 3.6-2 求周期性单位冲激序列 $\delta_T(t) = \sum_{m=-\infty}^{\infty} \delta(t - mT)$ 的傅里叶变换。

解： 周期性单位冲激序列的波形如图 3.6-3（a）所示。由图可见，信号 $\delta_T(t)$ 在一个周期内只有一个单位冲激信号。根据冲激信号的取样性质和式（3.2-20），可求得 $\delta_T(t)$ 的傅里叶系数为：

$$F_n = \frac{1}{T} \int_{-\frac{T}{2}}^{\frac{T}{2}} \delta_T(t) \mathrm{e}^{-jn\Omega t} \,\mathrm{d}t = \frac{1}{T}$$

（a）信号$\delta_T(t)$的波形　　　　　　（b）信号$\delta_T(t)$的频谱图

图 3.6-3　周期性单位冲激序列及其频谱

根据式（3.6-5），得其傅里叶变换为：

$$\delta_T(t) \leftrightarrow \frac{2\pi}{T} \sum_{n=-\infty}^{\infty} \delta(\omega - n\Omega) = \Omega \sum_{n=-\infty}^{\infty} \delta(\omega - n\Omega)$$

若令 $\delta_\Omega(\omega) = \sum_{n=-\infty}^{\infty} \delta(\omega - n\Omega)$，则有：

$$\delta_T(t) \leftrightarrow \Omega \delta_\Omega(\omega)$$

上式表明，在时域中，周期为 T 的单位冲激序列 $\delta_T(t)$ 的傅里叶变换是一个在频域中周期为 Ω、强度为 Ω 的冲激序列，频谱如图 3.6-3（b）所示。

上面直接从傅里叶变换定义的角度入手，推得周期信号的傅里叶变换计算公式，即式（3.6-5）。下面从时域卷积的角度入手，分析周期信号的傅里叶变换。

如图 3.6-4（a）所示周期信号 $f_T(t)$，若从该信号中截取一个周期（如 $-\frac{T}{2} \leq t < \frac{T}{2}$），得到图 3.6-4（b）所示的单周期信号并将其记为 $f_0(t)$。

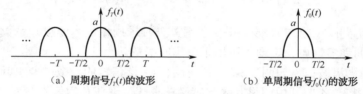

（a）周期信号 $f_T(t)$ 的波形 　　　　（b）单周期信号 $f_0(t)$ 的波形

图 3.6-4　从周期信号中截取一个周期

由式（2.4-6）可知：

$$f_T(t) = f_0(t) * \delta_T(t)$$

令 $f_0(t) \leftrightarrow F_0(j\omega)$，根据式（3.4-19），考虑到 $\delta_T(t) \leftrightarrow \Omega \delta_\Omega(\omega)$，对上式等号两端同时取傅里叶变换，可得：

$$F_T(j\omega) = F_0(j\omega)\Omega \delta_\Omega(\omega)$$

将 $\delta_\Omega(\omega) = \sum_{n=-\infty}^{\infty} \delta(\omega - n\Omega)$ 代入上式，并考虑冲激信号的筛分性质，得：

$$F_T(j\omega) = F_0(j\omega)\Omega \sum_{n=-\infty}^{\infty} \delta(\omega - n\Omega) = \Omega \sum_{n=-\infty}^{\infty} F_0(jn\Omega)\delta(\omega - n\Omega) \tag{3.6-6}$$

例 3.6-3　图 3.6-5 所示周期矩形脉冲信号 $p_T(t)$ 的幅度为 1、周期为 T、脉冲宽度为 τ，试求其频谱函数 $P_T(j\omega)$。

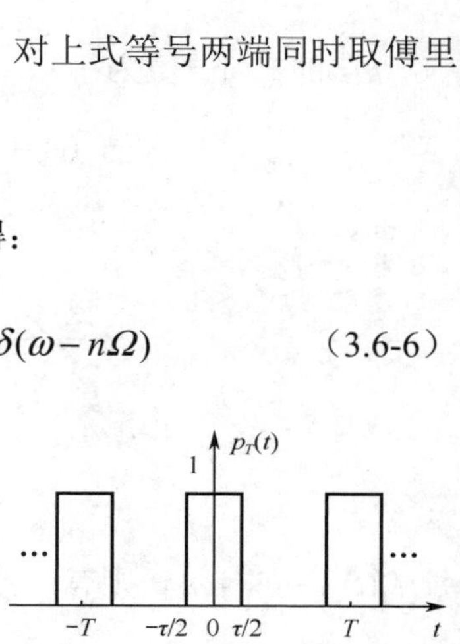

解：本题已在例 3.6-1 中利用式（3.6-5）求解，现在利用式（3.6-6）求解。

由图 3.6-5 容易看出，周期信号在 $\left(-\frac{T}{2}, \frac{T}{2}\right)$ 内的信号 $p_0(t)$ 是幅度为 1，宽度为 τ 的门信号，故有：

$$p_0(t) \leftrightarrow P_0(j\omega) = \frac{2\sin\left(\dfrac{\omega\tau}{2}\right)}{\omega}$$

将其代入式（3.6-6）得：

$$P_T(j\omega) = \Omega \sum_{n=-\infty}^{\infty} \frac{2\sin\left(\dfrac{n\Omega\tau}{2}\right)}{n\Omega}\delta(\omega - n\Omega) = \sum_{n=-\infty}^{\infty} \frac{2\sin\left(\dfrac{n\Omega\tau}{2}\right)}{n}\delta(\omega - n\Omega), \ n = 0, \pm 1, \pm 2, \cdots$$

图 3.6-5　信号 $p_T(t)$ 的波形

显然，本例结果与例 3.6-1 完全相同。

式（3.6-5）和式（3.6-6）都是周期信号 $f_T(t)$ 的傅里叶变换表达式。比较二式可知，周期信号 $f_T(t)$ 的傅里叶系数 F_n 与其单周期信号频谱 $F_0(j\omega)$ 的关系为：

$$F_n = \frac{1}{T}F_0(jn\Omega) = \frac{1}{T}F_0(j\omega)\Big|_{\omega=n\Omega} \tag{3.6-7}$$

式（3.6-7）表明，周期信号的傅里叶系数 F_n 等于单周期信号频谱 $F_0(j\omega)$ 在频率 $\omega = n\Omega$ 处的值乘以 $\frac{1}{T}$。

换一个角度，由式（3.6-4）得：

$$F_n = \frac{1}{T}\int_{-\frac{T}{2}}^{\frac{T}{2}} f_T(t)\mathrm{e}^{-jn\Omega t}\mathrm{d}t = \frac{1}{T}\int_{-\frac{T}{2}}^{\frac{T}{2}} f_0(t)\mathrm{e}^{-jn\Omega t}\mathrm{d}t, \quad n = 0, \pm 1, \pm 2, \cdots$$

由式（3.3-2）得：

$$F_0(j\omega) = \int_{-\infty}^{\infty} f_0(t)\mathrm{e}^{-j\omega t}\mathrm{d}t = \int_{-\frac{T}{2}}^{\frac{T}{2}} f_0(t)\mathrm{e}^{-j\omega t}\mathrm{d}t$$

比较上述两式也可得到式（3.6-7）。该式提供了另外一种求周期信号傅里叶系数的方法，同时也表明，傅里叶变换中的许多性质、定理也可用于傅里叶级数。

例 3.6-4 周期锯齿波信号如图 3.6-6（a）所示，求该信号的指数型傅里叶级数。

解：本题已在例 3.2-4 中利用傅里叶级数定义法求解，现在利用傅里叶变换求解。

单周期信号 $f_0(t)$ 如图 3.6-6（b）所示，其表达式为：

$$f_0(t) = \frac{2}{T}t\left[u\left(t+\frac{T}{2}\right) - u\left(t-\frac{T}{2}\right)\right]$$

$f_0(t)$ 的二阶导数为：

$$f_0''(t) = -\delta'\left(t+\frac{T}{2}\right) - \delta'\left(t-\frac{T}{2}\right) + \frac{2}{T}\left[\delta\left(t+\frac{T}{2}\right) - \delta\left(t-\frac{T}{2}\right)\right]$$

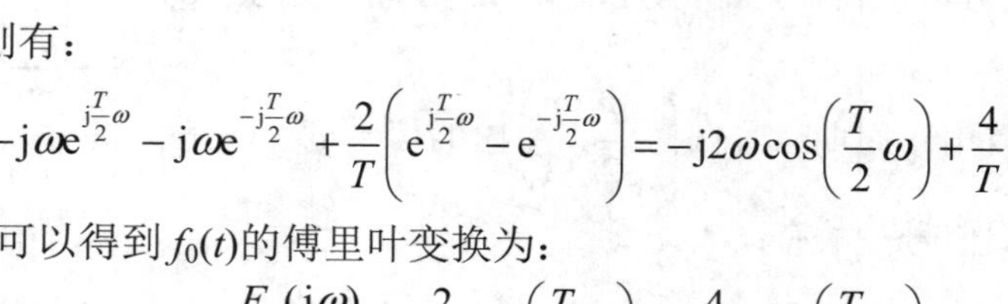

（a）周期锯齿波　　　　　　（b）单周期信号

图 3.6-6　周期锯齿波及其单周期波形

设 $f_0''(t) \leftrightarrow F_\Delta(j\omega)$，则有：

$$F_\Delta(j\omega) = -j\omega \mathrm{e}^{j\frac{T}{2}\omega} - j\omega \mathrm{e}^{-j\frac{T}{2}\omega} + \frac{2}{T}\left(\mathrm{e}^{j\frac{T}{2}\omega} - \mathrm{e}^{-j\frac{T}{2}\omega}\right) = -j2\omega\cos\left(\frac{T}{2}\omega\right) + \frac{4}{T}\sin\left(\frac{T}{2}\omega\right)$$

由式（3.4-22），可以得到 $f_0(t)$ 的傅里叶变换为：

$$F_0(j\omega) = \frac{F_\Delta(j\omega)}{(j\omega)^2} = j\frac{2}{\omega}\cos\left(\frac{T}{2}\omega\right) - \frac{4}{T\omega^2}\sin\left(\frac{T}{2}\omega\right)$$

由式（3.6-7）可得周期锯齿波信号的傅里叶系数为：

$$F_n = \frac{1}{T}F_0(j\omega)\Big|_{\omega=n\Omega} = j\frac{1}{n\pi}\cos(n\pi)$$

由式（3.2-18）得周期锯齿波信号的指数型傅里叶级数为：

$$f(t) = \sum_{n=-\infty}^{\infty} F_n e^{jn\Omega t} = \sum_{n=-\infty}^{\infty} j\frac{1}{n\pi}\cos(n\pi)e^{jn\Omega t}$$

显然,本例结果与例 3.2-4 完全相同。

练习题

3.6-1 求周期信号 $f(t) = \sum_{n=-\infty}^{\infty} \delta(t - 2n)$ 的傅里叶变换。

3.6-2 求信号 $f(t) = e^{-3|t|}\cos(2t)$ 的傅里叶变换。

3.7 本 章 小 结

本章主要介绍了信号的傅里叶级数和傅里叶变换,前者是周期信号频域分析的基础,后者是非周期信号频域分析的基础。本章最后给出了周期信号的傅里叶变换,从而扩展了傅里叶变换的适用范围,使得信号频域分析的基础得以统一。

具体来讲,本章主要介绍了:

① 三角型和指数型傅里叶级数及周期信号的频谱。重点是掌握两种形式傅里叶级数的定义及其相互关系并对周期信号频谱的特点有深入理解。

② 傅里叶变换的定义、性质及非周期信号的频谱。重点是理解非周期信号傅里叶变换的定义,掌握其性质及非周期信号频谱的特点和作图方法。

③ 信号的能量谱和功率谱。读者需要理解能量谱和功率谱这一描述信号的方法并了解其在随机信号描述中的作用。

④ 周期信号的傅里叶变换。读者需要掌握周期信号傅里叶变换的求解方法并深入理解傅里叶系数和傅里叶变换的关系。

本章的主要知识脉络如图 3.7-1 所示。

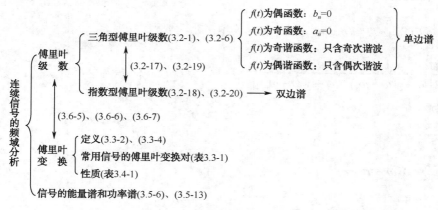

图 3.7-1 本章知识脉络示意图

练习题答案

3.2-1 1)D 2)C 3)C 4)C

3.2-2 1) $a_n = \begin{cases} 1, n=1 \\ 3, n=3 \\ 0,其他 \end{cases}$, $b_n = 0$ 2) 31   3) $\frac{1}{T}\sum_{n=-\infty}^{\infty} e^{jn\frac{2\pi t}{T}}$, $\frac{1}{T} + \frac{2}{T}\sum_{n=1}^{\infty}\cos\left(\frac{2n\pi}{T}t\right)$

4）$f(t) = 4\cos(t) + 2\cos(2t)$　5）a_n^*

3.2-3　1）$\dfrac{1}{2}e^{-j\left(2t+\frac{\pi}{4}\right)} + \dfrac{1}{2}e^{j\left(2t+\frac{\pi}{4}\right)}$　2）$P = \dfrac{101}{32}$，单边谱和双边谱分别如下图（a）、（b）所示。

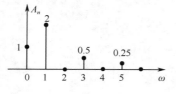 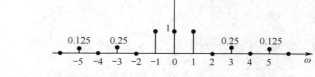

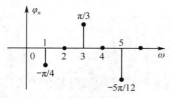 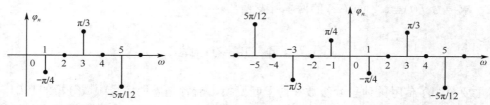

（a）单边频谱图　　　　　　　　　　　　　（b）双边频谱图

3.3-1　A

3.3-2　C

3.3-3　1，0

3.3-4　$\dfrac{2A\tau\cos\left(\dfrac{\omega\tau}{2}\right)}{\pi\left[1-\left(\dfrac{\omega\tau}{\pi}\right)^2\right]}$

3.4-1　1）B　2）C　3）B　4）D　5）C　6）A　7）A

3.4-2　$\dfrac{\omega_0}{\pi}Sa(\omega_0 t)$

3.4-3　$\dfrac{2}{\pi}\cos(2\pi t)$

3.4-4　$\dfrac{1}{4\pi}F(j\omega)*\{F[j(\omega+\omega_0)]+F[j(\omega-\omega_0)]\}$

3.4-5　$\dfrac{j}{2}\left[\dfrac{1}{\alpha+j(\omega+\omega_0)} - \dfrac{1}{\alpha+j(\omega-\omega_0)}\right]$

3.5-1　4π

3.5-2　$\dfrac{4\pi}{3}$

3.6-1　$\pi\displaystyle\sum_{n=-\infty}^{\infty}\delta(\omega-n\pi)$

3.6-2　$\dfrac{3}{9+(\omega-2)^2} + \dfrac{3}{9+(\omega+2)^2}$

本 章 习 题

3.1　证明两个相互正交的信号 $f_1(t)$ 与 $f_2(t)$ 同时作用在单位电阻上产生的功率，等于每一个信号单独作用时产生的功率之和。

3.2 考虑周期信号 $f(t) = \sum_{n=1}^{\infty} \frac{6}{n} \sin\left(\frac{n\pi}{2}\right) \sin\left(100n\pi t + \frac{n\pi}{3}\right)$，

1）求信号的周期 T；

2）求傅里叶系数 a_n、b_n、A_n 和相位 φ_n；

3）判断 $f(t)$ 有何种对称性。

3.3 对信号 $f(t)$ 给出如下信息：

a）$f(t)$ 为实奇函数；
b）$f(t)$ 为周期函数，周期为 2，傅里叶系数为 F_n；

c）$|n|>1$ 时，$F_n = 0$；
d）$\int_0^2 |f(t)|^2 \, \mathrm{d}t = 2$。

试确定满足以上条件的两个不同信号。

3.4 若 $f(t)$ 为周期信号，其傅里叶系数为 $F_n = \begin{cases} 2, & n = 0 \\ \mathrm{j}\left(\frac{1}{2}\right)^{|n|}, & n \neq 0 \end{cases}$，回答以下问题：

1）$f(t)$ 是实函数吗？

2）$f(t)$ 是偶函数吗？

3）$f'(t)$ 是偶函数吗？

3.5 关于信号 $f(t)$ 给出如下信息：

a）$f(t)$ 为实信号；
b）$f(t)$ 为周期信号，周期为 6；

c）$n = 0$ 或 $|n| > 2$ 时，$F_n = 0$，且 F_1 为正实数；
d）$f(t) = -f(t-3)$；

e）$\int_0^6 |f(t)|^2 \mathrm{d}t = 3$。

证明：$f(t) = A\cos(Bt + C)$，并求出 A、B 和 C 的值。

3.6 信号 $f(t)$ 可以表示成偶函数 $f_e(t)$ 和奇函数 $f_o(t)$ 之和的形式，试证明：若 $f(t)$ 是实函数，且 $f(t)$ 的傅里叶变换为 $F(\mathrm{j}\omega)$，则 $f_e(t)$ 的傅里叶变换为 $\mathrm{Re}[F(\mathrm{j}\omega)]$，$f_o(t)$ 傅里叶变换为 $\mathrm{jIm}[F(\mathrm{j}\omega)]$。

3.7 题图 3.1 所示信号 $f(t)$ 的傅里叶变换为 $F(\mathrm{j}\omega) = R(\omega) + \mathrm{j}X(\omega)$，求其实部 $R(\omega)$ 的表达式。

3.8 求题图 3.2 所示梯形信号的傅里叶变换，并画出 $\tau = 2\tau_1$ 情况下该信号的频谱图。

3.9 已知信号 $f(t)$ 的傅里叶变换 $F(\mathrm{j}\omega)$ 如题图 3.3 所示，试粗略画出信号 $f(t)\cos(\omega_0 t)$ 和 $f(t)\cos(\omega_2 t)$ 的频谱。

 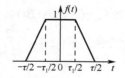 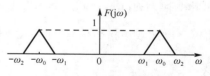

题图 3.1　信号 $f(t)$ 的波形　　题图 3.2　梯形信号的波形　　题图 3.3　信号 $f(t)$ 的频谱图

3.10 确定如下频谱所对应的时域信号是实函数、虚函数或都不是，是奇函数、偶函数或都不是。

1）$F(\mathrm{j}\omega) = u(\omega) - u(\omega - 2)$；

2）$F(\mathrm{j}\omega) = \cos(2\omega)\sin\left(\frac{\omega}{2}\right)$。

3.11 已知题图 3.4 所示信号 $f(t)$ 的傅里叶变换为 $F(\mathrm{j}\omega)$，求 $f(t)$ 以 $\frac{t_0}{4}$ 为轴反转后所得信号

$f_1(t)$ 的傅里叶变换。

3.12 题图 3.5 所示信号 $f(t)$ 的傅里叶变换 $F(j\omega) = |F(j\omega)| e^{j\varphi(\omega)}$，利用傅里叶变换的性质（不做积分运算），求：

1）$\varphi(\omega)$；

2）$F(0)$；

3）$\int_{-\infty}^{\infty} F(j\omega) d\omega$；

4）$\mathrm{Re}[F(j\omega)]$ 的原时间信号的波形。

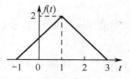

题图 3.4　信号 $f(t)$ 的波形　　　　题图 3.5　信号 $f(t)$ 的波形

3.13 已知信号 $f(t) = e^{-\alpha t} u(t)$（$\alpha > 0$），设其频谱函数为 $F(j\omega) = R(\omega) + jX(\omega)$，

1）求 $R(\omega)$ 和 $X(\omega)$；

2）证明 $R(\omega) = \dfrac{1}{\pi\omega} * X(\omega)$；

3）证明 $X(\omega) = -\dfrac{1}{\pi\omega} * R(\omega)$。

3.14 试分别利用以下几种方法证明 $u(t) \leftrightarrow \pi\delta(\omega) + \dfrac{1}{j\omega}$。

1）利用符号信号 $u(t) = \dfrac{1}{2} + \dfrac{1}{2}\mathrm{sgn}(t)$；

2）利用矩形脉冲取极限；

3）利用积分 $u(t) = \int_{-\infty}^{t} \delta(\tau) d\tau$；

4）利用单边指数信号取极限。

3.15 求信号 $f(t) = \left(\dfrac{\sin t}{t}\right)^2$ 的傅里叶变换。

3.16 已知 $y(t) = f(t) * h(t)$、$g(t) = f(3t) * h(3t)$，且信号 $f(t)$ 的傅里叶变换为 $F(j\omega)$，信号 $h(t)$ 的傅里叶变换为 $H(j\omega)$，利用傅里叶变换的性质证明 $g(t) = Ay(Bt)$，并求出 A 和 B 的值。

3.17 已知双边指数信号 $f(t) = e^{-|t|}$ 的傅里叶变换为 $F(j\omega) = \dfrac{2}{1+\omega^2}$，求 $g(t) = \dfrac{4t}{(1+t^2)^2}$ 的傅里叶变换。

3.18 若信号 $f(t)$ 的傅里叶变换 $F(j\omega) = \delta(\omega) + \delta(\omega - \pi) + \delta(\omega - 5)$，$h(t) = u(t) - u(t-2)$，问：

1）$f(t)$ 是周期的吗？

2）$f(t) * h(t)$ 是周期的吗？

3）两个非周期信号卷积有可能是周期的吗？

3.19 已知信号 $f(t)$ 的傅里叶变换为 $F(j\omega)$，给出以下条件：

a）$f(t)$ 是正实函数；　　　　b）$\mathscr{F}^{-1}[(1+j\omega)F(j\omega)] = Ae^{-2t}u(t)$，$A$ 为常数；

c）$\int_{-\infty}^{\infty} |F(j\omega)|^2 d\omega = 2\pi$，

求 $f(t)$ 的表达式。

3.20 分别求出题图 3.6 所示两个频谱函数的傅里叶逆变换。

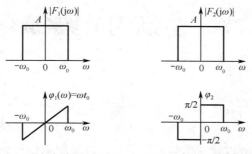

（a）$F_1(j\omega)$的幅度谱和相位谱　　（b）$F_2(j\omega)$的幅度谱和相位谱

题图 3.6　信号频谱图

3.21 题图 3.7 中所示信号的傅里叶变换有哪些满足下列条件：

1）$\mathrm{Re}[F(j\omega)] = 0$ ；

2）$\mathrm{Im}[F(j\omega)] = 0$ 。

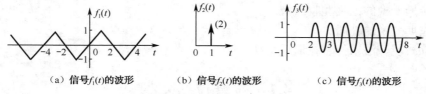

（a）信号$f_1(t)$的波形　　　　（b）信号$f_2(t)$的波形　　　　（c）信号$f_3(t)$的波形

题图 3.7　信号波形图

3.22 周期信号 $f(t)$ 的波形如题图 3.8 所示，求其傅里叶变换。

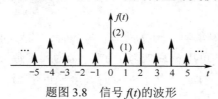

题图 3.8　信号 $f(t)$ 的波形

第4章 连续信号的复频域分析

【内容提要】

若信号因不满足绝对可积条件而难以求其傅里叶变换，则无法对此类信号进行频域分析，如 $f(t) = e^{2t}u(t)$。本章引入复频率 $s = \sigma + j\omega$，以复指数信号 e^{st} 为基本信号，将任意信号分解为不同复频率的复指数分量之和，并以此对信号进行分析。这里用于信号分析的独立变量是复频率 s，故称之为复频域分析或 s 域分析，所采用的数学工具为拉普拉斯变换。

本章主要介绍拉普拉斯变换的定义和收敛域、拉普拉斯变换的性质以及拉普拉斯逆变换的求解方法。读者应重点掌握拉普拉斯变换的定义和性质，并熟练掌握利用部分分式展开法求解拉普拉斯逆变换的方法。

【重点难点】

★ 拉普拉斯变换的定义和收敛域

★ 拉普拉斯变换的性质

★ 部分分式展开法求拉普拉斯逆变换

4.1 拉普拉斯变换

4.1.1 双边拉普拉斯变换

某些信号求解傅里叶变换困难的原因是：当 $t \to \infty$ 时，信号的幅度不衰减，甚至增长，即信号不满足绝对可积条件。为此，可用一衰减因子 $e^{-\sigma t}$（σ 为实常数）乘以此类信号 $f(t)$，如果适当选取 σ 的值，有可能使乘积信号 $f(t)e^{-\sigma t}$ 当 $t \to \infty$ 时幅度趋近于 0，即满足绝对可积条件，从而使信号 $f(t)e^{-\sigma t}$ 的傅里叶变换容易求得。

由式（3.3-2）可知信号 $f(t)e^{-\sigma t}$ 的傅里叶变换 $F_b(\sigma + j\omega)$ 为：

$$F_b(\sigma + j\omega) = \int_{-\infty}^{\infty} f(t)e^{-\sigma t}e^{-j\omega t}dt = \int_{-\infty}^{\infty} f(t)e^{-(\sigma + j\omega)t}dt$$

由式（3.3-4）可知 $F_b(\sigma + j\omega)$ 的傅里叶逆变换为：

$$f(t)e^{-\sigma t} = \frac{1}{2\pi}\int_{-\infty}^{\infty} F_b(\sigma + j\omega)e^{j\omega t}d\omega$$

将上式两边同乘以 $e^{\sigma t}$，有：

$$f(t) = \frac{1}{2\pi}\int_{-\infty}^{\infty} F_b(\sigma + j\omega)e^{(\sigma + j\omega)t}d\omega$$

令 $s = \sigma + j\omega$，则有：

$$F_b(s) = \int_{-\infty}^{\infty} f(t)e^{-st}dt \tag{4.1-1}$$

$$f(t) = \frac{1}{2\pi j}\int_{\sigma - j\infty}^{\sigma + j\infty} F_b(s)e^{st}ds \tag{4.1-2}$$

上述两式称为双边拉普拉斯变换对。其中，$F_b(s)$ 称为 $f(t)$ 的双边拉普拉斯变换或象函数，$f(t)$ 称为 $F_b(s)$ 的双边拉普拉斯逆变换或原函数。

也可简记为：

$$F_b(s) = \mathscr{L}[f(t)]$$
$$f(t) = \mathscr{L}^{-1}[F_b(s)]$$

或：

$$f(t) \leftrightarrow F_b(s)$$

由上述求解双边拉普拉斯变换的过程可知，只有选择适当的 σ 值才能使信号 $f(t)e^{-\sigma t}$ 当 $t \to \infty$ 时幅度趋近于 0，即满足绝对可积条件，从而使其双边拉普拉斯变换存在。因此，规定使信号 $f(t)$ 的双边拉普拉斯变换存在的 σ 的取值范围称为双边拉普拉斯变换 $F_b(s)$ 的收敛域，简记为 ROC（Region of Convergence）。下面举例说明 $F_b(s)$ 的收敛域问题。

例 4.1-1 求因果信号 $f_1(t) = e^{\alpha t}u(t)$ 的双边拉普拉斯变换。

解：由式（4.1-1）得：

$$F_{1b}(s) = \int_{-\infty}^{\infty} e^{\alpha t}u(t)e^{-st}\,dt = \int_{0}^{\infty} e^{\alpha t}e^{-st}\,dt = \left.\frac{e^{-(s-\alpha)t}}{-(s-\alpha)}\right|_{0}^{\infty}$$

$$= \frac{1}{(s-\alpha)}\left\{1 - \lim_{t \to \infty}[e^{-(\sigma-\alpha)t}e^{-j\omega t}]\right\} = \begin{cases} \dfrac{1}{s-\alpha} & , \quad \mathrm{Re}[s] = \sigma > \alpha \\ \text{不定} & , \quad \mathrm{Re}[s] = \sigma = \alpha \\ \text{无界} & , \quad \mathrm{Re}[s] = \sigma < \alpha \end{cases}$$

可见，对于因果信号，仅当 $\mathrm{Re}[s] = \sigma > \alpha$ 时积分收敛（α 称为收敛坐标），其双边拉普拉斯变换存在。即因果信号双边拉普拉斯变换的收敛域为 s 平面上 $\mathrm{Re}[s] = \sigma > \alpha$ 的区域，如图 4.1-1（a）阴影部分所示。

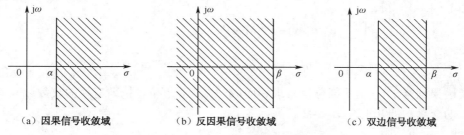

（a）因果信号收敛域　　　　（b）反因果信号收敛域　　　　（c）双边信号收敛域

图 4.1-1　双边拉普拉斯变换的收敛域

例 4.1-2 求反因果信号 $f_2(t) = e^{\beta t}u(-t)$ 的双边拉普拉斯变换。

解：由式（4.1-1）得：

$$F_{2b}(s) = \int_{-\infty}^{\infty} e^{\beta t}u(-t)e^{-st}\,dt = \int_{-\infty}^{0} e^{\beta t}e^{-st}\,dt = \left.\frac{e^{-(s-\beta)t}}{-(s-\beta)}\right|_{-\infty}^{0}$$

$$= \frac{1}{-(s-\beta)}\left\{1 - \lim_{t \to -\infty}[e^{-(\sigma-\beta)t}e^{-j\omega t}]\right\} = \begin{cases} \text{无界} & , \quad \mathrm{Re}[s] = \sigma > \beta \\ \text{不定} & , \quad \mathrm{Re}[s] = \sigma = \beta \\ \dfrac{1}{-(s-\beta)} & , \quad \mathrm{Re}[s] = \sigma < \beta \end{cases}$$

可见，对于反因果信号，仅当 $\mathrm{Re}[s] = \sigma < \beta$ 时积分收敛（β 称为收敛坐标），其双边拉普拉斯变换存在。即反因果信号双边拉普拉斯变换的收敛域为 s 平面上 $\mathrm{Re}[s] = \sigma < \beta$ 的区域，如图 4.1-1（b）阴影部分所示。

例 4.1-3 求双边信号 $f_3(t) = f_1(t) + f_2(t) = e^{\alpha t}u(t) + e^{\beta t}u(-t)$ 的双边拉普拉斯变换。

解：由式（4.1-1）得：

$$F_{3b}(s) = \int_{-\infty}^{\infty} f_3(t)e^{-st}dt = \int_{-\infty}^{0} e^{\beta t}e^{-st}dt + \int_{0}^{\infty} e^{\alpha t}e^{-st}dt = \frac{e^{-(s-\beta)t}}{-(s-\beta)}\Bigg|_{-\infty}^{0} + \frac{e^{-(s-\alpha)t}}{-(s-\alpha)}\Bigg|_{0}^{\infty}$$

$$= \frac{1}{-(s-\beta)}\Big\{1 - \lim_{t\to-\infty}[e^{-(\sigma-\beta)t}e^{-j\omega t}]\Big\} + \frac{1}{(s-\alpha)}\Big\{1 - \lim_{t\to\infty}[e^{-(\sigma-\alpha)t}e^{-j\omega t}]\Big\}$$

由例 4.1-1 和 4.1-2 可知：

当 $\beta \leqslant \alpha$ 时，$F_{1b}(s)$ 和 $F_{2b}(s)$ 没有共同的收敛域，因此 $F_{3b}(s)$ 不存在。

当 $\beta > \alpha$ 时，其收敛域为 $\alpha < \text{Re}[s] = \sigma < \beta$ 的一个带状区域（α、β 称为收敛坐标），如图 4.1-1（c）阴影部分所示。

此时，其双边拉普拉斯变换为：

$$F_{3b}(s) = F_{1b}(s) + F_{2b}(s) = \frac{1}{s-\alpha} - \frac{1}{s-\beta}$$

例 4.1-4 求下列信号的双边拉普拉斯变换。

1）$f_1(t) = e^{-3t}u(t) + e^{-2t}u(t)$　　2）$f_2(t) = -e^{-3t}u(-t) - e^{-2t}u(-t)$　　3）$f_3(t) = e^{-3t}u(t) - e^{-2t}u(-t)$

解：由于前面已经求过该类信号的双边拉普拉斯变换，故可利用前述例题的结论求解以简化求解过程。

1）由式（4.1-1）得：

$$F_{1b}(s) = \int_{-\infty}^{\infty}[e^{-3t}u(t) + e^{-2t}u(t)]e^{-st}dt = \int_{-\infty}^{\infty} e^{-3t}u(t)e^{-st}dt + \int_{-\infty}^{\infty} e^{-2t}u(t)e^{-st}dt = \frac{1}{s+3} + \frac{1}{s+2}$$

由于因果信号 $f_1(t)$ 由两部分信号求和而成，故其双边拉普拉斯变换的收敛域应为此两个象函数收敛域的交集，即 $\text{Re}[s] = \sigma > -2$。

2）由式（4.1-1）得：

$$F_{2b}(s) = \int_{-\infty}^{\infty}[-e^{-3t}u(-t) - e^{-2t}u(-t)]e^{-st}dt$$

$$= -\Big[\int_{-\infty}^{\infty} e^{-3t}u(-t)e^{-st}dt + \int_{-\infty}^{\infty} e^{-2t}u(-t)e^{-st}dt\Big] = \frac{1}{s+3} + \frac{1}{s+2}$$

由于反因果信号 $f_2(t)$ 由两部分信号求和而成，故其双边拉普拉斯变换的收敛域应为此两个象函数收敛域的交集，即 $\text{Re}[s] = \sigma < -3$。

3）由式（4.1-1）得：

$$F_{3b}(s) = \int_{-\infty}^{\infty}[e^{-3t}u(t) - e^{-2t}u(-t)]e^{-st}dt = \int_{-\infty}^{\infty} e^{-3t}u(t)e^{-st}dt - \int_{-\infty}^{\infty} e^{-2t}u(-t)e^{-st}dt = \frac{1}{s+3} + \frac{1}{s+2}$$

由于双边信号 $f_3(t)$ 由两部分信号求和而成，故其双边拉普拉斯变换的收敛域应为此两个象函数收敛域的交集，即 $-3 < \text{Re}[s] = \sigma < -2$。

由例 4.1-4 可见，三个原函数拥有一个相同的象函数！仔细观察，能够发现其收敛域不同。由此可见，双边拉普拉斯变换的象函数与收敛域一起与原函数才是一一对应的关系。因此，不同的信号如果有相同的象函数，则它们的收敛域必然不同；不同的信号如果有相同的收敛域，则它们的象函数必然不同。所以，双边拉普拉斯变换必须标出收敛域。

4.1.2　单边拉普拉斯变换

通常遇到的信号是单边信号，即都是有初始时刻的信号。如果设其初始时刻为 $t = 0$，则对于此类信号 $f(t)$ 有：

$$f(t) = \begin{cases} f(t), & t \geqslant 0 \\ 0, & t < 0 \end{cases} = f(t)u(t) \tag{4.1-3}$$

对于式（4.1-3）所示信号，由式（4.1-1）和式（4.1-2）有：

$$F(s) = \int_{-\infty}^{\infty} f(t)u(t)\mathrm{e}^{-st}\mathrm{d}t = \int_{0_-}^{\infty} f(t)\mathrm{e}^{-st}\mathrm{d}t \tag{4.1-4}$$

$$f(t) = \left[\frac{1}{2\pi\mathrm{j}} \int_{\sigma-\mathrm{j}\infty}^{\sigma+\mathrm{j}\infty} F(s)\mathrm{e}^{st}\mathrm{d}s\right] u(t) \tag{4.1-5}$$

上述两式称为单边拉普拉斯变换对，简称拉普拉斯变换对，本书主要讨论单边拉普拉斯变换，在后续内容中若没有特别说明，均指单边拉普拉斯变换。其中，$F(s)$ 称为 $f(t)$ 的单边拉普拉斯变换或象函数，$f(t)$ 称为 $F(s)$ 的单边拉普拉斯逆变换或原函数。

也可简记为：

$$F(s) = \mathscr{L}[f(t)]$$
$$f(t) = \mathscr{L}^{-1}[F(s)]$$

或

$$f(t) \leftrightarrow F(s)$$

需要特别注意的是：

① 式（4.1-4）积分下限取 0_- 是考虑到信号 $f(t)$ 中可能包含冲激函数及其各阶导数，今后未注明的 $t=0$，均指 0_-；

② 因单边拉普拉斯变换的积分区间是由 0_- 到 ∞，故信号 $f(t)u(t)$ 与 $f(t)$ 的单边拉普拉斯变换相同，简便起见，时间函数中的 $u(t)$ 常省略不写；

③ 单边拉普拉斯变换只适用于研究因果信号。

为了保证单边拉普拉斯变换存在，有如下定理：

若因果信号 $f(t)$ 满足：

（1）在有限区间 $a < t < b$（$0 \leqslant a < b < \infty$）内可积；

（2）对于某个 σ_0 有 $\lim\limits_{t \to \infty} |f(t)|\mathrm{e}^{-\sigma t} = 0$，$\sigma > \sigma_0$。

则对于 $\mathrm{Re}[s] = \sigma > \sigma_0$，拉普拉斯积分式，即式（4.1-4）绝对且一致收敛。

条件（1）说明 $f(t)$ 可以包含有限个间断点，只要求它在有限区间内可积，即 $f(t)$ 曲线下面的面积为有限值。

条件（2）说明 $f(t)$ 可以是随 t 增大而增大的，即 $f(t)$ 可以是自变量 t 的递增函数，只是要求它比某些指数函数增长得慢即可。

定理表明，满足条件（1）和（2）的因果信号 $f(t)$ 存在拉普拉斯变换，其收敛域为 s 平面上收敛坐标 σ_0 的右半平面，即 $\mathrm{Re}[s] = \sigma > \sigma_0$，而且积分是一致收敛的，因而多重积分可以改变积分顺序，微分、积分也可以交换次序。

由式（4.1-1）和式（4.1-4）可知：

① 对于因果信号 $f(t)$，若其拉普拉斯变换存在，则双边拉普拉斯变换和单边拉普拉斯变换具有相同的表达式：$F_\mathrm{b}(s) = \int_{-\infty}^{\infty} f(t)\mathrm{e}^{-st}\mathrm{d}t = \int_{0_-}^{\infty} f(t)\mathrm{e}^{-st}\mathrm{d}t = F(s)$，且收敛域相同，均为 s 平面上收敛坐标 σ_{01} 的右半平面：$\mathrm{Re}[s] = \sigma > \sigma_{01}$；

② 对于反因果信号 $f(t)$，若其双边拉普拉斯变换 $F_\mathrm{b}(s)$ 存在，则其收敛域为 s 平面上收敛坐标 σ_{02} 的左半平面：$\mathrm{Re}[s] = \sigma < \sigma_{02}$。任何反因果信号的单边拉普拉斯变换均为 0，没有研究意义；

③ 对于双边信号 $f(t)$，若其单、双边拉普拉斯变换均存在，则单、双边拉普拉斯变换表达式不相同：$F_\mathrm{b}(s) \neq F(s)$，收敛域也不同。双边拉普拉斯变换的收敛域为 s 平面上两收敛坐标 σ_{01}, σ_{02}（$\sigma_{01} < \sigma_{02}$）所包围的带状区域：$\sigma_{01} < \mathrm{Re}[s] = \sigma < \sigma_{02}$，单边拉普拉斯变换的收敛域为 s 平面上收敛坐标 σ_{01} 的右半平面：$\mathrm{Re}[s] = \sigma > \sigma_{01}$。存在双边拉普拉斯变换的双边信号一定存在单边拉普拉

斯变换，但存在单边拉普拉斯变换的双边信号不一定存在双边拉普拉斯变换；

④ 单边拉普拉斯变换的收敛域只是双边拉普拉斯变换收敛域的一种特殊情况，而且单边拉普拉斯变换的象函数 $F(s)$ 与原函数 $f(t)$ 总是一对一的变换，故在以后各节的讨论中，经常不标注单边拉普拉斯变换的收敛域。

由以上讨论可知，与傅里叶变换相比，拉普拉斯变换对信号 $f(t)$ 的限制要宽松的多。单边拉普拉斯变换的象函数 $F(s)$ 是复变函数，它存在于 s 平面上收敛坐标的右半平面内，而傅里叶变换 $F(j\omega)$ 仅是 $F(s)$ 收敛域中虚轴（$s=j\omega$）上的函数。因此，在信号的复频域分析中就能用复变函数理论研究线性系统问题，从而扩大了人们的"视野"，使过去不易解决或不能解决的问题得到较为满意的结果。

作为本节的总结，表 4.1-1 列出了常用信号的单边拉普拉斯变换对。

表 4.1-1　常用信号的单边拉普拉斯变换对

$f(t)$	$F(s)$	$f(t)$	$F(s)$	$f(t)$	$F(s)$
$\delta(t)$	1	$t^n u(t)$	$\dfrac{n!}{s^{n+1}}$	$\mathrm{sh}(\beta t)u(t)$	$\dfrac{\beta}{s^2-\beta^2}$
$u(t)$	$\dfrac{1}{s}$	$e^{-\alpha t}t^n u(t)$	$\dfrac{n!}{(s+\alpha)^{n+1}}$	$\mathrm{ch}(\beta t)u(t)$	$\dfrac{s}{s^2-\beta^2}$
$e^{-\alpha t}u(t)$	$\dfrac{1}{s+\alpha}$	$\cos(\omega_0 t)u(t)$	$\dfrac{s}{s^2+\omega_0^2}$		
$\delta_T(t)$	$\dfrac{1}{1-e^{-sT}}$	$\sin(\omega_0 t)u(t)$	$\dfrac{\omega_0}{s^2+\omega_0^2}$		

练习题

4.1-1　求下列信号的单边拉普拉斯变换。

1）$f_1(t)=e^{-2t}[u(t)-u(t-2)]$　　2）$f_2(t)=\delta(t)-\delta(t-2)$

4.1-2　求下列信号的双边拉普拉斯变换，并注明收敛域。

1）$f_1(t)=|t|e^{-2|t|}$　　2）$f_2(t)=te^{-2|t|}$

4.2　拉普拉斯变换的性质

本节介绍拉普拉斯变换的相关性质，利用常用信号的拉普拉斯变换对和拉普拉斯变换的性质，可以简化拉普拉斯变换及其逆变换的求解过程。读者在学习本节内容时，应与傅里叶变换的性质进行对比，从而加深对两类变换性质的理解。

4.2.1　线性性质

若：
$$f_1(t)\leftrightarrow F_1(s),\mathrm{Re}[s]=\sigma>\sigma_1$$
$$f_2(t)\leftrightarrow F_2(s),\mathrm{Re}[s]=\sigma>\sigma_2$$

则对任意常数 a 和 b，有：
$$af_1(t)+bf_2(t)\leftrightarrow aF_1(s)+bF_2(s),\ \mathrm{Re}[s]=\sigma>\max(\sigma_1,\sigma_2)\qquad(4.2\text{-}1)$$

式（4.2-1）称为拉普拉斯变换的线性性质，其收敛域应为两个收敛域的重叠部分。对于多个信号的情况，线性性质仍然适用。下面对其进行证明。

由式（4.1-4）可知信号 $af_1(t)+bf_2(t)$ 的拉普拉斯变换 $F(s)$ 为：

$$F(s) = \int_{0_-}^{\infty}[af_1(t)+bf_2(t)]e^{-st}dt = a\int_{0_-}^{\infty}f_1(t)e^{-st}dt + b\int_{0_-}^{\infty}f_2(t)e^{-st}dt = aF_1(s)+bF_2(s)$$

对于上式，若 $F_1(s)$ 的收敛域为 $\text{Re}[s]=\sigma>\sigma_1$，$F_2(s)$ 的收敛域为 $\text{Re}[s]=\sigma>\sigma_2$，为了使 $aF_1(s)+bF_2(s)$ 也收敛，则其收敛域为 $\text{Re}[s]=\sigma>\max(\sigma_1,\sigma_2)$。

例 4.2-1 求信号 $f(t)=\delta(t)+u(t)$ 的拉普拉斯变换。

解： 根据常用信号的拉普拉斯变换对 $\delta(t)\leftrightarrow 1$ 和 $u(t)\leftrightarrow\dfrac{1}{s}$，利用式（4.2-1），有：

$$f(t)=\delta(t)+u(t)\leftrightarrow 1+\frac{1}{s},\ \text{Re}[s]=\sigma>0$$

4.2.2 尺度变换

若：

$$f(t)\leftrightarrow F(s),\ \text{Re}[s]=\sigma>\sigma_0$$

则：

$$f(at)\leftrightarrow\frac{1}{a}F\left(\frac{s}{a}\right),\ \text{Re}[s]=\sigma>a\sigma_0 \tag{4.2-2}$$

式（4.2-2）称为拉普拉斯变换的尺度变换性质，式中 a 为实常数且 $a>0$。下面对其进行证明。

由式（4.1-4）可知信号 $f(at)$ 的拉普拉斯变换 $X(s)$ 为：

$$X(s)=\int_{0_-}^{\infty}f(at)e^{-st}dt$$

令 $at=x$，则有：

$$X(s)=\int_{0_-}^{\infty}f(x)e^{-\frac{s}{a}x}\frac{dx}{a}=\frac{1}{a}\int_{0_-}^{\infty}f(x)e^{-\frac{s}{a}x}dx=\frac{1}{a}F\left(\frac{s}{a}\right)$$

若 $F(s)$ 的收敛域为 $\text{Re}[s]=\sigma>\sigma_0$，则 $F\left(\dfrac{s}{a}\right)$ 的收敛域为 $\text{Re}\left[\dfrac{s}{a}\right]=\sigma>\sigma_0$，即 $X(s)$ 的收敛域为 $\text{Re}[s]=\sigma>a\sigma_0$。

例 4.2-2 求阶跃信号 $u(at)$ 的拉普拉斯变换，其中 a 为任意正实数。

解： 根据常用信号的拉普拉斯变换对 $u(t)\leftrightarrow\dfrac{1}{s}$，利用式（4.2-2），有：

$$u(at)\leftrightarrow\frac{1}{a}\left(\frac{1}{\dfrac{s}{a}}\right)=\frac{1}{s}$$

由表 4.1-1 可知阶跃信号 $u(t)$ 的拉普拉斯变换也是 $\dfrac{1}{s}$，似乎可以得出不同信号存在相同的单边拉普拉斯变换这一明显错误的结论。实际上，上述结论的错误在于忽视了这样一个事实：对于任意正实数 a，$u(at)=u(t)$，这可以按照如下思路理解。

令 $at=x$，则 $u(at)=u(x)$，根据阶跃信号的定义，当 $x>0$，即 $at>0$，从而 $t>0$ 时，$u(at)=u(x)=1$；当 $x=0$，即 $at=0$，从而 $t=0$ 时，$u(at)=u(x)=\dfrac{1}{2}$；当 $x<0$，即 $at<0$，从而 $t<0$ 时，$u(at)=u(x)=0$。因此，对于任意正实数 a，$u(at)=u(t)$。

例 4.2-3 图 4.2-1（a）所示信号 $f_1(t)$ 的拉普拉斯变换为 $F_1(s)=\dfrac{e^{-s}}{s^2}(1-e^{-s}-se^{-s})$，求图 4.2-1

（b）所示信号 $f_2(t)$ 的拉普拉斯变换。

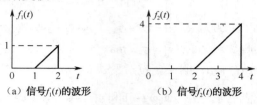

（a）信号 $f_1(t)$ 的波形　　　　　（b）信号 $f_2(t)$ 的波形

图 4.2-1　信号波形

解：由图 4.2-1 可知，信号 $f_2(t)$ 是信号 $f_1(t)$ 横坐标展宽为原来的 2 倍，且幅值增大为原来的 4 倍后得到的信号，即：

$$f_2(t) = 4f_1\left(\frac{t}{2}\right)$$

根据式（4.2-1）和式（4.2-2），有：

$$f_2(t) \leftrightarrow F_2(s) = 4 \times 2F_1(2s) = \frac{8e^{-2s}}{(2s)^2}(1 - e^{-2s} - 2se^{-2s}) = \frac{2e^{-2s}}{s^2}(1 - e^{-2s} - 2se^{-2s})$$

4.2.3　时移特性

若：

$$f(t) \leftrightarrow F(s), \ \text{Re}[s] = \sigma > \sigma_0$$

则：

$$f(t - t_0)u(t - t_0) \leftrightarrow e^{-st_0}F(s), \ \text{Re}[s] = \sigma > \sigma_0 \tag{4.2-3}$$

式（4.2-2）与式（4.2-3）相结合，可得：

$$f(at - t_0)u(at - t_0) \leftrightarrow \frac{1}{a}e^{-\frac{t_0}{a}s}F\left(\frac{s}{a}\right), \ \text{Re}[s] > a\sigma_0 \tag{4.2-4}$$

式（4.2-3）称为拉普拉斯变换的时移特性或延时特性。式（4.2-3）和式（4.2-4）中的 a 和 t_0 均为正实常数。下面对其进行证明。

先证明时移特性，即式（4.2-3）。

由式（4.1-4）可知信号 $f(t - t_0)u(t - t_0)$ 的拉普拉斯变换 $X(s)$ 为：

$$X(s) = \int_{0_-}^{\infty} f(t - t_0)u(t - t_0)e^{-st}dt = \int_{t_0}^{\infty} f(t - t_0)e^{-st}dt$$

令 $t - t_0 = x$，有：

$$X(s) = \int_{0_-}^{\infty} f(x)e^{-s(x + t_0)}dx = \int_{0_-}^{\infty} f(x)e^{-sx}e^{-st_0}dx = e^{-st_0}\int_{0_-}^{\infty} f(x)e^{-sx}dx = e^{-st_0}F(s)$$

若 $F(s)$ 收敛，则 $X(s) = e^{-st_0}F(s)$ 也收敛，故其收敛域亦为 $\text{Re}[s] = \sigma > \sigma_0$。

再证明式（4.2-4）。

由式（4.2-3）并考虑式（4.2-2），有：

$$f(at - t_0)u(at - t_0) \leftrightarrow \frac{1}{a}e^{-\frac{t_0}{a}s}F\left(\frac{s}{a}\right)$$

对于上式，如果 $F(s)$ 的收敛域为 $\text{Re}[s] = \sigma > \sigma_0$，则 $\frac{1}{a}e^{-\frac{t_0}{a}s}F\left(\frac{s}{a}\right)$ 的收敛域为 $\text{Re}\left[\frac{s}{a}\right] = \sigma > \sigma_0$，即 $\text{Re}[s] = \sigma > a\sigma_0$。

需要着重指出的是：时移特性中的延时信号 $f(t - t_0)u(t - t_0)$ 是指因果信号 $f(t)u(t)$ 延时 t_0 后得

到的信号，而非信号 $f(t-t_0)u(t)$。因此，在使用这一性质时，一定要注意 $f(t-t_0)u(t-t_0)$ 和 $f(t-t_0)u(t)$ 的区别。

例 4.2-4　求图 4.2-2 所示信号 $f_1(t)$ 和 $f_2(t)$ 的拉普拉斯变换。

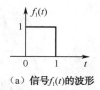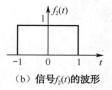

(a) 信号 $f_1(t)$ 的波形　　(b) 信号 $f_2(t)$ 的波形

图 4.2-2　信号波形

解：由图 4.2-2 可知：

$$f_1(t) = u(t) - u(t-1), \quad f_2(t) = u(t+1) - u(t-1)$$

根据常用信号的拉普拉斯变换对 $u(t) \leftrightarrow \dfrac{1}{s}$，利用式 (4.2-3)，有：

$$u(t-1) \leftrightarrow \frac{e^{-s}}{s}$$

结合式（4.2-1）有：

$$f_1(t) \leftrightarrow F_1(s) = \frac{1}{s} - e^{-s}\frac{1}{s} = \frac{1}{s}(1 - e^{-s})$$

在求信号 $f_2(t)$ 的象函数时一定要注意，题目要求的是单边拉普拉斯变换，故由式（4.1-4）可知，其积分下限为 0_-，即：

$$f_2(t) \leftrightarrow F_2(s) = \int_{0_-}^{\infty}[u(t+1) - u(t-1)]e^{-st}dt = \int_{0_-}^{\infty}[u(t) - u(t-1)]e^{-st}dt = F_1(s)$$

故：

$$F_2(s) = F_1(s) = \frac{1}{s}(1 - e^{-s})$$

例 4.2-5　已知图 4.2-3（a）所示信号 $f_1(t)$ 的拉普拉斯变换为 $F_1(s)$，求图 4.2-3（b）所示信号 $f_2(t)$ 的拉普拉斯变换 $F_2(s)$。

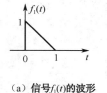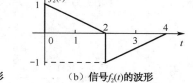

(a) 信号 $f_1(t)$ 的波形　　　　(b) 信号 $f_2(t)$ 的波形

图 4.2-3　信号波形

解：根据图 4.2-3 列写由 $f_1(t)$ 表示 $f_2(t)$ 的信号表达式。

$t \in (0,2)$ 时，$f_2(t)$ 显然是对 $f_1(t)$ 的横坐标展宽 2 倍得到的，故：

$$f_{21}(t) = f_1\left(\frac{t}{2}\right)$$

$t \in (2,4)$ 时，$f_2(t)$ 显然是对 $f_1(t)$ 的横坐标展宽 2 倍并右移 2 个单位后，再沿横坐标反转得到的，故：

$$f_{22}(t) = -f_1\left(\frac{t-2}{2}\right)$$

所以，有：

$$f_2(t) = f_{21}(t) + f_{22}(t) = f_1\left(\frac{t}{2}\right) - f_1\left(\frac{t-2}{2}\right) = f_1\left(\frac{1}{2}t\right) - f_1\left(\frac{1}{2}t - 1\right)$$

由式（4.2-4），并考虑式（4.2-1），有：

$$f_2(t) \leftrightarrow F_2(s) = 2F_1(2s) - 2e^{-2s}F_1(2s) = 2F_1(2s)(1 - e^{-2s})$$

4.2.4　复频移特性

若：

$$f(t) \leftrightarrow F(s),\ \mathrm{Re}[s] = \sigma > \sigma_0$$

则：

$$f(t)\mathrm{e}^{s_a t} \leftrightarrow F(s - s_a),\ \mathrm{Re}[s] = \sigma > \sigma_0 + \sigma_a \tag{4.2-5}$$

式（4.2-5）称为拉普拉斯变换的复频移特性或 s 域平移特性，式中，$s_a = \sigma_a + \mathrm{j}\omega_a$ 为复常数。下面对其进行证明。

由式（4.1-5）可知：

$$F(s - s_a) \leftrightarrow \left[\frac{1}{2\pi\mathrm{j}} \int_{\sigma-\mathrm{j}\infty}^{\sigma+\mathrm{j}\infty} F(s - s_a)\mathrm{e}^{st} \mathrm{d}s\right] u(t)$$

令 $s - s_a = x$，有：

$$F(s - s_a) \leftrightarrow \left[\frac{1}{2\pi\mathrm{j}} \int_{(\sigma-\sigma_a)-\mathrm{j}\infty}^{(\sigma-\sigma_a)+\mathrm{j}\infty} F(x)\mathrm{e}^{(x+s_a)t} \mathrm{d}x\right] u(t) = \mathrm{e}^{s_a t}\left[\frac{1}{2\pi\mathrm{j}} \int_{(\sigma-\sigma_a)-\mathrm{j}\infty}^{(\sigma-\sigma_a)+\mathrm{j}\infty} F(x)\mathrm{e}^{xt} \mathrm{d}x\right] u(t) = \mathrm{e}^{s_a t} f(t)u(t)$$

由于象函数 $F(s)$ 的收敛域是收敛坐标的右半平面，故其原序列为因果序列，所以，上式中的 $u(t)$ 可以省略，即：

$$F(s - s_a) \leftrightarrow \mathrm{e}^{s_a t} f(t)$$

由于 $F(s)$ 的收敛域为 $\mathrm{Re}[s] = \sigma > \sigma_0$，且 $F(s - s_a)$ 是由 $F(s)$ 在复平面上右移得到的，故 $F(s - s_a)$ 的收敛域应为 $\mathrm{Re}[s] = \sigma > \sigma_0 + \sigma_a$。

例 4.2-6　已知因果信号 $f(t)$ 的象函数 $F(s) = \dfrac{s}{s^2 + 2s + 1}$，求 $\mathrm{e}^{-2t} f(4t - 6)$ 的象函数。

解： 由式（4.2-4）可知：

$$f(4t - 6) \leftrightarrow \frac{1}{4} F\left(\frac{s}{4}\right) \mathrm{e}^{-\frac{3}{2}s}$$

根据式（4.2-5），有：

$$\mathrm{e}^{-2t} f(4t - 6) \leftrightarrow \frac{1}{4} F\left(\frac{s+2}{4}\right) \mathrm{e}^{-\frac{3}{2}(s+2)} = \frac{1}{4} \frac{\dfrac{s+2}{4}}{\left(\dfrac{s+2}{4}\right)^2 + 2\left(\dfrac{s+2}{4}\right) + 1} \mathrm{e}^{-\frac{3}{2}(s+2)}$$

$$= \frac{s+2}{(s+2)^2 + 8(s+2) + 16} \mathrm{e}^{-\frac{3}{2}(s+2)} = \frac{s+2}{s^2 + 12s + 36} \mathrm{e}^{-\frac{3}{2}s - 3}$$

4.2.5　共轭特性

若：

$$f(t) \leftrightarrow F(s),\ \mathrm{Re}[s] = \sigma > \sigma_0$$

则：

$$f^*(t) \leftrightarrow F^*(s^*),\ \mathrm{Re}[s] = \sigma > \sigma_0 \tag{4.2-6}$$

式（4.2-6）称为拉普拉斯变换的共轭特性。

当 $f(t)$ 为实函数时，有：

$$F(s) = F^*(s^*)$$

上式表明，如果 $F(s)$ 有一个极点或零点在 $s = s_0$ 处，那么 $F(s)$ 也一定有一个共轭的极点或零

点位于 $s = s_0^*$ 处。

4.2.6 时域微分特性

若：

$$f(t) \leftrightarrow F(s), \ \mathrm{Re}[s] = \sigma > \sigma_0$$

则：

$$f'(t) \leftrightarrow sF(s) - f(0_-) \tag{4.2-7}$$

$$f''(t) \leftrightarrow s^2 F(s) - sf(0_-) - f'(0_-) \tag{4.2-8}$$

$$f'''(t) \leftrightarrow s^3 F(s) - s^2 f(0_-) - sf'(0_-) - f''(0_-) \tag{4.2-9}$$

$$\vdots$$

$$f^{(n)}(t) \leftrightarrow s^n F(s) - \sum_{r=0}^{n-1} s^{n-r-1} f^{(r)}(0_-) \tag{4.2-10}$$

若 $f(t)$ 为因果信号，则：

$$f^{(n)}(t) \leftrightarrow s^n F(s), \ \mathrm{Re}[s] = \sigma > \sigma_0 \tag{4.2-11}$$

式（4.2-7）～式（4.2-11）称为拉普拉斯变换的时域微分特性或时域微分定理，各象函数的收敛域至少是 $\mathrm{Re}[s] = \sigma > \sigma_0$。下面对其进行证明。

由式（4.1-4）可知：

$$f'(t) \leftrightarrow \int_{0_-}^{\infty} f'(t)\mathrm{e}^{-st}\mathrm{d}t = \int_{0_-}^{\infty} \mathrm{e}^{-st}\mathrm{d}f(t) = \mathrm{e}^{-st}f(t)\Big|_{0_-}^{\infty} + s\int_{0_-}^{\infty} f(t)\mathrm{e}^{-st}\mathrm{d}t = \lim_{t\to\infty}\mathrm{e}^{-st}f(t) - f(0_-) + sF(s)$$

由于 $f(t)$ 是指数阶函数，故在收敛域内 $\lim\limits_{t\to\infty}\mathrm{e}^{-st}f(t) = 0$，故有：

$$f'(t) \leftrightarrow sF(s) - f(0_-)$$

由上式可知，在 $F(s)$ 的收敛域，即 $\mathrm{Re}[s] = \sigma > \sigma_0$ 内，$sF(s)$ 必收敛，故 $f'(t)$ 的象函数收敛。由于上式中存在 $sF(s)$ 项，故其收敛域可能扩大。例如：若 $F(s) = \dfrac{1}{s}$，则其收敛域为 $\mathrm{Re}[s] = \sigma > 0$，而 $sF(s) = s \times \dfrac{1}{s} = 1$，显然其收敛域为整个复平面，因此，式（4.2-7）的收敛域至少是 $\mathrm{Re}[s] = \sigma > \sigma_0$。

重复应用式（4.2-7）可证得式（4.2-8）～式（4.2-10）。

若 $f(t)$ 为因果信号，则 $f(0_-)$ 及其各阶导数 $f^{(n)}(0_-)$ 必为零，故式（4.2-11）成立。

例 4.2-7 已知 $f(t) = \sin(t)u(t)$ 的象函数为 $F(s) = \dfrac{1}{s^2+1}$，求 $y(t) = \cos(t)u(t)$ 的象函数。

解：根据导数的运算规则，并考虑式（2.2-9），有：

$$f'(t) = \cos(t)u(t) = y(t)$$

由题意可知 $f(t)$ 为因果信号，则利用式（4.2-11），得：

$$y(t) = \cos(t)u(t) \leftrightarrow \frac{s}{s^2+1}$$

4.2.7 时域积分特性

若：

$$f(t) \leftrightarrow F(s), \ \mathrm{Re}[s] = \sigma > \sigma_0$$

则：

$$\left(\int_{0_-}^{t}\right)^n f(x)\mathrm{d}x \leftrightarrow s^{-n}F(s) \tag{4.2-12}$$

$$f^{(-1)}(t) = \int_{-\infty}^{t} f(x)\mathrm{d}x \leftrightarrow s^{-1}F(s) + s^{-1}f^{(-1)}(0_-) \qquad (4.2\text{-}13)$$

$$f^{(-2)}(t) = \left(\int_{-\infty}^{t}\right)^2 f(x)\mathrm{d}x \leftrightarrow s^{-2}F(s) + s^{-2}f^{(-1)}(0_-) + s^{-1}f^{(-2)}(0_-) \qquad (4.2\text{-}14)$$

$$f^{(-3)}(t) = \left(\int_{-\infty}^{t}\right)^3 f(x)\mathrm{d}x \leftrightarrow s^{-3}F(s) + s^{-3}f^{(-1)}(0_-) + s^{-2}f^{(-2)}(0_-) + s^{-1}f^{(-3)}(0_-) \qquad (4.2\text{-}15)$$

$$\vdots$$

$$f^{(-n)}(t) = \left(\int_{-\infty}^{t}\right)^n f(x)\mathrm{d}x \leftrightarrow s^{-n}F(s) + \sum_{m=1}^{n} s^{-(n-m+1)}f^{(-m)}(0_-) \qquad (4.2\text{-}16)$$

式（4.2-12）～式（4.2-16）称为拉普拉斯变换的时域积分特性或时域积分定理，各象函数的收敛域至少是 $\mathrm{Re}[s] = \sigma > \sigma_0$ 和 $\mathrm{Re}[s] = \sigma > 0$ 相重叠的部分。需要注意的是，$\left(\int_{0_-}^{t}\right)^n$ 和 $f^{(-n)}(t)$ 的积分下限不同。实际上，式（4.2-12）体现的是因果信号的时域积分特性。下面对其进行证明。

由式（4.1-4）可知：

$$\int_{0_-}^{t} f(x)\mathrm{d}x \leftrightarrow \int_{0_-}^{\infty}\left[\int_{0_-}^{t} f(x)\mathrm{d}x\right]\mathrm{e}^{-st}\mathrm{d}t$$

令 $u = \int_{0_-}^{t} f(x)\mathrm{d}x$，$v = -\dfrac{1}{s}\mathrm{e}^{-st}$，利用分部积分法，有：

$$\int_{0_-}^{t} f(x)\mathrm{d}x \leftrightarrow -\frac{1}{s}\int_{0_-}^{\infty}\left[\int_{0_-}^{t} f(x)\mathrm{d}x\right]\mathrm{d}\mathrm{e}^{-st} = -\frac{1}{s}\mathrm{e}^{-st}\int_{0_-}^{t} f(x)\mathrm{d}x\Big|_{0_-}^{\infty} + \frac{1}{s}\int_{0_-}^{\infty} f(x)\mathrm{e}^{-st}\mathrm{d}x$$

$$= \lim_{t\to\infty}\left[-\frac{1}{s}\mathrm{e}^{-st}\int_{0_-}^{t} f(x)\mathrm{d}x\right] + \frac{1}{s}\int_{0_-}^{0_-} f(x)\mathrm{d}x + \frac{1}{s}\int_{0_-}^{\infty} f(x)\mathrm{e}^{-st}\mathrm{d}x$$

由于 $f(t)$ 为指数阶函数，故其积分也为指数阶函数，所以上式中第一项为零；第二项的积分区间为 $(0_-, 0_-)$，显然积分为零；第三项的积分部分恰好就是拉普拉斯变换的定义式，故其为 $\dfrac{1}{s}F(s)$。所以：

$$\int_{0_-}^{t} f(x)\mathrm{d}x \leftrightarrow \frac{1}{s}F(s)$$

重复利用上式，可证得式（4.2-12）。

$$f^{(-1)}(t) = \int_{-\infty}^{t} f(x)\mathrm{d}x = \int_{-\infty}^{0_-} f(x)\mathrm{d}x + \int_{0_-}^{t} f(x)\mathrm{d}x = f^{(-1)}(0_-) - f^{(-1)}(-\infty) + \int_{0_-}^{t} f(x)\mathrm{d}x$$

假定 $f^{(-1)}(-\infty) = 0$ 且考虑式（4.2-12），对上式求取拉普拉斯变换，有：

$$f^{(-1)}(t) \leftrightarrow \int_{0_-}^{\infty} f^{(-1)}(0_-)\mathrm{e}^{-st}\mathrm{d}t + \frac{1}{s}F(s)$$

由于 $f^{(-1)}(0_-)$ 为常数，故上式为：

$$f^{(-1)}(t) \leftrightarrow f^{(-1)}(0_-)\int_{0_-}^{\infty} \mathrm{e}^{-st}\mathrm{d}t + \frac{1}{s}F(s) = \frac{1}{s}F(s) + \frac{1}{s}f^{(-1)}(0_-)$$

由上式可知，其收敛域至少是 $\mathrm{Re}[s] = \sigma > \sigma_0$ 和 $\mathrm{Re}[s] = \sigma > 0$ 相重叠的部分。

重复利用上式，可证得式（4.2-14）～式（4.2-16）。

例 4.2-8 求 $f(t) = t^2 u(t)$ 的拉普拉斯变换。

解：由于：

$$\left(\int_{0_-}^{t}\right)^2 u(x)\mathrm{d}x = \int_{0_-}^{t} x u(x)\mathrm{d}x = \frac{t^2}{2}u(t)$$

根据常用信号的拉普拉斯变换对 $u(t) \leftrightarrow \dfrac{1}{s}$，并利用式（4.2-12），得：

$$\frac{1}{2}t^2 u(t) \leftrightarrow \frac{1}{s^2} \cdot \frac{1}{s} = \frac{1}{s^3}$$

考虑式（4.2-1），得：

$$f(t) = t^2 u(t) \leftrightarrow \frac{2}{s^3}$$

例 4.2-9　已知因果信号 $f(t)$ 如图 4.2-4（a）所示，求其象函数 $F(s)$。

解：对 $f(t)$ 求导得 $f'(t)$，其波形如图 4.2-4（b）所示，信号表达式为：

$$f'(t) = u(t) - u(t-2) - 2\delta(t-2)$$

根据常用信号的拉普拉斯变换对，考虑式（4.2-1）和式（4.2-3），可知信号 $f'(t)$ 的象函数 $F_1(s)$ 为：

$$F_1(s) = \frac{1}{s}(1 - \mathrm{e}^{-2s}) - 2\mathrm{e}^{-2s}$$

由于 $f'(t)$ 为因果信号，故利用式（4.2-12），有：

$$F(s) = \frac{F_1(s)}{s} = \frac{1}{s^2}(1 - \mathrm{e}^{-2s}) - \frac{2}{s}\mathrm{e}^{-2s}$$

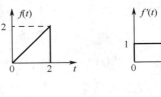

（a）信号 $f(t)$ 的波形　　（b）信号 $f'(t)$ 的波形

图 4.2-4　信号波形

4.2.8　卷积定理

拉普拉斯变换的卷积定理分为时域卷积定理和复频域卷积定理两个，其中前者的使用更为广泛。

时域卷积定理

若：

$$f_1(t) \leftrightarrow F_1(s),\ \mathrm{Re}[s] = \sigma > \sigma_1$$

$$f_2(t) \leftrightarrow F_2(s),\ \mathrm{Re}[s] = \sigma > \sigma_2$$

则：

$$f_1(t) * f_2(t) \leftrightarrow F_1(s)F_2(s) \qquad\qquad (4.2\text{-}17)$$

式（4.2-17）称为拉普拉斯变换的时域卷积定理，其收敛域至少应为两个象函数 $F_1(s)$ 和 $F_2(s)$ 收敛域的重叠部分。

复频域（s 域）卷积定理

$$f_1(t)f_2(t) \leftrightarrow \frac{1}{2\pi\mathrm{j}} \int_{c-\mathrm{j}\infty}^{c+\mathrm{j}\infty} F_1(\eta)F_2(s-\eta)\mathrm{d}\eta,\ \mathrm{Re}[s] > \sigma_1 + \sigma_2, \sigma_1 < c < \mathrm{Re}[s] - \sigma_2 \qquad (4.2\text{-}18)$$

式（4.2-18）称为拉普拉斯变换的复频域卷积定理。

需要注意的是，对于时域卷积定理，由于两个象函数 $F_1(s)$ 和 $F_2(s)$ 的收敛域均为收敛坐标的右半平面，因此，式（4.2-17）要求时域信号必须为因果信号，这是因为单边拉普拉斯变换的积分下限为 0_-，即针对因果信号而言的，这一点与傅里叶变换不同。

由于拉普拉斯变换的时域卷积定理使用简便、应用广泛，而复频域卷积定理计算繁琐、应用较少，故在此只对时域卷积定理加以证明。

由式（2.3-2）并考虑到 $f_1(t)$ 和 $f_2(t)$ 均为因果信号，得：

$$f_1(t) * f_2(t) = \int_0^\infty f_1(\tau)f_2(t-\tau)\mathrm{d}\tau$$

由式（4.1-4）得：

$$f_1(t)*f_2(t) \leftrightarrow \int_{0_-}^{\infty}[f_1(t)*f_2(t)]\mathrm{e}^{-st}\mathrm{d}t = \int_{0_-}^{\infty}\left[\int_0^{\infty}f_1(\tau)f_2(t-\tau)\mathrm{d}\tau\right]\mathrm{e}^{-st}\mathrm{d}t$$

交换上式的积分次序，有：

$$f_1(t)*f_2(t) \leftrightarrow \int_{0_-}^{\infty}f_1(\tau)\left[\int_0^{\infty}f_2(t-\tau)\mathrm{e}^{-st}\mathrm{d}t\right]\mathrm{d}\tau$$

由式（4.2-3），得：

$$\int_0^{\infty}f_2(t-\tau)\mathrm{e}^{-st}\mathrm{d}t = \mathrm{e}^{-s\tau}F_2(s)$$

所以：

$$f_1(t)*f_2(t) \leftrightarrow \int_{0_-}^{\infty}f_1(\tau)\mathrm{e}^{-s\tau}F_2(s)\mathrm{d}\tau = F_2(s)\int_{0_-}^{\infty}f_1(\tau)\mathrm{e}^{-s\tau}\mathrm{d}\tau = F_1(s)F_2(s)$$

显然，收敛域至少为两个象函数 $F_1(s)$ 和 $F_2(s)$ 收敛域的重叠部分。

例 4.2-10 若信号 $f_1(t)*f_2(t) = (1-\mathrm{e}^{-t})u(t)$，且 $f_1(t)=u(t)$，求信号 $f_2(t)$ 的时域表达式。

解： 本题在时域中求解比较困难，故考虑在复频域中求解。

设信号 $f_1(t)$ 和 $f_2(t)$ 的象函数分别为 $F_1(s)$ 和 $F_2(s)$，根据常用信号的拉普拉斯变换对 $u(t) \leftrightarrow \dfrac{1}{s}$ 和 $\mathrm{e}^{-\alpha t}u(t) \leftrightarrow \dfrac{1}{s+\alpha}$，利用式（4.2-17）并考虑式（4.2-1），可得：

$$f_1(t)*f_2(t) = (1-\mathrm{e}^{-t})u(t) = u(t) - \mathrm{e}^{-t}u(t) \leftrightarrow \frac{1}{s} - \frac{1}{s+1} = \frac{1}{s(s+1)} = F_1(s)F_2(s)$$

而 $f_1(t)=u(t) \leftrightarrow \dfrac{1}{s} = F_1(s)$，故有：

$$F_2(s) = \frac{\dfrac{1}{s(s+1)}}{F_1(s)} = \frac{1}{s+1}$$

根据表 4.1-1 可得上式的拉普拉斯逆变换为：

$$f_2(t) = \mathrm{e}^{-t}u(t)$$

4.2.9 复频域微分和积分特性

若：

$$f(t) \leftrightarrow F(s),\ \mathrm{Re}[s] = \sigma > \sigma_0$$

则：

$$(-t)f(t) \leftrightarrow \frac{\mathrm{d}F(s)}{\mathrm{d}s},\ \mathrm{Re}[s] = \sigma > \sigma_0 \tag{4.2-19}$$

$$(-t)^2 f(t) = t^2 f(t) \leftrightarrow \frac{\mathrm{d}^2 F(s)}{\mathrm{d}s^2},\ \mathrm{Re}[s] = \sigma > \sigma_0 \tag{4.2-20}$$

$$(-t)^3 f(t) = -t^3 f(t) \leftrightarrow \frac{\mathrm{d}^3 F(s)}{\mathrm{d}s^3},\ \mathrm{Re}[s] = \sigma > \sigma_0 \tag{4.2-21}$$

$$\vdots$$

$$(-t)^n f(t) \leftrightarrow \frac{\mathrm{d}^n F(s)}{\mathrm{d}s^n},\ \mathrm{Re}[s] = \sigma > \sigma_0 \tag{4.2-22}$$

$$\frac{f(t)}{t} \leftrightarrow \int_s^{\infty} F(\eta)\mathrm{d}\eta,\ \mathrm{Re}[s] = \sigma > \sigma_0 \tag{4.2-23}$$

式（4.2-19）～式（4.2-22）称为拉普拉斯变换的复频域（s 域）微分特性，式（4.2-23）称为拉普拉斯变换的复频域（s 域）积分特性。下面分别加以证明。

对式（4.1-4）求导，可得：

$$\frac{\mathrm{d}F(s)}{\mathrm{d}s} = \int_{0_-}^{\infty} f(t)\frac{\mathrm{d}e^{-st}}{\mathrm{d}s}\mathrm{d}t = \int_{0_-}^{\infty}(-t)f(t)e^{-st}\mathrm{d}t \leftrightarrow (-t)f(t)$$

上式收敛域显然与象函数 $F(s)$ 的收敛域相同，即 $\mathrm{Re}[s] = \sigma > \sigma_0$，由此证得式（4.2-19）。重复利用式（4.2-19），可证得式（4.2-20）～式（4.2-22）。

根据式（4.1-4）改写式（4.2-23）右端象函数表达式，并交换积分顺序，得：

$$\int_{s}^{\infty}F(\eta)\mathrm{d}\eta = \int_{s}^{\infty}\left[\int_{0_-}^{\infty}f(t)e^{-\eta t}\mathrm{d}t\right]\mathrm{d}\eta = \int_{0_-}^{\infty}f(t)\left[\int_{s}^{\infty}e^{-\eta t}\mathrm{d}\eta\right]\mathrm{d}t = \int_{0_-}^{\infty}\frac{f(t)}{t}e^{-st}\mathrm{d}t$$

显然，上式是 $\dfrac{f(t)}{t}$ 的拉普拉斯变换式，其收敛域与象函数 $F(s)$ 的收敛域相同，即 $\mathrm{Re}[s] = \sigma > \sigma_0$，式（4.2-23）得证。

例 4.2-11　求信号 $f(t) = t^2e^{-2t}u(t)$ 的拉普拉斯变换。

解：根据常用信号的拉普拉斯变换对 $e^{-\alpha t}u(t) \leftrightarrow \dfrac{1}{s+\alpha}$，有：

$$e^{-2t}u(t) \leftrightarrow \frac{1}{s+2}$$

由式（4.2-20），得：

$$t^2e^{-2t}u(t) \leftrightarrow \frac{\mathrm{d}^2\left(\dfrac{1}{s+2}\right)}{\mathrm{d}s^2} = \frac{2}{(s+2)^3}$$

例 4.2-12　求信号 $f(t) = \dfrac{\sin t}{t}u(t)$ 的拉普拉斯变换。

解：由常用信号的拉普拉斯变换对 $\sin tu(t) \leftrightarrow \dfrac{1}{s^2+1}$，根据式（4.2-23），有：

$$\frac{\sin t}{t}u(t) \leftrightarrow \int_{s}^{\infty}\frac{1}{\eta^2+1}\mathrm{d}\eta = \arctan\eta\Big|_{s}^{\infty} = \frac{\pi}{2} - \arctan s = \arctan\frac{1}{s}$$

4.2.10　初值定理和终值定理

初值定理和终值定理常用于由 $F(s)$ 直接求 $f(0_+)$ 和 $f(\infty)$ 的值，而不必求原函数 $f(t)$ 的情况。

初值定理

设信号 $f(t)$ 不含冲激信号 $\delta(t)$ 及其各阶导数，且：

$$f(t) \leftrightarrow F(s),\ \mathrm{Re}[s] = \sigma > \sigma_0$$

则：

$$f(0_+) = \lim_{s\to\infty}sF(s) \tag{4.2-24}$$

$$f'(0_+) = \lim_{s\to\infty}s[sF(s) - f(0_+)] \tag{4.2-25}$$

$$f''(0_+) = \lim_{s\to\infty}s[s^2F(s) - sf(0_+) - f'(0_+)] \tag{4.2-26}$$

式（4.2-24）～式（4.2-26）称为拉普拉斯变换的初值定理。

需要说明的是，由于信号 $f(t)$ 不含 $\delta(t)$ 及其各阶导数，故 $F(s)$ 为真分式。这一结论可作如下解释。

由常用信号的拉普拉斯变换对 $\delta(t) \leftrightarrow 1$ 及式（4.2-10）可知：

$$\delta^{(n)}(t) \leftrightarrow s^n \times 1 - \sum_{r=0}^{n-1} s^{n-r-1} \delta^{(r)}(0_-), \ n=0,1,2,\cdots$$

由于 $\delta(t)$ 为因果信号，故 $\delta^{(r)}(0_-)=0$，于是：

$$\delta^{(n)}(t) \leftrightarrow s^n, \ n=0,1,2,\cdots$$

因此，当信号 $f(t)$ 含有 $\delta(t)$ 及其各阶导数时，其拉普拉斯变换必然包含因式 ks^n（k 为常数，$n=0,1,2,\cdots$），此时象函数 $F(s)$ 必为假分式。也就是说，若信号 $f(t)$ 不含有 $\delta(t)$ 及其各阶导数，则其象函数 $F(s)$ 必为真分式。

若 $F(s)$ 为真分式，则可直接利用初值定理求得初值。若 $F(s)$ 为假分式，则可将其转化为真分式与整式相加的形式：

$$F(s) = F_1(s) + \sum_{i=0}^{n} k_i s^i$$

式中，k_i 为常数，$F_1(s)$ 为真分式。将式（4.2-24）～式（4.2-26）中的 $F(s)$ 替换为 $F_1(s)$ 即可利用初值定理求取其初值。

下面解释为何在求信号初值时可用真分式 $F_1(s)$ 替换假分式 $F(s)$。由于 $\delta(t)$ 为因果信号，且其在 0 时刻函数值为无穷大，其余时刻为 0，因此可知 $\delta^{(n)}(0_-)=\delta^{(n)}(0_+)=0$，即冲激信号及其各阶导数的初值为 0。所以，利用真分式 $F_1(s)$ 求取信号 $f(t)$ 的初值是可行的。

终值定理

若信号 $f(t)$ 当 $t \to \infty$ 时存在，且：

$$f(t) \leftrightarrow F(s), \ \text{Re}[s]=\sigma > \sigma_0, \ \sigma_0 < 0$$

则：

$$f(\infty) = \lim_{s \to 0} sF(s) \tag{4.2-27}$$

式（4.2-27）称为拉普拉斯变换的终值定理。

需要说明的是，由于终值定理是取 $s \to 0$ 的极限，因此，在应用终值定理时需保证 $s=0$ 在 $sF(s)$ 的收敛域内，否则不能应用终值定理。由于 $sF(s)$ 的收敛域可能比 $F(s)$ 的收敛域大，因此，若 $F(s)$ 的收敛域包含 $s=0$，则 $sF(s)$ 的收敛域一定包含 $s=0$，因此，终值定理的条件中要求收敛坐标 $\sigma_0 < 0$。

下面对上述两个定理分别加以证明。

由式（4.1-4）可知：

$$f'(t) \leftrightarrow \int_{0_-}^{\infty} f'(t)e^{-st}dt = \int_{0_-}^{0_+} f'(t)e^{-st}dt + \int_{0_+}^{\infty} f'(t)e^{-st}dt$$

在区间 $(0_-, 0_+)$ 中，$e^{-st}=1$，故有：

$$f'(t) \leftrightarrow \int_{0_-}^{\infty} f'(t)e^{-st}dt = f(0_+) - f(0_-) + \int_{0_+}^{\infty} f'(t)e^{-st}dt$$

由式（4.2-7），得：

$$f'(t) \leftrightarrow sF(s) - f(0_-) = f(0_+) - f(0_-) + \int_{0_+}^{\infty} f'(t)e^{-st}dt$$

故：

$$sF(s) = f(0_+) + \int_{0_+}^{\infty} f'(t)e^{-st}dt$$

对上式取 $s \to \infty$ 的极限，并考虑 $\lim_{s \to \infty} e^{-st}=0$，有：

$$\lim_{s \to \infty} sF(s) = f(0_+) + \lim_{s \to \infty} \int_{0_+}^{\infty} f'(t)e^{-st}dt = f(0_+)$$

式（4.2-24）得证。采用相同思路可证明式（4.2-25）和式（4.2-26）。

由初值定理的证明过程可知：

$$sF(s) = f(0_+) + \int_{0_+}^{\infty} f'(t)e^{-st}dt$$

对上式取 $s \to 0$ 的极限，并考虑 $\lim\limits_{s \to 0} e^{-st} = 1$，有：

$$\lim_{s \to 0} sF(s) = f(0_+) + \lim_{s \to 0} \int_{0_+}^{\infty} f'(t)e^{-st}dt = f(0_+) + f(\infty) - f(0_+) = f(\infty)$$

由此可证得式（4.2-27）。

例 4.2-13 已知象函数 $F(s) = \dfrac{2s}{s^2 + 2s + 2}$，求 $f(0_+)$ 和 $f(\infty)$。

解：由于 $F(s)$ 为真分式，根据式（4.2-24）有：

$$f(0_+) = \lim_{s \to \infty} sF(s) = \lim_{s \to \infty} \frac{2s^2}{s^2 + 2s + 2} = 2$$

由于 $sF(s)$ 的极点坐标为 $p_{1,2} = -1 \pm j$，故其收敛域为 $\text{Re}[s] = \sigma > \sigma_0 = -1$，故 $s=0$ 在其收敛域内，根据式（4.2-27）有：

$$f(\infty) = \lim_{s \to 0} sF(s) = \lim_{s \to 0} \frac{2s^2}{s^2 + 2s + 2} = 0$$

例 4.2-14 已知象函数 $F(s) = \dfrac{s^2}{s^2 + 2s + 2}$，求 $f(0_+)$ 和 $f(\infty)$。

解：由于 $F(s)$ 为假分式，故将其转化为真分式 $F_1(s)$ 与整式相加的形式：

$$F(s) = 1 + F_1(s) = 1 + \left(-\frac{2s + 2}{s^2 + 2s + 2} \right)$$

根据式（4.2-24）并用 $F_1(s)$ 替换式中的 $F(s)$，得：

$$f(0_+) = \lim_{s \to \infty} sF_1(s) = \lim_{s \to \infty} \frac{-2s^2 - 2s}{s^2 + 2s + 2} = -2$$

由于 $sF(s)$ 的极点坐标为 $p_{1,2} = -1 \pm j$，故其收敛域为 $\text{Re}[s] = \sigma > \sigma_0 = -1$，故 $s=0$ 在其收敛域内，根据式（4.2-27）有：

$$f(\infty) = \lim_{s \to 0} sF(s) = \lim_{s \to 0} \frac{s^3}{s^2 + 2s + 2} = 0$$

作为本节的总结，表 4.2-1 列出了单边拉普拉斯变换的性质。

表 4.2-1　单边拉普拉斯变换的性质（表中的 σ_0 为收敛坐标）

名　称	时域　　　　$f(t) \leftrightarrow F(s)$ 　　　复频域	
定义	$f(t) \stackrel{\text{def}}{=} \left[\dfrac{1}{2\pi j} \int_{\sigma - j\infty}^{\sigma + j\infty} F(s)e^{st}ds \right] u(t)$	$F(s) \stackrel{\text{def}}{=} \int_{0_-}^{\infty} f(t)e^{-st}dt,\ \sigma > \sigma_0$
线性性质	$af_1(t) + bf_2(t)$	$aF_1(s) + bF_2(s),\ \text{Re}[s] = \sigma > \max(\sigma_1, \sigma_2)$
尺度变换	$f(at)$	$\dfrac{1}{a} F\left(\dfrac{s}{a} \right),\ \text{Re}[s] = \sigma > a\sigma_0,\ a$ 为实常数且 $a>0$
时移特性	$f(t - t_0)u(t - t_0)$	$e^{-st_0}F(s),\ \text{Re}[s] > \sigma_0$
	$f(at - t_0)u(at - t_0)$	$\dfrac{1}{a} e^{-\frac{t_0}{a}s} F\left(\dfrac{s}{a} \right),\ \text{Re}[s] > a\sigma_0,\ a$ 为实常数且 $a>0$
复频移特性	$f(t)e^{s_at}$	$F(s - s_a),\ \text{Re}[s] = \sigma > \sigma_0 + \sigma_a$
共轭特性	$f^*(t)$	$F^*(s^*),\ \text{Re}[s] = \sigma > \sigma_0$
时域微分特性	$f'(t)$	$sF(s) - f(0_-)$
	$f''(t)$	$s^2F(s) - sf(0_-) - f'(0_-)$
	$f'''(t)$	$s^3F(s) - s^2f(0_-) - sf'(0_-) - f''(0_-)$

名 称	时域 $\qquad f(t) \leftrightarrow F(s)$	复频域
时域微分特性	$f^{(n)}(t)$	$s^n F(s) - \sum_{r=0}^{n-1} s^{n-r-1} f^{(r)}(0_-)$, $\mathrm{Re}[s] = \sigma > \sigma_0$
时域积分特性	$\left(\int_{0-}^{t}\right)^n f(x)\mathrm{d}x$	$s^{-n} F(s), \mathrm{Re}[s] = \sigma > \max(\sigma_0, 0)$
	$f^{(-1)}(t) = \int_{-\infty}^{t} f(x)\mathrm{d}x$	$s^{-1} F(s) + s^{-1} f^{(-1)}(0_-)$
	$f^{(-2)}(t) = \left(\int_{-\infty}^{t}\right)^2 f(x)\mathrm{d}x$	$s^{-2} F(s) + s^{-2} f^{(-1)}(0_-) + s^{-1} f^{(-2)}(0_-)$
	$f^{(-3)}(t) = \left(\int_{-\infty}^{t}\right)^3 f(x)\mathrm{d}x$	$s^{-3} F(s) + s^{-3} f^{(-1)}(0_-) + s^{-2} f^{(-2)}(0_-) + s^{-1} f^{(-3)}(0_-)$
	$f^{(-n)}(t) = \left(\int_{-\infty}^{t}\right)^n f(x)\mathrm{d}x$	$s^{-n} F(s) + \sum_{m=1}^{n} s^{-(n-m+1)} f^{(-m)}(0_-)$, $\mathrm{Re}[s] = \sigma > \max(\sigma_0, 0)$
时域卷积定理	$f_1(t) * f_2(t)$	$F_1(s) F_2(s), \mathrm{Re}[s] = \sigma > \max(\sigma_1, \sigma_2)$
s 域卷积定理	$f_1(t) f_2(t)$	$\dfrac{1}{2\pi\mathrm{j}} F_1(s) * F_2(s) = \dfrac{1}{2\pi\mathrm{j}} \int_{c-\mathrm{j}\infty}^{c+\mathrm{j}\infty} F_1(\eta) F_2(s-\eta)\mathrm{d}\eta$ $\mathrm{Re}[s] > \sigma_1 + \sigma_2$, $\sigma_1 < c < \mathrm{Re}[s] - \sigma_2$
s 域微分特性	$(-t)^n f(t)$	$\dfrac{\mathrm{d}^n F(s)}{\mathrm{d}s^n}$, $\mathrm{Re}[s] = \sigma > \sigma_0$
s 域积分特性	$\dfrac{f(t)}{t}$	$\int_s^{\infty} F(\eta)\mathrm{d}\eta$, $\mathrm{Re}[s] = \sigma > \sigma_0$
初值定理	$f(0_+) = \lim\limits_{t \to 0+} f(t) = \lim\limits_{s \to \infty} sF(s)$, $F(s)$为真分式 $f'(0_+) = \lim\limits_{s \to \infty} s[sF(s) - f(0+)]$, $F(s)$为真分式 $f''(0_+) = \lim\limits_{s \to \infty} s[s^2 F(s) - sf(0+) - f'(0+)]$, $F(s)$为真分式	
终值定理	$f(\infty) = \lim\limits_{s \to 0} sF(s)$, $s=0$ 在 $sF(s)$的收敛域内	

练习题

4.2-1 已知信号 $f(t) = \sin(2t)u(t)$，求下列信号的拉普拉斯变换。

1）$f_1(t) = f\left(\dfrac{1}{5}t - \dfrac{1}{5}\right)$　2）$f_2(t) = tf\left(\dfrac{1}{5}t\right)$　3）$f_3(t) = \mathrm{e}^{-2t} f(5t)$

4.2-2 已知信号 $f(t) = t[u(t) - u(t-1)] + (2-t)[u(t-1) - u(t-2)]$，求其拉普拉斯变换。

4.2-3 求下列信号的单边拉普拉斯变换。

1）$f_1(t) = \int_0^t \sin(\pi x)\mathrm{d}x$　2）$f_2(t) = \dfrac{\mathrm{d}^2}{\mathrm{d}t^2}[\sin(\pi t)u(t)]$

4.2-4 根据下列象函数求相应原函数 $f(t)$ 的初值 $f(0_+)$。

1）$F(s) = \dfrac{1}{s+2}$　2）$F(s) = \dfrac{s^2 + s}{2s^2 + 2s + 1}$

4.2-5 根据下列象函数求相应原函数 $f(t)$ 的终值 $f(\infty)$。

1）$F(s) = \dfrac{1 - \mathrm{e}^{-2s}}{s^2(s^2 + 4)}$　2）$F(s) = \dfrac{s^3 + s^2 + 2s + 1}{(s+1)(s+3)(s+5)}$

4.3　拉普拉斯逆变换

求取拉普拉斯逆变换的方法主要有定义法、性质法、查表法、部分分式展开法、留数法以及数学软件法。

定义法是利用拉普拉斯逆变换的定义式直接求取拉普拉斯逆变换。该方法思路清晰，但由于积分路径较为复杂，求解过程较为困难，一般很少采用。

性质法是利用拉普拉斯变换的性质和常用信号的拉普拉斯变换对求解拉普拉斯逆变换，该方法求解思路灵活，但适用范围有限，有时可能因为条件不满足而无法使用。

查表法是利用拉普拉斯逆变换表直接求解拉普拉斯逆变换，该方法求解方法简单，但适用范围有限，对于部分象函数无法采用此种方法求解。

留数法是根据复变函数理论，将拉普拉斯逆变换定义式中的积分运算转化为复变函数极点上的留数计算，从而简化求取原函数的计算过程。它比部分分式展开法应用范围更广，留数法不仅能够处理有理象函数，还能处理无理象函数，但该方法的求解过程较为繁琐。

数学软件法是利用 MATLAB 或 Mathematics 等数学软件求取拉普拉斯逆变换。该方法使用方便，但需要熟悉相关软件使用方法。

本节主要介绍部分分式展开法。需要说明的是，任何假分式均可分解为整式和真分式两部分，而利用冲激信号及其各阶导数的变换对即可求解整式部分的拉普拉斯逆变换。下面举例说明假分式如何分解为整式和真分式，以及如何求解整式的拉普拉斯逆变换。

现有有理分式：

$$X(s) = \frac{D(s)}{C(s)} = \frac{d_m s^m + d_{m-1} s^{m-1} + \cdots + d_1 s + d_0}{c_n s^n + c_{n-1} s^{n-1} + \cdots + c_1 s + c_0} \tag{4.3-1}$$

式（4.3-1）中的系数 $c_i, i = 0, 1, 2, \cdots, n$ 和 $d_j, j = 0, 1, 2, \cdots, m$ 均为实数，其分母多项式 $C(s)$ 称为象函数 $X(s)$ 的特征多项式，方程 $C(s)=0$ 称为特征方程，它的根 p_i 称为特征根或 $X(s)$ 的极点，也称为 $X(s)$ 的固有频率或自然频率。

对于式（4.3-1），若 $m < n$，则为真分式；若 $m \geq n$，则为假分式，此时可利用多项式除法将其分解为整式和真分式之和的形式：

$$X(s) = E(s) + F(s) = E(s) + \frac{B(s)}{A(s)} \tag{4.3-2}$$

式（4.3-2）中，$E(s)$ 为整式，$F(s)$ 为真分式。

下面举例说明假分式分解为整式和真分式的过程及整式部分拉普拉斯逆变换的求解方法。

如：

$$X(s) = \frac{2s^4 + 3s^3 + 4s^2 + 5s + 10}{s^2 + 6s + 6}$$

可见，该分式为假分式，故可利用多项式除法将其分解为整式和真分式：

$$
\begin{array}{r}
2s^2 - 9s + 46 \\
s^2 + 6s + 6 \overline{\smash{)}\,2s^4 + 3s^3 + 4s^2 + 5s + 10} \\
\underline{2s^4 + 12s^3 + 12s^2} \\
-9s^3 - 8s^2 + 5s \\
\underline{-9s^3 - 54s^2 - 54s} \\
46s^2 + 59s + 10 \\
\underline{46s^2 + 276s + 276} \\
-217s - 266
\end{array}
$$

故象函数可分解为：

$$X(s) = \frac{2s^4 + 3s^3 + 4s^2 + 5s + 10}{s^2 + 6s + 6} = 2s^2 - 9s + 46 + \frac{-217s - 266}{s^2 + 6s + 6} = E(s) + F(s)$$

显然，上式中 $E(s)$ 为整式，$F(s)$ 为真分式。

根据常用信号的拉普拉斯变换对 $\delta(t) \leftrightarrow 1$ 及式（4.2-11），有：

$$\delta^{(n)}(t) \leftrightarrow s^n$$

考虑式（4.2-1），可知：

$$E(s) \leftrightarrow 2\delta''(t) - 9\delta'(t) + 46\delta(t)$$

显然通过多项式除法就可以将假分式形式的象函数转换为整式和真分式之和的形式，而求解整式形式象函数的拉普拉斯逆变换较为简单，故本节主要讨论象函数是真分式的情况。

下面介绍如何利用部分分式展开法求解有理真分式形式的拉普拉斯逆变换。象函数的极点可能是单极点，也可能存在重极点，两种情况均包括实极点和复极点两种情况。下面分类讨论求解方法。

1. 象函数为单极点

根据式（4.3-2），象函数的表达式可表示为：

$$F(s) = \frac{B(s)}{A(s)} = \frac{b_m s^m + b_{m-1} s^{m-1} + \cdots + b_1 s + b_0}{a_n s^n + a_{n-1} s^{n-1} + \cdots + a_1 s + a_0} \tag{4.3-3}$$

且为真分式。

由于特征多项式 $A(s)$ 是 s 的 n 次多项式，故可求得 $A(s)=0$ 的根，即象函数的特征根或极点 $p_i(i=1,2,3,\cdots,n)$，然后根据极点将其写成连乘的形式，即：

$$A(s) = a_n(s-p_1)(s-p_2)\cdots(s-p_n) \tag{4.3-4}$$

所以，式（4.3-3）可改写为：

$$F(s) = \frac{b_m s^m + b_{m-1} s^{m-1} + \cdots + b_1 s + b_0}{a_n(s-p_1)(s-p_2)\cdots(s-p_n)} \tag{4.3-5}$$

式（4.3-5）可展开为 n 个简单的部分分式求和的形式：

$$F(s) = \frac{K_1}{s-p_1} + \frac{K_2}{s-p_2} + \cdots + \frac{K_n}{s-p_n} \tag{4.3-6}$$

式（4.3-6）中的 $K_1, K_2, K_3, \cdots, K_n$ 为待定系数，下面介绍待定系数的求解方法。

将式（4.3-6）的等号左右两端分别乘以 $(s-p_i)$，得：

$$(s-p_i)F(s) = \frac{(s-p_i)K_1}{s-p_1} + \frac{(s-p_i)K_2}{s-p_2} + \cdots + K_i + \cdots + \frac{(s-p_i)K_n}{s-p_n}$$

当 $s \to p_i$ 时，上式变为：

$$\lim_{s \to p_i}(s-p_i)F(s) = \lim_{s \to p_i}\left[\frac{(s-p_i)K_1}{s-p_1} + \frac{(s-p_i)K_2}{s-p_2} + \cdots + K_i + \cdots + \frac{(s-p_i)K_n}{s-p_n}\right]$$

注意到特征根均为单根，故上式等号右端除 K_i 外，其余各因式均趋于零，所以有：

$$K_i = \lim_{s \to p_i}(s-p_i)F(s) = (s-p_i)F(s)\big|_{s=p_i} \tag{4.3-7}$$

至此，象函数已经被分解为若干个简单分式求和的形式，再利用常用信号的拉普拉斯变换对 $e^{-\alpha t}u(t) \leftrightarrow \dfrac{1}{s+\alpha}$，可知：

$$\frac{1}{s-p_i} \leftrightarrow e^{p_i t}u(t) \tag{4.3-8}$$

最后，利用拉普拉斯变换的线性性质，即可求得 $F(s)$ 的原函数。

例 4.3-1 已知 $F(s) = \dfrac{2s^2 + 3s + 3}{s^3 + 6s^2 + 11s + 6}$，求其拉普拉斯逆变换。

解： 此函数为真分式，因此直接利用部分分式展开法求解即可。

象函数的特征方程为：

$$s^3 + 6s^2 + 11s + 6 = 0$$

故特征根为 $p_1 = -1$，$p_2 = -2$，$p_3 = -3$。所以，象函数可展开为：

$$F(s) = \frac{2s^2 + 3s + 3}{s^3 + 6s^2 + 11s + 6} = \frac{2s^2 + 3s + 3}{(s+1)(s+2)(s+3)} = \frac{K_1}{s+1} + \frac{K_2}{s+2} + \frac{K_3}{s+3}$$

由式（4.3-7），可知：

$$K_1 = (s+1)F(s)|_{s=-1} = \left.\frac{2s^2 + 3s + 3}{(s+2)(s+3)}\right|_{s=-1} = 1$$

$$K_2 = (s+2)F(s)|_{s=-2} = \left.\frac{2s^2 + 3s + 3}{(s+1)(s+3)}\right|_{s=-2} = -5$$

$$K_3 = (s+3)F(s)|_{s=-3} = \left.\frac{2s^2 + 3s + 3}{(s+1)(s+2)}\right|_{s=-3} = 6$$

故：

$$F(s) = \frac{1}{s+1} + \frac{-5}{s+2} + \frac{6}{s+3}$$

根据式（4.2-1）及式（4.3-8），可得其拉普拉斯逆变换为：

$$f(t) = (e^{-t} - 5e^{-2t} + 6e^{-3t})u(t)$$

例 4.3-2　已知 $F(s) = \dfrac{s^3 + 5s^2 + 9s + 7}{s^2 + 3s + 2}$，求其拉普拉斯逆变换。

解：由于此函数为假分式，所以需要先将其转换为整式和真分式之和的形式，然后再对整式和真分式分别求解，最后利用线性性质求得象函数的原函数。

首先利用多项式除法将假分式转换为整式和真分式之和的形式：

$$F(s) = (s+2) + \frac{s+3}{s^2 + 3s + 2} = F_1(s) + F_2(s)$$

象函数 $F_2(s)$ 的特征方程为：

$$s^2 + 3s + 2 = 0$$

故特征根为 $p_1 = -1$，$p_2 = -2$。所以，象函数可展开为：

$$F_2(s) = \frac{s+3}{(s+1)(s+2)} = \frac{K_1}{s+1} + \frac{K_2}{s+2}$$

由式（4.3-7），可知：

$$K_1 = (s+1)F_2(s)|_{s=-1} = \left.\frac{s+3}{(s+2)}\right|_{s=-1} = 2$$

$$K_2 = (s+2)F_2(s)|_{s=-2} = \left.\frac{s+3}{(s+1)}\right|_{s=-2} = -1$$

故：

$$F_2(s) = \frac{2}{s+1} - \frac{1}{s+2}$$

所以：

$$F(s) = F_1(s) + F_2(s) = (s+2) + \left(\frac{2}{s+1} - \frac{1}{s+2}\right)$$

由于 $\delta(t) \leftrightarrow 1$，由式（4.2-11）可知 $\delta'(t) \leftrightarrow s$，从而象函数中整式部分的原函数为：

$$f_1(t) = \delta'(t) + 2\delta(t) \,.$$

根据式（4.2-1）和式（4.3-8），可得真分式部分的拉普拉斯逆变换为：

$$f_2(t) = (2e^{-t} - e^{-2t})u(t)$$

再次利用式（4.2-1），可得象函数的原函数为：

$$f(t) = f_1(t) + f_2(t) = \delta'(t) + 2\delta(t) + (2e^{-t} - e^{-2t})u(t)$$

以上讨论的都是单实极点的情况，实际上，极点有可能是复数，即除了单实极点，象函数还可能存在单复极点。由于特征方程为实系数方程，故若存在复根，则该复根一定共轭成对出现，否则特征方程的系数将出现复数。

由于共轭单复极点也是单极点，因此，其求解方法与上述方法相同。但是，由于此时的原函数较为复杂，因此，下面对共轭单复极点的情况进行推导，以方便读者理解。

若象函数 $F(s)$ 有共轭单复极点：$p_1 = \alpha + j\beta$，$p_2 = \alpha - j\beta$，则可将象函数分解为单实极点和单复极点两部分之和的形式：

$$F(s) = \frac{B(s)}{A(s)} = \left(\frac{K_1}{s - \alpha - j\beta} + \frac{K_2}{s - \alpha + j\beta} \right) + \frac{B_2(s)}{A_2(s)} = F_1(s) + F_2(s) \tag{4.3-9}$$

式（4.3-9）中，$F_1(s)$ 只含有单复极点，$F_2(s)$ 只含有单实极点。对于 $F_2(s)$，可直接按照上述方法求其逆变换。现在只分析共轭单复极点的情况，即由 $F_1(s)$ 求其原函数的方法。

由式（4.3-9）可知：

$$F_1(s) = \frac{K_1}{s - \alpha - j\beta} + \frac{K_2}{s - \alpha + j\beta} \tag{4.3-10}$$

其待定系数仍然可以按照式（4.3-7）求解：

$$K_1 = (s - \alpha - j\beta)F(s)\big|_{s = \alpha + j\beta} = |K_1|e^{j\theta_1} = A + jB$$

$$K_2 = (s - \alpha + j\beta)F(s)\big|_{s = \alpha - j\beta} = |K_2|e^{j\theta_2} = C + jD$$

考虑到 $p_2 = p_1^*$，故有 $K_2 = K_1^*$，因此，有：

$$K_2 = K_1^* = |K_1|e^{-j\theta_1} = A - jB$$

所以，式（4.3-10）可写为：

$$F_1(s) = \frac{K_1}{s - \alpha - j\beta} + \frac{K_1^*}{s - \alpha + j\beta} = \frac{|K_1|e^{j\theta_1}}{s - \alpha - j\beta} + \frac{|K_1|e^{-j\theta_1}}{s - \alpha + j\beta}$$

根据式（4.3-8）及式（4.2-1），可得 $F_1(s)$ 的拉普拉斯逆变换为：

$$f_1(t) = [K_1 e^{(\alpha + j\beta)t} + K_1^* e^{(\alpha - j\beta)t}]u(t) = e^{\alpha t}(K_1 e^{j\beta t} + K_1^* e^{-j\beta t})u(t)$$

将 $K_1 = A + jB, K_1^* = A - jB$ 代入上式，有：

$$f_1(t) = e^{\alpha t}[(A + jB)e^{j\beta t} + (A - jB)e^{-j\beta t}]u(t)$$

$$= e^{\alpha t}\{(A + jB)[\cos(\beta t) + j\sin(\beta t)] + (A - jB)[\cos(\beta t) - j\sin(\beta t)]\}u(t)$$

$$= 2e^{\alpha t}[A\cos(\beta t) - B\sin(\beta t)]u(t)$$

上述推导过程中使用的是实、虚部形式的待定系数，下面采用模和相位形式的待定系数推导 $F_1(s)$ 的拉普拉斯逆变换。

将 $K_1 = |K_1|e^{j\theta_1}$ 和 $K_1^* = |K_1|e^{-j\theta_1}$ 代入 $f_1(t) = [K_1 e^{(\alpha + j\beta)t} + K_1^* e^{(\alpha - j\beta)t}]u(t)$，有：

$$f_1(t) = [|K_1|e^{j\theta_1}e^{(\alpha + j\beta)t} + |K_1|e^{-j\theta_1}e^{(\alpha - j\beta)t}]u(t)$$

$$= |K_1|e^{\alpha t}[e^{j(\beta t + \theta_1)} + e^{-j(\beta t + \theta_1)}]u(t)$$

$$= 2|K_1|e^{\alpha t}\cos(\beta t + \theta_1)u(t)$$

因此，若象函数存在共轭单复极点，则该部分的原函数可由如下公式直接写出：

$$f_1(t) = 2e^{\alpha t}[A\cos(\beta t) - B\sin(\beta t)]u(t) = 2\,|\,K_1\,|\,e^{\alpha t}\cos(\beta t + \theta_1)u(t) \qquad (4.3\text{-}11)$$

式（4.3-11）中，α, β 为共轭单复极点的实部和虚部，A, B 分别为待定系数 K_1 的实部和虚部，$|K_1|$ 和 θ_1 分别为待定系数 K_1 的模和相位。特别需要注意的是，K_1 是极点 $p_1 = \alpha + j\beta$ 形成的部分分式的待定系数，而 K_1^* 是极点 $p_1 = \alpha - j\beta$ 形成的部分分式的待定系数，两者不能混淆。

例 4.3-3 已知 $F(s) = \dfrac{s^2 + 3}{(s+2)(s^2 + 2s + 5)}$，求其拉普拉斯逆变换。

解：此题一般可以采用两种方法求解。

解法一：由于此函数为真分式，故可直接对其进行部分分式展开。

由 $F(s)$ 的特征方程：

$$(s+2)(s^2 + 2s + 5) = 0$$

求得特征根为 $p_1 = -2$，$p_2 = -1 + j2$，$p_3 = -1 - j2$。所以，象函数可展开为：

$$F(s) = F_1(s) + F_2(s) = \frac{K_1}{s+2} + \left(\frac{K_2}{s+1-j2} + \frac{K_3}{s+1+j2} \right)$$

由共轭单复极点 $p_{2,3} = -1 \pm j2 = \alpha \pm j\beta$，可知 $\alpha = -1, \beta = 2$。

利用式（4.3-7）求取上式中的待定系数：

$$K_1 = (s+2)F(s)\big|_{s=-2} = \frac{7}{5}$$

$$K_2 = \frac{s^2 + 3}{(s+2)(s+1+j2)}\bigg|_{s=-1+j2} = \frac{-1 + j2}{5}$$

即 $K_{2,3} = A \pm jB = -\dfrac{1}{5} \pm j\dfrac{2}{5}$，故 $A = -\dfrac{1}{5}, B = \dfrac{2}{5}$。

所以，有：

$$F(s) = F_1(s) + F_2(s) = \frac{7}{5}}{s+2} + \left(\frac{\dfrac{-1+j2}{5}}{s+1-j2} + \frac{\dfrac{-1-j2}{5}}{s+1+j2} \right)$$

根据式（4.3-8），得单实极点部分的原函数为：

$$f_1(t) = \frac{7}{5}e^{-2t}u(t)$$

根据式（4.3-11）可直接得出其共轭单复极点部分的原函数为：

$$f_2(t) = 2e^{-t}\left[-\frac{1}{5}\cos(2t) - \frac{2}{5}\sin(2t) \right]u(t)$$

根据式（4.2-1），有：

$$f(t) = \left\{ \frac{7}{5}e^{-2t} + 2e^{-t}\left[-\frac{1}{5}\cos(2t) - \frac{2}{5}\sin(2t) \right] \right\}u(t)$$

解法二：不将此式做完全部分分式展开，而是将其展开成如下形式：

$$F(s) = F_1(s) + F_2(s) = \frac{K_1}{s+2} + \frac{K_2 s + K_3}{s^2 + 2s + 5}$$

上式中待定系数 K_1 的求解与解法一中相同，不再赘述。

将上式通分，得：

$$F(s) = \frac{(K_1 + K_2)s^2 + (2K_1 + 2K_2 + K_3)s + (5K_1 + 2K_3)}{(s+2)(s^2 + 2s + 5)}$$

将上式与题目中 $F(s)$ 比较，可得：

$$\begin{cases} K_1 + K_2 = 1 \\ 2K_1 + 2K_2 + K_3 = 0 \\ 5K_1 + 2K_3 = 3 \end{cases}$$

从而得 $K_1 = \dfrac{7}{5}$，$K_2 = -\dfrac{2}{5}$，$K_3 = -2$。

所以有：

$$F(s) = \frac{\dfrac{7}{5}}{s+2} + \frac{-\dfrac{2}{5}s - 2}{s^2 + 2s + 5} = \frac{\dfrac{7}{5}}{s+2} + \frac{-\dfrac{2}{5}(s+1) - 2 \times \dfrac{4}{5}}{(s+1)^2 + 2^2}$$

由常用信号的拉普拉斯变换对 $\cos(\omega_0 t)u(t) \leftrightarrow \dfrac{s}{s^2 + \omega_0^2}$，$\sin(\omega_0 t)u(t) \leftrightarrow \dfrac{\omega_0}{s^2 + \omega_0^2}$，再结合式

（4.2-5）即可得出与解法一中相同的结果。

例 4.3-4 已知 $F(s) = \dfrac{s^3 + s^2 + 2s + 4}{s(s+1)(s^2+1)(s^2+2s+2)}$，求其拉普拉斯逆变换。

解：由特征方程：

$$s(s+1)(s^2+1)(s^2+2s+2) = 0$$

求得特征根为 $p_1 = 0, p_2 = -1, p_{3,4} = \pm j, p_{5,6} = -1 \pm j$，所以，象函数可展开为：

$$F(s) = \frac{K_1}{s} + \frac{K_2}{s+1} + \frac{K_3}{s-j} + \frac{K_4}{s+j} + \frac{K_5}{s+1-j} + \frac{K_6}{s+1+j}$$

由共轭单复极点 $p_{3,4} = \pm j, p_{5,6} = -1 \pm j$ 可知 $\alpha_3 = 0, \beta_3 = 1$；$\alpha_5 = -1, \beta_5 = 1$。

利用式（4.3-7）求取上式中的待定系数：

$$K_1 = sF(s)\big|_{s=0} = 2$$

$$K_2 = (s+1)F(s)\big|_{s=-1} = -1$$

$$K_3 = (s-j)F(s)\big|_{s=j} = \frac{j}{2} = \frac{1}{2}e^{j\frac{\pi}{2}}$$

$$K_4 = K_3^* = \frac{1}{2}e^{-j\frac{\pi}{2}}$$

$$K_5 = (s+1-j)F(s)\big|_{s=-1+j} = \frac{1}{\sqrt{2}}e^{j\frac{3}{4}\pi}$$

$$K_6 = K_5^* = \frac{1}{\sqrt{2}}e^{-j\frac{3}{4}\pi}$$

所以：

$$F(s) = \frac{2}{s} + \frac{-1}{s+1} + \frac{\dfrac{1}{2}e^{j\frac{\pi}{2}}}{s-j} + \frac{\dfrac{1}{2}e^{-j\frac{\pi}{2}}}{s+j} + \frac{\dfrac{1}{\sqrt{2}}e^{j\frac{3}{4}\pi}}{s+1-j} + \frac{\dfrac{1}{\sqrt{2}}e^{-j\frac{3}{4}\pi}}{s+1+j}$$

且

$$|K_3| = \frac{1}{2}, \theta_3 = \frac{\pi}{2} \; ; \quad |K_5| = \frac{1}{\sqrt{2}}, \theta_5 = \frac{3\pi}{4}$$

根据常用信号的拉普拉斯变换对和式（4.3-8）及式（4.2-1），得单实极点部分的原函数为：

$$f_1(t) = (2 - \mathrm{e}^{-t})u(t)$$

根据式（4.3-11）可直接写出其共轭单复极点部分的原函数为：

$$f_2(t) = \left[\cos\left(t + \frac{\pi}{2}\right) + \sqrt{2}\,\mathrm{e}^{-t}\cos\left(t + \frac{3}{4}\pi\right) \right]u(t)$$

根据式（4.2-1），有：

$$f(t) = \left[2 - \mathrm{e}^{-t} + \cos\left(t + \frac{\pi}{2}\right) + \sqrt{2}\,\mathrm{e}^{-t}\cos\left(t + \frac{3}{4}\pi\right) \right]u(t)$$

2. 象函数有重极点

若象函数 $F(s)$ 有 r 重极点 $p_1 = p_2 = \cdots = p_r$ 和 $n-r$ 个单极点，即 $A(s)=0$ 在 $s=p_1$ 处有 r 重根，其余 $n-r$ 个根 $p_{r+1}, \cdots, p_n$ 都不等于 p_1，则式（4.3-3）可以表示为：

$$F(s) = \frac{B(s)}{A(s)} = \left[\frac{K_{11}}{(s-p_1)^r} + \frac{K_{12}}{(s-p_1)^{r-1}} + \cdots + \frac{K_{1r}}{s-p_1} \right] + \frac{B_2(s)}{A_2(s)} = F_1(s) + F_2(s) \tag{4.3-12}$$

其中：

$$F_1(s) = \frac{K_{11}}{(s-p_1)^r} + \frac{K_{12}}{(s-p_1)^{r-1}} + \cdots + \frac{K_{1r}}{s-p_1} \tag{4.3-13}$$

$$F_2(s) = \frac{B_2(s)}{A_2(s)} \tag{4.3-14}$$

由上述两式可以看出，$F_1(s)$ 是重极点部分，$F_2(s)$ 是单极点部分。其中，象函数 $F_2(s)$ 的拉普拉斯逆变换可由单极点情况直接求出，下面主要讨论象函数 $F_1(s)$ 的拉普拉斯逆变换的求解方法。

与单极点时的求解思路一样，首先求象函数 $F_1(s)$ 的待定系数。将式（4.3-12）的左右两端分别乘以 $(s-p_1)^r$，得：

$$(s-p_1)^r F(s) = (s-p_1)^r F_1(s) + (s-p_1)^r F_2(s)$$
$$= K_{11} + (s-p_1)K_{12} + \cdots + (s-p_1)^{i-1}K_{1i} + \cdots + (s-p_1)^{r-1}K_{1r} + (s-p_1)^r F_2(s) \tag{4.3-15}$$

当 $s \to p_1$ 时，有：

$$K_{11} = \lim_{s \to p_1}(s-p_1)^r F(s) = (s-p_1)^r F(s)\big|_{s=p_1}$$

式（4.3-15）对 s 求导，得：

$$\frac{\mathrm{d}}{\mathrm{d}s}[(s-p_1)^r F(s)] = K_{12} + \cdots + (i-1)(s-p_1)^{i-2}K_{1i} + \cdots + (r-1)(s-p_1)^{r-2}K_{1r} + \frac{\mathrm{d}}{\mathrm{d}s}[(s-p_1)^r F_2(s)]$$

当 $s \to p_1$ 时，有：

$$K_{12} = \lim_{s \to p_1}\frac{\mathrm{d}}{\mathrm{d}s}[(s-p_1)^r F(s)] = \frac{\mathrm{d}}{\mathrm{d}s}[(s-p_1)^r F(s)]\big|_{s=p_1}$$

以此类推，可得：

$$K_{1i} = \frac{1}{(i-1)!} \cdot \frac{\mathrm{d}^{i-1}}{\mathrm{d}s^{i-1}}[(s-p_1)^r F(s)]\big|_{s=p_1}, \quad i = 1, 2, 3, \cdots, r \tag{4.3-16}$$

式（4.3-13）中部分分式的形式为：$\dfrac{K_{1i}}{(s-p_1)^{r-i+1}}, i=1, 2, \cdots, r$，为求得 $F_1(s)$ 的原函数，需求出该分式的拉普拉斯逆变换。

由常用信号的拉普拉斯变换对 $u(t) \leftrightarrow \dfrac{1}{s}$ 及式（4.2-12）得：

$$\left(\int_{0_-}^{t}\right)^{n} u(x)\mathrm{d}x = \frac{1}{n!} t^n u(t) \leftrightarrow \frac{1}{s^{n+1}}$$

由式（4.2-5），得：

$$\frac{1}{(s-p_1)^{n+1}} \leftrightarrow \frac{1}{n!} t^n \mathrm{e}^{p_1 t} u(t)$$

考虑式（4.2-1），象函数 $F_1(s)$ 的原函数为：

$$F_1(s) = \sum_{i=1}^{r} \frac{K_{1i}}{(s-p_1)^{r-i+1}} \leftrightarrow f_1(t) = \left[\sum_{i=1}^{r} \frac{K_{1i}}{(r-i)!} t^{r-i}\right] \mathrm{e}^{p_1 t} u(t) \tag{4.3-17}$$

如果 $F_1(s)$ 有共轭复重极点，则可以用类似于单复极点的方法导出相应的逆变换。如 $F_1(s)$ 有二重共轭复极点 $p_{1,2} = \alpha \pm \mathrm{j}\beta$，则 $F_1(s)$ 可展开为：

$$F_1(s) = \frac{K_{11}}{(s-\alpha-\mathrm{j}\beta)^2} + \frac{K_{12}}{(s-\alpha-\mathrm{j}\beta)} + \frac{K_{21}}{(s-\alpha+\mathrm{j}\beta)^2} + \frac{K_{22}}{(s-\alpha+\mathrm{j}\beta)} + \frac{B_2(s)}{A_2(s)}$$

可以证明，$K_{21} = K_{11}^*, K_{22} = K_{12}^*$，系数求解方法同上。求得系数后，可用式（4.3-18）求得其逆变换，推导略。

$$\left.\begin{array}{l} \dfrac{|K_{11}|\mathrm{e}^{\mathrm{j}\theta_{11}}}{(s-\alpha-\mathrm{j}\beta)^2} + \dfrac{|K_{11}|\mathrm{e}^{-\mathrm{j}\theta_{11}}}{(s-\alpha+\mathrm{j}\beta)^2} \leftrightarrow 2|K_{11}| t\mathrm{e}^{\alpha t}\cos(\beta t+\theta_{11})u(t) \\[4mm] \dfrac{|K_{12}|\mathrm{e}^{\mathrm{j}\theta_{12}}}{s-\alpha-\mathrm{j}\beta} + \dfrac{|K_{12}|\mathrm{e}^{-\mathrm{j}\theta_{12}}}{s-\alpha+\mathrm{j}\beta} \leftrightarrow 2|K_{12}|\mathrm{e}^{\alpha t}\cos(\beta t+\theta_{12})u(t) \end{array}\right\} \tag{4.3-18}$$

例 4.3-5 已知 $F(s) = \dfrac{s-2}{s(s+1)^3}$，求其拉普拉斯逆变换。

解：由特征方程：

$$s(s+1)^3 = 0$$

求得特征根为 $p_1 = p_2 = p_3 = -1, p_4 = 0$，其中含有三重实极点和一个单实极点，所以，象函数可展开为：

$$F(s) = \frac{K_{11}}{(s+1)^3} + \frac{K_{12}}{(s+1)^2} + \frac{K_{13}}{(s+1)} + \frac{K_2}{s}$$

利用式（4.3-16）和式（4.3-7）求取待定系数：

$$K_{11} = (s+1)^3 F(s)\big|_{s=-1} = \frac{s-2}{s}\bigg|_{s=-1} = 3$$

$$K_{12} = \frac{\mathrm{d}}{\mathrm{d}s}[(s+1)^3 F(s)]\big|_{s=-1} = \left(\frac{s-2}{s}\right)'\bigg|_{s=-1} = \frac{s-(s-2)}{s^2}\bigg|_{s=-1} = \frac{2}{s^2}\bigg|_{s=-1} = 2$$

$$K_{13} = \frac{1}{2}\frac{\mathrm{d}^2}{\mathrm{d}s^2}[(s+1)^3 F(s)]\big|_{s=-1} = \frac{1}{2}\left(\frac{2}{s^2}\right)'\bigg|_{s=-1} = -2s^{-3}\big|_{s=-1} = 2$$

$$K_2 = sF(s)\big|_{s=0} = \frac{s-2}{(s+1)^3}\bigg|_{s=0} = -2$$

所以：

$$F(s) = \left[\frac{3}{(s+1)^3} + \frac{2}{(s+1)^2} + \frac{2}{(s+1)}\right] + \frac{-2}{s} = F_1(s) + F_2(s)$$

根据式（4.3-17）和式（4.3-8）及式（4.2-1），可得象函数 $F_1(s)$ 的拉普拉斯逆变换为：

$$f_1(t) = \left(\frac{3}{2} t^2 \mathrm{e}^{-t} + 2t \mathrm{e}^{-t} + 2 \mathrm{e}^{-t} \right) u(t)$$

根据常用信号的拉普拉斯变换对 $u(t) \leftrightarrow \dfrac{1}{s}$ 及式（4.2-1），可得象函数 $F_2(s)$ 的拉普拉斯逆变换为：

$$f_2(t) = -2u(t)$$

由式（4.2-1）得象函数 $F(s)$ 的拉普拉斯逆变换为：

$$f(t) = \left(\frac{3}{2} t^2 \mathrm{e}^{-t} + 2t \mathrm{e}^{-t} + 2 \mathrm{e}^{-t} - 2 \right) u(t)$$

例 4.3-6 已知 $F(s) = \dfrac{s-2}{(s^2 + 2s + 5)^2}$，求其拉普拉斯逆变换。

解：由特征方程：

$$(s^2 + 2s + 5)^2 = 0$$

求得二重极点为 $p_{1,2} = -1 \pm \mathrm{j}2$，即 $\alpha = -1, \beta = 2$。所以，象函数可展开为：

$$F(s) = \frac{K_{11}}{(s+1-\mathrm{j}2)^2} + \frac{K_{12}}{(s+1-\mathrm{j}2)} + \frac{K_{21}}{(s+1+\mathrm{j}2)^2} + \frac{K_{22}}{(s+1+\mathrm{j}2)}$$

由式（4.3-16）得：

$$K_{11} = (s+1-\mathrm{j}2)^2 F(s) \Big|_{s=-1+\mathrm{j}2} = \frac{s-2}{(s+1+\mathrm{j}2)^2} \Big|_{s=-1+\mathrm{j}2} = \frac{3-\mathrm{j}2}{16} = \frac{\sqrt{13}}{16} \mathrm{e}^{-\mathrm{j}0.19\pi}$$

$$K_{12} = \frac{\mathrm{d}}{\mathrm{d}s}[(s+1-\mathrm{j}2)^2 F(s)] \Big|_{s=-1+\mathrm{j}2} = \left[\frac{s-2}{(s+1+\mathrm{j}2)^2} \right]' \Bigg|_{s=-1+\mathrm{j}2} = \frac{\mathrm{j}3}{32} = \frac{3}{32} \mathrm{e}^{\mathrm{j}\frac{\pi}{2}}$$

$$K_{21} = K_{11}^* = \frac{\sqrt{13}}{16} \mathrm{e}^{\mathrm{j}0.19\pi}$$

$$K_{22} = K_{12}^* = \frac{3}{32} \mathrm{e}^{-\mathrm{j}\frac{\pi}{2}}$$

故 $|K_{11}| = \dfrac{\sqrt{13}}{16}, \theta_{11} = -0.19\pi$，$|K_{12}| = \dfrac{3}{32}, \theta_{12} = \dfrac{\pi}{2}$，根据式（4.3-18），得：

$$f(t) = \left[\frac{\sqrt{13}}{8} t \mathrm{e}^{-t} \cos(2t - 0.19\pi) + \frac{3}{16} \mathrm{e}^{-t} \cos(2t + 0.5\pi) \right] u(t)$$

需要说明的是，当象函数中含有 e^{-ns}（n 为常数）等类似项时，这些项并不参与部分分式运算，需要利用时移性质求解。

例 4.3-7 已知 $F(s) = \dfrac{\mathrm{e}^{-2s}}{s^2 + 3s + 2}$，求其拉普拉斯逆变换。

解：将象函数改写为：

$$\frac{\mathrm{e}^{-2s}}{s^2 + 3s + 2} = \frac{1}{s^2 + 3s + 2} \mathrm{e}^{-2s} = F_1(s)\mathrm{e}^{-2s}$$

所以：

$$F_1(s) = \frac{1}{s^2 + 3s + 2}$$

对其进行部分分式展开，得：

$$F_1(s) = \frac{1}{s+1} + \frac{-1}{s+2}$$

故有：

$$F_1(s) \leftrightarrow f_1(t) = (\mathrm{e}^{-t} - \mathrm{e}^{-2t})u(t)$$

再利用式（4.2-3）得：

$$f(t) = f_1(t-2) = [\mathrm{e}^{-(t-2)} - \mathrm{e}^{-2(t-2)}]u(t-2)$$

练习题

4.3-1 采用部分分式展开法分别求下列象函数的拉普拉斯逆变换。

1）$F(s) = \dfrac{s^2 + 4s + 2}{(s+1)(s+2)}$ 2）$F(s) = \dfrac{4}{(s+2)^3(s+1)}$ 3）$F(s) = \dfrac{2s+10}{s^2+4s+13}$

4.4 单边拉普拉斯变换与傅里叶变换

现将单边拉普拉斯变换的定义式和傅里叶变换的定义式分别重写如下：

$$F(s) = \int_{0_-}^{\infty} f(t)\mathrm{e}^{-st}\mathrm{d}t, \ \mathrm{Re}[s] = \sigma > \sigma_0 \tag{4.4-1}$$

$$F(\mathrm{j}\omega) = \int_{-\infty}^{\infty} f(t)\mathrm{e}^{-\mathrm{j}\omega t}\mathrm{d}t \tag{4.4-2}$$

需要注意的是，单边拉普拉斯变换中的信号 $f(t)$ 是因果信号（或信号的因果部分），即当 $t<0$ 时，$f(t)=0$，因而只能研究因果信号的拉普拉斯变换与其傅里叶变换的关系。下面根据收敛坐标 σ_0 在 s 平面中的位置分别加以讨论。

1. $\sigma_0>0$，收敛域不包含虚轴

若象函数 $F(s)$ 的收敛坐标 $\sigma_0 > 0$，则其收敛域 $\mathrm{Re}[s] = \sigma > \sigma_0$ 不包含虚轴，因而在 $s = \mathrm{j}\omega$ 处，即在虚轴上，式（4.4-2）不收敛。在这种情况下，因果信号 $f(t)$ 的傅里叶变换不存在。

2. $\sigma_0<0$，收敛域包含虚轴

若象函数 $F(s)$ 的收敛坐标 $\sigma_0 < 0$，则其收敛域 $\mathrm{Re}[s] = \sigma > \sigma_0$ 包含虚轴，因而在 $s = j\omega$ 处，即在虚轴上，式（4.4-2）收敛。所以，在此情况下，傅里叶变换可看作拉普拉斯变换的一种特例，故在式（4.4-1）中令 $s = \mathrm{j}\omega$，就能得到相应的傅里叶变换。所以，若收敛坐标 $\sigma_0 < 0$，则因果信号 $f(t)$ 的傅里叶变换为：

$$F(\mathrm{j}\omega) = F(s)\big|_{s=\mathrm{j}\omega} \tag{4.4-3}$$

3. $\sigma_0=0$，收敛边界为虚轴

若象函数 $F(s)$ 的收敛坐标 $\sigma_0 = 0$，则虚轴为其收敛边界，此时式（4.4-1）在虚轴上不收敛，因此不能直接利用式（4.4-3）求得因果信号 $f(t)$ 的傅里叶变换。

在此种情况下，象函数 $F(s)$ 必然在虚轴上有极点，即 $F(s)$ 的特征根必有虚根。由于此时象函数 $F(s)$ 的收敛域为 $\mathrm{Re}[s] = \sigma > 0$，而按照收敛域的定义，整个象函数 $F(s)$ 的收敛域为若干个部分象函数 $F_1(s), F_2(s), F_3(s)\cdots$ 收敛域的交集，所以，象函数 $F(s)$ 在虚轴的右半平面一定不存在极点，而在虚轴的左半平面可能存在极点。即可将象函数 $F(s)$ 分为两部分，一部分的极点在左半平面，一部分的极点在虚轴上。例如：对于因果信号 $\mathrm{e}^{-3t}u(t)+u(t)$，其拉普拉斯变换为 $\dfrac{1}{s+3}+\dfrac{1}{s}$。其第一项

收敛域为$\sigma>-3$，第二项收敛域为$\sigma>0$，故极点一个在左半平面，一个在虚轴上。

1）单虚极点

设$A(s)=0$有N个单虚根：$j\omega_1, j\omega_2, \cdots, j\omega_N$，将$F(s)$展开成部分分式，并将其分为两部分，一部分的极点在左半平面，记为$F_1(s)$，一部分的极点在虚轴上，记为$F_2(s)$，有：

$$F(s) = F_1(s) + F_2(s) = F_1(s) + \sum_{i=1}^{N} \frac{K_i}{s - j\omega_i} \tag{4.4-4}$$

令$f_1(t) \leftrightarrow F_1(s)$，$f_2(t) \leftrightarrow F_2(s)$，考虑常用信号的拉普拉斯变换对$e^{-\alpha t}u(t) \leftrightarrow \frac{1}{s+\alpha}$及式（4.2-1），式（4.4-4）的拉普拉斯逆变换为：

$$f(t) = f_1(t) + f_2(t) = f_1(t) + \sum_{i=1}^{N} K_i e^{j\omega_i t} u(t) \tag{4.4-5}$$

现求$f(t)$的傅里叶变换。由于$F_1(s)$的极点均在左半平面，因而它在虚轴上收敛。则由式（4.4-3）知：

$$f_1(t) \leftrightarrow F_1(j\omega) = F_1(s)\big|_{s=j\omega}$$

根据常用信号的傅里叶变换对$u(t) \leftrightarrow \pi\delta(\omega) + \frac{1}{j\omega}$，并考虑式（3.4-18），可知$e^{j\omega_i t}u(t)$的傅里叶变换为：

$$e^{j\omega_i t}u(t) \leftrightarrow \pi\delta(\omega - \omega_i) + \frac{1}{j(\omega - \omega_i)}$$

由式（3.4-1）可知$f_2(t)$的傅里叶变换为：

$$f_2(t) \leftrightarrow F_2(j\omega) = \sum_{i=1}^{N} K_i \left[\pi\delta(\omega - \omega_i) + \frac{1}{j\omega - j\omega_i} \right]$$

于是，式（4.4-5）的傅里叶变换为：

$$f(t) \leftrightarrow F(j\omega) = F_1(s)\big|_{s=j\omega} + \sum_{i=1}^{N} K_i \left[\pi\delta(\omega - \omega_i) + \frac{1}{j\omega - j\omega_i} \right]$$

$$= F_1(s)\big|_{s=j\omega} + \sum_{i=1}^{N} \frac{K_i}{j\omega - j\omega_i} + \sum_{i=1}^{N} K_i \pi\delta(\omega - \omega_i)$$

将上式与式（4.4-4）比较可见，上式的前两项之和正是$F(s)\big|_{s=j\omega}$。于是，在$F(s)$的收敛坐标$\sigma_0=0$且$F(s)$在虚轴上有单虚极点的情况下，因果信号$f(t)$的傅里叶变换为：

$$F(j\omega) = F(s)\big|_{s=j\omega} + \sum_{i=1}^{N} \pi K_i \delta(\omega - \omega_i) \tag{4.4-6}$$

2）重虚极点

若$F(s)$在虚轴上有重极点，可用与上述单虚根类似的方法处理。例如，若$F(s)$在$p = j\omega_1$处有r重极点，而其余极点均在左半开平面，$F(s)$的部分分式展开为：

$$F(s) = F_1(s) + F_2(s) = F_1(s) + \frac{K_{11}}{(s - j\omega_1)^r} + \frac{K_{12}}{(s - j\omega_1)^{r-1}} + \cdots + \frac{K_{1r}}{(s - j\omega_1)}$$

式中$F_1(s)$的极点全部在左半开平面，$F_2(s)$的极点全部在虚轴上，则按照单虚根的求解思路，结合拉普拉斯逆变换的求解方法，可得因果信号$f(t)$的傅里叶变换为：

$$F(j\omega) = F(s)\big|_{s=j\omega} + \frac{\pi K_{11}(j)^{r-1}}{(r-1)!}\delta^{(r-1)}(\omega - \omega_1) + \frac{\pi K_{12}(j)^{r-2}}{(r-2)!}\delta^{(r-2)}(\omega - \omega_1)$$

$$+ \cdots + \pi K_{1r}\delta(\omega - \omega_1) \tag{4.4-7}$$

例 4.4-1 已知 $\cos(\omega_0 t)u(t)$ 的象函数为 $F(s) = \dfrac{s}{s^2 + \omega_0^2}$，求其傅里叶变换。

解：象函数 $F(s)$ 的特征方程为：

$$s^2 + \omega_0^2 = 0$$

故特征根为 $p_1 = \mathrm{j}\omega_0$，$p_2 = -\mathrm{j}\omega_0$。所以，象函数 $F(s)$ 可展开为：

$$F(s) = \frac{K_1}{s + \mathrm{j}\omega_0} + \frac{K_2}{s - \mathrm{j}\omega_0}$$

由式（4.3-7）得：

$$K_1 = (s + \mathrm{j}\omega_0)F(s)\Big|_{s=-\mathrm{j}\omega_0} = (s + \mathrm{j}\omega_0)\frac{s}{s^2 + \omega_0^2}\Big|_{s=-\mathrm{j}\omega 0} = \frac{s}{s - \mathrm{j}\omega_0}\Big|_{s=-\mathrm{j}\omega_0} = \frac{1}{2}$$

$$K_2 = K_1^* = \frac{1}{2}$$

故：

$$F(s) = \frac{\dfrac{1}{2}}{s + \mathrm{j}\omega_0} + \frac{\dfrac{1}{2}}{s - \mathrm{j}\omega_0}$$

由于象函数在虚轴上有两个单虚根，故由式（4.4-6）得 $\cos(\omega_0 t)u(t)$ 的傅里叶变换为：

$$F(\mathrm{j}\omega) = F(s)\Big|_{s=\mathrm{j}\omega} + \sum_{i=1}^{2}\pi K_i \delta(\omega - \omega_i) = \frac{\mathrm{j}\omega}{\omega_0^2 - \omega^2} + \frac{\pi}{2}[\delta(\omega + \omega_0) + \delta(\omega - \omega_0)]$$

例 4.4-2 已知斜升信号 $f(t) = tu(t)$ 的象函数为 $F(s) = \dfrac{1}{s^2}$，求其傅里叶变换。

解：本题已在例 3.4-10 和例 3.4-14 中求解，现在利用单边拉普拉斯变换和傅里叶变换的关系求解。

象函数 $F(s)$ 的特征方程为：

$$s^2 = 0$$

故特征根为 $p_1 = p_2 = 0$。所以，象函数 $F(s)$ 可展开为：

$$F(s) = \frac{1}{s^2} = \frac{K_{11}}{s^2} + \frac{K_{12}}{s}$$

由式（4.3-16）得：

$$K_{11} = [(s - p_1)^r F(s)]\Big|_{s=p_1} = s^2 \times \frac{1}{s^2}\Big|_{s=0} = 1$$

$$K_{12} = \frac{\mathrm{d}}{\mathrm{d}s}[(s - p_1)^r F(s)]\Big|_{s=p_1} = \frac{\mathrm{d}}{\mathrm{d}s}\left[s^2 \times \frac{1}{s^2}\right]\Big|_{s=0} = 0$$

实际上，对本函数而言，求取系数时可以直接看出 $K_{11} = 1$，$K_{12} = 0$。

故：

$$F(s) = \frac{1}{s^2}$$

由于象函数在虚轴上有二重虚根，故由式（4.4-7）得 $tu(t)$ 的傅里叶变换为：

$$F(\mathrm{j}\omega) = \frac{1}{s^2}\Big|_{s=\mathrm{j}\omega} + \mathrm{j}\pi\delta'(\omega) = -\frac{1}{\omega^2} + \mathrm{j}\pi\delta'(\omega)$$

显然，本题结果与例 3.4-10 和例 3.4-14 完全相同。

练习题

4.4-1　由下列信号的拉普拉斯变换 $F(s)$ 求信号的傅里叶变换 $F(j\omega)$ 。

1）$F(s) = \dfrac{s+2}{(s+1)(s+3)}$　　2）$F(s) = \dfrac{1}{s^2(s+2)}$　　3）$F(s) = \dfrac{4}{(s^2+4)^2}$

4.5　本 章 小 结

拉普拉斯变换可分为双边和单边两种，本章主要研究后者，即单边拉普拉斯变换。与信号的频域分析相比，复频域分析拓展了信号的适用范围。本章除了介绍拉普拉斯变换的定义和性质外，还重点介绍了利用部分分式展开法求解拉普拉斯逆变换的方法。

具体来讲，本章主要介绍了：

① 拉普拉斯变换的定义和收敛域。读者应重点掌握拉普拉斯变换的定义，理清双边和单边拉普拉斯变换的关系，并对拉普拉斯变换的收敛域有一个较为深入的理解。

② 拉普拉斯变换的性质。在掌握拉普拉斯变换性质的基础上，建议读者将其与傅里叶变换的性质做一对比，以期加深对相关性质的理解。

③ 拉普拉斯逆变换。读者应能够灵活利用性质求解拉普拉斯逆变换，能够熟练利用部分分式展开法求解拉普拉斯逆变换。

④ 单边拉普拉斯变换和傅里叶变换的关系。重点从深入理解两类变换的收敛域及其对应关系入手，把握两者之间的内在联系。

本章的主要知识脉络如图 4.5-1 所示。

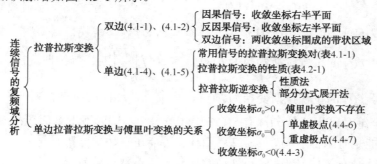

图 4.5-1　本章知识脉络示意图

练习题答案

4.1-1　1）$\dfrac{1 - e^{-2s-4}}{s+2}$　　2）$1 - e^{-2s}$

4.1-2　1）$\dfrac{2s^2+8}{(s+2)^2(s-2)^2}, -2 < \mathrm{Re}[s] < 2$　　2）$\dfrac{-8s}{(s+2)^2(s-2)^2}, -2 < \mathrm{Re}[s] < 2$

4.2-1　1）$\dfrac{10e^{-s}}{25s^2+4}$　　2）$\dfrac{500s}{(25s^2+4)^2}$　　3）$\dfrac{10}{(s+2)^2+100}$

4.2-2　$F(s) = \dfrac{1}{s^2}(1 - e^{-s})^2$

4.2-3　1）$\dfrac{\pi}{s(s^2+\pi^2)}$　　2）$\dfrac{s^2\pi}{s^2+\pi^2}$

4.2-4　1）1　2）0

4.2-5　1）无确定终值　2）0

4.3-1　1）$f(t) = \delta(t) - e^{-t}u(t) + 2e^{-2t}u(t)$　2）$f(t) = (4e^{-t} - 4e^{-2t} - 4te^{-2t} - 2t^2 e^{-2t})u(t)$

3）$f(t) = [2\cos(3t) + 2\sin(3t)]e^{-2t}u(t)$

4.4-1　1）$F(j\omega) = \dfrac{j\omega + 2}{(j\omega + 1)(j\omega + 3)}$　2）$F(j\omega) = \dfrac{1}{-\omega^2(j\omega + 2)} + \dfrac{j\pi}{2}\delta'(\omega) - \dfrac{\pi}{4}\delta(\omega)$

3）$F(j\omega) = \dfrac{4}{(4 - \omega^2)^2} - \dfrac{j\pi}{4}[\delta'(\omega - 2) + \delta'(\omega + 2)] - \dfrac{j\pi}{8}[\delta(\omega - 2) - \delta(\omega + 2)]$

本 章 习 题

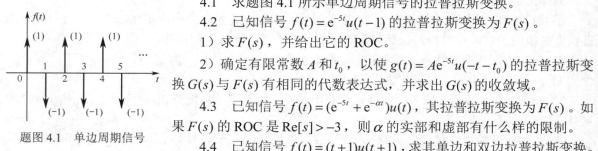

题图 4.1　单边周期信号

4.1　求题图 4.1 所示单边周期信号的拉普拉斯变换。

4.2　已知信号 $f(t) = e^{-5t}u(t-1)$ 的拉普拉斯变换为 $F(s)$。

1）求 $F(s)$，并给出它的 ROC。

2）确定有限常数 A 和 t_0，以使 $g(t) = Ae^{-5t}u(-t-t_0)$ 的拉普拉斯变换 $G(s)$ 与 $F(s)$ 有相同的代数表达式，并求出 $G(s)$ 的收敛域。

4.3　已知信号 $f(t) = (e^{-5t} + e^{-\alpha t})u(t)$，其拉普拉斯变换为 $F(s)$。如果 $F(s)$ 的 ROC 是 $\text{Re}[s] > -3$，则 α 的实部和虚部有什么样的限制。

4.4　已知信号 $f(t) = (t+1)u(t+1)$，求其单边和双边拉普拉斯变换。

4.5　已知信号 $f(t) = \begin{cases} e^{-t}\sin(\pi t), & 0 < t < 2 \\ 0, & \text{其他} \end{cases}$，求其拉普拉斯变换。

4.6　已知信号 $f(t) = te^{-(t-2)}u(t-1)$，求其拉普拉斯变换。

4.7　已知信号 $f(t)$ 的拉普拉斯变换为 $F(s)$，求 $e^{-\frac{t}{a}}f\left(\dfrac{t}{a}\right)$ 的拉普拉斯变换，其中 $a > 0$。

4.8　已知信号 $f(t)$ 的拉普拉斯变换为 $F(s)$，求 $\int_t^{t+a} f(\tau)d\tau$ 的拉普拉斯变换，其中 a 为常数。

4.9　已知一个绝对可积信号 $f(t)$ 有一个极点在 $p = 2$，试回答下列问题：

1）$f(t)$ 有可能是时限信号吗？　　2）$f(t)$ 有可能是左边信号吗？

3）$f(t)$ 有可能是右边信号吗？　　4）$f(t)$ 有可能是双边信号吗？

4.10　信号 $f(t)$ 的有理拉普拉斯变换共有两个极点 $p_1 = -1$ 和 $p_2 = -3$。如果 $g(t) = e^{2t}f(t)$，其傅里叶变换 $G(j\omega)$ 收敛，则 $f(t)$ 是左边信号、右边信号还是双边信号？

4.11　设 $g(t) = f(t) + \alpha f(-t)$，其中 $f(t) = \beta e^{-t}u(t)$。若 $g(t)$ 的拉普拉斯变换 $G(s) = \dfrac{s}{s^2 - 1}$，$-1 < \text{Re}[s] < 1$，确定 α 和 β 的值。

4.12　关于信号 $f(t)$ 及其拉普拉斯变换 $F(s)$ 给出如下条件：

a）$f(t)$ 是实偶信号；　　　　　　b）$\int_{-\infty}^{\infty} f(t)dt = 4$；

c）$F(s)$ 有 1 个极点 $p = 0.5e^{\frac{j\pi}{4}}$；　　d）在有限 s 平面内，$F(s)$ 有 4 个极点而没有零点。

试确定 $F(s)$ 及其收敛域。

4.13　实信号 $f(t)$ 及其拉普拉斯变换 $F(s)$ 满足以下条件：

a）在有限 s 平面内，$F(s)$ 有 2 个极点而没有零点；　　b）$F(s)$ 有 1 个极点在 $s = -1 + j$。

c）$e^{2t}f(t)$ 不是绝对可积的； d）$F(0)=8$。

试确定 $F(s)$ 及其收敛域。

4.14 已知象函数 $F(s)=\ln\left(\dfrac{s}{s+9}\right)$，求其拉普拉斯逆变换。

4.15 在给定收敛域下，求解下列象函数的原函数。

1）$F(s)=\dfrac{1}{s(e^{s}-e^{-s})}$， $\text{Re}[s]>0$；

2）$F(s)=\dfrac{2}{\left(s^{2}+1\right)^{2}}$， $\text{Re}[s]>0$。

4.16 已知象函数 $F(s)=\dfrac{2s^{2}+2s+4}{(s^{2}+4)(s+2)}$，求所有可能的拉普拉斯逆变换。

4.17 已知信号 $f(t)$ 的拉普拉斯变换为 $F(s)=\dfrac{2-e^{-2s}}{1-e^{-3s}}$，$\text{Re}[s]>0$，求 $f(t)$ 的表达式。

第 5 章　离散信号的时域分析

【内容提要】

本章首先介绍离散信号的基本运算，接着给出几种典型的离散信号，最后对卷积和进行详细说明。本章需要重点掌握离散信号的差分、反转和平移以及阶跃序列、单位序列和离散信号的卷积和。通过对本章内容的学习，读者应能够熟练地进行离散信号的基本运算，能够深入理解和运用阶跃序列和单位序列的定义和性质，能够透彻理解和运用卷积和的定义并熟练运用其性质。

【重点难点】

★ 离散信号的平移和反转
★ 阶跃序列的定义和性质
★ 单位序列的定义和性质
★ 卷积和的定义和性质

5.1　离散信号的基本运算

5.1.1　加（减）法和乘法

离散信号的加（减）或乘法与连续信号的加（减）或乘法类似，两离散信号 $f_1(n)$ 和 $f_2(n)$ 的相加（减）或相乘是指同一时刻两离散信号之值对应相加（减）或相乘，即：

$$f(n) = f_1(n) \pm f_2(n) \tag{5.1-1}$$

$$f(n) = f_1(n) \times f_2(n) \tag{5.1-2}$$

例 5.1-1　已知 $f_1(n) = \left\{ 2, \underset{n=0}{\overset{\uparrow}{3}}, 6 \right\}$，$f_2(n) = \left\{ \underset{n=0}{\overset{\uparrow}{3}}, 2, 4 \right\}$，计算 $f_1(n) + f_2(n)$ 和 $f_1(n)f_2(n)$。

解：根据式（5.1-1）和式（5.1-2）可得：

$$f_1(n) + f_2(n) = \left\{ 2, \underset{n=0}{\overset{\uparrow}{6}}, 8, 4 \right\}$$

$$f_1(n)f_2(n) = \left\{ \underset{n=0}{\overset{\uparrow}{9}}, 12 \right\}$$

5.1.2　差分

设有离散信号 $f(n)$，则 $\cdots, f(n+2), f(n+1), f(n-1), f(n-2), \cdots$ 等称为 $f(n)$ 的移位离散信号。下面仿照连续信号的微分运算，定义离散信号的差分运算。

微分运算定义式为：

$$\frac{\mathrm{d}f(t)}{\mathrm{d}t} = \lim_{\Delta t \to 0} \frac{\Delta f(t)}{\Delta t} = \lim_{\Delta t \to 0} \frac{f(t + \Delta t) - f(t)}{\Delta t} = \lim_{\Delta t \to 0} \frac{f(t) - f(t - \Delta t)}{\Delta t}$$

因此，可以定义离散信号的变化率为：

$$\frac{\Delta f(n)}{\Delta n} = \frac{f(n+1) - f(n)}{(n+1) - n} = f(n+1) - f(n) \tag{5.1-3}$$

或

$$\frac{\nabla f(n)}{\nabla n} = \frac{f(n) - f(n-1)}{n - (n-1)} = f(n) - f(n-1) \tag{5.1-4}$$

于是定义一阶前向差分为：

$$\Delta f(n) \stackrel{\text{def}}{=\!=} f(n+1) - f(n) \tag{5.1-5}$$

一阶后向差分为：

$$\nabla f(n) \stackrel{\text{def}}{=\!=} f(n) - f(n-1) \tag{5.1-6}$$

式（5.1-5）和式（5.1-6）中，Δ 和 ∇ 称为差分算子，前者称为前向差分，后者称为后向差分。

从定义可以看出，前向差分和后向差分仅移位不同，并无原则区别，本书主要使用后向差分，简称为差分。实际上，由式（5.1-5）和式（5.1-6）可知前向差分和后向差分有如下关系：

$$\Delta f(n) = f(n+1) - f(n) = \nabla f(n+1) \tag{5.1-7}$$

差分满足线性性质：

$$\nabla[a_1 f_1(n) + a_2 f_2(n)] = a_1 \nabla f_1(n) + a_2 \nabla f_2(n) \tag{5.1-8}$$

二阶差分定义为：

$$\begin{aligned}
\nabla^2 f(n) \stackrel{\text{def}}{=\!=} \nabla[\nabla f(n)] &= \nabla[f(n) - f(n-1)] = \nabla f(n) - \nabla f(n-1) \\
&= f(n) - f(n-1) - [f(n-1) - f(n-2)] \\
&= f(n) - 2f(n-1) + f(n-2)
\end{aligned} \tag{5.1-9}$$

类似地，m 阶差分定义为：

$$\nabla^m f(n) = f(n) + b_1 f(n-1) + \ldots + b_m f(n-m) \tag{5.1-10}$$

式中，$b_i = (-1)^i \dfrac{m!}{(m-i)!i!}, i = 1, 2, \cdots, m$。

5.1.3 反转

离散信号的反转与连续信号的反转类似，它是指将离散信号 $f(n)$ 的自变量 n 换为 $-n$，即：

$$f(n) \rightarrow f(-n) \tag{5.1-11}$$

离散信号的反转也称为离散信号的反折。

由式（5.1-11）可知，对于离散信号 $f(n)$ 及其反转信号 $f(-n)$，若取 $n = n_0$（n_0 为常数），则 $-n = -n_0$，故两离散信号 $f(n)$ 和 $f(-n)$ 是关于纵坐标轴对称的，因此，反转的几何意义就是将离散信号 $f(n)$ 以纵坐标轴为轴反转 180 度，其波形如图 5.1-1（a）、（b）所示。

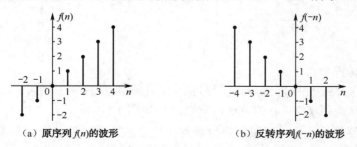

(a) 原序列 $f(n)$ 的波形　　　　　　(b) 反转序列 $f(-n)$ 的波形

图 5.1-1　离散信号反转示意图

5.1.4 平移

离散信号的平移与连续信号的平移类似，它是指将信号 $f(n)$ 的自变量 n 换为 $n-n_0$（n_0 为常数），即：

$$f(n) \rightarrow f(n-n_0) \tag{5.1-12}$$

离散信号的平移也称为离散信号的移位。

离散信号平移的几何意义是将信号 $f(n)$ 沿横坐标左右移动：若 $n_0 > 0$，则将信号 $f(n)$ 右移 n_0 个单位，否则左移 n_0 个单位。如将信号 $f(n)$ 右移或左移 1 个单位，则可以得到图 5.1-2 所示的平移结果。

同连续信号类似，也可以通过自变量整体置零法确定离散信号的平移方向和距离。如由 $f(n)$ 平移得到序列 $f(n+3)$，则令 $n+3=0$ 从而 $n=-3$，而 -3 在 0 的左侧，故 $f(n+3)$ 是由 $f(n)$ 左移三个单位而得到的。

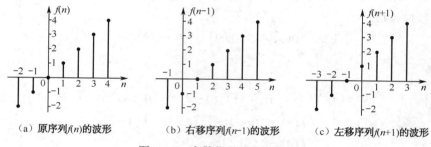

(a) 原序列 $f(n)$ 的波形   (b) 右移序列 $f(n-1)$ 的波形   (c) 左移序列 $f(n+1)$ 的波形

图 5.1-2　离散信号平移示意图

例 5.1-2　信号 $f(n)$ 如图 5.1-3 所示，试画出 $f(2-n)$ 的波形。

解：由于信号的自变量 n 转换成了 $2-n=-n+2$，因此，本题用到了离散信号的反转和平移，所以，可以采用两种方法求解：先平移再反转或先反转再平移。

解法一：先平移再反转。

先左移 2 个单位，由 $f(n)$ 得到 $f(n+2)$，然后再反转，由 $f(n+2)$ 得到 $f(-n+2)$，从而得到 $f(2-n)$ 的波形，解题过程如图 5.1-4 所示。

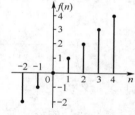

图 5.1-3　序列 $f(n)$ 的波形

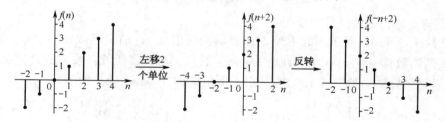

图 5.1-4　求解过程（解法一）

解法二：先反转再平移。

先反转，由 $f(n)$ 得到 $f(-n)$，然后再平移，由 $f(-n)$ 得到 $f(2-n)=f[-(n-2)]$。因为 $n_0=2>0$，故右移 2 个单位，从而得 $f(2-n)$ 的波形，解题过程如图 5.1-5 所示。

当然，为了方便起见，也可以采用自变量整体置零法判断平移的方向和距离。由于信号平移后变为 $f(2-n)$，故有 $2-n=0$，从而 $n=2$，而 2 在 0 的右侧 2 个单位处，所以，将 $f(-n)$ 右移 2 个单位即可得到正确结果。

需要注意的是，离散信号平移的方向和距离是相对于自变量 n 而言的。

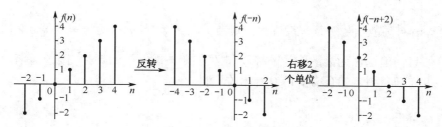

图 5.1-5　求解过程（解法二）

5.1.5　尺度变换

离散信号的尺度变换依然采用连续信号尺度变换的定义，即：若将离散信号 $f(n)$ 变为 $f(an)$（a 为正常数），则信号 $f(n)$ 将沿横坐标展宽或压缩为原信号的 $\dfrac{1}{a}$，其中，称 a 为变换系数，而 $\dfrac{1}{a}$ 为变换比例。现对图 5.1-6（a）所示离散信号 $f(n)$ 进行尺度变换。

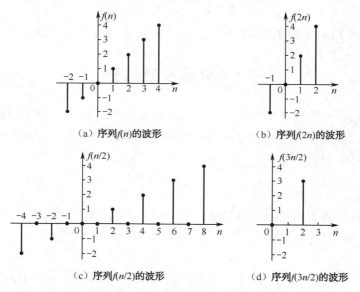

（a）序列 $f(n)$ 的波形　　　　　　（b）序列 $f(2n)$ 的波形

（c）序列 $f(n/2)$ 的波形　　　　　　（d）序列 $f(3n/2)$ 的波形

图 5.1-6　离散信号的尺度变换

如图 5.1-6（b）所示，当变换系数 $a=2$ 时，将以 $\dfrac{1}{2}$ 的变换比例压缩原信号，由于只有自变量取整数时，离散信号才有定义，所以，原信号定义域为奇数的信号信息被丢失。而 $a>1$ 时，总会存在部分自变量 $\dfrac{n}{a}\notin Z$，所以，此时对离散信号进行尺度变换将丢失原信号的部分信息。

如图 5.1-6（c）所示，变换系数 $a=\dfrac{1}{2}$ 时，将以 2 倍的变换比例扩展原信号，变换后所有的自变量均为整数，所以，尺度变换后未丢失原信号的信息。实际上，当 $a=\dfrac{1}{m},m\in Z$，变换后的所有自变量均为整数，所以，此时对离散信号进行尺度变换不会丢失原信号的任何信息。

如图 5.1-6（d）所示，变换系数 $a=\dfrac{3}{2}$ 时，将以 $\dfrac{2}{3}$ 的变换比例压缩原信号，所以，原信号定义域中与 $\dfrac{2}{3}$ 相乘不为整数的原信号的信息将丢失。

综上所述，若对离散信号进行尺度变换，则当 $a>1$ 或者 $1>a>0$ 且 $a\neq\dfrac{1}{m}, m\in Z$ 时，常常丢失原信号的部分信息，但这也为离散信号的抽取和插值操作提供了可能性。限于篇幅，离散信号的抽取和插值不再详细介绍，如有需要请参看相关资料。

练习题

5.1-1　已知两序列 $f_1(n)$ 和 $f_2(n)$ 的波形分别如题图 5.1-1（a）、（b）所示，计算下列各式。

1）$f_1(n)+f_2(n)$　　2）$f_1(n)f_2(n)$　　3）$\nabla^2 f_1(n)$

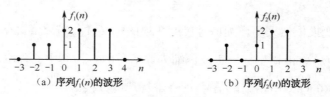

题图 5.1-1　序列波形

5.1-2　已知序列 $f_1(n)$ 如题图 5.1-1（a）所示，画出 $f_1(-n+2)$ 的波形。

5.2　典型离散信号

与连续信号类似，离散信号也存在一些常用的典型信号，本节将介绍几种常见的离散信号，主要包括阶跃序列、单位序列以及部分常见的普通信号，如斜升序列、单边指数序列、双边指数序列和有始周期单位序列等。

5.2.1　阶跃序列

单位阶跃序列简称为阶跃序列，记为 $u(n)$ 或 $\varepsilon(n)$，定义为：

$$u(n)\overset{\text{def}}{=\!=\!=}\begin{cases}0, & n<0 \\ 1, & n\geq 0\end{cases} \tag{5.2-1}$$

式（5.2-1）表明：阶跃序列在 $n<0$，即 $n=-1,-2,-3,\cdots$ 各点时，序列值为零，在 $n\geq 0$，即 $n=0,1,2,3,\cdots$ 各点时，序列值为 1，其波形如图 5.2-1（a）所示。

若将 $u(n)$ 平移 m 个单位，可得阶跃序列的移位序列：

$$u(n-m)=\begin{cases}0, & n<m \\ 1, & n\geq m\end{cases}$$

其波形如图 5.2-1（b）所示。

若将 $u(n)$ 和 $u(n-m)$ 的幅值增大 A 倍，即得到 $Au(n)$ 和 $Au(n-m)$，则其波形分别如图 5.2-1（c）和（d）所示。

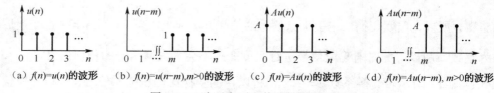

图 5.2-1　阶跃序列及其移位和增幅序列

比较阶跃序列和阶跃信号，可以发现，阶跃序列 $u(n)$ 的作用类似于阶跃信号 $u(t)$，但二者有较大差别。阶跃信号 $u(t)$ 为奇异信号，属于数学抽象函数，其在 $t=0$ 处发生跃变，此点常不定义

或定义为左右极限之和的一半，即 $u(t)\big|_{t=0}=\dfrac{1}{2}$。而阶跃序列 $u(n)$ 为非奇异信号，是可以实现的信号，其在 $n=0$ 处定义为 1，即 $u(n)\big|_{n=0}=1$。

5.2.2 单位序列

单位序列又称为单位样值序列、单位取样序列、单位脉冲序列或单位函数，记为 $\delta(n)$，其定义为：

$$\delta(n)\overset{\text{def}}{=\!=}\begin{cases}1, & n=0\\ 0, & n\neq 0\end{cases}\tag{5.2-2}$$

式（5.2-2）表明：单位序列在 $n=0$ 处的序列值为 1，在其余各点的序列值为零，其波形如图 5.2-2（a）所示。

若将 $\delta(n)$ 平移 m 位，可得单位序列的移位序列：

$$\delta(n-m)=\begin{cases}1, & n=m\\ 0, & n\neq m\end{cases}$$

其波形如图 5.2-2（b）所示。

若将 $\delta(n)$ 和 $\delta(n-m)$ 的幅值增大 A 倍，即变为 $A\delta(n)$ 和 $A\delta(n-m)$，其波形分别如图 5.2-2（c）和（d）所示。

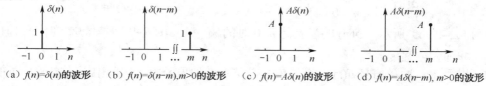

（a）$f(n)=\delta(n)$ 的波形　　（b）$f(n)=\delta(n-m),m>0$ 的波形　　（c）$f(n)=A\delta(n)$ 的波形　　（d）$f(n)=A\delta(n-m),\ m>0$ 的波形

图 5.2-2　单位序列及其移位和增幅序列

实际上，利用单位序列及其移位序列可以表示任意序列。

例 5.2-1　试用单位序列及其移位序列表示图 5.2-3 所示序列 $f(n)$。

解：根据单位序列及其移位序列的定义，有：

$$f(n)=\left\{\cdots,0,\underset{\underset{n=0}{\uparrow}}{1,1.5},0,-3,0,0,\cdots\right\}=\delta(n+1)+1.5\delta(n)-3\delta(n-2)$$

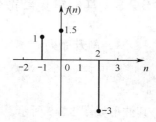

图 5.2-3　序列 $f(n)$ 的波形

根据单位序列 $\delta(n)$ 和阶跃序列 $u(n)$ 的定义和波形，考虑后向差分的定义，可以得出 $u(n)$ 与 $\delta(n)$ 的关系为：

$$\delta(n)=u(n)-u(n-1)\tag{5.2-3}$$

$$u(n)=\delta(n)+\delta(n-1)+\delta(n-2)+\delta(n-3)+\cdots=\sum_{m=0}^{\infty}\delta(n-m)\tag{5.2-4}$$

实际上，令式（5.2-4）中的 $n-m=k$，则有：

$$u(n)=\sum_{m=0}^{\infty}\delta(n-m)=\sum_{k=n}^{-\infty}\delta(k)$$

交换求和上下限，有：

$$u(n)=\sum_{k=-\infty}^{n}\delta(k)$$

令 $k=m$，有：

$$u(n)=\sum_{m=-\infty}^{n}\delta(m)\tag{5.2-5}$$

由式（5.2-5）可以看出，阶跃序列 $u(n)$ 可以看作是无数个出现在不同序号上的单位序列信号之和。

由单位序列的定义可知，单位序列与其他序列做乘法运算时，只有当 $n=0$ 时有函数值，$n \neq 0$ 时乘积为 0，即：

$$f(n)\delta(n) = f(0)\delta(n) \tag{5.2-6}$$

根据同样的思路，对于平移 m（$m \in Z$）个单位后的单位序列，有如下性质：

$$f(n)\delta(n-m) = f(m)\delta(n-m) \tag{5.2-7}$$

与冲激信号类似，式（5.2-6）和式（5.2-7）称为单位序列的筛分性质。

根据单位序列的定义及波形，很容易看出单位序列是偶函数，即：

$$\delta(n) = \delta(-n) \tag{5.2-8}$$

下面讨论冲激信号 $\delta(t)$ 和单位序列 $\delta(n)$ 的区别。

冲激信号的定义为：

$$\int_{-\infty}^{\infty} \delta(t)\mathrm{d}t = 1, \quad \delta(t) = \begin{cases} \infty, & t = 0 \\ 0, & t \neq 0 \end{cases}$$

其波形如图 5.2-4（a）所示。$\delta(t)$ 用面积表示强度，其强度为 1，在 $t=0$ 处，幅度为 ∞。

单位序列的定义为：

$$\delta(n) = \begin{cases} 0, n \neq 0 \\ 1, n = 0 \end{cases}$$

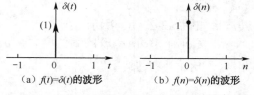

(a) $f(t)=\delta(t)$ 的波形　　(b) $f(n)=\delta(n)$ 的波形

图 5.2-4　冲激信号和单位序列的波形

其波形如图 5.2-4（b）所示。$\delta(n)$ 的值就是 $n=0$ 时的瞬时幅值，而非面积或强度。

由此可以看出，冲激信号 $\delta(t)$ 为奇异信号，是数学抽象函数，实际中无法实现。而单位序列 $\delta(n)$ 则为非奇异信号，是可以实现的信号。

5.2.3　其他常见离散信号

1. 斜升序列

斜升序列的定义为：

$$f(n) = nu(n) \tag{5.2-9}$$

其波形如图 5.2-5 所示。

2. 单边指数序列

单边指数序列的定义为：

$$f(n) = a^{-\alpha n}u(n), \alpha > 0 \tag{5.2-10}$$

$a = \mathrm{e}, \alpha = \dfrac{1}{2}$ 时的波形如图 5.2-6 所示。显然，它是截取指数序列 $n>0$ 部分后形成的序列。

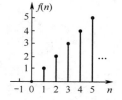

图 5.2-5　斜升序列的波形

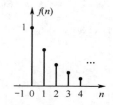

图 5.2-6　单边指数序列的波形（$a=e$，$\alpha=1/2$）

3. 双边指数序列

双边指数序列的定义为：

$$f(n) = \begin{cases} a^{-\alpha n}, & n \geq 0 \\ a^{\alpha n}, & n < 0 \end{cases} = a^{-\alpha n}u(n) + a^{\alpha n}u(-n-1), \ \alpha > 0 \tag{5.2-11}$$

$a = \mathrm{e}, \alpha = \dfrac{1}{2}$ 时的波形如图 5.2-7 所示。

4. 有始周期单位序列

周期为 N 的有始周期单位序列的定义为：

$$f(n) = \sum_{m=0}^{\infty} \delta(n - mN) \tag{5.2-12}$$

其波形如图 5.2-8 所示。

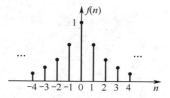

图 5.2-7　双边指数序列的波形（$a=\mathrm{e}$, $\alpha=1/2$）

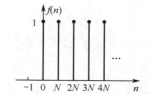

图 5.2-8　有始周期单位序列的波形

练习题

5.2-1　画出下列各信号的波形。

1）$f(n) = (n+1)u(-n+1)$　　2）$f(n) = n[u(n) - u(n-5)] + \delta(n-6)$

5.2-2　化简下列各式。

1）$\displaystyle\sum_{n=-\infty}^{\infty} (n-2)\delta(n)$　　2）$\displaystyle\sum_{m=-\infty}^{\infty} \delta(n-m)$

5.3　离散信号的卷积和

离散信号的卷积和在离散信号分析中的地位与连续信号的卷积积分相当，是离散信号时域分析的重要方法。本节主要介绍离散信号卷积和的定义和求解方法，卷积和的性质将在下一节中介绍。

5.3.1　卷积和

已知定义在区间 $(-\infty, \infty)$ 上的两个序列 $f_1(n)$ 和 $f_2(n)$，则定义：

$$f(n) \stackrel{\text{def}}{=\!=} \sum_{m=-\infty}^{\infty} f_1(m) f_2(n-m)$$

为 $f_1(n)$ 和 $f_2(n)$ 的卷积和，简称卷积。记为：

$$f(n) = f_1(n) * f_2(n)$$

即：

$$f(n) = f_1(n) * f_2(n) \stackrel{\text{def}}{=\!=} \sum_{m=-\infty}^{\infty} f_1(m) f_2(n-m) \tag{5.3-1}$$

需要注意的是，上式求和是在虚设的变量 m 下进行的，m 为求和变量，n 为参变量，卷积和的结果仍是以 n 为自变量的函数。

计算卷积和时，首要的是确定求和的上下限，下面通过例题进行说明。

例 5.3-1 利用卷积和的定义，求下列序列的卷积和。

1) $f_1(n) = 0.5^n u(n)$，$f_2(n) = 1$ 2) $f_1(n) = 1$，$f_2(n) = 0.5^n u(n)$

3) $f_1(n) = a^n u(n)$，$f_2(n) = b^n u(n)$ 4) $f_1(n) = f_2(n) = u(n)$

5) $f_1(n) = a^n u(n)$，$f_2(n) = u(n-4)$ 6) $f_1(n) = u(n-3)$，$f_2(n) = u(n-4)$

7) $f_1(n) = 0.5^n u(n)$，$f_2(n) = \delta(n)$

解：1) 根据式（5.3-1），有：

$$f(n) = f_1(n) * f_2(n) = \sum_{m=-\infty}^{\infty} f_1(m) f_2(n-m) = \sum_{m=-\infty}^{\infty} 0.5^m u(m) \times 1$$

上式中，当 $m < 0$ 时，$u(m) = 0$，从而 $0.5^m u(m) = 0$；当 $m \geq 0$ 时，$u(m) = 1$，故有：

$$f(n) = \sum_{m=0}^{\infty} 0.5^m$$

考虑到上式的求和上限为 ∞，下限为 0，因此，无论 n 取何值，求和的上限一定大于下限。利用无穷等比序列求和公式，有：

$$f(n) = \frac{1}{1-0.5} = 2 \ , \ -\infty < n < \infty$$

2) 根据式（5.3-1），有：

$$f(n) = f_1(n) * f_2(n) = \sum_{m=-\infty}^{\infty} f_1(m) f_2(n-m) = \sum_{m=-\infty}^{\infty} 1 \times 0.5^{n-m} u(n-m)$$

上式中，当 $n-m < 0$，即 $m > n$ 时，$u(n-m) = 0$，从而 $0.5^{n-m} u(n-m) = 0$；当 $m \leq n$ 时，$u(n-m) = 1$，故有：

$$f(n) = \sum_{m=-\infty}^{n} 1 \times 0.5^{n-m} = \sum_{m=-\infty}^{n} 0.5^{n-m}$$

考虑到上式的求和上限为 n，下限为 $-\infty$，因此，无论 n 取何值，求和的上限一定大于下限。利用无穷等比序列求和公式，有：

$$f(n) = \frac{1}{1-0.5} = 2 \ , \ -\infty < n < \infty$$

3) 根据式（5.3-1），有：

$$f(n) = f_1(n) * f_2(n) = \sum_{m=-\infty}^{\infty} f_1(m) f_2(n-m) = \sum_{m=-\infty}^{\infty} a^m u(m) \times b^{n-m} u(n-m)$$

上式中，当 $m < 0$ 时，$u(m) = 0$，从而 $a^m u(m) = 0$；当 $n-m < 0$，即 $m > n$ 时，$u(n-m) = 0$，从而 $b^{n-m} u(n-m) = 0$；当 $n \geq m \geq 0$ 时，$u(m) = u(n-m) = 1$，故有：

$$f(n) = \sum_{m=0}^{n} a^m b^{n-m} = b^n \sum_{m=0}^{n} \left(\frac{a}{b}\right)^m$$

考虑到上式的求和上限应大于或等于下限，因此，计算结果一定是在 $n \geq 0$ 的条件下获得的，故计算结果需乘以 $u(n)$。利用等比序列部分和公式，有：

$$f(n) = \begin{cases} b^n \dfrac{1-\left(\dfrac{a}{b}\right)^{n+1}}{1-\dfrac{a}{b}} u(n), & a \neq b \\ b^n (n+1) u(n), & a = b \end{cases}$$

4）根据式（5.3-1），有：

$$f(n) = f_1(n) * f_2(n) = \sum_{m=-\infty}^{\infty} f_1(m) f_2(n-m) = \sum_{m=-\infty}^{\infty} u(m)u(n-m)$$

上式中，当 $m < 0$ 时，$u(m) = 0$；当 $n - m < 0$，即 $m > n$ 时，$u(n-m) = 0$；当 $n \geqslant m \geqslant 0$ 时，$u(m) = u(n-m) = 1$，故有：

$$f(n) = \sum_{m=0}^{n} 1$$

考虑到上式的求和上限应大于或等于下限，因此，计算结果一定是在 $n \geqslant 0$ 的条件下获得的，故计算结果需乘以 $u(n)$：

$$f(n) = (n+1)u(n)$$

5）根据式（5.3-1），有：

$$f(n) = f_1(n) * f_2(n) = \sum_{m=-\infty}^{\infty} f_1(m) f_2(n-m) = \sum_{m=-\infty}^{\infty} a^m u(m) \times u(n-4-m)$$

上式中，当 $m < 0$ 时，$u(m) = 0$，从而 $a^m u(m) = 0$；当 $n - 4 - m < 0$，即 $m > n - 4$ 时，$u(n-4-m) = 0$；当 $n - 4 \geqslant m \geqslant 0$ 时，$u(m) = u(n-4-m) = 1$，故有：

$$f(n) = \sum_{m=0}^{n-4} a^m$$

考虑到上式的求和上限应大于或等于下限，因此，计算结果一定是在 $n - 4 \geqslant 0$ 即 $n \geqslant 4$ 的条件下获得的，故计算结果需乘以 $u(n-4)$。利用等比序列部分和公式，有：

$$f(n) = \left(\sum_{m=0}^{n-4} a^m \right) u(n-4) = \begin{cases} \dfrac{1-a^{n-3}}{1-a} u(n-4) & a \neq 1 \\ (n-3)u(n-4) & a = 1 \end{cases}$$

6）根据式（5.3-1），有：

$$f(n) = f_1(n) * f_2(n) = \sum_{m=-\infty}^{\infty} f_1(m) f_2(n-m) = \sum_{m=-\infty}^{\infty} u(m-3)u(n-4-m)$$

上式中，当 $m - 3 < 0$，即 $m < 3$ 时，$u(m-3) = 0$；当 $n - 4 - m < 0$，即 $m > n - 4$ 时，$u(n-4-m) = 0$；当 $n - 4 \geqslant m \geqslant 3$ 时，$u(m-3) = u(n-4-m) = 1$，故有：

$$f(n) = \sum_{m=3}^{n-4} 1$$

考虑到上式的求和上限应大于或等于下限，因此，计算结果一定是在 $n - 4 \geqslant 3$ 即 $n \geqslant 7$ 的条件下获得的，故计算结果需乘以 $u(n-7)$：

$$f(n) = (n-6)u(n-7)$$

7）根据式（5.3-1），有：

$$f(n) = f_1(n) * f_2(n) = \sum_{m=-\infty}^{\infty} f_1(m) f_2(n-m) = \sum_{m=-\infty}^{\infty} 0.5^m u(m)\delta(n-m)$$

上式中，当 $m < 0$ 时，$u(m) = 0$；当 $n - m \neq 0$，即 $m \neq n$ 时，$\delta(n-m) = 0$；当 $m = n \geqslant 0$ 时，$u(m) = \delta(n-m) = 1$，故有：

$$f(n) = \sum_{m=n}^{n} 0.5^m$$

考虑 $m = n \geqslant 0$，因此，计算结果需乘以 $u(n)$：

$$f(n) = 0.5^n u(n)$$

由本例可得出确定卷积和求和上下限的一般方法：

① 若 $f_1(n)$ 为因果序列（如第 1 小题），则当 $n<0$ 时，$f_1(n)=0$，所以求和下限为 0：

$$f(n)=f_1(n)*f_2(n)=\sum_{m=0}^{\infty}f_1(m)f_2(n-m) \tag{5.3-2}$$

② 若 $f_2(n)$ 为因果序列（如第 2 小题），则当 $n-m<0$，即 $m>n$ 时，$f_2(n-m)=0$，所以求和上限为 n：

$$f(n)=f_1(n)*f_2(n)=\sum_{m=-\infty}^{n}f_1(m)f_2(n-m) \tag{5.3-3}$$

③ 若 $f_1(n)$ 和 $f_2(n)$ 均为因果序列（如第 3、4 小题），则当 $n<0$ 时，$f_1(n)=0$，故求和下限为 0；当 $n-m<0$，即 $m>n$ 时，$f_2(n-m)=0$，故求和上限为 n。所以，有：

$$f(n)=f_1(n)*f_2(n)=\sum_{m=0}^{n}f_1(m)f_2(n-m) \tag{5.3-4}$$

④ 若 $f_1(n)$ 和 $f_2(n)$ 均为因果序列，其序列有时移（如第 5、6 小题），则需要将时移后的自变量看成一个整体，然后根据因果序列的性质判断何时序列非零，从而确定求和上下限。

5.3.2 卷积和的图解过程

与连续信号的卷积积分类似，离散信号的卷积和也可分解为如下四步：

① 换元：将自变量 n 换为 m，得 $f_1(m)$ 和 $f_2(m)$；

② 反转平移：将信号 $f_2(m)$ 反转得到信号 $f_2(-m)$，然后平移 n 个单位得到 $f_2(n-m)$；

③ 乘积：计算卷积和定义式中的求和函数 $f_1(m)f_2(n-m)$；

④ 求和：对 m 从 $-\infty$ 到 ∞ 对第三步得到的乘积项求和，即计算 $\sum\limits_{m=-\infty}^{\infty}f_1(m)f_2(n-m)$。

下面举例说明卷积和的图解过程。

例 5.3-2 用图解法求图 5.3-1 所示信号的卷积和 $f(n)=f_1(n)*f_2(n)$。

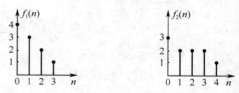

图 5.3-1　序列 $f_1(n)$ 和 $f_2(n)$ 的波形

解：1）对序列 $f_1(n)$，将自变量 n 换为 m，得到 $f_1(m)$，其波形如图 5.3-2（a）所示。

2）对序列 $f_2(n)$，将自变量 n 换为 m 并将其反转，得到 $f_2(-m)$，其波形如图 5.3-2（b）所示。

3）对序列 $f_2(-m)$ 平移得到 $f_2(n-m)$，计算求和函数，即求解 $\sum\limits_{m=-\infty}^{\infty}f_1(m)f_2(n-m)$。

（1）当 $n<0$ 时，$f_2(n-m)$ 与 $f_1(m)$ 没有重合部分，故：

$$f(n)=f_1(n)*f_2(n)=\sum_{m=-\infty}^{\infty}f_1(m)f_2(n-m)=0$$

（2）当 $n=0$ 时，参与运算的序列如图 5.3-2（a）、（b）所示，可知其重合部分的横坐标为 $m=0$，故：

$$f(0)=\sum_{m=0}^{0}f_1(m)f_2(0-m)=f_1(0)f_2(0)=4\times3=12$$

（3）当 $n=1$ 时，参与运算的序列如图 5.3-2（a）、（c）所示，可知其重合部分的横坐标为 $m=0,1$，故：

$$f(1)=\sum_{m=0}^{1}f_1(m)f_2(1-m)=f_1(0)f_2(1)+f_1(1)f_2(0)=4\times2+3\times3=17$$

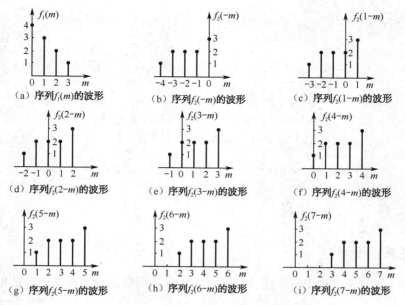

图 5.3-2　序列 $f_1(m)$ 和 $f_2(n-m)$ 的波形

（4）当 $n=2$ 时，参与运算的序列如图 5.3-2（a）、（d）所示，可知其重合部分的横坐标为 $m=0,1,2$，故：

$$f(2) = \sum_{m=0}^{2} f_1(m)f_2(2-m) = f_1(0)f_2(2) + f_1(1)f_2(1) + f_1(2)f_2(0) = 4\times2 + 3\times2 + 2\times3 = 20$$

（5）当 $n=3$ 时，参与运算的序列如图 5.3-2（a）、（e）所示，可知其重合部分的横坐标为 $m=0,1,2,3$，故：

$$f(3) = \sum_{m=0}^{3} f_1(m)f_2(3-m) = f_1(0)f_2(3) + f_1(1)f_2(2) + f_1(2)f_2(1) + f_1(3)f_2(0)$$
$$= 4\times2 + 3\times2 + 2\times2 + 1\times3 = 21$$

（6）当 $n=4$ 时，参与运算的序列如图 5.3-2（a）、（f）所示，可知其重合部分的横坐标为 $m=0,1,2,3$，故：

$$f(4) = \sum_{m=0}^{4} f_1(m)f_2(4-m) = f_1(0)f_2(4) + f_1(1)f_2(3) + f_1(2)f_2(2) + f_1(3)f_2(1) + f_1(4)f_2(0)$$
$$= 4\times1 + 3\times2 + 2\times2 + 1\times2 + 0\times3 = 16$$

（7）当 $n=5$ 时，参与运算的序列如图 5.3-2（a）、（g）所示，可知其重合部分的横坐标为 $m=1,2,3$，故：

$$f(5) = \sum_{m=0}^{5} f_1(m)f_2(5-m)$$
$$= f_1(0)f_2(5) + f_1(1)f_2(4) + f_1(2)f_2(3) + f_1(3)f_2(2) + f_1(4)f_2(1) + f_1(5)f_2(0)$$
$$= 4\times0 + 3\times1 + 2\times2 + 1\times2 + 0\times2 + 0\times3 = 9$$

（8）当 $n=6$ 时，参与运算的序列如图 5.3-2（a）、（h）所示，可知其重合部分的横坐标为 $m=2,3$，故：

$$f(6) = \sum_{m=0}^{6} f_1(m)f_2(6-m)$$
$$= f_1(0)f_2(6) + f_1(1)f_2(5) + f_1(2)f_2(4) + f_1(3)f_2(3) + f_1(4)f_2(2) + f_1(5)f_2(1) + f_1(6)f_2(0)$$
$$= 4\times0 + 3\times0 + 2\times1 + 1\times2 + 0\times2 + 0\times2 + 0\times3 = 4$$

（9）当 $n=7$ 时，参与运算的序列如图 5.3-2（a）、（i）所示，可知其重合部分的横坐标为 $m=3$，故：

$$f(7) = \sum_{m=0}^{7} f_1(m) f_2(7-m) = f_1(0) f_2(7) + f_1(1) f_2(6) + f_1(2) f_2(5) + f_1(3) f_2(4) + f_1(4) f_2(3)$$
$$+ f_1(5) f_2(2) + f_1(6) f_2(1) + f_1(7) f_2(0)$$
$$= 4 \times 0 + 3 \times 0 + 2 \times 0 + 1 \times 1 + 0 \times 2 + 0 \times 2 + 0 \times 2 + 0 \times 3 = 1$$

（10）当 $n>7$ 时，$f_2(n-m)$ 与 $f_1(m)$ 没有重合部分，故：

$$f(n) = f_1(n) * f_2(n) = \sum_{m=-\infty}^{\infty} f_1(m) f_2(n-m) = 0$$

所以，$f(n) = \left\{ \underset{\underset{n=0}{\uparrow}}{12}, 17, 20, 21, 16, 9, 4, 1 \right\}$。

5.3.3　列表法求卷积和

图解法求解序列的卷积和比较繁琐，实际上，可以采用称之为列表法的方法求解有限长序列的卷积和。

观察卷积和的定义式：

$$f(n) = f_1(n) * f_2(n) \overset{\text{def}}{=\!=\!=} \sum_{m=-\infty}^{\infty} f_1(m) f_2(n-m)$$

可以发现求和符号内乘积项 $f_1(m) f_2(n-m)$ 的序号之和正好等于 n。因此，如果将 $f_1(n)$ 的序列值排成一行，将 $f_2(n)$ 的序列值排成一列，且在表中计入各行和各列的交叉点处序列值的乘积，那么沿斜线上各项 $f_1(m) f_2(n-m)$ 的序号之和为常数 n，各项数值之和就是卷积和，如表 5.3-1 所示。

表 5.3-1　求卷积和的序列阵表

$f_2(n)$ ＼ $f_1(n)$	$f_1(0)$	$f_1(1)$	$f_1(2)$	$f_1(3)$	$\cdots$
$f_2(0)$	$f_1(0) f_2(0)$	$f_1(1) f_2(0)$	$f_1(2) f_2(0)$	$f_1(3) f_2(0)$	$\cdots$
$f_2(1)$	$f_1(0) f_2(1)$	$f_1(1) f_2(1)$	$f_1(2) f_2(1)$	$f_1(3) f_2(1)$	$\cdots$
$f_2(2)$	$f_1(0) f_2(2)$	$f_1(1) f_2(2)$	$f_1(2) f_2(2)$	$f_1(3) f_2(2)$	$\cdots$
$f_2(3)$	$f_1(0) f_2(3)$	$f_1(1) f_2(3)$	$f_1(2) f_2(3)$	$f_1(3) f_2(3)$	$\cdots$
$\vdots$	$\vdots$	$\vdots$	$\vdots$	$\vdots$	$\vdots$

根据卷积和定义式，若计算 $f(n)$，即 n 点处的卷积和，则有：

$$f(n) = \sum_{m=-\infty}^{\infty} f_1(m) f_2(n-m) = \cdots + f_1(-1) f_2(n+1) + f_1(0) f_2(n) + f_1(1) f_2(n-1) + \cdots$$

如果序列为因果有限长序列，则表 5.3-1 中的求和上下限分别为 n 和 0，有：

$$f(n) = f_1(0) f_2(n) + f_1(1) f_2(n-1) + \cdots + f_1(n-1) f_2(1) + f_1(n) f_2(0)$$

例 5.3-3　用列表法求图 5.3-1 所示信号的卷积和 $f(n) = f_1(n) * f_2(n)$。

解：本题已在例 5.3-2 中采用图解法求解，现在采用列表法求解。

根据列表法的求解思路，列表如下：

表 5.3-2　例 5.3-3 序列阵表

$f_2(n)$ ＼ $f_1(n)$		0	1	2	3	4
		4	3	2	1	0
0	3	12	9	6	3	0
1	2	8	6	4	2	0
2	2	8	6	4	2	0
3	2	8	6	4	2	0
4	1	4	3	2	1	0
5	0	0	0	0	0	0

所以，　$f(n) = \left\{ \underset{\underset{n=0}{\uparrow}}{12}, 17, 20, 21, 16, 9, 4, 1 \right\}$ 。

显然，本例结果与例 5.3-2 完全相同。

5.3.4　不进位乘法求卷积和

不进位乘法又称序列相乘法，是求解有限长序列卷积和的另一种常用方法，其求解思路与列表法相同。不进位的含义是，进行乘法运算时，不遵循十进制运算中"满十进一"的规则，即永不进位。下面举例说明其使用方法。

例 5.3-4　用不进位乘法求图 5.3-1 所示信号的卷积和 $f(n) = f_1(n) * f_2(n)$ 。

解：本题已在例 5.3-2 和例 5.3-3 中分别采用图解法和列表法求解，现在采用不进位乘法求解。不进位乘法计算过程为：

```
                        n=0
                         ↓
        f₁(n):      4   3   2   1   0
     ×  f₂(n):      3   2   2   2   1
   ─────────────────────────────────────
                    4   3   2   1   0
                8   6   4   2   0
            8   6   4   2   0
        8   6   4   2   0
       12   9   6   3   0
   ─────────────────────────────────────
       12  17  20  21  16   9   4   1   0
        ↑
       n=0
```

需要注意，在计算 $n=1$、$n=2$、$n=3$、$n=4$ 的序列值时，求和后出现了"满十"，但没有发生进位。

所以，　$f(n) = \left\{ \underset{\underset{n=0}{\uparrow}}{12}, 17, 20, 21, 16, 9, 4, 1 \right\}$ 。

显然，本例结果与例 5.3-2、例 5.3-3 完全相同。

练习题

5.3-1　求下列序列的卷积和 $y(n) = f_1(n) * f_2(n)$ 。

1）$f_1(n) = (0.3)^n u(n)$ ，$f_2(n) = (0.5)^n u(n)$　　2）$f_1(n) = u(n+2)$ ，$f_2(n) = u(n-3)$

3）$f_1(n) = \left\{ \underset{\underset{n=0}{\uparrow}}{1}, 2, 0, 1 \right\}$ ，$f_2(n) = \left\{ \underset{\underset{n=0}{\uparrow}}{2}, 2, 3 \right\}$

5.4　卷积和的性质

卷积和是一种数学运算，它有许多重要的性质（或运算规则），灵活地运用它们能简化卷积运算。

5.4.1 卷积和的代数运算性质

卷积和满足交换律、分配律和结合律。

1）交换律：

$$f_1(n) * f_2(n) = f_2(n) * f_1(n) \qquad (5.4\text{-}1)$$

证明：在式（5.3-1）中，令 $n - m = k$，有：

$$f_1(n) * f_2(n) = \sum_{m=-\infty}^{\infty} f_1(m) f_2(n-m) = \sum_{k=-\infty}^{\infty} f_2(k) f_1(n-k) = f_2(n) * f_1(n)$$

2）分配律：

$$f_1(n) * [f_2(n) + f_3(n)] = f_1(n) * f_2(n) + f_1(n) * f_3(n) \qquad (5.4\text{-}2)$$

证明：由式（5.3-1）得：

$$f_1(n) * [f_2(n) + f_3(n)] = \sum_{m=-\infty}^{\infty} f_1(m)[f_2(n-m) + f_3(n-m)]$$

$$= \sum_{m=-\infty}^{\infty} f_1(m) f_2(n-m) + \sum_{m=-\infty}^{\infty} f_1(m) f_3(n-m)$$

$$= f_1(n) * f_2(n) + f_1(n) * f_3(n)$$

3）结合律：

$$[f_1(n) * f_2(n)] * f_3(n) = f_1(n) * [f_2(n) * f_3(n)] \qquad (5.4\text{-}3)$$

证明：由式（5.3-1）得：

$$[f_1(n) * f_2(n)] * f_3(n) = \sum_{k=-\infty}^{\infty} \left[\sum_{m=-\infty}^{\infty} f_1(m) f_2(k-m) \right] f_3(n-k)$$

令 $k - m = p$，则 $k = m + p$，将其代入上式，并交换求和次序，得：

$$[f_1(n) * f_2(n)] * f_3(n) = \sum_{m=-\infty}^{\infty} f_1(m) \left[\sum_{p=-\infty}^{\infty} f_2(p) f_3(n-m-p) \right] = f_1(n) * [f_2(n) * f_3(n)]$$

例 5.4-1　计算 $f_1(n) = 1$ 和 $f_2(n) = 0.5^n u(n)$ 的卷积和 $f(n) = f_1(n) * f_2(n)$。

解：本题已在例 5.3-1 2）中采用定义法求解，现在利用卷积和的交换律求解。

由于例 5.3-1 1）中已经求得 $f_2(n) * f_1(n) = 2$，$-\infty < n < \infty$，故根据卷积和的交换律，可直接得出结果：

$$f(n) = f_1(n) * f_2(n) = f_2(n) * f_1(n) = 2, \ -\infty < n < \infty$$

显然，本例结果与例 5.3-1 2）完全相同。

5.4.2 单位序列的卷积和特性

考虑单位序列的筛分特性，根据卷积和的定义和交换律，有：

$$f(n) * \delta(n) = \delta(n) * f(n) = \sum_{m=-\infty}^{\infty} \delta(m) f(n-m) = f(n)$$

即：

$$f(n) * \delta(n) = \delta(n) * f(n) = f(n) \qquad (5.4\text{-}4)$$

令上式中的 $f(n) = \delta(n)$，可得推论 1：

$$\delta(n) * \delta(n) = \delta(n) \qquad (5.4\text{-}5)$$

式（5.4-4）和式（5.4-5）表明：序列（普通序列或单位序列）与单位序列的卷积结果是它本身。

现将式（5.4-4）中的单位序列平移 n_1，则有推论 2：

$$f(n) * \delta(n-n_1) = \delta(n-n_1) * f(n) = f(n-n_1) \tag{5.4-6}$$

证明思路与式（5.4-4）类似。式（5.4-4）和式（5.4-6）的波形分别如图 5.4-1（a）、（b）所示。

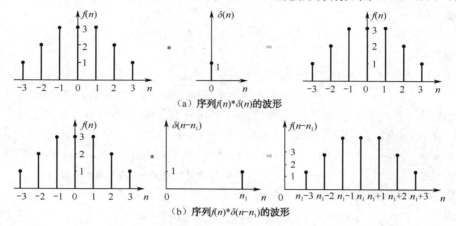

(a) 序列 $f(n) * \delta(n)$ 的波形

(b) 序列 $f(n) * \delta(n-n_1)$ 的波形

图 5.4-1　序列 $f(n)$ 与单位序列的卷积和

令 $f(n) = \delta(n-n_2)$，则根据式（5.4-6）可得推论 3：

$$\delta(n-n_2) * \delta(n-n_1) = \delta(n-n_1) * \delta(n-n_2) = \delta(n-n_1-n_2) \tag{5.4-7}$$

根据式（5.4-6）还可得推论 4：

$$f(n-n_2) * \delta(n-n_1) = f(n-n_1) * \delta(n-n_2) = f(n-n_1-n_2) \tag{5.4-8}$$

式（5.4-8）的波形如图 5.4-2 所示。

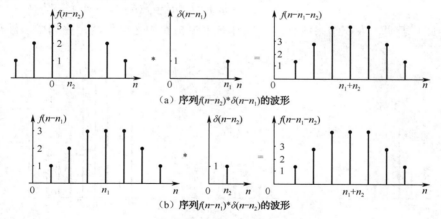

(a) 序列 $f(n-n_2) * \delta(n-n_1)$ 的波形

(b) 序列 $f(n-n_1) * \delta(n-n_2)$ 的波形

图 5.4-2　移位序列与移位单位序列的卷积和

例 5.4-2　计算 $f_1(n) = 0.5^n u(n)$ 和 $f_2(n) = \delta(n)$ 的卷积和 $f(n) = f_1(n) * f_2(n)$。

解：本题已在例 5.3-1 7）中采用定义法求解，现在利用单位序列特性求解。

由式（5.4-4），可直接求得：

$$f(n) = 0.5^n u(n) * \delta(n) = 0.5^n u(n)$$

显然，本例结果与例 5.3-1 7）完全相同。

5.4.3　移位序列的卷积和特性

参与卷积和运算的一个序列存在移位，则该移位可以重新分布于另一个序列中，而结果不变，即：

$$f_1(n-n_1) * f_2(n) = f_1(n) * f_2(n-n_1) \tag{5.4-9}$$

式中，$n_1 \in Z$ 为常数，下面对其进行证明。

根据式（5.4-6），有：

$$f_1(n - n_1) * f_2(n) = [f_1(n) * \delta(n - n_1)] * f_2(n)$$

由式（5.4-3），有：

$$f_1(n - n_1) * f_2(n) = f_1(n) * [\delta(n - n_1) * f_2(n)] = f_1(n) * f_2(n - n_1)$$

同理可以证明：

$$f_1(n - n_1) * f_2(n - n_2) = f_1(n - n_2) * f_2(n - n_1)$$
$$= f_1(n) * f_2(n - n_1 - n_2) = f_1(n - n_1 - n_2) * f_2(n) \tag{5.4-10}$$

式（5.4-10）表明，参与卷积运算的序列移位可以重新分布于两个序列中，结果不变。

若 $f(n) = f_1(n) * f_2(n)$，则根据式（5.4-6）和式（5.4-3），有：

$$f_1(n - n_1) * f_2(n - n_2) = [f_1(n) * \delta(n - n_1)] * [f_2(n) * \delta(n - n_2)]$$
$$= [f_1(n) * f_2(n)] * [\delta(n - n_1) * \delta(n - n_2)]$$

由式（5.4-7），并考虑已知条件 $f(n) = f_1(n) * f_2(n)$，得

$$f_1(n - n_1) * f_2(n - n_2) = f(n) * \delta(n - n_1 - n_2)$$

由式（5.4-6），得：

$$f_1(n - n_1) * f_2(n - n_2) = f(n - n_1 - n_2)$$

考虑式（5.4-10），若：

$$f(n) = f_1(n) * f_2(n)，$$

则：

$$f_1(n - n_1) * f_2(n - n_2) = f_1(n - n_2) * f_2(n - n_1) = f_1(n) * f_2(n - n_1 - n_2)$$
$$= f_1(n - n_1 - n_2) * f_2(n) = f(n - n_1 - n_2) \tag{5.4-11}$$

式（5.4-11）表明，卷积结果的移位可以分布于参与卷积运算的两个序列中，波形如图 5.4-3 所示。

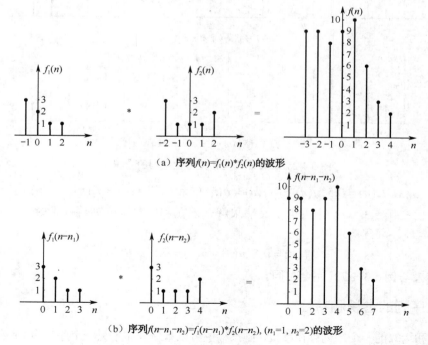

（a）序列 $f(n) = f_1(n) * f_2(n)$ 的波形

（b）序列 $f(n-n_1-n_2) = f_1(n-n_1) * f_2(n-n_2)$，$(n_1=1, n_2=2)$ 的波形

图 5.4-3 移位序列卷积和

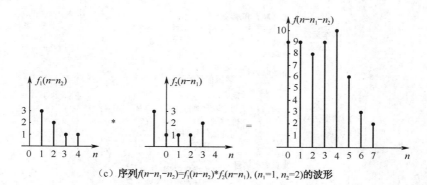

（c）序列 $f(n-n_1-n_2)=f_1(n-n_2)*f_2(n-n_1)$, $(n_1=1, n_2=2)$ 的波形

图 5.4-3　移位序列卷积和（续）

例 5.4-3　计算 $f_1(n)=u(n-3)$ 和 $f_2(n)=u(n-4)$ 的卷积和 $f(n)=f_1(n)*f_2(n)$。

解：本题已在例 5.3-1 6）中采用定义法求解，现在利用移位序列特性求解。

由于例 5.3-1 4）中已经求得：

$$u(n)*u(n)=(n+1)u(n)$$

根据式（5.4-11），可直接得出结果：

$$u(n-3)*u(n-4)=(n-6)u(n-7)$$

显然，本例结果与例 5.3-1 6）完全相同。

练习题

5.4-1　求下列卷积和。

1）$[u(n)-u(n-2)]*u(n-1)$　　2）$[\delta(n)+\delta(n-1)]*u(n-1)$

5.5　本　章　小　结

本章首先介绍了离散信号的基本运算：加（减）法、乘法、差分、反转和平移，之后介绍了几种典型的离散信号，其中重点介绍了阶跃序列和单位序列。最后对在离散信号的时域分析中占有极其重要地位的卷积和进行了详细介绍。离散信号的基本运算、阶跃序列和单位序列的定义和性质以及卷积和的定义、求解方法和性质均需读者认真加以揣摩。

具体来讲，本章主要介绍了：

① 离散信号的加（减）法和乘法。重点理解同一瞬时两序列值对应相加（减）和相乘。

② 离散信号的差分。读者需要理解前向差分和后向差分的概念及其相互关系。

③ 离散信号的平移和反转。重点理解任意一种操作均是针对自变量 n 进行的，并能够熟练地进行正向变换（$f(n) \rightarrow f(-n+n_0)$）和逆向变换（$f(-n+n_0) \rightarrow f(n)$）。另外，还需理解离散信号一般不做尺度变换操作的原因。

④ 阶跃序列的定义和性质。重点理解阶跃序列和阶跃信号的关系，并能在表达式和信号波形之间相互转换。

⑤ 单位序列的定义和性质。重点理解单位序列和冲激信号、单位序列和阶跃序列的关系，并熟练掌握和运用单位序列的性质。

⑥ 卷积和。重点理解卷积和的定义和性质，并深刻理解卷积和的图解过程。同时，应能综合运用卷积和的定义、性质、图解法、列表法和不进位乘法求解离散信号的卷积和。

本章的主要知识脉络如图 5.5-1 所示。

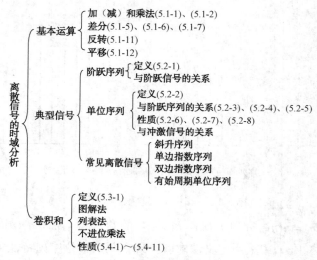

图 5.5-1　本章知识脉络示意图

练习题答案

5.1-1　1）　　　　　　　2）　　　　　　　3）

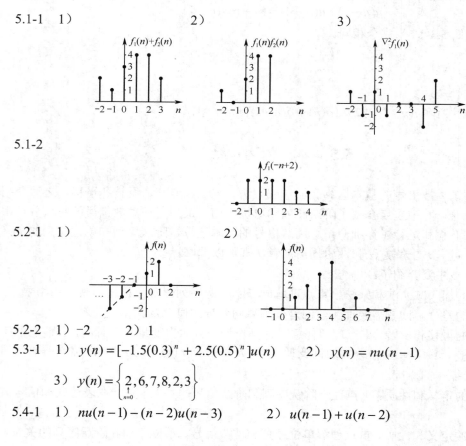

5.1-2

5.2-1　1）　　　　　　　2）

5.2-2　1）-2　　　2）1

5.3-1　1）$y(n) = [-1.5(0.3)^n + 2.5(0.5)^n]u(n)$　　　2）$y(n) = nu(n-1)$

　　　　3）$y(n) = \left\{\underset{\underset{n=0}{\uparrow}}{2}, 6, 7, 8, 2, 3\right\}$

5.4-1　1）$nu(n-1) - (n-2)u(n-3)$　　　　2）$u(n-1) + u(n-2)$

本 章 习 题

5.1　已知离散信号 $f(n) = \sin\left(\dfrac{n\pi}{5}\right)[u(n) - u(n-11)]$，试画出下列信号的波形。

1）$f(n)$ 2）$f(n-2)$ 3）$f(3-n)$ 4）$\displaystyle\sum_{m=-\infty}^{\infty} f(m)$

5.2 $f_1(n)$、$f_2(n)$ 和 $y(n)$ 均为因果序列，已知 $s_1 = \displaystyle\sum_{n=0}^{\infty} f_1(n)$，$s_2 = \displaystyle\sum_{n=0}^{\infty} f_2(n)$，$s = \displaystyle\sum_{n=0}^{\infty} y(n)$，且 $y(n) = f_1(n) * f_2(n)$，证明 $s = s_1 s_2$。

5.3 证明 $a^n f_1(n) * a^n f_2(n) = a^n [f_1(n) * f_2(n)]$。

5.4 计算卷积和 $y(n) = [3^n u(n) + 2^n u(-n-1)] * u(n+1)$。

5.5 下列关于 $u(n)$ 与 $\delta(n)$ 关系描述正确的是_____。

（A）$u(n) = \displaystyle\sum_{m=-\infty}^{n} \delta(m)$ （B）$u(n) = \displaystyle\sum_{m=0}^{\infty} \delta(n-m)$

（C）$\delta(n) = u(n) - u(n-1)$ （D）$\delta(n) = u(-n) - u(-n-1)$

5.6 证明 $\nabla[f_1(n) * f_2(n)] = \nabla f_1(n) * f_2(n) = f_1(n) * \nabla f_2(n)$。

5.7 计算卷积和 $y(n) = u(-n) * [u(n) - u(n-5)]$。

5.8 已知某因果序列 $f(n)$ 与 $h(n)$ 的卷积和为 $f(n) * h(n) = f(n) + f(n-1) + \cdots + f(1) + f(0)$，求序列 $h(n)$。

5.9 求序列和 $\displaystyle\sum_{m=-\infty}^{n} u(m)$。

第6章 离散信号的 z 域分析

【内容提要】

本章首先介绍 z 变换的定义和收敛域，接着介绍 z 变换的性质和逆 z 变换的求解方法，最后讨论 s 域与 z 域的映射关系。通过对本章内容的学习，读者应能够深入理解 z 变换的收敛域，能够运用定义和性质求解离散信号的 z 变换，能够应用部分分式展开法求解逆 z 变换。

【重点难点】

★ z 变换的定义和收敛域

★ z 变换的性质

★ 部分分式展开法求逆 z 变换

6.1 z 变换

6.1.1 z 变换的定义

连续信号 $f(t)$ 与周期为 T 的周期性单位冲激序列 $\delta_T(t) = \sum\limits_{n=-\infty}^{\infty} \delta(t-nT)$ 时域相乘，所得的信号称为取样信号，记为 $f_s(t)$，即：

$$f_s(t) = f(t)\delta_T(t) = f(t)\sum_{n=-\infty}^{\infty} \delta(t-nT) = \sum_{n=-\infty}^{\infty} f(nT)\delta(t-nT) \tag{6.1-1}$$

对式（6.1-1）的等号两端分别进行双边拉普拉斯变换，有：

$$F_{sb}(s) = \int_{-\infty}^{\infty} f_s(t)\mathrm{e}^{-st}\mathrm{d}t = \int_{-\infty}^{\infty} \left[\sum_{n=-\infty}^{\infty} f(nT)\delta(t-nT) \right] \mathrm{e}^{-st}\mathrm{d}t$$

交换积分和求和符号的顺序，考虑到 $f(nT)$ 不是 t 的函数，故可将其提到积分符号之外：

$$F_{sb}(s) = \sum_{n=-\infty}^{\infty} f(nT)\int_{-\infty}^{\infty} \delta(t-nT)\mathrm{e}^{-st}\mathrm{d}t$$

根据式（2.2-10），考虑到 e^{-snT} 不是 t 的函数，得：

$$F_{sb}(s) = \sum_{n=-\infty}^{\infty} f(nT)\mathrm{e}^{-snT}\int_{-\infty}^{\infty} \delta(t-nT)\mathrm{d}t$$

由式（2.2-5），得：

$$F_{sb}(s) = \sum_{n=-\infty}^{\infty} f(nT)\mathrm{e}^{-snT} \tag{6.1-2}$$

若令 $z = \mathrm{e}^{sT}$，序列 $f(nT)$ 简记为 $f(n)$，则式（6.1-2）变成了复变量 z 的函数，用 $F(z)$ 表示，即：

$$F(z) = \sum_{n=-\infty}^{\infty} f(n)z^{-n} \tag{6.1-3}$$

式（6.1-3）称为序列 $f(n)$ 的双边 z 变换。

与拉普拉斯变换有双边和单边之分类似，z 变换也分为双边和单边 z 变换。如果求和只在 n

的非负值域进行，即：

$$F(z) = \sum_{n=0}^{\infty} f(n)z^{-n} \qquad (6.1\text{-}4)$$

则称其为序列 $f(n)$ 的单边 z 变换。

比较式（6.1-3）和式（6.1-4）可以看出，若 $f(n)$ 为因果序列，则其单边和双边 z 变换相等，否则不等。今后在不致混淆的情况下，统称它们为 z 变换。

由于单边 z 变换用得较多，故如无特别说明，则 z 变换一般指单边 z 变换。z 变换定义式中的 $F(z)$ 称为 $f(n)$ 的象函数，而 $f(n)$ 称为 $F(z)$ 的原函数（序列），常记为：

$$F(z) = \mathscr{Z}\big[f(n)\big]$$

$$f(n) = \mathscr{Z}^{-1}\big[F(z)\big]$$

或简记为：

$$f(n) \leftrightarrow F(z)$$

6.1.2　z 变换的收敛域

同拉普拉斯变换类似，z 变换也存在一个收敛域的问题。由于 z 变换定义为一个无穷幂级数之和，因此，只有当该幂级数收敛时，其 z 变换才存在。能使 z 变换存在的复变量 z 在 z 平面上的取值区域称为 z 变换的收敛域，简记为 ROC。

由幂级数收敛的判定方法可知，当式（6.1-3）和式（6.1-4）中的幂级数满足绝对可和条件时，即满足：

$$\sum_{n=-\infty}^{\infty} \big|f(n)z^{-n}\big| < \infty$$

或

$$\sum_{n=0}^{\infty} \big|f(n)z^{-n}\big| < \infty$$

时，z 变换定义式一定收敛，反之不收敛。故绝对可和是序列 $f(n)$ 的 z 变换存在的充要条件。

总体上来看，序列可以分为有限长序列、因果序列、反因果序列和双边序列四类，下面通过例题讨论上述四类序列的单边和双边 z 变换的象函数和收敛域。

例 6.1-1　求下列有限长序列的单边和双边 z 变换。

1）$f_1(n) = \left\{\underset{n=0}{1}, 2, 3, 4, 5\right\}$ 　　　　2）$f_2(n) = \left\{1, 2, \underset{n=0}{3}, 4, 5\right\}$

解：1）由式（6.1-4）可知其单边 z 变换为：

$$F_1(z) = \sum_{n=0}^{\infty} f_1(n)z^{-n} = \sum_{n=0}^{4} f_1(n)z^{-n} = 1 + 2z^{-1} + 3z^{-2} + 4z^{-3} + 5z^{-4}$$

由式（6.1-3）可知其双边 z 变换为：

$$F_1(z) = \sum_{n=-\infty}^{\infty} f_1(n)z^{-n} = \sum_{n=0}^{4} f_1(n)z^{-n} = 1 + 2z^{-1} + 3z^{-2} + 4z^{-3} + 5z^{-4}$$

收敛域可利用绝对可和条件进行判断。由于幂级数中均为 z 的负次幂项，因此，仅当 $|z| = 0$ 时幂级数不收敛，故其单边、双边 z 变换的收敛域为 $0 < |z| \leqslant \infty$。可见，其单边和双边 z 变换完全相同。

2）由式（6.1-4）可知其单边 z 变换为：

$$F_2(z) = \sum_{n=0}^{\infty} f_2(n)z^{-n} = \sum_{n=0}^{2} f_2(n)z^{-n} = 3 + 4z^{-1} + 5z^{-2}$$

由式（6.1-3）可知其双边 z 变换为：

$$F_2(z) = \sum_{n=-\infty}^{\infty} f_2(n)z^{-n} = \sum_{n=-2}^{2} f_2(n)z^{-n} = z^2 + 2z^1 + 3 + 4z^{-1} + 5z^{-2}$$

收敛域可利用绝对可和条件进行判断。

（1）单边 z 变换收敛域：由于幂级数中均为 z 的负次幂项，因此，仅当 $|z|=0$ 时幂级数不收敛，故其单边 z 变换的收敛域为 $0 < |z| \leqslant \infty$。

（2）双边 z 变换收敛域：幂级数中有 z 的正次幂项和负次幂项，对于幂级数中的正次幂项，当 $|z|=\infty$ 时不收敛；对于幂级数中的负次幂项，当 $|z|=0$ 时不收敛。因此，其收敛域为 $0 < |z| < \infty$。

可见，其单边和双边 z 变换的象函数和收敛域均不同。

因此，有限长序列 z 变换的收敛域一般为 $0 < |z| < \infty$，但有时它在 0 和（或）∞ 也收敛。如果某序列的 z 变换为一个不依赖于 z 的常数，则其收敛域一定为全 z 平面。

例 6.1-2 求因果序列 $f(n) = a^n u(n)$（a 为常数）的单边和双边 z 变换。

解：先求单边 z 变换。

由式（6.1-4）可知其单边 z 变换为：

$$F(z) = \sum_{n=0}^{\infty} a^n u(n)z^{-n} = \sum_{n=0}^{\infty} a^n z^{-n} = \lim_{N \to \infty} \sum_{n=0}^{N} (az^{-1})^n$$

1）当 $|az^{-1}| > 1$，即 $|z| < |a|$ 时，由等比序列部分和公式，有：

$$F(z) = \lim_{N \to \infty} \frac{1 - (az^{-1})^{N+1}}{1 - az^{-1}} \to \infty$$

显然，此时因果序列 $f(n)$ 的单边 z 变换的幂级数不收敛，故单边 z 变换不存在。

2）当 $|az^{-1}| = 1$，即 $|z| = |a|$ 时，有：

$$F(z) = \lim_{N \to \infty} \sum_{n=0}^{N} 1^n = \lim_{N \to \infty} \sum_{n=0}^{N} 1 \to \infty$$

显然，此时因果序列 $f(n)$ 的单边 z 变换的幂级数也不收敛，故单边 z 变换也不存在。

3）当 $|az^{-1}| < 1$，即 $|z| > |a|$ 时，由无穷等比序列求和公式，有：

$$F(z) = \frac{1}{1 - az^{-1}} = \frac{z}{z - a}$$

显然，此时因果序列 $f(n)$ 的单边 z 变换存在，其收敛域为 $|z| > |a|$。

因 z 是复变量，故可令 $z = x + \mathrm{j}y\,(x, y \in R)$，则有：

$$|z| = |x + \mathrm{j}y| = \sqrt{x^2 + y^2} > |a| \Rightarrow x^2 + y^2 > a^2$$

故其收敛域为收敛半径为 $\rho = |a|$ 的圆外区域，如图 6.1-1 所示。

再求双边 z 变换。

由式（6.1-3）可知其双边 z 变换为：

$$F(z) = \sum_{n=-\infty}^{\infty} a^n u(n)z^{-n} = \sum_{n=0}^{\infty} a^n z^{-n}$$

将其与单边 z 变换的计算式比较，可以发现二者完全相同，因此，其单边和双边 z 变换的象函数和收敛域完全相同。

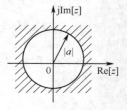

图 6.1-1　因果序列 z 变换收敛域

根据式（6.1-3）和式（6.1-4），单边 z 变换和双边 z 变换的唯一区别就在于求和下限不同，但对于因果序列 $f(n)$ 来说，当 $n < 0$ 时，$f(n) = 0$，故其 z 变换的求和下限必为 0。所以，对于因果序列来说，若其 z 变换存在，则单边和双边 z 变换的象函数相同，收敛域亦相同，均为 $|z| > \rho_{01}$（ρ_{01} 为收敛半径），即为收敛圆的外部区域。

例 6.1-3 求反因果序列 $f(n) = b^n u(-n-1)$（b 为常数）的单边和双边 z 变换。

解：先求单边 z 变换。

由式（6.1-4）可知其单边 z 变换为：

$$F(z) = \sum_{n=0}^{\infty} b^n u(-n-1) z^{-n} = \sum_{n=0}^{\infty} 0 \cdot z^{-n} = 0$$

再求双边 z 变换。

由式（6.1-3）可知其双边 z 变换为：

$$F(z) = \sum_{n=-\infty}^{\infty} b^n u(-n-1) z^{-n} = \sum_{n=-\infty}^{-1} b^n z^{-n}$$

令 $m = -n$，交换求和上下限，有：

$$F(z) = \sum_{m=1}^{\infty} (b^{-1} z)^m = \lim_{N \to \infty} \sum_{m=1}^{N} (b^{-1} z)^m$$

1）当 $|b^{-1} z| > 1$，即 $|z| > |b|$ 时，由等比序列部分和公式，有：

$$F(z) = \lim_{N \to \infty} \frac{b^{-1} z - (b^{-1} z)^{N+1}}{1 - b^{-1} z} \to \infty$$

显然，此时反因果序列 $f(n)$ 的双边 z 变换的幂级数不收敛，故双边 z 变换不存在。

2）当 $|b^{-1} z| = 1$，即 $|z| = |b|$ 时，有：

$$F(z) = \lim_{N \to \infty} \sum_{m=1}^{N} 1^m = \lim_{N \to \infty} \sum_{m=1}^{N} 1 \to \infty$$

显然，此时反因果序列 $f(n)$ 的双边 z 变换的幂级数也不收敛，故双边 z 变换也不存在。

3）当 $|b^{-1} z| < 1$，即 $|z| < |b|$ 时，由无穷等比序列求和公式，有：

$$F(z) = \frac{b^{-1} z}{1 - b^{-1} z} = \frac{-z}{z - b}$$

显然，此时反因果序列 $f(n)$ 的双边 z 变换存在，且其收敛域为 $|z| < |b|$，即收敛半径为 $\rho = |b|$ 的圆内区域，如图 6.1-2 所示。

可见，反因果序列的双边 z 变换可能存在，其收敛域为 $|z| < \rho_{02}$（ρ_{02} 亦称为收敛半径），即为收敛圆的内部区域，而任何反因果序列的单边 z 变换均为零，无研究意义。

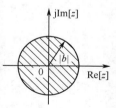

图 6.1-2　反因果序列 z 变换收敛域

例 6.1-4 求双边序列 $f(n) = a^n u(n) + b^n u(-n-1)$（$a$、$b$ 均为常数，且 $|a| < |b|$）的单边和双边 z 变换。

解：先求单边 z 变换。

由式（6.1-4）可知其单边 z 变换为：

$$F(z) = \sum_{n=0}^{\infty} \left[a^n u(n) + b^n u(-n-1) \right] z^{-n} = \sum_{n=0}^{\infty} a^n z^{-n}$$

由例 6.1-2 的结论可知其单边 z 变换为：

$$F(z) = \frac{z}{z-a}, \ |z| > |a|$$

再求双边 z 变换。

由式（6.1-3）可知其双边 z 变换为

$$F(z) = \sum_{n=-\infty}^{\infty} \left[a^n u(n) + b^n u(-n-1) \right] z^{-n} = \sum_{n=0}^{\infty} a^n z^{-n} + \sum_{n=-\infty}^{-1} b^n z^{-n} = F_1(z) + F_2(z)$$

由 $f(n)$ 的单边 z 变换可知：

$$F_1(z) = \frac{z}{z-a}, \ |z| > |a|$$

由例 6.1-3 的结论可知：

$$F_2(z) = \frac{-z}{z-b}, \ |z| < |b|$$

所以，$f(n)$ 的双边 z 变换为：

$$F(z) = \frac{z}{z-a} + \frac{-z}{z-b}$$

为使双边序列 $f(n)$ 的双边 z 变换存在，需因果序列部分和反因果序列部分的象函数 $F_1(z)$ 和 $F_2(z)$ 均收敛，故其收敛域为 $|a| < |z| < |b|$，即双边序列的双边 z 变换的收敛域是一个环状区域，如图 6.1-3 所示。

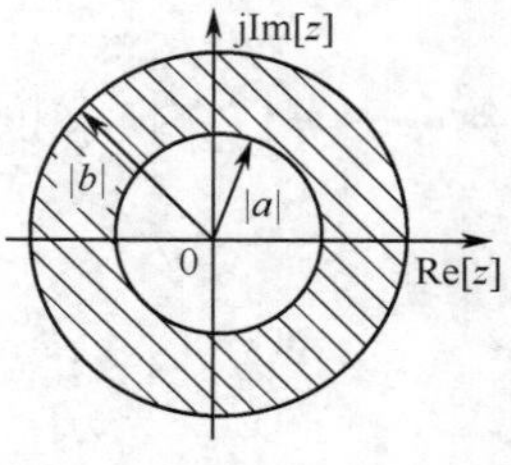

因此，若双边序列的单边和双边 z 变换均存在，则其单边和双边 z 变换的象函数不相等，收敛域也不同：单边 z 变换的收敛域为收敛圆的外部区域，而双边 z 变换的收敛域为环状区域。

图 6.1-3　双边序列 z 变换收敛域

例 6.1-5　求双边序列 $f(n) = a^n, -\infty < n < \infty$（$a$ 为常数）的单边和双边 z 变换。

解：先求单边 z 变换。

由式（6.1-4）可知其单边 z 变换为：

$$F(z) = \sum_{n=0}^{\infty} a^n z^{-n} = \sum_{n=0}^{\infty} a^n z^{-n}$$

由例 6.1-2 的结论可知其单边 z 变换为：

$$F(z) = \frac{z}{z-a}, \ |z| > |a|$$

再求双边 z 变换。

由式（6.1-3）可知其双边 z 变换为：

$$F(z) = \sum_{n=-\infty}^{\infty} a^n z^{-n} = \sum_{n=0}^{\infty} a^n z^{-n} + \sum_{n=-\infty}^{-1} a^n z^{-n} = F_1(z) + F_2(z)$$

由例 6.1-4 的结论可知 $F_1(z)$ 的收敛域为 $|z| > |a|$，$F_2(z)$ 的收敛域为 $|z| < |a|$，所以，其收敛域应为 $|a| < |z| < |a|$，显然这样的一个环形区域是不存在的，因此，双边序列 $f(n)$ 存在单边 z 变换但不存在双边 z 变换。

由式（6.1-3）和式（6.1-4）可知，存在双边 z 变换的双边序列一定存在单边 z 变换；由例 6.1-5 可知，存在单边 z 变换的双边序列不一定存在双边 z 变换。

例 6.1-6　求下列序列的双边 z 变换。

1）$f_1(n) = 2^n u(n)$　2）$f_2(n) = -2^n u(-n-1)$

解：1）根据例 6.1-2，令 $a = 2$ 有：

$$f_1(n) = 2^n u(n) \leftrightarrow F_1(z) = \frac{z}{z-2}, \ |z| > 2$$

2）根据例 6.1-3，令 $b = 2$，有：

$$f_2(n) = -2^n u(-n-1) \leftrightarrow F_2(z) = \frac{z}{z-2}, \ |z| < 2$$

可见，序列 $f_1(n)$ 和 $f_2(n)$ 双边 z 变换的象函数表达式完全相同，因此，单纯利用象函数无法唯一确定其原序列，即双边 z 变换的象函数和原序列并非一一对应。但是，序列 $f_1(n)$ 和 $f_2(n)$ 的象函数的收敛域不同，因此，双边 z 变换的象函数和收敛域一起与原序列一一对应，这一点同双边拉普拉斯变换类似。

由式（6.1-3）和式（6.1-4）可知，单边 z 变换只是双边 z 变换的一种特殊情况，其收敛域比较简单，一定是收敛圆以外的区域。由此可知，单边 z 变换的象函数 $F(z)$ 与时域序列 $f(n)$ 总是一一对应的，故在以后各节问题的讨论中经常不标注单边 z 变换收敛域，这一点同单边拉普拉斯变换类似。

作为本节的总结，表 6.1-1 列出了常用序列的 z 变换对。

表 6.1-1 常用序列的 z 变换对（a 是实/复常数）

反因果序列 $f(n), n \leqslant -1$	收敛域 $|z| < \beta$	象函数 $F(z)$	收敛域 $|z| > \alpha$	因果序列 $f(n), n \geqslant 0$
/	/	1	全平面	$\delta(n)$
/	/	$z^{-m}, m > 0$	$|z| > 0$	$\delta(n-m)$
$\delta(n+m)$	$|z| < \infty$	$z^m, m > 0$	/	/
$-u(-n-1)$	$|z| < 1$	$\dfrac{z}{z-1}$	$|z| > 1$	$u(n)$
$-a^n u(-n-1)$	$|z| < |a|$	$\dfrac{z}{z-a}$	$|z| > |a|$	$a^n u(n)$
$-na^{n-1} u(-n-1)$	$|z| < |a|$	$\dfrac{z}{(z-a)^2}$	$|z| > |a|$	$na^{n-1} u(n)$
$-\dfrac{1}{2} n(n-1)a^{n-2} u(-n-1)$	$|z| < |a|$	$\dfrac{z}{(z-a)^3}$	$|z| > |a|$	$\dfrac{1}{2} n(n-1)a^{n-2} u(n)$
$\dfrac{n(n-1)\cdots(n-m+1)}{m!} \cdot$ $a^{n-m} \cdot u(-n-1)$	$|z| < |a|$	$\dfrac{z}{(z-a)^{m+1}}, m \geqslant 1$	$|z| > |a|$	$\dfrac{n(n-1)\cdots(n-m+1)}{m!} \cdot$ $a^{n-m} \cdot u(n)$
$-a^n \sin(\beta n)u(-n-1)$	$|z| < |a|$	$\dfrac{az\sin(\beta)}{z^2 - 2az\cos(\beta) + a^2}$	$|z| > |a|$	$a^n \sin(\beta n)u(n)$
$-a^n \cos(\beta n)u(-n-1)$	$|z| < |a|$	$\dfrac{z[z - a\cos(\beta)]}{z^2 - 2az\cos(\beta) + a^2}$	$|z| > |a|$	$a^n \cos(\beta n)u(n)$

练习题

6.1-1　求以下序列的 z 变换。

1）$f_1(n) = \left(\dfrac{1}{3}\right)^{-n} u(n)$　2）$f_2(n) = \left(\dfrac{1}{2}\right)^n u(n) + \delta(n)$　3）$f_3(n) = \left(\dfrac{1}{2}\right)^n u(n) + \left(\dfrac{1}{3}\right)^n u(n)$

6.1-2　求以下各序列的双边 z 变换，并注明收敛域。

1）$f_1(n) = \left(\dfrac{1}{2}\right)^n u(-n-1)$　2）$f_2(n) = \left(\dfrac{1}{3}\right)^n u(n) + 2^n u(-n-1)$　3）$f_3(n) = \left(\dfrac{1}{2}\right)^{|n|}$

6.2 z变换的性质

本节讨论 z 变换的性质，若无特殊说明，它既适用于单边 z 变换也适用于双边 z 变换。

6.2.1 线性性质

若：

$$f_1(n) \leftrightarrow F_1(z), \quad \alpha_1 < |z| < \beta_1$$

$$f_2(n) \leftrightarrow F_2(z), \quad \alpha_2 < |z| < \beta_2$$

则对任意常数 a 和 b，有：

$$af_1(n) + bf_2(n) \leftrightarrow aF_1(z) + bF_2(z) \tag{6.2-1}$$

式（6.2-1）称为 z 变换的线性性质，其收敛域至少应为两个收敛域的重叠部分。对于多个信号的情况，线性性质仍然适用，证明略。

例 6.2-1 求序列 $f(n) = 2\delta(n) + 3u(n)$ 的单边 z 变换。

解： 由常用序列的 z 变换对可知：

$$f_1(n) = \delta(n) \leftrightarrow F_1(z) = \sum_{n=0}^{\infty} \delta(n)z^{-n} = 1, \infty \geqslant |z| \geqslant 0$$

$$f_2(n) = u(n) \leftrightarrow F_2(z) = \frac{z}{z-1}, \ |z| > 1$$

由式（6.2-1），得：

$$f(n) = 2f_1(n) + 3f_2(n) \leftrightarrow 2F_1(z) + 3F_2(z) = 2 + \frac{3z}{z-1}, \ |z| > 1$$

6.2.2 移位特性

若：

$$f(n) \leftrightarrow F(z), \ \alpha < |z| < \beta$$

且有整数 $m > 0$，则：

$$f(n \pm m) \leftrightarrow z^{\pm m}F(z), \ \alpha < |z| < \beta \tag{6.2-2}$$

式（6.2-2）称为双边 z 变换的移位特性，也称为移序特性。

若：

$$f(n) \leftrightarrow F(z), \ |z| > \alpha$$

且有整数 $m > 0$，则：

$$f(n-1) \leftrightarrow z^{-1}F(z) + f(-1), \ |z| > \alpha \tag{6.2-3}$$

$$f(n-2) \leftrightarrow z^{-2}F(z) + f(-2) + f(-1)z^{-1}, \ |z| > \alpha \tag{6.2-4}$$

$$f(n-3) \leftrightarrow z^{-3}F(z) + f(-3) + f(-2)z^{-1} + f(-1)z^{-2}, \ |z| > \alpha \tag{6.2-5}$$

$$\vdots$$

$$f(n-m) \leftrightarrow z^{-m}F(z) + \sum_{n=0}^{m-1} f(n-m)z^{-n}, \ |z| > \alpha \tag{6.2-6}$$

$$f(n+1) \leftrightarrow zF(z) - f(0)z, \ |z| > \alpha \tag{6.2-7}$$

$$f(n+2) \leftrightarrow z^2F(z) - f(0)z^2 - f(1)z, \ |z| > \alpha \tag{6.2-8}$$

$$f(n+3) \leftrightarrow z^3F(z) - f(0)z^3 - f(1)z^2 - f(2)z, \ |z| > \alpha \tag{6.2-9}$$

$$\vdots$$

$$f(n+m) \leftrightarrow z^m F(z) - \sum_{n=0}^{m-1} f(n) z^{m-n}, \quad |z| > \alpha \qquad (6.2\text{-}10)$$

式（6.2-3）~式（6.2-10）称为单边 z 变换的移位特性，也称为移序特性。其中，式（6.2-3）~式（6.2-6）为单边 z 变换的右移特性，式（6.2-7）~式（6.2-10）为单边 z 变换的左移特性。

显然，双边和单边 z 变换的移位特性不同，这是由式（6.1-3）和式（6.1-4）的求和下限不同造成的，下面分别证明双边和单边移位特性。

由式（6.1-3），有：

$$f(n \pm m) \leftrightarrow \sum_{n=-\infty}^{\infty} f(n \pm m) z^{-n}$$

令 $n \pm m = i$，则有：

$$f(n \pm m) \leftrightarrow \sum_{i=-\infty}^{\infty} f(i) z^{-(i \mp m)} = \sum_{i=-\infty}^{\infty} f(i) z^{-i} z^{\pm m} = z^{\pm m} \sum_{i=-\infty}^{\infty} f(i) z^{-i} = z^{\pm m} F(z)$$

对于上式，如果 $F(z)$ 收敛，则 $z^{\pm m} F(z)$ 也收敛，故其收敛域同为 $\alpha < |z| < \beta$，式（6.2-2）得证。

由式（6.1-4），有：

$$f(n-m) \leftrightarrow \sum_{n=0}^{\infty} f(n-m) z^{-n}$$

令 $n - m = i$，则有：

$$f(n-m) \leftrightarrow \sum_{i=-m}^{\infty} f(i) z^{-(i+m)} = z^{-m} \sum_{i=-m}^{\infty} f(i) z^{-i} = z^{-m} \sum_{i=-m}^{-1} f(i) z^{-i} + z^{-m} \sum_{i=0}^{\infty} f(i) z^{-i}$$

$$= \sum_{i=-m}^{-1} f(i) z^{-m-i} + z^{-m} F(z) = \sum_{n=0}^{m-1} f(n-m) z^{-n} + z^{-m} F(z)$$

对于上式，如果 $F(z)$ 收敛，则 $z^{-m} F(z)$ 也收敛，故其收敛域同为 $|z| > \alpha$，式（6.2-6）得证，同理可证式（6.2-10）。

例 6.2-2　求周期为 N 的有始周期性单位序列 $\delta_N(n) = \sum_{m=0}^{\infty} \delta(n-mN)$ 的单边 z 变换。

解：

根据式（6.2-6），并考虑到 $\delta(n) \leftrightarrow 1$ 且当 $n \neq 0$ 时 $\delta(n) = 0$，有：

$$\delta(n-mN) \leftrightarrow z^{-mN} + \sum_{n=0}^{mN-1} \delta(n-mN) z^{-n} = z^{-mN}, \quad |z| > 1$$

由式（6.2-1）并考虑无穷等比数列求和公式，有：

$$F(z) = \sum_{m=0}^{\infty} z^{-mN} = \frac{1}{1-z^{-N}} = \frac{z^N}{z^N - 1}, \quad |z| > 1$$

例 6.2-3　求序列 $f(n) = nu(n)$ 的单边 z 变换。

解法一： 利用单边 z 变换的右移特性求解。

考虑式（5.2-6），序列 $f(n)$ 可改写为：

$$f(n) = nu(n) = n[u(n-1) + \delta(n)] = nu(n-1) + n\delta(n) = nu(n-1)$$

根据序列 $f(n)$ 的表达式，得：

$$f(n-1) = (n-1)u(n-1) = nu(n-1) - u(n-1) = f(n) - u(n-1)$$

若 $f(n) \leftrightarrow F(z)$，由式（6.2-3）及常用序列的 z 变换对 $u(n) \leftrightarrow \dfrac{z}{z-1}$，得：

$$f(n-1) \leftrightarrow z^{-1}F(z) + f(-1) = F(z) - z^{-1}\frac{z}{z-1}$$

考虑到 $f(-1) = 0$，故得序列的单边 z 变换为：

$$F(z) = \frac{z}{(z-1)^2}, \ |z| > 1$$

解法二：利用单边 z 变换的左移特性求解。

考虑式（5.2-7），由序列 $f(n)$ 的表达式可知：

$$f(n+1) = (n+1)u(n+1) = (n+1)[u(n) + \delta(n+1)] = nu(n) + u(n) = f(n) + u(n)$$

若 $f(n) \leftrightarrow F(z)$，由式（6.2-7）及常用序列的 z 变换对 $u(n) \leftrightarrow \dfrac{z}{z-1}$，有：

$$zF(z) - zf(0) = F(z) + \frac{z}{z-1}$$

考虑到 $f(0) = 0$，故得序列的单边 z 变换为：

$$F(z) = \frac{z}{(z-1)^2}, \ |z| > 1$$

6.2.3 z 域尺度变换

若：

$$f(n) \leftrightarrow F(z), \ \alpha < |z| < \beta$$

且有常数 $a \neq 0$，则：

$$a^n f(n) \leftrightarrow F\left(\frac{z}{a}\right), \ \alpha|a| < |z| < \beta|a| \tag{6.2-11}$$

式（6.2-11）称为 z 变换的 z 域尺度变换性质，该性质表明时域中序列 $f(n)$ 乘以指数序列 a^n 相当于其象函数在 z 域进行展缩。下面对其进行证明。

由式（6.1-3），得：

$$a^n f(n) \leftrightarrow \sum_{n=-\infty}^{\infty} a^n f(n) z^{-n} = \sum_{n=-\infty}^{\infty} f(n) \left(\frac{z}{a}\right)^{-n} = F\left(\frac{z}{a}\right)$$

根据信号尺度变换的定义，可知象函数 $F(z)$ 在 z 域中进行横坐标展缩，其展缩比例为 $|a|$。因此，其收敛域为 $\alpha|a| < |z| < \beta|a|$。

例 6.2-4　求序列 $f(n) = a^n u(n)$ 的单边 z 变换。

解：利用常用序列的 z 变换对 $u(n) \leftrightarrow \dfrac{z}{z-1}, |z| > 1$ 及式（6.2-11），有：

$$f(n) = a^n u(n) \leftrightarrow \frac{\dfrac{z}{a}}{\dfrac{z}{a} - 1} = \frac{z}{z-a}, \ |z| > |a|$$

例 6.2-5　求序列 $f(n) = \cos(\beta n)u(n)$ 的单边 z 变换。

解：利用欧拉公式改写序列表达式，得：

$$f(n) = \cos(\beta n)u(n) = 0.5(e^{j\beta n} + e^{-j\beta n})u(n)$$

利用常用序列的 z 变换对 $u(n) \leftrightarrow \dfrac{z}{z-1}, |z| > 1$ 及式（6.2-11），有：

$$\mathrm{e}^{\mathrm{j}\beta n} u(n) = (\mathrm{e}^{\mathrm{j}\beta})^n u(n) \leftrightarrow \frac{\dfrac{z}{\mathrm{e}^{\mathrm{j}\beta}}}{\dfrac{z}{\mathrm{e}^{\mathrm{j}\beta}} - 1} = \frac{z}{z - \mathrm{e}^{\mathrm{j}\beta}}, \quad |z| > 1$$

$$\mathrm{e}^{-\mathrm{j}\beta n} u(n) = (\mathrm{e}^{-\mathrm{j}\beta})^n u(n) \leftrightarrow \frac{\dfrac{z}{\mathrm{e}^{-\mathrm{j}\beta}}}{\dfrac{z}{\mathrm{e}^{-\mathrm{j}\beta}} - 1} = \frac{z}{z - \mathrm{e}^{-\mathrm{j}\beta}}, \quad |z| > 1$$

由式（6.2-1），得：

$$\cos(\beta n) u(n) = 0.5(\mathrm{e}^{\mathrm{j}\beta n} + \mathrm{e}^{-\mathrm{j}\beta n}) u(n) \leftrightarrow \frac{0.5z}{z - \mathrm{e}^{\mathrm{j}\beta}} + \frac{0.5z}{z - \mathrm{e}^{-\mathrm{j}\beta}}, \quad |z| > 1$$

6.2.4　时域卷积定理

若：

$$f_1(n) \leftrightarrow F_1(z), \ \alpha_1 < |z| < \beta_1$$
$$f_2(n) \leftrightarrow F_2(z), \ \alpha_2 < |z| < \beta_2$$

则：

$$f_1(n) * f_2(n) \leftrightarrow F_1(z) F_2(z), \ \max(\alpha_1, \alpha_2) < |z| < \min(\beta_1, \beta_2) \tag{6.2-12}$$

式（6.2-12）称为 z 变换的时域卷积定理，该性质表明时域中序列的卷积对应于 z 域中象函数的乘积，其收敛域至少（一般）为 $F_1(z)$ 与 $F_2(z)$ 收敛域的重叠部分。下面对其进行证明。

由式（6.1-3），得：

$$f_1(n) * f_2(n) \leftrightarrow \sum_{n=-\infty}^{\infty} \left[f_1(n) * f_2(n) \right] z^{-n}$$

由式（5.3-1），得：

$$f_1(n) * f_2(n) \leftrightarrow \sum_{n=-\infty}^{\infty} \left[\sum_{m=-\infty}^{\infty} f_1(m) f_2(n-m) \right] z^{-n}$$

对上式交换求和次序，并利用式（6.2-2），有：

$$f_1(n) * f_2(n) \leftrightarrow \sum_{m=-\infty}^{\infty} f_1(m) \left[\sum_{n=-\infty}^{\infty} f_2(n-m) z^{-n} \right] = \sum_{m=-\infty}^{\infty} \left[f_1(m) z^{-m} \right] F_2(z) = F_1(z) F_2(z)$$

需要说明的是，离散信号的卷积定理包括时域卷积定理和 z 域卷积定理，但由于 z 域卷积定理使用较少，故不再列出，如有需要可查阅相关资料。

例 6.2-6　求序列 $f(n) = nu(n)$ 的单边 z 变换。

解：本题已在例 6.2-3 中利用移位特性求解，现在利用时域卷积定理求解。

解法一：因为：

$$u(n) * u(n) = (n+1) u(n)$$

根据式（5.4-11）和式（5.2-6），得：

$$u(n) * u(n-1) = nu(n-1) = n[u(n) - \delta(n)] = nu(n)$$

利用常用序列的 z 变换对 $u(n) \leftrightarrow \dfrac{z}{z-1}$ 及式（6.2-3）和式（6.2-12），有：

$$f(n) = nu(n) = u(n) * u(n-1) \leftrightarrow \frac{z}{z-1} \cdot \left(z^{-1} \cdot \frac{z}{z-1} \right) = \frac{z}{(z-1)^2}$$

解法二：因为：

$$u(n) * u(n) = (n+1)u(n) = nu(n) + u(n)$$

利用常用序列的 z 变换对 $u(n) \leftrightarrow \frac{z}{z-1}$ 及式（6.2-1）和式（6.2-12），有：

$$f(n) = nu(n) = u(n) * u(n) - u(n) \leftrightarrow F(z) = \frac{z}{z-1} \cdot \frac{z}{z-1} - \frac{z}{z-1} = \frac{z}{(z-1)^2}$$

显然，本例结果与例 6.2-3 完全相同。

6.2.5 z 域微分特性

若：

$$f(n) \leftrightarrow F(z), \ \alpha < |z| < \beta$$

则：

$$nf(n) \leftrightarrow -z\frac{\mathrm{d}}{\mathrm{d}z}F(z), \ \alpha < |z| < \beta \tag{6.2-13}$$

$$n^2 f(n) \leftrightarrow -z\frac{\mathrm{d}}{\mathrm{d}z}\left[-z\frac{\mathrm{d}}{\mathrm{d}z}F(z) \right], \ \alpha < |z| < \beta \tag{6.2-14}$$

$$n^3 f(n) \leftrightarrow -z\frac{\mathrm{d}}{\mathrm{d}z}\left\{ -z\frac{\mathrm{d}}{\mathrm{d}z}\left[-z\frac{\mathrm{d}}{\mathrm{d}z}F(z) \right] \right\}, \ \alpha < |z| < \beta \tag{6.2-15}$$

$$\vdots$$

$$n^m f(n) \leftrightarrow \left(-z\frac{\mathrm{d}}{\mathrm{d}z} \right)^m F(z), \ \alpha < |z| < \beta \tag{6.2-16}$$

式（6.2-13）～式（6.2-16）称为 z 域微分特性，其收敛域保持不变。式中的 $\left(-z\dfrac{\mathrm{d}}{\mathrm{d}z} \right)^m$（$m>0$）表示共进行 m 次求导和乘以 $-z$ 的运算，即：

$$\left(-z\frac{\mathrm{d}}{\mathrm{d}z} \right)^m = -z\frac{\mathrm{d}}{\mathrm{d}z}\left(\cdots \left(-z\frac{\mathrm{d}}{\mathrm{d}z}\left(-z\frac{\mathrm{d}}{\mathrm{d}z}F(z) \right) \right) \cdots \right)$$

下面对其进行证明。

由式（6.1-3）可知，象函数可展开成在收敛域内绝对且一致收敛的无穷级数，因此，可对该级数逐项求导，所得级数的收敛域与原级数相同：

$$\frac{\mathrm{d}}{\mathrm{d}z}F(z) = \frac{\mathrm{d}}{\mathrm{d}z}\left[\sum_{n=-\infty}^{\infty} f(n)z^{-n} \right] = \sum_{n=-\infty}^{\infty} f(n)\left(\frac{\mathrm{d}}{\mathrm{d}z}z^{-n} \right) = \sum_{n=-\infty}^{\infty} f(n)(-nz^{-n-1}) = -z^{-1}\sum_{n=-\infty}^{\infty} nf(n)z^{-n}$$

对上式等号两端同乘以 $-z$，得：

$$-z\frac{\mathrm{d}}{\mathrm{d}z}F(z) = \sum_{n=-\infty}^{\infty} nf(n)z^{-n}$$

即：

$$nf(n) \leftrightarrow -z\frac{\mathrm{d}}{\mathrm{d}z}F(z)$$

重复执行上述运算，可证得式（6.2-14）～式（6.2-16）。

例 6.2-7 求序列 $f(n) = nu(n)$ 的单边 z 变换。

解：本题已在例 6.2-3 和例 6.2-6 分别利用移位特性和时域卷积定理求解，现在利用 z 域微分特性求解。

由常用序列的 z 变换对 $u(n) \leftrightarrow \dfrac{z}{z-1}$ 及式（6.2-13），有：

$$nu(n) \leftrightarrow -z\frac{\mathrm{d}}{\mathrm{d}z}\left(\frac{z}{z-1}\right) = -z\frac{(z-1)-z}{(z-1)^2} = \frac{z}{(z-1)^2}, \ |z|>1$$

显然，本例结果与例 6.2-3 和例 6.2-6 完全相同。

6.2.6　z 域积分特性

若：

$$f(n) \leftrightarrow F(z), \ \alpha < |z| < \beta$$

设有整数 m，且 $n+m>0$，则：

$$\frac{f(n)}{n+m} \leftrightarrow z^m \int_z^\infty \frac{F(\eta)}{\eta^{m+1}}d\eta, \ \alpha < |z| < \beta \qquad （6.2\text{-}17）$$

式（6.2-17）称为 z 域积分特性。下面对其进行证明。

由式（6.1-3）可知：

$$F(\eta) = \sum_{n=-\infty}^{\infty} f(n)\eta^{-n}$$

上式等号两端同除以 η^{m+1}，得：

$$\frac{F(\eta)}{\eta^{m+1}} = \sum_{n=-\infty}^{\infty} f(n)\eta^{-(n+m+1)}$$

上式等号两端对 η 从 z 到 ∞ 积分，得：

$$\int_z^\infty \frac{F(\eta)}{\eta^{m+1}}\mathrm{d}\eta = \sum_{n=-\infty}^{\infty} f(n)\int_z^\infty \eta^{-(n+m+1)}\mathrm{d}\eta = \sum_{n=-\infty}^{\infty} f(n)\left(\left.\frac{\eta^{-(n+m)}}{-(n+m)}\right|_z^\infty\right)$$

由于 $n+m>0$，故：

$$\int_z^\infty \frac{F(\eta)}{\eta^{m+1}}\mathrm{d}\eta = z^{-m}\sum_{n=-\infty}^{\infty} \frac{f(n)}{(n+m)}z^{-n}$$

上式两端同乘以 z^m，得：

$$\frac{f(n)}{n+m} \leftrightarrow z^m \int_z^\infty \frac{F(\eta)}{\eta^{m+1}}\mathrm{d}\eta$$

例 6.2-8　求序列 $f(n) = \dfrac{2^n}{n+1}u(n)$ 的单边 z 变换。

解：由常用序列的 z 变换对 $a^n u(n) \leftrightarrow \dfrac{z}{z-a}, |z|>|a|$，以及式（6.2-17），有：

$$\frac{2^n}{n+1}u(n) \leftrightarrow z\int_z^\infty \frac{\eta}{(\eta-2)\eta^2}\mathrm{d}\eta = \frac{z}{2}\int_z^\infty\left(\frac{1}{\eta-2}-\frac{1}{\eta}\right)\mathrm{d}\eta = \frac{z}{2}\ln\left(\frac{\eta-2}{\eta}\right)\Big|_z^\infty = \frac{z}{2}\ln\left(\frac{z}{z-2}\right), \ |z|>2$$

6.2.7　时域反转特性

若：

$$f(n) \leftrightarrow F(z), \ \alpha < |z| < \beta$$

则：

$$f(-n) \leftrightarrow F(z^{-1}), \ \frac{1}{\beta} < |z| < \frac{1}{\alpha} \qquad (6.2\text{-}18)$$

式（6.2-18）称为时域反转特性，下面对其进行证明。

由式（6.1-3），得：

$$f(-n) \leftrightarrow \sum_{n=-\infty}^{\infty} f(-n)z^{-n}$$

令 $m = -n$，则：

$$f(-n) = f(m) \leftrightarrow \sum_{m=\infty}^{-\infty} f(m)z^{m}$$

交换求和上下限，有：

$$f(-n) = f(m) \leftrightarrow \sum_{m=-\infty}^{\infty} f(m)(z^{-1})^{-m} = F(z^{-1})$$

由于 $F(z)$ 的收敛域为 $\alpha < |z| < \beta$，显然，$F(z^{-1}) = F\left(\dfrac{1}{z}\right)$ 的收敛域为 $\dfrac{1}{\beta} < |z| < \dfrac{1}{\alpha}$。

例 6.2-9 求反因果序列 $f(n) = b^n u(-n-1)$（b 为常数）的双边 z 变换。

解：本题已在例 6.1-3 中利用定义法求解，现在利用时域反转特性求解。

为利用时域反转特性，可先求 $f_1(n) = a^{-n}u(-n-1)$ 的 z 变换，然后令 $b = a^{-1}$ 即可求得结果。

由常用序列的 z 变换对 $a^n u(n) \leftrightarrow \dfrac{z}{z-a}, |z| > |a|$ 及式（6.2-3）（注意到 $a^{-1}u(-1)=0$），有：

$$a^{n-1}u(n-1) \leftrightarrow \frac{z^{-1}z}{z-a} = \frac{1}{z-a}, \ |z| > |a|$$

由式（6.2-18），得：

$$a^{-n-1}u(-n-1) \leftrightarrow \frac{1}{z^{-1}-a}, \ |z| < \frac{1}{|a|}$$

由线性性质，上式左右两边同乘以 a 得：

$$a^{-n}u(-n-1) \leftrightarrow \frac{a}{z^{-1}-a}, \ |z| < \frac{1}{|a|}$$

令 $b = a^{-1}$，则有：

$$f(n) = b^n u(-n-1) \leftrightarrow \frac{b^{-1}}{z^{-1}-b^{-1}} = \frac{-z}{z-b}, \ |z| < |b|$$

显然，本例结果与例 6.1-3 完全相同。

6.2.8 序列部分和定理

若：

$$f(n) \leftrightarrow F(z), \ \alpha < |z| < \beta$$

则：

$$\sum_{m=-\infty}^{n} f(m) \leftrightarrow \frac{z}{z-1}F(z), \ \max(\alpha,1) < |z| < \beta \qquad (6.2\text{-}19)$$

式（6.2-19）称为序列部分和定理，因为象函数中出现了极点 $p = 1$，故因果部分的收敛域取原收敛半径 α 和 1 的最大值，下面对其进行证明。

由式（5.3-1），得：

$$f(n)*u(n) = \sum_{m=-\infty}^{\infty} f(m)u(n-m) = \sum_{m=-\infty}^{n} f(m)$$

根据式（6.2-12），考虑到常用序列的 z 变换对 $u(n) \leftrightarrow \dfrac{z}{z-1}, |z|>1$，有：

$$\sum_{m=-\infty}^{n} f(m) \leftrightarrow \frac{z}{z-1} F(z)$$

例 6.2-10 求序列 $f(n) = nu(n)$ 的单边 z 变换。

解：本题已在例 6.2-3、例 6.2-6 和例 6.2-7 中分别利用移位特性、时域卷积定理和 z 域微分特性求解，现在利用序列部分和定理求解。

根据常用序列的 z 变换对 $u(n) \leftrightarrow \dfrac{z}{z-1}, |z|>1$，考虑式（6.2-19），有：

$$\sum_{m=-\infty}^{n} u(m) = \sum_{m=0}^{n} u(m) = (n+1)u(n) \leftrightarrow \frac{z}{z-1} \frac{z}{z-1} = \frac{z^2}{(z-1)^2}, \quad |z|>1$$

而

$$(n+1)u(n) = nu(n) + u(n)$$

故利用式（6.2-1），有：

$$nu(n) \leftrightarrow \frac{z^2}{(z-1)^2} - \frac{z}{z-1} = \frac{z}{(z-1)^2}, \quad |z|>1$$

显然，本例结果与例 6.2-3、例 6.2-6 和例 6.2-7 完全相同。

6.2.9 初值定理和终值定理

类似于拉普拉斯变换中的初值定理和终值定理，z 变换的初值定理和终值定理常用于由 $F(z)$ 直接求序列 $f(n)$ 的初值和终值，而不必求原序列 $f(n)$ 的情况。只是需要注意，z 变换的初值定理和终值定理只适用于右边序列，即适用于 $n < M$ 且 $M \in Z$ 时 $f(n) = 0$ 的序列。

初值定理

若右边序列与象函数的关系为：

$$f(n) \leftrightarrow F(z), \quad \alpha < |z| < \infty$$

则右边序列的初值为：

$$f(M) = \lim_{z \to \infty} z^M F(z) \tag{6.2-20}$$

$$f(M+1) = \lim_{z \to \infty} z^{M+1} \left[F(z) - f(M)z^{-M} \right] \tag{6.2-21}$$

$$f(M+2) = \lim_{z \to \infty} z^{M+2} \left[F(z) - f(M)z^{-M} - f(M+1)z^{-(M+1)} \right] \tag{6.2-22}$$

$$f(M+3) = \lim_{z \to \infty} z^{M+3} \left[F(z) - f(M)z^{-M} - f(M+1)z^{-(M+1)} - f(M+2)z^{-(M+2)} \right] \tag{6.2-23}$$

$$\vdots$$

$$f(M+m) = \lim_{z \to \infty} z^{M+m} \left[F(z) - \sum_{n=0}^{m-1} f(M+n)z^{-(M+n)} \right] \tag{6.2-24}$$

式（6.2-20）～式（6.2-24）称为右边序列的初值定理，式中 $m \geq 0$ 且 $m \in Z$。

若 $M = 0$，则右边序列即为因果序列，序列的初值为：

$$f(0) = \lim_{z \to \infty} F(z) \tag{6.2-25}$$

$$f(1) = \lim_{z \to \infty} z \left[F(z) - f(0) \right] \tag{6.2-26}$$

$$f(2) = \lim_{z \to \infty} z^2 \left[F(z) - f(0) - f(1)z^{-1} \right] \tag{6.2-27}$$

$$f(3) = \lim_{z \to \infty} z^3 \left[F(z) - f(0) - f(1)z^{-1} - f(2)z^{-2} \right] \tag{6.2-28}$$

$$\vdots$$

$$f(m) = \lim_{z \to \infty} z^m \left[F(z) - \sum_{n=0}^{m-1} f(n)z^{-n} \right] \tag{6.2-29}$$

式（6.2-25）～式（6.2-29）称为因果序列的初值定理，式中 $m \geq 0$ 且 $m \in Z$。可以看出，因果序列的初值定理只是右边序列初值定理的一个特例。

终值定理

若右边序列与象函数的关系为：

$$f(n) \leftrightarrow F(z), \; \alpha < |z| < \infty \text{ 且 } 0 \leq \alpha < 1$$

则序列的终值为：

$$f(\infty) = \lim_{n \to \infty} f(n) = \lim_{z \to 1} \frac{z-1}{z} F(z) = \lim_{z \to 1} (z-1)F(z) \tag{6.2-30}$$

式（6.2-30）称为右边序列的终值定理。需要注意的是，终值定理要求象函数在 $z \to 1$ 时收敛，而右边序列的收敛域为收敛圆的外部（$|z| > |\alpha|$），只有当 $0 \leq \alpha < 1$ 时，$z = 1$ 才包含在收敛域中，故在终值定理的条件中，强调了 $0 \leq \alpha < 1$。

下面证明 z 变换的初值定理和终值定理。

由式（6.1-3）可知右边序列的 z 变换为：

$$F(z) = \sum_{n=-\infty}^{\infty} f(n)z^{-n} = \sum_{n=M}^{\infty} f(n)z^{-n}$$

上式等号两端同乘以 z^M，得：

$$z^M F(z) = \sum_{n=M}^{\infty} f(n)z^{M-n}$$

对上式求 $z \to \infty$ 的极限，有：

$$\lim_{z \to \infty} z^M F(z) = \lim_{z \to \infty} \sum_{n=M}^{\infty} f(n)z^{M-n} = \lim_{z \to \infty} [f(M) + f(M+1)z^{-1} + f(M+2)z^{-2} + \cdots]$$

$$= f(M) + \lim_{z \to \infty} [f(M+1)z^{-1} + f(M+2)z^{-2} + \cdots] = f(M)$$

式（6.2-20）得证。

将上式等号两端同乘以 z，有：

$$\lim_{z \to \infty} z^{M+1} F(z) = \lim_{z \to \infty} \sum_{n=M}^{\infty} f(n)z^{M-n+1} = \lim_{z \to \infty} [zf(M) + f(M+1) + f(M+2)z^{-1} + \cdots]$$

移项，得：

$$\lim_{z \to \infty} [z^{M+1} F(z) - zf(M)] = \lim_{z \to \infty} [f(M+1) + f(M+2)z^{-1} + f(M+3)z^{-2} + \cdots]$$

$$= f(M+1) + \lim_{z \to \infty} [f(M+2)z^{-1} + f(M+3)z^{-2} + \cdots]$$

显然：

$$f(M+1) = \lim_{z \to \infty} [z^{M+1} F(z) - zf(M)]$$

式（6.2-21）得证。

重复上述操作，可证得式（6.2-22）～式（6.2-24）。令 $M = 0$，可证得式（6.2-25）～式（6.2-29）。

根据式（6.1-3）、式（6.2-1）及式（6.2-2），有：

$$f(n) - f(n-1) \leftrightarrow F(z) - z^{-1}F(z) = \sum_{n=-\infty}^{\infty} [f(n) - f(n-1)]z^{-n} = \sum_{n=M}^{\infty} [f(n) - f(n-1)]z^{-n}$$

所以：

$$(1 - z^{-1})F(z) = \lim_{N \to \infty} \sum_{n=M}^{N} [f(n) - f(n-1)]z^{-n}$$

对上式取 $z \to 1$ 的极限，得：

$$\lim_{z \to 1}(1 - z^{-1})F(z) = \lim_{z \to 1} \frac{z-1}{z} F(z) = \lim_{z \to 1} \left\{ \lim_{N \to \infty} \sum_{n=M}^{N} [f(n) - f(n-1)]z^{-n} \right\}$$

交换求极限的次序，得：

$$\lim_{z \to 1} \frac{z-1}{z} F(z) = \lim_{N \to \infty} \left\{ \lim_{z \to 1} \sum_{n=M}^{N} [f(n) - f(n-1)]z^{-n} \right\} = \lim_{N \to \infty} \left\{ \sum_{n=M}^{N} [f(n) - f(n-1)] \right\}$$

$$= \lim_{N \to \infty} \{ [f(M) - f(M-1)] + [f(M+1) - f(M)] + [f(M+2) - f(M+1)]$$

$$+ \cdots + [f(N-1) - f(N-2)] + [f(N) - f(N-1)] \}$$

$$= \lim_{N \to \infty} [f(N) - f(M-1)]$$

考虑到 $f(n)$ 为右边序列，故 $f(M-1) = 0$，所以，上式可写为：

$$\lim_{z \to 1} \frac{z-1}{z} F(z) = \lim_{N \to \infty} f(N)$$

由于取 $z \to 1$ 的极限，故上式可改写为：

$$\lim_{z \to 1} \frac{z-1}{z} F(z) = \lim_{z \to 1}(z-1)F(z) = \lim_{N \to \infty} f(N) = f(\infty)$$

即式（6.2-30）成立。

例 6.2-11 某因果序列 $f(n)$ 的 z 变换为 $F(z) = \dfrac{2z}{z-a}$ （$|z| > |a|$，a 为实数），求 $f(0), f(1), f(2)$ 和 $f(\infty)$ 的值。

解：由式（6.2-25），得其初值为：

$$f(0) = \lim_{z \to \infty} \frac{2z}{z-a} = 2$$

$$f(1) = \lim_{z \to \infty} z \left[\frac{2z}{z-a} - f(0) \right] = 2a$$

$$f(2) = \lim_{z \to \infty} z^2 \left[\frac{2z}{z-a} - f(0) - f(1)z^{-1} \right] = \lim_{z \to \infty} z^2 \left(\frac{2z}{z-a} - 2 - 2az^{-1} \right) = 2a^2$$

对于因果序列而言，其象函数 $F(z)$ 的收敛域为 $|z| > |a|$，只有当 $|a| < 1$ 时，$z = 1$ 才在收敛域内，即终值定理成立。所以：

1）当 $|a| < 1$ 时，$z = 1$ 在 $F(z)$ 的收敛域内，终值定理成立：$f(\infty) = \lim\limits_{z \to 1} \left(\dfrac{z-1}{z} \cdot \dfrac{2z}{z-a} \right) = 0$；

2）当 $a = 1$ 时，终值定理不成立，原序列 $f(n) = 2u(n)$，所以 $f(\infty) = 2$；

3）当 $a = -1$ 时，终值定理不成立，原序列 $f(n) = 2(-1)^n u(n)$，此时，$\lim\limits_{n \to \infty} 2(-1)^n u(n)$ 不收敛，故 $f(\infty)$ 不存在；

4）当 $|a| > 1$ 时，终值定理不成立，原序列 $f(n) = 2a^n u(n)$ 不收敛，故 $f(\infty)$ 不存在。所以：

$$f(\infty) = \begin{cases} 0, & |a| < 1 \\ 2, & a = 1 \\ 不存在, & a = -1 \\ 不存在, & |a| > 1 \end{cases}$$

例 6.2-12 已知因果序列 $f(n) = a^n u(n)(|a| < 1)$，求序列的无限和 $\sum\limits_{m=0}^{\infty} f(m)$。

解： 若 $f(n) \leftrightarrow F(z)$，则由常用序列的 z 变换对 $a^n u(n) \leftrightarrow \dfrac{z}{z-a}, |z| > |a|$，得：

$$F(z) = \frac{z}{z-a}, \quad |z| > |a|$$

设 $g(n) = \sum\limits_{m=0}^{n} f(m)$，由式（6.2-19）知其象函数为：

$$G(z) = \frac{z}{z-1} F(z)$$

求无限和可以看做求取 $g(n)$ 当 $n \to \infty$ 时的极限，即 $\sum\limits_{m=0}^{\infty} f(m) = \lim\limits_{n \to \infty} g(n)$。

因果序列象函数 $F(z)$ 的收敛域为 $|z| > |a|$，因为 $|a| < 1$，所以 $z = 1$ 在收敛域内，故可利用式（6.2-30）得：

$$\sum\limits_{m=0}^{\infty} f(m) = \lim\limits_{n \to \infty} g(n) = \lim\limits_{z \to 1} \frac{z-1}{z} G(z) = \lim\limits_{z \to 1} \frac{z-1}{z} \cdot \frac{z}{z-1} F(z) = F(1) = \frac{1}{1-a}$$

作为本节的总结，表 6.2-1 列出了 z 变换的性质。

表 6.2-1 z 变换的性质（表中 α、β 为正实常数，分别称为收敛圆的内、外半径）

名称		时域 $f(n) \leftrightarrow F(z)$ z 域	
定义		$f(n) = \dfrac{1}{2\pi \mathrm{j}} \oint F(z) z^{n-1} \mathrm{d}z$	$F(z) = \sum\limits_{n=-\infty}^{\infty} f(n) z^{-n}, \alpha < |z| < \beta$
线性		$a f_1(n) + b f_2(n)$	$a F_1(z) + b F_2(z), \quad \max(\alpha_1, \alpha_2) < |z| < \max(\beta_1, \beta_2)$
移位	双边	$f(n \pm m)$	$z^{\pm m} F(z), \ \alpha < |z| < \beta$
	单边	$f(n-m), m > 0$	$z^{-m} F(z) + \sum\limits_{n=0}^{m-1} f(n-m) z^{-n}, \ |z| > \alpha$
		$f(n+m), m > 0$	$z^m F(z) - \sum\limits_{n=0}^{m-1} f(n) z^{m-n}, \ |z| > \alpha$
z 域尺度变换		$a^n f(n), a \neq 0$	$F\left(\dfrac{z}{a}\right), \ \alpha|a| < |z| < \beta|a|$
时域卷积		$f_1(n) * f_2(n)$	$F_1(z) F_2(z), \max(\alpha_1, \alpha_2) < |z| < \min(\beta_1, \beta_2)$
z 域微分		$n^m f(n), \ m > 0$	$\left(-z \dfrac{\mathrm{d}}{\mathrm{d}z}\right)^m F(z), \ \alpha < |z| < \beta$
z 域积分		$\dfrac{f(n)}{n+m}, m \in Z, \ n+m > 0$	$z^m \int_z^{\infty} \dfrac{F(\eta)}{\eta^{m+1}} \mathrm{d}\eta, \alpha < |z| < \beta$
时域反转		$f(-n)$	$F(z^{-1}), \ \dfrac{1}{\beta} < |z| < \dfrac{1}{\alpha}$
部分和		$\sum\limits_{m=-\infty}^{n} f(m)$	$\dfrac{z}{z-1} F(z), \ \max(\alpha, 1) < |z| < \beta$

名称		时域 $f(n) \leftrightarrow F(z)$ z 域
初值定理	右边序列	$f(M) = \lim_{z \to \infty} z^M F(z)$ $f(M+1) = \lim_{z \to \infty} z^{M+1}\left[F(z) - f(M)z^{-M} \right]$ $f(M+2) = \lim_{z \to \infty} z^{M+2}\left[F(z) - f(M)z^{-M} - f(M+1)z^{-(M+1)} \right]$ $f(M+3) = \lim_{z \to \infty} z^{M+3}\left[F(z) - f(M)z^{-M} - f(M+1)z^{-(M+1)} - f(M+2)z^{-(M+2)} \right]$ $f(M+m) = \lim_{z \to \infty} z^{M+m}\left[F(z) - \sum_{n=0}^{m-1} f(M+n)z^{-(M+n)} \right]$
	因果序列	$f(0) = \lim_{z \to \infty} F(z)$ $f(1) = \lim_{z \to \infty} z\left[F(z) - f(0) \right]$ $f(2) = \lim_{z \to \infty} z^2\left[F(z) - f(0) - f(1)z^{-1} \right]$ $f(3) = \lim_{z \to \infty} z^3\left[F(z) - f(0) - f(1)z^{-1} - f(2)z^{-2} \right]$ $f(m) = \lim_{z \to \infty} z^m\left[F(z) - \sum_{n=0}^{m-1} f(n)z^{-n} \right]$
终值定理		$f(\infty) = \lim_{n \to \infty} f(n) = \lim_{z \to 1} \dfrac{z-1}{z} F(z) = \lim_{z \to 1}(z-1)F(z), \; \alpha < |z| < \infty, 0 \leqslant \alpha < 1$

练习题

6.2-1   已知序列 $f(n)$ 的 z 变换 $F(z) = \dfrac{4z}{(z+0.5)^2}, |z| > 0.5$，求下列序列的 z 变换，并指出收敛域。

1）$f(n-2)$ 2）$2^n f(n)$ 3）$nf(n)$ 4）$f(-n)$

6.2-2   已知序列 $f(n) = a^n u(n)$，用卷积定理求 $g(n) = \sum\limits_{m=0}^{n} f(m)$ 的 z 变换。

6.2-3   用终值定理求序列 $f(n) = b\left(\dfrac{1}{2} - e^{-\alpha n T} \right) u(n), \alpha > 0$，$T>0$ 的终值。

6.2-4   若因果序列 $f(n)$ 的 z 变换 $F(z) = \dfrac{z^2}{(z-2)(z-1)}, |z| > 2$，求 $f(0)$、$f(1)$ 和 $f(2)$ 的值。

6.3   逆 z 变换

本节研究逆 z 变换，即由象函数 $F(z)$ 求得原序列 $f(n)$ 的方法。求取逆 z 变换的方法主要有：定义法、性质法、查表法、幂级数展开法、部分分式展开法、留数法以及数学软件法。

定义法是利用逆 z 变换的定义式 $f(n) = \dfrac{1}{2\pi j}\oint F(z)z^{n-1}\mathrm{d}z$ 直接求取逆 z 变换。该方法思路清晰，但由于积分路径较为复杂，求解过程较为困难，一般很少采用。

性质法是利用 z 变换的性质和常用序列的 z 变换对求解逆 z 变换，该方法求解思路灵活，但适用范围有限。

查表法是通过查找现有的 z 变换对表直接求解逆 z 变换，该方法求解方法简单，但适用范围有限，对于部分象函数无法采用此种方法求解。

留数法是根据复变函数理论，将逆 z 变换定义式中的积分运算转化为复变函数极点上的留数计算。它比部分分式展开法应用范围更广；留数法不仅能够处理有理象函数，还能处理无理象函数，但该方法的求解过程较为繁琐。

数学软件法就是利用 MATLAB 或 Mathematics 等数学软件求取逆 z 变换。该方法使用方便，但需要熟悉相关软件的使用方法。

本节主要介绍幂级数展开法和部分分式展开法。

6.3.1 幂级数展开法

由双边和单边 z 变换的定义式：

$$F(z) = \sum_{n=-\infty}^{\infty} f(n)z^{-n}, \quad F(z) = \sum_{n=0}^{\infty} f(n)z^{-n}$$

可知，因果序列和反因果序列的象函数 $F(z)$ 分别是 z^{-1} 和 z 的幂级数。因此，根据给定的收敛域可将象函数展开为幂级数，其系数就是相应的序列值 $f(n)$。当然，在确定象函数的原序列时，需要根据象函数表达式和收敛域进行综合判断，才能最终确定与象函数相对应的原序列。

例 6.3-1 已知象函数 $F(z) = \dfrac{z^2}{z^2 + 2z - 8}$，其收敛域如下：

1）$|z| > 4$　　2）$|z| < 2$　　3）$2 < |z| < 4$

分别求其相应的原序列 $f(n)$。

解： 根据象函数表达式，可求得其极点为 $p_1 = 2, p_2 = -4$，因此，有：

$$F(z) = \frac{z^2}{z^2 + 2z - 8} = \frac{z^2}{(z-2)(z+4)}$$

下面根据不同的收敛域分别求其逆 z 变换。

1）$|z| > 4$。因为象函数的两极点为 $p_1 = 2, p_2 = -4$，即收敛半径分别为 2 和 4，由于题目中给出的收敛域为 $|z| > 4$，即 $F(z)$ 的收敛域在收敛半径为 4 的圆的外部，而若 $|z| > 4$，则必然满足 $|z| > 2$，因此与象函数相对应的原序列 $f(n)$ 为因果序列。

利用多项式除法将 $F(z)$ 展开为 z^{-1} 的幂级数。注意：为了能够得到 z^{-1} 的幂级数，象函数的分子和分母应按 z 降幂排列。

故有：

$$
\begin{array}{r}
1 - 2z^{-1} + 12z^{-2} - 40z^{-3} + \cdots \\
z^2 + 2z - 8 \overline{\smash{\big)}\ z^2 } \\
\underline{z^2 + 2z - 8 } \\
-2z + 8 \\
\underline{-2z - 4 + 16z^{-1} } \\
12 - 16z^{-1} \\
\underline{12 + 24z^{-1} - 96z^{-2} } \\
-40z^{-1} + 96z^{-2} \\
\underline{-40z^{-1} - 80z^{-2} + 320z^{-3}} \\
176z^{-2} - 320z^{-3} \\
\vdots
\end{array}
$$

$$F(z) = \frac{z^2}{z^2 + 2z - 8} = 1 - 2z^{-1} + 12z^{-2} - 40z^{-3} + \cdots$$

所以：

$$f(n) = \left\{ \underset{\underset{n=0}{\uparrow}}{1}, -2, 12, -40, \cdots \right\}$$

2）$|z| < 2$。由于题目中给出的收敛域为 $|z| < 2$，即 $F(z)$ 的收敛域在收敛半径为 2 的圆的内部，而若 $|z| < 2$，则必然满足 $|z| < 4$，故与象函数相对应的原序列 $f(n)$ 为反因果序列。

利用多项式除法将 $F(z)$ 展开为 z 的幂级数。注意：为了能够得到 z 的幂级数，象函数的分子和分母应按 z 升幂排列。

故有：

$$
\begin{array}{r}
-\dfrac{1}{8}z^2 - \dfrac{1}{32}z^3 - \dfrac{3}{128}z^4 - \dfrac{5}{512}z^5 + \cdots \\[4pt]
-8 + 2z + z^2 \overline{)\, z^2 } \\[6pt]
z^2 - \dfrac{1}{4}z^3 - \dfrac{1}{8}z^4 \\[4pt]
\overline{} \\[4pt]
\dfrac{1}{4}z^3 + \dfrac{1}{8}z^4 \\[4pt]
\dfrac{1}{4}z^3 - \dfrac{1}{16}z^4 - \dfrac{1}{32}z^5 \\[4pt]
\overline{} \\[4pt]
\dfrac{3}{16}z^4 + \dfrac{1}{32}z^5 \\[4pt]
\dfrac{3}{16}z^4 - \dfrac{3}{64}z^5 - \dfrac{3}{128}z^6 \\[4pt]
\overline{} \\[4pt]
\dfrac{5}{64}z^5 + \dfrac{3}{128}z^6 \\[4pt]
\dfrac{5}{64}z^5 - \dfrac{5}{256}z^6 - \dfrac{5}{512}z^7 \\[4pt]
\overline{} \\[4pt]
\dfrac{11}{256}z^6 + \dfrac{5}{512}z^7 \\[4pt]
\vdots
\end{array}
$$

$$F(z) = \frac{z^2}{z^2 + 2z - 8} = -\frac{1}{8}z^2 - \frac{1}{32}z^3 - \frac{3}{128}z^4 - \frac{5}{512}z^5 + \cdots$$

所以：

$$f(n) = \left\{ \cdots, -\frac{5}{512}, -\frac{3}{128}, -\frac{1}{32}, \underset{\underset{n=-1}{\uparrow}}{-\frac{1}{8}}, 0 \right\}$$

3）$2 < |z| < 4$。由于题目中给出的收敛域为 $2 < |z| < 4$，即 $F(z)$ 的收敛域在收敛半径为 2 和收敛半径为 4 的圆所围成的环状区域内，因此与象函数相对应的原序列 $f(n)$ 为双边序列。改写象函数的表达式，得：

$$F(z) = \frac{z^2}{z^2 + 2z - 8} = \frac{\frac{1}{3}z}{z - 2} + \frac{\frac{2}{3}z}{z + 4} = F_1(z) + F_2(z), \quad 2 < |z| < 4$$

根据给定的收敛域可知，由于满足 $|z| > 2$，因此，$F_1(z)$ 的原序列为因果序列；由于满足 $|z| < 4$，因此，$F_2(z)$ 的原序列为反因果序列，即：

$$F_1(z) = \frac{\frac{1}{3}z}{z-2}, \ |z| > 2, \quad F_2(z) = \frac{\frac{2}{3}z}{z+4}, \ |z| < 4$$

所以，将象函数 $F_1(z)$ 和 $F_2(z)$ 分别展开为 z^{-1} 及 z 的幂级数，有：

$$F_1(z) = \frac{\frac{1}{3}z}{z-2} = \frac{1}{3} + \frac{2}{3}z^{-1} + \frac{4}{3}z^{-2} + \frac{8}{3}z^{-3} + \cdots$$

$$F_2(z) = \frac{\frac{2}{3}z}{z+4} = \cdots + \frac{1}{96}z^3 - \frac{1}{24}z^2 + \frac{1}{6}z$$

故得原序列为：

$$f(n) = \left\{ \cdots, \frac{1}{96}, -\frac{1}{24}, \frac{1}{6}, \underset{\underset{n=0}{\uparrow}}{\frac{1}{3}}, \frac{2}{3}, \frac{4}{3}, \frac{8}{3}, \cdots \right\}$$

除了可以利用多项式除法将 $F(z)$ 展开为幂级数外，有时也可利用已知幂级数展开式求逆 z 变换，其思路仍然是根据 z 变换的定义式，求得幂级数的系数作为原序列，在此不再赘述。

显然，用幂级数展开法求取逆 z 变换时，常常只能写出原序列的部分项，难以将原序列 $f(n)$ 写成闭合函数的形式。

6.3.2　部分分式展开法

同拉普拉斯逆变换类似，也可以通过将 z 变换的象函数展开成部分分式之和的形式，然后根据常用序列的 z 变换对分别求取各部分分式的逆 z 变换，最后利用线性性质得到象函数的原序列。

需要强调的是，在利用部分分式展开法求解拉普拉斯逆变换时，常常先从象函数 $F(s)$ 中分离出整式项，再将余下的真分式展开为部分分式，然后求其逆变换，这是因为基本的拉普拉斯变换主要是 $\frac{1}{s+\alpha}$、$\frac{n!}{(s+\alpha)^{n+1}}, n \in Z$ 的形式。而基本的 z 变换主要是 $\frac{z}{z+\alpha}$、$\frac{z}{(z+\alpha)^n}, n \in Z$ 的形式，为

保证展开后的部分分式的分子位置都有因式 z，需要在确保 $\frac{F(z)}{z}$ 为真分式的前提下对其进行展开，然后再乘以 z。这是利用部分分式展开法求解逆 z 变换和拉普拉斯逆变换的不同之处。

如有象函数：

$$F(z) = \frac{B(z)}{A(z)} = \frac{b_m z^m + b_{m-1} z^{m-1} + \cdots + b_1 z + b_0}{a_n z^n + a_{n-1} z^{n-1} + \cdots + a_1 z + a_0} \tag{6.3-1}$$

式（6.3-1）中的系数 $a_i, i = 0, 1, 2, \cdots, n$ 和 $b_j, j = 0, 1, 2, \cdots, m$ 均为实数，其分母多项式 $A(z)$ 称为象函数 $F(z)$ 的特征多项式，$A(z) = 0$ 称为象函数 $F(z)$ 的特征方程，其根 $p_1, p_2, \cdots, p_n$ 称为象函数 $F(z)$ 的特征根（或象函数的极点）。

对于式（6.3-1），若 $m \leqslant n$，则 $\frac{F(z)}{z}$ 为真分式；若 $m > n$，则 $\frac{F(z)}{z}$ 为假分式。当 $m > n$ 时，可

利用多项式除法将 $\frac{F(z)}{z}$ 分解为整式和真分式之和的形式：

$$\frac{F(z)}{z} = D(z) + C(z) = (d_{m-n-1} z^{m-n-1} + d_{m-n-2} z^{m-n-2} + \cdots + d_1 z + d_0) + C(z) \tag{6.3-2}$$

式（6.3-2）中，$D(z)$ 为整式，$C(z)$ 为真分式。因此：

$$F(z) = zD(z) + zC(z) = (d_{m-n-1} z^{m-n} + d_{m-n-2} z^{m-n-1} + \cdots + d_1 z^2 + d_0 z) + zC(z) \tag{6.3-3}$$

整式的逆 z 变换可利用单位序列及其移位序列的 z 变换对求解，而真分式部分则采用部分分式展开法求解。这样，分别求取整式 $zD(z)$ 和真分式 $zC(z)$ 的逆 z 变换，然后利用 z 变换的线性性质即可求出象函数 $F(z)$ 的原序列 $f(n)$。

在求解整式的逆 z 变换时需要注意，由于：

$$\lim_{z \to \infty} zD(z) = \lim_{z \to \infty}(d_{m-n-1}z^{m-n} + d_{m-n-2}z^{m-n-1} + \cdots + d_1z^2 + d_0z) \to \infty$$

因此，整式 $zD(z)$ 的极点为 $|p| = \infty$，收敛域为 $|z| < \infty$，故其原序列为反因果序列。

求解整式的逆 z 变换比较简单，在例 6.3-6 中会加以体现。本节主要讨论 $\dfrac{F(z)}{z}$ 是真分式的情况，将 $\dfrac{F(z)}{z}$ 展开为部分分式的方法与将 $F(s)$ 展开为部分分式的方法相同。

1. $\dfrac{F(z)}{z}$ 为单极点

如果 $\dfrac{F(z)}{z}$ 的极点 $p_0, p_1, p_2, \cdots, p_n$ 互不相同，则 $\dfrac{F(z)}{z}$ 可展开为：

$$\frac{F(z)}{z} = \frac{K_0}{z - p_0} + \frac{K_1}{z - p_1} + \cdots + \frac{K_n}{z - p_n} = \sum_{i=0}^{n}\frac{K_i}{z - p_i} \tag{6.3-4}$$

式中 $K_0, K_1, K_2, \cdots, K_n$ 为待定系数。待定系数可由式（6.3-5）求得：

$$K_i = (z - p_i)\frac{F(z)}{z}\bigg|_{z=p_i} \tag{6.3-5}$$

将求得的各系数代入式（6.3-4）后，等号两端同乘以 z，得：

$$F(z) = \sum_{i=0}^{n}\frac{K_i z}{z - p_i} \tag{6.3-6}$$

根据给定的收敛域，将式（6.3-6）划分为因果序列和反因果序列两部分，根据常用序列的 z 变换对及 z 变换的性质，即可求得象函数 $F(z)$ 的原序列 $f(n)$。

例 6.3-2　已知象函数 $F(z) = \dfrac{z^2}{z^2 + 2z - 8}$，其收敛域如下：

1）$|z| > 4$　2）$|z| < 2$　3）$2 < |z| < 4$

分别求其相应的原序列 $f(n)$。

解：本题已在例 6.3-1 中采用幂级数展开法求解，现在采用部分分式展开法求解。

依题意，$\dfrac{F(z)}{z} = \dfrac{z}{z^2 + 2z - 8}$ 为真分式，其极点为 $p_1 = 2, p_2 = -4$，故可将 $\dfrac{F(z)}{z}$ 展开为：

$$\frac{F(z)}{z} = \frac{z}{z^2 + 2z - 8} = \frac{K_1}{z - 2} + \frac{K_2}{z + 4}$$

由式（6.3-5）可求得系数为：

$$K_1 = (z - p_1)\frac{F(z)}{z}\bigg|_{z=p_1} = (z-2)\frac{z}{(z-2)(z+4)}\bigg|_{z=2} = \frac{1}{3}$$

$$K_2 = (z - p_2)\frac{F(z)}{z}\bigg|_{z=p_2} = (z+4)\frac{z}{(z-2)(z+4)}\bigg|_{z=-4} = \frac{2}{3}$$

故有：

$$\frac{F(z)}{z} = \frac{\frac{1}{3}}{z-2} + \frac{\frac{2}{3}}{z+4}$$

上式等号两端同乘以 z，得：

$$F(z) = \frac{1}{3}\frac{z}{z-2} + \frac{2}{3}\frac{z}{z+4}$$

1）$|z| > 4$。原序列 $f(n)$ 为因果序列，由常用序列的 z 变换对 $a^n u(n) \leftrightarrow \frac{z}{z-a}$，得：

$$f(n) = \left[\frac{1}{3}\times 2^n + \frac{2}{3}(-4)^n\right]u(n)$$

2）$|z| < 2$。原序列 $f(n)$ 为反因果序列，由常用序列的 z 变换对 $-a^n u(-n-1) \leftrightarrow \frac{z}{z-a}$，得：

$$f(n) = \left[-\frac{1}{3}\times 2^n - \frac{2}{3}(-4)^n\right]u(-n-1)$$

3）$2 < |z| < 4$。象函数的第一项 $\frac{1}{3}\frac{z}{z-2}$ 为因果序列，第二项 $\frac{2}{3}\frac{z}{z+4}$ 为反因果序列，由常用序列的 z 变换对 $a^n u(n) \leftrightarrow \frac{z}{z-a}$、$-a^n u(-n-1) \leftrightarrow \frac{z}{z-a}$ 及式（6.2-1），得：

$$f(n) = \frac{1}{3}\times 2^n u(n) - \frac{2}{3}(-4)^n u(-n-1)$$

显然，利用部分分式展开法求解原序列可以得到其闭合形式解。

以上讨论的都是单实极点的情况，实际上，极点有可能是复数，即除了单实极点，象函数还可能存在单复极点。由于特征方程为实系数方程，故若存在复根，则该复根一定共轭成对出现。

由于共轭单复极点也是单极点，因此，其求解方法与上述方法相同。但是，由于此时的原序列较为复杂，故对共轭单复极点的情况进行推导，以方便读者理解。

若象函数 $\frac{F(z)}{z}$ 有一对共轭单极点 $p_{1,2} = c \pm \mathrm{j}d = \alpha \cdot \mathrm{e}^{\pm \mathrm{j}\beta}$，$\alpha = \sqrt{c^2 + d^2}$，$\beta = \arctan\left(\frac{\mathrm{d}}{c}\right)$，则 $\frac{F(z)}{z}$ 可展开为：

$$\frac{F(z)}{z} = \frac{F_a(z)}{z} + \frac{F_b(z)}{z} = \frac{K_1}{z-c-\mathrm{j}d} + \frac{K_1^*}{z-c+\mathrm{j}d} + \frac{F_b(z)}{z}$$

其中，$\frac{F_a(z)}{z}$ 是共轭单复极点形成的部分分式，$\frac{F_b(z)}{z}$ 是单实极点形成的部分分式。下面讨论求解 $F_a(z)$ 原序列的方法。

令 $K_1 = |K_1|\mathrm{e}^{\mathrm{j}\theta}$，则 $K_1^* = |K_1|\mathrm{e}^{-\mathrm{j}\theta}$，于是有：

$$\frac{F_a(z)}{z} = \frac{|K_1|\mathrm{e}^{\mathrm{j}\theta}}{z-\alpha\mathrm{e}^{\mathrm{j}\beta}} + \frac{|K_1|\mathrm{e}^{-\mathrm{j}\theta}}{z-\alpha\mathrm{e}^{-\mathrm{j}\beta}}$$

即：

$$F_a(z) = \frac{|K_1|\mathrm{e}^{\mathrm{j}\theta}z}{z-\alpha\mathrm{e}^{\mathrm{j}\beta}} + \frac{|K_1|\mathrm{e}^{-\mathrm{j}\theta}z}{z-\alpha\mathrm{e}^{-\mathrm{j}\beta}}$$

1）若 $|z| > \alpha$，则 $f_a(n)$ 为因果序列，所以根据常用序列的 z 变换对 $\frac{z}{z-a} \leftrightarrow a^n u(n)$，有：

$$F_a(z) \leftrightarrow [|K_1|e^{j\theta}(\alpha e^{j\beta})^n + |K_1|e^{-j\theta}(\alpha e^{-j\beta})^n]u(n)$$
$$= |K_1|\alpha^n[e^{j\theta}(e^{j\beta})^n + e^{-j\theta}(e^{-j\beta})^n]u(n)$$
$$= |K_1|\alpha^n[e^{j(\theta+\beta n)} + e^{-j(\theta+\beta n)}]u(n)$$

根据欧拉公式，上式可改写为：

$$F_a(z) \leftrightarrow |K_1|\alpha^n[\cos(\beta n+\theta) + j\sin(\beta n+\theta) + \cos(\beta n+\theta) - j\sin(\beta n+\theta)]u(n)$$
$$= 2|K_1|\alpha^n\cos(\beta n+\theta)u(n)$$

2）若 $|z| < \alpha$，则 $f_a(n)$ 为反因果序列，所以根据常用序列的 z 变换对 $\dfrac{z}{z-a} \leftrightarrow -a^nu(-n-1)$，有：

$$F_a(z) \leftrightarrow -[|K_1|e^{j\theta}(\alpha e^{j\beta})^n + |K_1|e^{-j\theta}(\alpha e^{-j\beta})^n]u(-n-1)$$
$$= -|K_1|\alpha^n[e^{j\theta}(e^{j\beta})^n + e^{-j\theta}(e^{-j\beta})^n]u(-n-1)$$
$$= -|K_1|\alpha^n[e^{j(\theta+\beta n)} + e^{-j(\theta+\beta n)}]u(-n-1)$$

根据欧拉公式，上式可改写为：

$$F_a(z) \leftrightarrow -|K_1|\alpha^n[\cos(\beta n+\theta) + j\sin(\beta n+\theta) + \cos(\beta n+\theta) - j\sin(\beta n+\theta)]u(-n-1)$$
$$= -2|K_1|\alpha^n\cos(\beta n+\theta)u(-n-1)$$

所以，象函数 $F_a(z)$ 的原序列为：

① 若 $|z| > \alpha$，则：

$$f_a(n) = 2|K_1|\alpha^n\cos(\beta n+\theta)u(n) \tag{6.3-7}$$

② 若 $|z| < \alpha$，则：

$$f_a(n) = -2|K_1|\alpha^n\cos(\beta n+\theta)u(-n-1) \tag{6.3-8}$$

例 6.3-3　求象函数 $F(z) = \dfrac{z^3+6}{(z+1)(z^2+4)}, |z| > 2$ 的逆 z 变换。

解：依题意，$\dfrac{F(z)}{z} = \dfrac{z^3+6}{z(z+1)(z^2+4)}$ 为真分式，其极点为 $p_0 = 0, p_1 = -1, p_{2,3} = \pm j2$，故可将 $\dfrac{F(z)}{z}$ 展开为

$$\frac{F(z)}{z} = \frac{K_0}{z} + \frac{K_1}{z+1} + \frac{K_2}{z-j2} + \frac{K_2^*}{z+j2}$$

由式（6.3-5）可求得系数为：

$$K_0 = z\frac{F(z)}{z}\Big|_{z=0} = \frac{3}{2}$$

$$K_1 = (z+1)\frac{F(z)}{z}\Big|_{z=-1} = -1$$

$$K_2 = (z-j2)\frac{F(z)}{z}\Big|_{z=j2} = \frac{(j2)^3+6}{j2(j2+1)(j2+j2)} = \frac{1}{4} + \frac{1}{2}j = \frac{\sqrt{5}}{4}e^{j63.4°}$$

$$K_2^* = \frac{\sqrt{5}}{4}e^{-j63.4°}$$

考虑到 $\pm j2 = 2e^{\pm j\frac{\pi}{2}}$，故有：

$$F(z) = \frac{3}{2} - \frac{z}{z+1} + \frac{\sqrt{5}}{4}e^{j63.4°}\frac{z}{z-2e^{j\frac{\pi}{2}}} + \frac{\sqrt{5}}{4}e^{-j63.4°}\frac{z}{z-2e^{-j\frac{\pi}{2}}}$$

由上式可知，$\alpha = 2, \beta = \dfrac{\pi}{2}, |K_2| = \dfrac{\sqrt{5}}{4}, \theta = 63.4°$。由象函数的收敛域 $|z| > 2$，可知原序列为因果序列，利用常用序列的 z 变换对 $\delta(n) \leftrightarrow 1$、$a^n u(n) \leftrightarrow \dfrac{z}{z-a}$ 及式（6.3-7），对上式取逆 z 变换，得：

$$f(n) = \frac{3}{2}\delta(n) + \left[-(-1)^n + \frac{\sqrt{5}}{2} \times 2^n \cos\left(\frac{n\pi}{2} + 63.4°\right) \right] u(n)$$

2. $\dfrac{F(z)}{z}$ 有重极点

如果 $\dfrac{F(z)}{z}$ 在 $z = p_1 = a$ 处有 r 重极点，则 $\dfrac{F(z)}{z}$ 可展开为：

$$\frac{F(z)}{z} = \frac{F_a(z)}{z} + \frac{F_b(z)}{z} = \frac{K_{11}}{(z-a)^r} + \frac{K_{12}}{(z-a)^{r-1}} + \cdots + \frac{K_{1r}}{z-a} + \frac{F_b(z)}{z} \tag{6.3-9}$$

其中，$\dfrac{F_a(z)}{z}$ 是重极点 $z = p_1 = a$ 形成的部分分式，$\dfrac{F_b(z)}{z}$ 是单极点形成的部分分式。$F_b(z)$ 原序列的求解方法同上，下面讨论求解 $F_a(z)$ 原序列的方法。

$\dfrac{F_a(z)}{z}$ 的待定系数可由式（6.3-10）求得：

$$K_{1i} = \frac{1}{(i-1)!} \cdot \frac{\mathrm{d}^{i-1}}{\mathrm{d}z^{i-1}} \left[(z-a)^r \cdot \frac{F(z)}{z} \right] \Bigg|_{z=a} \tag{6.3-10}$$

将各待定系数代入式（6.3-9）后，等号两端同乘以 z，得：

$$F(z) = \frac{K_{11}z}{(z-a)^r} + \frac{K_{12}z}{(z-a)^{r-1}} + \cdots + \frac{K_{1r}z}{z-a} + F_b(z)$$

即：

$$F_a(z) = \frac{K_{11}z}{(z-a)^r} + \frac{K_{12}z}{(z-a)^{r-1}} + \cdots + \frac{K_{1r}z}{z-a}$$

根据给定的收敛域，由常用序列的 z 变换对及 z 变换性质，即可求得象函数 $F_a(z)$ 的原序列 $f_a(n)$。

为方便读者，下面直接给出 $\dfrac{F_a(z)}{z}$ 有二重共轭极点 $p_{1,2} = c \pm \mathrm{j}d = \alpha \cdot \mathrm{e}^{\pm j\beta}$ 时原序列的形式。若 $\dfrac{F_a(z)}{z}$ 有 r 重共轭极点，则可以根据表 6.1-1 及表 6.2-1 自行推导。

① 若 $|z| > \alpha$，则：

$$\begin{cases} \dfrac{z|K_{11}|\mathrm{e}^{j\theta_{11}}}{(z-p_1)^2} + \dfrac{z|K_{11}|\mathrm{e}^{-j\theta_{11}}}{(z-p_2)^2} \leftrightarrow 2|K_{11}|n\alpha^{n-1}\cos[\beta(n-1)+\theta_{11}]u(n) \\[3mm] \dfrac{z|K_{12}|\mathrm{e}^{j\theta_{12}}}{z-p_1} + \dfrac{z|K_{12}|\mathrm{e}^{-j\theta_{12}}}{z-p_2} \leftrightarrow 2|K_{12}|\alpha^n\cos(\beta n+\theta_{12})u(n) \end{cases} \tag{6.3-11}$$

② 若 $|z| < \alpha$，则：

$$\begin{cases} \dfrac{z|K_{11}|\mathrm{e}^{j\theta_{11}}}{(z-p_1)^2} + \dfrac{z|K_{11}|\mathrm{e}^{-j\theta_{11}}}{(z-p_2)^2} \leftrightarrow -2|K_{11}|n\alpha^{n-1}\cos[\beta(n-1)+\theta_{11}]u(-n-1) \\[3mm] \dfrac{z|K_{12}|\mathrm{e}^{j\theta_{12}}}{z-p_1} + \dfrac{z|K_{12}|\mathrm{e}^{-j\theta_{12}}}{z-p_2} \leftrightarrow -2|K_{12}|\alpha^n\cos(\beta n+\theta_{12})u(-n-1) \end{cases} \tag{6.3-12}$$

例 6.3-4 求象函数 $F(z) = \dfrac{z^3+1}{(z-2)^3}, |z| > 2$ 的原序列。

解：依题意，$\dfrac{F(z)}{z} = \dfrac{z^3+1}{z(z-2)^3}$ 为真分式，其极点为 $p_0 = 0, p_1 = p_2 = p_3 = 2$，故可将 $\dfrac{F(z)}{z}$ 展开为：

$$\frac{F(z)}{z} = \frac{K_0}{z} + \frac{K_{11}}{(z-2)^3} + \frac{K_{12}}{(z-2)^2} + \frac{K_{13}}{z-2}$$

由式（6.3-5）和式（6.3-10）可求得待定系数为：

$$K_0 = z\frac{F(z)}{z}\bigg|_{z=0} = -\frac{1}{8}$$

$$K_{11} = (z-2)^3\frac{F(z)}{z}\bigg|_{z=2} = \frac{9}{2}$$

$$K_{12} = \frac{\mathrm{d}}{\mathrm{d}z}\left[(z-2)^3\frac{F(z)}{z}\right]\bigg|_{z=2} = \frac{15}{4}$$

$$K_{13} = \frac{1}{2}\frac{\mathrm{d}^2}{\mathrm{d}z^2}\left[(z-2)^3\frac{F(z)}{z}\right]\bigg|_{z=2} = \frac{9}{8}$$

故有：

$$F(z) = -\frac{1}{8} + \frac{9}{2}\frac{z}{(z-2)^3} + \frac{15}{4}\frac{z}{(z-2)^2} + \frac{9}{8}\frac{z}{z-2}$$

由象函数的收敛域 $|z| > 2$ 可知原序列为因果序列，求解上式的逆 z 变换时，有两种方法可以采用。

方法一：由表 6.1-1 可知：

$$\delta(n) \leftrightarrow 1, \quad a^n u(n) \leftrightarrow \frac{z}{z-a}, \quad na^{n-1}u(n) \leftrightarrow \frac{z}{(z-a)^2}, \quad \frac{1}{2}n(n-1)a^{n-2}u(n) \leftrightarrow \frac{z}{(z-a)^3}$$

令 $a = 2$，得原序列为：

$$f(n) = -\frac{1}{8}\delta(n) + \left[\frac{9}{2}\times\frac{1}{2}n(n-1)\times2^{n-2} + \frac{15}{4}n\times2^{n-1} + \frac{9}{8}\times2^n\right]u(n)$$

$$= -\frac{1}{8}\delta(n) + \frac{3}{8}\left(\frac{3}{2}n^2 + \frac{7}{2}n + 3\right)\cdot2^n u(n)$$

方法二：利用常用序列的 z 变换对 $2^n u(n) \leftrightarrow \dfrac{z}{z-2}$ 及式（6.2-13）和式（6.2-14），有：

$$n2^{n-1}u(n) \leftrightarrow \frac{z}{(z-2)^2}, \quad \frac{1}{2}n(n-1)2^{n-2}u(n) \leftrightarrow \frac{z}{(z-2)^3}$$

从而可得原序列为：

$$f(n) = -\frac{1}{8}\delta(n) + \frac{3}{8}\left(\frac{3}{2}n^2 + \frac{7}{2}n + 3\right)\cdot2^n u(n)$$

例 6.3-5 求象函数 $F(z) = \dfrac{z^2}{(z+1)(z-1)^2(z^2+1)^2}, |z| > 1$ 的原序列。

解：依题意，$\dfrac{F(z)}{z} = \dfrac{z}{(z+1)(z-1)^2(z^2+1)^2}$ 为真分式，其极点为：

$$p_1 = -1, p_2 = p_3 = 1, p_{4,5} = p_{6,7} = \pm j = e^{\pm j\frac{\pi}{2}}$$

因此，$\dfrac{F(z)}{z}$ 中存在单实极点、二重实极点和二重共轭极点。

故可将 $\dfrac{F(z)}{z}$ 展开为：

$$\frac{F(z)}{z} = \frac{K_0}{z+1} + \frac{K_{11}}{(z-1)^2} + \frac{K_{12}}{z-1} + \frac{K_{21}}{(z-j)^2} + \frac{K_{21}^*}{(z+j)^2} + \frac{K_{22}}{z-j} + \frac{K_{22}^*}{z+j}$$

由式（6.3-5）和式（6.3-10）可求得待定系数为：

$$K_0 = (z+1)\frac{F(z)}{z}\bigg|_{z=-1} = -\frac{1}{16}$$

$$K_{11} = (z-1)^2 \frac{F(z)}{z}\bigg|_{z=1} = \frac{1}{8}$$

$$K_{12} = \frac{\mathrm{d}}{\mathrm{d}z}\left[(z-1)^2 \frac{F(z)}{z}\right]\bigg|_{z=1} = -\frac{3}{16}$$

$$K_{21} = (z-j)^2 \frac{F(z)}{z}\bigg|_{z=j} = \frac{1-j}{16} = \frac{\sqrt{2}}{16}e^{-j\frac{\pi}{4}}$$

$$K_{21}^* = \frac{\sqrt{2}}{16}e^{j\frac{\pi}{4}}$$

$$K_{22} = \left[(z-j)^2 \frac{F(z)}{z}\right]\bigg|_{z=j} = \frac{2+j}{16} = \frac{\sqrt{5}}{16}e^{j\frac{3}{20}\pi}$$

$$K_{22}^* = \frac{\sqrt{5}}{16}e^{-j\frac{3}{20}\pi}$$

故有：

$$F(z) = -\frac{1}{16}\frac{z}{z+1} + \frac{1}{8}\frac{z}{(z-1)^2} - \frac{3}{16}\frac{z}{z-1} + \frac{\sqrt{2}}{16}e^{-j\frac{\pi}{4}}\frac{z}{(z-j)^2} + \frac{\sqrt{2}}{16}e^{j\frac{\pi}{4}}\frac{z}{(z+j)^2}$$

$$+ \frac{\sqrt{5}}{16}e^{j\frac{3}{20}\pi}\frac{z}{z-j} + \frac{\sqrt{5}}{16}e^{-j\frac{3}{20}\pi}\frac{z}{z+j}$$

由象函数的收敛域 $|z| > 1$，可知原序列为因果序列，根据常用序列的 z 变换对 $a^n u(n) \leftrightarrow \dfrac{z}{z-a}$

及式（6.2-13）和式（6.3-11），得原序列为：

$$f(n) = \left[-\frac{1}{16}(-1)^n + \frac{1}{8}n - \frac{3}{16} + \frac{\sqrt{2}}{8}n\cos\left(\frac{\pi}{2}n - \frac{3\pi}{4}\right) + \frac{\sqrt{5}}{8}\cos\left(\frac{\pi}{2}n + \frac{3}{20}\pi\right)\right]u(n)$$

例 6.3-6　求象函数 $F(z) = \dfrac{z^5}{z^2 - 3z + 2}, 2 < |z| < \infty$ 的原序列。

解：依题意，$\dfrac{F(z)}{z} = \dfrac{z^4}{z^2 - 3z + 2}$ 为假分式，考虑到整式的极点为 $|p| = \infty$，故其极点为

$p_1 = 1, p_2 = 2, |p_3| = |p_4| = \infty$。

通过多项式除法将其转换成整式和真分式之和的形式：

$$\frac{F(z)}{z} = \frac{z^4}{z^2 - 3z + 2} = (z^2 + 3z + 7) + \frac{15z - 14}{z^2 - 3z + 2} = D(z) + C(z)$$

故有：

$$F(z) = zD(z) + zC(z) = (z^3 + 3z^2 + 7z) + \frac{z(15z - 14)}{z^2 - 3z + 2}$$

先求整式部分的逆 z 变换。

由于：

$$zD(z) = z^3 + 3z^2 + 7z$$

根据常用序列的 z 变换对 $\delta(n+m) \leftrightarrow z^m, |z| < \infty$ 及式（6.2-1），得：

$$zD(z) = z^3 + 3z^2 + 7z \leftrightarrow f_1(n) = \delta(n+3) + 3\delta(n+2) + 7\delta(n+1)$$

再求真分式部分的逆变换。

先对其进行部分分式展开：

$$C(z) = \frac{15z - 14}{z^2 - 3z + 2} = \frac{K_1}{z - 1} + \frac{K_2}{z - 2}$$

由式（6.3-5）可得待定系数为：

$$K_1 = (z-1)C(z)\big|_{z=1} = -1$$
$$K_2 = (z-2)C(z)\big|_{z=2} = 16$$

故有：

$$zC(z) = -\frac{z}{z-1} + \frac{16z}{z-2}$$

由收敛域 $2 < |z| < \infty$ 可知 $zC(z)$ 的原序列为因果序列，由常用序列的 z 变换对 $a^n u(n) \leftrightarrow \frac{z}{z-a}$ 及式（6.2-1），有：

$$zC(z) \leftrightarrow f_2(n) = (-1 + 16 \times 2^n)u(n) = (2^{n+4} - 1)u(n)$$

由式（6.2-1），得象函数 $F(z)$ 的原序列为：

$$f(n) = \delta(n+3) + 3\delta(n+2) + 7\delta(n+1) + (2^{n+4} - 1)u(n)$$

练习题

6.3-1　利用部分分式展开法分别求下列象函数 $F(z)$ 对应的右边序列。

1）$F(z) = \dfrac{10z^2}{(z-1)(z+1)}$　2）$F(z) = \dfrac{8(1 - z^{-1} - z^{-2})}{2 + 5z^{-1} + 2z^{-2}}$

6.3-2　求象函数 $F(z) = \dfrac{-9z^2 - 13z}{(z+1)(z+2)(z-3)}$ 收敛域为 $2 < |z| < 3$ 和 $1 < |z| < 2$ 时的原序列 $f(n)$。

6.4　s 域与 z 域的关系

在本章第一节中，通过对取样信号进行拉普拉斯变换并令 $z = e^{sT}$ 而得到了 z 变换的定义式，因此，复变量 s 和 z 的关系为：

$$z = e^{sT} \tag{6.4-1}$$

或

$$s = \frac{1}{T}\ln z \tag{6.4-2}$$

式（6.4-1）和式（6.4-2）中，T 为周期性单位冲激序列的周期，也称为取样周期。

如果将 s 表示为直角坐标形式：

$$s = \sigma + j\omega \tag{6.4-3}$$

式（6.4-3）中的 σ 为复变量 s 的实部，ω 为复变量 s 的虚部。

将 z 表示为极坐标形式：

$$z = \rho e^{j\theta} \tag{6.4-4}$$

式（6.4-4）中的 ρ 为复变量 z 的模，θ 为复变量 z 的相位。

将式（6.4-3）和式（6.4-4）代入式（6.4-1）中，得：

$$z = e^{(\sigma+j\omega)T} = e^{\sigma T} \cdot e^{j\omega T} = \rho e^{j\theta}$$

所以有：

$$\rho = e^{\sigma T} \tag{6.4-5}$$

$$\theta = \omega T \tag{6.4-6}$$

由式（6.4-5）可看出：当 $\sigma < 0$ 时，考虑到 $e > 1$，$T > 0$，则有 $\rho = e^{\sigma T} < 1$，故 s 平面的左半平面（$\sigma < 0$）映射到 z 平面的单位圆内部（$|z| = \rho < 1$）。同理可知，s 平面的右半平面（$\sigma > 0$）映射到 z 平面的单位圆外部（$|z| = \rho > 1$），s 平面的 $j\omega$ 轴（$\sigma = 0$）映射到 z 平面的单位圆上（$|z| = \rho = 1$）。

由式（6.4-4）和式（6.4-6）可看出：当 $\omega = 0$ 时，$\theta = 0$，$z = \rho$，而 ρ 为复变量 z 的模，故 $\rho > 0$，从而 $z = \rho > 0$，故 s 平面上实轴（$\omega = 0$）映射到 z 平面的正实轴（$\theta = 0$）。同理可知，s 平面上的原点（$\sigma = 0$，$\omega = 0$）映射到 z 平面（$\rho = 1$，$\theta = 0$）处，即点 $z = 1$。

由式（6.4-6）还可以看出，当 ω 由 $-\dfrac{\pi}{T}$ 变化到 $\dfrac{\pi}{T}$ 时，z 平面上辐角 θ 由 $-\pi$ 变化到 π。

也就是说，z 平面上的 θ 每变化 2π，相应于 s 平面上的 ω 变化 $\dfrac{2\pi}{T}$。因此，从 z 平面到 s 平面的映射是多值的。也就是说，在 z 平面上的一点 $z = \rho e^{j\theta}$ 映射到 s 平面将是无穷多点，即：

$$s = \frac{1}{T}\ln z = \frac{1}{T}\ln\rho + j\frac{\theta + 2m\pi}{T}, \ m = 0, \pm 1, \pm 2, \cdots \tag{6.4-7}$$

上述 s 平面和 z 平面的映射关系如图 6.4-1 所示。

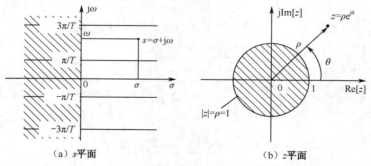

(a) s 平面   (b) z 平面

图 6.4-1 s 平面和 z 平面的映射关系

作为本节的总结，表 6.4-1 列出了 s 域与 z 域的映射关系。

表 6.4-1 s 域与 z 域的映射关系

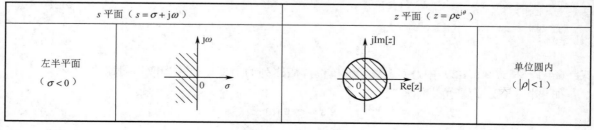

s 平面（$s = \sigma + j\omega$）		z 平面（$z = \rho e^{j\theta}$）	
左半平面（$\sigma < 0$）			单位圆内（$\lvert\rho\rvert < 1$）

s 平面（$s=\sigma+\mathrm{j}\omega$）		z 平面（$z=\rho\mathrm{e}^{\mathrm{j}\theta}$）	
虚轴 （$\sigma=0$）	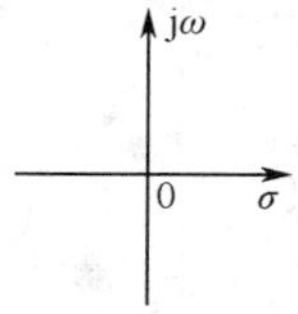	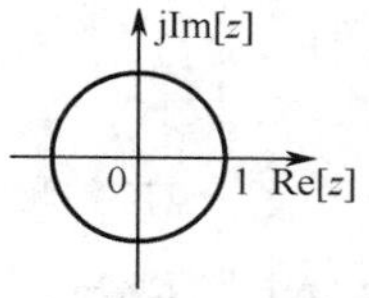	单位圆 （$|\rho|=1$）
右半平面 （$\sigma>0$）	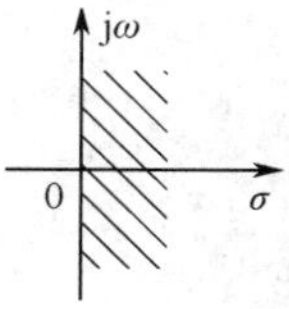	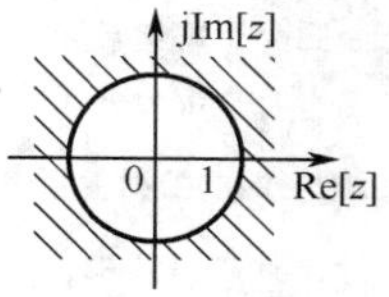	单位圆外 （$|\rho|>1$）
原点 （$\sigma=\omega=0$）	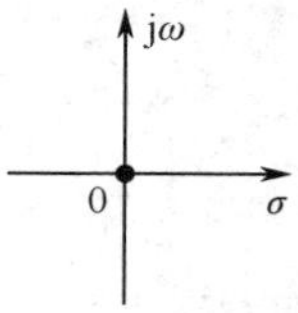	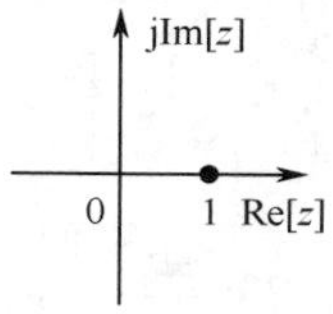	点 $z=1$ （$|\rho|=1$，$\theta=0$）
实轴 （$\omega=0$）	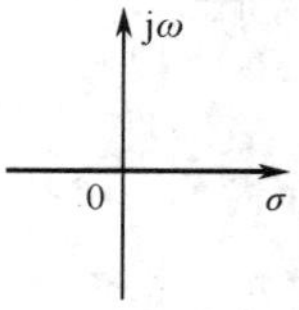	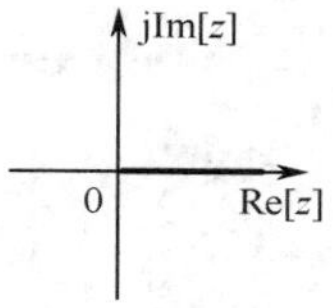	正实轴 （$\theta=0$）

6.5 本 章 小 结

   z 变换可分为双边和单边两种，本章主要研究后者，即单边 z 变换。z 变换为离散信号提供了另一个分析平台——z 域分析。由于逆 z 变换的定义式求解比较困难，因此，本章除了介绍 z 变换的定义和性质外，还重点介绍了逆 z 变换的求解方法：幂级数展开法和部分分式展开法。

   具体来讲，本章主要介绍了：

   ① z 变换的定义及收敛域。读者应重点掌握 z 变换的定义，理清双边和单边 z 变换的关系，并对 z 变换的收敛域有一个较为深入的理解。

   ② z 变换的性质。在掌握 z 变换性质的基础上，建议读者将其与傅里叶变换和拉普拉斯变换的性质做一对比，以期加深对相关性质的理解。

   ③ 逆 z 变换。重点是能够灵活利用性质求解逆 z 变换，能够熟练利用部分分式展开法和幂级数展开法求解逆 z 变换。

   ④ s 域和 z 域的关系。读者应从深入理解复变量 s 和 z 的关系入手，把握两者之间的映射关系。

本章的主要知识脉络如图 6.5-1 所示。

- 离散信号的z域分析
  - z变换
    - 定义(6.1-3)、(6.1-4)
    - 收敛域
      - 有限长序列：$0<(=)|z|<(=)\infty$
      - 因果序列：$|z|>\rho_0$
      - 反因果序列：$|z|<\rho_0$
      - 双边序列：$\rho_{02}>|z|>\rho_{01}$(双边)，$|z|>\rho_{01}$(单边)
    - 常用序列的z变换对(表6.1-1)
  - z变换性质(表6.2-1)
  - 逆z变换
    - 性质法
    - 幂级数展开法
    - 部分分式展开法
  - s域与z域的映射关系(图6.4-1)、(表6.4-1)

图 6.5-1　本章知识脉络示意图

练习题答案

6.1-1　1）$\dfrac{z}{z-3}$，$|z|>3$　2）$\dfrac{4z-1}{2z-1}$，$|z|>\dfrac{1}{2}$　3）$\dfrac{2z\left(z-\dfrac{5}{12}\right)}{\left(z-\dfrac{1}{2}\right)\left(z-\dfrac{1}{3}\right)}$，$|z|>\dfrac{1}{2}$

6.1-2　1）$F(z)=\dfrac{-2z}{2z-1}$，$|z|<\dfrac{1}{2}$　2）$F(z)=\dfrac{-5z}{(z-2)(3z-1)}$，$\dfrac{1}{3}<|z|<2$

3）$F(z)=\dfrac{-3z}{(z-2)(2z-1)}$，$\dfrac{1}{2}<|z|<2$

6.2-1　1）$\dfrac{4}{z(z+0.5)^2}$，$|z|>0.5$　2）$\dfrac{8z}{(z+1)^2}$，$|z|>1$

3）$\dfrac{4z^2-2z}{(z+0.5)^3}$，$|z|>0.5$　4）$\dfrac{4z^{-1}}{(z^{-1}+0.5)^2}$，$|z|<2$

6.2-2　$G(z)=\dfrac{z^2}{(z-1)(z-a)}$

6.2-3　$f(\infty)=\dfrac{b}{2}$

6.2-4　$f(0)=1$，$f(1)=3$，$f(2)=7$

6.3-1　1）$f(n)=[5+5(-1)^n]u(n)$　2）$f(n)=-4\delta(n)+\left[\dfrac{20}{3}(-2)^n+\dfrac{4}{3}\left(-\dfrac{1}{2}\right)^n\right]u(n)$

6.3-2　1）$f(n)=[(-1)^n+(-2)^n]u(n)+2\times 3^n u(-n-1)$

2）$f(n)=(-1)^n u(n)+[-(-2)^n+2\times 3^n]u(-n-1)$

本 章 习 题

6.1 现有象函数 $F(z) = \dfrac{1}{\left(1 - \dfrac{1}{2}z^{-1}\right)(1 - 2z^{-1})}$，试回答：

1）确定 $F(z)$ 的收敛域可能有几种情况。

2）每种收敛域对应什么样的离散时间序列？

6.2 现有如下序列象函数，确定在有限 z 平面内的零点个数和在无限远处零点个数。

1）$F_1(z) = \dfrac{z^{-1}\left(1 - \dfrac{1}{2}z^{-1}\right)}{\left(1 - \dfrac{1}{3}z^{-1}\right)\left(1 - \dfrac{1}{4}z^{-1}\right)}$ 　2）$F_2(z) = \dfrac{(1 - 2z^{-1})(1 - z^{-1})}{(1 - 3z^{-1})(1 - 4z^{-1})}$

3）$F_3(z) = \dfrac{z^{-2}(1 - z^{-1})}{\left(1 + \dfrac{1}{4}z^{-1}\right)\left(1 - \dfrac{1}{4}z^{-1}\right)}$

6.3 设 $f(n)$ 是一个绝对可和信号，其有理 z 变换为 $F(z)$。若 $F(z)$ 的一个极点是 $p = \dfrac{1}{2}$，则 $f(n)$ 可能是有限长序列、左边序列、右边序列或双边序列吗？

6.4 设序列 $f(n)$ 的有理 z 变换 $F(z)$ 含有一个极点 $p = \dfrac{1}{2}$，已知序列 $f_1(n) = \left(\dfrac{1}{4}\right)^n f(n)$ 绝对可和，而序列 $f_2(n) = \left(\dfrac{1}{8}\right)^n f(n)$ 不是绝对可和的，试确定 $f(n)$ 是否为左边、右边或双边序列。

6.5 序列 $f(n)$ 的 z 变换为 $F(z) = \dfrac{1 + z^{-1}}{1 + \dfrac{1}{3}z^{-1}}$，试求：

1）假设 ROC 是 $|z| > \dfrac{1}{3}$，利用幂级数展开法求 $f(0)$、$f(1)$ 和 $f(2)$ 的值；

2）假设 ROC 是 $|z| < \dfrac{1}{3}$，利用幂级数展开法求 $f(0)$、$f(-1)$ 和 $f(-2)$ 的值。

6.6 某右边序列 $f(n)$ 的 z 变换 $F(z) = \dfrac{3z^{-10} + z^{-7} - 5z^{-2} + 4z^{-1} + 1}{z^{-10} - 5z^{-7} + z^{-3}}$，求 $n<0$ 时的 $f(n)$。

6.7 已知 $\displaystyle\sum_{m=0}^{n-2} f(m) = [3(n-1)u(n-1)] * \left[\left(-\dfrac{1}{2}\right)^n u(n-1)\right]$，$f(n)$ 为因果序列，求 $f(n)$。

6.8 证明下列 z 变换的性质。

1）如果 $f(n)$ 是偶序列，则 $F(z^{-1}) = F(z)$；

2）如果 $f(n)$ 是奇序列，则 $F(z^{-1}) = -F(z)$；

3）如果 $f(n)$ 是奇序列，则 $F(z)$ 在 $z=1$ 处有一个零点。

6.9 已知 $F(z) = \ln\left(1 + \dfrac{a}{z}\right), |z| > |a|$，求其逆变换 $f(n)$。

6.10 关于 z 变换 $F(z)$ 的原序列 $f(n)$ 给出下列 5 个条件：

a）$f(n)$ 是实序列且为右边的；b）$F(z)$ 只有两个极点；

c）$F(z)$ 在原点有二阶零点；d）$F(z)$ 有一个极点在 $p = \dfrac{1}{2}e^{j\frac{\pi}{3}}$；

e）$F(1) = \dfrac{8}{3}$。

试求 $F(z)$ 并给出收敛域。

6.11　设序列 $f(n)$ 的 z 变换为 $F(z)$，利用 $F(z)$ 求下列各式的 z 变换。

1）$\nabla f(n) = f(n) - f(n-1)$

2）$f_1(n) = \begin{cases} f\left(\dfrac{n}{2}\right), & n\text{为偶数} \\ 0, & n\text{为奇数} \end{cases}$

中篇

系统分析

　　从哲学意义上来说，系统是由若干相互联系、相互作用、相互依赖的要素结合而成的、具有特定的结构和功能，并处在一定环境下的有机整体。信号与系统是不可分割的两个概念，信号需要系统而得以处理，系统需要信号而实现其功能，本书中的系统特指能够进行信号处理的系统（如电路）。

　　本篇主要介绍系统的定义、分类和分析方法，重点对连续系统和离散系统进行时域和变换域分析，并对在系统分析中占据重要地位的冲激响应和单位序列响应做详细介绍。

第7章 系　　统

【内容提要】

本章主要介绍系统的定义及常见的描述和分类方法，重点对线性系统与非线性系统、时变系统与时不变系统、因果系统与非因果系统进行详细介绍，尤其对本书主要研究的线性时不变（LTI，Linear Time-Invariant）系统的特性进行讨论。通过对本章内容的学习，读者应对系统的基本概念有一个较为清晰的认识，为后续课程的学习奠定基础。

【重点难点】
- ★ 系统的时域框图描述
- ★ 线性系统与非线性系统
- ★ 时变系统与时不变系统
- ★ 因果系统与非因果系统

7.1　系统的定义

一般而言，系统是指若干相互关联、相互作用的事物按一定规律组合而成的具有特定功能的整体。例如，由电阻、电容、电感等电子器件组成的一个具有特定功能的电路就是一个系统。另外，手机、电视机、计算机网络等也都可以看成系统，它们所传送的语音、图像、文字等都可以看成信号。还有诸如工业企业用以保证设备正常运转的过程控制系统、商业企业用以保证货物既不脱销也不积压的经济系统、生态学中用以研究生物资源开发的生态系统等也都属于系统的范畴。

本书主要研究电系统，电路和系统这两个概念在本书中常常视为等同概念。

系统的概念与信号的概念常常紧密地联系在一起。系统的基本作用是对输入信号进行加工和处理，将其转换为所需要的输出信号，然后进行传输。因此，系统也可以定义为对信号进行处理或传输的函数。所谓信号处理就是对信号进行某种加工或变换，其目的包括：消除信号中的多余内容、滤除混杂的噪声和干扰、将信号变换成容易分析与识别的形式以便于估计和选择它的特征参量等。信号的产生、处理、传输和存储需要一定的系统，输入系统的信号常称为激励，从系统输出的信号常称为响应。

7.2　系统的描述

要分析一个系统，首先要建立描述该系统基本特性的数学模型，然后用数学方法求解，并对所得的结果赋予实际的物理含义。本节介绍系统的两种描述方式：表达式和时域框图。

7.2.1　系统的数学模型

电路课程中曾经介绍过，描述连续动态系统的数学模型是微分方程。类似地，描述离散动态系统的数学模型是差分方程。下面通过例题介绍系统数学模型的建立过程。

例 7.2-1　RLC 电路如图 7.2-1 所示，试写出以电压源 $u_s(t)$ 作为激励，以 $u_c(t)$ 作为响应的描述该系统的微分方程。

解：由基尔霍夫定律（KVL）得：

$$u_S(t) = u_L(t) + u_R(t) + u_C(t)$$

根据各元件端电压和电流的关系，得：

$$\begin{cases} i(t) = Cu'_C(t) \\ u_R(t) = Ri(t) = RCu'_C(t) \\ u_L(t) = Li'(t) = LCu''_C(t) \end{cases}$$

图 7.2-1   RLC 电路系统

故有：

$$LCu''_C(t) + RCu'_C(t) + u_C(t) = u_S(t)$$

上式等号两边同除以 LC 得：

$$u''_C(t) + \frac{R}{L}u'_C(t) + \frac{1}{LC}u_C(t) = \frac{1}{LC}u_S(t)$$

这是一个二阶常系数线性微分方程，为求该方程的解，还需要知道初始条件 $u_C(0)$ 和 $u'_C(0)$。抽去上述微分方程的具体物理含义，微分方程可写成：

$$a_2y''(t) + a_1y'(t) + a_0y(t) = f(t)$$

例 7.2-2   某人每月初在银行存入一定数量的款，月息为 β 元/月，求第 n 个月初存折上的款数。

解：设第 n 个月初的款数为 $y(n)$，当月月初存入款数为 $f(n)$，上个月月初的款数为 $y(n-1)$，利息为 $\beta y(n-1)$，则有：

$$y(n) = y(n-1) + \beta y(n-1) + f(n)$$

即：

$$y(n) - (1+\beta)y(n-1) = f(n)$$

若设开始存款月为 $n=0$，则有 $y(0)=f(0)$。上述方程就称为 $y(n)$ 与 $f(n)$ 之间所满足的差分方程。

所谓差分方程是指由未知输出序列项与输入序列项构成的方程。未知序列项变量的最高序号与最低序号的差值，称为差分方程的阶数，故上述方程为一阶差分方程。

7.2.2   系统的时域框图表示

从数学角度来说，微分方程和差分方程代表了某些运算关系：相乘、相加、微分、差分等。将这些基本运算用一些理想部件符号表示出来并相互连接以表征微分或差分方程的运算关系，这样画出的图称为时域模拟框图，简称时域框图。基本单元如图 7.2-2 所示。

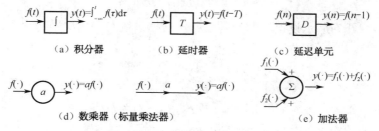

图 7.2-2   时域框图的基本单元

例 7.2-3   已知系统时域框图如图 7.2-3（a）所示，试写出描述该系统的微分方程。

解：如图 7.2-3（b）所示，设辅助变量 $x(t)$，根据系统左端加法器的输入、输出列写微分方程：

$$x''(t) = f(t) - 2x'(t) - 3x(t)$$

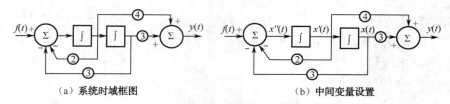

（a）系统时域框图　　　　　　（b）中间变量设置

图 7.2-3　连续系统时域框图

即：

$$x''(t) + 2x'(t) + 3x(t) = f(t) \tag{1}$$

根据系统右端加法器的输入、输出列写微分方程：

$$y(t) = 4x'(t) + 3x(t) \tag{2}$$

根据式（1）的系数和微分阶次改写式（2），得：

$$3y(t) = 12x'(t) + 9x(t)$$
$$2y'(t) = 2[4x'(t)]' + 2[3x(t)]' = 8x''(t) + 6x'(t)$$
$$y''(t) = 4x'''(t) + 3x''(t)$$

对上述三式纵向求和，并利用式（1）消去中间变量，得系统的微分方程为：

$$y''(t) + 2y'(t) + 3y(t) = 4f'(t) + 3f(t)$$

求解本题时需要注意如下几点：

① 将最靠近系统输出端的积分器的输出设为中间变量 $x(t)$。本题需要列写的是微分方程，而不是积分方程，更不是微积分混合方程，若将 $x'(t)$ 或 $x''(t)$ 的位置设置为 $x(t)$，则所列微分方程中将出现积分表达式，从而无法直接写出微分方程。

② 从加法器的输入、输出入手列写微分方程。

③ 根据含有激励 $f(t)$ 的方程的系数和微分阶次改写含有响应 $y(t)$ 的方程，然后将改写后的方程纵向相加即可得出不含中间变量的微分方程。

例 7.2-4　已知系统时域框图如图 7.2-4（a）所示，试写出描述该系统的差分方程。

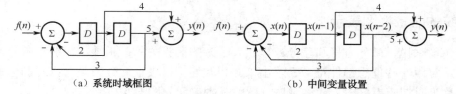

（a）系统时域框图　　　　　　（b）中间变量设置

图 7.2-4　离散系统时域框图

解：如图 7.2-4（b）所示设置辅助变量 $x(n)$，根据系统左端加法器的输入、输出列写差分方程：

$$x(n) = f(n) - 2x(n-1) - 3x(n-2)$$

即：

$$x(n) + 2x(n-1) + 3x(n-2) = f(n) \tag{1}$$

根据系统右端加法器的输入、输出列写差分方程：

$$y(n) = 4x(n-1) + 5x(n-2) \tag{2}$$

根据式（1）的系数和差分阶次改写式（2），得：

$$3y(n-2) = 12x(n-3) + 15x(n-4)$$
$$2y(n-1) = 8x(n-2) + 10x(n-3)$$
$$y(n) = 4x(n-1) + 5x(n-2)$$

对上述三式纵向求和，并利用式（1）消去中间变量，得系统的差分方程为：

$$3y(n-2) + 2y(n-1) + y(n) = 5f(n-2) + 4f(n-1)$$

求解本题时需要注意如下几点：

① 将最靠近系统输入端的延迟单元的输入设为中间变量 $x(n)$。差分方程多采用后向差分的形式，若将 $x(n-1)$ 或 $x(n-2)$ 的位置设置为 $x(n)$，则所列差分方程中将出现前向差分因式，从而无法直接写出后向差分方程。

② 从加法器的输入、输出入手列写差分方程。

③ 根据含有激励 $f(n)$ 的方程的系数和差分阶次改写含有响应 $y(n)$ 的方程，然后将改写后的方程纵向相加即可得出不含中间变量的差分方程。

由此可以推得由系统时域框图列写系统方程的一般步骤为：

① 设置中间变量 $x(\cdot)$，$x(\cdot)$ 中的点号表示既可以是自变量 t 也可以是自变量 n。

② 根据各个加法器列写方程。

③ 消去中间变量，列写系统的微分方程或差分方程。

当然，如果已知系统的微分方程或差分方程，也可以由其画出相应的系统时域框图，具体方法将在后续章节中加以详细介绍。

练习题

7.2-1　已知描述某系统的时域框图如题图 7.2-1 所示，试写出描述该系统的微分方程。

7.2-2　已知描述某系统的时域框图如题图 7.2-2 所示，试写出描述该系统的差分方程。

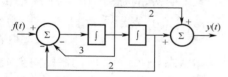

题图 7.2-1　练习 7.2-1 系统时域框图

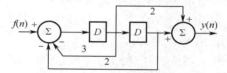

题图 7.2-2　练习 7.2-2 系统时域框图

7.3　系统的分类与分析方法

从多个角度来观察、分析和研究系统的特征，可以得出不同的分类标准，由此可以将系统分为不同的种类。本节主要介绍几种常见的系统分类方法，并重点分析线性系统和时不变系统的特点。

7.3.1　连续系统与离散系统

若系统的激励和响应均是连续信号，则称该系统为连续时间系统，简称连续系统。若系统的激励和响应均是离散信号，则称该系统为离散时间系统，简称离散系统。若系统的激励和响应一个是连续信号，一个是离散信号，则称该系统为混合系统。本书主要研究连续系统和离散系统。

7.3.2　动态系统与即时系统

若系统在任一时刻的响应不仅与该时刻的激励有关，而且与它过去的历史状况有关，则称该系统为动态系统或记忆系统，否则称为即时系统或无记忆系统。含有记忆元件（电容、电感等）的系统是动态系统，本书主要研究动态系统。

7.3.3 单输入单输出系统与多输入多输出系统

如果系统的激励和响应都只有一个，则称该系统为单输入单输出系统；如果系统的激励和响应均有多个，则该系统称为多输入多输出系统。

7.3.4 线性系统与非线性系统

系统的激励 $f(\cdot)$ 所引起的响应 $y(\cdot)$ 可简记为 $y(\cdot) = T[f(\cdot)]$ ，如图 7.3-1 所示。式中 T 是算子，表示 $f(\cdot)$ 经过算子 T 所规定的运算得到 $y(\cdot)$ 。

图 7.3-1　系统的激励和响应

若系统的激励 $f(\cdot)$ 增大 a 倍，其响应 $y(\cdot)$ 也增大 a 倍，即：

$$T[af(\cdot)] = aT[f(\cdot)] \tag{7.3-1}$$

则称系统是齐次的或均匀的，式（7.3-1）称为系统的齐次性或均匀性。

若系统对于激励 $f_1(\cdot)$ 与 $f_2(\cdot)$ 之和的响应等于各个激励所引起的响应之和，即：

$$T[f_1(\cdot) + f_2(\cdot)] = T[f_1(\cdot)] + T[f_2(\cdot)] \tag{7.3-2}$$

则称系统是可加的或叠加的，式（7.3-2）称为系统的可加性或叠加性。

若系统既是齐次的又是可加的，则称该系统是线性的。即对于任意常数 a、b 和激励 $f_1(\cdot)$、$f_2(\cdot)$ 满足：

$$T[af_1(\cdot) + bf_2(\cdot)] = aT[f_1(\cdot)] + bT[f_2(\cdot)] \tag{7.3-3}$$

则称该系统是线性系统，反之称为非线性系统，式（7.3-3）称为系统的线性性质。由此可见，线性性质包含两层含义：齐次性和可加性。

动态系统的响应不仅与系统的激励 $\{f(\cdot)\}$ 有关，而且与系统的初始状态（内部激励）$\{x(0)\}$ 有关。其中，$\{f(\cdot)\}$ 表示系统有多个激励 $f_1(\cdot), f_2(\cdot), \cdots, f_n(\cdot)$ ，$\{x(0)\}$ 表示系统有多个初始状态 $x_1(0), x_2(0), \cdots, x_n(0)$ 。

动态系统在任意 $t \geqslant 0$ （或 $n \geqslant 0$ ）时刻的响应可以由初始状态 $\{x(0)\}$ 和此时的激励完全确定。这样，动态系统的全响应可写为：

$$y(\cdot) = T[\{f(\cdot)\}, \{x(0)\}] \tag{7.3-4}$$

其中，初始状态为零，仅由激励 $\{f(\cdot)\}$ 引起的响应称为零状态响应 $y_{zs}(\cdot)$ ：

$$y_{zs}(\cdot) = T[\{f(\cdot)\}, \{0\}] \tag{7.3-5}$$

激励为零，仅由初始状态 $\{x(0)\}$ 引起的响应称为零输入响应 $y_{zi}(\cdot)$ ：

$$y_{zi}(\cdot) = T[\{0\}, \{x(0)\}] \tag{7.3-6}$$

同时满足下列三个条件的动态系统为线性系统。

① 可分解性

所谓可分解性是指系统的全响应可以分解为零状态响应和零输入响应两部分之和：

$$y(\cdot) = y_{zs}(\cdot) + y_{zi}(\cdot) = T[\{f(\cdot)\}, \{0\}] + T[\{0\}, \{x(0)\}] \tag{7.3-7}$$

② 零状态线性

所谓零状态线性是指系统的零状态响应满足线性性质：

$$T[\{af_1(\cdot) + bf_2(\cdot)\}, \{0\}] = aT[\{f_1(\cdot)\}, \{0\}] + bT[\{f_2(\cdot)\}, \{0\}] \tag{7.3-8}$$

也可分别表述为：

$$T[\{af(\cdot)\}, \{0\}] = aT[\{f(\cdot)\}, \{0\}]$$

$$T[\{f_1(\cdot) + f_2(\cdot)\}, \{0\}] = T[\{f_1(\cdot)\}, \{0\}] + T[\{f_2(\cdot)\}, \{0\}]$$

③ 零输入线性

所谓零输入线性是指系统的零输入响应满足线性性质：

$$T[\{0\},\{ax_1(0)+bx_2(0)\}]=aT[\{0\},\{x_1(0)\}]+bT[\{0\},\{x_2(0)\}] \tag{7.3-9}$$

也可分别表述为：

$$T[\{0\},\{ax(0)\}]=aT[\{0\},\{x(0)\}]$$

$$T[\{0\},\{x_1(0)+x_2(0)\}]=T[\{0\},\{x_1(0)\}]+T[\{0\},\{x_2(0)\}]$$

例 7.3-1　判断下列系统是否为线性系统。

1）$y(t)=3x(0)+2f(t)+x(0)f(t)+1$　　2）$y(t)=2x(0)+|f(t)|$　　3）$y(n)=x^2(0)+2f(n)$

解： 式中的 $x(0)$ 为系统的初始状态，$f(\cdot)$ 为激励，$y(\cdot)$ 为系统的全响应，故三个系统均为动态系统。

1）根据零状态响应的定义，可知系统的零状态响应为：

$$y_{zs}(t)=2f(t)+1$$

根据零输入响应的定义，可知系统的零输入响应为：

$$y_{zi}(t)=3x(0)+1$$

显然，$y(t)\neq y_{zs}(t)+y_{zi}(t)$，故该动态系统不满足可分解性，所以该系统为非线性系统。

2）根据零状态响应的定义，可知系统的零状态响应为：

$$y_{zs}(t)=|f(t)|$$

根据零输入响应的定义，可知系统的零输入响应为：

$$y_{zi}(t)=2x(0)$$

显然，$y(t)=y_{zs}(t)+y_{zi}(t)$，故该动态系统满足可分解性。

由于

$$T[\{af(t)\},\{0\}]=|af(t)|\neq ay_{zs}=a|f(t)|$$

故该动态系统不满足零状态线性，所以该系统为非线性系统。

3）根据零状态响应的定义，可知系统的零状态响应为：

$$y_{zs}(n)=2f(n)$$

根据零输入响应的定义，可知系统的零输入响应为：

$$y_{zi}(n)=x^2(0)$$

显然，$y(t)=y_{zs}(t)+y_{zi}(t)$，故该动态系统满足可分解性。

由于

$$T[\{0\},\{ax(0)\}]=[ax(0)]^2\neq ay_{zi}(n)=ax^2(0)$$

故该动态系统不满足零输入线性，所以该系统为非线性系统。

例 7.3-2　判断系统 $y(t)=\mathrm{e}^{-t}x(0)+\int_0^t\sin(x)f(x)\mathrm{d}x$ 是否为线性系统。

解： 题目中的 $x(0)$ 为系统的初始状态，$f(t)$ 为激励，$y(t)$ 为系统的全响应，故该系统为动态系统。

根据零状态响应的定义，可知系统的零状态响应为：

$$y_{zs}(t)=\int_0^t\sin(x)f(x)\mathrm{d}x$$

根据零输入响应的定义，可知系统的零输入响应为：

$$y_{zi}(t)=\mathrm{e}^{-t}x(0)$$

显然，$y(t)=y_{zs}(t)+y_{zi}(t)$，故该动态系统满足可分解性。

$$T\left[\{af_1(t)+bf_2(t)\},\{0\}\right]=\int_0^t \sin(x)[af_1(x)+bf_2(x)]\mathrm{d}x$$
$$=a\int_0^t \sin(x)f_1(x)\mathrm{d}x+b\int_0^t \sin(x)f_2(x)\mathrm{d}x$$
$$=aT\left[\{f_1(t)\},\{0\}\right]+bT\left[\{f_2(t)\},\{0\}\right]$$

故该动态系统满足零状态线性。

$$T\left[\{0\},\{ax_1(0)+bx_2(0)\}\right]=\mathrm{e}^{-t}\left[ax_1(0)+bx_2(0)\right]$$
$$=ax_1(0)\mathrm{e}^{-t}+bx_2(0)\mathrm{e}^{-t}$$
$$=aT\left[\{0\},\{x_1(0)\}\right]+bT\left[\{0\},\{x_2(0)\}\right]$$

故该动态系统满足零输入线性。

所以，该系统为线性系统。

7.3.5 时变系统与时不变系统

若系统满足激励延迟多长时间，其零状态响应也延迟多长时间，即若：

$$T[\{0\},f(\cdot)]=y_{zs}(\cdot)$$

则：

$$T[\{0\},f(t-t_d)]=y_{zs}(t-t_d) \tag{7.3-10}$$
$$T[\{0\},f(n-n_d)]=y_{zs}(n-n_d) \tag{7.3-11}$$

就称该系统为时不变系统，否则称之为时变系统。式（7.3-10）和式（7.3-11）称为系统的时不变性（或移位不变性），图 7.3-2 说明了一个连续系统的时不变性，离散系统的时不变性与此类似。

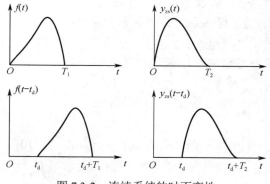

图 7.3-2 连续系统的时不变性

通常可利用时不变性判断一个系统是否为时不变系统，但是，如果系统比较简单，则可以通过直观判断直接得出结论：若激励 $f(\cdot)$ 前出现变系数，或有反转、尺度变换等操作，则该系统即为时变系统。

例 7.3-3 判断下列系统是否为时不变系统。

1）$y_{zs}(n)=f(n)f(n-1)$ 2）$y_{zs}(t)=tf(t)$ 3）$y_{zs}(t)=f(-t)$

解：1）依题意有：

$$T[\{0\},f(n-n_d)]=f(n-n_d)f(n-n_d-1)$$

而

$$y_{zs}(n-n_d)=f(n-n_d)f(n-n_d-1)$$

显然，$T[\{0\},f(n-n_d)]=y_{zs}(n-n_d)$，故该系统是时不变的。

2）依题意有：

$$T[\{0\}, f(t-t_d)] = tf(t-t_d)$$

而

$$y_{zs}(t-t_d) = (t-t_d)f(t-t_d)$$

显然，$T[\{0\}, f(t-t_d)] \neq y_{zs}(t-t_d)$，故该系统为时变系统。

实际上，由于本例中激励 $f(t)$ 的系数为变系数 t，故据此即可判断该系统为时变系统。

3）依题意有：

$$T[\{0\}, f(t-t_d)] = f(-t-t_d)$$

而

$$y_{zs}(t-t_d) = f[-(t-t_d)]$$

显然，$T[\{0\}, f(t-t_d)] \neq y_{zs}(t-t_d)$，故该系统为时变系统。

实际上，由于本例中激励 $f(t)$ 存在反转，故据此即可判断该系统为时变系统。

线性系统和非线性系统都有时变和时不变两类，本书只讨论线性时不变系统，简称 LTI 系统。下面讨论 LTI 连续系统的微分特性和积分特性。

如果 LTI 连续系统在激励 $f(t)$ 的作用下的零状态响应为 $y_{zs}(t)$，那么，当激励为 $f(t)$ 的导数 $\dfrac{df(t)}{dt}$ 时，该系统的零状态响应为 $\dfrac{dy_{zs}(t)}{dt}$，即若：

$$T[\{0\}, f(t)] = y_{zs}(t)$$

则：

$$T\left[\{0\}, \frac{df(t)}{dt}\right] = \frac{dy_{zs}(t)}{dt} \tag{7.3-12}$$

式（7.3-12）称为 LTI 连续系统的微分特性。

如果 LTI 连续系统在激励 $f(t)$ 的作用下的零状态响应为 $y_{zs}(t)$，那么，当激励为 $f(t)$ 的积分 $\int_{-\infty}^{t} f(\tau)d\tau$ 时，该系统的零状态响应为 $\int_{-\infty}^{t} y_{zs}(\tau)d\tau$，即若：

$$T[\{0\}, f(t)] = y_{zs}(t)$$

且 $f(-\infty) = 0, y_{zs}(-\infty) = 0$，则：

$$T\left[\{0\}, \int_{-\infty}^{t} f(\tau)d\tau\right] = \int_{-\infty}^{t} y_{zs}(\tau)d\tau \tag{7.3-13}$$

式（7.3-13）称为 LTI 连续系统的积分特性。
LTI 连续系统的微分特性和积分特性可以推广到高阶。

7.3.6 因果系统与非因果系统

人们常把系统激励与零状态响应的关系看成因果关系，即把激励看作是零状态响应产生的原因，零状态响应是激励引起的结果。这样，就称零状态响应不出现在激励之前的系统为因果系统。

即对任意时刻 t_0 或 n_0（一般可选 $t_0=0$ 或 $n_0=0$）和任意激励 $f(\cdot)$，若：

$$f(\cdot) = 0, \quad t < t_0 \quad （或 n < n_0）$$

其零状态响应：

$$y_{zs}(\cdot) = T[\{0\}, f(\cdot)] = 0, \quad t < t_0 \quad （或 n < n_0）$$

则称该系统为因果系统，否则称其为非因果系统。

如零状态响应为 $y_{zs}(t) = 3f(t-1)$、$y_{zs}(t) = \int_{-\infty}^{t} f(\tau)d\tau$、$y_{zs}(n) = 3f(n-1) + 2f(n-2)$、

$y_{zs}(n) = \sum_{i=-\infty}^{n} f(i)$ 等系统的零状态响应都不出现在激励之前，故均为因果系统。

而由于 $y_{zs}(t) = 2f(t+1)$、$y_{zs}(t) = f(2t)$ 等系统的零状态响应都出现在激励之前，故它们均为非因果系统。

例 7.3-4 某 LTI 连续因果系统，当激励 $f_1(t) = u(t)$ 时，系统的全响应 $y_1(t) = (3e^{-t} + 4e^{-2t})u(t)$，当激励 $f_2(t) = 2u(t)$ 时，系统的全响应 $y_2(t) = (5e^{-t} - 3e^{-2t})u(t)$，求在相同的条件下激励为 $f_3(t) = u(t-2)$ 时的全响应。

解： 设相同的初始条件为 $\{x(0)\}$，由于初始条件相同，故系统的零输入响应 $y_{zi}(t)$ 不变。

由题意可知：

$$y_1(t) = T[\{x(0)\}, f_1(t) = u(t)] = (3e^{-t} + 4e^{-2t})u(t) \qquad (1)$$

$$y_2(t) = T[\{x(0)\}, f_2(t) = 2u(t)] = (5e^{-t} - 3e^{-2t})u(t) \qquad (2)$$

由线性性质，式（2）减去式（1），得系统在激励 $f_1(t)$ 作用下的零状态响应为：

$$y_{zs}(t) = T[\{x(0)\} = 0, f(t) = u(t)] = (2e^{-t} - 7e^{-2t})u(t) \qquad (3)$$

式（1）减去式（3）得系统的零输入响应为：

$$y_{zi}(t) = T[\{x(0)\}, f(t) = 0] = (e^{-t} + 11e^{-2t})u(t)$$

由时不变性质，得激励为 $f_3(t) = u(t-2)$ 时的零状态响应为：

$$y_{zs1}(t) = T[\{x(0)\} = 0, f(t) = u(t-2)] = [2e^{-(t-2)} - 7e^{-2(t-2)}]u(t-2)$$

由于初始状态不变，故全响应为：

$$y(t) = y_{zi}(t) + y_{zs1}(t) = (e^{-t} + 11e^{-2t})u(t) + [2e^{-(t-2)} - 7e^{-2(t-2)}]u(t-2)$$

实际的物理可实现系统均为因果系统，非因果系统的概念与特性在信号的压缩、扩展，语音信号处理等方面也有实际的意义。若信号的自变量不是时间而是诸如位移、距离、亮度等，则在此类物理系统中研究系统的因果性显得不很重要。

7.3.7 稳定系统与不稳定系统

一个系统，若对有界的激励 $f(\cdot)$ 所产生的零状态响应 $y_{zs}(\cdot)$ 也是有界的，则称该系统为有界输入有界输出稳定（BIBO，Bounded Input Bounded Output）系统，简称稳定系统。即若 $|f(\cdot)| < \infty$，其零状态响应 $|y_{zs}(\cdot)| < \infty$，则称系统是稳定系统。

例如，某离散系统的零状态响应 $y_{zs}(n) = f(n) + f(n-1)$，由于无论激励是何种形式的序列，只要它是有界的，那么 $y_{zs}(n)$ 也是有界的，因而该系统是稳定系统。而零状态响应 $y_{zs}(t) = \int_{-\infty}^{t} f(x)dx$ 的连续系统是不稳定系统。因为，当 $f(t) = u(t)$ 有界时，其零状态响应 $y_{zs}(t) = \int_{-\infty}^{t} u(x)dx = tu(t)$，当 $t \to \infty$ 时，$y_{zs}(t) \to \infty$ 无界，故该系统是不稳定系统。

系统的稳定性可以采用定义法进行判定，实际上，在后续章节中将要介绍的系统函数、系统状态变量分析法均可用来判定系统的稳定性，而且要比使用定义判定更为简单。

7.3.8 可逆系统与不可逆系统

如果一个系统对任何不同的激励都能产生不同的响应，即激励与响应是一一对应的，则称该系统是可逆的。如果一个系统对两个或两个以上不同的激励都能产生相同的响应，则称该系统是不可逆的。

如果一个可逆系统与另一个系统级联后构成的系统的响应等于激励，则称此级联系统为恒等系统，并称后者是前者的逆系统，如图 7.3-3 所示。

如 $y(t) = \dfrac{1}{2}f(t)$ 是可逆系统，其逆系统是 $y(t) = 2f(t)$。

而 $y(t) = f^2(t)$ 是不可逆系统，因为两个不同的激励 $f(t)$ 和 $-f(t)$ 能够产生相同的响应。

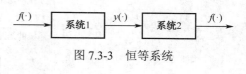

图 7.3-3　恒等系统

7.3.9　LTI 系统分析方法

　　LTI 系统分析研究的主要问题是对于给定的具体系统，求出它对给定激励的响应。具体地说，系统分析就是建立表征系统的数学方程并求解的过程。

　　总的来说，LTI 系统的分析方法可以分为两类：输入输出分析法（或称为外部法）和状态变量分析法（或称为内部法），本书第 8 章到第 11 章介绍的均为系统的输入输出分析法，主要包括系统的时域分析和变换域分析；第 12 章介绍的是系统的状态变量分析法，主要包括系统状态方程的建立与求解以及系统特性分析。

　　求解 LTI 系统响应采用的数学工具主要包括卷积积分、卷积和、傅里叶变换、拉普拉斯变换及 z 变换。

练习题

　　7.3-1　判断下列系统是否为线性、时不变、因果系统。其中，$x(0)$ 是系统的初始状态，$f(t)$ 是激励，$y(t)$ 是系统的响应。

　　1）$y(t) = x(0) + f[\sin(t)]$　　　　2）$y(t) = 5x(0) + 10\displaystyle\int_{-\infty}^{t} f(\tau)\mathrm{d}\tau$

　　3）$y(t) = \mathrm{e}^{-5x(0)t} + \displaystyle\int_{0}^{t} f(\tau)\mathrm{d}\tau$　　　　4）$y(t) = \mathrm{e}^{-t}x(0) + \dfrac{\mathrm{d}}{\mathrm{d}t}f(t)$

　　7.3-2　判断下列系统是否为线性、时不变、因果、稳定系统。

　　1）$y(n) = f(n-3)$　　　　2）$y(t) = a^{f(t)}$

　　3）$y(n) = f(n-1)f(n-2)$　　　　4）$y(t) = f(t-1) + f(t-5)$

7.4　本 章 小 结

　　本章首先介绍了系统的定义和描述方法，然后对系统的分类做了详细介绍，最后简要介绍了 LTI 系统的分析方法。通过学习本章内容，读者需要熟练掌握系统时域框图与系统微分/差分方程的转化方法，深刻理解线性、时不变性、因果性、稳定性的概念及线性系统、时不变系统、因果系统和稳定系统的判定方法，尤其需要注意动态系统是线性系统的条件和 LTI 系统的微积分特性。

　　具体来讲，本章主要介绍了：

　　① 系统的定义。读者应了解系统的定义和功能。

　　② 系统的描述。读者应能够根据电路列写微分方程，并熟练掌握由系统时域框图列写微分方程（连续系统）或差分方程（离散系统）的方法。

　　③ 线性系统和非线性系统。重点掌握线性性质（齐次性和可加性），能够熟练判断系统（尤其是动态系统）是否属于线性系统。

　　④ 时变系统和时不变系统。重点掌握时不变性及 LTI 系统的微分和积分特性。

　　⑤ 因果系统和非因果系统。重点理解因果系统的定义，能够熟练判断系统是否属于因果系统。

　　本章的主要知识脉络如图 7.4-1 所示。

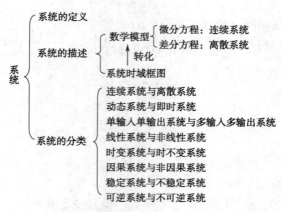

图 7.4-1　本章知识脉络示意图

练习题答案

7.2-1　$y''(t) + 3y'(t) + 2y(t) = f(t) + 2f'(t)$

7.2-2　$y(n) + 3y(n-1) + 2y(n-2) = 2f(n-1) + f(n-2)$

7.3-1　1）线性、时变、非因果　　　　　　2）线性、时不变、因果

3）非线性、时变、因果　　　　4）线性、时不变、因果

7.3-2　1）线性、时不变、因果、稳定　　2）非线性、时不变、因果、稳定

3）非线性、时不变、因果、稳定　　4）线性、时不变、因果、稳定

本 章 习 题

7.1　某 LTI 离散系统具有初始状态 $x(0)$，当激励为 $f(n)$ 时，响应为 $y_1(n) = \left(\dfrac{1}{2}\right)^n u(n) + u(n)$；

若初始状态不变，激励为 $-f(n)$ 时，响应 $y_2(n) = \left(-\dfrac{1}{2}\right)^n u(n) - u(n)$；求当初始状态为 $2x(0)$，激励

为 $4f(n)$ 时该系统的响应 $y(n)$。

7.2　现有某 LTI 连续系统，当激励为 $f_1(t)$ 时，响应为 $y_1(t)$，其波形如题图 7.1（a）、（b）所示，若激励为题图 7.1（c）所示的信号 $f_2(t)$，求：

1）用 $f_1(t)$ 表示 $f_2(t)$；

2）激励 $f_2(t)$ 引起的响应。

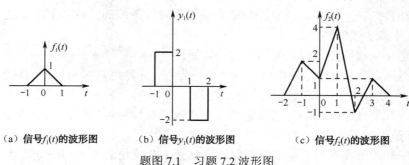

（a）信号 $f_1(t)$ 的波形图　　（b）信号 $y_1(t)$ 的波形图　　（c）信号 $f_2(t)$ 的波形图

题图 7.1　习题 7.2 波形图

7.3　系统的数学描述如下，判断其是否为线性、时不变、因果、稳定系统。

1）$y(n) = f(n) + 5$　　2）$y(n) = f(2-n) + f(n)$　　3）$y(t) = (t+1)f(t)$

4）$y(t) = |f(t)|$　　5）$y(t) = f(t+10) + f^2(t)$

7.4　假设某系统输入 $f(t)$ 和输出 $y(t)$ 之间的关系为

$$y(t) = \sum_{n=-\infty}^{\infty} f(t)\delta(t - nT)$$

试问该系统是否为线性系统？是否为时不变系统？

7.5　某连续时间系统输入 $f(t)$ 和输出 $y(t)$ 之间的关系为

$$y(t) = \int_{-\infty}^{t} f(t - \tau)\mathrm{d}\tau$$

试确定该系统是否为线性、时不变、因果系统。

第 8 章　LTI 连续系统的时域分析

【内容提要】

LTI 连续系统的时域分析可归结为建立并求解常系数线性微分方程，由于在系统分析过程中涉及的函数变量均为时间 t，故称之为时域分析法。这种方法比较直观，物理概念清楚，是学习各种变换域分析法的基础。

本章主要介绍 LTI 连续系统的时域解法，重点介绍系统的零输入响应、零状态响应和全响应并对典型的零状态响应——冲激响应和阶跃响应进行深入分析，详细介绍初始状态与初始值的关系及卷积在 LTI 连续系统时域分析中的作用。通过对本章内容的学习，读者应对 LTI 连续系统的时域分析有一个较为清晰的认识，为掌握 LTI 连续系统的变换域分析奠定基础。

【重点难点】

★ 零输入响应的求解方法及其与自由响应的关系

★ 零状态响应的求解方法及其与强迫响应的关系

★ 初始状态和初始值

★ 冲激响应和阶跃响应

★ 卷积积分求解系统的零状态响应

8.1　自由响应与强迫响应

如前所述，描述连续动态系统的数学模型是微分方程，这样就把对连续动态系统（如含有记忆元件的电路系统）的分析转换成了对微分方程的分析。如果 $f(t)$ 是单输入单输出系统的激励，$y(t)$ 为该系统的响应，则描述 LTI 连续系统激励与响应之间关系的数学模型为：

$$a_n y^{(n)}(t) + a_{n-1} y^{(n-1)}(t) + \cdots + a_1 y^{(1)}(t) + a_0 y(t) = b_m f^{(m)}(t) + b_{m-1} f^{(m-1)}(t) + \cdots + b_1 f^{(1)}(t) + b_0 f(t) \quad (8.1\text{-}1)$$

或写成：

$$\sum_{j=0}^{n} a_j y^{(j)}(t) = \sum_{i=0}^{m} b_i f^{(i)}(t) \quad (8.1\text{-}2)$$

显然，上述两式为 n 阶常系数线性微分方程，式中 $a_j (j = 0, 1, 2, \cdots, n)$ 和 $b_i (i = 0, 1, 2, \cdots, m)$ 均为实常数，a_n 一般取 1。

微分方程的全解可分解为齐次解和特解两部分，即：

$$y(t) = y_h(t) + y_p(t) \quad (8.1\text{-}3)$$

上式中，$y(t)$ 为微分方程的全解，$y_h(t)$ 为微分方程的齐次解，$y_p(t)$ 为微分方程的特解。

8.1.1　自由响应

形如：

$$y^{(n)}(t) + a_{n-1} y^{(n-1)}(t) + \cdots + a_1 y^{(1)}(t) + a_0 y(t) = 0 \quad (8.1\text{-}4)$$

的微分方程称为齐次微分方程，其等号右端为零。所谓自由响应就是系统微分方程的齐次解 $y_h(t)$，即齐次微分方程的解。

与式（8.1-4）相对应的特征方程为：

$$\lambda^n + a_{n-1}\lambda^{n-1} + \cdots + a_1\lambda + a_0 = 0 \qquad (8.1\text{-}5)$$

特征方程的根称为特征根，不同形式的特征根对应的微分方程的自由响应的形式也不同，该对应关系如表 8.1-1 所示。

由此可以看出，自由响应的函数形式由微分方程的特征根确定。由于齐次微分方程的等号右端为零，因此，自由响应的形式仅与系统本身的特性有关，而与激励 $f(t)$ 无关。所以，有时也称系统的自由响应为系统的固有响应。

表 8.1-1　特征根与自由响应

特征根 λ	自由响应（齐次解）$y_h(t)$
单实根	$Ce^{\lambda t}$
r 重实根	$(C_{r-1}t^{r-1} + C_{r-2}t^{r-2} + \cdots + C_1t + C_0)e^{\lambda t}$
一对共轭复根 $\lambda_{1,2}=\alpha\pm j\beta$	$e^{\alpha t}[C\cos(\beta t) + D\sin(\beta t)]$ 或 $Ae^{\alpha t}\cos(\beta t - \theta), Ae^{j\theta} = C + jD$
r 重共轭复根	$[A_{r-1}t^{r-1}\cos(\beta t + \theta_{r-1}) + A_{r-2}t^{r-2}\cos(\beta t + \theta_{r-2}) + \cdots + A_0\cos(\beta t + \theta_0)]e^{\alpha t}$

8.1.2　强迫响应

强迫响应即为微分方程的特解 $y_p(t)$，其形式与激励 $f(t)$ 的形式有关。不同的激励引起的系统强迫响应的形式也不同，该对应关系如表 8.1-2 所示。自由响应和强迫响应之和称为系统的全响应。

表 8.1-2　激励与强迫响应

激励 $f(t)$	强迫响应（特解）$y_p(t)$
F（常数）	P（常数）
t^m	$P_mt^m + P_{m-1}t^{m-1} + \cdots + P_1t + P_0$，特征根均不为零 $t^r(P_mt^m + P_{m-1}t^{m-1} + \cdots + P_1t + P_0)$，$r$ 重为零的特征根
$e^{\alpha t}$	$Pe^{\alpha t}$，α 不等于特征根 $(P_1t + P_0)e^{\alpha t}$，α 等于特征单根 $(P_rt^r + P_{r-1}t^{r-1} + \cdots + P_0)e^{\alpha t}$，$\alpha$ 等于 r 重特征根
$\sin(\beta t)$ 或 $\cos(\beta t)$	$P_1\cos(\beta t) + P_2\sin(\beta t)$ 或 $A\cos(\beta t - \theta), Ae^{j\theta} = P_1 + jP_2$，特征根不等于 $\pm j\beta$

例 8.1-1　描述某 LTI 连续系统的微分方程为

$$y''(t) + 6y'(t) + 8y(t) = f(t)$$

若 $f(t) = 2e^{-t}(t \geq 0)$，　$y(0) = 2$，　$y'(0) = -1$，求系统的全响应。

解：由题意，系统的自由响应满足齐次微分方程：

$$y''(t) + 6y'(t) + 8y(t) = 0$$

其特征方程为：

$$\lambda^2 + 6\lambda + 8 = 0$$

故其特征根为 $\lambda_1 = -2, \lambda_2 = -4$。

由表 8.1-1 可知，系统自由响应的形式为：

$$y_h(t) = C_1e^{-2t} + C_2e^{-4t}, \; t \geq 0$$

当 $f(t) = 2e^{-t}$ 时，$\alpha = -1$ 不等于特征根，由表 8.1-2 可知其强迫响应的形式为：

$$y_p(t) = Pe^{-t}, \; t \geq 0$$

当 $t > 0$ 时，有：

$$y_p'(t) = -Pe^{-t}$$

$$y_p''(t) = Pe^{-t}$$

将上述三式代入微分方程，得：

$$Pe^{-t} - 6Pe^{-t} + 8Pe^{-t} = 2e^{-t}$$

比较上式等号两端 e^{-t} 的系数，可得 $P = \dfrac{2}{3}$，于是强迫响应为：

$$y_p(t) = \frac{2}{3}e^{-t}, \ t \geqslant 0$$

所以，系统的全响应为：

$$y(t) = y_h(t) + y_p(t) = C_1 e^{-2t} + C_2 e^{-4t} + \frac{2}{3}e^{-t}, \ t \geqslant 0$$

当 $t > 0$ 时，对上式求一阶导数，得：

$$y'(t) = -2C_1 e^{-2t} - 4C_2 e^{-4t} - \frac{2}{3}e^{-t}$$

将已知条件 $y(0) = 2, y'(0) = -1$ 代入上述两式，得：

$$\begin{cases} y(0) = C_1 + C_2 + \dfrac{2}{3} = 2 \\ y'(0) = -2C_1 - 4C_2 - \dfrac{2}{3} = -1 \end{cases}$$

解得 $C_1 = \dfrac{5}{2}, C_2 = -\dfrac{7}{6}$，故全响应为：

$$y(t) = y_h(t) + y_p(t) = \frac{5}{2}e^{-2t} - \frac{7}{6}e^{-4t} + \frac{2}{3}e^{-t}, \ t \geqslant 0$$

上式前两项为系统的自由响应，第三项为强迫响应。上式中之所以标注 $t \geqslant 0$，是因为一般认为系统的激励是在 $t = 0$ 时刻接入的，因此系统的全响应也就适用于 $t \geqslant 0$。

实际上，例 8.1-1 的结果也可以用阶跃信号表示其作用区间，从而去掉 $t \geqslant 0$，即：

$$y(t) = \left(\frac{5}{2}e^{-2t} - \frac{7}{6}e^{-4t} + \frac{2}{3}e^{-t} \right) u(t)$$

同样地，激励也可以描述为 $f(t) = 2e^{-t}u(t)$。

例 8.1-2 描述某 LTI 连续系统的微分方程为

$$y''(t) + 6y'(t) + 8y(t) = f(t)$$

若 $f(t) = 2e^{-2t}u(t)$，$y(0) = 2$，$y'(0) = -1$，求系统的全响应。

解：由于系统的微分方程与例 8.1-1 相同，故自由响应的形式不变：

$$y_h(t) = (C_1 e^{-2t} + C_2 e^{-4t})u(t)$$

由于激励 $f(t) = 2e^{-2t}u(t)$ 的指数 $\alpha = -2$ 与特征根之一相等，由表 8.1-2 知其强迫响应可设为：

$$y_p(t) = (P_1 t + P_0)e^{-2t}u(t)$$

对上式求一、二阶导数，得：

$$y_p'(t) = [P_1 e^{-2t} - 2(P_1 t + P_0)e^{-2t}]u(t) + P_0 \delta(t)$$

$$y_p''(t) = [-4P_1 e^{-2t} + 4(P_1 t + P_0)e^{-2t}]u(t) + (P_1 - 2P_0)\delta(t) + P_0 \delta'(t)$$

当 $t > 0$ 时，上述两式可写为：

$$y_p'(t) = P_1 e^{-2t} - 2(P_1 t + P_0)e^{-2t}$$

$$y_p''(t) = -4P_1e^{-2t} + 4(P_1t + P_0)e^{-2t}$$

将上述三式代入微分方程，得：

$$-4P_1e^{-2t} + 4(P_1t + P_0)e^{-2t} + 6[P_1e^{-2t} - 2(P_1t + P_0)e^{-2t}] + 8(P_1t + P_0)e^{-2t} = 2e^{-2t}$$

比较上式等号两端 e^{-2t} 的系数，可得 $P_1 = 1$，但无法求得 P_0，于是强迫响应为：

$$y_p(t) = (t + P_0)e^{-2t}u(t)$$

所以，系统的全响应为：

$$y(t) = y_h(t) + y_p(t) = [C_1e^{-2t} + C_2e^{-4t} + (t + P_0)e^{-2t}]u(t) = [(C_1 + P_0)e^{-2t} + te^{-2t} + C_2e^{-4t}]u(t)$$

对上式求一阶导数，得：

$$y'(t) = [-2C_1e^{-2t} - 4C_2e^{-4t} + e^{-2t} - 2(t + P_0)e^{-2t}]u(t) + (C_1 + C_2 + P_0)\delta(t)$$

当 $t > 0$ 时，上式可写为：

$$y'(t) = -2C_1e^{-2t} - 4C_2e^{-4t} + e^{-2t} - 2(t + P_0)e^{-2t}$$

将已知条件 $y(0) = 2, y'(0) = -1$ 代入上述两式，得：

$$\begin{cases} y(0) = C_1 + C_2 + P_0 = 2 \\ y'(0) = -2C_1 - 4C_2 + 1 - 2P_0 = -1 \end{cases}$$

即：

$$\begin{cases} y(0) = (C_1 + P_0) + C_2 = 2 \\ y'(0) = -2(C_1 + P_0) - 4C_2 = -2 \end{cases}$$

解得 $C_1 + P_0 = 3, C_2 = -1$，故全响应为：

$$y(t) = y_h(t) + y_p(t) = (3e^{-2t} - e^{-4t} + te^{-2t})u(t)$$

由于上式第一项的系数为 $C_1 + P_0 = 3$，因此不能区分 C_1 和 P_0，从而也就无法区分自由响应（齐次解）和强迫响应（特解）。

例 8.1-3 描述某 LTI 连续系统的微分方程为

$$y''(t) + 6y'(t) + 8y(t) = f(t)$$

若 $f(t) = \sin(t)u(t)$，$y(0) = 2$，$y'(0) = -1$，求系统的全响应。

解：由于系统的微分方程与例 8.1-1 相同，故自由响应的形式不变：

$$y_h(t) = (C_1e^{-2t} + C_2e^{-4t})u(t)$$

由于当激励 $f(t) = \sin(t)u(t)$ 时，特征根不等于 $\pm\beta = \pm 1$，由表 8.1-2 知其强迫响应可设为：

$$y_p(t) = [P_1\cos(t) + P_2\sin(t)]u(t)$$

当 $t > 0$ 时，有：

$$y_p'(t) = -P_1\sin(t) + P_2\cos(t)$$

$$y_p''(t) = -P_1\cos(t) - P_2\sin(t)$$

将上述三式代入微分方程，得：

$$-P_1\cos(t) - P_2\sin(t) - 6P_1\sin(t) + 6P_2\cos(t) + 8P_1\cos(t) + 8P_2\sin(t) = \sin(t)$$

比较上式等号两端 $\sin(t)$ 和 $\cos(t)$ 的系数，可得：

$$\begin{cases} -P_1 + 6P_2 + 8P_1 = 0 \\ -P_2 - 6P_1 + 8P_2 = 1 \end{cases}$$

解得 $P_1 = -\dfrac{6}{85}, P_2 = \dfrac{7}{85}$，于是强迫响应为：

$$y_p(t) = \left[-\frac{6}{85}\cos(t) + \frac{7}{85}\sin(t) \right]u(t)$$

所以，系统的全响应为：

$$y(t) = y_h(t) + y_p(t) = \left[C_1 e^{-2t} + C_2 e^{-4t} - \frac{6}{85}\cos(t) + \frac{7}{85}\sin(t) \right]u(t)$$

当 $t > 0$ 时，对上式求一阶导数，得：

$$y'(t) = -2C_1 e^{-2t} - 4C_2 e^{-4t} + \frac{6}{85}\sin(t) + \frac{7}{85}\cos(t)$$

将已知条件 $y(0) = 2, y'(0) = -1$ 代入上述两式，得：

$$\begin{cases} y(0) = C_1 + C_2 - \dfrac{6}{85} = 2 \\ y'(0) = -2C_1 - 4C_2 + \dfrac{7}{85} = -1 \end{cases}$$

解得 $C_1 = \dfrac{306}{85}, C_2 = -\dfrac{26}{17}$，故全响应为：

$$y(t) = y_h(t) + y_p(t) = \left[\frac{306}{85}e^{-2t} - \frac{26}{17}e^{-4t} - \frac{6}{85}\cos(t) + \frac{7}{85}\sin(t) \right]u(t)$$

上式前两项为系统的自由响应，后两项为系统的强迫响应。

对于本例来说，系统全响应中的前两项随 t 的增大而减小直至消失，称之为暂态响应；后两项随 t 的增大而呈等幅振荡，称之为稳态响应。一般来说，所谓暂态响应是指激励接入系统以后，全响应中暂时出现的响应分量，即随着时间的增长，其最终消失。若响应分量随时间的增长而等幅振荡或保持不变，则称之为稳态响应。

例 8.1-4 描述某 LTI 连续系统的微分方程为

$$y''(t) + 4y'(t) + 4y(t) = f(t)$$

若 $f(t) = 2u(t)$，$y(0) = 2$，$y'(0) = -1$，求系统的全响应。

解：由题意，系统的自由响应满足齐次微分方程：

$$y''(t) + 4y'(t) + 4y(t) = 0$$

其特征方程为：

$$\lambda^2 + 4\lambda + 4 = 0$$

故其特征根为 $\lambda_1 = \lambda_2 = -2$。

由表 8.1-1 可知，系统自由响应的形式为：

$$y_h(t) = (C_1 t + C_0)e^{-2t}u(t)$$

由于激励 $f(t) = 2u(t)$ 且特征根不等于零，由表 8.1-2 可知其强迫响应可设为：

$$y_p(t) = Pu(t)$$

当 $t > 0$ 时，有：

$$y_p'(t) = y_p''(t) = 0$$

将上述两式代入微分方程，得 $4P = 2$，即强迫响应为 $y_p(t) = \dfrac{1}{2}u(t)$，所以，系统的全响应为：

$$y(t) = y_h(t) + y_p(t) = \left[(C_1 t + C_0)e^{-2t} + \frac{1}{2} \right]u(t)$$

当 $t > 0$ 时，对上式求一阶导数，得：

$$y'(t) = C_1 e^{-2t} - 2(C_1 t + C_0)e^{-2t}$$

将已知条件 $y(0) = 2, y'(0) = -1$ 代入上述两式，得：

$$\begin{cases} y(0) = C_0 + \dfrac{1}{2} = 2 \\ y'(0) = C_1 - 2C_0 = -1 \end{cases}$$

解得 $C_0 = \dfrac{3}{2}, C_1 = 2$，故全响应为：

$$y(t) = y_h(t) + y_p(t) = \left[\left(2t + \dfrac{3}{2} \right) e^{-2t} + \dfrac{1}{2} \right] u(t)$$

练习题

8.1-1 描述某 LTI 连续系统的微分方程为
$$y''(t) + 3y'(t) + 2y(t) = 4f(t)$$
若 $f(t) = e^{-3t}u(t)$，$y(0) = 3$，$y'(0) = 4$，求系统的自由响应、强迫响应和全响应。

8.2 零输入响应与零状态响应

LTI 连续动态系统在任意时刻的响应均可由系统的初始状态和此时的激励完全确定。这样，连续动态系统的全响应 $y(t)$ 可分解为系统的零输入响应 $y_{zi}(t)$ 和零状态响应 $y_{zs}(t)$，即：

$$y(t) = y_{zi}(t) + y_{zs}(t) \tag{8.2-1}$$

下面首先介绍初始状态的概念，然后介绍如何在时域中求解系统的零输入响应、零状态响应及全响应。

8.2.1 初始状态和初始值

若激励 $f(t)$ 是在 $t = 0$ 时刻接入系统的，则确定系统响应的待定系数 C_i 时用的是 $t = 0_+$ 时刻的值，即 $y^{(j)}(0_+)(j = 0, 1, 2, \cdots, n-1)$ 的值，称其为系统的初始值。由于 $t = 0_+$ 时刻激励已经接入到系统中，因此系统的初始值包含了激励的作用，不便于描述系统的历史信息。

在 $t = 0_-$ 时刻激励尚未接入，因此，该时刻的值 $y^{(j)}(0_-)(j = 0, 1, 2, \cdots, n-1)$ 反映了系统的历史情况而与激励无关，称其为系统的初始状态或起始值。对于具体的系统，初始状态一般容易求得。这样，为了求解微分方程的响应，就需要由系统的初始状态 $y^{(j)}(0_-)$ 设法求得系统的初始值 $y^{(j)}(0_+)$。当然，如果知道了系统的全响应，那么令 $t = 0$，则可由全响应得到系统的初始值 $y^{(j)}(0_+)$，此时，如果关心系统的初始状态，则需要由系统的初始值 $y^{(j)}(0_+)$ 求得系统的初始状态 $y^{(j)}(0_-)$。

下面先通过例题说明由系统初始状态求解系统初始值的方法，而由系统初始值求解系统初始状态的方法则稍后加以介绍。

例 8.2-1 描述某 LTI 连续系统的微分方程为
$$y''(t) + 6y'(t) + 8y(t) = f(t) + 2f''(t)$$
若 $f(t) = tu(t)$，$y(0_-) = 3$，$y'(0_-) = 2$，求系统的初始值 $y(0_+)$ 和 $y'(0_+)$。

解：将激励 $f(t) = tu(t)$ 代入系统微分方程，得：
$$y''(t) + 6y'(t) + 8y(t) = tu(t) + 2\delta(t) \tag{1}$$

利用系数匹配法分析：上式对于 $t = 0_-$ 时刻也成立，在 $t \in [0_-, 0_+]$ 区间，微分方程等号两端的冲激信号 $\delta(t)$ 的系数应相等。

由于等号右端为 $2\delta(t)$，故 $y''(t)$ 中应包含冲激信号 $\delta(t)$ 项，根据冲激信号和阶跃信号的关系，

可知 $y'(t)$ 中含有阶跃信号 $u(t)$ 项，故 $y'(t)$ 在 $t=0$ 处将发生跃变，即 $y'(0_-) \neq y'(0_+)$。$y'(t)$ 中不含冲激信号 $\delta(t)$ 项，否则 $y''(t)$ 中将含有冲激偶信号 $\delta'(t)$ 项。由于 $y'(t)$ 中不含 $\delta(t)$ 项，故 $y(t)$ 中不含有 $u(t)$ 项，从而 $y(t)$ 在 $t=0$ 处是连续的，所以：

$$y(0_-) = y(0_+) = 3$$

对式（1）两端从 0_- 到 0_+ 积分，有：

$$\int_{0_-}^{0_+} [y''(t) + 6y'(t) + 8y(t)] \mathrm{d}t = \int_{0_-}^{0_+} y''(t)\mathrm{d}t + 6\int_{0_-}^{0_+} y'(t)\mathrm{d}t + 8\int_{0_-}^{0_+} y(t)\mathrm{d}t = \int_{0_-}^{0_+} tu(t)\mathrm{d}t + 2\int_{0_-}^{0_+} \delta(t)\mathrm{d}t \quad (2)$$

由于积分在无穷小区间 $[0_-, 0_+]$ 进行，且 $f(t) = tu(t)$ 和 $y(t)$ 在 $t=0$ 处连续，故：

$$\int_{0_-}^{0_+} y(t)\mathrm{d}t = 0 \ , \quad \int_{0_-}^{0_+} tu(t)\mathrm{d}t = 0$$

考虑式（2.2-5），可将式（2）改写为：

$$\int_{0_-}^{0_+} y''(t)\mathrm{d}t + 6\int_{0_-}^{0_+} y'(t)\mathrm{d}t = 2$$

即：

$$[y'(0_+) - y'(0_-)] + 6[y(0_+) - y(0_-)] = 2$$

考虑到 $y(0_-) = y(0_+) = 3$，$y'(0_-) = 2$，所以由上式可得：

$$y'(0_+) = 4$$

即系统的初始值为：

$$y(0_+) = 3 \ , \quad y'(0_+) = 4$$

由此可见，当微分方程等号右端含有冲激信号及其各阶导数时，系统的全响应 $y(t)$ 及其各阶导数中，有些将在 $t=0$ 处发生跃变。但如果等号右端不含冲激信号及其各阶导数，系统的全响应 $y(t)$ 及其各阶导数将不会发生跃变，即初始状态等于初始值。

本例采用被称为观察法的方法求解系统的初始值。该方法根据冲激信号的系数匹配，并综合考虑连续信号在无穷小区间 $t \in [0_-, 0_+]$ 积分为零、冲激信号在无穷小区间 $t \in [0_-, 0_+]$ 积分为 1 及冲激信号和阶跃信号的关系进行求解。该方法求解过程较为简单，但只适合于微分方程等号右端最多只含有冲激信号 $\delta(t)$ 项而不含其各阶导数项的情况。

例 8.2-2 描述某 LTI 连续系统的微分方程为

$$y''(t) + 6y'(t) + 8y(t) = f(t) + 2f''(t)$$

若 $f(t) = \delta(t)$，$y(0_-) = 3$，$y'(0_-) = 2$，求系统的初始值 $y(0_+)$ 和 $y'(0_+)$。

解： 本题的微分方程等号右端不仅含有 $\delta(t)$ 项，还含有 $\delta''(t)$ 项，因此不能采用例 8.2-1 的方法求解。

将激励 $f(t) = \delta(t)$ 代入微分方程，得：

$$y''(t) + 6y'(t) + 8y(t) = \delta(t) + 2\delta''(t) \quad (1)$$

根据系数匹配法，式（1）中的 $y''(t)$ 中含有 $\delta''(t)$ 项，故令：

$$y''(t) = a\delta''(t) + b\delta'(t) + c\delta(t) + p_0(t) \quad (2)$$

式中 a、b、c 均为待定常数，函数 $p_0(t)$ 中不含 $\delta(t)$ 及其各阶导数。

对式（2）等号两端从 $-\infty$ 到 t 积分，得：

$$y'(t) = a\delta'(t) + b\delta(t) + \int_{-\infty}^{t} [c\delta(x) + p_0(x)]\mathrm{d}x = a\delta'(t) + b\delta(t) + p_1(t) \quad (3)$$

显然，函数 $p_1(t)$ 中不含 $\delta(t)$ 及其各阶导数。

对式（3）等号两端从 $-\infty$ 到 t 积分，得：

$$y(t) = a\delta(t) + \int_{-\infty}^{t} [b\delta(x) + p_1(x)]\mathrm{d}x = a\delta(t) + p_2(t) \quad (4)$$

显然，函数 $p_2(t)$ 中不含 $\delta(t)$ 及其各阶导数。

将式（2）、式（3）和式（4）代入到式（1）中，并稍加整理，得：
$$a\delta''(t)+(6a+b)\delta'(t)+(8a+6b+c)\delta(t)+[p_0(t)+6p_1(t)+8p_2(t)]=\delta(t)+2\delta''(t)$$

上式等号两端 $\delta(t)$ 及其各阶导数的系数分别相等，故得：
$$\begin{cases} a=2 \\ 6a+b=0 \\ 8a+6b+c=1 \end{cases}$$

解得 $a=2, b=-12, c=57$。

将 $a=2, b=-12$ 带入式（3），并对等号两端从 0_- 到 0_+ 进行积分，有：
$$y(0_+)-y(0_-)=2\int_{0_-}^{0_+}\delta'(t)\mathrm{d}t-12\int_{0_-}^{0_+}\delta(t)\mathrm{d}t+\int_{0_-}^{0_+}p_1(t)\mathrm{d}t$$

若令式（2.2-15）中的 $f(t)=1$，则有 $f^{(n)}(t)=0$ $(n\geq 1)$，即：
$$\int_{-\infty}^{\infty}\delta^{(n)}(t)\mathrm{d}t=0$$

根据式（2.2-5），有：
$$\int_{-\infty}^{\infty}\delta(t)\mathrm{d}t=\int_{0_-}^{0_+}\delta(t)\mathrm{d}t=1$$

在无穷小区间对连续信号进行积分运算，其结果一定为零，故有：
$$y(0_+)-y(0_-)=-12$$

因为 $y(0_-)=3$，故 $y(0_+)=-9$。

同理，将 $a=2, b=-12, c=57$ 代入式（2），并对等号两端从 0_- 到 0_+ 进行积分，有：
$$y'(0_+)-y'(0_-)=2\int_{0_-}^{0_+}\delta''(t)\mathrm{d}t-12\int_{0_-}^{0_+}\delta'(t)\mathrm{d}t+57\int_{0_-}^{0_+}\delta(t)\mathrm{d}t+\int_{0_-}^{0_+}p_0(t)\mathrm{d}t$$

故有：
$$y'(0_+)-y'(0_-)=57$$

因为 $y'(0_-)=2$，故 $y'(0_+)=59$。

即系统的初始值为：
$$y(0_+)=-9 , \quad y'(0_+)=59$$

本例求解系统初始值采用的方法被称为常规法。该方法思路清晰，但求解过程稍显复杂。不过该方法适合在任何情况下由系统的初始状态求解系统的初始值。

下面以二阶 LTI 连续系统为例对常规法进行总结。

① 确定 $y''(t)$（即 $y(t)$ 最高阶次导数）中含有 $\delta(t)$ 的最高阶次。

将激励 $f(t)$ 带入微分方程，然后，根据微分方程等号两端各奇异信号系数相等的原则，判断 $y''(t)$ 中含有 $\delta(t)$ 的最高阶次 m。

② 设 $y(t)$ 及其各阶导数的表达式。

令 $y''(t)=a_m\delta^{(m)}(t)+a_{m-1}\delta^{(m-1)}(t)+\cdots+a_0\delta(t)+p_0(t)$，对其从 $-\infty$ 到 t 进行积分，逐次求得 $y'(t)$ 和 $y(t)$。

③ 求取待定系数。

将 $y''(t)$、$y'(t)$ 和 $y(t)$ 代入微分方程，根据方程等号两端各奇异信号系数相等的原则，求得 $y''(t)$ 表达式中的各待定系数。

④ 求得系统的初始值。

分别对 $y''(t)$ 和 $y'(t)$ 表达式的等号两端从 0_- 到 0_+ 进行积分，依次求得系统的各初始值。

8.2.2 零输入响应

零输入响应是激励为零时仅由系统的初始状态 $\{x(0)\}$ 引起的响应，用 $y_{zi}(t)$ 表示。在零输入条件下，微分方程等号右端为零，从而将非齐次微分方程转化为齐次方程。即零输入响应满足方程：

$$\sum_{j=0}^{n} a_j y_{zi}^{(j)}(t) = 0 \tag{8.2-2}$$

此时，可根据自由响应和特征根的对应关系（表 8.1-1），列写零输入响应的形式。例如，若其特征根均为单实根，则其零输入响应为：

$$y_{zi}(t) = \sum_{j=1}^{n} C_{zij} e^{\lambda_j t} \tag{8.2-3}$$

式中，C_{zij} 为待定系数。

根据零输入响应的定义，由于激励为零，因此，微分方程等号右端一定不含有冲激信号及其各阶导数，因此在零输入情况下，系统的初始状态和初始值相等：

$$y_{zi}^{(j)}(0_-) = y_{zi}^{(j)}(0_+) \quad (j = 0, 1, 2, \cdots, n-1)$$

同时，由于激励为零，因此，系统的初始状态完全由零输入情况下的初始状态确定，而与激励无关，因此：

$$y^{(j)}(0_-) = y_{zi}^{(j)}(0_-) \quad (j = 0, 1, 2, \cdots, n-1)$$

所以，有：

$$y^{(j)}(0_-) = y_{zi}^{(j)}(0_-) = y_{zi}^{(j)}(0_+) \quad (j = 0, 1, 2, \cdots, n-1) \tag{8.2-4}$$

因此，根据系统的初始状态 $y^{(j)}(0_-)$ 即可确定零输入响应中的各待定系数。

例 8.2-3 描述某 LTI 连续系统的微分方程为

$$y''(t) + 6y'(t) + 8y(t) = f(t) + 2f''(t)$$

若 $y(0_-) = 3$，$y'(0_-) = 2$，求系统的零输入响应。

解：系统的零输入响应满足方程：

$$y''(t) + 6y'(t) + 8y(t) = 0$$

特征方程为：

$$\lambda^2 + 6\lambda + 8 = 0$$

故其特征根为：$\lambda_1 = -2, \lambda_2 = -4$，因此，当 $t > 0$ 时，零输入响应及其导数为：

$$\begin{cases} y_{zi}(t) = C_{zi1} e^{-2t} + C_{zi2} e^{-4t} \\ y_{zi}'(t) = -2C_{zi1} e^{-2t} - 4C_{zi2} e^{-4t} \end{cases}$$

初始值为：

$$\begin{cases} y_{zi}(0_+) = y_{zi}(0_-) = y(0_-) = 3 \\ y_{zi}'(0_+) = y_{zi}'(0_-) = y'(0_-) = 2 \end{cases}$$

将初始值代入零输入响应及其导数表达式，得：

$$\begin{cases} C_{zi1} + C_{zi2} = 3 \\ -2C_{zi1} - 4C_{zi2} = 2 \end{cases}$$

解得 $C_{zi1} = 7, C_{zi2} = -4$，将其代入零输入响应表达式，得系统的零输入响应为：

$$y_{zi}(t) = (7e^{-2t} - 4e^{-4t})u(t)$$

8.2.3 零状态响应

零状态响应是系统的初始状态为零时，仅由激励 $f(t)$ 引起的响应，用 $y_{zs}(t)$ 表示。这时，微分方程仍是非齐次方程，即零状态响应满足方程：

$$\sum_{j=0}^{n} a_j y_{zs}^{(j)}(t) = \sum_{i=0}^{m} b_i f^{(i)}(t)$$

根据零状态响应的定义，其初始状态为：

$$y_{zs}^{(j)}(0_-) = 0 \quad (j = 0, 1, 2, \cdots, n-1) \tag{8.2-5}$$

由于此时微分方程为非齐次方程，因此，可以利用表 8.1-1 和表 8.1-2 分别确定自由响应和强迫响应的形式，然后将其求和即可得到零状态响应的形式。若微分方程的特征根均为单根，则其零状态响应为：

$$y_{zs}(t) = \sum_{j=1}^{n} C_{zsj} e^{\lambda_j t} + y_p(t)$$

式中，C_{zsj} 为待定系数。

例 8.2-4 描述某 LTI 连续系统的微分方程为

$$y''(t) + 6y'(t) + 8y(t) = f(t) + 2f''(t)$$

若 $f(t) = u(t)$，求系统的零状态响应。

解：将激励 $f(t) = u(t)$ 代入微分方程，得：

$$y_{zs}''(t) + 6y_{zs}'(t) + 8y_{zs}(t) = u(t) + 2\delta'(t) \tag{1}$$

由于微分方程等号右端出现了冲激偶信号，故零状态响应及其各阶导数在 $t = 0$ 时刻有可能产生突变，即其初始值不等于初始状态。为此，首先要求得系统的初始值。

令：

$$y_{zs}''(t) = a\delta'(t) + b\delta(t) + p_0(t) \tag{2}$$

对式（2）等号两端从 $-\infty$ 到 t 进行积分，逐次求得 $y'(t)$ 和 $y(t)$：

$$y_{zs}'(t) = a\delta(t) + p_1(t) \tag{3}$$

$$y_{zs}(t) = p_2(t) \tag{4}$$

将式（2）、式（3）和式（4）代入式（1），得：

$$a\delta'(t) + (6a+b)\delta(t) + 8p_2(t) + 6p_1(t) + p_0(t) = u(t) + 2\delta'(t)$$

根据奇异函数系数平衡，不难求得 $a = 2, b = -12$。

对式（2）和式（3）等号两端分别从 0 到 0_+ 进行积分，有：

$$y_{zs}'(0_+) - y_{zs}'(0_-) = -12$$

$$y_{zs}(0_+) - y_{zs}(0_-) = 2$$

考虑式（8.2-5），有 $y_{zs}'(0_+) = -12$，$y_{zs}(0_+) = 2$。

当 $t > 0$ 时，式（1）可写为：

$$y_{zs}''(t) + 6y_{zs}'(t) + 8y_{zs}(t) = 1$$

其齐次解为和特解可设为 $C_{zs1}e^{-2t} + C_{zs2}e^{-4t}$ 和 P_0，将特解代入上式可得特解为 $y_p(t) = P_0 = \dfrac{1}{8}$。

所以，有：

$$y_{zs}(t) = \left(C_{zs1}e^{-2t} + C_{zs2}e^{-4t} + \frac{1}{8}\right)u(t)$$

当 $t > 0$ 时，将初始值 $y_{zs}'(0_+) = -12$，$y_{zs}(0_+) = 2$ 代入上式及其导数（令 $t=0$），得：

$$\begin{cases} C_{zs1} + C_{zs2} + \dfrac{1}{8} = 2 \\ -2C_{zs1} - 4C_{zs2} = -12 \end{cases}$$

解得 $C_{zs1} = -\dfrac{9}{4}$，$C_{zs2} = \dfrac{33}{8}$。最后，得系统的零状态响应为：

$$y_{zs}(t) = \left(-\frac{9}{4}e^{-2t} + \frac{33}{8}e^{-4t} + \frac{1}{8} \right) u(t)$$

在求解系统的零状态响应时，若微分方程的等号右端为激励 $f(t)$ 及其各阶导数的线性组合，即：

$$y^{(n)}(t) + a_{n-1}y^{(n-1)}(t) + \cdots + a_0 y(t) = b_m f^{(m)}(t) + b_{m-1}f^{(m-1)}(t) + \cdots + b_0 f(t) \tag{8.2-6}$$

可利用 LTI 连续系统零状态响应的线性性质和微分特性采用间接法求解，其主要步骤为：

① 选新变量 $y_{zs1}(t)$，使它满足的微分方程为左端与式（8.2-6）相同，而右端只含 $f(t)$，即：

$$y_{zs1}^{(n)}(t) + a_{n-1}y_{zs1}^{(n-1)}(t) + \cdots + a_0 y_{zs1}(t) = f(t) \tag{8.2-7}$$

可按照前述方法求得其零状态响应。

② 根据 LTI 连续系统零状态响应的线性性质和微分特性，可得式（8.2-6）的零状态响应为：

$$y_{zs}(t) = b_m y_{zs1}^{(m)}(t) + b_{m-1}y_{zs1}^{(m-1)}(t) + \cdots + b_0 y_{zs1}(t) \tag{8.2-8}$$

例 8.2-5　描述某 LTI 连续系统的微分方程为

$$y'(t) + 2y(t) = f''(t) + f'(t) + 2f(t)$$

若 $f(t) = u(t)$，求系统的零状态响应。

解：设仅由激励 $f(t)$ 作用于上述系统所引起的零状态响应为 $y_{zs1}(t)$，即：

$$y_{zs1}(t) = T[0, f(t)]$$

显然，它满足方程：

$$y_{zs1}'(t) + 2y_{zs1}(t) = f(t) \tag{1}$$

且 $y_{zs1}(0_-) = 0$。

根据 LTI 连续系统零状态响应的微分特性，有：

$$y_{zs1}'(t) = T[0, f'(t)]$$

$$y_{zs1}''(t) = T[0, f''(t)]$$

故微分方程的零状态响应为：

$$y_{zs}(t) = y_{zs1}''(t) + y_{zs1}'(t) + 2y_{zs1}(t) \tag{2}$$

现在求当 $f(t) = u(t)$ 时式（1）的解。

由于当 $f(t) = u(t)$ 时，等号右侧仅有阶跃信号，故 $y_{zs1}'(t)$ 含有阶跃信号，而 $y_{zs1}(t)$ 在 $t=0$ 处是连续的，从而有 $y_{zs1}(0_+) = y_{zs1}(0_-) = 0$。

不难求得式（1）的齐次解为 Ce^{-2t}，特解为常数 $P = \dfrac{1}{2}$，代入初始值 $y_{zs1}(0_+) = 0$ 后，得：

$$y_{zs1}(t) = \frac{1}{2}(1 - e^{-2t})u(t)$$

考虑式（2.2-9），其一、二阶导数分别为：

$$y_{zs1}'(t) = \frac{1}{2}(1 - e^{-2t})\delta(t) + e^{-2t}u(t) = e^{-2t}u(t)$$

$$y_{zs1}''(t) = e^{-2t}\delta(t) - 2e^{-2t}u(t) = \delta(t) - 2e^{-2t}u(t)$$

将 $y_{zs1}(t)$、$y_{zs1}'(t)$ 和 $y_{zs1}''(t)$ 代入式（2），得该系统的零状态响应：

$$y_{zs}(t) = \delta(t) + (1 - 2e^{-2t})u(t)$$

可见，利用 LTI 连续系统零状态响应的线性和微分特性求解此类问题，可简化求解过程。

8.2.4 全响应

如果 LTI 连续系统的响应既包含系统初始状态引起的响应，又包含激励引起的响应，则称该响应为系统的全响应。显然，系统的全响应是零输入响应和零状态响应之和。

对式（8.2-1）等号两端取 j 阶导数，有：

$$y^{(j)}(t) = y_{zi}^{(j)}(t) + y_{zs}^{(j)}(t), \quad j = 0, 1, 2, \cdots, n-1 \qquad (8.2\text{-}9)$$

由于式（8.2-9）在 $t \geq 0$ 时成立，因此在 $t = 0_+$ 时刻也成立，故有：

$$y^{(j)}(0_+) = y_{zi}^{(j)}(0_+) + y_{zs}^{(j)}(0_+) \qquad (8.2\text{-}10)$$

例 8.2-6 描述某 LTI 连续系统的微分方程为

$$y''(t) + 6y'(t) + 8y(t) = f(t) + 2f''(t)$$

若 $f(t) = u(t)$，$y(0_-) = 3$，$y'(0_-) = 2$，求系统的全响应。

解：由例 8.2-3 可知该系统的零输入响应为：

$$y_{zi}(t) = (7e^{-2t} - 4e^{-4t})u(t)$$

由例 8.2-4 可知该系统的零状态响应为：

$$y_{zs}(t) = \left(-\frac{9}{4}e^{-2t} + \frac{33}{8}e^{-4t} + \frac{1}{8} \right)u(t)$$

因此，该系统的全响应为：

$$y(t) = y_{zi}(t) + y_{zs}(t) = \left(\frac{19}{4}e^{-2t} + \frac{1}{8}e^{-4t} + \frac{1}{8} \right)u(t)$$

例 8.2-7 描述某 LTI 连续系统的微分方程为

$$y''(t) + 6y'(t) + 8y(t) = f(t)$$

若 $f(t) = 2e^{-t}u(t)$，$y(0) = 2$，$y'(0) = -1$，求系统的全响应。

解：本题已在例 8.1-1 中将全响应分为自由响应和强迫响应求解，现在将其分为零输入响应和零状态响应求解。

将激励 $f(t) = 2e^{-t}u(t)$ 代入微分方程，得：

$$y''(t) + 6y'(t) + 8y(t) = 2e^{-t}u(t)$$

由于等号右端不含有冲激信号及其各阶导数，故系统的初始状态和初始值相等：

$$\begin{cases} y(0_+) = y(0_-) = y(0) = 2 \\ y'(0_+) = y'(0_-) = y'(0) = -1 \end{cases}$$

先求零输入响应。

系统的零输入响应满足方程：

$$y_{zi}''(t) + 6y_{zi}'(t) + 8y_{zi}(t) = 0$$

特征方程为：

$$\lambda^2 + 6\lambda + 8 = 0$$

故其特征根为 $\lambda_1 = -2, \lambda_2 = -4$，因此，当 $t > 0$ 时，零输入响应及其导数为：

$$\begin{cases} y_{zi}(t) = C_{zi1}e^{-2t} + C_{zi2}e^{-4t} \\ y_{zi}'(t) = -2C_{zi1}e^{-2t} - 4C_{zi2}e^{-4t} \end{cases}$$

根据式（8.2-4），得系统的初始值为：

$$\begin{cases} y_{zi}(0_+) = y(0) = 2 \\ y_{zi}'(0_+) = y'(0) = -1 \end{cases}$$

将初始值代入零输入响应及其导数表达式，得：

$$\begin{cases} 2 = C_{zi1} + C_{zi2} \\ -1 = -2C_{zi1} - 4C_{zi2} \end{cases}$$

解得 $C_{zi1} = \dfrac{7}{2}$，$C_{zi2} = -\dfrac{3}{2}$，将其代入零输入响应表达式，得系统的零输入响应为：

$$y_{zi}(t) = \frac{7}{2}e^{-2t} - \frac{3}{2}e^{-4t}, \ t \geqslant 0$$

或改写为：

$$y_{zi}(t) = \left(\frac{7}{2}e^{-2t} - \frac{3}{2}e^{-4t} \right)u(t)$$

再求零状态响应。

系统的零状态响应满足方程：

$$y''_{zs}(t) + 6y'_{zs}(t) + 8y_{zs}(t) = 2e^{-t}u(t)$$

不难求得其齐次解和特解分别为 $C_{zs1}e^{-2t} + C_{zs2}e^{-4t}$ 和 Pe^{-t}，将特解代入上式并比较等号两端 e^{-t} 的系数，可得特解为 $y_p(t) = \dfrac{2}{3}e^{-t}$。所以，有：

$$y_{zs}(t) = C_{zs1}e^{-2t} + C_{zs2}e^{-4t} + \frac{2}{3}e^{-t}, \ t \geqslant 0$$

由于激励不含冲激信号及其各阶导数，考虑式（8.2-5）可知：

$$\begin{cases} y_{zs}(0_+) = y_{zs}(0_-) = 0 \\ y'_{zs}(0_+) = y'_{zs}(0_-) = 0 \end{cases}$$

当 $t > 0$ 时，将初始值 $y'_{zs}(0_+) = y_{zs}(0_+) = 0$ 代入零状态响应及其一阶导数表达式，有：

$$\begin{cases} C_{zs1} + C_{zs2} + \dfrac{2}{3} = 0 \\ -2C_{zs1} - 4C_{zs2} - \dfrac{2}{3} = 0 \end{cases}$$

解得 $C_{zs1} = -1$，$C_{zs2} = \dfrac{1}{3}$。因此，系统的零状态响应为：

$$y_{zs}(t) = -e^{-2t} + \frac{1}{3}e^{-4t} + \frac{2}{3}e^{-t}, \ t \geqslant 0$$

或改写为：

$$y_{zs}(t) = \left(-e^{-2t} + \frac{1}{3}e^{-4t} + \frac{2}{3}e^{-t} \right)u(t)$$

所以系统的全响应为：

$$y(t) = y_{zi}(t) + y_{zs}(t) = \frac{5}{2}e^{-2t} - \frac{7}{6}e^{-4t} + \frac{2}{3}e^{-t}, \ t \geqslant 0$$

或改写为：

$$y(t) = y_{zi}(t) + y_{zs}(t) = \left(\frac{5}{2}e^{-2t} - \frac{7}{6}e^{-4t} + \frac{2}{3}e^{-t} \right)u(t)$$

显然，本例结果与例 8.1-1 完全相同。

本例验证了式（8.1-3）和式（8.2-1），即 LTI 连续系统的全响应既可以分为自由响应和强迫响应，也可分为零输入响应和零状态响应。

比较例 8.1-1 和本例可以看出：

系统的自由响应为：$y_h(t) = (C_1 e^{-2t} + C_2 e^{-4t})u(t) = \left(\dfrac{5}{2}e^{-2t} - \dfrac{7}{6}e^{-4t}\right)u(t)$

系统的强迫响应为：$y_p(t) = Pe^{-t}u(t) = \dfrac{2}{3}e^{-t}u(t)$

系统的零输入响应为：$y_{zi}(t) = (C_{zi1}e^{-2t} + C_{zi2}e^{-4t})u(t) = \left(\dfrac{7}{2}e^{-2t} - \dfrac{3}{2}e^{-4t}\right)u(t)$

系统的零状态响应为：$y_{zs}(t) = (C_{zs1}e^{-2t} + C_{zs2}e^{-4t} + Pe^{-t})u(t) = \left(-e^{-2t} + \dfrac{1}{3}e^{-4t} + \dfrac{2}{3}e^{-t}\right)u(t)$

观察系统的自由响应和零输入响应可以看出，二者的形式相同，但系数不同：

$$\begin{cases} C_1 = C_{zi1} + C_{zs1} \\ C_2 = C_{zi2} + C_{zs2} \end{cases}$$

所以，系统的自由响应包含全部零输入响应以及零状态响应的一部分（齐次解部分）。也就是说，C_{zi1} 和 C_{zi2} 仅由系统的初始状态所决定，而 C_1 和 C_2 要由系统的初始状态和激励共同确定。

将系统的全响应写为零输入响应和零状态响应之和的形式：

$$y(t) = \left(\dfrac{7}{2}e^{-2t} - \dfrac{3}{2}e^{-4t} - e^{-2t} + \dfrac{1}{3}e^{-4t} + \dfrac{2}{3}e^{-t}\right)u(t)$$

可以看出，上式的第一、二项为系统的零输入响应，第三、四、五项为系统的零状态响应；上式的前四项为系统的自由响应，第五项为系统的强迫响应。

综上所述，对于 LTI 连续系统的全响应可做如下总结：

① LTI 连续系统的全响应可分为自由响应和强迫响应，也可分为零输入响应和零状态响应。

② 若系统微分方程的特征根均为单根，则它们的关系为：

$$y(t) = \sum_{j=1}^{n} C_j e^{\lambda_j t} + y_p(t) = \sum_{j=1}^{n} C_{zij} e^{\lambda_j t} + \sum_{j=1}^{n} C_{zsj} e^{\lambda_j t} + y_p(t) \tag{8.2-11}$$

式中，$\displaystyle\sum_{j=1}^{n} C_j e^{\lambda_j t} = \sum_{j=1}^{n} C_{zij} e^{\lambda_j t} + \sum_{j=1}^{n} C_{zsj} e^{\lambda_j t}$，即：

$$C_j = C_{zij} + C_{zsj}, \quad j = 1,\ 2,\ \cdots,\ n \tag{8.2-12}$$

③ 虽然自由响应和零输入响应都是齐次方程的解，但二者系数不同，C_{zij} 仅由系统的初始状态决定，而 C_j 要由系统的初始状态和激励共同确定。当初始状态为零时，零输入响应等于零，但在激励的作用下，自由响应并不为零。也就是说，系统的自由响应包含零输入响应以及零状态响应的一部分。

例 8.2-8 描述某 LTI 连续系统的微分方程为

$$y''(t) + 6y'(t) + 8y(t) = f(t) + 2f''(t)$$

若 $f(t) = u(t)$，$y(0_+) = 3$，$y'(0_+) = 2$，求系统的零输入响应和零状态响应。

解：本例中已知的是系统的初始值，即 0_+ 时刻的值：

$$\begin{cases} y(0_+) = y_{zi}(0_+) + y_{zs}(0_+) = 3 \\ y'(0_+) = y'_{zi}(0_+) + y'_{zs}(0_+) = 2 \end{cases} \tag{1}$$

根据激励的形式，可以看出微分方程的等号右端含有冲激信号的一阶导数，故系统的初始状态和初始值不相等。所以，按式（1）无法区分零输入响应和零状态响应在 $t=0_+$ 时的值。

由于零状态响应是指初始状态为零，即 $y_{zs}^{(j)}(0_-) = 0$ 时微分方程的解，所以，可先求零状态响应，然后根据零状态响应及其一阶导数得到 $y_{zs}(0_+)$ 和 $y'_{zs}(0_+)$，进而根据式（1）求得 $y_{zi}(0_+)$ 和 $y'_{zi}(0_+)$，最后求得零输入响应。

本例中零状态响应的求法和结果与例 8.2-6 相同，即：

$$y_{zs}(t) = \left(-\frac{9}{4}e^{-2t} + \frac{33}{8}e^{-4t} + \frac{1}{8}\right)u(t)$$

当 $t > 0$ 时，由上式及其导数可求得 $y_{zs}(0_+) = 2$，$y'_{zs}(0_+) = -12$，将它们代入到式（1）得 $y_{zi}(0_+) = 1$，$y'_{zi}(0_+) = 14$。本例中，零输入响应的形式和例 8.2-6 相同，即：

$$y_{zi}(t) = (C_{zi1}e^{-2t} + C_{zi2}e^{-4t})u(t)$$

将初始值代入，有：

$$\begin{cases} y_{zi}(0_+) = C_{zi1} + C_{zi2} = 1 \\ y'_{zi}(0_+) = -2C_{zi1} - 4C_{zi2} = 14 \end{cases}$$

解得：$C_{zi1} = 9$，$C_{zi2} = -8$，于是得该系统的零输入响应为：

$$y_{zi}(t) = (9e^{-2t} - 8e^{-4t})u(t)$$

因此该系统的全响应为：

$$y(t) = y_{zi}(t) + y_{zs}(t) = \left(\frac{27}{4}e^{-2t} - \frac{31}{8}e^{-4t} + \frac{1}{8}\right)u(t)$$

练习题

8.2-1   描述某 LTI 连续系统的微分方程为
$$y''(t) + 3y'(t) + 2y(t) = 2f'(t) + 6f(t)$$
若 $f(t) = u(t)$，$y(0_-) = 2$，$y'(0_-) = 0$，求系统的零输入响应、零状态响应和全响应。

8.3   冲激响应和阶跃响应

8.3.1   冲激响应

由冲激信号 $\delta(t)$ 引起的零状态响应称为单位冲激响应，简称冲激响应，记为 $h(t)$，即：

$$h(t) = T[\{0\}, \delta(t)] \tag{8.3-1}$$

由于冲激信号 $\delta(t)$ 及其各阶导数在 $t \geq 0_+$ 时都为零，因而若激励为冲激信号 $\delta(t)$ 及其各阶导数的线性组合，则当 $t > 0$ 时，微分方程等号右端恒等于零，这样，系统冲激响应的形式与自由响应的形式相同。

例 8.3-1   描述某 LTI 连续系统的微分方程为
$$y''(t) + 6y'(t) + 8y(t) = f(t)$$
求系统的冲激响应 $h(t)$。

解：根据冲激响应的定义，将激励 $f(t) = \delta(t)$ 代入微分方程，得：

$$h''(t) + 6h'(t) + 8h(t) = \delta(t) \tag{1}$$

且 $h'(0_-) = h(0_-) = 0$。

当 $t > 0$ 时，式（1）变为齐次微分方程：

$$h''(t) + 6h'(t) + 8h(t) = 0$$

上述微分方程的特征方程为 $\lambda^2 + 6\lambda + 8 = 0$，解得其特征根为 $\lambda_1 = -2, \lambda_2 = -4$，故系统的冲激响应可设为：

$$h(t) = (C_1e^{-2t} + C_2e^{-4t})u(t)$$

因为式（1）的等号右端有 $\delta(t)$ 项，故 $h''(t)$ 中必含 $\delta(t)$ 项，而 $h'(t)$ 和 $h(t)$ 中必不含 $\delta(t)$ 项。

从而 $h'(t)$ 中含有 $u(t)$ 项而 $h(t)$ 中不含 $u(t)$ 项，所以，$h'(0_+) \neq h'(0_-)$，而 $h(0_+) = h(0_-)$。对式（1）的等号左右两端从 0_- 到 0_+ 积分，得：

$$[h'(0_+) - h'(0_-)] + 6[h(0_+) - h(0_-)] = 1$$

考虑到 $h(0_+) = h(0_-) = 0$，有：

$$h'(0_+) = 1 + h'(0_-) = 1$$

当 $t > 0$ 时，将系统的初始值代入冲激响应及其一阶导数的表达式，得：

$$\begin{cases} h(0_+) = C_1 + C_2 = 0 \\ h'(0_+) = -2C_1 - 4C_2 = 1 \end{cases}$$

解得 $C_1 = \dfrac{1}{2}, C_2 = -\dfrac{1}{2}$，所以系统的冲激响应为：

$$h(t) = \frac{1}{2}(e^{-2t} - e^{-4t})u(t)$$

一般来说，若 n 阶微分方程的等号右端只含激励 $f(t)$，即：

$$y^{(n)}(t) + a_{n-1}y^{(n-1)}(t) + \cdots + a_0 y(t) = f(t) \tag{8.3-2}$$

则其冲激响应 $h(t)$ 满足方程：

$$\begin{cases} h^{(n)}(t) + a_{n-1}h^{(n-1)}(t) + \cdots + a_0 h(t) = \delta(t) \\ h^{(j)}(0_-) = 0, \ j = 0, 1, 2, \cdots, n-1 \end{cases} \tag{8.3-3}$$

因为微分方程等号右端为 $\delta(t)$，故冲激响应的最高阶导数 $h^{(n)}(t)$ 中必含有 $\delta(t)$ 项，从而其积分 $h^{(n-1)}(t)$ 中含有 $u(t)$ 项，故 $h^{(n-1)}(0_+) \neq h^{(n-1)}(0_-)$。由于 $h^{(j)}(t), j = 0, 1, 2, \cdots, n-1$ 中不含 $\delta(t)$ 项，故 $h^{(j-1)}(t), j = 1, 2, \cdots, n-1$ 中必不含 $u(t)$ 项，所以 $h^{(j)}(0_+) = h^{(j)}(0_-) = 0, j = 0, 1, 2, \cdots, n-2$。考虑到微分方程等号右端的积分 $\int_{0_-}^{0_+} \delta(t)\mathrm{d}t = 1$，且等号左端 $h^{(n)}(t)$ 的系数为 1，故：

$$\left.\begin{array}{l} h^{(j)}(0_+) = 0, \ j = 0, 1, 2, \cdots, n-2 \\ h^{(n-1)}(0_+) = 1 \end{array}\right\} \tag{8.3-4}$$

若描述 LTI 连续系统的微分方程为：

$$y^{(n)}(t) + a_{n-1}y^{(n-1)}(t) + \cdots + a_0 y(t) = b_m f^{(m)}(t) + b_{m-1}f^{(m-1)}(t) + \cdots b_0 f(t) \tag{8.3-5}$$

则求解该系统冲激响应的方法有两个，其一是根据冲激响应的定义直接求解，可称之为直接法或定义法；其二是设立新变量，然后根据 LTI 连续系统零状态响应的微分特性和线性性质采用间接法求解。

例 8.3-2 描述某 LTI 连续系统的微分方程为

$$y''(t) + 6y'(t) + 8y(t) = f(t) + 2f''(t)$$

求系统的冲激响应 $h(t)$。

解：（1）直接法。

根据冲激响应的定义，将激励 $f(t) = \delta(t)$ 代入微分方程，得：

$$h''(t) + 6h'(t) + 8h(t) = \delta(t) + 2\delta''(t) \tag{1}$$

且 $h'(0_-) = h(0_-) = 0$。

当 $t > 0$ 时，式（1）变为齐次微分方程：

$$h''(t) + 6h'(t) + 8h(t) = 0$$

上述微分方程的特征方程为 $\lambda^2 + 6\lambda + 8 = 0$，解得其特征根为 $\lambda_1 = -2, \lambda_2 = -4$，故 $t > 0$ 时系统的冲激响应可设为：

$$h(t) = C_1 e^{-2t} + C_2 e^{-4t}$$

根据系数匹配法，式（1）中的 $h''(t)$ 中含有 $\delta''(t)$ 项，故令：

$$h''(t) = a\delta''(t) + b\delta'(t) + c\delta(t) + p_0(t) \tag{2}$$

式中 a、b、c 均为待定常数，函数 $p_0(t)$ 中不含 $\delta(t)$ 及其各阶导数项。

对式（2）等号两端从 $-\infty$ 到 t 积分，得：

$$h'(t) = a\delta'(t) + b\delta(t) + p_1(t) \tag{3}$$

显然，函数 $p_1(t)$ 中不含 $\delta(t)$ 及其各阶导数项。

对式（3）等号两端从 $-\infty$ 到 t 积分，得：

$$h(t) = a\delta(t) + p_2(t) \tag{4}$$

显然，函数 $p_2(t)$ 中不含 $\delta(t)$ 及其各阶导数项。

将式（2）、（3）和（4）代入到微分方程（1）中，并稍加整理，得：

$$a\delta''(t) + (6a+b)\delta'(t) + (8a+6b+c)\delta(t) + [p_0(t) + 6p_1(t) + 8p_2(t)] = \delta(t) + 2\delta''(t)$$

上式等号两端冲激信号 $\delta(t)$ 及其各阶导数的系数分别相等，故有：

$$\begin{cases} a = 2 \\ 6a + b = 0 \\ 8a + 6b + c = 1 \end{cases}$$

解得 $a = 2, b = -12, c = 57$。

将 $a = 2, b = -12$ 代入式（3），并对等号两端从 0_- 到 0_+ 积分，有：

$$h(0_+) - h(0_-) = 2\int_{0_-}^{0_+}\delta'(t)\mathrm{d}t - 12\int_{0_-}^{0_+}\delta(t)\mathrm{d}t + \int_{0_-}^{0_+}p_1(t)\mathrm{d}t$$

故有：

$$h(0_+) - h(0_-) = -12$$

同理，将 $a = 2, b = -12, c = 57$ 代入式（2），并对等号两端从 0_- 到 0_+ 积分，有：

$$h'(0_+) - h'(0_-) = 2\int_{0_-}^{0_+}\delta''(t)\mathrm{d}t - 12\int_{0_-}^{0_+}\delta'(t)\mathrm{d}t + 57\int_{0_-}^{0_+}\delta(t)\mathrm{d}t + \int_{0_-}^{0_+}p_0(t)\mathrm{d}t$$

故有：

$$h'(0_+) - h'(0_-) = 57$$

考虑到 $h'(0_-) = h(0_-) = 0$，故有：

$$h(0_+) = -12, \quad h'(0_+) = 57$$

当 $t > 0$ 时，将系统的初始值代入冲激响应及其一阶导数的表达式，得：

$$\begin{cases} h(0_+) = C_1 + C_2 = -12 \\ h'(0_+) = -2C_1 - 4C_2 = 57 \end{cases}$$

解得 $C_1 = \dfrac{9}{2}$，$C_2 = -\dfrac{33}{2}$，所以有：

$$h(t) = \frac{9}{2}\mathrm{e}^{-2t} - \frac{33}{2}\mathrm{e}^{-4t}, \; t > 0$$

结合式（4），可得系统的冲激响应为：

$$h(t) = \left(\frac{9}{2}\mathrm{e}^{-2t} - \frac{33}{2}\mathrm{e}^{-4t}\right)u(t) + 2\delta(t)$$

（2）间接法。

选新变量 $y_1(t)$，令其满足方程：

$$y_1''(t) + 6y_1'(t) + 8y_1(t) = f(t) \tag{5}$$

设其冲激响应为 $h_1(t)$，则根据 LTI 连续系统零状态响应的微分特性和线性性质，原微分方程的冲激响应为：

$$h(t) = h_1(t) + 2h_1''(t) \qquad (6)$$

先求 $h_1(t)$。

由于式（5）与例 8.3-1 形式相同，故其冲激响应也相同，即：

$$h_1(t) = \left(\frac{1}{2}e^{-2t} - \frac{1}{2}e^{-4t}\right)u(t)$$

其二阶导数为：

$$h_1''(t) = \delta(t) + (2e^{-2t} - 8e^{-4t})u(t)$$

将 $h_1(t)$ 和 $h_1''(t)$ 的表达式代入式（6），得系统的冲激响应为：

$$h(t) = \left(\frac{9}{2}e^{-2t} - \frac{33}{2}e^{-4t}\right)u(t) + 2\delta(t)$$

可见，两种方法所得结果完全相同，但直接法求解过程较为复杂，且容易丢失冲激信号项。而间接法求解过程简单，且不易出错，故在求解此类系统的冲激响应时，一般多采用间接法。

8.3.2 阶跃响应

由阶跃信号 $u(t)$ 引起的零状态响应称为单位阶跃响应，简称阶跃响应，记为 $g(t)$，即：

$$g(t) = T[\{0\},\ u(t)] \qquad (8.3-6)$$

例 8.3-3 描述某 LTI 连续系统的微分方程为

$$y''(t) + 6y'(t) + 8y(t) = f(t)$$

求系统的阶跃响应 $g(t)$。

解：根据阶跃响应的定义，将激励 $f(t) = u(t)$ 代入微分方程，得：

$$g''(t) + 6g'(t) + 8g(t) = u(t)$$

且 $g'(0_-) = g(0_-) = 0$。

当 $t > 0$ 时，微分方程变为：

$$g''(t) + 6g'(t) + 8g(t) = 1$$

上述微分方程的特征方程为 $\lambda^2 + 6\lambda + 8 = 0$，解得其特征根为 $\lambda_1 = -2, \lambda_2 = -4$。

设其特解为 P，则有 $8P = 1$，因此特解为 $y_p(t) = \frac{1}{8}u(t)$，故系统的阶跃响应可设为：

$$g(t) = \left(C_1 e^{-2t} + C_2 e^{-4t} + \frac{1}{8}\right)u(t)$$

由于微分方程右端不含冲激信号 $\delta(t)$ 及其各阶导数，因此，系统的初始状态等于系统的初始值，即：

$$\begin{cases} g'(0_+) = g'(0_-) = 0 \\ g(0_+) = g(0_-) = 0 \end{cases}$$

当 $t > 0$ 时，将系统的初始值代入阶跃响应及其一阶导数的表达式，得：

$$\begin{cases} C_1 + C_2 + \frac{1}{8} = 0 \\ -2C_1 - 4C_2 = 0 \end{cases}$$

解得 $C_1 = -\frac{1}{4}$，$C_2 = \frac{1}{8}$，故系统的阶跃响应为：

$$g(t) = \left(-\frac{1}{4}e^{-2t} + \frac{1}{8}e^{-4t} + \frac{1}{8}\right)u(t)$$

一般来说，若 n 阶微分方程的等号右端只含激励 $f(t)$，即：

$$y^{(n)}(t) + a_{n-1}y^{(n-1)}(t) + \cdots + a_0 y(t) = f(t) \qquad (8.3\text{-}7)$$

则其阶跃响应 $g(t)$ 满足方程：

$$\begin{cases} g^{(n)}(t) + a_{n-1}g^{(n-1)}(t) + \cdots + a_0 g(t) = u(t) \\ g^{(j)}(0_-) = 0, \quad j = 0,\ 1,\ 2,\ \cdots,\ n-1 \end{cases} \qquad (8.3\text{-}8)$$

由于上述微分方程等号右端只含 $u(t)$ 项而不含冲激信号及其各阶导数，故有：

$$g^{(j)}(0_+) = g^{(j)}(0_-) = 0, \quad j = 0,\ 1,\ 2,\ \cdots,\ n-1 \qquad (8.3\text{-}9)$$

当 $t > 0$ 时，微分方程为非齐次方程，故可根据表 8.1-1 和表 8.1-2 分别设定自由响应和强迫响应的形式，再利用系统的初始值得系统的阶跃响应。

若描述 LTI 连续系统的微分方程为：

$$y^{(n)}(t) + a_{n-1}y^{(n-1)}(t) + \cdots + a_0 y(t) = b_m f^{(m)}(t) + b_{m-1}f^{(m-1)}(t) + \cdots b_0 f(t) \qquad (8.3\text{-}10)$$

则求解该系统的阶跃响应的方法有两个，其一是根据阶跃响应的定义直接求解，可称之为直接法或定义法；其二是设立新变量，然后根据 LTI 连续系统零状态响应的微分特性和线性性质求解，可称之为间接法或性质法。

根据冲激信号和阶跃信号的关系，即式（2.2-7）和式（2.2-8），考虑 LTI 连续系统零状态响应的微分和积分特性，同一系统的冲激响应与阶跃响应的关系为：

$$\begin{cases} h(t) = \dfrac{\mathrm{d}g(t)}{\mathrm{d}t} \\ g(t) = \displaystyle\int_{-\infty}^{t} h(\tau)\mathrm{d}\tau \end{cases} \qquad (8.3\text{-}11)$$

例 8.3-4 描述某 LTI 连续系统的微分方程为

$$y''(t) + 6y'(t) + 8y(t) = f(t) + 2f''(t)$$

求系统的阶跃响应 $g(t)$。

解：选新变量 $y_1(t)$，令其满足方程：

$$y_1''(t) + 6y_1'(t) + 8y_1(t) = f(t) \qquad (1)$$

设其阶跃响应为 $g_1(t)$，则根据 LTI 连续系统零状态响应的微分特性和线性性质，原微分方程的阶跃响应为：

$$g(t) = g_1(t) + 2g_1''(t) \qquad (2)$$

先求 $g_1(t)$。

由于式（1）与例 8.3-3 形式相同，故其阶跃响应也相同，即：

$$g_1(t) = \left(-\frac{1}{4}\mathrm{e}^{-2t} + \frac{1}{8}\mathrm{e}^{-4t} + \frac{1}{8} \right)u(t)$$

其二阶导数为：

$$g_1''(t) = (-\mathrm{e}^{-2t} + 2\mathrm{e}^{-4t})u(t)$$

将 $g_1(t)$ 和 $g_1''(t)$ 的表达式代入式（2），得系统的阶跃响应为：

$$g(t) = \left(-\frac{9}{4}\mathrm{e}^{-2t} + \frac{33}{8}\mathrm{e}^{-4t} + \frac{1}{8} \right)u(t)$$

实际上，例 8.3-2 已经求得了系统的冲激响应为：

$$h(t) = \left(\frac{9}{2}\mathrm{e}^{-2t} - \frac{33}{2}\mathrm{e}^{-4t} \right)u(t) + 2\delta(t)$$

根据式（8.3-11），可通过对冲激响应的积分求得系统的阶跃响应，即：

$$g(t) = \int_{-\infty}^{t} \left[\left(\frac{9}{2} e^{-2\tau} - \frac{33}{2} e^{-4\tau} \right) u(\tau) + 2\delta(\tau) \right] d\tau = \left(-\frac{9}{4} e^{-2t} + \frac{33}{8} e^{-4t} + \frac{1}{8} \right) u(t)$$

练习题

8.3-1 求下列微分方程所描述系统的冲激响应和阶跃响应。

1）$y''(t) + 3y'(t) + 2y(t) = f''(t)$ 2）$y'(t) + 2y(t) = 3f(t)$

8.4 卷积积分与零状态响应

卷积积分不仅在连续信号分析中作用明显，在连续系统分析中同样具有非常重要的作用。本节将以卷积积分作为工具，利用冲激响应求解 LTI 连续系统对任意激励的零状态响应。

如前所述，任意信号 $f(t)$ 均可近似看成由一系列强度（$f(k\Delta\tau)\Delta\tau$）不同、作用时刻（$p_n(t \pm k\Delta\tau)$）不同的窄脉冲信号所组成，即：

$$f(t) \approx \lim_{\substack{\Delta\tau \to 0 \\ n \to \infty}} \sum_{k=-\infty}^{\infty} f(k\Delta\tau) p_n(t - k\Delta\tau) \Delta\tau$$

如果 LTI 连续系统在窄脉冲 $p_n(t)$ 作用下的零状态响应为 $h_n(t)$，那么，根据 LTI 连续系统零状态响应的线性性质和时不变特性，在上述一系列窄脉冲信号的作用下，系统的零状态响应近似为：

$$y_{zs}(t) \approx \sum_{k=-\infty}^{\infty} f(k\Delta\tau) h_n(t - k\Delta\tau) \Delta\tau$$

在 $\Delta\tau \to 0$（即 $n \to \infty$）的极限情况下，窄脉冲 $p_n(t \pm k\Delta\tau)$ 将变为冲激信号 $\delta(t \pm k\Delta\tau)$，其零状态响应即为冲激响应 $h(t \pm k\Delta\tau)$。将 $\Delta\tau$ 写作 $d\tau$，$k\Delta\tau$（即 k 个 $\Delta\tau$）写作 τ，它是时间变量，同时求和符号改为积分符号，则 $y_{zs}(t)$ 可写为：

$$y_{zs}(t) = \lim_{\substack{\Delta\tau \to 0 \\ n \to \infty}} \sum_{k=-\infty}^{\infty} f(k\Delta\tau) h_n(t - k\Delta\tau) \Delta\tau = \int_{-\infty}^{\infty} f(\tau) h(t - \tau) d\tau$$

由此可见，LTI 连续系统的零状态响应是激励与冲激响应的卷积积分，即：

$$y_{zs}(t) = \int_{-\infty}^{\infty} f(\tau) h(t - \tau) d\tau = f(t) * h(t) \tag{8.4-1}$$

例 8.4-1 已知某 LTI 连续系统的冲激响应为

$$h(t) = \left(\frac{1}{2} e^{-2t} - \frac{1}{2} e^{-4t} \right) u(t)$$

求激励为 $f(t) = 2e^{-t} u(t)$ 时系统的零状态响应。

解：由式（8.4-1）可知：

$$y_{zs}(t) = f(t) * h(t) = \left(\frac{1}{2} e^{-2t} - \frac{1}{2} e^{-4t} \right) u(t) * 2e^{-t} u(t)$$

$$= \int_{-\infty}^{\infty} \left(\frac{1}{2} e^{-2\tau} - \frac{1}{2} e^{-4\tau} \right) u(\tau) \cdot 2e^{-(t-\tau)} u(t - \tau) d\tau$$

$$= \int_{0}^{t} \left(\frac{1}{2} e^{-2\tau} - \frac{1}{2} e^{-4\tau} \right) \cdot 2e^{-(t-\tau)} d\tau$$

$$= \left(\frac{2}{3} e^{-t} - e^{-2t} + \frac{1}{3} e^{-4t} \right) u(t)$$

从系统的角度来看，卷积积分的分配律 $f_1(t) * [f_2(t) + f_3(t)] = f_1(t) * f_2(t) + f_1(t) * f_3(t)$ 表明，子

系统并联时，总系统的冲激响应等于各子系统冲激响应之和：

1）假如 $f_1(t)$ 是系统的冲激响应，$f_2(t)$ 和 $f_3(t)$ 是激励，那么卷积积分的分配律表明几个激励之和的零状态响应将等于各个激励的零状态响应之和，如图 8.4-1（a）所示。

2）假如 $f_1(t)$ 是激励，而 $f_2(t) + f_3(t)$ 是系统的冲激响应，那么卷积积分的分配律表明，激励作用于冲激响应为 $h(t)$ 的系统产生的零状态响应等于激励分别作用于冲激响应为 $h_1(t) = f_2(t)$ 和 $h_2(t) = f_3(t)$ 的两个子系统相并联所产生的零状态响应，如图 8.4-1（b）所示。

卷积积分的结合律 $[f_1(t) * f_2(t)] * f_3(t) = f_1(t) * [f_2(t) * f_3(t)]$ 表明，子系统级联时，总的冲激响应等于子系统冲激响应的卷积积分。如果有冲激响应分别为 $h_2(t) = f_2(t)$ 和 $h_3(t) = f_3(t)$ 的两个系统相级联，其零状态响应等于一个冲激响应为 $h(t) = f_2(t) * f_3(t)$ 的系统的零状态响应。结合卷积积分的交换律可知，子系统的冲激响应 $h_2(t)$、$h_3(t)$ 可以交换次序，如图 8.4-2 所示。

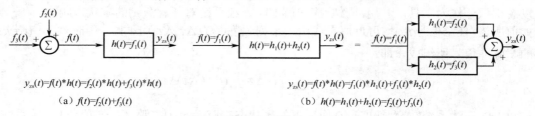

图 8.4-1　卷积积分的分配律

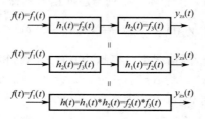

图 8.4-2　卷积积分的结合律

例 8.4-2　求图 8.4-3（a）所示系统的零状态响应 $y_{zs}(t)$，并画出其波形。其中

$$f(t) = \sum_{k=-\infty}^{\infty} \delta(t - 2kT), \quad k = 0, \pm 1, \pm 2, \cdots$$

波形如图 8.4-3（b）所示。

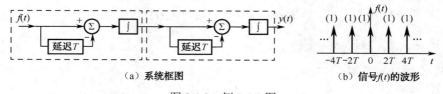

（a）**系统框图**　　　　（b）**信号f(t)的波形**

图 8.4-3　例 8.4-2 图

解：图 8.4-3（a）所示系统可看成两个子系统 $h_1(t)$ 和 $h_2(t)$ 级联而成，所以有：

$$h(t) = h_1(t) * h_2(t)$$

由于冲激响应是激励为 $\delta(t)$ 时系统的零状态响应。故有：

$$h_1(t) = h_2(t) = \int_{-\infty}^{t} [\delta(\tau) - \delta(\tau - T)] \mathrm{d}\tau = u(t) - u(t - T)$$

因此：

$$h(t) = [u(t) - u(t-T)] * [u(t) - u(t-T)] = \begin{cases} t, & 0 \leq t < T \\ 2T - t, & T \leq t < 2T \\ 0, & t < 0, t > 2T \end{cases}$$

其波形如图 8.4-4（a）所示。

所以：

$$y_{zs}(t) = f(t) * h(t) = \sum_{k=-\infty}^{\infty} \delta(t - 2kT) * h(t) = \sum_{k=-\infty}^{\infty} h(t - 2kT)$$

波形如图 8.4-4（b）所示。

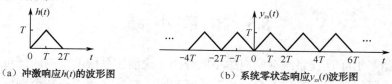

（a）冲激响应$h(t)$的波形图　　　　　（b）系统零状态响应$y_{zs}(t)$波形图

图 8.4-4　例 8.4-2 结果波形图

例8.4-3　若信号 $f_1(t)$ 通过某LTI连续系统的零状态响应为 $y(t)$。试用时域方法求信号 $f_2(t)$ 通过该系统的零状态响应 $z(t)$，并画出其波形。$f_1(t)$、$y(t)$ 和 $f_2(t)$ 的波形分别如图 8.4-5（a）、（b）和（c）所示。

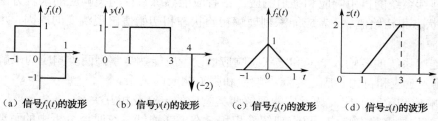

（a）信号$f_1(t)$的波形　（b）信号$y(t)$的波形　（c）信号$f_2(t)$的波形　（d）信号$z(t)$的波形

图 8.4-5　例 8.4-3 波形图

解：假设系统的单位冲激响应为 $h(t)$，激励为 $f_1(t)$，则系统的零状态响应为：

$$y(t) = f_1(t) * h(t)$$

若系统的激励为 $f_2(t)$，则系统的零状态响应为：

$$z(t) = f_2(t) * h(t)$$

由图 8.4-5（a）、（c）可知，信号 $f_1(t)$ 和 $f_2(t)$ 的关系为：

$$f_2'(t) = f_1(t)$$

且 $f_2(t)$ 为时限信号。

另外，由于 $h(t)$ 为系统的冲激响应，且时限信号通过系统后的响应仍为时限信号，故 $h(t)$ 也为时限信号，即：

$$f_2(-\infty) = h(-\infty) = 0$$

考虑式（2.4-16），有：

$$z(t) = f_2(t) * h(t) = f_2'(t) * h^{(-1)}(t) = f_1(t) * h^{(-1)}(t)$$

根据式（2.4-12），有：

$$z(t) = y^{(-1)}(t)$$

而根据图 8.4-5（b）所示波形，有：

$$y(t) = u(t-1) - u(t-3) - 2\delta(t-4)$$

故：

$$z(t) = y^{(-1)}(t) = (t-1)u(t-1) - (t-3)u(t-3) - 2u(t-4)$$

其波形如图 8.4-5（d）所示。

练习题

8.4-1　已知某 LTI 连续系统的阶跃响应为 $g(t) = e^{-\frac{t}{RC}}u(t)$，求激励为 $f(t) = (1 - e^{-\alpha t})u(t)$ 时系统的零状态响应，其中 $\alpha = \dfrac{1}{RC}$。

8.5　本 章 小 结

本章首先介绍了 LTI 连续系统全响应的不同分类，说明了系统的全响应既可以分解为自由响应和强迫响应，也可以分解为零输入响应和零状态响应。然后介绍了零状态响应的特例：冲激响应和阶跃响应，最后阐述了利用卷积积分求解 LTI 连续系统零状态响应的方法。通过学习本章内容，读者需要熟练掌握 LTI 连续系统零输入响应和零状态响应的求解方法，深刻理解系统初始状态和初始值的概念及其相互转换，尤其要注意冲激响应在 LTI 连续系统分析中的重要作用。

具体来讲，本章主要介绍了：

① LTI 连续系统的自由响应和强迫响应。读者应能熟练掌握两类响应的求解方法。

② 初始状态和初始值。读者应能深刻理解初始状态和初始值出现跳变的原因，并能熟练进行相互推导。

③ LTI 连续系统的零输入响应和零状态响应。读者应能熟练掌握两类响应的求解方法，并能深刻理解零输入响应和自由响应、零状态响应和强迫响应的关系。

④ 冲激响应和阶跃响应。读者应能理解两类响应的定义及相互关系。

⑤ 卷积积分与零状态响应。重点理解卷积积分在 LTI 连续系统时域分析中的重要作用，并能利用卷积积分求解系统的零状态响应。

本章的主要知识脉络如图 8.5-1 所示。

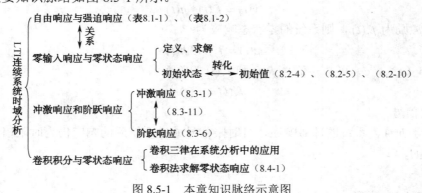

图 8.5-1　本章知识脉络示意图

练习题答案

8.1-1　自由响应 $y_h(t) = 12e^{-t} - 11e^{-2t}$，$t > 0$；强迫响应 $y_p(t) = 2e^{-3t}$，$t > 0$

8.2-1　零输入响应 $y_{zi}(t) = 4e^{-t} - 2e^{-2t}$，$t > 0$；零状态响应 $y_{zs}(t) = -4e^{-t} + e^{-2t} + 3$，$t > 0$；
全响应为：$y(t) = (3 - e^{-2t})$，$t > 0$

8.3-1　1）冲激响应 $h(t) = \delta(t) + (e^{-t} - 4e^{-2t})u(t)$；阶跃响应 $g(t) = (-e^{-t} + 2e^{-2t})u(t)$

2）冲激响应 $h(t) = 3\mathrm{e}^{-2t}u(t)$；阶跃响应 $g(t) = \left(\dfrac{3}{2} - \dfrac{3}{2}\mathrm{e}^{-2t}\right)u(t)$

8.4-1　$y_{zs}(t) = \dfrac{1}{RC}t\mathrm{e}^{-\frac{t}{RC}}u(t)$

本 章 习 题

8.1　描述某 LTI 连续系统的微分方程为
$$y''(t) + 5y'(t) + 6y(t) = f(t)$$
且当激励 $f(t) = \mathrm{e}^{-t}u(t)$ 时，系统的全响应 $y(t) = c\mathrm{e}^{-t}u(t)$。求：

1）系统的初始状态 $y(0_-)$，$y'(0_-)$；

2）系数 c 的值。

8.2　现有某 LTI 连续系统，当激励 $f(t) = u(t)$ 时系统的全响应 $y_1(t) = 2\mathrm{e}^{-t}u(t)$，当激励 $f(t) = \delta(t)$ 时系统的全响应 $y_2(t) = \delta(t)$，求：

1）系统的零输入响应 $y_{zi}(t)$；

2）当激励 $f(t) = \mathrm{e}^{-t}u(t)$ 时系统的全响应 $y(t)$。

8.3　描述某 LTI 连续系统的微分方程为
$$y''(t) + 3y'(t) + 2y(t) = f'(t) + 3f(t)$$
若 $f(t) = u(t)$，$y(0_-) = 1$，$y'(0_-) = 2$，求系统的全响应，并分别指出零输入响应、零状态响应、自由响应和强迫响应。

8.4　描述某 LTI 连续系统的微分方程为
$$y'(t) + 2y(t) = 2\delta'(t) + \delta(t)$$
若初始状态 $y(0_-) = 3$，求其初始值 $y(0_+)$。

8.5　在某初始条件下，当激励 $f(t) = u(t)$ 时某 LTI 连续系统的全响应 $y_1(t) = 3\mathrm{e}^{-3t}u(t)$，当激励 $f(t) = -u(t)$ 时系统的全响应 $y_2(t) = \mathrm{e}^{-3t}u(t)$，求系统的冲激响应 $h(t)$。

8.6　线性系统如题图 8.1 所示。设子系统的冲激响应分别为：
$$h_1(t) = \delta(t-1)$$
$$h_2(t) = u(t) - u(t-3)$$
求组合后系统的冲激响应 $h(t)$。

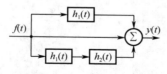

题图 8.1　习题 8.6 框图

8.7　某 LTI 连续系统的激励和响应满足如下关系：
$$y(t) = \int_{-\infty}^{t} \mathrm{e}^{-(t-\tau)} f(\tau - 2)\mathrm{d}\tau$$
求该系统的冲激响应 $h(t)$。

8.8　已知某 LTI 连续系统，当输入为 $f(t) = \begin{cases} 1, & 0 \leqslant t \leqslant 1 \\ 0, & \text{其他} \end{cases}$ 时，零状态响应为 $y(t) = \begin{cases} 1, & 0 \leqslant t \leqslant 2 \\ 0, & \text{其他} \end{cases}$，求系统的冲激响应 $h(t)$。

8.9　已知某 LTI 连续系统，当输入为 $f(t)=u(t-1)$ 时，系统的零状态响应为 $y(t)=\mathrm{e}^{-(t-1)}u(t-1)$，求系统的冲激响应 $h(t)$。

8.10　当输入 $f(t)=u(t)-u(t-2)$ 时，某 LTI 连续系统的零状态响应为

$$y(t)=\sin(\pi t)u(t)+\sin[\pi(t-1)]u(t-1)$$

求系统的冲激响应 $h(t)$。

8.11　某 LTI 连续系统的阶跃响应 $g(t)=2\mathrm{e}^{-2t}u(t)+\delta(t)$，求输入 $f(t)=3\mathrm{e}^{-t}u(t)$ 时系统的零状态响应 $y_{\mathrm{zs}}(t)$。

第 9 章　LTI 连续系统的变换域分析

【内容提要】

第 3 章介绍了连续信号的频域分解：周期信号可分解为时间上连续、频域上离散的正弦分量或指数分量之和；非周期信号可分解为时间上连续、频域上也连续的指数分量之和（积分）。根据 LTI 连续系统的线性性质，只需求出系统对这些正弦分量或指数分量的响应，然后叠加就可以求出系统的响应，此即系统的频域分析法。同理，如果将信号在复频域进行分解，进而求出信号通过系统的响应即系统的复频域分析法。与系统的时域分析法相对应，这两种方法属于变换域的分析法。

变换域分析法的实质是通过函数变量的转换，将时域中复杂的微分方程转换成变换域中相对简单的代数方程，从而使求解系统响应的过程得以简化。鉴于信号的傅里叶变换比拉普拉斯变换的条件更为苛刻，因此在分析 LTI 连续系统的响应时更多采用复频域分析法。

【重点难点】

★ 系统频率响应
★ 信号无失真传输
★ 信号的取样与恢复
★ LTI 连续系统复频域分析
★ 系统函数
★ 信号流图与系统结构

9.1　LTI 连续系统频域分析

第 3 章讨论了连续信号的频域分析，本节将研究系统的激励与响应在频域中的关系。在频域分析中，激励 $f(t)$ 的定义域为 $t \in (-\infty, \infty)$，而当 $t \to -\infty$ 时总可认为系统的初始状态为零，因此本节所涉及的响应均指系统的零状态响应 $y_{zs}(t)$，方便起见，在本节中简记为 $y(t)$。

9.1.1　频率响应

设 LTI 连续系统的冲激响应为 $h(t)$，当激励是基本信号 $f(t) = e^{j\omega t}$ 时，考虑式（8.4-1），可知系统的零状态响应为：

$$y(t) = h(t) * f(t) = \int_{-\infty}^{\infty} h(\tau)e^{j\omega(t-\tau)}d\tau = e^{j\omega t}\int_{-\infty}^{\infty} h(\tau)e^{-j\omega\tau}d\tau \qquad (9.1\text{-}1)$$

由式（3.3-2）可知，式（9.1-1）的积分部分即为 $h(t)$ 的傅里叶变换，记为 $H(j\omega)$，即：

$$h(t) \leftrightarrow H(j\omega) \qquad (9.1\text{-}2)$$

$H(j\omega)$ 称为系统的频率响应函数，简称频率响应，为角频率（频率）的复函数。

所以，式（9.1-1）可改写为：

$$y(t) = H(j\omega)e^{j\omega t} \qquad (9.1\text{-}3)$$

$H(j\omega)$ 反映了系统零状态响应 $y(t)$ 的幅度和相位。

如前所述，任意信号 $f(t)$ 均可分解为无穷多个不同频率的虚指数分量之和，由式（3.3-4）可知，

信号 $f(t)$ 中角频率 $\omega=\omega_0$ 的分量为 $\dfrac{F(\mathrm{j}\omega_0)\mathrm{d}\omega}{2\pi}\cdot\mathrm{e}^{\mathrm{j}\omega_0 t}$。由式（9.1-3）可知，系统对于该分量的零状态响应为 $\dfrac{F(\mathrm{j}\omega_0)\mathrm{d}\omega}{2\pi}H(\mathrm{j}\omega_0)\mathrm{e}^{\mathrm{j}\omega_0 t}$，将所有这些零状态响应分量求和（积分），即可得到激励 $f(t)$ 作用于系统所产生的零状态响应为：

$$y(t)=\int_{-\infty}^{\infty}\frac{F(\mathrm{j}\omega)\mathrm{d}\omega}{2\pi}H(\mathrm{j}\omega)\cdot\mathrm{e}^{\mathrm{j}\omega t}=\frac{1}{2\pi}\int_{-\infty}^{\infty}F(\mathrm{j}\omega)H(\mathrm{j}\omega)\cdot\mathrm{e}^{\mathrm{j}\omega t}\mathrm{d}\omega$$

若令零状态响应 $y(t)$ 的频谱函数为 $Y(\mathrm{j}\omega)$，则由上式可得：

$$Y(\mathrm{j}\omega)=F(\mathrm{j}\omega)H(\mathrm{j}\omega) \tag{9.1-4}$$

由此可见，冲激响应 $h(t)$ 反映了系统的时域特性，而频率响应 $H(\mathrm{j}\omega)$ 反映了系统的频域特性。实际上，根据傅里叶变换的时域卷积定理同样可以得到式（9.1-4）。

由式（9.1-4）可知，频率响应 $H(\mathrm{j}\omega)$ 可由系统零状态响应的傅里叶变换 $Y(\mathrm{j}\omega)$ 与激励的傅里叶变换 $F(\mathrm{j}\omega)$ 求得：

$$H(\mathrm{j}\omega)=\frac{Y(\mathrm{j}\omega)}{F(\mathrm{j}\omega)} \tag{9.1-5}$$

如令 $Y(\mathrm{j}\omega)=\left|Y(\mathrm{j}\omega)\right|\mathrm{e}^{\mathrm{j}\varphi_y(\omega)}$、$F(\mathrm{j}\omega)=\left|F(\mathrm{j}\omega)\right|\mathrm{e}^{\mathrm{j}\varphi_f(\omega)}$、$H(\mathrm{j}\omega)=\left|H(\mathrm{j}\omega)\right|\mathrm{e}^{\mathrm{j}\varphi(\omega)}$，则有：

$$\begin{cases}\left|H(\mathrm{j}\omega)\right|=\dfrac{\left|Y(\mathrm{j}\omega)\right|}{\left|F(\mathrm{j}\omega)\right|}\\[2mm]\varphi(\omega)=\varphi_y(\omega)-\varphi_f(\omega)\end{cases} \tag{9.1-6}$$

可见，$\left|H(\mathrm{j}\omega)\right|$ 是系统零状态响应的频谱与激励的频谱的幅度之比，称为幅频特性（幅频响应）；$\varphi(\omega)$ 是系统的零状态响应的频谱与激励的频谱的相位差，称为相频特性（相频响应）。由于频率响应 $H(\mathrm{j}\omega)$ 是冲激响应 $h(t)$ 的傅里叶变换，根据傅里叶变换的奇偶性可知，$\left|H(\mathrm{j}\omega)\right|$ 是 ω 的偶函数，$\varphi(\omega)$ 是 ω 的奇函数。

利用频域函数分析系统问题的方法常称为频域分析法或傅里叶变换分析法。时域分析中，系统的零状态响应等于激励与冲激响应的卷积积分；频域分析中，系统零状态响应的傅里叶变换等于激励的傅里叶变换与频率响应的乘积。时域分析和频域分析是从不同的角度对 LTI 连续系统进行分析的两种方法，时域分析的优点在于结果直观、便于数值计算；而频域分析则是信号与系统分析和处理的常用工具。

例 9.1-1 已知某 LTI 连续系统的冲激响应为

$$h(t)=\left(\frac{1}{2}\mathrm{e}^{-2t}-\frac{1}{2}\mathrm{e}^{-4t}\right)u(t)$$

试求激励为 $f(t)=2\mathrm{e}^{-t}u(t)$ 时系统的零状态响应。

解：本题已在例 8.4-1 中采用时域方法求解，现在采用频域方法求解。

根据常用信号的傅里叶变换对 $\mathrm{e}^{-\alpha t}u(t)\leftrightarrow\dfrac{1}{\alpha+\mathrm{j}\omega}$ 及式（3.4-1），得系统的频率响应为：

$$H(\mathrm{j}\omega)=\frac{1}{2}\left(\frac{1}{\mathrm{j}\omega+2}-\frac{1}{\mathrm{j}\omega+4}\right)$$

激励 $f(t)$ 的傅里叶变换为：

$$F(\mathrm{j}\omega)=\frac{2}{\mathrm{j}\omega+1}$$

由式（9.1-4），可知其零状态响应的频谱函数为：

$$Y(\mathrm{j}\omega) = H(\mathrm{j}\omega)F(\mathrm{j}\omega) = \frac{2}{3}\frac{1}{\mathrm{j}\omega+1} - \frac{1}{\mathrm{j}\omega+2} + \frac{1}{3}\frac{1}{\mathrm{j}\omega+4}$$

求其傅里叶逆变换，得系统的零状态响应为：

$$y(t) = \left(\frac{2}{3}\mathrm{e}^{-t} - \mathrm{e}^{-2t} + \frac{1}{3}\mathrm{e}^{-4t}\right)u(t)$$

显然，本例结果与例 8.4-1 完全相同。

例 9.1-2 描述某 LTI 连续系统的微分方程为

$$y'(t) + 2y(t) = f''(t) + f'(t) + 2f(t)$$

若 $f(t) = u(t)$，求该系统的零状态响应。

解：本题已在例 8.2-5 中采用时域方法求解，现在采用频域方法求解。

对微分方程取傅里叶变换，得：

$$\mathrm{j}\omega Y(\mathrm{j}\omega) + 2Y(\mathrm{j}\omega) = (\mathrm{j}\omega)^2 F(\mathrm{j}\omega) + \mathrm{j}\omega F(\mathrm{j}\omega) + 2F(\mathrm{j}\omega)$$

由式（9.1-5）得系统的频率响应为：

$$H(\mathrm{j}\omega) = \frac{Y(\mathrm{j}\omega)}{F(\mathrm{j}\omega)} = \frac{(\mathrm{j}\omega)^2 + \mathrm{j}\omega + 2}{\mathrm{j}\omega+2} = \mathrm{j}\omega - 1 + \frac{4}{\mathrm{j}\omega+2}$$

激励 $f(t)$ 的傅里叶变换为：

$$F(\mathrm{j}\omega) = \pi\delta(\omega) + \frac{1}{\mathrm{j}\omega}$$

由式（9.1-4）可知其零状态响应的频谱函数为：

$$Y(\mathrm{j}\omega) = H(\mathrm{j}\omega)F(\mathrm{j}\omega) = \pi\delta(\omega) + \frac{1}{\mathrm{j}\omega} - \frac{2}{\mathrm{j}\omega+2} + 1$$

求其傅里叶逆变换，得系统的零状态响应为：

$$y(t) = \delta(t) + (1 - 2\mathrm{e}^{-2t})u(t)$$

显然，本例结果与例 8.2-5 完全相同。

例 9.1-3 某 LTI 连续系统的幅频和相频特性曲线如图 9.1-1 中实线和虚线所示，若激励为

$$f(t) = 2 + 4\cos(5t) + 4\cos(10t)$$

求系统的零状态响应。

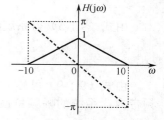

图 9.1-1 幅频响应和相频响应曲线

解：激励 $f(t)$ 的傅里叶变换为：

$$F(\mathrm{j}\omega) = 4\pi\delta(\omega) + 4\pi[\delta(\omega-5) + \delta(\omega+5)] + 4\pi[\delta(\omega-10) + \delta(\omega+10)]$$

由式（9.1-4），可知其零状态响应的频谱函数为：

$$Y(\mathrm{j}\omega) = \left\{4\pi\delta(\omega) + 4\pi[\delta(\omega-5) + \delta(\omega+5)] + 4\pi[\delta(\omega-10) + \delta(\omega+10)]\right\}H(\mathrm{j}\omega)$$

根据冲激信号的筛分性质，可得：

$$\begin{aligned} Y(\mathrm{j}\omega) = {}& 4\pi\delta(\omega)\cdot H(0) + 4\pi[\delta(\omega-5)\cdot H(\mathrm{j}5) + \delta(\omega+5)\cdot H(-\mathrm{j}5)] \\ &+ 4\pi[\delta(\omega-10)\cdot H(\mathrm{j}10) + \delta(\omega+10)\cdot H(-\mathrm{j}10)] \end{aligned}$$

由图 9.1-1 可知，当 $|\omega| \geq 10\mathrm{rad/s}$ 时，$|H(\mathrm{j}\omega)| = 0$，即 $H(\mathrm{j}\omega) = 0$；

$$|H(0)| = 1, \ \varphi(0) = 0, \ \text{即}\ H(0) = 1\cdot\mathrm{e}^{\mathrm{j}0} = 1；$$

$$|H(\mathrm{j}5)| = 0.5, \ \varphi(5) = -\frac{\pi}{2}, \ \text{即}\ H(\mathrm{j}5) = 0.5\mathrm{e}^{-\mathrm{j}\frac{\pi}{2}} = -0.5\mathrm{j}；$$

$$|H(-\mathrm{j}5)| = 0.5, \ \varphi(-5) = \frac{\pi}{2}, \ \text{即}\ H(-\mathrm{j}5) = 0.5\mathrm{e}^{\mathrm{j}\frac{\pi}{2}} = 0.5\mathrm{j}。$$

所以，有：

$$Y(j\omega) = 4\pi\delta(\omega) + 4\pi[-j0.5\delta(\omega-5) + j0.5\delta(\omega+5)]$$

根据常用信号的傅里叶变换对 $\delta(t) \leftrightarrow 1$ 及式（3.4-14）和式（3.4-18），求其傅里叶逆变换，得系统的零状态响应为：

$$\begin{aligned}
y(t) &= 2 + 2\times(-j0.5)\times e^{j5t} + 2\times(j0.5)\times e^{-j5t}\\
&= 2 - j(\cos 5t + j\sin 5t) + j(\cos 5t - j\sin 5t)\\
&= 2 - j\cos 5t + \sin 5t + j\cos 5t + \sin 5t\\
&= 2 + 2\sin 5t
\end{aligned}$$

由于本题的激励为周期信号，因此，也可以采用傅里叶级数的方式求解，结果不变。

系统对于信号的作用大体可分为两类：传输和滤波。传输要求信号尽量不失真，而滤波则要求滤去或削弱不需要的成分，其过程必然伴随着信号的失真。下面对此分别加以讨论。

9.1.2　无失真传输

所谓信号无失真传输是指系统的输出信号与输入信号相比，只有幅度的大小和出现时间的先后不同，而没有波形上的变化。即若输入信号为 $f(t)$，经过无失真传输后，系统的输出信号应为：

$$y(t) = Kf(t-t_d) \tag{9.1-7}$$

式中，K 为常数。式（9.1-7）表明信号无失真传输时，输出信号的幅度是输入信号的 K 倍，而且比输入信号延迟了 t_d。

将激励 $f(t) = \delta(t)$ 代入式（9.1-7），得：

$$h(t) = K\delta(t-t_d) \tag{9.1-8}$$

式（9.1-8）即为无失真传输系统对冲激响应的要求。

对式（9.1-7）的等号两端取傅里叶变换，得：

$$Y(j\omega) = Ke^{-j\omega t_d}F(j\omega)$$

由式（9.1-5）得系统的频率响应为：

$$H(j\omega) = \frac{Y(j\omega)}{F(j\omega)} = Ke^{-j\omega t_d} \tag{9.1-9}$$

由式（9.1-9）可知，若要实现信号的无失真传输，则要求在全部频带内，系统的幅频特性 $|H(j\omega)|$ 为一常数，而相频特性 $\varphi(\omega)$ 为通过原点的直线，其幅频特性和相频特性曲线分别如图 9.1-2 中的实线和虚线所示。

实际上，式（9.1-9）是信号无失真传输的理想条件。当所传输的信号只在某一有限频带内非零（即为带限信号）时，只需要系统的幅频特性和相频特性在信号占有频带范围内满足以上条件即可。

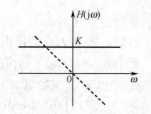

图 9.1-2　无失真传输系统
对频率响应的要求

9.1.3　理想低通滤波器

所谓理想低通滤波器是指当信号的角频率 ω（频率 f）的绝对值低于某一角频率 ω_c（频率 f_c）时，信号可以无失真通过，且信号幅值不发生变化，而高于角频率 ω_c（频率 f_c）的信号将被完全阻止。信号能通过的频率范围称为通带；阻止信号通过的频率范围称为止带或阻带。因此，理想低通滤波器可看作是在频域中宽度为 $2\omega_c$（$2f_c$）的门信号，根据式（9.1-9），可知理想低通滤波器的频率响应为：

$$H(\text{j}\omega) = \begin{cases} \text{e}^{-\text{j}\omega t_\text{d}}, & |\omega| < \omega_\text{c} \\ 0, & |\omega| > \omega_\text{c} \end{cases} = g_{2\omega_\text{c}}(\omega)\text{e}^{-\text{j}\omega t_\text{d}} \qquad (9.1\text{-}10)$$

其幅频特性和相频特性曲线分别如图 9.1-3 中实线和虚线所示。

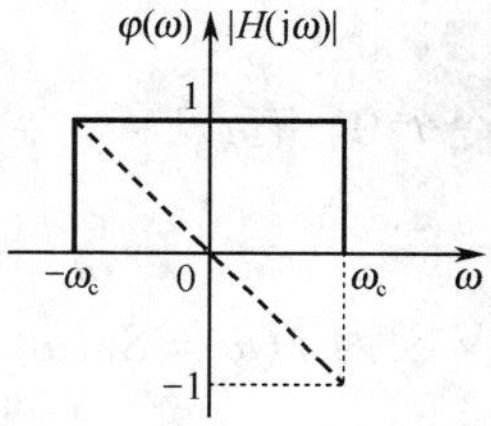

下面讨论理想低通滤波器的冲激响应和阶跃响应。

1. 冲激响应

由于系统的冲激响应和频率响应是一对傅里叶变换，故有：

$$h(t) \leftrightarrow g_{2\omega_\text{c}}(\omega)\text{e}^{-\text{j}\omega t_\text{d}}$$

由常用信号的傅里叶变换对 $g_\tau(t) \leftrightarrow \tau\text{Sa}\left(\dfrac{\tau}{2}\omega\right)$ 及式（3.4-14）可知：

图 9.1-3　理想低通滤波器的频率响应曲线

$$\tau\text{Sa}\left(\frac{\tau}{2}t\right) \leftrightarrow 2\pi g_\tau(-\omega) = 2\pi g_\tau(\omega)$$

令 $\tau = 2\omega_\text{c}$，得：

$$2\omega_\text{c}\text{Sa}(\omega_\text{c}t) \leftrightarrow 2\pi g_{2\omega_\text{c}}(\omega)$$

所以：

$$\frac{\omega_\text{c}}{\pi}\text{Sa}(\omega_\text{c}t) \leftrightarrow g_{2\omega_\text{c}}(\omega)$$

再由式（3.4-16），得理想低通滤波器的冲激响应为：

$$h(t) = \frac{\omega_\text{c}}{\pi}\text{Sa}[\omega_\text{c}(t-t_\text{d})] \qquad (9.1\text{-}11)$$

其波形如图 9.1-4（a）所示。

由图 9.1-4（a）可见，理想低通滤波器冲激响应的峰值比激励 $\delta(t)$ 延迟了 t_d，而且当 $t < 0$ 时，$h(t) \neq 0$。这说明系统的零状态响应在激励接入以前就已经存在了，即理想低通滤波器是非因果系统，因此，该系统是不能够物理实现的。

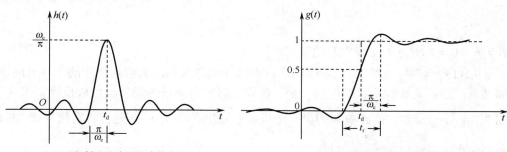

（a）理想低通滤波器的冲激响应　　　　　（b）理想低通滤波器的阶跃响应

图 9.1-4　理想低通滤波器的冲激响应和阶跃响应

2. 阶跃响应

将式（9.1-11）代入式（8.3-11），得：

$$g(t) = \int_{-\infty}^{t} \frac{\omega_\text{c}}{\pi}\text{Sa}[\omega_\text{c}(\tau-t_\text{d})]\text{d}\tau$$

若令 $\omega_\text{c}(\tau-t_\text{d}) = x$，则积分上限为 $x_\text{c} = \omega_\text{c}(t-t_\text{d})$，进行变量替换后，得阶跃响应为：

$$g(t) = \frac{1}{\pi}\int_{-\infty}^{x_\text{c}}\text{Sa}(x)\text{d}x = \frac{1}{\pi}\int_{-\infty}^{0}\text{Sa}(x)\text{d}x + \frac{1}{\pi}\int_{0}^{x_\text{c}}\text{Sa}(x)\text{d}x \qquad (9.1\text{-}12)$$

根据常用信号的傅里叶变换对 $g_\tau(t) \leftrightarrow \tau\mathrm{Sa}\left(\dfrac{\omega\tau}{2}\right)$，考虑式（3.3-4），有：

$$g_2(t) = \frac{1}{2\pi}\int_{-\infty}^{\infty} 2\mathrm{Sa}(\omega)\mathrm{e}^{\mathrm{j}\omega t}\mathrm{d}\omega$$

令 $t=0$，有：

$$g_2(0) = 1 = \frac{1}{\pi}\int_{-\infty}^{\infty}\mathrm{Sa}(\omega)\mathrm{d}\omega$$

又因为 $f(\omega) = \mathrm{Sa}(\omega)$ 为偶函数，所以有：

$$\frac{1}{\pi}\int_{-\infty}^{0}\mathrm{Sa}(\omega)\mathrm{d}\omega = \frac{1}{\pi}\int_{0}^{\infty}\mathrm{Sa}(\omega)\mathrm{d}\omega = \frac{1}{2} \tag{9.1-13}$$

函数 $\mathrm{Sa}(\eta) = \dfrac{\sin\eta}{\eta}$ 的定积分称为正弦积分，用符号 $\mathrm{Si}(x)$ 表示，即

$$\mathrm{Si}(x) \overset{\mathrm{def}}{=\!=} \int_{0}^{x}\frac{\sin\eta}{\eta}\mathrm{d}\eta \tag{9.1-14}$$

其函数值可以从正弦积分表中查得。将式（9.1-13）和式（9.1-14）代入式（9.1-12），得理想低通滤波器的阶跃响应为：

$$g(t) = \frac{1}{2} + \frac{1}{\pi}\mathrm{Si}(x_\mathrm{c}) = \frac{1}{2} + \frac{1}{\pi}\mathrm{Si}\left[\omega_\mathrm{c}(t - t_\mathrm{d})\right] \tag{9.1-15}$$

其波形如图 9.1-4（b）所示。

由图 9.1-4（b）可见，理想低通滤波器的阶跃响应不象阶跃信号那样陡直上升，而且在 $t<0$ 时就已经出现，这同样说明了理想低通滤波器是非因果系统。

由式（9.1-11）可知，冲激响应在 $t = t_\mathrm{d}$ 处的极大值等于 $\dfrac{\omega_\mathrm{c}}{\pi}$，是所有极大值中最大的，此处阶跃响应上升得最快。如果定义信号的上升时间（或称建立时间）t_r 为 $g(t)$ 在 $t = t_\mathrm{d}$ 处的斜率的倒数，则上升时间为：

$$t_\mathrm{r} = \frac{2\pi}{\omega_\mathrm{c}} = \frac{1}{f_\mathrm{c}} = \frac{1}{B} \tag{9.1-16}$$

式中，$B = f_\mathrm{c} - 0 = f_\mathrm{c}(\mathrm{Hz})$ 为滤波器的通带宽度。

由式（9.1-16）可见，滤波器的通带越宽，即截止频率越高，其阶跃响应的上升时间就越短，波形也越陡直。也就是说，阶跃响应的上升（建立）时间与系统的通带宽度成反比。

由图 9.1-4（b）可知，阶跃响应的第一个极大值发生在 $t = t_\mathrm{d} + \dfrac{\pi}{\omega_\mathrm{c}}$ 处，将它代入式（9.1-15），得阶跃响应的极大值为：

$$g_{\max}(t) = \frac{1}{2} + \frac{1}{\pi}\mathrm{Si}\left[\omega_\mathrm{c}(t - t_\mathrm{d})\right] = \frac{1}{2} + \frac{1}{\pi}\mathrm{Si}(\pi) = 1.0895$$

可见，它与理想低通滤波器的通带宽度无关。

所以，增大理想低通滤波器的通带宽度 B，可以使阶跃响应的上升时间 t_r 缩短，使极大值出现在更靠近 $t = t_\mathrm{d}$ 处，但不能减小极大值的幅度。

9.1.4　佩利-维纳准则与物理可实现低通滤波器

如前所述，因为理想低通滤波器采用了理想化传输特性而使得其不满足因果性，因此是物理不可实现的。为此，有必要讨论什么样的系统是可以实现的。当然，可实现的实际系统只能接近但不可能达到理想化的传输特性。

就时域而言，一个物理可实现系统的冲激响应和阶跃响应在 $t<0$ 时必须为零，即：

$$\left.\begin{array}{ll} h(t) = 0, & t < 0 \\ g(t) = 0, & t < 0 \end{array}\right\}$$

也就是说，一个物理可实现的系统必须是因果系统。

就频域而言，佩利（Paley）和维纳（Wiener）证明了物理可实现系统的幅频特性 $|H(\mathrm{j}\omega)|$ 必须是平方可积的，即：

$$\int_{-\infty}^{\infty} |H(\mathrm{j}\omega)|^2 \mathrm{d}\omega < \infty$$

可以证明，系统物理可实现的充要条件为：

$$\int_{-\infty}^{\infty} \frac{\left|\ln|H(\mathrm{j}\omega)|\right|}{1+\omega^2} \mathrm{d}\omega < \infty \tag{9.1-17}$$

式（9.1-17）称为佩利-维纳准则（定理）。不满足此准则的系统是非因果的，因此是不能够实现的。

由佩利-维纳准则可以看出，如果系统的幅频特性在某一有限频带内为零，则在此频带范围内 $\left|\ln|H(\mathrm{j}\omega)|\right| \to \infty$，从而不满足式（9.1-17），即这样的系统是非因果的，故具有图 9.1-3 所示幅频特性的理想低通滤波器是物理不可实现的。对于物理可实现的系统，其幅频特性可以在某些孤立的频率点上为零，但不能在某个有限频带内为零。

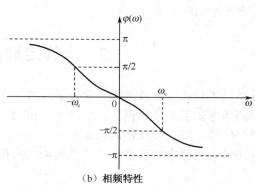

图 9.1-5　二阶低通滤波器

前面介绍的理想低通滤波器不可实现，下面介绍一种可实现的低通滤波器，其电路如图 9.1-5 所示。

容易求得该滤波器的频率响应为：

$$H(\mathrm{j}\omega) = \frac{1}{1 - \omega^2 LC + \mathrm{j}\omega \dfrac{L}{R}}$$

当 $R = \sqrt{\dfrac{L}{C}}$ 时，令 $\omega_c = \dfrac{1}{\sqrt{LC}}$，其频谱如图 9.1-6 所示。

由图可见，该滤波器的幅频、相频特性与理想低通滤波器相似。可以证明，电路的阶数越高，这种相似程度也就越高。

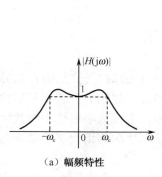

（a）幅频特性　　　　　　　　　　　　（b）相频特性

图 9.1-6　二阶滤波器频谱图

求取系统频率响应的傅里叶逆变换，得到该滤波器的冲激响应为：

$$h(t) = \frac{2\omega_c}{\sqrt{3}} \mathrm{e}^{-\frac{\omega_c t}{2}} \sin\left(\frac{\sqrt{3}}{2}\omega_c t\right)$$

其波形如图 9.1-7 所示。由图可见，电路的冲激响应与理想特性也很相似，但同时确保了系统的因果性，即当 $t < 0$ 时，$h(t) = 0$。

由于具有理想滤波特性的滤波器不能实现，因此实际的滤波器只能是接近理想特性。工程上通常提出的技术要求是：在通带 $0 \sim \omega_c$ 范围内信号的传输值允许有很小的变化，但其变化范围不能超出某一允许值 δ_1；在阻带 $\omega_s \sim \infty$ 范围内信号可以为一个很小的值，但不得大于某一允许值 δ_2。$\omega_c \sim \omega_s$ 的频率范围称为过渡带，要求不超过某一频带宽度。对低通滤波器提出的要求常以图 9.1-8 的方式给出，称为容限图。

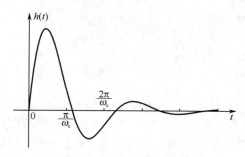

图 9.1-7　二阶低通滤波器冲激响应

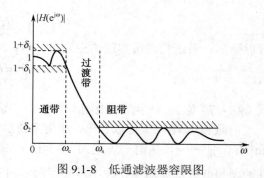

图 9.1-8　低通滤波器容限图

练习题

9.1-1　某 LTI 连续系统的频率响应为

$$H(j\omega) = \frac{1 - j\omega}{1 + j\omega}$$

求系统的阶跃响应以及当激励为 $f(t) = e^{-3t}u(t)$ 时系统的零状态响应。

9.1-2　某理想高通滤波器的频率响应为

$$H(j\omega) = |H(j\omega)| e^{j\varphi(\omega)} = \begin{cases} K e^{-j\omega t_0}, & |\omega| > \omega_c \\ 0, & |\omega| < \omega_c \end{cases}$$

求其冲激响应。

9.1-3　若某无失真传输系统的频率响应为 $H(j\omega) = 2e^{-j\omega}$，当激励为 $f(t) = \sin(2t) + 2\sin(4t)$ 时，系统的零状态响应为 $y(t) = \underline{\hspace{2cm}}$。

9.2　取样定理及其应用

随着数字技术和计算机技术的迅速发展，数字系统的应用越来越广泛。然而自然界的许多信息经各种传感器感知后都是模拟量，如温度、压力、声音、图像、视频等。若要利用数字系统处理和传输模拟信号，则先要在信源将模拟信号转化成数字信号，再在数字系统中对数字信号进行处理和传输，最后在信宿将数字信号重新转换成模拟信号，从而达到利用数字系统处理模拟信号的目的。

问题是如何实现模拟信号和数字信号的相互转换。由于模拟信号的定义域（时间）和值域（信号幅值）均连续，而数字信号的定义域和值域均离散，故模拟信号转变为数字信号的步骤就是对模拟信号依次进行取样、量化和编码。

取样是对模拟信号在时间上进行离散，量化是把时间离散的信号在幅值上进行离散，编码则是用二进制码组表示量化后的脉冲幅值。

取样定理论述了在一定条件下，一个连续信号完全可以用离散样本值表示。这些样本值包含了该连续信号的全部信息，因此，利用这些样本值可以完全恢复原信号。可以说，取样定理在连续信号与离散信号之间架起了一座桥梁，为其相互转换提供了理论依据，在信号分析和处理方面占有举足轻重的地位。

9.2.1 信号取样

所谓"取样"就是利用取样脉冲序列（或称为开关函数）$s(t)$ 从连续信号 $f(t)$ 中"抽取"一系列离散样本值的过程，这样得到的离散信号称为取样信号，记为 $f_s(t)$。

根据取样脉冲序列是冲激序列还是非冲激序列，信号取样可分为冲激取样（或称理想取样）、矩形脉冲取样（或称自然取样、实际取样）和平顶取样（或称瞬时取样）。从波形上看，平顶取样与矩形脉冲取样的不同之处在于前者的取样信号为顶部平坦的矩形脉冲，后者的脉冲幅度为瞬时取样值。在实际应用中，平顶取样信号采用脉冲形成电路（也称为取样保持电路）来实现。根据取样脉冲序列是等间隔的还是非等间隔的，取样还可以分为均匀取样和非均匀取样。

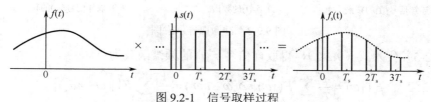

图 9.2-1　信号取样过程

图 9.2-1 展示的是一个连续信号 $f(t)$ 利用取样脉冲序列 $s(t)$ 进行等间隔矩形脉冲取样的过程，其取样间隔为 T_s，取样频率为 $f_s = \dfrac{1}{T_s}$，取样角频率为 $\omega_s = 2\pi f_s = \dfrac{2\pi}{T_s}$。

由此可知，信号取样的数学模型如图 9.2-2 所示。

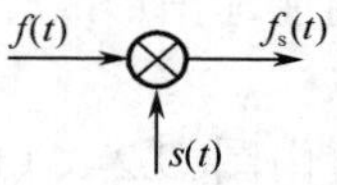

因此，取样信号的时域表达式为：

$$f_s(t) = f(t)s(t) \tag{9.2-1}$$

图 9.2-2　信号取样的数学模型

若 设 $f(t) \leftrightarrow F(\mathrm{j}\omega)$、$s(t) \leftrightarrow S(\mathrm{j}\omega)$、$f_s(t) \leftrightarrow F_s(\mathrm{j}\omega)$，则根据式（3.4-20），取样信号 $f_s(t)$ 的频谱为：

$$F_s(\mathrm{j}\omega) = \frac{1}{2\pi} F(\mathrm{j}\omega) * S(\mathrm{j}\omega) \tag{9.2-2}$$

下面以等间隔冲激取样为例介绍取样过程，其他取样过程与此类似。

等间隔冲激取样的取样脉冲序列 $s(t)$ 是周期为 T_s 的周期性单位冲激序列：

$$s(t) = \delta_{T_s}(t) = \sum_{n=-\infty}^{\infty} \delta(t - nT_s) \tag{9.2-3}$$

其波形如图 9.2-3（b）所示，带限信号 $f(t)$ 及其频谱如图 9.2-3（a）、（d）所示。

根据式（9.2-1），可知冲激取样的时域输出为：

$$f_s(t) = f(t)s(t) = f(t)\sum_{n=-\infty}^{\infty} \delta(t - nT_s) = \sum_{n=-\infty}^{\infty} f(nT_s)\delta(t - nT_s) \tag{9.2-4}$$

取样信号 $f_s(t)$ 的波形如图 9.2-3（c）所示。

考虑到 $\delta_T(t) \leftrightarrow \Omega \sum_{n=-\infty}^{\infty} \delta(\omega - n\Omega) = \Omega\delta_{\Omega}(\omega)$，若令 $T = T_s$，$\Omega = \dfrac{2\pi}{T_s} = \omega_s$，可得冲激序列 $\delta_{T_s}(t)$ 的频谱为：

$$S(j\omega) = \omega_s \sum_{n=-\infty}^{\infty} \delta(\omega - n\omega_s) = \omega_s \delta_{\omega_s}(\omega) \qquad (9.2\text{-}5)$$

由此可见，周期为 T_s 的周期性单位冲激序列的频谱是强度为 ω_s、周期为 ω_s 的周期性冲激序列，信号 $\delta_{T_s}(t)$ 的频谱如图 9.2-3（e）所示。

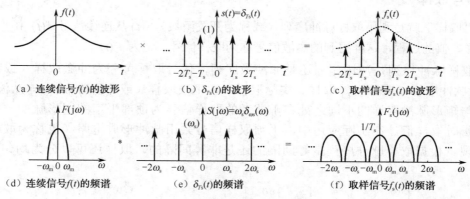

图 9.2-3　冲激取样示意图

将式（9.2-5）代入式（9.2-2），得取样信号 $f_s(t)$ 的频谱函数为：

$$F_s(j\omega) = \frac{1}{T_s} \sum_{n=-\infty}^{\infty} F(j\omega) * \delta(\omega - n\omega_s) = \frac{1}{T_s} \sum_{n=-\infty}^{\infty} F[j(\omega - n\omega_s)] \qquad (9.2\text{-}6)$$

式（9.2-6）表明：取样信号的频谱 $F_s(j\omega)$ 由原连续信号的频谱 $F(j\omega)$ 以取样角频率 ω_s 为周期进行周期性延拓形成，其幅值为原频谱的 $\dfrac{1}{T_s}$，取样信号 $f_s(t)$ 的频谱如图 9.2-3（f）所示。

由图 9.2-3（f）可以看出，如果 $\omega_s > 2\omega_m$（$f_s > 2f_m$ 或 $T_s < \dfrac{1}{2f_m}$），那么频移后各相邻频谱不会发生重叠。如果 $\omega_s < 2\omega_m$，那么频移后的各相邻频谱将相互重叠，如图 9.2-4（a）所示。频谱重叠现象称为混叠现象。可见，为了避免混叠现象发生，带限信号必须满足 $\omega_s > 2\omega_m$。

由于非带限信号的最大角频率 $\omega_m \to \infty$，因此，其取样频谱必然发生混叠，非带限信号及其冲激取样信号的频谱如图 9.2-4（b）、（c）所示。

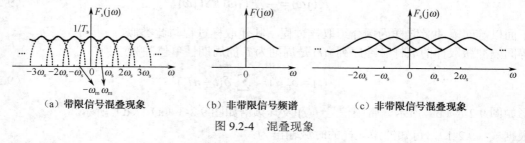

图 9.2-4　混叠现象

需要说明的是，现实中无法实现冲激序列，而矩形脉冲序列在工程中可通过开关电路实现。因此，工程中常通过矩形脉冲序列进行信号取样。

下面分析如何由取样信号 $f_s(t)$ 恢复原信号 $f(t)$。

令式（9.2-6）中的 $n=0$，有：

$$F_s(j\omega) = \frac{1}{T_s} F(j\omega)$$

上式表明，此时取样信号包含原信号的全部信息，但其幅度是原信号的 $\frac{1}{T_s}$ 倍。结合图 9.2-3（f）可知，如果能够从取样信号中取出 $n=0$ 部分的频谱，且适当改变其幅值，则可以由取样信号完全恢复原信号。

因此，如果取样信号的频谱未发生混叠，即当 $\omega_s > 2\omega_m$ 时，取样信号 $f_s(t)$ 经过一个增益为 T_s、截止频率为 ω_c（$\omega_m \le \omega_c \le \omega_s - \omega_m$）的低通滤波器，就可以从取样信号频谱 $F_s(j\omega)$ 中取出原信号频谱 $F(j\omega)$，即从取样信号 $f_s(t)$ 中恢复原信号 $f(t)$：

$$F(j\omega) = F_s(j\omega)H(j\omega) \tag{9.2-7}$$

其中，低通滤波器的频率响应为：

$$H(j\omega) = \begin{cases} T_s, & |\omega| \le \omega_c \\ 0, & |\omega| > \omega_c \end{cases} = T_s G_{2\omega_c}(\omega)$$

以上介绍了频域中信号恢复的方法，其过程如图 9.2-5（a）所示。下面在时域中分析由取样信号恢复原信号的过程。

由低通滤波器的频率响应可求得其冲激响应为：

$$H(j\omega) \leftrightarrow h(t) = T_s \frac{\omega_c}{\pi} \mathrm{Sa}(\omega_c t) \tag{9.2-8}$$

为方便起见，令 $\omega_c = \frac{\omega_s}{2}$，则 $T_s = \frac{2\pi}{\omega_s} = \frac{\pi}{\omega_c}$，故式（9.2-8）可变为：

$$h(t) = \mathrm{Sa}\left(\frac{\omega_s t}{2}\right) \tag{9.2-9}$$

在由取样信号恢复原信号的过程中，激励为 $f_s(t)$，响应为 $f(t)$，系统的冲激响应如式（9.2-9）所示，故有：

$$
\begin{aligned}
f(t) = f_s(t) * h(t) &= \left[\sum_{n=-\infty}^{\infty} f(nT_s)\delta(t - nT_s)\right] * \mathrm{Sa}\left(\frac{\omega_s t}{2}\right) \\
&= \sum_{n=-\infty}^{\infty} f(nT_s)\mathrm{Sa}\left[\frac{\omega_s}{2}(t - nT_s)\right] = \sum_{n=-\infty}^{\infty} f(nT_s)\mathrm{Sa}\left(\frac{\omega_s t}{2} - n\pi\right)
\end{aligned} \tag{9.2-10}
$$

式（9.2-10）称为内插公式，该式表明，信号 $f(t)$ 可展开为抽样信号 $\mathrm{Sa}(t)$ 的无穷级数，该级数的系数等于取样值 $f(nT_s)$。也就是说，如果在取样信号的每一个样点处均有一个最大峰值为 $f(nT_s)$ 的抽样信号 $\mathrm{Sa}(t)$，那么合成信号就是原连续信号。因此，只要已知各取样值 $f(nT_s)$，就能由取样信号 $f_s(t)$ 唯一地确定原连续信号 $f(t)$，其过程如图 9.2-5（b）所示。

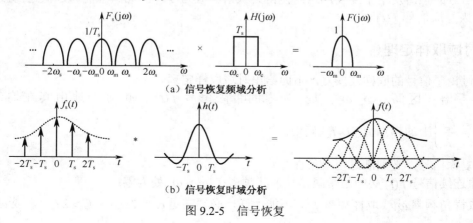

（a）信号恢复频域分析

（b）信号恢复时域分析

图 9.2-5　信号恢复

上述分析中设定的取样信号频谱不发生混叠的条件为 $\omega_s > 2\omega_m$，若取 $\omega_s = 2\omega_m$，取样信号的频谱是否发生混叠呢？对于在 $\pm\omega_m$ 处的频谱为零的信号来说，当 $\omega_s = 2\omega_m$ 时，取样信号频谱仍然不会发生混叠，如图 9.2-6 所示。

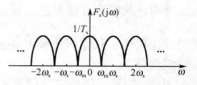

图 9.2-6　$\omega_s = 2\omega_m$ 时取样信号频谱图

但是对于在 $\pm\omega_m$ 处的频谱非零的信号来说，当 $\omega_s = 2\omega_m$ 时，其取样信号的频谱会发生混叠，从而无法从取样信号中恢复原信号。因此，为了保证一般性，取样信号的频谱不发生混叠的条件为 $\omega_s > 2\omega_m$，而不是 $\omega_s \geqslant 2\omega_m$，下面通过例题加以说明。

例 9.2-1　已知信号 $f(t) = \sin(\omega_m t)$，采用取样角频率为 $\omega_s = 2\omega_m$ 的周期性冲激序列对其取样，试回答：理想条件下，取样信号 $f_s(t)$ 经过低通滤波器后能否恢复原信号 $f(t)$。

解：原信号的频谱为：

$$F(\mathrm{j}\omega) = \mathrm{j}\pi\left[\delta(\omega + \omega_m) - \delta(\omega - \omega_m)\right]$$

其频谱如图 9.2-7（a）所示。

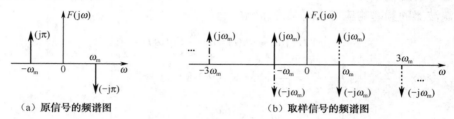

（a）原信号的频谱图　　　　　　　　　　（b）取样信号的频谱图

图 9.2-7　例 9.2-1 信号频谱图

考虑到 $\omega_s = 2\omega_m$，根据式（9.2-6），得：

$$
\begin{aligned}
F_s(\mathrm{j}\omega) &= \frac{1}{T_s}\sum_{n=-\infty}^{\infty} F\left[\mathrm{j}(\omega - n\omega_s)\right] \\
&= \frac{1}{T_s}\sum_{n=-\infty}^{\infty} \mathrm{j}\pi\left[\delta(\omega - n\omega_s + \omega_m) - \delta(\omega - n\omega_s - \omega_m)\right] \\
&= \mathrm{j}\omega_m \sum_{n=-\infty}^{\infty}\left[\delta(\omega + \omega_m - 2n\omega_m) - \delta(\omega - \omega_m - 2n\omega_m)\right]
\end{aligned}
$$

其频谱如图 9.2-7（b）所示，图中的实线、虚线和点划线分别为上式中 $n = 0,\ 1,\ -1$ 时的频谱，由此可以发现，由于原信号的频谱在 $\pm\omega_m$ 处非零，故当 $\omega_s = 2\omega_m$ 时取样信号在此处必然发生混叠。由于取样信号的频谱发生了混叠，从而使得其频谱函数为零，因此，不能通过低通滤波器由取样信号 $f_s(t)$ 恢复原信号 $f(t)$。

9.2.2　时域取样定理

前面讨论了信号的取样及恢复，下面给出时域取样定理。

一个频谱在区间 $(-\omega_m, \omega_m)$ 以外为零的带限信号 $f(t)$，可唯一地由其在均匀间隔 T_s $\left(T_s < \dfrac{1}{2f_m} = \dfrac{T_m}{2}\right)$ 上的样点值 $f(nT_s)$ 确定。

为恢复原信号，必须满足两个条件：

1）原连续信号 $f(t)$ 必须是带限信号，其频谱在 $|\omega| > \omega_m$ 处为零；

2）取样角频率 ω_s（取样频率 f_s）不能太低，必须满足 $\omega_s > 2\omega_m$（$f_s > 2f_m$），或者说，取样

间隔不能太大，必须满足 $T_s < \dfrac{1}{2f_m}$，否则取样信号的频谱将产生混叠。

通常把允许的最小取样角频率 $\omega_s = 2\omega_m$ 称为奈奎斯特（取样）角频率，把允许的最小取样频率 $f_s = 2f_m$ 称为奈奎斯特（取样）频率，把允许的最大取样间隔 $T_s = \dfrac{1}{2f_m}$ 称为奈奎斯特（取样）周期。

由上述分析可知，为了能够恢复原信号，要求原信号必须为带限信号且满足 $\omega_s > 2\omega_m$（$f_s > 2f_m$），即确保取样信号的频谱不发生混叠。但是，如果取样信号的频谱产生了混叠，实际上也不是一无是处。

选取适当的取样周期，可以获得与原信号的波形相同、时域展宽的信号，而取样示波器就是利用这一原理把不易显示的高频信号展宽为容易显示的低频信号的。

对于周期为 T 的带限信号 $f(t)$ [设频谱为 $F(j\omega)$]，适当选取取样周期 $T_s (T_s > T)$，则经过滤波能从混叠的取样信号频谱 $F_s(j\omega)$ 中获取原信号的压缩频谱 $F\left(j\dfrac{\omega}{a}\right)(0 < a < 1)$，从而得到与原信号波形相同但时域展宽的信号 $f(at)$。图 9.2-8 中的实线表示周期为 T 的带限信号 $f(t)$，虚线表示经以取样周期 $T_s = \dfrac{5}{4}T$ 取样后得到的时域展宽信号 $y(t) = f\left(\dfrac{t}{5}\right)$。

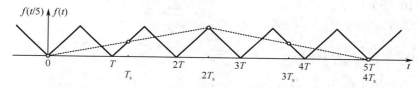

图 9.2-8　混叠的运用（取样示波器原理）

在实际工程中，常遇到的信号 $f(t)$ 并非带限信号，因此，为了应用取样定理，需要使非带限信号经抗混叠滤波后转化为带限信号 $f_1(t)$，如图 9.2-9 所示。这样一来，通过低通滤波器恢复的信号是 $f_1(t)$ 而非原信号 $f(t)$，从而恢复的信号与原信号存在误差。另外，在实际应用中，经常取 $\omega_s > k\omega_m$，k 为常数且 $5 < k < 10$。

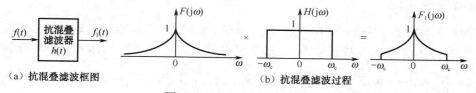

（a）抗混叠滤波框图　　　　　　　　　（b）抗混叠滤波过程

图 9.2-9　抗混叠滤波示意图

例 9.2-2　已知信号 $f(t) = \mathrm{Sa}(2t)$，其波形如图 9.2-10（a）所示，用 $\delta_{T_s}(t) = \displaystyle\sum_{n=-\infty}^{\infty}\delta(t - nT_s)$ 对其进行取样。试求：

1）确定奈奎斯特取样角频率；

2）若取 $\omega_s = 6\omega_m$，求取样信号的时域表达式，并画出波形图；

3）求取样信号的频谱，并画出频谱图；

4）若欲无失真恢复原信号 $f(t)$，确定低通滤波器的截止频率 ω_c。

解：1）根据常用信号的傅里叶变换对 $g_\tau(t) \leftrightarrow \tau\mathrm{Sa}\left(\dfrac{\omega\tau}{2}\right)$，结合式（3.4-14），有：

$$F(j\omega) = \dfrac{\pi}{2}g_4(\omega)$$

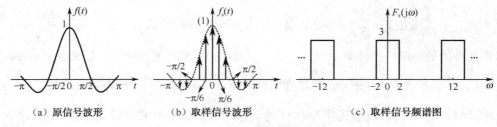

| （a）原信号波形 | （b）取样信号波形 | （c）取样信号频谱图 |

图 9.2-10　例 9.2-2 信号波形

故奈奎斯特取样角频率为 $\omega_s = 2\omega_m = 2 \times 2 = 4(\text{rad/s})$ 。

2）由式（9.2-4），得：

$$f_s(t) = f(t)\delta_{T_s}(t) = \sum_{n=-\infty}^{\infty} f(nT_s)\delta(t - nT_s) = \sum_{n=-\infty}^{\infty} \text{Sa}(2nT_s)\delta(t - nT_s)$$

而 $\omega_s = 6\omega_m = 6 \times 2 = 12(\text{rad/s})$ ，故 $T_s = \dfrac{2\pi}{\omega_s} = \dfrac{\pi}{6}(\text{s})$

所以取样信号时域表达式为：

$$f_s(t) = \sum_{n=-\infty}^{\infty} \text{Sa}\left(\frac{n\pi}{3}\right)\delta\left(t - \frac{\pi}{6}n\right)$$

其波形如图 9.2-10（b）所示。

3）由式（9.2-6），得取样信号的频谱为：

$$F_s(j\omega) = \frac{1}{2\pi}F(j\omega) * \omega_s \sum_{n=-\infty}^{\infty} \delta(\omega - n\omega_s) = \frac{1}{2\pi} \cdot 12 \cdot \frac{\pi}{2} g_4(\omega) * \sum_{n=-\infty}^{\infty} \delta(\omega - 12n)$$

$$= 3\sum_{n=-\infty}^{\infty} \delta(\omega - 12n) * g_4(\omega) = 3\sum_{n=-\infty}^{\infty} g_4(\omega - 12n)$$

其波形如图 9.2-10（c）所示。

4）无失真恢复信号时，低通滤波器的截止频率为 $\omega_m \leqslant \omega_c \leqslant \omega_s - \omega_m$ ，故截止频率范围为 $2\text{rad/s} \leqslant \omega_c \leqslant 10\text{rad/s}$ 。

9.2.3　频域取样定理

根据时域与频域的对偶性，可由时域取样定理推导出频域取样定理。如果信号 $f(t)$ 为时限信号，则其一定为非周期信号，故其频谱 $F(j\omega)$ 为连续谱。在频域中对 $F(j\omega)$ 进行等间隔冲激取样，即用 $\delta_{\omega_s}(\omega) = \sum_{n=-\infty}^{\infty} \delta(\omega - n\omega_s)$ 对 $F(j\omega)$ 取样，得到取样后的频谱为：

$$F_s(j\omega) = F(j\omega)\sum_{n=-\infty}^{\infty} \delta(\omega - n\omega_s) = \sum_{n=-\infty}^{\infty} F(jn\omega_s)\delta(\omega - n\omega_s) \tag{9.2-11}$$

其频域取样过程如图 9.2-11（a）、（b）、（c）所示。

由 $\delta_{T_s}(t) \leftrightarrow \omega_s \delta_{\omega_s}(\omega)$ ，并利用式（3.4-1），有：

$$\frac{1}{\omega_s}\sum_{n=-\infty}^{\infty} \delta(t - nT_s) \leftrightarrow \delta_{\omega_s}(\omega) \tag{9.2-12}$$

式中，$T_s = \dfrac{2\pi}{\omega_s}$ 。

根据时域卷积定理，频谱函数 $F_s(j\omega)$ 的原函数为：

$$f_s(t) = f(t) * \frac{1}{\omega_s}\sum_{n=-\infty}^{\infty} \delta(t - nT_s) = \frac{1}{\omega_s}\sum_{n=-\infty}^{\infty} f(t) * \delta(t - nT_s) = \frac{1}{\omega_s}\sum_{n=-\infty}^{\infty} f(t - nT_s) \tag{9.2-13}$$

其对应的时域关系如图 9.2-11（d）、（e）、（f）所示。

由式（9.2-13）可知，若时限信号 $f(t)$ 的频谱 $F(j\omega)$ 在频域中被间隔为 ω_s 的冲激序列取样，则被取样后的频谱 $F_s(j\omega)$ 所对应的时域信号 $f_s(t)$ 以 T_s 为周期而重复，且其幅值为原信号幅值的 $\dfrac{1}{\omega_s}$，如图 9.2-11（f）所示。由图可知，若选 $T_s > 2t_m$（$f_s = \dfrac{1}{T_s} < \dfrac{1}{2t_m}$），则在时域中 $f_s(t)$ 的波形不会产生混叠。若在时域用矩形脉冲作为选通信号就可以无失真地恢复原信号，这就是下面的频域取样定理。

一个在时域区间 $(-t_m, t_m)$ 以外为零的时限信号 $f(t)$ 的频谱函数 $F(j\omega)$，可唯一地由其在均匀频率间隔 $f_s\left(f_s \leq \dfrac{1}{2t_m}\right)$ 上的样值点 $F(jn\omega_s)$ 确定。即：

$$F(j\omega) = \sum_{n=-\infty}^{\infty} F\left(j\frac{n\pi}{t_m}\right) \mathrm{Sa}(\omega t_m - n\pi) \tag{9.2-14}$$

式中，$t_m = \dfrac{1}{2f_s}$。

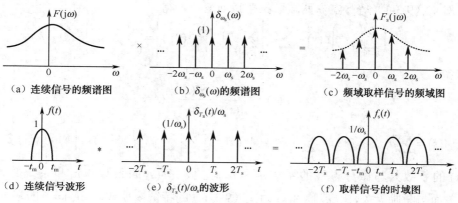

图 9.2-11　频域取样过程

练习题

9.2-1　确定下列信号的奈奎斯特取样频率。

1）$f(t) = 1 + \sin(200t) + \cos(400t)$　　2）$f(t) = \dfrac{\sin(200\pi t)}{\pi t}$　　3）$f(t) = \left[\dfrac{\sin(200\pi t)}{\pi t}\right]^2$

9.2-2　对带宽为 20kHz 的信号 $f(t)$ 进行取样，其奈奎斯特取样周期为 $T_s = $ _____，信号 $f(2t)$ 的带宽为_____，其奈奎斯特取样频率为 $f_s = $ _____。

9.3　LTI 连续系统复频域分析

如前所述，在频域中可以求解系统的零状态响应，但却无法求得系统的零输入响应。为了弥补这一不足，本节将在复频域中求解系统的零输入响应、零状态响应和全响应。同时，本节还将介绍系统函数、s 域框图以及电路的 s 域模型等内容。

9.3.1 微分方程的变换解

描述 n 阶 LTI 连续系统的微分方程的一般形式为：

$$\sum_{i=0}^{n} a_i y^{(i)}(t) = \sum_{j=0}^{m} b_j f^{(j)}(t) \tag{9.3-1}$$

利用式（4.2-10）对 $y^{(i)}(t)$ 取拉普拉斯变换，得：

$$y^{(i)}(t) \leftrightarrow s^i Y(s) - \sum_{p=0}^{i-1} s^{i-1-p} y^{(p)}(0_-), \ i = 1, \ 2, \ 3, \ \cdots, \ n \tag{9.3-2}$$

式（9.3-2）中的 $y^{(p)}(0_-)$ 即为系统的初始状态 $y(0_-), y'(0_-), \cdots, y^{(i-1)}(0_-)$。

考虑到系统的激励 $f(t)$ 是在 $t = 0$ 时刻接入的，故在 $t = 0_-$ 时刻，$f(t)$ 及其各阶导数均为零，即：

$$f^{(j)}(0_-) = 0, \ j = 0, \ 1, \ 2, \ \cdots, \ m$$

因此，对式 $f^{(j)}(t)$ 取拉普拉斯变换，得：

$$f^{(j)}(t) \leftrightarrow s^j F(s) \tag{9.3-3}$$

所以，对式（9.3-1）等号左右两端取拉普拉斯变换，得：

$$\left(\sum_{i=0}^{n} a_i s^i \right) Y(s) - \sum_{i=0}^{n} a_i \left[\sum_{p=0}^{i-1} s^{i-1-p} y^{(p)}(0_-) \right] = \left(\sum_{j=0}^{m} b_j s^j \right) F(s) \tag{9.3-4}$$

由此可得：

$$Y(s) = \frac{M(s)}{A(s)} + \frac{B(s)}{A(s)} F(s) \tag{9.3-5}$$

式中，$A(s) = \sum_{i=0}^{n} a_i s^i$、$B(s) = \sum_{j=0}^{m} b_j s^j$ 及 $M(s) = \sum_{i=0}^{n} a_i \left[\sum_{p=0}^{i-1} s^{i-1-p} y^{(p)}(0_-) \right]$ 均为 s 的多项式，其中 $A(s)$ 和 $B(s)$ 的系数只与微分方程的系数 a_i 和 b_j 有关，$M(s)$ 的系数与 a_i 和系统的各初始状态 $y^{(p)}(0_-)$ 有关而与激励无关，一般称 $A(s)$ 为式（9.3-1）的特征多项式，$A(s) = 0$ 的根 $p_1, p_2, \cdots, p_n$ 称为特征根。

由式（9.3-5）可见，第一项 $\dfrac{M(s)}{A(s)}$ 与系统的初始状态有关而与激励无关，因而是零输入响应 $y_{zi}(t)$ 的象函数，记为 $Y_{zi}(s)$；第二项 $\dfrac{B(s)}{A(s)} F(s)$ 与激励有关而与系统的初始状态无关，因而是零状态响应 $y_{zs}(t)$ 的象函数，记为 $Y_{zs}(s)$。故有：

$$Y(s) = \frac{M(s)}{A(s)} + \frac{B(s)}{A(s)} F(s) = Y_{zi}(s) + Y_{zs}(s) \tag{9.3-6}$$

由此可得在复频域中求解系统响应的方法：首先对系统微分方程的左右两端取拉普拉斯变换，从而将时域中的微分方程转换为包含激励和系统初始状态的复频域中的代数方程，然后利用式（9.3-6）分别求得系统零输入响应和零状态响应的象函数，再对象函数取拉普拉斯逆变换，从而得到系统的零输入响应、零状态响应及全响应。

例 9.3-1 描述某 LTI 连续系统的微分方程为

$$y''(t) + 6y'(t) + 8y(t) = f(t) + 2f''(t)$$

若 $f(t) = u(t)$，$y(0_-) = 3$，$y'(0_-) = 2$，求系统的全响应。

解：本题已在例 8.2-6 中采用时域方法求解，现在采用复频域方法求解。

首先根据式（4.2-10），对微分方程求取拉普拉斯变换：

$$s^2 Y(s) - sy(0_-) - y'(0_-) + 6sY(s) - 6y(0_-) + 8Y(s) = 2s^2 F(s) + F(s)$$

根据式（9.3-6），整理上式得：

$$Y(s) = \frac{sy(0_-) + y'(0_-) + 6y(0_-)}{s^2 + 6s + 8} + \frac{2s^2 + 1}{s^2 + 6s + 8} F(s) = Y_{zi}(s) + Y_{zs}(s)$$

将激励的象函数 $F(s) = \frac{1}{s}$ 和系统的初始状态代入上式，得：

$$Y(s) = Y_{zi}(s) + Y_{zs}(s) = \frac{3s + 20}{s^2 + 6s + 8} + \frac{2s^2 + 1}{(s^2 + 6s + 8)s}$$

对上式进行部分分式展开，得：

$$Y(s) = Y_{zi}(s) + Y_{zs}(s) = \left(\frac{7}{s+2} + \frac{-4}{s+4} \right) + \left(\frac{\frac{1}{8}}{s} + \frac{-\frac{9}{4}}{s+2} + \frac{\frac{33}{8}}{s+4} \right)$$

对上式求取拉普拉斯逆变换，得：

$$y(t) = y_{zi}(t) + y_{zs}(t) = (7e^{-2t} - 4e^{-4t})u(t) + \left(-\frac{9}{4}e^{-2t} + \frac{33}{8}e^{-4t} + \frac{1}{8} \right)u(t)$$

式中前两项为系统的零输入响应，后三项为系统的零状态响应，因此系统全响应为：

$$y(t) = \left(\frac{19}{4}e^{-2t} + \frac{1}{8}e^{-4t} + \frac{1}{8} \right)u(t)$$

显然，本例结果与例 8.2-6 完全相同。

由本例可见，系统全响应的象函数 $Y(s)$ 的极点由两部分组成，一部分是系统的特征根所形成的极点 $p_1 = -2$，$p_2 = -4$，另一部分是激励信号象函数 $F(s)$ 的极点 $p_3 = 0$。系统自由响应 $y_h(t)$ 的象函数 $Y_h(s)$ 的极点等于系统的特征根（固有频率），因此系统自由响应的函数形式由系统的固有频率确定。系统强迫响应 $y_p(t)$ 的象函数 $Y_p(s)$ 的极点就是 $F(s)$ 的极点，因而系统强迫响应的函数形式由激励的极点确定。

一般而言，若系统特征根的实部都小于零，那么自由响应函数都呈衰减形式，这时自由响应就是暂态响应。若 $F(s)$ 极点实部为零且为一阶极点，则强迫响应函数都为等幅振荡（或阶跃函数）的形式，这时强迫响应就是稳态响应。如果激励信号本身是衰减函数，当 $t \to \infty$ 时，强迫响应也趋近于零，这时强迫响应与自由响应一起组成暂态响应，而系统的稳态响应等于零。如果系统有实部大于零的特征根，其响应函数随时间 t 的增大而增大，这时不再区分暂态响应和稳态响应。由此可见，本例的自由响应为暂态响应，而强迫响应为稳态响应。

在系统分析中，若在已知系统的初始值的情况下采用复频域分析法求解系统的响应，则可以先求得系统的零状态响应，然后令 $t = 0$ 以求得 $y_{zs}^{(j)}(0_+)$，再利用式（8.2-4）和式（8.2-5）求得系统的初始状态，进而求得系统的零输入响应，最终得到系统的全响应。

在求解系统的零状态响应时有两种方法可以采用：其一是直接利用复频域分析法（拉普拉斯变换法）求解零状态响应；其二是利用零状态响应的初始状态为零这一条件，根据系统激励求得零状态时的初始值 $y_{zs}^{(j)}(0_+)$，然后利用时域的方法求得零状态响应。

在已经求得零状态响应的基础上求解零输入响应时，同样有两种方法可以选择：其一是由 $y_{zs}^{(j)}(0_+)$ 和 $y^{(j)}(0_+)$ 求得 $y_{zi}^{(j)}(0_+)$，进而利用时域方法求解零输入响应；其二是求得系统的初始状态后利用复频域分析法求解零输入响应。

例 9.3-2 描述某 LTI 连续系统的微分方程为

$$y''(t) + 6y'(t) + 8y(t) = f(t)$$

若 $f(t) = 2e^{-t}u(t)$，$y(0) = 2$，$y'(0) = -1$，求系统的全响应。

解：本题已在例 8.2-7 中采用时域方法求解，现在采用复频域方法求解。

由于激励 $f(t)$ 是在 $t = 0$ 时刻接入系统的，故有：

$$\begin{cases} y(0_+) = y(0) = 2 \\ y'(0_+) = y'(0) = -1 \end{cases}$$

对微分方程求取拉普拉斯变换：

$$s^2 Y(s) - sy(0_-) - y'(0_-) + 6sY(s) - 6y(0_-) + 8Y(s) = F(s)$$

根据式（9.3-6），整理上式得：

$$Y(s) = \frac{sy(0_-) + y'(0_-) + 6y(0_-)}{s^2 + 6s + 8} + \frac{1}{s^2 + 6s + 8} F(s) = Y_{zi}(s) + Y_{zs}(s)$$

所以，有：

$$Y_{zs}(s) = \frac{1}{s^2 + 6s + 8} F(s)$$

$$Y_{zi}(s) = \frac{sy(0_-) + y'(0_-) + 6y(0_-)}{s^2 + 6s + 8}$$

由于 $f(t) = 2e^{-t}u(t)$，故 $F(s) = \dfrac{2}{s+1}$，因此有：

$$Y_{zs}(s) = \frac{2}{(s+2)(s+4)(s+1)} = \frac{\frac{2}{3}}{s+1} + \frac{-1}{s+2} + \frac{\frac{1}{3}}{s+4}$$

求其拉普拉斯逆变换得零状态响应为：

$$y_{zs}(t) = \left(\frac{2}{3} e^{-t} - e^{-2t} + \frac{1}{3} e^{-4t} \right) u(t)$$

对其求导，有：

$$y'_{zs}(t) = \left(-\frac{2}{3} e^{-t} + 2e^{-2t} - \frac{4}{3} e^{-4t} \right) u(t)$$

对上述二式，令 $t = 0$，可得：

$$y_{zs}(0_+) = 0, \quad y'_{zs}(0_+) = 0$$

因此：

$$\begin{cases} y_{zi}(0_-) = y(0_+) - y_{zs}(0_+) = 2 \\ y'_{zi}(0_-) = y'(0_+) - y'_{zs}(0_+) = -1 \end{cases}$$

所以，零输入响应的象函数为：

$$Y_{zi}(s) = \frac{sy(0_-) + y'(0_-) + 6y(0_-)}{s^2 + 6s + 8} = \frac{2s + 11}{(s+2)(s+4)} = \frac{\frac{7}{2}}{s+2} - \frac{\frac{3}{2}}{s+4}$$

求其拉普拉斯逆变换得零输入响应为：

$$y_{zi}(t) = \left(\frac{7}{2} e^{-2t} - \frac{3}{2} e^{-4t} \right) u(t)$$

所以系统的全响应为：

$$y(t) = y_{zi}(t) + y_{zs}(t) = \left(\frac{5}{2} e^{-2t} - \frac{7}{6} e^{-4t} + \frac{2}{3} e^{-t} \right) u(t)$$

显然，本例结果与例 8.2-7 完全相同。

9.3.2 系统函数

系统函数 $H(s)$ 定义为系统零状态响应的象函数与激励的象函数之比，由式（9.3-6）可知 $Y_{zs}(s) = \dfrac{B(s)}{A(s)} F(s)$，故系统函数定义为：

$$H(s) \overset{\text{def}}{=} \frac{Y_{zs}(s)}{F(s)} = \frac{B(s)}{A(s)} \tag{9.3-7}$$

根据 $A(s)$ 和 $B(s)$ 的表达式可知，二者的系数只与微分方程的系数 a_i 和 b_j 有关，因此，系统函数只与系统的结构和元件参数有关，而与激励和初始状态无关。另外，对于同一个系统，如果系统的激励发生变化，那么系统的零状态响应也会相应地发生变化，因此，系统的激励和零状态响应发生变化并不会影响到系统函数。也就是说，式（9.3-7）只是系统函数的定义式和计算式，并不能由此得出系统函数与激励的象函数成反比、与零状态响应的象函数成正比的结论。

由式（9.3-7）可知，系统零状态响应的象函数可以写为：

$$Y_{zs}(s) = H(s)F(s) \tag{9.3-8}$$

对上式求拉普拉斯逆变换即可得到系统的零状态响应。

实际上，由于系统的冲激响应 $h(t)$ 是激励为 $\delta(t)$ 时系统的零状态响应，且 $\delta(t)$ 的拉普拉斯变换为 1，所以由式（9.3-8）可知，系统的冲激响应和系统函数是一对拉普拉斯变换：

$$h(t) \leftrightarrow H(s) \tag{9.3-9}$$

在系统的时域分析中还介绍了系统的阶跃响应 $g(t)$，若设阶跃响应的象函数为 $G(s)$，则由于 $u(t)$ 的拉普拉斯变换为 $\dfrac{1}{s}$，故有：

$$G(s) = \frac{1}{s} H(s) \tag{9.3-10}$$

求取上式的拉普拉斯逆变换即可得到系统的阶跃响应。

例 9.3-3 描述某 LTI 连续系统的微分方程为

$$y''(t) + 6y'(t) + 8y(t) = f(t)$$

求系统的冲激响应 $h(t)$。

解：本题已在例 8.3-1 中采用时域方法求解，现在采用复频域方法求解。

在零状态情况下，对系统微分方程取拉普拉斯变换，得：

$$(s^2 + 6s + 8)Y_{zs}(s) = F(s)$$

根据系统函数的定义，有：

$$H(s) = \frac{Y_{zs}(s)}{F(s)} = \frac{1}{s^2 + 6s + 8} = \frac{1}{2} \frac{1}{s+2} - \frac{1}{2} \frac{1}{s+4}$$

由式（9.3-9），对上式求取拉普拉斯逆变换得系统的冲激响应为：

$$h(t) = \frac{1}{2}(\mathrm{e}^{-2t} - \mathrm{e}^{-4t})u(t)$$

显然，本例结果与例 8.3-1 完全相同。

例 9.3-4 已知某 LTI 连续系统的冲激响应为

$$h(t) = \left(\frac{1}{2}\mathrm{e}^{-2t} - \frac{1}{2}\mathrm{e}^{-4t} \right)u(t)$$

试求激励为 $f(t) = 2\mathrm{e}^{-t}u(t)$ 时系统的零状态响应。

解：本题已在例 8.4-1 中采用时域方法求解，现在采用复频域方法求解。

根据式（9.3-9），对冲激响应求取拉普拉斯变换得系统函数：

$$h(t) \leftrightarrow H(s) = \frac{1}{s^2 + 6s + 8}$$

激励的象函数为：

$$f(t) \leftrightarrow F(s) = \frac{2}{s+1}$$

根据式（9.3-8），求得系统零状态响应的象函数为：

$$Y_{zs}(s) = H(s)F(s) = \frac{1}{s^2 + 6s + 8} \cdot \frac{2}{s+1} = \frac{2}{3} \frac{1}{s+1} - \frac{1}{s+2} + \frac{1}{3} \frac{1}{s+4}$$

对上式求取拉普拉斯逆变换得系统的零状态响应为：

$$y_{zs}(t) = \left(\frac{2}{3} e^{-t} - e^{-2t} + \frac{1}{3} e^{-4t} \right) u(t)$$

显然，本例结果与例 8.4-1 完全相同。

例 9.3-5 已知当激励 $f(t) = e^{-t}u(t)$ 时，某 LTI 连续因果系统的零状态响应为

$$y_{zs}(t) = (1 + 2e^{-t} - e^{-2t})u(t)$$

求该系统的冲激响应和描述该系统的微分方程。

解：先求解系统的冲激响应。

对激励和零状态响应取拉普拉斯变换，有：

$$f(t) \leftrightarrow F(s) = \frac{1}{s+1}$$

$$y_{zs}(t) \leftrightarrow Y_{zs}(s) = \frac{1}{s} + \frac{2}{s+1} - \frac{1}{s+2} = \frac{2(s^2 + 3s + 1)}{s(s+1)(s+2)}$$

根据式（9.3-7），求得系统函数为：

$$H(s) = \frac{Y_{zs}(s)}{F(s)} = \frac{2(s^2 + 3s + 1)}{s(s+2)} = 2 + \frac{1}{s} + \frac{1}{s+2} = \frac{2s^2 + 6s + 2}{s^2 + 2s}$$

根据式（9.3-9），对上式求取拉普拉斯逆变换，得冲激响应为：

$$h(t) = 2\delta(t) + (1 + e^{-2t})u(t)$$

下面求解系统的微分方程。

由系统函数求微分方程的思路有两种，先看第一种思路。

将系统函数表达式代入式（9.3-8）并稍加整理，得：

$$s^2 Y_{zs}(s) + 2s Y_{zs}(s) = 2s^2 F(s) + 6s F(s) + 2F(s)$$

考虑式（4.2-11），对上式等号两端取拉普拉斯逆变换，得：

$$y_{zs}''(t) + 2y_{zs}'(t) = 2f''(t) + 6f'(t) + 2f(t)$$

所以，可知描述系统的微分方程为：

$$y''(t) + 2y'(t) = 2f''(t) + 6f'(t) + 2f(t)$$

再看第二种思路。

根据式（9.3-1）和式（9.3-7）以及 $A(s)$ 和 $B(s)$ 的定义：

$$A(s) = \sum_{i=0}^{n} a_i s^i , \quad B(s) = \sum_{j=0}^{m} b_j s^j$$

考虑式（4.2-11），可知系统函数 $H(s)$ 的分母、分子多项式的系数和 s 的指数分别与系统微分方程等号左右两端的系数和求导阶数一一对应，所以，可知描述系统的微分方程为：

$$y''(t) + 2y'(t) = 2f''(t) + 6f'(t) + 2f(t)$$

9.3.3 系统的 s 域框图

在时域分析中，系统可由时域框图描述，并可由此列出描述该系统的微分方程，然后采用时域法求得该方程的解。如果根据系统的时域框图画出其相应的 s 域框图，就可直接按 s 域框图列写有关象函数的代数方程，然后解出响应的象函数，取其拉普拉斯逆变换求得系统的响应，显然，这将简化运算。

利用拉普拉斯变换的线性性质和积分性质对时域框图的各种基本运算部件（数乘器、加法器、积分器）的输入和输出分别取拉普拉斯变换，可得各部件的 s 域模型如表 9.3-1 所示。

由表 9.3-1 可以看出，含系统初始状态的 s 框图比较复杂，但可由其求出系统的零输入响应和零状态响应；零状态的 s 域框图与时域框图形式上相同，因而使用简便，当然也给求零输入响应带来不便。而我们通常最关心的是系统的零状态响应，所以常采用零状态的 s 域框图。

表 9.3-1 基本运算部件的 s 域模型

名　　称	时　域　模　型	s 域模型
数乘器 （标量乘法器）	$f(t) \xrightarrow{} \boxed{a} \xrightarrow{} af(t)$ $f(t) \xrightarrow{\quad a \quad} af(t)$	$F(s) \xrightarrow{} \boxed{a} \xrightarrow{} aF(s)$ $F(s) \xrightarrow{\quad a \quad} aF(s)$
加法器	$\begin{aligned} f_1(t) &\xrightarrow{+} \\ f_2(t) &\xrightarrow{\pm} \end{aligned} \Sigma \xrightarrow{} f_1(t) \pm f_2(t)$	$\begin{aligned} F_1(s) &\xrightarrow{+} \\ F_2(s) &\xrightarrow{\pm} \end{aligned} \Sigma \xrightarrow{} F_1(s) \pm F_2(s)$
积分器	$f(t) \xrightarrow{} \boxed{\int} \xrightarrow{} \int_{-\infty}^{t} f(x)\mathrm{d}x$	$F(s) \xrightarrow{} \boxed{s^{-1}} \xrightarrow{} \Sigma \xrightarrow{} s^{-1}F(s) + s^{-1}f^{(-1)}(0_-)$ （上加 $s^{-1}f^{(-1)}(0_-)$）
积分器 （零状态）	$\begin{aligned} f(t) \\ g'(t) \end{aligned} \xrightarrow{} \boxed{\int} \xrightarrow{} \begin{aligned} \int_{0}^{t} f(x)\mathrm{d}x \\ g(t) \end{aligned}$	$\begin{aligned} F(s) \\ sG(s) \end{aligned} \xrightarrow{} \boxed{s^{-1}} \xrightarrow{} \begin{aligned} s^{-1}F(s) \\ G(s) \end{aligned}$

例 9.3-6　某 LTI 连续系统的时域框图如图 9.3-1（a）所示，已知激励 $f(t)=\mathrm{e}^{-t}u(t)$，求系统的冲激响应 $h(t)$ 和零状态响应 $y_{zs}(t)$，若系统的初始状态为 $y(0_-)=1$，$y'(0_-)=2$，求系统的零输入响应 $y_{zi}(t)$。

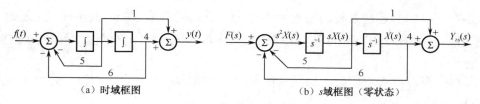

（a）时域框图　　　　　　（b）s 域框图（零状态）

图 9.3-1　例 9.3-6 系统框图

解：首先由图 9.3-1（a）画出系统零状态的 s 域框图，并将最靠近系统输出端的积分器（s^{-1}）的输出设为中间变量 $X(s)$，则其输入为 $sX(s)$，因而左端积分器的输入为 $s^2X(s)$，如图 9.3-1（b）所示。

由左端加法器可列方程：

$$s^2X(s) = F(s) - 5sX(s) - 6X(s)$$

整理得：

$$(s^2 + 5s + 6)X(s) = F(s)$$

由右端加法器可列方程：

$$Y_{zs}(s) = sX(s) + 4X(s) = (s+4)X(s)$$

联立以上二式，消去中间变量，考虑式（9.3-8），得：

$$Y_{zs}(s) = \frac{s+4}{s^2+5s+6}F(s) = H(s)F(s)$$

由此可得系统函数：

$$H(s) = \frac{s+4}{s^2+5s+6} = \frac{2}{s+2} - \frac{1}{s+3}$$

求取上式的拉普拉斯逆变换，得系统的冲激响应为：

$$h(t) = (2e^{-2t} - e^{-3t})u(t)$$

由于 $f(t) = e^{-t}u(t) \leftrightarrow F(s) = \frac{1}{s+1}$，所以：

$$Y_{zs}(s) = \frac{s+4}{s^2+5s+6} \cdot \frac{1}{s+1} = \frac{3}{2}\frac{1}{s+1} - \frac{2}{s+2} + \frac{1}{2}\frac{1}{s+3}$$

求取上式的拉普拉斯逆变换，得系统的零状态响应为：

$$y_{zs}(t) = \left(\frac{3}{2}e^{-t} - 2e^{-2t} + \frac{1}{2}e^{-3t}\right)u(t)$$

由式（9.3-7）可知，根据系统函数的分母多项式 s^2+5s+6，可列写零输入响应满足的微分方程为：

$$y_{zi}''(t) + 5y_{zi}'(t) + 6y_{zi}(t) = 0$$

求上式的拉普拉斯变换，得：

$$s^2Y_{zi}(s) - sy_{zi}(0_-) - y_{zi}'(0_-) + 5sY_{zi}(s) - 5y_{zi}(0_-) + 6Y_{zi}(s) = 0$$

解得：

$$Y_{zi}(s) = \frac{sy_{zi}(0_-) + y_{zi}'(0_-) + 5y_{zi}(0_-)}{s^2+5s+6}$$

由于 $y^{(i)}(0_-) = y_{zi}^{(i)}(0_-)$，故将 $y(0_-)=1$、$y'(0_-)=2$ 代入上式，得系统零输入响应的象函数为：

$$Y_{zi}(s) = \frac{s+7}{s^2+5s+6} = \frac{5}{s+2} - \frac{4}{s+3}$$

求取上式的拉普拉斯逆变换，得系统的零输入响应：

$$y_{zi}(t) = (5e^{-2t} - 4e^{-3t})u(t)$$

例 9.3-7 某 LTI 连续系统的初始状态一定，已知当激励 $f_1(t) = \delta(t)$ 时，系统的全响应为 $y_1(t) = 3e^{-t}u(t)$；当激励 $f_2(t) = u(t)$ 时，系统的全响应为 $y_2(t) = (1+e^{-t})u(t)$；当激励 $f(t) = tu(t)$ 时，求系统的全响应。

解： 因系统的初始状态一定，故其零输入响应不变，若设 $y_{zi}(t) \leftrightarrow Y_{zi}(s)$、$y_{zs}(t) \leftrightarrow Y_{zs}(s)$、$y(t) \leftrightarrow Y(s)$，则有：

$$Y(s) = Y_{zi}(s) + Y_{zs}(s) = Y_{zi}(s) + H(s)F(s)$$

当激励 $f_1(t) = \delta(t)$，即其象函数 $F_1(s) = 1$ 时，系统的全响应为 $y_1(t) = 3e^{-t}u(t)$，即其象函数为 $Y_1(s) = \frac{3}{s+1}$，故有：

$$Y_1(s) = Y_{zi}(s) + H(s)F_1(s) = Y_{zi}(s) + H(s) = \frac{3}{s+1}$$

当激励 $f_2(t) = u(t)$，即其象函数 $F_2(s) = \dfrac{1}{s}$ 时，系统的全响应为 $y_2(t) = (1 + \mathrm{e}^{-t})u(t)$，即其象函数为 $Y_2(s) = \dfrac{2s+1}{s(s+1)}$，故有：

$$Y_2(s) = Y_{\mathrm{zi}}(s) + H(s)F_2(s) = Y_{\mathrm{zi}}(s) + H(s)\frac{1}{s} = \frac{1}{s} + \frac{1}{s+1} = \frac{2s+1}{s(s+1)}$$

联立上述二式，解得：

$$\begin{cases} H(s) = \dfrac{1}{s+1} \\ Y_{\mathrm{zi}}(s) = \dfrac{2}{s+1} \end{cases}$$

求解 $Y_{\mathrm{zi}}(s)$ 的拉普拉斯逆变换可得系统的零输入响应为：

$$y_{\mathrm{zi}}(t) = 2\mathrm{e}^{-t}u(t)$$

当激励 $f(t) = tu(t)$，即其象函数 $F(s) = \dfrac{1}{s^2}$ 时，系统零状态响应的象函数为：

$$Y_{\mathrm{zs}}(s) = H(s)F(s) = \frac{1}{s^2(s+1)} = \frac{1}{s^2} - \frac{1}{s} + \frac{1}{s+1}$$

故得零状态响应为：

$$y_{\mathrm{zs}}(t) = (t - 1 + \mathrm{e}^{-t})u(t)$$

所以，系统的全响应为：

$$y(t) = y_{\mathrm{zi}}(t) + y_{\mathrm{zs}}(t) = 2\mathrm{e}^{-t}u(t) + (t - 1 + \mathrm{e}^{-t})u(t) = (3\mathrm{e}^{-t} + t - 1)u(t)$$

9.3.4 电路的 s 域模型

在正弦稳态中，所有同频率的电量用其向量表示，所有元件的约束用复数阻抗表示。与之相似，在复频率分析时，也常建立电路的 s 域模型——所有电量用其拉普拉斯变换表示，所有元件的约束用其运算阻抗表示，储能元件的初始值用等效源的拉普拉斯变换表示。这样，基尔霍夫定律的 s 域形式即为：对节点有 $\sum I(s) = 0$，对回路有 $\sum U(s) = 0$。

对于线性时不变元件 R、L 和 C，由其时域电压与电流的关系，通过拉普拉斯变换可以得到其 s 域模型。

1）电阻元件的 s 域模型

电阻的时域电压电流关系为 $u_{\mathrm{R}}(t) = Ri_{\mathrm{R}}(t)$，对此方程两端取拉普拉斯变换有：

$$U_{\mathrm{R}}(s) = RI_{\mathrm{R}}(s) \tag{9.3-11}$$

或

$$I_{\mathrm{R}}(s) = \frac{1}{R}U_{\mathrm{R}}(s) \tag{9.3-12}$$

可见电阻的 s 域约束仍为 R。

2）电感元件的 s 域模型

设电感含有初始值为 $i_{\mathrm{L}}(0_-)$，电感的时域电压电流关系为 $u_{\mathrm{L}}(t) = L\dfrac{\mathrm{d}i_{\mathrm{L}}(t)}{\mathrm{d}t}$，由式（4.2-10），方程两端取拉普拉斯变换有：

$$U_{\mathrm{L}}(s) = sLI_{\mathrm{L}}(s) - Li_{\mathrm{L}}(0_-) \tag{9.3-13}$$

或

$$I_L(s) = \frac{1}{sL}U_L(s) + \frac{i_L(0_-)}{s} \qquad\qquad (9.3\text{-}14)$$

可见电感的 s 域约束为 sL。

3）电容元件的 s 域模型

设电容含有初始值为 $u_C(0_-)$，电容的时域电压电流关系为 $i_C(t) = C\dfrac{\mathrm{d}U_C(t)}{\mathrm{d}t}$，由式（4.2-10），方程两端取拉普拉斯变换有：

$$I_C(s) = sCU_C(s) - Cu_C(0_-) \qquad\qquad (9.3\text{-}15)$$

或

$$U_C(s) = \frac{1}{sC}I_C(s) + \frac{u_C(0_-)}{s} \qquad\qquad (9.3\text{-}16)$$

可见电容的 s 域约束为 $\dfrac{1}{sC}$。

这里对电感的电流模型和电容的电压模型做一下说明：电路接通电源时，流过电感的 s 域电流由两部分构成，一部分为电感两端电压的拉普拉斯变换与电感的 s 域约束的比值，即 $\dfrac{U_L(s)}{sL}$；另一部分为电感初始电流的拉普拉斯变换，由于电感初始电流的电流值为常数，其拉普拉斯变换为 $\dfrac{i_L(0_-)}{s}$。同样的分析可以知道，电容两端的 s 域电压也由两部分构成，一部分为流过电容的电流的拉普拉斯变换与电容的 s 域约束的乘积，即 $\dfrac{1}{sC}I_C(s)$；另一部分为电容初始电压的拉普拉斯变换，即 $\dfrac{u_C(0_-)}{s}$。

式（9.3-11）、式（9.3-13）、式（9.3-16）属于元件的 s 域电压模型，也称为串联模型；式（9.3-12）、式（9.3-14）、式（9.3-15）属于元件的 s 域电流模型，也称为并联模型。三种元件的时域模型与 s 域模型列在表 9.3-2 中。

表 9.3-2　电路元件的 s 域模型

		电阻	电感	电容
时域				
		$u_R(t) = Ri_R(t)$	$u_L(t) = L\dfrac{\mathrm{d}i_L(t)}{\mathrm{d}t}$	$i_C(t) = C\dfrac{\mathrm{d}U_C(t)}{\mathrm{d}t}$
s 域	电压模型			
		$U_R(s) = RI_R(s)$	$U_L(s) = sLI_L(s) - Li_L(0_-)$	$U_C(s) = \dfrac{1}{sC}I_C(s) + \dfrac{u_C(0_-)}{s}$
	电流模型			
		$I_R(s) = \dfrac{1}{R}U_R(s)$	$I_L(s) = \dfrac{1}{sL}U_L(s) + \dfrac{i_L(0_-)}{s}$	$I_C(s) = sCU_C(s) - Cu_C(0_-)$

例 9.3-8　如图 9.3-2 所示电路，已知 $u_s(t) = u(t)\text{V}$ ，$i_s(t) = \delta(t)\text{A}$ ，起始状态 $u_c(0_-) = 1\text{V}$ ，$i_L(0_-) = 2\text{A}$ ，求电压 $u_o(t)$ 。

解：画出电路的 s 域模型如图 9.3-3 所示。因为 $u_s(t) = u(t)\text{V}$ ，$i_s(t) = \delta(t)\text{A}$ ，故有：

$$U_s(s) = \frac{1}{s} , \quad I_s(s) = 1$$

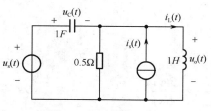
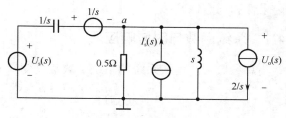

图 9.3-2　时域电路图　　　　　　　　　　图 9.3-3　s 域电路图

由 KCL 列写节点 a 的 s 域方程，得：

$$\frac{U_s(s) - \dfrac{1}{s} - U_o(s)}{\dfrac{1}{s}} = \frac{U_o(s)}{0.5} - I_s(s) + \frac{U_o(s)}{s} + \frac{2}{s}$$

整理得：

$$\left(s + 2 + \frac{1}{s}\right)U_o(s) = I_s(s) - \frac{2}{s} + s\left[U_s(s) - \frac{1}{s}\right]$$

将 $U_s(s) = \dfrac{1}{s}$ ，$I_s(s) = 1$ 代入上式并整理，得：

$$U_o(s) = \frac{s - 2}{s^2 + 2s + 1} = \frac{1}{s + 1} + \frac{-3}{(s + 1)^2}$$

取其拉普拉斯逆变换得：

$$u_o(t) = (\text{e}^{-t} - 3t\text{e}^{-t})u(t)$$

练习题

9.3-1　求解下列系统的零输入响应、零状态响应和全响应。

1）$y''(t) + 3y'(t) + 2y(t) = 5f'(t) + 4f(t)$ ，初始状态 $y(0_-) = 2$ ，$y'(0_-) = 1$ ，激励 $f(t) = \text{e}^{-3t}u(t)$ 。

2）$y''(t) + 3y'(t) + 2y(t) = 5f'(t) + 4f(t)$ ，初始值 $y(0_+) = 2$ ，$y'(0_+) = 1$ ，激励 $f(t) = \text{e}^{-3t}u(t)$ 。

9.3-2　已知当激励 $f(t) = \text{e}^{-t}u(t)$ 时，某 LTI 连续因果系统的零状态响应为

$$y_{zs}(t) = (3\text{e}^{-t} - 4\text{e}^{-2t} + \text{e}^{-3t})u(t)$$

求系统的冲激响应和描述系统的微分方程。

9.3-3　某 LTI 连续系统框图如题图 9.3-1 所示，求描述该系统的微分方程。

9.3-4　电路如题图 9.3-2 所示，激励为 $u(t)$ ，响应为 $i(t)$ ，求系统的冲激响应和阶跃响应。

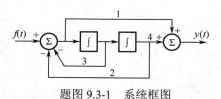
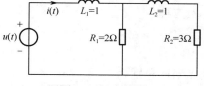

题图 9.3-1　系统框图　　　　　　　　　　题图 9.3-2　电路图

9.4 LTI 连续系统的系统特性

集总参数 LTI 连续系统的系统函数 $H(s)$ 是 s 的有理分式，它既与描述系统的微分方程有直接联系，也与系统的冲激响应以及频率响应关系密切，因而系统函数在系统分析中占有重要的地位。本节将首先介绍系统函数 $H(s)$ 的零、极点分布与系统时域特性和频域特性的关系，然后讨论系统的因果性和稳定性。

9.4.1 系统函数与时域响应

集总参数 LTI 连续系统的系统函数是复变量 s 的有理分式，即：

$$H(s) = \frac{b_m s^m + b_{m-1} s^{m-1} + \cdots + b_1 s + b_0}{a_n s^n + a_{n-1} s^{n-1} + \cdots + a_1 s + a_0} = \frac{B(s)}{A(s)} \tag{9.4-1}$$

式中系数 $a_i (i = 0,\ 1,\ 2,\ \cdots,\ n)$、$b_j (j = 0, 1, 2, \cdots, m)$ 都是实数且 $a_n = 1$。

式（9.4-1）中 $A(s) = 0$ 的根 p_1，p_2，$\cdots$，p_n 称为系统函数 $H(s)$ 的极点，$B(s) = 0$ 的根 ξ_1，ξ_2，$\cdots$，ξ_m 称为系统函数 $H(s)$ 的零点。因此，系统函数 $H(s)$ 可改写为：

$$H(s) = \frac{B(s)}{A(s)} = \frac{b_m \prod\limits_{j=1}^{m} (s - \xi_j)}{\prod\limits_{i=1}^{n} (s - p_i)} \tag{9.4-2}$$

零点 ξ_j 和极点 p_i 的值可能是实数、虚数或复数。由于 $B(s)$ 和 $A(s)$ 的系数都是实数，所以零、极点若为虚数或复数，则必共轭成对出现。所以，$H(s)$ 的零、极点有以下几种类型：

① 位于 s 平面实轴上的一阶实零、极点；

② 位于 s 平面虚轴上并且对称于实轴的一阶共轭虚零、极点；

③ 位于 s 平面并对称于实轴的一阶共轭复零、极点。

此外还有位于 s 平面的二阶和二阶以上的实零、极点，虚零、极点和复零、极点。

由式（9.4-2）可以看出，系统函数 $H(s)$ 有 n 个有限极点和 m 个有限零点。如果 $n > m$，则当 s 沿任意方向趋于无穷大，即当 $|s| \to \infty$ 时，$\lim\limits_{|s| \to \infty} H(s) = \lim\limits_{|s| \to \infty} \dfrac{b_m s^m}{s^n} = 0$，故可认为 $H(s)$ 在无穷远处有 $n - m$ 阶零点；如果 $n < m$，则当 s 沿任意方向趋于无穷大，即当 $|s| \to \infty$ 时，$\lim\limits_{|s| \to \infty} H(s) = \lim\limits_{|s| \to \infty} \dfrac{b_m s^m}{s^n} \to \infty$，故可认为 $H(s)$ 在无穷远处有 $m - n$ 阶极点，此处只研究 $n \geq m$ 的情况。

所谓零、极点分布图是指将象函数的零、极点画在复平面上得到的图形，一般情况下，零点用"o"表示，极点用"×"表示。若存在重零、极点，则在相应的零、极点处标注带小括号的数字以表示该处为几重零、极点。根据象函数的表达式可以很方便地画出其零、极点分布图，但若由零、极点分布图列写象函数表达式，则还需要一些已知条件。

例 9.4-1 画出 $H(s) = \dfrac{2(s + 2)}{(s + 1)^2 (s^2 + 1)}$ 的零、极点分布图。

解：由方程：

$$2(s + 2) = 0$$

$$(s + 1)^2 (s^2 + 1) = 0$$

得零、极点坐标分别为：

$$\xi = -2，\quad p_1 = p_2 = -1，\quad p_{3,4} = \pm \mathrm{j}$$

故其零、极点分布如图 9.4-1 所示，图中的 "（2）" 表示此极点为二重极点。

例 9.4-2　已知 $H(s)$ 的零、极点分布如图 9.4-1 所示，并且 $h''(0_+) = 2$。求 $H(s)$ 的表达式。

解：由零、极点分布图可知零点坐标 $\xi = -2$，极点坐标 $p_1 = p_2 = -1$，$p_{3,4} = \pm j$，故可令：

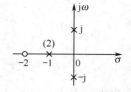

图 9.4-1　系统函数的
零、极点分布图

$$H(s) = \frac{K(s+2)}{(s+1)^2(s-j)(s+j)} = \frac{K(s+2)}{(s+1)^2(s^2+1)}$$

式中，K 为常实数。

根据式（4.2-24）～式（4.2-26），有：

$$h(0_+) = \lim_{s \to \infty} sH(s) = \lim_{s \to \infty} \frac{Ks(s+2)}{(s+1)^2(s^2+1)} = 0$$

$$h'(0_+) = \lim_{s \to \infty} s[sH(s) - h(0_+)] = \lim_{s \to \infty} \frac{Ks^2(s+2)}{(s+1)^2(s^2+1)} = 0$$

$$h''(0_+) = \lim_{s \to \infty} s[s^2H(s) - sh(0_+) - h'(0_+)] = \lim_{s \to \infty} \frac{Ks^3(s+2)}{(s+1)^2(s^2+1)} = K = 2$$

所以，系统函数为：

$$H(s) = \frac{2(s+2)}{(s+1)^2(s^2+1)}$$

下面讨论系统函数的极点分布与系统时域响应的关系。

若设 $y(t) \leftrightarrow Y(s)$，$y_h(t) \leftrightarrow Y_h(s)$，$y_p(t) \leftrightarrow Y_p(s)$，则有：

$$Y(s) = Y_h(s) + Y_p(s)$$

如前所述，LTI 连续系统自由响应 $y_h(t)$ 的函数形式由微分方程的特征根确定，而微分方程的特征根即为 $H(s)$ 的极点，因此，系统自由响应的函数形式由 $H(s)$ 的极点确定。同时，LTI 连续系统的冲激响应的函数形式也由 $H(s)$ 的极点确定。因此，通过分析 $H(s)$ 的极点位置就可以讨论 LTI 连续系统的自由响应和冲激响应的形式，下面予以具体分析，分析的对象仅限于 LTI 连续因果系统。

系统函数 $H(s)$ 的极点在 s 平面上的位置可分为左半开平面（不含虚轴的左半平面）、虚轴和右半开平面（不含虚轴的右半平面）三类。

1）$H(s)$ 的极点在左半开平面

（1）若系统函数 $H(s)$ 有单极点 $p = -\alpha$（$\alpha > 0$）或 $p_{1,2} = -\alpha \pm j\beta$（$\alpha > 0$），则 $A(s)$ 必有因子 $(s+\alpha)$ 或 $[(s+\alpha)^2 + \beta^2]$，根据常用信号的拉普拉斯变换对及式（4.2-5），其对应的自由响应和冲激响应的函数形式为：

$$Ae^{-\alpha t}u(t)$$

或

$$Ae^{-\alpha t}\cos(\beta t + \theta)u(t)$$

式中，A 和 θ 为常数。上述二式均随 t 的增大而减小，且当 $t \to \infty$ 时，其趋于零，为暂态响应，波形如图 9.4-2 所示。

（2）若系统函数 $H(s)$ 有 r 重极点 $p_1 = p_2 = \cdots = p_r = -\alpha$（$\alpha > 0$）或 $p_1 = p_2 = \cdots = p_r = -\alpha \pm j\beta$（$\alpha > 0$），则 $A(s)$ 必有因子 $(s+\alpha)^r$ 或 $[(s+\alpha)^2 + \beta^2]^r$，根据常用信号的拉普拉斯变换对及式（4.2-5）、式（4.2-22），其对应的自由响应和冲激响应的函数形式为：

$$A_j t^j \mathrm{e}^{-\alpha t} u(t) \quad (j = 0, 1, 2, \cdots, r-1)$$

或

$$A_j t^j \mathrm{e}^{-\alpha t} \cos(\beta t + \theta_j) u(t) \quad (j = 0, 1, 2, \cdots, r-1)$$

式中，A_j 和 θ_j 为常数。用洛必达法则不难证明，当 $t \to \infty$ 时，上述二式均趋于零，为暂态响应，波形如图 9.4-2 所示。

由上述分析可知，若系统函数 $H(s)$ 的极点在左半开平面，则其相应的自由响应和冲激响应均为暂态响应。根据稳定系统的定义，若 $H(s)$ 的极点全在左半开平面，则该 LTI 连续因果系统属于稳定系统。

2）$H(s)$ 的极点在虚轴上

（1）若系统函数 $H(s)$ 有单极点 $p = 0$ 或 $p_{1,2} = \pm \mathrm{j}\beta$，则 $A(s)$ 必有因子 s 或 $(s^2 + \beta^2)$，根据常用信号的拉普拉斯变换对，其对应的自由响应和冲激响应的函数形式为：

$$Au(t)$$

或

$$A\cos(\beta t + \theta)u(t)$$

式中，A 和 θ 为常数。上述二式均随 t 的增大而保持不变或振荡变化，故为稳态响应，波形如图 9.4-2 所示。

（2）若系统函数 $H(s)$ 有 r 重极点 $p_1 = p_2 = \cdots = p_r = 0$ 或 $p_1 = p_2 = \cdots = p_r = \pm \mathrm{j}\beta$，则 $A(s)$ 必有因子 s^r 或 $(s^2 + \beta^2)^r$，根据常用信号的拉普拉斯变换对及式（4.2-22），其对应的自由响应和冲激响应的函数形式为：

$$A_j t^j u(t) \quad (j = 0, 1, 2, \cdots, r-1)$$

或

$$A_j t^j \cos(\beta t + \theta_j)u(t) \quad (j = 0, 1, 2, \cdots, r-1)$$

式中，A_j 和 θ_j 为常数。上述二式均随 t 的增大而增大，且当 $t \to \infty$ 时，它们均趋于无穷大，波形如图 9.4-2 所示。

由上述分析可知，若系统函数 $H(s)$ 的极点在虚轴上且为单极点，则其相应的自由响应和冲激响应均为稳态响应。根据稳定系统的定义，此时该 LTI 连续因果系统属于稳定系统。若系统函数 $H(s)$ 的极点在虚轴上且为重极点，则其相应的自由响应和冲激响应均为递增函数。根据稳定系统的定义，此时该 LTI 连续因果系统属于不稳定系统。

3）$H(s)$ 的极点在右半开平面

（1）若系统函数 $H(s)$ 有单极点 $p = \alpha \quad (\alpha > 0)$ 或 $p_{1,2} = \alpha \pm \mathrm{j}\beta \ (\alpha > 0)$，则 $A(s)$ 必有因子 $(s - \alpha)$ 或 $[(s-\alpha)^2 + \beta^2]$，根据常用信号的拉普拉斯变换对及式（4.2-5），其对应的自由响应和冲激响应的函数形式为：

$$A\mathrm{e}^{\alpha t}u(t)$$

或

$$A\mathrm{e}^{\alpha t}\cos(\beta t + \theta)u(t)$$

式中，A 和 θ 为常数。上述二式均随 t 的增大而增大，且当 $t \to \infty$ 时，它们均趋于无穷大，波形如图 9.4-2 所示。

（2）若系统函数 $H(s)$ 有 r 重极点 $p_1 = p_2 = \cdots = p_r = \alpha \quad (\alpha > 0)$ 或 $p_1 = p_2 = \cdots = p_r = \alpha \pm \mathrm{j}\beta$ $(\alpha > 0)$，则 $A(s)$ 必有因子 $(s - \alpha)^r$ 或 $[(s-\alpha)^2 + \beta^2]^r$，根据常用信号的拉普拉斯变换对及式（4.2-5）、式（4.2-22），其对应的自由响应和冲激响应的函数形式为：

$$A_j t^j e^{\alpha t} u(t) \quad (j = 0, \ 1, \ 2, \ \cdots, \ r-1)$$

或

$$A_j t^j e^{\alpha t} \cos(\beta t + \theta_j) u(t) \quad (j = 0, \ 1, \ 2, \ \cdots, \ r-1)$$

式中，A_j 和 θ_j 为常数。上述二式均随 t 的增大而增大，且当 $t \to \infty$ 时，它们均趋于无穷大，波形如图 9.4-2 所示。

由上述分析可知，若系统函数 $H(s)$ 的极点在右半开平面，则其相应的自由响应和冲激响应均为递增函数，且当 $t \to \infty$ 时，均趋于无穷大。根据稳定系统的定义，若 $H(s)$ 的极点全在右半开平面，则该 LTI 连续因果系统属于不稳定系统。

综上所述，LTI 连续因果系统的自由响应和冲激响应的函数形式由 $H(s)$ 的极点确定：

① $H(s)$ 在左半开平面的极点所对应的响应函数都是衰减的，当 $t \to \infty$ 时，响应函数趋近于零。因此，极点全部在左半开平面的 LTI 连续因果系统是稳定系统。

② $H(s)$ 在虚轴上的一阶极点对应的响应函数的幅值随时间的增大保持不变或振荡变化，为稳态响应。

③ $H(s)$ 在虚轴上的二阶及二阶以上的极点或在右半开平面上的极点，其所对应的响应函数都随 t 的增大而增大，当 $t \to \infty$ 时，它们都趋于无穷大，这样的系统是不稳定的。

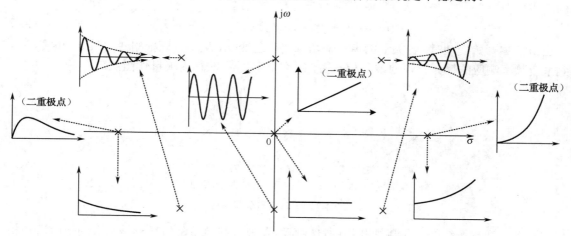

图 9.4-2　系统函数的极点与所对应的时域响应

9.4.2　系统函数与频域响应

前面讨论了系统函数 $H(s)$ 的极点与时域响应的关系，下面讨论系统函数 $H(s)$ 的零、极点与系统频域响应的关系。

对于 LTI 连续因果系统，若其系统函数 $H(s)$ 的极点均在左半开平面，则可令其单边拉普拉斯变换的收敛坐标为 $\mathrm{Re}[s] = \sigma_0 < 0$，此时象函数的收敛域为 $\mathrm{Re}[s] = \sigma > \sigma_0$，故其收敛域包含 s 平面的虚轴（$s = j\omega$），即其在虚轴上也收敛，从而由式（4.4-3）和式（9.4-2）可知，系统的频率响应函数为：

$$H(j\omega) = H(s)\big|_{s=j\omega} = \frac{b_m \displaystyle\prod_{j=1}^{m}(j\omega - \xi_j)}{\displaystyle\prod_{i=1}^{n}(j\omega - p_i)} \tag{9.4-3}$$

在 s 平面上，任意复数（常量或变量）都可表示为一个矢量，即用有向线段表示复数。例如，

某极点 p_i 可看作是自 s 平面的原点指向该极点 p_i 的矢量，矢量的长度是该极点的模 $|p_i|$，辐角是自实轴正方向逆时针旋转至该矢量的夹角。变量 $j\omega$ 也可看作矢量，因此，复矢量 $j\omega - p_i$ 是矢量 $j\omega$ 与矢量 p_i 的差矢量，如图 9.4-3（a）所示。显然，当 ω 变化时，差矢量 $j\omega - p_i$ 也将随之变化。

由于差矢量也是复数，因此，可以将其改写为模和辐角的形式。故对于任意极点 p_i 和零点 ξ_j，有：

$$\left. \begin{array}{l} j\omega - p_i = A_i e^{j\theta_i} \\ j\omega - \xi_j = B_j e^{j\psi_j} \end{array} \right\} \tag{9.4-4}$$

式中 A_i 和 B_j 分别是差矢量 $j\omega - p_i$ 和 $j\omega - \xi_j$ 的模，θ_i 和 ψ_j 分别是它们的辐角，如图 9.4-3（b）所示。于是式（9.4-3）可写为：

$$H(j\omega) = \frac{b_m B_1 B_2 \cdots B_m e^{j(\psi_1 + \psi_2 + \cdots + \psi_m)}}{A_1 A_2 \cdots A_n e^{j(\theta_1 + \theta_2 + \cdots + \theta_n)}} = |H(j\omega)| e^{j\varphi(\omega)} \tag{9.4-5}$$

式中，幅频响应为：

$$|H(j\omega)| = \frac{b_m B_1 B_2 \cdots B_m}{A_1 A_2 \cdots A_n} \tag{9.4-6}$$

相频响应为：

$$\varphi(\omega) = (\psi_1 + \psi_2 + \cdots \psi_m) - (\theta_1 + \theta_2 + \cdots \theta_n) \tag{9.4-7}$$

当 ω 从零开始变动时，各矢量的模和辐角都将随之变化，从而可以根据式（9.4-6）和式（9.4-7）得到系统频率响应的幅频特性曲线和相频特性曲线，这种方法称为矢量作图法。

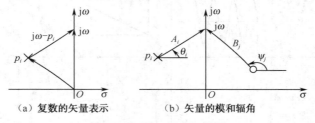

（a）复数的矢量表示   （b）矢量的模和辐角

图 9.4-3　零、极点矢量图

实际上，观察系统的幅频特性和相频特性可以发现，其实质是信号频谱函数的幅度谱和相位谱。第 3 章介绍过根据信号频谱函数表达式画出其频谱图（幅度谱和相位谱）的方法，因此，利用第 3 章的方法也能够画出系统的幅频特性和相频特性曲线。同样的道理，利用矢量作图法也可以画出信号的频谱图。

例 9.4-3　已知某 LTI 连续系统的冲激响应为 $h(t) = (6e^{-2t} - 4e^{-t})u(t)$，运用矢量作图法，粗略画出系统的幅频特性和相频特性曲线。

解：求取系统冲激响应的拉普拉斯变换，得系统函数为：

$$H(s) = \frac{6}{s+2} - \frac{4}{s+1} = \frac{2s-2}{s^2 + 3s + 2}$$

故其零点为 $\xi = 1$，极点为 $p_1 = -1, p_2 = -2$，显然，该系统的极点全部位于 s 平面的左半开平面，即 $H(s)$ 的收敛域包含虚轴，由式（9.4-3）和式（9.4-5）得：

$$H(j\omega) = H(s)\Big|_{s=j\omega} = \frac{2(j\omega - 1)}{(j\omega + 1)(j\omega + 2)} = \frac{2B}{A_1 A_2} e^{j(\psi - \theta_1 - \theta_2)} = |H(j\omega)| e^{j\varphi(\omega)}$$

零、极点坐标分布如图 9.4-4（a）所示，由图可知 $A_1 = B$，$\psi = \pi - \theta_1$，故有：

$$|H(\text{j}\omega)| = \frac{2}{A_2}$$

$$\varphi(\omega) = \psi - (\theta_1 + \theta_2) = \pi - (2\theta_1 + \theta_2)$$

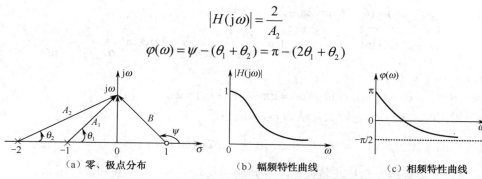

图 9.4-4　系统函数频谱图

1）当 $\omega = 0$ 时，$A_2 = 2$，$\theta_1 = \theta_2 = 0$，故 $|H(\text{j}\omega)| = 1$，$\varphi(\omega) = \pi$；

2）当 ω 增大时，A_2、θ_1 和 θ_2 也随之增大，故 $|H(\text{j}\omega)|$ 和 $\varphi(\omega)$ 均随之减小；

3）当 ω 趋向于无穷大时，A_2 趋向于无穷大，θ_1 和 θ_2 均趋向于 $\dfrac{\pi}{2}$，故 $|H(\text{j}\omega)|$ 趋向于零，$\varphi(\omega)$ 趋向于 $-\dfrac{\pi}{2}$。

照此可粗略画出系统的幅频特性和相频特性曲线分别如图 9.4-4（b）和（c）所示。

9.4.3　两类特殊系统

如前所述，系统函数与系统的时域响应和频域响应均有密切的关系，因此，当系统函数具有特定的特征时，系统也就相应地具有了独特的性质。下面介绍两种常见的特殊系统：全通系统和最小相移系统。

1. 全通系统

如果系统的幅频响应 $|H(\text{j}\omega)|$ 对所有的 ω 均为常数，则称该系统为全通系统，其相应的系统函数称为全通函数。显然，全通系统应满足：

$$|H(\text{j}\omega)| = \frac{b_m B_1 B_2 \cdots B_m}{A_1 A_2 \cdots A_n} = K \tag{9.4-8}$$

式中，K 为常数。

下面以二阶系统为例对全通系统进行说明。

某二阶连续系统的系统函数在左半开平面有一对共轭极点 $p_{1,2} = -\alpha \pm \text{j}\beta$ $(\alpha > 0)$，在右半开平面有一对共轭零点 $\xi_{1,2} = \alpha \pm \text{j}\beta$ $(\alpha > 0)$，那么系统函数的零点和极点相对于 $\text{j}\omega$ 轴是镜像对称的，如图 9.4-5（a）所示。若令 $p_1 = -s_1$，$p_2 = -s_2$，则有 $\xi_1 = s_2$，$\xi_2 = s_1$，故其系统函数可写为：

$$H(s) = \frac{(s - s_1)(s - s_2)}{(s + s_1)(s + s_2)} = \frac{(s - s_1)(s - s_1^*)}{(s + s_1)(s + s_1^*)} \tag{9.4-9}$$

其频率响应为：

$$H(\text{j}\omega) = \frac{(\text{j}\omega - s_1)(\text{j}\omega - s_2)}{(\text{j}\omega + s_1)(\text{j}\omega + s_2)} = \frac{B_1 B_2}{A_1 A_2} \text{e}^{\text{j}(\psi_1 + \psi_2 - \theta_1 - \theta_2)} \tag{9.4-10}$$

由图 9.4-5（a）可见，对于所有的 ω，有 $A_1 = B_1$，$A_2 = B_2$，所以，其幅频特性为：

$$|H(\text{j}\omega)| = 1 \tag{9.4-11}$$

考虑到 $\psi_1 + \theta_1 = \pi$，$\psi_2 + \theta_2 = \pi$，故其相频特性为：

$$\varphi(\omega) = (\psi_1 + \psi_2) - (\theta_1 + \theta_2) = 2\pi - 2(\theta_1 + \theta_2)$$

$$= 2\pi - 2\left[\arctan\left(\frac{\omega + \beta}{\alpha} \right) + \arctan\left(\frac{\omega - \beta}{\alpha} \right) \right] = 2\pi - 2\arctan\left(\frac{2\alpha\omega}{\alpha^2 + \beta^2 - \omega^2} \right) \tag{9.4-12}$$

由图 9.4-5（a）可见：

1）当 $\omega = 0$ 时，$\theta_1 + \theta_2 = 0$，故 $\varphi(\omega) = 2\pi - 2(\theta_1 + \theta_2) = 2\pi$；

2）当 ω 增大时，$\theta_1 + \theta_2$ 也增大，从而 $\varphi(\omega)$ 减小；

3）当 ω 趋向于无穷大时，θ_1 和 θ_2 均趋向于 $\frac{\pi}{2}$，故 $\varphi(\omega)$ 趋向于零。

所以，全通函数的幅频特性和相频特性曲线分别如图 9.4-5（b）中实线和虚线所示。

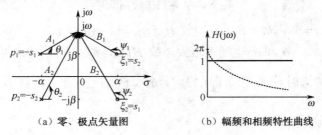

（a）零、极点矢量图　　　　（b）幅频和相频特性曲线

图 9.4-5　二阶全通函数

之所以称具有上述特性的系统为全通系统，是因为该系统对所有频率的信号都一律平等地传输。由以上讨论可知，凡极点位于左半开平面，零点位于右半开平面，且所有零点与极点均一一镜像对称于 $j\omega$ 轴的系统函数即为全通函数，对应的系统称为全通系统。

2. 最小相移系统

若系统函数 $H_1(s)$ 有两个极点 $p_1 = -s_1, p_2 = -s_1^*$ 和两个零点 $\xi_1 = -s_2, \xi_2 = -s_2^*$，且都在左半开平面，其零、极点分布如图 9.4-6（a）所示。系统函数 $H_1(s)$ 可写为（a 为常数）：

$$H_1(s) = \frac{a(s + s_2)(s + s_2^*)}{(s + s_1)(s + s_1^*)} \tag{9.4-13}$$

系统函数 $H_2(s)$ 的极点与 $H_1(s)$ 相同，零点 $\xi_1 = s_2, \xi_2 = s_2^*$ 在右半开平面，其零、极点分布如图 9.4-6（b）所示。系统函数 $H_2(s)$ 可写为（b 为常数）：

$$H_2(s) = \frac{b(s - s_2)(s - s_2^*)}{(s + s_1)(s + s_1^*)} \tag{9.4-14}$$

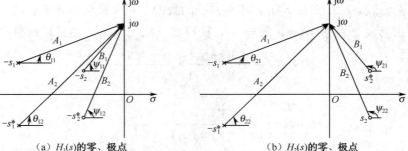

（a）$H_1(s)$的零、极点　　　　（b）$H_2(s)$的零、极点

图 9.4-6　最小相移函数

由于 $H_1(s)$ 与 $H_2(s)$ 极点相同，故它们的极点在 s 平面上对应的矢量相同，而由于它们的零点关于虚轴对称，故它们对应的矢量的模也相同，因此 $H_1(s)$ 与 $H_2(s)$ 的幅频特性完全相同。

由图 9.4-6（a）和（b）可见，$H_1(s)$ 与 $H_2(s)$ 的相频特性分别为：

$$\varphi_1(\omega) = (\psi_{11} + \psi_{12}) - (\theta_{11} + \theta_{12}) \tag{9.4-15}$$

$$\varphi_2(\omega) = (\psi_{21} + \psi_{22}) - (\theta_{21} + \theta_{22}) \tag{9.4-16}$$

且对于相同的 ω，有 $\psi_{21} = \pi - \psi_{11}$，$\psi_{22} = \pi - \psi_{12}$，$\theta_{21} = \theta_{11}$，$\theta_{22} = \theta_{12}$，故：

$$\varphi_2(\omega) - \varphi_1(\omega) = 2\pi - 2(\psi_{11} + \psi_{12})$$

由图 9.4-6（a）可见，当 $\omega = 0$ 时，$\psi_{11} = -\psi_{12}$，所以 $\psi_{11} + \psi_{12} = 0$；当 ω 趋向于无穷大时，ψ_{11} 和 ψ_{12} 均趋近于 $\dfrac{\pi}{2}$，故 $\psi_{11} + \psi_{12} = \pi$。所以，当 ω 由 0 增加到 ∞ 时，$(\psi_{11} + \psi_{12})$ 从 0 增加到 π，因此，对于任意角频率，有 $\psi_{11} + \psi_{12} \leqslant \pi$，所以：

$$\varphi_2(\omega) - \varphi_1(\omega) = 2\pi - 2(\psi_{11} + \psi_{12}) \geqslant 0$$

也就是说，对于任意角频率，有：

$$\varphi_2(\omega) \geqslant \varphi_1(\omega) \tag{9.4-17}$$

上式表明，对于具有相同幅频特性的系统函数而言，零点位于左半开平面的系统函数，其相频特性 $\varphi(\omega)$ 最小，故称之为最小相移函数。

顺便指出，考虑到由纯电抗元件组成的电路，其网络函数的零点可能在虚轴上，故也可以将最小相移函数定义为右半开平面没有零点的系统函数，相应的系统称为最小相移系统。如果系统函数在右半开平面有零点，则称为非最小相移函数，如 $H_2(s)$。

若用 $(s + s_2)(s + s_2^*)$ 同时乘以 $H_2(s)$ 的分母和分子，得：

$$
\begin{aligned}
H_2(s) &= \frac{(s - s_2)(s - s_2^*)}{(s + s_1)(s + s_1^*)} \frac{(s + s_2)(s + s_2^*)}{(s + s_2)(s + s_2^*)} \\
&= \frac{(s + s_2)(s + s_2^*)}{(s + s_1)(s + s_1^*)} \frac{(s - s_2)(s - s_2^*)}{(s + s_2)(s + s_2^*)} \\
&= H_1(s) H_3(s)
\end{aligned}
\tag{9.4-18}
$$

式中，$H_1(s) = \dfrac{(s + s_2)(s + s_2^*)}{(s + s_1)(s + s_1^*)}$，$H_3(s) = \dfrac{(s - s_2)(s - s_2^*)}{(s + s_2)(s + s_2^*)}$。

由于 $H_1(s)$ 的所有零点均在左半开平面，故为最小相移函数，而 $H_3(s)$ 的零、极点关于虚轴对称，且极点在左半平面，零点在右半平面，故为全通函数。由此可知，任意非最小相移函数都可表示为最小相移函数与全通函数的乘积。

9.4.4　系统的因果性

第 7 章已经介绍了因果系统的定义：零状态响应不出现在激励之前的系统称为因果系统。

对于连续系统来说，上述定义可描述为：对任意时刻 t_0（一般可选 $t_0 = 0$）和任意激励 $f(t)$，若：

$$f(t) = 0，\quad t < t_0$$

则其零状态响应满足：

$$y_{zs}(t) = T[\{0\}，f(t)] = 0，\quad t < t_0$$

就称该系统为连续因果系统，否则称其为连续非因果系统。

设系统的激励 $f(t) = \delta(t)$，显然在 $t < 0$ 时 $f(t) = 0$，这时系统的零状态响应为 $h(t)$，所以若系统是因果的，则必有：

$$h(t) = 0，\quad t < 0$$

同时，对任意激励 $f(t)$，系统的零状态响应 $y_{zs}(t)$ 等于冲激响应 $h(t)$ 与激励 $f(t)$ 的卷积积分，

考虑到 $t < 0$ 时 $f(t) = 0$，有：

$$y_{zs}(t) = \int_{-\infty}^{t} h(\tau) f(t - \tau) \mathrm{d}\tau$$

若 $\tau < 0$，则 $h(\tau) = 0$，故上式可写为：

$$y_{zs}(t) = \int_{0}^{t} h(\tau) f(t - \tau) \mathrm{d}\tau$$

即当 $t < 0$ 时，$y_{zs}(t) = 0$。

所以，连续因果系统的充要条件是冲激响应满足：

$$h(t) = 0, \quad t < 0 \tag{9.4-19}$$

根据拉普拉斯变换的定义，如果 $h(t)$ 满足式（9.4-19），则系统函数 $H(s)$ 的收敛域为收敛坐标的右半平面。换言之，$H(s)$ 的极点都在收敛坐标 $\mathrm{Re}[s] = \sigma_0$ 的左半开平面。

也就是说，连续因果系统的充要条件也可等价表示为系统函数 $H(s)$ 的收敛域：

$$\mathrm{Re}[s] = \sigma > \sigma_0 \tag{9.4-20}$$

9.4.5 系统的稳定性

第 7 章已经介绍了稳定系统的定义：若对任意的有界输入，其零状态响应也是有界的，则称该系统是有界输入有界输出稳定系统，简称稳定系统。

对于连续系统来说，上述定义可描述为：设 K_f, K_y 为正实常数，如果系统对于所有满足 $|f(t)| \leqslant K_f$ 的激励，其零状态响应满足：

$$|y_{zs}(t)| \leqslant K_y$$

则称该系统是稳定的。

对于任意有界的激励 $f(t)$，即任意的满足 $|f(t)| \leqslant K_f$ 的激励，考虑到系统的零状态响应等于系统的冲激响应与激励的卷积积分，因此，系统的零状态响应的绝对值为：

$$|y_{zs}(t)| = \left| \int_{-\infty}^{\infty} h(\tau) f(t - \tau) \mathrm{d}\tau \right| \leqslant \int_{-\infty}^{\infty} |h(\tau)| \cdot |f(t - \tau)| \mathrm{d}\tau \leqslant K_f \int_{-\infty}^{\infty} |h(\tau)| \mathrm{d}\tau$$

如果 $h(t)$ 是绝对可积的，即若：

$$\int_{-\infty}^{\infty} |h(t)| \mathrm{d}t \leqslant K$$

式中，K 为正实常数。则系统的零状态响应满足：

$$|y_{zs}(t)| \leqslant K_f K$$

即对任意有界的激励，系统的零状态响应均有界，这说明 $h(t)$ 绝对可积是系统稳定的充分条件。

若：

$$f(-t) = \begin{cases} -1, & h(t) < 0 \\ 0, & h(t) = 0 \\ 1, & h(t) > 0 \end{cases}$$

则：

$$h(t)f(-t) = \begin{cases} -h(t), & h(t) < 0 \\ 0, & h(t) = 0 \\ h(t), & h(t) > 0 \end{cases}$$

即：$h(t)f(-t) = |h(t)|$，由于：

$$y_{zs}(t) = \int_{-\infty}^{\infty} h(\tau) f(t - \tau) \mathrm{d}\tau$$

令 $t = 0$，有：

$$y_{zs}(0) = \int_{-\infty}^{\infty} h(\tau) f(-\tau) \mathrm{d}\tau = \int_{-\infty}^{\infty} |h(\tau)| \mathrm{d}\tau$$

上式表明，如果 $\int_{-\infty}^{\infty} |h(\tau)| \mathrm{d}\tau$ 无界，则至少 $y_{zs}(0)$ 无界。因此 $h(t)$ 绝对可积也是系统稳定的必要条件。

所以，连续系统是稳定系统的充要条件为：

$$\int_{-\infty}^{\infty} |h(t)| \mathrm{d}t \leq K \tag{9.4-21}$$

式中，K 为正实常数。即若系统的冲激响应是绝对可积的，则该系统是稳定的，反之亦成立。

在系统函数与时域响应一节中分析了 LTI 连续因果系统稳定的充要条件是系统函数的极点全部在左半开平面，由于因果系统的系统函数的收敛域为收敛坐标的右半开平面，所以其实质就是系统函数的收敛域包含虚轴。按照相同的思路，利用双边拉普拉斯变换，可以得出 LTI 连续反因果系统稳定的充要条件是系统函数的极点全部在右半开平面，其实质仍然是系统的收敛域包含虚轴。因此，在复频域中，连续系统是稳定系统的充要条件是：$H(s)$ 的收敛域包含虚轴。

如果系统是因果的，显然稳定性的充要条件可简化为：

$$\int_{0}^{\infty} |h(t)| \mathrm{d}t \leq K \tag{9.4-22}$$

下面不加证明给出连续系统因果稳定的充要条件。对于既是稳定的又是因果的连续系统，其系统函数 $H(s)$ 的极点都在 s 平面的左半开平面。其逆也成立，即若 $H(s)$ 的极点均在左半开平面，则该系统必是稳定的因果系统。有时也把在 s 平面的虚轴上有一阶极点的系统定义为边界稳定系统。

需要特别指出，对有些系统来说，利用系统函数 $H(s)$ 的极点位置判断系统的稳定性是无效的。实际上，只有系统既是可观测的又是可控制的，那么用描述输入与输出关系的系统函数研究系统的稳定性才是有效的。关于系统的可观测性和可控制性的相关概念将在状态变量分析法中介绍。

例 9.4-4 已知某 LTI 连续因果系统的系统函数 $H(s) = \dfrac{1}{s^2 + 2s + k - 2}$，

1）为使系统稳定，求 k 值应满足的条件；

2）在系统边界稳定的条件下，求系统的冲激响应。

解： 1）系统函数的极点全部在左半开平面的连续因果系统是稳定的。故令：

$$s^2 + 2s + k - 2 = 0$$

可解得其极点为：

$$p_{1,2} = \frac{-2 \pm \sqrt{4 - 4(k-2)}}{2} = -1 \pm \sqrt{3-k}$$

下面分类讨论。

（1）若为实极点且极点全部在左半开平面，考虑到在实数范围内 $-1 - \sqrt{3-k} < 0$ 一定成立，且 $-1 - \sqrt{3-k} < -1 + \sqrt{3-k}$，故若系统稳定，则 k 需满足：

$$\begin{cases} 3 - k \geq 0 \\ -1 + \sqrt{3-k} < 0 \end{cases}$$

解得 $3 \geq k > 2$。

（2）若为复极点且极点全部在左半开平面，考虑到当 $3 - k < 0$，即 $k > 3$ 时为复极点，且复极点的实部为 -1，恒小于 0，故此时只需满足 $k > 3$。

综上，当 $k > 2$ 时系统稳定。

2）在系统边界稳定的条件下，即 $k = 2$ 时，系统函数为：

$$H(s) = \frac{1}{s^2 + 2s} = \frac{\frac{1}{2}}{s} - \frac{\frac{1}{2}}{s + 2}$$

考虑到系统是因果的，求取上式的拉普拉斯逆变换，得系统冲激响应为：

$$h(t) = \frac{1}{2}(1 - e^{-2t})u(t)$$

练习题

9.4-1 已知系统函数和激励信号如下，求零状态响应的初值 $y_{zs}(0_+)$。

1）$H(s) = \dfrac{2s + 3}{s^2 + 2s + 3}$，$f(t) = u(t)$　2）$H(s) = \dfrac{s + 3}{s(s^2 + 3s + 2)}$，$f(t) = e^{-t}u(t)$

9.4-2 若描述某 LTI 连续系统的微分方程是 $y'(t) + 2y(t) = f'(t) + f(t)$，求在如下激励作用于系统时的零状态响应。

1）$f(t) = \delta(t)$　2）$f(t) = u(t)$　3）$f(t) = e^{-t}u(t)$

9.4-3 已知某 LTI 连续系统的冲激响应 $h(t) = 4e^{-2t}u(t)$，若系统的零状态响应为 $y(t) = (1 - e^{-2t} - te^{-2t})u(t)$，求激励 $f(t)$。

9.4-4 某 LTI 连续反馈系统如题图 9.4-1 所示，写出该系统的系统函数 $H(s)$。

9.4-5 某 LTI 连续系统的系统函数为

$$H(s) = \frac{(s+1)^2}{s^2 + 5s + 6}, \quad \text{Re}[s] > -2$$

判断该系统的因果性、稳定性。

题图 9.4-1　系统框图

9.5　LTI 连续系统的信号流图与结构

信号流图采用有向线图描述系统的激励和响应的关系，其描述方式简单且可以沟通描述系统的方程、系统函数以及框图之间的联系，从而简化了系统的分析与实现。

9.5.1　信号流图

对于连续系统，s 域框图可以通过系统函数 $H(s)$ 表征系统的激励和响应之间的关系。图 9.5-1（a）所示的框图表征了激励与零状态响应的关系。根据式（4.2-17），可知其输出为：

$$Y(s) = H(s)F(s) \tag{9.5-1}$$

所谓信号流图，就是用一些点和有向线段来描述系统各变量间因果关系的图形，它是一种加权的有向图。如图 9.5-1（a）所示的 s 域框图可用一个由输入指向输出的有向线段表示，如图 9.5-1（b）所示。它的起点标记为 $F(s)$，终点标记为 $Y(s)$，系统函数 $H(s)$ 标记在线段的一侧，其输出如式（9.5-1）所示。

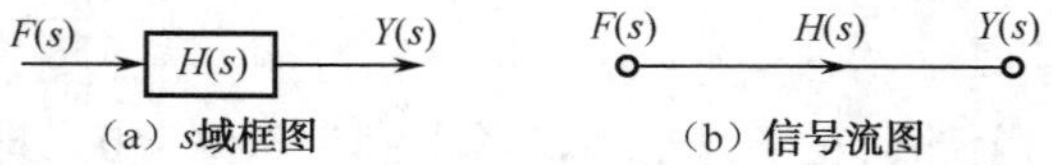

（a）s 域框图　　　　（b）信号流图

图 9.5-1　信号流图表示法

下面介绍信号流图中涉及的常用术语。

1）结点

信号流图中的每个结点均对应于一个变量或信号，如图 9.5-2 中的 x_1、x_2、x_3、x_4、x_5 均为结点。其中，对于结点 x_1 而言，信号流图中只有离开该结点的有向线段，故称之为源点（或输入结点），对于结点 x_5 而言，信号流图中只有进入该结点的有向线段，故称之为汇点（阱点或输出结点），其余结点统称为中间结点。

2）支路

连接两结点的有向线段称为支路，信号的传输方向用箭头表示，每条支路的权值（支路增益）就是该两结点间的系统函数（转移函数），所以每条支路都相当于一个标量乘法器。如图 9.5-2 中的 $x_3 \xrightarrow{b} x_4$、$x_3 \xrightarrow{d} x_5$ 和 $x_4 \xrightarrow{g} x_2$ 等均为支路，其权值分别为 b、d 和 g。

3）通路

从任一结点出发沿着支路箭头方向连续经过各相连的不同支路和结点到达另一结点的路径称为通路。如果通路与任一结点相遇不多于一次，则称之为开通路，如图 9.5-2 中的 $x_1 \xrightarrow{1} x_2 \xrightarrow{a} x_3 \xrightarrow{b} x_4 \to x_5$、$x_4 \xrightarrow{g} x_2 \to x_3$ 等都是开通路。如果通路的终点就是通路的起点，且通路与其余结点相遇不多于一次，则称之为回路（闭通路或环），如图 9.5-2 中的 $x_2 \xrightarrow{a} x_3 \xrightarrow{f} x_2$、$x_2 \xrightarrow{a} x_3 \xrightarrow{b} x_4 \xrightarrow{g} x_2$ 等都是闭通路。相互没有公共结点的回路称为不接触回路，如图 9.5-2 中的 $x_2 \xrightarrow{a} x_3 \xrightarrow{f} x_2$ 和 $x_4 \xrightarrow{h} x_4$ 是不接触回路。只有一个结点和一条支路的回路，称为自回路（自环），如图 9.5-2 中的 $x_4 \xrightarrow{h} x_4$ 是自回路。开通路或回路中各支路增益的乘积称为通路增益或回路增益，如图 9.5-2 中的 $x_2 \xrightarrow{a} x_3 \xrightarrow{b} x_4 \xrightarrow{g} x_2$ 和 $x_4 \xrightarrow{h} x_4$ 的通路增益分别为 abg 和 h。从源点到汇点的开通路称为前向通路，前向通路中各支路增益的乘积称为前向通路增益，如图 9.5-2 中的 $x_1 \xrightarrow{1} x_2 \xrightarrow{a} x_3 \xrightarrow{b} x_4 \xrightarrow{c} x_5$ 和 $x_1 \xrightarrow{1} x_2 \xrightarrow{a} x_3 \xrightarrow{d} x_5$ 是前向通路，其前向通路增益分别为 abc 和 ad。

信号只能沿支路箭头方向传输，支路的输出是该支路输入与支路增益的乘积。当结点有多个输入时，该结点将所有输入支路的信号相加，并将和信号传输给所有与该结点相连的输出支路，如图 9.5-3 中 $x_1 = ax_2 + bx_3 + dx_5$，$x_6 = ex_1$。也就是说，信号流图满足线性性质。

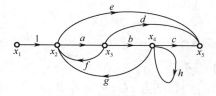

图 9.5-2 信号流图

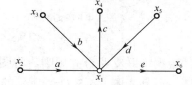

图 9.5-3 信号流图的线性性质

正是基于线性性质，信号流图才能够按照如下代数规则进行化简：

1）串联支路化简规则

两条增益分别为 a 和 b 的支路相串联，可以合并为一条增益为 $a \cdot b$ 的支路，同时消去中间结点。图 9.5-4（a）中，因为 $x_2 = ax_1$、$x_3 = bx_2$，故 $x_3 = abx_1$。

2）并联支路化简规则

两条增益分别为 a 和 b 的支路相并联，可以合并为一条增益为 $a+b$ 的支路。图 9.5-4（b）中，$x_2 = (a + b)x_1$。

3）自环化简规则

一条 $x_1x_2x_3$ 的通路，如果 x_1x_2 支路的增益为 a，x_2x_3 的增益为 c，在 x_2 处有增益为 b 的自环，

则可化简成增益为 $\dfrac{ac}{1-b}$ 的支路，同时消去结点 x_2。图 9.5-4（c）中，因为 $x_2 = ax_1 + bx_2$，$x_3 = cx_2$，故 $x_3 = \dfrac{ac}{1-b}x_1$。

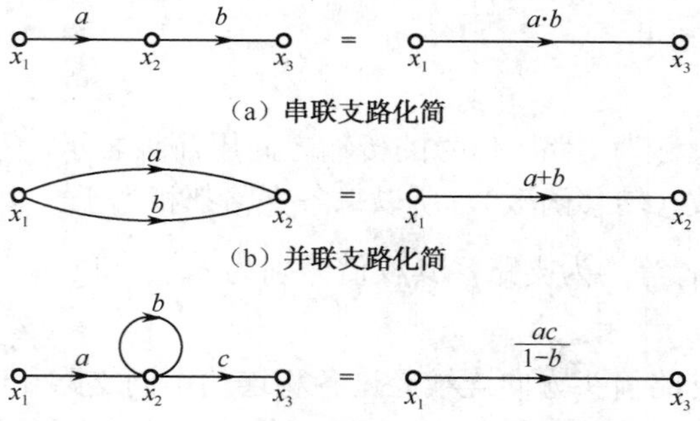

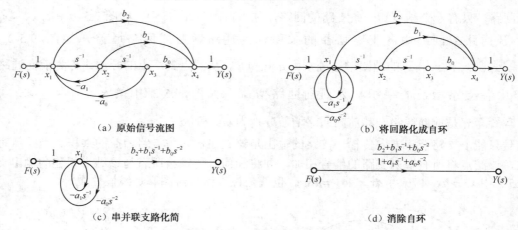

（a）串联支路化简

（b）并联支路化简

（c）自环的化简

图 9.5-4　信号流图化简规则

反复运用上述化简规则，可将复杂的信号流图简化为只有一个源点和一个汇点的信号流图，从而求得系统函数。

例 9.5-1　求图 9.5-5（a）所示信号流图的系统函数。

（a）原始信号流图　　　　　　　　　（b）将回路化成自环

（c）串并联支路化简　　　　　　　　（d）消除自环

图 9.5-5　利用化简规则化简信号流图

解：根据串联支路合并规则，将图 9.5-5（a）中的回路 $x_1 \rightarrow x_2 \rightarrow x_1$ 和 $x_1 \rightarrow x_2 \rightarrow x_3 \rightarrow x_1$ 化简为自环，得到如图 9.5-5（b）所示的信号流图。将结点 x_1 和结点 $Y(s)$ 之间各串并联支路合并，得图 9.5-5（c）所示的信号流图。利用并联支路合并规则，将 x_1 处两个自环合并，然后消除自环，得图 9.5-5（d）所示的信号流图。故系统函数为：

$$H(s) = \frac{Y(s)}{F(s)} = \frac{b_2 + b_1 s^{-1} + b_0 s^{-2}}{1 + a_1 s^{-1} + a_0 s^{-2}} = \frac{b_2 s^2 + b_1 s + b_0}{s^2 + a_1 s + a_0}$$

9.5.2　梅森公式

例 9.5-1 虽然根据信号流图的化简规则由信号流图写出了系统函数，但明显感到十分繁琐。实际上，利用梅森公式可以根据信号流图很方便地求得系统函数。下面先给出梅森公式的内容，然后通过例题说明其使用方法。

梅森公式为：

$$H(\cdot) = \frac{1}{\Delta} \sum_i p_i \Delta_i \qquad (9.5\text{-}2)$$

式中：

$H(\cdot)$ 表示系统函数，其中的点号"·"表示自变量可以是 s 或 z；

i 表示由源点到汇点的第 i 条前向通路的标号；

p_i 表示由源点到汇点的第 i 条前向通路增益；

Δ 称为信号流图的特征行列式：$\Delta = 1 - \sum_j L_j + \sum_{m,n} L_m L_n - \sum_{p,q,r} L_p L_q L_r + \cdots$；

$\sum_j L_j$ 是信号流图中所有不同回路的增益之和；

$\sum_{m,n} L_m L_n$ 是所有两两不接触回路的增益乘积之和；

$\sum_{p,q,r} L_p L_q L_r$ 是所有三个都互不接触回路的增益乘积之和；

⋮

Δ_i 称为第 i 条前向通路特征行列式的余因子，它是与第 i 条前向通路不相接触的子图的特征行列式。

例 9.5-2 求图 9.5-6 所示信号流图的系统函数。

解：1）找出所有前向通路

前向通路①：$F(s) \to x_1 \to x_2 \to x_5 \to Y(s)$，其前向通路增益为 $p_1 = 2s^{-1}$；

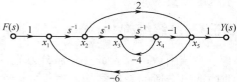

图 9.5-6 信号流图

前向通路②：$F(s) \to x_1 \to x_2 \to x_3 \to x_4 \to x_5 \to Y(s)$，其前向通路增益为 $p_2 = -s^{-3}$。

2）找出所有回路

回路①：$x_1 \to x_2 \to x_5 \to x_1$，其回路增益为 $L_1 = -12s^{-1}$；

回路②：$x_1 \to x_2 \to x_3 \to x_4 \to x_5 \to x_1$，其回路增益为 $L_2 = 6s^{-3}$；

回路③：$x_3 \to x_4 \to x_3$，其回路增益为 $L_3 = -4s^{-1}$。

3）求特征行列式

系统只有一对两两互不接触的回路（回路①和回路③），其回路增益乘积为 $L_1 L_3 = 48s^{-2}$，没有三个及以上互不接触的回路，所以特征行列式为：

$$\Delta = 1 - (-12s^{-1} + 6s^{-3} - 4s^{-1}) + 48s^{-2}$$

4）求各前向通路特征行列式的余因子

不与前向通路①相接触的回路③的增益为 $L_3 = -4s^{-1}$，所以，$\Delta_1 = 1 + 4s^{-1}$；

由于各回路都与前向通路②相接触，所以，$\Delta_2 = 1$。

5）利用梅森公式求解系统函数

将上述参数代入式（9.5-2），得系统函数为：

$$H(s) = \frac{1}{\Delta} \sum_{i=1}^2 p_i \Delta_i = \frac{2s^{-1}(1 + 4s^{-1}) + (-s^{-3}) \cdot 1}{1 - (-12s^{-1} + 6s^{-3} - 4s^{-1}) + 48s^{-2}} = \frac{2s^2 + 8s - 1}{s^3 + 16s^2 + 48s - 6}$$

例 9.5-3 求图 9.5-5（a）所示信号流图的系统函数。

解：本题已在例 9.5-1 中采用信号流图化简规则求解，现在采用梅森公式求解。

解：1）找出所有前向通路

前向通路①：$F(s) \to x_1 \to Y(s)$，其前向通路增益为 $p_1 = b_2$；

前向通路②：$F(s) \rightarrow x_1 \rightarrow x_2 \rightarrow Y(s)$，其前向通路增益为 $p_2 = b_1 s^{-1}$；

前向通路③：$F(s) \rightarrow x_1 \rightarrow x_2 \rightarrow x_3 \rightarrow Y(s)$，其前向通路增益为 $p_3 = b_0 s^{-2}$。

2）找出所有回路

回路①：$x_1 \rightarrow x_2 \rightarrow x_1$，其回路增益为 $L_1 = -a_1 s^{-1}$；

回路②：$x_1 \rightarrow x_2 \rightarrow x_3 \rightarrow x_1$，其回路增益为 $L_2 = -a_0 s^{-2}$。

3）求特征行列式

由于各回路均相互接触，故 $\Delta = 1 - (-a_1 s^{-1} - a_0 s^{-2})$

4）求各前向通路特征行列式的余因子

由于各回路与三个前向通路均接触，所以，$\Delta_1 = \Delta_2 = \Delta_3 = 1$。

5）利用梅森公式求解系统函数

将上述参数代入式（9.5-2），得系统函数为：

$$H(s) = \frac{1}{\Delta} \sum_{i=1}^{3} p_i \Delta_i = \frac{b_2 + b_1 s^{-1} + b_0 s^{-2}}{1 + a_1 s^{-1} + a_0 s^{-2}} = \frac{b_2 s^2 + b_1 s + b_0}{s^2 + a_1 s + a_0}$$

显然，本例结果与例 9.5-1 完全相同。但与例 9.5-1 相比，无疑利用梅森公式由信号流图求解系统函数更为简便。

9.5.3　系统结构

系统函数可以表征一个微分方程，从而可以定义一个系统。为了对信号进行某种处理，就必须构造出合适的系统结构，对于同一个系统函数 $H(s)$，往往有多种不同的实现方案。常用的有直接实现（直接型）、级联实现（级联型）和并联实现（并联型）三种方式，下面分别加以讨论。

1. 直接实现

首先以二阶系统为例介绍如何将系统函数转化为信号流图，即如何实现系统的模拟。

设二阶 LTI 连续系统的系统函数为：

$$H(s) = \frac{b_2 s^2 + b_1 s + b_0}{s^2 + a_1 s + a_0}$$

由于复频域的信号流图（或框图）以 s^{-1} 表示时域积分，因此，首先需要将系统函数的分子、分母同乘以 s^{-2}，以将其变为 s 的负指数多项式的形式，即：

$$H(s) = \frac{b_2 + b_1 s^{-1} + b_0 s^{-2}}{1 + a_1 s^{-1} + a_0 s^{-2}}$$

由式（9.5-2），系统函数的分母需改写为 $1 - \sum_j L_j + \sum_{m,n} L_m L_n - \sum_{p,q,r} L_p L_q L_r + \cdots$ 的形式。假设各回路均与各前向通路相接触，则上式改写为：

$$H(s) = \frac{b_2 + b_1 s^{-1} + b_0 s^{-2}}{1 - (-a_1 s^{-1} - a_0 s^{-2})}$$

根据梅森公式，上式的分母可看作是特征行列式 Δ，括号内表示有两个互相接触的回路，其增益分别为 $-a_1 s^{-1}$ 和 $-a_0 s^{-2}$；分子表示三条前向通路，其增益分别为 $b_2, b_1 s^{-1}, b_0 s^{-2}$，并且不与各前向通路相接触的子图的特征行列式 $\Delta_i = 1$（$i = 1, 2, 3$），也就是说，信号流图中的两个回路都与各前向通路相接触。这样就可得到图 9.5-7（a）和（b）所示的两种信号流图。其相应的 s 域框图如图 9.5-7（c）和（d）所示。实际上，如果将图 9.5-7（a）中所有支路的信号传输方向反转，并把源点与汇点对调，就得到图 9.5-7（b），反之亦然。

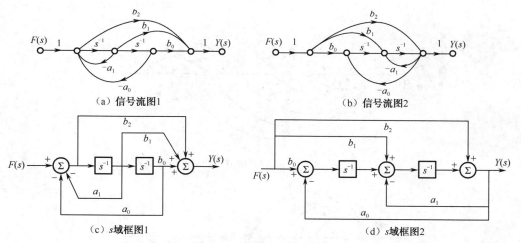

（a）信号流图1　　　　　　　　　　（b）信号流图2

（c）s域框图1　　　　　　　　　　（d）s域框图2

图 9.5-7　二阶系统的信号流图与框图

下面将上述分析方法推广到 n 阶 LTI 连续系统。如有系统函数（式中 $n \geq m$）：

$$H(s) = \frac{b_m s^m + b_{m-1} s^{m-1} + \cdots + b_1 s + b_0}{s^n + a_{n-1} s^{n-1} + \cdots + a_1 s + a_0}$$

则实现直接形式系统模拟的步骤如下：

① 将系统函数的分子、分母同乘以 s^{-n}，以将其变为 s 的负指数多项式的形式，即：

$$H(s) = \frac{b_m s^{-(n-m)} + b_{m-1} s^{-(n-m+1)} + \cdots + b_1 s^{-(n-1)} + b_0 s^{-n}}{1 + a_{n-1} s^{-1} + \cdots + a_1 s^{-(n-1)} + a_0 s^{-n}}$$

② 确保系统函数分母位置的第一个因式为 1；

③ 将系统函数的分母写为 $1 - \sum_j L_j$ 的形式，即：

$$H(s) = \frac{b_m s^{-(n-m)} + b_{m-1} s^{-(n-m+1)} + \cdots + b_1 s^{-(n-1)} + b_0 s^{-n}}{1 - (-a_{n-1} s^{-1} - \cdots - a_1 s^{-(n-1)} - a_0 s^{-n})}$$

④ 按照系统函数分子多项式的各因式画出 $m+1$ 条前向通路，按照系统函数分母多项式中括号内的各因式画出 n 条相接触的回路，即完成了系统的直接模拟。

图 9.5-8 描述了按照上述步骤画出的两种直接形式的信号流图。同二阶系统一样，如果把图 9.5-8（a）中所有支路的信号传输方向都反转，并且把源点与汇点对调，就得到了图 9.5-8（b）所示的信号流图，反之亦然。信号流图的这种变换可称之为转置。于是可以得出结论：信号流图转置以后，其系统函数保持不变。

例 9.5-4 某 LTI 连续系统的系统函数为

$$H(s) = \frac{3s + 6}{2s^3 + 16s^2 + 38s + 24}$$

用直接形式模拟此系统。

解：首先将系统函数的分子、分母同乘以 s^{-3}，得：

$$H(s) = \frac{3s^{-2} + 6s^{-3}}{2 + 16s^{-1} + 38s^{-2} + 24s^{-3}}$$

然后，将系统函数分子、分母同除以 2，以确保系统函数分母位置的第一个因式为 1：

$$H(s) = \frac{\dfrac{3}{2} s^{-2} + 3s^{-3}}{1 + 8s^{-1} + 19s^{-2} + 12s^{-3}}$$

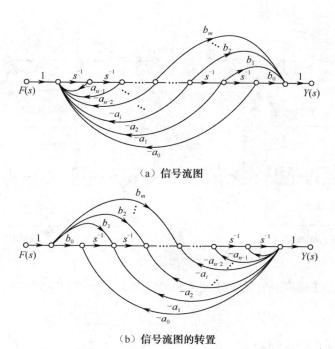

（a）信号流图

（b）信号流图的转置

图 9.5-8　n 阶 LTI 连续系统的信号流图及其转置

再将系统函数的分母写为 $1 - \sum\limits_{j} L_j$ 的形式，即：

$$H(s) = \frac{\dfrac{3}{2}s^{-2} + 3s^{-3}}{1 - (-8s^{-1} - 19s^{-2} - 12s^{-3})}$$

按照系统函数分子多项式的各因式画出两条前向通路，按照系统函数分母多项式中括号内的各因式画出三条相接触的回路，即可画出如图 9.5-9（a）所示的信号流图，将其进行转置即得如图 9.5-9（b）所示的信号流图，其相应的框图如图 9.5-9（c）和（d）所示。

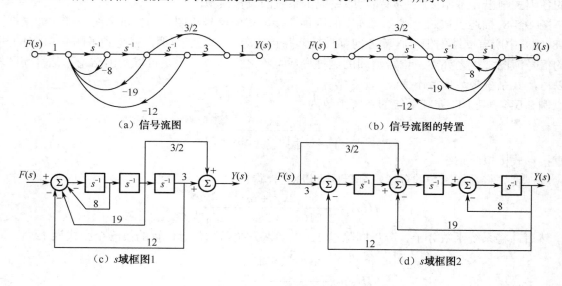

（a）信号流图　　　　　　　　　　　　　　　　（b）信号流图的转置

（c）s 域框图1　　　　　　　　　　　　　　　（d）s 域框图2

图 9.5-9　系统直接实现

2．级联实现

在时域中，子系统级联时，总系统的冲激响应等于各子系统冲激响应的卷积积分。在复频域中，子系统级联时，总系统的系统函数等于各子系统系统函数的乘积。因此，级联实现是将系统函数 $H(s)$ 分解为几个较简单的子系统系统函数的乘积，即：

$$H(s) = H_1(s)H_2(s)\cdots H_k(s) = \prod_{i=1}^{k} H_i(s) \tag{9.5-3}$$

其框图形式如图 9.5-10 所示，其中每一个子系统 $H_i(s)$ 均可用直接形式实现。

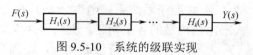

图 9.5-10　系统的级联实现

级联实现时，需要将 $H(s)$ 的分子和分母多项式分解为因式乘积的形式，并且要保证这些因式的系数必须是实数。因此，当系统函数的零、极点为实数时，可将分子、分母多项式分解为实系数的一次因式 $(s + b_{0i})$ 和 $(s + a_{0i})$。当系统函数的零、极点为共轭复数时，需要将此零、极点进行合并，变成实系数的二次因式 $(s^2 + b_{1i}s + b_{0i})$ 和 $(s^2 + a_{1i}s + a_{0i})$。一般称实系数的一次因式为一阶节，实系数的二次因式为二阶节。即 $H(s)$ 的实零、极点可构成一阶节，也可组合成二阶节，而一对共轭复零、极点只能构成二阶节。一阶节和二阶节的函数形式分别为：

$$H_i(s) = \frac{b_{1i} + b_{0i}s^{-1}}{1 + a_{0i}s^{-1}} \tag{9.5-4}$$

$$H_i(s) = \frac{b_{2i} + b_{1i}s^{-1} + b_{0i}s^{-2}}{1 + a_{1i}s^{-1} + a_{0i}s^{-2}} \tag{9.5-5}$$

其信号流图和框图如图 9.5-11 所示。

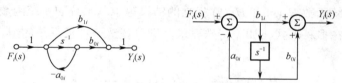

（a）一阶节信号流图与 s 域框图

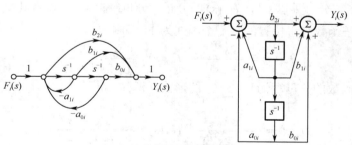

（b）二阶节信号流图与 s 域框图

图 9.5-11　子系统的结构

由此可知，实现级联形式系统模拟的步骤如下：

① 将系统函数的分子、分母多项式分解为实系数的子系统系统函数（一阶节、二阶节）相乘的形式；

② 将子系统系统函数（一阶节、二阶节）的分子、分母同乘以 s^{-1} 或 s^{-2}，以将其变为 s 的负指数多项式的形式，即：

$$H_i(s) = \frac{b_{1i} + b_{0i}s^{-1}}{1 + a_{0i}s^{-1}}, \quad H_i(s) = \frac{b_{2i} + b_{1i}s^{-1} + b_{0i}s^{-2}}{1 + a_{1i}s^{-1} + a_{0i}s^{-2}}$$

③ 确保子系统系统函数分母位置的第一个因式为1；

④ 将子系统系统函数的分母写为 $1 - \sum\limits_{j} L_j$ 的形式，即：

$$H_i(s) = \frac{b_{1i} + b_{0i}s^{-1}}{1 - (-a_{0i}s^{-1})}, \quad H_i(s) = \frac{b_{2i} + b_{1i}s^{-1} + b_{0i}s^{-2}}{1 - (-a_{1i}s^{-1} - a_{0i}s^{-2})}$$

⑤ 按照子系统系统函数分子多项式的各因式画出各条前向通路、分母多项式中括号内的各因式画出相接触的各条回路，并将子系统的信号流图进行级联，即完成了系统的级联模拟。

之所以将系统进行级联实现，是因为级联实现调试比较方便。当调节某子系统的参数时，只改变该子系统的零点或极点位置即可，对其余子系统的零、极点位置没有影响，而若采用直接形式实现，则当调节某个参数时，所有零点和极点的位置都将变动。实际上，并联实现同样有利于系统调试。

例 9.5-5 某 LTI 连续系统的系统函数为

$$H(s) = \frac{2s + 6}{s^3 + 4s^2 + 7s + 6}$$

用级联形式模拟此系统。

解：系统函数的零点为 $\xi = -3$，极点为 $p_1 = -2, p_{2,3} = -1 \pm j\sqrt{2}$，显然存在共轭复极点，故可将其分解为一阶节和二阶节相乘的形式：

$$H(s) = H_1(s)H_2(s) = \frac{2(s+3)}{(s+2)(s^2 + 2s + 3)}$$

只要子系统的系统函数 $H_1(s)$ 和 $H_2(s)$ 相乘的结果等于总系统的系统函数 $H(s)$ 即可，因此，子系统的系统函数存在多种形式，如无特殊要求，则可任选一种子系统的组合进行系统的级联实现。故可令：

$$H_1(s) = \frac{2}{s+2}, \quad H_2(s) = \frac{s+3}{s^2 + 2s + 3}$$

将 $H_1(s)$ 的分子、分母乘以 s^{-1}，$H_2(s)$ 的分子、分母乘以 s^{-2}，以将其变为 s 的负指数多项式的形式，并确保系统函数分母位置的第一个因式为1，即：

$$H_1(s) = \frac{2s^{-1}}{1 + 2s^{-1}}, \quad H_2(s) = \frac{s^{-1} + 3s^{-2}}{1 + 2s^{-1} + 3s^{-2}}$$

将子系统系统函数的分母写为 $1 - \sum\limits_{j} L_j$ 的形式，即：

$$H_1(s) = \frac{2s^{-1}}{1 - (-2s^{-1})}, \quad H_2(s) = \frac{s^{-1} + 3s^{-2}}{1 - (-2s^{-1} - 3s^{-2})}$$

画出子系统的信号流图并级联即可得到如图 9.5-12（a）所示的系统信号流图，其中，两个子系统由虚框加以标注，框图如图 9.5-12（b）所示。

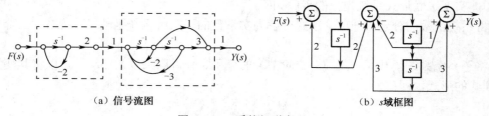

（a）信号流图　　　　　　　　　　　（b）s域框图

图 9.5-12　系统级联实现

3. 并联实现

在时域中，子系统并联时，总系统的冲激响应等于各子系统冲激响应之和。在复频域中，子系统并联时，总系统的系统函数等于各子系统的系统函数之和。因此，并联实现是将系统函数 $H(s)$ 分解为几个较简单的子系统的系统函数之和的形式，即：

$$H(s) = H_1(s) + H_2(s) + \cdots + H_k(s) = \sum_{i=1}^{k} H_i(s) \tag{9.5-6}$$

其框图形式如图 9.5-13 所示，其中每一个子系统 $H_i(s)$ 均可用直接形式实现。

并联实现时，可参照级联实现的方法将各子系统的系统函数表示为一阶节和二阶节的形式，然后将各子系统的系统函数求和即可。实现并联形式系统模拟的步骤如下：

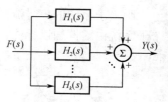

图 9.5-13　系统的并联实现

① 利用部分分式展开法将系统函数分解为子系统系统函数（一阶节、二阶节）求和的形式；

② 将子系统系统函数（一阶节、二阶节）的分子、分母同乘以 s^{-1} 或 s^{-2}，以将其变为 s 的负指数多项式的形式，即变为：

$$H_i(s) = \frac{b_{1i} + b_{0i}s^{-1}}{1 + a_{0i}s^{-1}}, \quad H_i(s) = \frac{b_{2i} + b_{1i}s^{-1} + b_{0i}s^{-2}}{1 + a_{1i}s^{-1} + a_{0i}s^{-2}}$$

③ 确保子系统系统函数分母位置的第一个因式为 1；

④ 将子系统系统函数的分母写为 $1 - \sum_j L_j$ 的形式，即：

$$H_i(s) = \frac{b_{1i} + b_{0i}s^{-1}}{1 - (-a_{0i}s^{-1})}, \quad H_i(s) = \frac{b_{2i} + b_{1i}s^{-1} + b_{0i}s^{-2}}{1 - (-a_{1i}s^{-1} - a_{0i}s^{-2})}$$

⑤ 按照子系统系统函数分子多项式的各因式画出各条前向通路、分母多项式中括号内的各因式画出相接触的各条回路，并将子系统的信号流图进行并联，即完成了系统的并联模拟。

例 9.5-6　某 LTI 连续系统的系统函数为

$$H(s) = \frac{2s + 6}{s^3 + 4s^2 + 7s + 6}$$

用并联形式模拟此系统。

解： 由例 9.5-5 可知，系统函数可写为：

$$H(s) = \frac{2(s + 3)}{(s + 2)(s^2 + 2s + 3)}$$

故其极点为 $p_1 = -2, p_{2,3} = -1 \pm j\sqrt{2}$。根据部分分式展开法，得：

$$H(s) = \frac{\dfrac{2}{3}}{s + 2} + \frac{\dfrac{-1 - j2\sqrt{2}}{3}}{s + 1 - j\sqrt{2}} + \frac{\dfrac{-1 + j2\sqrt{2}}{3}}{s + 1 + j\sqrt{2}} = \frac{\dfrac{2}{3}}{s + 2} + \frac{-\dfrac{2}{3}s + 2}{s^2 + 2s + 3} = H_1(s) + H_2(s)$$

令：

$$H_1(s) = \frac{\dfrac{2}{3}}{s + 2}, \quad H_2(s) = \frac{-\dfrac{2}{3}s + 2}{s^2 + 2s + 3}$$

将 $H_1(s)$ 的分子、分母同乘以 s^{-1}，$H_2(s)$ 的分子、分母同乘以 s^{-2}，以将其变为 s 的负指数多项式的形式，并确保系统函数分母位置的第一个因式为 1，即：

$$H_1(s) = \frac{\frac{2}{3}s^{-1}}{1 + 2s^{-1}} , \quad H_2(s) = \frac{-\frac{2}{3}s^{-1} + 2s^{-2}}{1 + 2s^{-1} + 3s^{-2}}$$

将子系统系统函数的分母写为 $1 - \sum_j L_j$ 的形式，即：

$$H_1(s) = \frac{\frac{2}{3}s^{-1}}{1 - (-2s^{-1})} , \quad H_2(s) = \frac{-\frac{2}{3}s^{-1} + 2s^{-2}}{1 - (-2s^{-1} - 3s^{-2})}$$

画出子系统的信号流图并将其并联即可得到如图 9.5-14（a）所示的系统信号流图，其中，两个子系统由虚框加以标注，框图如图 9.5-14（b）所示。

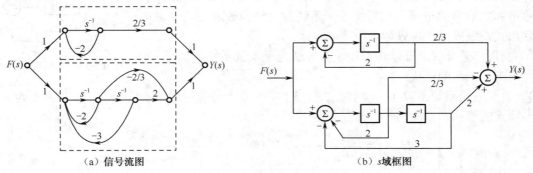

（a）信号流图 　　　　　　　　　　（b）s 域框图

图 9.5-14　系统并联实现

练习题

9.5-1　某 LTI 连续系统的信号流图如题图 9.5-1 所示，求该系统的系统函数及描述该系统的微分方程。

9.5-2　已知某 LTI 连续系统的系统函数为

$$H(s) = \frac{2s^2 + 14s + 24}{s^2 + 3s + 2}$$

试画出其直接型、级联型和并联型的信号流图。

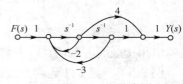

题图 9.5-1　信号流图

9.6　本 章 小 结

本章主要介绍了 LTI 连续系统的频域和复频域分析、连续信号的取样与恢复、LTI 连续系统的系统特性和信号流图等内容。信号的无失真传输、时域取样定理、微分方程的变换解、LTI 连续系统因果性和稳定性的判定及信号流图均需读者认真加以揣摩。

具体来讲，本章主要介绍了：

① LTI 连续系统的频率响应。读者应能够理解系统的频率响应与冲激响应的关系，并能够正确利用系统的频率响应求解系统的零状态响应。

② 信号无失真传输。重点是理解信号无失真传输的定义和条件。

③ 信号的取样与恢复。重点是理解时域信号的取样过程及信号恢复的条件，即时域取样定理。

④ LTI 连续系统复频域分析。重点是理解并掌握利用拉普拉斯变换将时域中的微分方程转换为 s 域中的代数方程，并通过拉普拉斯逆变换求解系统的零输入响应、零状态响应和全响应的方法。

⑤ 系统函数。重点是掌握系统函数和冲激响应的关系，并深刻理解系统函数的零、极点分布与系统时域响应和频域响应的关系。同时，还要能够根据系统函数判断系统的因果性和稳定性，并注意利用系统函数判断系统稳定性的局限性。

⑥ 信号流图和系统结构。重点是理解梅森公式并掌握系统函数和信号流图之间的转换，同时掌握系统的三种基本模拟结构。

本章的主要知识脉络如图 9.6-1 所示。

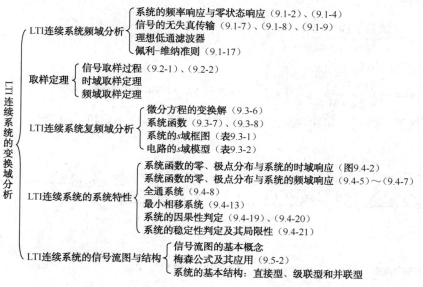

图 9.6-1　本章知识脉络示意图

练习题答案

9.1-1　$g(t) = (1 - 2e^{-t})u(t)$，　$y_{zs}(t) = (e^{-t} - 2e^{-3t})u(t)$

9.1-2　$h(t) = K\delta(t - t_0) - \dfrac{K\omega_c}{\pi}\text{Sa}[\omega_c(t - t_0)]$

9.1-3　$y(t) = 2\sin[2(t - 1)] + 4\sin[4(t - 1)]$

9.2-1　1）$\dfrac{400}{\pi}$　2）200　3）400

9.2-2　25μs，40kHz，80kHz。

9.3-1　1）$y_{zi}(t) = (5e^{-t} - 3e^{-2t})u(t)$，　$y_{zs}(t) = \left(-\dfrac{1}{2}e^{-t} + 6e^{-2t} - \dfrac{11}{2}e^{-3t}\right)u(t)$

$y(t) = \left(\dfrac{9}{2}e^{-t} + 3e^{-2t} - \dfrac{11}{2}e^{-3t}\right)u(t)$

2）$y_{zi}(t) = 2e^{-2t}u(t)$，　$y_{zs}(t) = \left(-\dfrac{1}{2}e^{-t} + 6e^{-2t} - \dfrac{11}{2}e^{-3t}\right)u(t)$

$y(t) = \left(-\dfrac{1}{2}e^{-t} + 8e^{-2t} - \dfrac{11}{2}e^{-3t}\right)u(t)$

9.3-2　$h(t) = (4e^{-2t} - 2e^{-3t})u(t)$，微分方程 $y''(t) + 5y'(t) + 6y(t) = 2f'(t) + 8f(t)$

9.3-3　$y''(t) + 3y'(t) + 2y(t) = f''(t) + 4f(t)$

9.3-4　$h(t) = \left(\dfrac{4}{5}e^{-t} + \dfrac{1}{5}e^{-6t}\right)u(t)$，$g(t) = \left(\dfrac{5}{6} - \dfrac{4}{5}e^{-t} - \dfrac{1}{30}e^{-6t}\right)u(t)$。

9.4-1　1）$y_{zs}(0_+) = 0$　　2）$y_{zs}(0_+) = 0$

9.4-2　1）$y_{zs}(t) = \delta(t) - e^{-2t}u(t)$　　2）$y_{zs}(t) = \dfrac{1}{2}(1 + e^{-2t})u(t)$　　3）$y_{zs}(t) = e^{-2t}u(t)$

9.4-3　$f(t) = \dfrac{1}{2}\left(1 - \dfrac{1}{2}e^{-2t}\right)u(t)$

9.4-4　$H(s) = \dfrac{K(s+1)(s+5)}{s^2 + 6s + 5 - K}$

9.4-5　系统是因果稳定的。

9.5-1　$H(s) = \dfrac{4s+1}{s^2 + 2s + 3}$，$y''(t) + 2y'(t) + 3y(t) = f(t) + 4f'(t)$

9.5-2　直接型、级联型和并联型信号流图分别如图（a）、（b）和（c）所示。

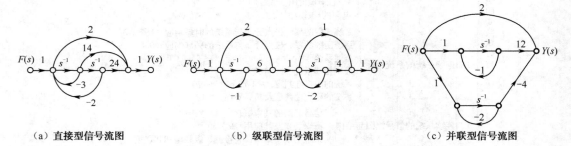

　（a）直接型信号流图　　　　　　　　（b）级联型信号流图　　　　　　　　（c）并联型信号流图

本 章 习 题

9.1　已知某 LTI 连续系统的频率响应函数为

$$H(j\omega) = \frac{3 + j2\omega}{-\omega^2 + j3\omega + 2}$$

求系统的单位冲激响应以及激励为 $f(t) = e^{-\frac{3}{2}t}u(t)$ 时的零状态响应。

9.2　一带限信号的频谱如题图 9.1（a）所示，若此信号通过如题图 9.1（b）所示的系统，画出 A、B、C、D 各点信号的频谱图。系统中两个理想滤波器的截止频率均为 ω_c，通带内传输值为 1，相移为零，且 $\omega_c \gg \omega_0$。

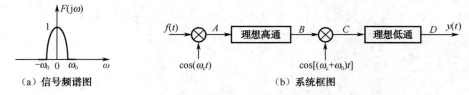

　　（a）信号频谱图　　　　　　　　　　（b）系统框图

题图 9.1　习题 9.2 图

9.3　求 $f(t) = \text{Sa}(2\pi t)$ 通过题图 9.2 所示滤波器后的输出。

9.4　某理想带通滤波器的频率响应为

$$H(j\omega) = \begin{cases} 1, & \omega_c \leq \omega \leq 3\omega_c \\ 0, & \text{其余}\ \omega \end{cases}$$

1）若 $h(t)$ 是该滤波器的冲激响应，确定一函数 $g(t)$，使

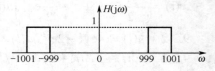

题图 9.2　习题 9.3 图

之满足 $h(t) = \dfrac{\sin(\omega_c t)}{\pi t} g(t)$；

2）当 ω_c 增加时，该滤波器的冲激响应是否更加向原点集中？

9.5 某理想高通滤波器的频率响应为：

$$H(j\omega) = \begin{cases} 1, & |\omega| > \omega_c \\ 0, & \text{其余}\,\omega \end{cases}$$

1）求该滤波器的冲激响应 $h(t)$；

2）求 $g(0_+)$ 和 $g(\infty)$，这里 $g(t)$ 是该滤波器的阶跃响应。

9.6 某理想低通滤波器的频率响应为

$$H(j\omega) = \begin{cases} 1, & |\omega| < 100 \\ 0, & \text{其余}\,\omega \end{cases}$$

如果基波周期为 $T = \dfrac{\pi}{6}$，其傅里叶系数为 a_n 的信号 $f(t)$ 输入到该滤波器，滤波器的输出为 $y(t) = f(t)$，试求使 $a_n = 0$ 的 n 的数值。

9.7 某 LTI 连续系统的频率响应为

$$H(j\omega) = \begin{cases} \mathrm{e}^{-j\frac{3}{2}\omega}, & |\omega| < 2\pi \\ 0, & \text{其余}\,\omega \end{cases}$$

系统的输入为周期信号 $f(t) = \displaystyle\sum_{n=-\infty}^{\infty} \delta(t - nT_0)$，其中 $T_0 = \dfrac{4}{3}$。

1）试求 $f(t)$ 指数型的傅里叶系数 F_n；

2）试求 $f(t)$ 的频谱 $F(j\omega)$；

3）求系统的输出信号 $y(t)$。

9.8 设信号 $f(t)$ 的奈奎斯特取样角频率为 ω_s，确定下列信号的奈奎斯特取样角频率。

1）$f(t) + f(t-5)$　　2）$f'(t)$　　3）$f^2(t)$　　4）$f(t) * f(t)$　　5）$f(t)\cos(\omega_s t)$

9.9 信号 $f(t)$ 的傅里叶变换为 $F(j\omega)$，对 $f(t)$ 进行冲激取样，取样周期为 $T = 10^{-4}\mathrm{s}$，关于 $f(t)$ 和（或）$F(j\omega)$ 所作的下列一组限制中的每一种，取样定理能够保证 $f(t)$ 从取样信号中完全恢复吗？

1）$F(j\omega) = 0,\quad |\omega| > 500\pi$；

2）$F(j\omega) = 0,\quad |\omega| > 2000\pi$；

3）$f(t)$ 为实信号，$F(j\omega) = 0,\quad \omega > 5000\pi$；

4）$f(t)$ 为实信号，$F(j\omega) = 0,\quad \omega < -15000\pi$；

5）$F(j\omega) * F(j\omega) = 0,\quad |\omega| > 15000\pi$；

6）$|F(j\omega)| = 0,\quad \omega > 5000\pi$。

9.10 现有如题图 9.3（a）所示的调制系统，已知 $x(t)$ 的频谱和 $s(t)$ 的波形如题图 9.3（b）、（c）所示，求 $s(t)$ 的频谱表达式，画出 $y(t)$ 的频谱图，并求出使 $Y(j\omega)$ 不混叠的 ω_m 的最大值。

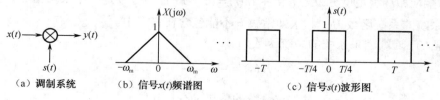

（a）调制系统　　（b）信号 $x(t)$ 频谱图　　（c）信号 $s(t)$ 波形图

题图 9.3 习题 9.10 图

9.11 已知某 LTI 连续系统在 $f_1(t) = e^{-t}u(t)$ 作用下的全响应为 $y_1(t) = (t+1)e^{-t}u(t)$，在 $f_2(t) = e^{-2t}u(t)$ 作用下的全响应为 $y_2(t) = (2e^{-t} - e^{-2t})u(t)$，求在 $f(t) = u(t)$ 作用下系统的全响应。

9.12 如题图 9.4 所示电路，已知电路参数为 $L_1 = L_2 = 1H$，$R = 2\Omega$，$U = 10V$。设开关在 $t=0$ 时刻断开，求响应 $i(t)$ 和 $u_{L_1}(t)$。

9.13 已知某 LTI 连续因果系统的冲激响应 $h(t)$ 的偶分量 $h_{ev}(t) = e^{-2|t|}$，求激励 $f(t) = 2\sin(2t)$ 时系统的响应 $y(t)$。

9.14 有一冲激响应为 $h(t)$ 的 LTI 连续因果系统，其输入 $f(t)$ 和输出 $y(t)$ 满足下列线性常系数方程：

$$y'''(t) + (1+a)y''(t) + a(a+1)y'(t) + a^2 y(t) = f(t)$$

1）若 $m(t) = h'(t) + h(t)$，则拉普拉斯变换 $M(s)$ 有多少个极点？

2）实参数 a 取何值时，才能保证系统是稳定的？

9.15 某 LTI 连续系统的系统函数 $H(s)$ 的零、极点分布如题图 9.5 所示。

1）指出与该零、极点分布图有关的系统函数 $H(s)$ 所有可能的收敛域。

2）对于 1）中所标定的每一个收敛域，判断相应系统的因果性和稳定性。

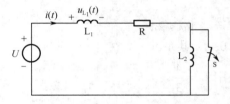 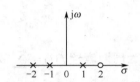

题图 9.4 习题 9.12 电路图　　　　题图 9.5 系统函数零、极点分布图

9.16 某 LTI 连续系统，其输入 $f(t)$ 和输出 $y(t)$ 满足线性常系数微分方程

$$y''(t) - y'(t) - 2y(t) = f(t)$$

设 $F(s)$ 和 $Y(s)$ 分别是 $f(t)$ 和 $y(t)$ 的拉普拉斯变换，$H(s)$ 是系统单位冲激响应 $h(t)$ 的拉普拉斯变换。

1）求 $H(s)$ 并画出 $H(s)$ 的零、极点分布图；

2）求下列每一种情况的 $h(t)$：

（a）系统是稳定的；（b）系统是因果的；（c）系统既不稳定也不是因果的。

9.17 现有某 LTI 连续系统，其输入 $f(t) = e^{-2t}u(t)$，冲激响应 $h(t) = e^{-t}u(t)$，试回答：

1）确定 $f(t)$ 和 $h(t)$ 的拉普拉斯变换；

2）求输出 $y(t)$ 的拉普拉斯变换 $Y(s)$；

3）求输出 $y(t)$。

9.18 冲激响应为 $h(t)$ 的某 LTI 连续因果系统具有下列性质：

a）当系统输入 $f(t) = e^{2t}$ 时，对于全部的 t，输出为 $y(t) = \frac{1}{6}e^{2t}$；

b）冲激响应 $h(t)$ 满足微分方程 $h'(t) + 2h(t) = (e^{-4t} + b)u(t)$，$b$ 是一个未知常数。

确定该系统的系统函数 $H(s)$。未知常数 b 不能包含在答案中。

9.19 某 LTI 连续因果系统的系统函数为

$$H(s) = \frac{s+1}{s^2 + 2s + 2}$$

当输入为 $f(t) = e^{-|t|}$，$-\infty < t < \infty$ 时，求系统的输出 $y(t)$。

9.20　某 LTI 连续因果系统的输入输出关系由下列方程给出

$$y'(t)+10y(t)=-f(t)+\int_{-\infty}^{\infty}f(\tau)z(t-\tau)\mathrm{d}\tau$$

其中 $z(t)=\mathrm{e}^{-t}u(t)+3\delta(t)$。

　　1）求系统频率响应 $H(\mathrm{j}\omega)$ 和冲激响应 $h(t)$；

　　2）当输入信号 $f(t)=A\cos(\omega_0 t)$ 通过系统时，求输出 $y(t)$。

9.21　某冲激响应为 $h(t)$、有理系统函数为 $H(s)$ 的 LTI 连续因果系统，现给出如下信息：

　　a）$H(1)=0.2$；

　　b）当输入为 $u(t)$ 时，输出是绝对可积的；

　　c）当输入为 $tu(t)$ 时，输出不是绝对可积的；

　　d）信号 $h''(t)+2h'(t)+2h(t)$ 是有限长的；

　　e）$H(s)$ 在无穷远处只有一个零点。

确定 $H(s)$ 及其收敛域。

9.22　已知 $h(t)$ 是具有有理系统函数的 LTI 连续因果稳定系统的冲激响应。

　　1）冲激响应为 $h'(t)$ 的系统能保证其是因果稳定的吗？

　　2）冲激响应为 $\int_{-\infty}^{t}h(\tau)\mathrm{d}\tau$ 的系统能保证其是因果稳定的吗？

9.23　根据给定的系统函数判断下列因果系统具有什么样的滤波器特性。

　　1）$H(s)=\dfrac{s+1}{s^2+5s+6}$　　2）$H(s)=\dfrac{(s+1)^2}{s^2+5s+6}$

9.24　已知某 LTI 连续因果系统的信号流图如题图 9.6 所示，系统的输入 $f(t)=13\mathrm{e}^{-t}u(t)$

　　1）该系统是否稳定；

　　2）写出描述系统的微分方程；

　　3）求出系统的零状态响应；

　　4）若系统的全响应为 $y(t)=[2\mathrm{e}^{-2t}-\mathrm{e}^{-t}\cos(2t)+8\mathrm{e}^{-t}\sin(2t)]u(t)$，求 $y(0_-)$ 和 $y(0_+)$。

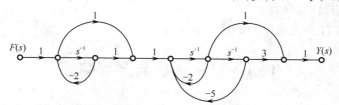

题图 9.6　系统信号流图

9.25　根据如下系统函数画出直接型信号流图。

　　1）$H(s)=\dfrac{s+1}{s^2+5s+6}$　　2）$H(s)=\dfrac{s^2-2s+3}{s^2+3s+2}$

第10章　LTI 离散系统的时域分析

【内容提要】

LTI 离散系统的时域分析可归结为建立并求解线性差分方程，由于在系统分析过程涉及的函数变量均为时间 n，故称为时域分析。本章主要介绍 LTI 离散系统的时域解法，重点介绍系统的零输入响应、零状态响应和全响应并对典型的零状态响应——单位序列响应和阶跃响应进行深入分析，详细介绍卷积和在 LTI 离散系统时域分析中的作用。

需要指出的是，离散系统分析与连续系统分析是相互平行的，它们有许多相似之处：

① LTI 连续系统可用微分方程描述，LTI 离散系统可用差分方程描述；

② 在 LTI 连续系统中，将任意信号分解为冲激信号之和，其零状态响应等于激励与系统冲激响应的卷积积分；在 LTI 离散系统中，将任意信号分解为单位序列之和，其零状态响应等于激励与系统单位序列响应的卷积和。

当然，两类系统的分析也有一定的区别：在 LTI 连续系统中，激励用 $f(t)$ 表示，响应用 $y(t)$ 表示，初始状态用 $\{y^{(j)}(0_-)\}$ （ $j=0,1,2,\cdots,n-1$ ）表示，并可在频域和复频域中对其进行变换域分析。在离散系统中，激励用 $f(n)$ （ $n \in Z$ ）表示，响应用 $y(n)$ （ $n \in Z$ ）表示，初始状态用 $\{y(n_0)\}$ 表示，其中 n_0 为常整数，并可在 z 域中对其进行变换域分析。

因此，读者可以对照 LTI 连续系统的分析方法学习本章及下一章内容，以促进对相关知识的理解。

【重点难点】

★ 零输入响应的求解方法及其与自由响应的关系

★ 零状态响应的求解方法及其与强迫响应的关系

★ 单位序列响应与阶跃响应

★ 卷积和求解 LTI 离散系统的零状态响应

10.1　自由响应与强迫响应

如前所述，描述离散动态系统的数学模型是差分方程，这样就将对离散动态系统的分析转换成了对差分方程的分析，而在离散系统的时域分析中，主要是求解系统的差分方程。所谓差分方程就是包含未知序列 $y(n)$ 及其各阶差分的方程。如果 $f(n)$ 是单输入单输出系统的激励，$y(n)$ 为该系统的响应，则描述 LTI 离散系统激励与响应之间关系的数学模型为：

$$a_k y(n) + a_{k-1}y(n-1) + \cdots + a_0 y(n-k) = b_m f(n) + \cdots + b_0 f(n-m) \tag{10.1-1}$$

或记为：

$$\sum_{j=0}^{k} a_{k-j}y(n-j) = \sum_{i=0}^{m} b_{m-i}f(n-i) \tag{10.1-2}$$

显然，上述两式为 k 阶常系数线性差分方程，式中 $a_j(j=0,1,2,\cdots,k)$ 和 $b_i(i=0,1,2,\cdots,m)$ 均为实常数，a_k 一般取 1。

差分方程本质上是递推的代数方程，若已知初始条件和激励，利用迭代法可求得其数值解。

例 10.1-1　描述某 LTI 离散系统的差分方程为

$$y(n) + 2y(n-1) + 3y(n-2) = f(n)$$

若 $f(n) = 4^n u(n)$，$y(0)=0$，$y(1)=1$，求系统的响应 $y(n)$。

解：本题采用迭代法求解。对差分方程移项，得：

$$y(n) = f(n) - 2y(n-1) - 3y(n-2)$$

考虑初始条件，依次令 $n = 2, 3, 4, \cdots$，可得：

$$y(2) = f(2) - 2y(1) - 3y(0) = 14$$
$$y(3) = f(3) - 2y(2) - 3y(1) = 33$$
$$y(4) = f(4) - 2y(3) - 3y(2) = 148$$
$$\vdots$$

由此可见，通过迭代法求解差分方程一般不易得到解析形式的解（闭合解），但该方法便于利用计算机求解。

同微分方程的全解类似，差分方程的全解也可分为齐次解和特解两部分，即：

$$y(n) = y_h(n) + y_p(n) \tag{10.1-3}$$

式中 $y(n)$ 为差分方程的全解，$y_h(n)$ 为差分方程的齐次解，$y_p(n)$ 为差分方程的特解。

10.1.1　自由响应

所谓自由响应就是系统差分方程的齐次解 $y_h(n)$，即齐次差分方程的解。形如：

$$y(n) + a_{k-1}y(n-1) + \cdots + a_1 y(n-k+1) + a_0 y(n-k) = 0 \tag{10.1-4}$$

的差分方程称为齐次差分方程，其等号右端为零。

与式（10.1-4）相对应的特征方程为：

$$1 + a_{k-1}\lambda^{-1} + \cdots + a_0\lambda^{-k} = 0$$

即

$$\lambda^k + a_{k-1}\lambda^{k-1} + \cdots + a_1\lambda + a_0 = 0 \tag{10.1-5}$$

特征方程的根称为特征根，不同形式的特征根对应于差分方程不同形式的自由响应，该对应关系如表 10.1-1 所示。

由此可以看出，自由响应的函数形式由差分方程的特征根确定。由于齐次差分方程的等号右端为零，因此，自由响应的形式仅与系统本身的特性有关，而与激励 $f(n)$ 无关。所以，也称系统的自由响应为系统的固有响应。

表 10.1-1　特征根与自由响应

特征根 λ	自由响应（齐次解）$y_h(n)$
单实根	$C\lambda^n$
r 重实根	$(C_{r-1}n^{r-1} + C_{r-2}n^{r-2} + \cdots + C_1 n + C_0)\lambda^n$
一对共轭复根： $\lambda_{1,2} = a \pm jb = \rho e^{\pm j\beta}$	$\rho^n[C\cos(\beta n) + D\sin(\beta n)]$ 或 $A\rho^n\cos(\beta n - \theta), Ae^{j\theta} = C + jD$
r 重共轭复根	$\rho^n[A_{r-1}n^{r-1}\cos(\beta n - \theta_{r-1}) + A_{r-2}n^{r-2}\cos(\beta n - \theta_{r-2}) + \cdots + A_0\cos(\beta n - \theta_0)]$

10.1.2　强迫响应

强迫响应即为差分方程的特解 $y_p(n)$，其形式与激励 $f(n)$ 的形式有关。不同形式的激励引起系统强迫响应的形式也不同，该对应关系如表 10.1-2 所示。自由响应和强迫响应之和称为系统的全响应。

表 10.1-2　激励与强迫响应

激励 $f(n)$	强迫响应（特解）$y_p(n)$
n^m	特征根不为 1：$P_m n^m + P_{m-1} n^{m-1} + \cdots + P_1 n + P_0$
	有 r 重为 1 的特征根：$n^r(P_m n^m + P_{m-1} n^{m-1} + \cdots + P_1 n + P_0)$
a^n	a 不等于特征根：Pa^n
	a 等于特征单根：$(P_1 n + P_0) a^n$
	a 等于 r 重特征根：$(P_r n^r + P_{r-1} n^{r-1} + \cdots + P_0) a^n$
$\cos(\beta n)$ 或 $\sin(\beta n)$	特征根不等于 $e^{\pm j\beta}$：$P_1 \cos(\beta n) + P_2 \sin(\beta n)$ 或 $A\cos(\beta n - \theta)$
	其中 $Ae^{j\theta} = P_1 + jP_2$

例 10.1-2　描述某 LTI 离散系统的差分方程为

$$y(n) + 6y(n-1) + 8y(n-2) = f(n)$$

若 $f(n) = 2^n (n \geqslant 0)$，$y(0) = 2$，$y(1) = -1$，求系统的全响应。

解：由题意，系统的自由响应满足齐次差分方程：

$$y(n) + 6y(n-1) + 8y(n-2) = 0$$

其特征方程为：

$$\lambda^2 + 6\lambda + 8 = 0$$

故其特征根为 $\lambda_1 = -2, \lambda_2 = -4$。

由表 10.1-1 可知，系统自由响应的形式为：

$$y_h(n) = C_1(-2)^n + C_2(-4)^n, \ n \geqslant 0$$

当激励 $f(n) = 2^n$ 时，2 不是特征根，由表 10.1-2 可知其强迫响应可设为：

$$y_p(n) = P2^n, \ n \geqslant 0$$

对上式进行递推，可得：

$$y_p(n-1) = P2^{n-1} = \frac{P}{2} \times 2^n$$

$$y_p(n-2) = P2^{n-2} = \frac{P}{4} \times 2^n$$

将上述三式代入差分方程，得：

$$P2^n + 6 \times \frac{P}{2} \times 2^n + 8 \times \frac{P}{4} \times 2^n = 2^n$$

上式同除以 2^n，得 $P + 3P + 2P = 1$，解得 $P = \frac{1}{6}$，于是强迫响应为：

$$y_p(n) = \frac{1}{6} \times 2^n, \ n \geqslant 0$$

所以，系统的全响应为：

$$y(n) = y_h(n) + y_p(n) = C_1(-2)^n + C_2(-4)^n + \frac{1}{6} \times 2^n, \ n \geqslant 0$$

将已知条件 $y(0) = 2, y(1) = -1$ 代入上式，得：

$$\begin{cases} y(0) = C_1 + C_2 + \dfrac{1}{6} = 2 \\ y(1) = -2C_1 - 4C_2 + \dfrac{1}{3} = -1 \end{cases}$$

解得 $C_1 = 3, C_2 = -\dfrac{7}{6}$，故全响应为：

$$y(n) = y_{\mathrm{h}}(n) + y_{\mathrm{p}}(n) = 3 \times (-2)^n - \frac{7}{6} \times (-4)^n + \frac{1}{6} \times 2^n, \ n \geq 0$$

上式前两项为系统的自由响应，第三项为系统的强迫响应。上式之所以标注 $n \geq 0$，是因为一般认为系统的激励是在 $n = 0$ 时接入的，因此，系统的响应也就适用于 $n \geq 0$。

实际上，例 10.1-2 的结果也可以用阶跃序列表示，即：

$$y(n) = \left[3 \times (-2)^n - \frac{7}{6} \times (-4)^n + \frac{1}{6} \times 2^n \right] u(n)$$

同样地，激励也可以描述为：

$$f(n) = 2^n u(n)$$

当然，使用 $u(n)$ 表示序列的作用区间时，需要注意 n 的取值，这个问题将在下面的例题中加以体现。

例 10.1-3　描述某 LTI 离散系统的差分方程为

$$y(n) + 6y(n-1) + 8y(n-2) = f(n)$$

若 $f(n) = (-2)^n u(n)$，　$y(0) = 2$，　$y(1) = -1$，求系统的全响应。

解：由于系统的齐次差分方程与例 10.1-2 相同，故自由响应的形式不变：

$$y_{\mathrm{h}}(n) = [C_1(-2)^n + C_2(-4)^n] u(n)$$

由于激励 $f(n) = (-2)^n u(n)$，当 $n \geq 0$ 时，$f(n) = (-2)^n$，-2 是特征单根，由表 10.1-2 知其强迫响应可设为：

$$y_{\mathrm{p}}(n) = (P_1 n + P_0)(-2)^n u(n)$$

对上式进行递推，可得：

$$y_{\mathrm{p}}(n-1) = [P_1(n-1) + P_0](-2)^{n-1} u(n-1)$$

$$y_{\mathrm{p}}(n-2) = [P_1(n-2) + P_0](-2)^{n-2} u(n-2)$$

显然，上述三式分别在 $n \geq 0$、$n \geq 1$ 和 $n \geq 2$ 时不等于零，即当 $n \geq 2$ 时，上述三式均非零。因此，当 $n \geq 2$ 时，上述三式可写为：

$$y_{\mathrm{p}}(n) = (P_1 n + P_0)(-2)^n$$

$$y_{\mathrm{p}}(n-1) = [P_1(n-1) + P_0](-2)^{n-1}$$

$$y_{\mathrm{p}}(n-2) = [P_1(n-2) + P_0](-2)^{n-2}$$

当 $n \geq 2$ 时，将上述三式代入差分方程，得：

$$(P_1 n + P_0)(-2)^n + 6[P_1(n-1) + P_0](-2)^{n-1} + 8[P_1(n-2) + P_0](-2)^{n-2} = (-2)^n$$

上式同除以 $(-2)^n$，解得 $P_1 = -1$，但无法求得 P_0，于是强迫响应为：

$$y_{\mathrm{p}}(n) = (-n + P_0)(-2)^n u(n-2)$$

所以，当 $n \geq 2$ 时，系统的全响应为：

$$y(n) = y_{\mathrm{h}}(n) + y_{\mathrm{p}}(n) = C_1(-2)^n + C_2(-4)^n + (-n + P_0)(-2)^n = (C_1 - n + P_0)(-2)^n + C_2(-4)^n$$

即：

$$y(n) = [(C_1 - n + P_0)(-2)^n + C_2(-4)^n] u(n-2)$$

由于上述全响应是在 $n \geq 2$ 时取得的，因此，应由 $y(2)$ 和 $y(3)$ 的值求解待定系数。

将已知条件 $y(0) = 2, y(1) = -1$ 代入差分方程，递推可得：

$$y(2) = f(2) - 6y(1) - 8y(0) = -6$$
$$y(3) = f(3) - 6y(2) - 8y(1) = 36$$

将 $y(2) = -6$ 和 $y(3) = 36$ 代入系统全响应，得：

$$\begin{cases} y(2) = 4(C_1 + P_0 - 2) + 16C_2 = -6 \\ y(3) = -8(C_1 + P_0 - 3) + 64C_2 = 36 \end{cases}$$

解得 $C_1 + P_0 = \dfrac{5}{2}$，$C_2 = -\dfrac{1}{2}$，故当在 $n \geq 2$ 时，系统的全响应为：

$$y(n) = \left(\frac{5}{2} - n\right)(-2)^n - \frac{1}{2}(-4)^n$$

对于上式，令 $n = 0, n = 1$，可得 $y(0) = 2, y(1) = -1$，其值与题目所给条件相同，即上述系统全响应在 $n = 0$ 和 $n = 1$ 时同样成立，因此全响应可写为：

$$y(n) = \left[\left(\frac{5}{2} - n\right)(-2)^n - \frac{1}{2} \times (-4)^n\right]u(n)$$

顺便说一句，由于系统全响应第一项的系数为 $C_1 + P_0 = \dfrac{5}{2}$，因此不能区分 C_1 和 P_0，从而也就无法区分自由响应和强迫响应。

例 10.1-4 描述某 LTI 离散系统的差分方程为
$$y(n) + 6y(n-1) + 8y(n-2) = f(n)$$

若 $f(n) = \sin\left(\dfrac{\pi n}{2}\right)u(n)$，$y(0) = 2$，$y(1) = -1$，求系统的全响应。

解：由于系统的齐次差分方程与例 10.1-2 相同，故自由响应的形式不变：
$$y_h(n) = [C_1(-2)^n + C_2(-4)^n]u(n)$$

当激励 $f(n) = \sin\left(\dfrac{\pi n}{2}\right)u(n)$ 时，$e^{\pm j\frac{\pi}{2}}$ 不等于特征根，由表 10.1-2 知其强迫响应可设为：

$$y_p(n) = \left[P_1\cos\left(\frac{\pi n}{2}\right) + P_2\sin\left(\frac{\pi n}{2}\right)\right]u(n)$$

对上式进行递推，可得：

$$y_p(n-1) = \left[P_1\sin\left(\frac{\pi n}{2}\right) - P_2\cos\left(\frac{\pi n}{2}\right)\right]u(n-1)$$

$$y_p(n-2) = \left[-P_1\cos\left(\frac{\pi n}{2}\right) - P_2\sin\left(\frac{\pi n}{2}\right)\right]u(n-2)$$

当 $n \geq 2$ 时，将上述三式代入差分方程，得：

$$(P_1 - 6P_2 - 8P_1)\cos\left(\frac{\pi n}{2}\right) + (P_2 + 6P_1 - 8P_2)\sin\left(\frac{\pi n}{2}\right) = \sin\left(\frac{\pi n}{2}\right)$$

比较上式等号两端 $\sin\left(\dfrac{\pi n}{2}\right)$ 和 $\cos\left(\dfrac{\pi n}{2}\right)$ 的系数，可得：

$$\begin{cases} P_1 - 6P_2 - 8P_1 = 0 \\ P_2 + 6P_1 - 8P_2 = 1 \end{cases}$$

解得 $P_1 = \dfrac{6}{85}$，$P_2 = -\dfrac{7}{85}$，故当 $n \geq 2$ 时，强迫响应为：

$$y_p(n) = \frac{6}{85}\cos\left(\frac{\pi n}{2}\right) - \frac{7}{85}\sin\left(\frac{\pi n}{2}\right)$$

所以，当 $n \geq 2$ 时，系统的全响应为：

$$y(n) = C_1(-2)^n + C_2(-4)^n + \left[\frac{6}{85}\cos\left(\frac{\pi n}{2}\right) - \frac{7}{85}\sin\left(\frac{\pi n}{2}\right)\right]$$

将已知条件 $y(0) = 2, y(1) = -1$，通过差分方程迭代可得 $y(2) = -10, y(3) = 67$，将其代入上式，得：

$$\begin{cases} y(2) = 4C_1 + 16C_2 - \dfrac{6}{85} = -10 \\ y(3) = -8C_1 - 64C_2 + \dfrac{7}{85} = 67 \end{cases}$$

解得 $C_1 = \dfrac{289}{85}, C_2 = -\dfrac{25}{17}$，故当在 $n \geq 2$ 时，系统的全响应为：

$$y(n) = y_h(n) + y_p(n) = \left[\frac{289}{85}(-2)^n - \frac{25}{17}(-4)^n\right] + \left[\frac{6}{85}\cos\left(\frac{\pi n}{2}\right) - \frac{7}{85}\sin\left(\frac{\pi n}{2}\right)\right]$$

对于上式，令 $n = 0, n = 1$，可得 $y(0) = 2, y(1) = -1$，其值与题目所给条件相同，即上述系统全响应在 $n = 0$ 和 $n = 1$ 时同样成立，因此全响应可写为：

$$y(n) = y_h(n) + y_p(n) = \left\{\left[\frac{289}{85} \times (-2)^n - \frac{25}{17} \times (-4)^n\right] + \left[\frac{6}{85}\cos\left(\frac{\pi n}{2}\right) - \frac{7}{85}\sin\left(\frac{\pi n}{2}\right)\right]\right\}u(n)$$

上式前两项为系统的自由响应；后两项为系统的强迫响应，因其随 n 的增大而呈等幅振荡，故为稳态响应。

例 10.1-5 描述某 LTI 离散系统的差分方程为

$$y(n) + 4y(n-1) + 4y(n-2) = f(n)$$

若 $f(n) = 2u(n)$，$y(0) = 2$，$y(1) = -1$，求系统的全响应。

解：由题意，系统的自由响应满足齐次差分方程：

$$y(n) + 4y(n-1) + 4y(n-2) = 0$$

其特征方程为：

$$\lambda^2 + 4\lambda + 4 = 0$$

故其特征根为 $\lambda_1 = \lambda_2 = -2$。

由表 10.1-1 可知，系统自由响应的形式为：

$$y_h(n) = (C_1 n + C_0)(-2)^n u(n)$$

由于 $f(n) = 2u(n)$ 且特征根不等于 1，由表 10.1-2 可知其强迫响应可设为：

$$y_p(n) = Pu(n)$$

对上式进行递推，可得：

$$y_p(n-1) = Pu(n-1)$$
$$y_p(n-2) = Pu(n-2)$$

当 $n \geq 2$ 时，将上述三式代入差分方程，得 $P + 4P + 4P = 2$，解得 $P = \dfrac{2}{9}$，故当 $n \geq 2$ 时，强迫响应为：

$$y_p(n) = \frac{2}{9}$$

所以，当 $n \geq 2$ 时，系统的全响应为：

$$y(n) = (C_1 n + C_0)(-2)^n + \frac{2}{9}$$

将已知条件 $y(0) = 2, y(1) = -1$，通过差分方程迭代可得 $y(2) = -2, y(3) = 14$，将其代入上式，得：

$$\begin{cases} y(2) = 4(2C_1 + C_0) + \dfrac{2}{9} = -2 \\ y(3) = -8(3C_1 + C_0) + \dfrac{2}{9} = 14 \end{cases}$$

解得 $C_0 = \dfrac{16}{9}, C_1 = -\dfrac{7}{67}$，故当在 $n \geq 2$ 时，系统的全响应为：

$$y(n) = \left(\frac{16}{9} - \frac{7}{6} n \right)(-2)^n + \frac{2}{9}$$

对于上式，令 $n = 0, n = 1$，可得 $y(0) = 2, y(1) = -1$，其值与题目所给条件相同，即上述系统全响应在 $n = 0$ 和 $n = 1$ 时同样成立，因此全响应可写为：

$$y(n) = \left[\left(\frac{16}{9} - \frac{7}{6} n \right)(-2)^n + \frac{2}{9} \right] u(n)$$

练习题

10.1-1　描述某 LTI 离散系统的差分方程为

$$y(n) - y(n-1) = n$$

且 $y(-1) = 0$。

1）用迭代法逐次求出数值解，并归纳出当 $n \geq 0$ 时的一个闭合解。

2）分别求出齐次解和特解。

10.2　零输入响应与零状态响应

类似于连续系统，LTI 离散系统的全响应也可以分为系统的零输入响应 $y_{zi}(n)$ 和零状态响应 $y_{zs}(n)$，即：

$$y(n) = y_{zi}(n) + y_{zs}(n) \tag{10.2-1}$$

下面介绍如何在时域中求解系统的零输入响应、零状态响应及全响应。

10.2.1　零输入响应

LTI 离散系统的零输入响应是指系统的激励为零时仅由系统的初始状态 $\{x(0)\}$ 引起的响应，用 $y_{zi}(n)$ 表示。在零输入条件下，差分方程等号右端为零，从而将非齐次差分方程转化为齐次方程。即零输入响应满足方程：

$$\sum_{j=0}^{k} a_{k-j} y_{zi}(n-j) = 0 \tag{10.2-2}$$

同连续系统类似，也可根据特征根与自由响应的对应关系（表 10.1-1），列写离散系统零输入响应的形式。例如：若其特征根均为单实根，则其零输入响应为：

$$y_{zi}(n) = \sum_{j=1}^{k} C_{zij} \lambda_j^n \tag{10.2-3}$$

式中，C_{zij} 为待定系数。

一般设激励 $f(n)$ 在 $n=0$ 时接入系统，故通常以 $y(-1), y(-2), \cdots, y(-k)$ 描述 k 阶系统的初始状态，而以 $y(0), y(1), \cdots, y(k-1)$ 作为 k 阶系统的初始值。显然，根据差分方程即可通过迭代的方式由系统的初始状态求得系统的初始值或由系统的初始值求得系统的初始状态。

根据零输入响应的定义，由于激励为零，因此，系统的初始状态完全由零输入时的初始状态确定，而与激励无关，因此：

$$y_{zi}(-1) = y(-1), y_{zi}(-2) = y(-2), \cdots, y_{zi}(-k) = y(-k) \tag{10.2-4}$$

根据系统零输入条件下的初始状态 $y_{zi}(-1), y_{zi}(-2), \cdots, y_{zi}(-k)$，由齐次差分方程进行迭代求得系统零输入条件下的初始值 $y_{zi}(0), y_{zi}(1), \cdots, y_{zi}(k-1)$，即可确定系统零输入响应的各待定常数。

例 10.2-1　描述某 LTI 离散系统的差分方程为

$$y(n) + 3y(n-1) + 2y(n-2) = f(n)$$

若 $y(-1) = \dfrac{1}{3}$，$y(-2) = \dfrac{1}{4}$，求系统的零输入响应。

解：系统的零输入响应满足方程：

$$y_{zi}(n) + 3y_{zi}(n-1) + 2y_{zi}(n-2) = 0$$

且其初始状态满足 $y_{zi}(-1) = y(-1) = \dfrac{1}{3}$，$y_{zi}(-2) = y(-2) = \dfrac{1}{4}$。

特征方程为：

$$\lambda^2 + 3\lambda + 2 = 0$$

故其特征根为 $\lambda_1 = -1, \lambda_2 = -2$，因此，零输入响应可设为：

$$y_{zi}(n) = [C_{zi1}(-1)^n + C_{zi2}(-2)^n]u(n)$$

由系统初始状态，齐次差分方程通过迭代求得系统初始值为：

$$y_{zi}(0) = -3y_{zi}(-1) - 2y_{zi}(-2) = -\frac{3}{2}$$

$$y_{zi}(1) = -3y_{zi}(0) - 2y_{zi}(-1) = \frac{23}{6}$$

将初始值代入零输入响应表达式，得：

$$\begin{cases} -\dfrac{3}{2} = C_{zi1} + C_{zi2} \\ \dfrac{23}{6} = -C_{zi1} - 2C_{zi2} \end{cases}$$

因此，$C_{zi1} = \dfrac{5}{6}$，$C_{zi2} = -\dfrac{7}{3}$，将其代入零输入响应表达式，得系统的零输入响应为：

$$y_{zi}(n) = \left[\frac{5}{6} \times (-1)^n - \frac{7}{3} \times (-2)^n \right] u(n)$$

10.2.2　零状态响应

LTI 离散系统的零状态响应是系统的初始状态为零时，仅由激励 $f(n)$ 引起的响应，用 $y_{zs}(n)$ 表示。这时，差分方程仍是非齐次方程，即零状态响应满足方程：

$$\sum_{j=0}^{k} a_{k-j} y_{zs}(n-j) = \sum_{i=0}^{m} b_{m-i} f(n-i)$$

根据零状态响应的定义，其初始状态为：

$$y_{zs}(-1) = y_{zs}(-2) = \dots = y_{zs}(-k) = 0 \qquad\qquad (10.2\text{-}5)$$

由于此时的差分方程为非齐次方程，因此，可以利用表 10.1-1 和表 10.1-2 分别确定此时的齐次解和特解的形式，然后将其求和即可得到零状态响应的形式。例如：若差分方程的特征根均为单根，则其零状态响应为

$$y_{zs}(n) = \sum_{j=1}^{k} C_{zsj} \lambda_j^{n} + y_p(n)$$

式中，C_{zsj} 为待定系数，$y_p(n)$ 为差分方程的特解。

根据系统零状态条件下的初始状态 $y_{zs}(-1), y_{zs}(-2), \cdots, y_{zs}(-k)$，由非齐次差分方程进行迭代求得系统零状态条件下的初始值 $y_{zs}(0), y_{zs}(1), \cdots, y_{zs}(k-1)$，即可确定系统零状态响应的各待定系数。

例 10.2-2　描述某 LTI 离散系统的差分方程为

$$y(n) + 3y(n-1) + 2y(n-2) = f(n)$$

若 $f(n) = 2^n u(n)$，求系统的零状态响应。

解：零状态响应满足：

$$y_{zs}(n) + 3y_{zs}(n-1) + 2y_{zs}(n-2) = 2^n u(n)$$

且初始状态为 $y_{zs}(-1) = y_{zs}(-2) = 0$。

根据上述非齐次差分方程，递推求初始值：

$$y_{zs}(0) = -3y_{zs}(-1) - 2y_{zs}(-2) + 1 = 1$$
$$y_{zs}(1) = -3y_{zs}(0) - 2y_{zs}(-1) + 2 = -1$$
$$y_{zs}(2) = -3y_{zs}(1) - 2y_{zs}(0) + 4 = 5$$
$$y_{zs}(3) = -3y_{zs}(2) - 2y_{zs}(1) + 8 = -5$$

由特征方程求得特征根为 $\lambda_1 = -1, \lambda_2 = -2$，根据表 10.1-1，可设其齐次解形式为：

$$[C_{zs1}(-1)^n + C_{zs2}(-2)^n]u(n)$$

根据表 10.1-2，可设其特解形式为 $P2^n u(n)$，将其代入差分方程，当 $n \geq 2$ 时有：

$$P2^n + 3P2^{n-1} + 2P2^{n-2} = 2^n$$

方程左右两端应该相等，故 $P + \dfrac{3}{2}P + \dfrac{1}{2}P = 1$，从而求得 $P = \dfrac{1}{3}$。

所以，当 $n \geq 2$ 时系统的零状态响应为：

$$y_{zs}(n) = C_{zs1}(-1)^n + C_{zs2}(-2)^n + \frac{1}{3} \times 2^n$$

将 $y_{zs}(2) = 5$ 和 $y_{zs}(3) = -5$ 代入上式，得 $C_{zs1} = -\dfrac{1}{3}, C_{zs2} = 1$，所以，当 $n \geq 2$ 时系统的零状态响应为：

$$y_{zs}(n) = -\frac{1}{3} \times (-1)^n + (-2)^n + \frac{1}{3} \times 2^n$$

对于上式，令 $n = 0, n = 1$，可得 $y(0) = 1, y(1) = -1$，其值与递推结果相同，即上述系统全响应在 $n = 0$ 和 $n = 1$ 时同样成立，因此零状态响应可写为：

$$y_{zs}(n) = \left[-\frac{1}{3} \times (-1)^n + (-2)^n + \frac{1}{3} \times 2^n \right] u(n)$$

10.2.3　全响应

如果 LTI 离散系统的响应既包含初始状态引起的响应，又包含激励引起的响应，则称该响应

为系统的全响应。显然，系统的全响应是零输入响应和零状态响应之和。

根据零输入响应和零状态响应的定义，当 $n < 0$ 时，有：

$$y_{zs}(n) = 0 \qquad\qquad (10.2\text{-}6)$$
$$y(n) = y_{zi}(n) \qquad\qquad (10.2\text{-}7)$$

例 10.2-3 描述某 LTI 离散系统的差分方程为

$$y(n) + 3y(n-1) + 2y(n-2) = f(n)$$

若 $f(n) = 2^n u(n)$，$y(-1) = \dfrac{1}{3}$，$y(-2) = \dfrac{1}{4}$，求系统的全响应。

解： 由例 10.2-1 可知该系统的零输入响应为：

$$y_{zi}(n) = \left[\frac{5}{6} \times (-1)^n - \frac{7}{3} \times (-2)^n\right] u(n)$$

由例 10.2-2 可知该系统的零状态响应为：

$$y_{zs}(n) = \left[-\frac{1}{3} \times (-1)^n + (-2)^n + \frac{1}{3} \times 2^n\right] u(n)$$

因此系统的全响应为：

$$y(n) = y_{zi}(n) + y_{zs}(n) = \left[\frac{1}{2} \times (-1)^n - \frac{4}{3} \times (-2)^n + \frac{1}{3} \times 2^n\right] u(n)$$

例 10.2-4 描述某 LTI 离散系统的差分方程为

$$y(n) + 6y(n-1) + 8y(n-2) = f(n)$$

若 $f(n) = 2^n (n \geq 0)$，$y(0) = 2$，$y(1) = -1$，求系统的全响应。

解： 本题已在例 10.1-2 中采用齐次解和特解的方法求解，现在采用零状态响应和零输入响应的方法求解。

由式（10.2-1）可以看出由系统的初始值 $y(0) = 2, (1) = -1$，无法区分零输入响应和零状态响应在 $n = 0, n = 1$ 时的值。

由于在零状态条件下，系统的初始状态为零：$y_{zs}(-1) = y_{zs}(-2) = \cdots = y_{zs}(-k) = 0$，故可由零状态条件下的初始状态和差分方程求得零状态条件下的初始值，进而求得零状态响应。然后根据式（10.2-1），求得零输入条件下的初始值并求得零输入响应。

零状态响应满足非齐次差分方程：

$$y_{zs}(n) + 6y_{zs}(n-1) + 8y_{zs}(n-2) = 2^n u(n)$$

且其初始状态为 $y_{zs}(-1) = y_{zs}(-2) = 0$。

首先由零状态条件下的差分方程递推求出初始值 $y_{zs}(0), y_{zs}(1)$：

$$y_{zs}(0) = -6y_{zs}(-1) - 8y_{zs}(-2) + 1 = 1$$
$$y_{zs}(1) = -6y_{zs}(0) - 8y_{zs}(-1) + 2 = -4$$

特征方程为：

$$\lambda^2 + 6\lambda + 8 = 0$$

解得其特征根为 $\lambda_1 = -2, \lambda_2 = -4$，根据表 10.1-1，可设其齐次解解形式为：

$$[C_{zs1}(-2)^n + C_{zs2}(-4)^n] u(n) 。$$

根据表 10.1-2，当 $n \geq 0$ 时，可设其特解形式为 $P2^n$，将其代入差分方程，有：

$$P2^n + 6P2^{n-1} + 8P2^{n-2} = 2^n$$

方程左右两端应该相等，故 $P + 3P + 2P = 1$，从而求得 $P = \dfrac{1}{6}$，所以特解为 $\dfrac{1}{6} \times 2^n u(n)$。

所以，零状态响应为：

$$y_{zs}(n) = \left[C_{zs1}(-2)^n + C_{zs2}(-4)^n + \frac{1}{6} \times 2^n \right] u(n)$$

代入初始值求得 $C_{zs1} = -\dfrac{1}{2}, C_{zs2} = \dfrac{4}{3}$，所以：

$$y_{zs}(n) = \left[-\frac{1}{2} \times (-2)^n + \frac{4}{3} \times (-4)^n + \frac{1}{6} \times 2^n \right] u(n)$$

零输入响应满足齐次差分方程：

$$y_{zi}(n) + 6 y_{zi}(n-1) + 8 y_{zi}(n-2) = 0$$

根据式（10.2-1），得零输入响应的初始值为：

$$y_{zi}(0) = y(0) - y_{zs}(0) = 1$$
$$y_{zi}(1) = y(1) - y_{zs}(1) = 3$$

由于其特征根为 $\lambda_1 = -2, \lambda_2 = -4$，故其零输入响应的形式为：

$$y_{zi}(n) = [C_{zi1}(-2)^n + C_{zi2}(-4)^n] u(n)$$

代入初始值求得 $C_{zi1} = \dfrac{7}{2}, C_{zi2} = -\dfrac{5}{2}$，所以：

$$y_{zi}(n) = \left[\frac{7}{2} \times (-2)^n - \frac{5}{2} \times (-4)^n \right] u(n)$$

所以系统的全响应为：

$$y(n) = y_{zi}(n) + y_{zs}(n) = \left[3 \times (-2)^n - \frac{7}{6} \times (-4)^n + \frac{1}{6} \times 2^n \right] u(n)$$

显然，本例结果与例 10.1-2 完全相同。

本例验证了式（10.1-3）和式（10.2-1），即 LTI 离散系统的全响应可以分为自由（固有）响应和强迫响应，也可分为零输入响应和零状态响应。

比较例 10.1-2 和例 10.2-4 可以看出：

系统的自由响应为：$y_h(n) = [C_1(-2)^n + C_2(-4)^n] u(n) = \left[3 \times (-2)^n - \dfrac{7}{6} \times (-4)^n \right] u(n)$

系统的强迫响应为：$y_p(n) = P 2^n u(n) = \dfrac{1}{6} \times 2^n u(n)$

系统的零输入响应为：$y_{zi}(n) = [C_{zi1}(-2)^n + C_{zi2}(-4)^n] u(n) = \left[\dfrac{7}{2} \times (-2)^n - \dfrac{5}{2} \times (-4)^n \right] u(n)$

系统的零状态响应为：

$$y_{zs}(n) = [C_{zs1}(-2)^n + C_{zs2}(-4)^n + P 2^n] u(n) = \left[-\frac{1}{2} \times (-2)^n + \frac{4}{3} \times (-4)^n + \frac{1}{6} \times 2^n \right] u(n)$$

观察系统的自由响应和零输入响应可以看出，二者的形式相同，但系数不同。比较自由响应的系数同零输入响应与零状态响应的系数之和，可知其关系为：

$$\begin{cases} C_1 = C_{zi1} + C_{zs1} \\ C_2 = C_{zi2} + C_{zs2} \end{cases}$$

所以，系统的自由响应包含全部零输入响应以及零状态响应的一部分（齐次解部分）。也就是说，C_{zi1} 和 C_{zi2} 仅由系统的初始状态所决定，而 C_1 和 C_2 要由系统的初始状态和激励共同确定。

将系统的全响应写为零输入响应和零状态响应之和的形式：

$$y(n) = \left[\frac{7}{2} \times (-2)^n - \frac{5}{2} \times (-4)^n - \frac{1}{2} \times (-2)^n + \frac{4}{3} \times (-4)^n + \frac{1}{6} \times 2^n \right] u(n)$$

可以看出，上式的第一、二项为系统的零输入响应，第三、四、五项为系统的零状态响应；上式的前四项为系统的自由响应，第五项为系统的强迫响应。

综上所述，对于 LTI 离散系统的全响应可做如下结论：

① LTI 离散系统的全响应可分为自由响应和强迫响应，也可分为零输入响应和零状态响应。

② 若系统差分方程的特征根均为单根，则它们的关系为：

$$y(n) = \sum_{j=1}^{k} C_j \lambda_j^n + y_p(n) = \sum_{j=1}^{k} C_{zij} \lambda_j^n + \sum_{j=1}^{k} C_{zsj} \lambda_j^n + y_p(n) \qquad (10.2\text{-}8)$$

式中，$\sum_{j=1}^{k} C_j \lambda_j^n = \sum_{j=1}^{k} C_{zij} \lambda_j^n + \sum_{j=1}^{k} C_{zsj} \lambda_j^n$，即：

$$C_j = C_{zij} + C_{zsj} \, (j = 1, 2, \cdots, k) \qquad (10.2\text{-}9)$$

③ 虽然自由响应和零输入响应都是齐次方程的解，但二者系数不同，C_{zij} 仅由系统的初始状态决定，而 C_j 要由系统的初始状态和激励共同确定。初始状态为零时，零输入响应等于零，但在激励信号的作用下，自由响应并不为零。也就是说，系统的自由响应包含零输入响应以及零状态响应的一部分。

练习题

10.2-1   求下列差分方程的零输入响应、零状态响应和全响应
1）$y(n) - 3y(n-1) + 2y(n-2) = u(n)$，$y(-1) = 1$，$y(-2) = 0$。
2）$y(n) - 2y(n-1) = 2^n u(n)$，$y(0) = -1$。

10.3   单位序列响应和阶跃响应

10.3.1   单位序列响应

由单位序列 $\delta(n)$ 引起的零状态响应称为单位序列响应（或称单位样值响应、单位取样响应），记为 $h(n)$，即：

$$h(n) = T \left[\{0\}, \delta(n) \right] \qquad (10.3\text{-}1)$$

由于单位序列仅当 $n = 0$ 时等于 1，而在 $n > 0$ 时为零，所以，当 $n > 0$ 时系统的单位序列响应与该系统的零输入响应的函数形式相同。这样，就把求单位序列响应的问题转化为求差分方程齐次解的问题，而 $n = 0$ 处的值 $h(0)$ 可以按照零状态的条件由差分方程确定。下面具体解释系统单位序列响应的求解方法。

例 10.3-1   描述某 LTI 离散系统的差分方程为

$$y(n) + 3y(n-1) + 2y(n-2) = f(n)$$

求系统的单位序列响应。

解：单位序列响应满足差分方程：

$$h(n) + 3h(n-1) + 2h(n-2) = \delta(n)$$

且初始状态为 $h(-1) = h(-2) = 0$。

根据初始状态和差分方程递推求得初始值为：

$$h(0) = -3h(-1) - 2h(-2) + \delta(0) = 1$$

$$h(1) = -3h(0) - 2h(-1) + \delta(1) = -3$$
$$h(2) = -3h(1) - 2h(0) + \delta(2) = 7$$

对于 $n > 0$，$h(n)$ 满足齐次方程：

$$h(n) + 3h(n-1) + 2h(n-2) = 0$$

其特征方程为：

$$\lambda^2 + 3\lambda + 2 = 0$$

解得其特征根为 $\lambda_1 = -1, \lambda_2 = -2$。

所以，单位序列响应的形式为：

$$h(n) = C_1(-1)^n + C_2(-2)^n, \ n > 0$$

代入初始值有：

$$h(1) = -C_1 - 2C_2 = -3$$
$$h(2) = C_1 + 4C_2 = 7$$

解得 $C_1 = -1, C_2 = 2$。所以，当 $n > 0$ 时，单位序列响应为：

$$h(n) = -(-1)^n + 2(-2)^n, \ n > 0$$

对于上式，令 $n = 0$，有 $h(0) = 1$，与递推求得的初始值相同，故上式也满足 $n=0$ 的情况。所以，单位序列响应为：

$$h(n) = -(-1)^n + 2 \times (-2)^n, \ n \geq 0$$

或写为：

$$h(n) = [-(-1)^n + 2 \times (-2)^n]u(n)$$

如果单位序列响应满足：

$$h(n) + a_{k-1}h(n-1) + \cdots + a_0 h(n-k) = b_m \delta(n) + b_{m-1}\delta(n-1) + \cdots b_0 \delta(n-m) \qquad （10.3\text{-}2）$$

则由于上式中等号右端包含了 $\delta(n-i), i = 0, 1, 2, \cdots, m$，因而不能简单地认为当 $n>0$ 时系统的激励为零，此时可以利用 LTI 离散系统的线性和时不变性即所谓的间接法求解系统的单位序列响应。

间接法的具体步骤为：

① 选新变量 $h_1(n)$，使它满足的差分方程为等号左端与式（10.3-2）等号左端相同，而右端只含 $\delta(n)$，即 $h_1(n)$ 满足方程：

$$h_1(n) + a_{k-1}h_1(n-1) + \cdots + a_0 h_1(n-k) = \delta(n) \qquad （10.3\text{-}3）$$

按照前述方法容易求得 $h_1(n)$。

② 根据 LTI 离散系统的线性性质和时不变性质，可得式（10.3-2）的单位序列响应为：

$$h(n) = b_m h_1(n) + b_{m-1}h_1(n-1) + \cdots + b_0 h_1(n-m) \qquad （10.3\text{-}4）$$

下面通过例题进行说明。

例 10.3-2 描述某 LTI 离散系统的差分方程为

$$y(n) + 3y(n-1) + 2y(n-2) = f(n) - f(n-2)$$

求系统的单位序列响应。

解：单位序列响应满足差分方程：

$$h(n) + 3h(n-1) + 2h(n-2) = \delta(n) - \delta(n-2)$$

且初始状态为 $h(-1) = h(-2) = 0$。

上述方程等号右端包含了 $\delta(n)$ 和 $\delta(n-2)$，而 $n=2$ 时，$\delta(n-2) = 1$，故不能认为 $n>0$ 时输入为零。此时，可以采用间接法求得系统的单位序列响应。

令只有 $\delta(n)$ 作用时，系统的单位序列响应 $h_1(n)$ 满足：

$$h_1(n) + 3h_1(n-1) + 2h_1(n-2) = \delta(n)$$

且初始状态为 $h_1(-1) = h_1(-2) = 0$。

由于例 10.3-1 已经求得 $h_1(n) = [-(-1)^n + 2 \times (-2)^n]u(n)$，所以，根据式（10.3-4），系统的单位序列响应为：

$$h(n) = h_1(n) - h_1(n-2) = [-(-1)^n + 2 \times (-2)^n]u(n) - [-(-1)^{n-2} + 2 \times (-2)^{n-2}]u(n-2)$$

10.3.2 阶跃响应

由阶跃序列 $u(n)$ 引起的零状态响应称为单位阶跃响应，简称阶跃响应，记为 $g(n)$，即：

$$g(n) = T[\{0\}, u(n)] \tag{10.3-5}$$

显然，阶跃响应 $g(n)$ 仍然满足非齐次差分方程，所以，仍然采用自由响应和强迫响应的方式求解系统的阶跃响应，下面通过例题介绍阶跃响应的求解方法。

例 10.3-3　描述某 LTI 离散系统的差分方程为

$$y(n) + 3y(n-1) + 2y(n-2) = f(n)$$

求系统的阶跃响应 $g(n)$。

解：根据阶跃响应的定义，将激励 $f(n) = u(n)$ 代入差分方程，得：

$$g(n) + 3g(n-1) + 2g(n-2) = u(n) \tag{1}$$

且 $g(-1) = g(-2) = 0$。

首先根据初始状态并由式（1）递推求出初始值 $g(0), g(1)$：

$$g(0) = -3g(-1) - 2g(-2) + 1 = 1$$
$$g(1) = -3g(0) - 2g(-1) + 1 = -2$$

当 $n \geq 0$ 时，式（1）将变为：

$$g(n) + 3g(n-1) + 2g(n-2) = 1$$

上述差分方程的特征方程为：

$$\lambda^2 + 3\lambda + 2 = 0$$

解得其特征根为 $\lambda_1 = -1, \lambda_2 = -2$。根据表 10.1-1，可设其齐次解形式为：

$$g_h(n) = [C_1(-1)^n + C_2(-2)^n]u(n) ,$$

根据表 10.1-2，可设其特解为 P，将其代入差分方程，有 $P + 3P + 2P = 1$，因此特解为 $P = \dfrac{1}{6}u(n)$，故系统的阶跃响应可设为：

$$g(n) = \left[C_1(-1)^n + C_2(-2)^n + \frac{1}{6} \right]u(n)$$

将初始值代入上式，有：

$$g(0) = C_1 + C_2 + \frac{1}{6} = 1$$
$$g(1) = -C_1 - 2C_2 + \frac{1}{6} = -2$$

解得 $C_1 = -\dfrac{1}{2}, C_2 = \dfrac{4}{3}$。所以，阶跃响应为：

$$g(n) = -\frac{1}{2} \times (-1)^n + \frac{4}{3} \times (-2)^n + \frac{1}{6}, n \geq 0$$

或写为：

$$g(n) = \left[-\frac{1}{2} \times (-1)^n + \frac{4}{3} \times (-2)^n + \frac{1}{6} \right]u(n)$$

根据单位序列和阶跃序列的关系，即式（5.2-3）、式（5.2-4）和式（5.2-5），考虑 LTI 离散系统的线性和时不变性，同一系统的单位序列响应和阶跃响应的关系为：

$$h(n) = g(n) - g(n-1) \tag{10.3-6}$$

$$g(n) = \sum_{m=-\infty}^{n} h(m) = \sum_{m=0}^{\infty} h(n-m) \tag{10.3-7}$$

如已知例 10.3-3 中系统的阶跃响应为 $g(n) = \left[-\dfrac{1}{2}(-1)^n + \dfrac{4}{3}(-2)^n + \dfrac{1}{6} \right] u(n)$，则该系统的单位序列响应可以直接由式（10.3-6）求得，即：

$$
\begin{aligned}
h(n) &= \left[-\frac{1}{2} \times (-1)^n + \frac{4}{3} \times (-2)^n + \frac{1}{6} \right] u(n) - \left[-\frac{1}{2} \times (-1)^{n-1} + \frac{4}{3} \times (-2)^{n-1} + \frac{1}{6} \right] u(n-1) \\
&= \left[-\frac{1}{2} \times (-1)^n + \frac{4}{3} \times (-2)^n + \frac{1}{6} \right] u(n) - \left[-\frac{1}{2} \times (-1)^{n-1} + \frac{4}{3} \times (-2)^{n-1} + \frac{1}{6} \right] [u(n) - \delta(n)] \\
&= \left[-\frac{1}{2} \times (-1)^n + \frac{4}{3} \times (-2)^n + \frac{1}{6} + \frac{1}{2} \times (-1)^{n-1} - \frac{4}{3} \times (-2)^{n-1} - \frac{1}{6} \right] u(n) + \\
&\quad \left[-\frac{1}{2} \times (-1)^{n-1} + \frac{4}{3} \times (-2)^{n-1} + \frac{1}{6} \right] \delta(n) \\
&= [-(-1)^n + 2 \times (-2)^n] u(n)
\end{aligned}
$$

结果显然与例 10.3-1 相同。当然也可以根据式（10.3-7）由单位序列响应 $h(n)$ 求得阶跃响应 $g(n)$，在此不再赘述，读者可自行验证。

若描述 LTI 离散系统的差分方程为：

$$g(n) + a_{k-1}g(n-1) + \cdots + a_0 g(n-k) = b_m u(n) + b_{m-1} u(n-1) + \cdots b_0 u(n-m) \tag{10.3-8}$$

则求解该系统阶跃响应的方法有两个，其一是根据阶跃响应的定义直接求解，可称之为直接法或定义法；其二利用间接法求解。下面举例说明。

例 10.3-4 描述某 LTI 离散系统的差分方程为

$$y(n) + 3y(n-1) + 2y(n-2) = f(n) - f(n-2)$$

求系统的阶跃响应。

解：本题采用间接法求解。

阶跃响应满足方程：

$$g(n) + 3g(n-1) + 2g(n-2) = u(n) - u(n-2)$$

且初始状态：$g(-1) = g(-2) = 0$。

令只有 $u(n)$ 作用于系统时，系统的阶跃响应为 $g_1(n)$，它满足

$$g_1(n) + 3g_1(n-1) + 2g_1(n-2) = u(n)$$

且初始状态为 $g_1(-1) = g_1(-2) = 0$。

例 10.3-3 已经求得 $g_1(n) = \left[-\dfrac{1}{2} \times (-1)^n + \dfrac{4}{3} \times (-2)^n + \dfrac{1}{6} \right] u(n)$，所以，系统的阶跃响应为：

$$
\begin{aligned}
g(n) &= g_1(n) - g_1(n-2) \\
&= \left[-\frac{1}{2} \times (-1)^n + \frac{4}{3} \times (-2)^n + \frac{1}{6} \right] u(n) - \left[-\frac{1}{2} \times (-1)^{n-2} + \frac{4}{3} \times (-2)^{n-2} + \frac{1}{6} \right] u(n-2)
\end{aligned}
$$

练习题

10.3-1　描述某 LTI 离散系统的差分方程为

$$y(n) - 3y(n-1) + 2y(n-2) = f(n) + f(n-1)$$

且初始状态 $y_{zi}(-1) = 2$，$y_{zi}(0) = 0$。

1）求系统的零输入响应 $y_{zi}(n)$；

2）求单位序列响应 $h(n)$；

3）求阶跃响应 $g(n)$。

10.4 卷积和与零状态响应

卷积和不仅在离散信号分析中作用明显，在离散系统分析中同样具有非常重要的作用。本节将以卷积和作为工具，利用单位序列响应求解 LTI 离散系统的零状态响应。

与 LTI 连续系统类似，在 LTI 离散系统中，可将激励分解为单位序列的线性组合，求解单位序列单独作用于系统的响应后，根据 LTI 离散系统的线性和时不变性求得该激励作用于系统时的零状态响应，此过程表现为求卷积和。

根据式（5.2-7），任意离散序列 $f(n)$ 可表示为：

$$f(n) = \cdots + f(-1)\delta(n+1) + f(0)\delta(n) + f(1)\delta(n-1) + \cdots + f(i)\delta(n-i) + \cdots$$
$$= \sum_{i=-\infty}^{\infty} f(i)\delta(n-i) \tag{10.4-1}$$

其波形如图 10.4-1 所示。

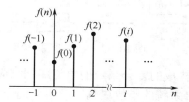

图 10.4-1　任意序列表示为单位序列的组合

如果 LTI 离散系统的单位序列响应为 $h(n)$，那么，由 LTI 离散系统的齐次性和时不变性可知，系统对 $f(i)\delta(n-i)$ 的响应为 $f(i)h(n-i)$。考虑到卷积和的定义，根据系统的零状态线性性质，激励 $f(n)$ 作用于系统所引起的零状态响应 $y_{zs}(n)$ 应为：

$$y_{zs}(n) = \sum_{i=-\infty}^{\infty} f(i)h(n-i) = f(n) * h(n) \tag{10.4-2}$$

也就是说，作用于系统的激励 $f(n)$ 的零状态响应等于激励 $f(n)$ 与该系统的单位序列响应 $h(n)$ 的卷积和。图 10.4-2 完整地展现了上述思路。

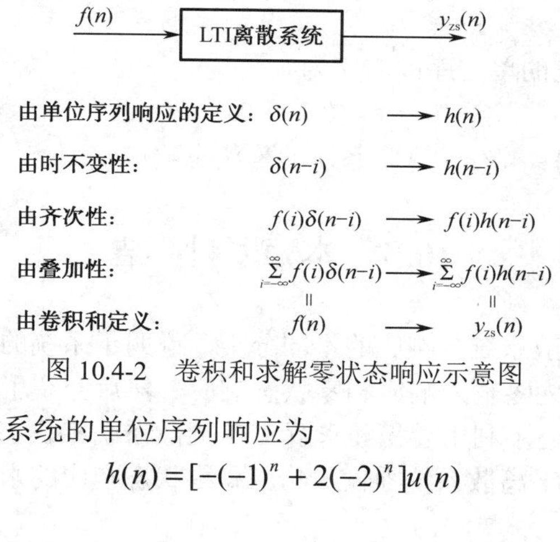

$$f(n) \longrightarrow \boxed{\text{LTI离散系统}} \longrightarrow y_{zs}(n)$$

由单位序列响应的定义： $\delta(n) \longrightarrow h(n)$

由时不变性： $\delta(n-i) \longrightarrow h(n-i)$

由齐次性： $f(i)\delta(n-i) \longrightarrow f(i)h(n-i)$

由叠加性： $\sum_{i=-\infty}^{\infty} f(i)\delta(n-i) \longrightarrow \sum_{i=-\infty}^{\infty} f(i)h(n-i)$

由卷积和定义： $f(n) \longrightarrow y_{zs}(n)$

图 10.4-2　卷积和求解零状态响应示意图

例 10.4-1　某 LTI 离散系统的单位序列响应为

$$h(n) = [-(-1)^n + 2(-2)^n]u(n)$$

试求激励为 $f(n) = 2^n u(n)$ 时系统的零状态响应。

解：由式（10.4-2），可知：

$$y_{zs}(n) = [-(-1)^n + 2 \times (-2)^n] u(n) * 2^n u(n) = \sum_{i=-\infty}^{\infty} [-(-1)^i + 2 \times (-2)^i] u(i) \cdot 2^{n-i} u(n-i)$$

$$= \sum_{i=0}^{n} \left[-2^n \left(-\frac{1}{2} \right)^i + 2^{n+1} (-1)^i \right] = \left[\frac{1}{3} \times (-1)^{n+1} - \frac{1}{3} \times 2^{n+1} + 2^n + (-2)^n \right] u(n)$$

$$= \left[-\frac{1}{3} \times (-1)^n + \frac{1}{3} \times 2^n + (-2)^n \right] u(n)$$

从系统分析的角度来看，卷积和的物理意义与连续系统类似，在此不再赘述。需要提醒读者注意的是：若干个子系统并联构成的复合系统，其单位序列响应等于各个子系统的单位序列响应之和；若干个系统级联构成的复合系统，其单位序列响应等于各个子系统的单位序列响应的卷积和。

例 10.4-2 LTI 离散系统如图 10.4-3 所示，子系统的单位序列响应分别为 $h_1(n) = u(n)$，$h_2(n) = u(n+2) - u(n)$，$h_3(n) = \delta(n-2)$，$h_4(n) = 2^n u(n)$，求系统的单位序列响应 $h(n)$。

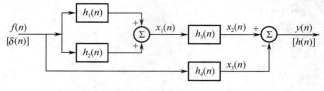

图 10.4-3　系统框图

解：考虑到两个子系统并联构成的复合系统的单位序列响应等于两个子系统的单位序列响应之和，两个子系统级联构成的复合系统的单位序列响应等于两个子系统的单位序列响应的卷积和，根据式（10.4-2），由图 10.4-3 得：

$$x_1(n) = f(n) * [h_1(n) + h_2(n)] = f(n) * u(n+2)$$

$$x_2(n) = x_1(n) * h_3(n) = f(n) * u(n)$$

$$x_3(n) = f(n) * h_4(n) = f(n) * 2^n u(n)$$

$$y(n) = x_2(n) - x_3(n) = f(n) * [u(n) - 2^n u(n)] \tag{1}$$

根据单位序列响应的定义，将 $f(n) = \delta(n)$ 代入式（1），得：

$$h(n) = \delta(n) * [u(n) - 2^n u(n)] = u(n) - 2^n u(n) = (1 - 2^n) u(n)$$

练习题

10.4-1　某 LTI 离散系统的单位序列响应为

$$h(n) = (0.2^n - 0.4^n) u(n)$$

试求激励为 $f(n) = 2\delta(n) - 4\delta(n-2)$ 时系统的零状态响应 $y_{zs}(n)$。

10.5　本 章 小 结

本章首先介绍了 LTI 离散系统全响应的不同分类，说明了系统的全响应既可以分解为自由响应和强迫响应，也可以分解为零输入响应和零状态响应。然后介绍了典型的零状态响应：单位序列响应和阶跃响应，最后阐述了利用卷积和求解 LTI 离散系统零状态响应的方法。通过学习本章内容，读者需要熟练掌握 LTI 离散系统零输入响应和零状态响应的求解方法，尤其要注意单位序列响应在 LTI 离散系统分析中的重要作用。

　　具体来讲，本章主要介绍了：

　　① LTI 离散系统的自由响应和强迫响应。读者应能熟练掌握两类响应的求解方法。

　　② LTI 离散系统的零输入响应和零状态响应。读者应能熟练掌握两类响应的求解方法，并能深刻理解零输入响应和自由响应、零状态响应和强迫响应的关系。

　　③ 单位序列响应和阶跃响应。重点理解两类响应的定义及相互关系。

　　④ 卷积和与零状态响应。读者应能深刻理解卷积和在 LTI 离散系统时域分析中的重要作用，并能利用卷积和求解系统的零状态响应。

　　本章的主要知识脉络如图 10.5-1 所示。

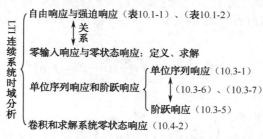

图 10.5-1　本章知识脉络示意图

练习题答案

10.1-1　1）$y(n) = \frac{1}{2}n^2 + \frac{1}{2}n$ ；

2）$y_h(n) = 0$ ，$y_p(n) = \frac{1}{2}n^2 + \frac{1}{2}n$ 。

10.2-1　1）$y_{zi}(n) = (4 \times 2^n - 1)u(n)$ ，$y_{zs}(n) = (4 \times 2^n - n - 3)u(n)$ ，$y(n) = (8 \times 2^n - n - 4)u(n)$

2）$y_{zi}(n) = -2 \times 2^n u(n)$ ，$y_{zs}(n) = (n+1)2^n u(n)$ ，$y(n) = (n-1)2^n u(n)$

10.3-1　1）$y_{zi}(n) = (4 - 4 \times 2^n)u(n)$　2）$h(n) = (3 \times 2^n - 2)u(n)$　3）$g(n) = (6 \times 2^n - 2n - 5)u(n)$

10.4-1　$y(n) = 2(0.2^n - 0.4^n)u(n) - 4(0.2^{n-2} - 0.4^{n-2})u(n-2)$

本 章 习 题

10.1　描述 LTI 离散系统的差分方程为
$$y(n) - y(n-1) - 2y(n-2) = f(n) + 2f(n-2)$$
若 $f(n) = u(n)$ ，$y(-1) = 2$ ，$y(-2) = -\frac{1}{2}$ ，求系统的全响应，并指出自由响应、强迫响应。

10.2　用差分方程求 0~n 的全部整数和 $y(n) = \sum_{j=0}^{n} j$ 。

10.3　某离散系统有如下输入输出关系：
$$y(n) = \sum_{i=-\infty}^{\infty} f(i)x(n - 2i)$$
式中，$x(n) = u(n) - u(n-4)$ 。

1）当 $f(n) = \delta(n-1)$ 时，求 $y(n)$ 。　　2）当 $f(n) = \delta(n-2)$ 时，求 $y(n)$ 。

3）系统是线性时不变的吗？　　4）当 $f(n) = u(n)$ 时，求 $y(n)$ 。

10.4 某 LTI 离散系统的单位序列响应为 $h(n)=\left(\dfrac{1}{5}\right)^{n}u(n)$。求整数 A 以满足如下方程：

$$h(n)-Ah(n-1)=\delta(n)$$

10.5 现有序列 $f(n)=a^{n}u(n)$。

1）画出 $x(n)=f(n)-af(n-1)$ 的波形；

2）利用 1）的结果，结合卷积和性质，求一个序列 $h(n)$，使之满足：

$$f(n)*h(n)=\left(\dfrac{1}{2}\right)^{n}[u(n+2)-u(n-2)]$$

10.6 两个 LTI 离散因果子系统 S_1 和 S_2 级联构成一个系统，如题图 10.1 所示。其中，S_1 满足差分方程 $x(n)-0.5x(n-1)=f(n)$，S_2 满足差分方程 $y(n)-\alpha y(n-1)=\beta x(n)$。$f(n)$ 与 $y(n)$ 的关系由差分方程给出：

$$y(n)-\frac{3}{4}y(n-1)+\frac{1}{8}y(n-2)=f(n)$$

1）求 α 和 β。

2）求级联系统的单位序列响应。

10.7 已知某 LTI 离散因果系统的激励 $f(n)$ 如题图 10.2 所示，其零状态响应为 $y_{zs}(n)=3^{n}u(n)$，求系统的单位序列响应 $h(n)$。

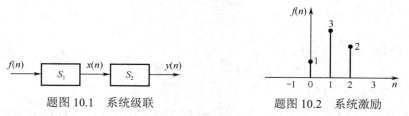

题图 10.1 系统级联   题图 10.2 系统激励

10.8 证明阶跃响应 $g(n)$ 和单位序列响应 $h(n)$ 满足如下关系：

1）$g(n)=\displaystyle\sum_{j=0}^{n}h(j)$

2）$h(n)=g(n)-g(n-1)$

10.9 某地质勘探测试系统给出的发射信号为 $f(n)=\delta(n)+\dfrac{1}{2}\delta(n-1)$，接收回波信号为 $y(n)=\left(\dfrac{1}{2}\right)^{n}u(n)$，若地层反射特性用 $h(n)$ 表示，且满足 $y(n)=f(n)*h(n)$，求 $h(n)$。

10.10 已知某 LTI 离散系统的单位序列响应 $h(n)=\delta(n)+2\delta(n-1)+3\delta(n-2)$，系统激励 $f(n)=3\delta(n)-2\delta(n-1)+\delta(n-3)$，求系统的零状态响应 $y_{zs}(n)$ 在 $n=2$ 时的值。

第 11 章　LTI 离散系统的 z 域分析与特性

【内容提要】

在 LTI 连续系统变换域分析中，将时域中复杂的微分方程转换成变换域中相对简单的代数方程，从而使求解系统响应的过程得以简化。同样地，也可以通过 z 变换把时域中的差分方程转换为 z 域中的代数方程求解。这里用于系统分析的独立变量是复变量 z，故称为 z 域分析。

【重点难点】

- ★ LTI 离散系统的 z 域解
- ★ 系统函数
- ★ LTI 离散系统的系统特性
- ★ 信号流图与系统结构

11.1　LTI 离散系统的 z 域分析

本节将研究 LTI 离散系统的激励与响应在 z 域内的关系。由单边 z 变换的移位特性可知，单边 z 变换将系统的初始状态包含于象函数的代数方程中，因此，可以方便地利用 z 域的代数方程求得系统的零输入响应、零状态响应及全响应。

11.1.1　差分方程的 z 域解

为了得到差分方程的 z 域解，现将描述 k 阶 LTI 离散系统的后向差分方程的一般形式重写如下：

$$\sum_{j=0}^{k} a_{k-j} y(n-j) = \sum_{i=0}^{m} b_{m-i} f(n-i) \tag{11.1-1}$$

若令 $y(n) \leftrightarrow Y(z)$，$f(n) \leftrightarrow F(z)$，则根据式（6.2-6），有：

$$y(n-j) \leftrightarrow z^{-j} Y(z) + \sum_{n=0}^{j-1} y(n-j) z^{-n} \tag{11.1-2}$$

如果 $f(n)$ 是因果序列（若 $f(n)$ 在 $n=0$ 时接入系统，则对于该系统来说，激励 $f(n)$ 可看作为因果序列），则在 $n<0$ 时，$f(n)=0$，故有：

$$f(n-i) \leftrightarrow z^{-i} F(z) \tag{11.1-3}$$

由此，可求得式（11.1-1）的单边 z 变换为：

$$\sum_{j=0}^{k} a_{k-j} \left[z^{-j} Y(z) + \sum_{n=0}^{j-1} y(n-j) z^{-n} \right] = \sum_{i=0}^{m} b_{m-i} \left[z^{-i} F(z) \right]$$

整理上式，得：

$$\left[\sum_{j=0}^{k} a_{k-j} z^{-j} \right] Y(z) + \sum_{j=0}^{k} a_{k-j} \left[\sum_{n=0}^{j-1} y(n-j) z^{-n} \right] = \left(\sum_{i=0}^{m} b_{m-i} z^{-i} \right) F(z)$$

由上式可解得：

$$Y(z) = \frac{M(z)}{A(z)} + \frac{B(z)}{A(z)} F(z) = \frac{-\sum\limits_{j=0}^{k} a_{k-j} \left[\sum\limits_{n=0}^{j-1} y(n-j) z^{-n} \right]}{\sum\limits_{j=0}^{k} a_{k-j} z^{-j}} + \frac{\sum\limits_{i=0}^{m} b_{m-i} z^{-i}}{\sum\limits_{j=0}^{k} a_{k-j} z^{-j}} F(z) \qquad (11.1\text{-}4)$$

式（11.1-4）称为 LTI 离散系统的 z 域解。显然，上式中 $A(z)$、$B(z)$ 和 $M(z)$ 均为 z 的负幂次多项式。其中，$A(z)$ 和 $B(z)$ 的系数分别是差分方程的系数 a_{k-j} 和 b_{m-i}，$M(z)$ 的系数仅与 a_{k-j} 和系统的初始状态 $y(-1), y(-2), \cdots, y(-k)$ 有关而与激励无关。$A(z)$ 即为式（11.1-1）的特征多项式，$A(z) = 0$ 的根 $p_1, p_2, \cdots, p_k$ 即为特征根。当然，为了求解方便，在实际计算中常将 $A(z)$、$B(z)$ 和 $M(z)$ 变为 z 的正幂次形式的多项式。

由式（11.1-4）还可以看出，其第一项 $\dfrac{M(z)}{A(z)}$ 仅与系统的初始状态有关而与激励无关，因而是零输入响应的象函数；第二项 $\dfrac{B(z)}{A(z)} F(z)$ 仅与激励有关而与系统的初始状态无关，因而是零状态响应的象函数。所以，差分方程的 z 域解可表示为：

$$Y(z) = \frac{M(z)}{A(z)} + \frac{B(z)}{A(z)} F(z) = Y_{zi}(z) + Y_{zs}(z) \qquad (11.1\text{-}5)$$

根据象函数和原序列的关系可知，取上式的逆 z 变换即可得到 LTI 离散系统的零输入响应、零状态响应及全响应。

例 11.1-1 描述某 LTI 离散系统的差分方程为

$$y(n) + 3y(n-1) + 2y(n-2) = f(n)$$

若 $f(n) = 2^n u(n)$，$y(-1) = \dfrac{1}{3}$，$y(-2) = \dfrac{1}{4}$，求系统的全响应。

解： 本题已在例 10.2-3 中采用时域方法求解，现在采用 z 域方法求解。

对差分方程取单边 z 变换，得：

$$Y(z) + 3[z^{-1} Y(z) + y(-1)] + 2[z^{-2} Y(z) + y(-2) + z^{-1} y(-1)] = F(z)$$

整理并将初始状态 $y(-1) = \dfrac{1}{3}, y(-2) = \dfrac{1}{4}$ 及 $f(n) = 2^n u(n) \leftrightarrow F(z) = \dfrac{z}{z-2}$ 代入上式，得：

$$\begin{aligned}
Y(z) &= -\frac{(3 + 2z^{-1}) y(-1) + 2y(-2)}{1 + 3z^{-1} + 2z^{-2}} + \frac{1}{1 + 3z^{-1} + 2z^{-2}} \cdot \frac{z}{z-2} \\
&= -\frac{\dfrac{2}{3} z^{-1} + \dfrac{3}{2}}{1 + 3z^{-1} + 2z^{-2}} + \frac{1}{1 + 3z^{-1} + 2z^{-2}} \cdot \frac{z}{z-2} \\
&= -\frac{\dfrac{2}{3} z + \dfrac{3}{2} z^2}{z^2 + 3z + 2} + \frac{z^3}{(z^2 + 3z + 2)(z-2)} \\
&= Y_{zi}(z) + Y_{zs}(z)
\end{aligned}$$

所以：

$$Y_{zi}(z) = -\frac{\dfrac{2}{3} z + \dfrac{3}{2} z^2}{z^2 + 3z + 2} = \frac{5}{6} \frac{z}{z+1} - \frac{7}{3} \frac{z}{z+2}$$

$$Y_{zs}(z) = \frac{z^3}{(z^2 + 3z + 2)(z-2)} = -\frac{1}{3} \frac{z}{z+1} + \frac{z}{z+2} + \frac{1}{3} \frac{z}{z-2}$$

对上述两式分别求取逆 z 变换，得：

$$y_{zi}(n) = \left[\frac{5}{6} \times (-1)^n - \frac{7}{3} \times (-2)^n\right]u(n)$$

$$y_{zs}(n) = \left[-\frac{1}{3} \times (-1)^n + (-2)^n + \frac{1}{3} \times 2^n\right]u(n)$$

所以，系统的全响应为：

$$y(n) = y_{zi}(n) + y_{zs}(n) = \left[\frac{1}{2} \times (-1)^n - \frac{4}{3} \times (-2)^n + \frac{1}{3} \times 2^n\right]u(n)$$

显然，本例结果与例 10.2-3 完全相同。

例 11.1-2 描述某 LTI 离散系统的差分方程为

$$y(n) + 6y(n-1) + 8y(n-2) = f(n)$$

若 $f(n) = 2^n (n \geqslant 0)$，$y(0) = 2$，$y(1) = -1$，求系统的全响应。

解：本题已在例 10.2-4 中采用时域方法求解，现在采用 z 域方法求解。

题目给出的是系统的初始值 $y(0) = 2, y(1) = -1$，而由初始值无法区分零输入响应和零状态响应在 $n = 0, n = 1$ 时的值。因此，首先根据差分方程求得系统的初始状态。

改写差分方程，以便根据其递推求得 $y(-1), y(-2)$：

$$y(n-2) = \frac{1}{8}[f(n) - y(n) - 6y(n-1)]$$

对于上式，分别令 $n = 1, 0$，得：

$$y(-1) = \frac{1}{8}[f(1) - y(1) - 6y(0)] = -\frac{9}{8}$$

$$y(-2) = \frac{1}{8}[f(0) - y(0) - 6y(-1)] = \frac{23}{32}$$

对差分方程取单边 z 变换，得：

$$Y(z) + 6[z^{-1}Y(z) + y(-1)] + 8[z^{-2}Y(z) + y(-2) + z^{-1}y(-1)] = F(z)$$

整理并将初始状态 $y(-1) = -\frac{9}{8}, y(-2) = \frac{23}{32}$ 及 $f(n) = 2^n u(n) \leftrightarrow F(z) = \dfrac{z}{z-2}$ 代入上式，得：

$$\begin{aligned}
Y(z) &= -\frac{(6 + 8z^{-1})y(-1) + 8y(-2)}{1 + 6z^{-1} + 8z^{-2}} + \frac{1}{1 + 6z^{-1} + 8z^{-2}} \cdot \frac{z}{z-2} \\
&= \frac{1 + 9z^{-1}}{1 + 6z^{-1} + 8z^{-2}} + \frac{1}{1 + 6z^{-1} + 8z^{-2}} \cdot \frac{z}{z-2} \\
&= \frac{z^2 + 9z}{z^2 + 6z + 8} + \frac{z^3}{(z^2 + 6z + 8)(z-2)} \\
&= Y_{zi}(z) + Y_{zs}(z)
\end{aligned}$$

所以：

$$Y_{zi}(z) = \frac{z^2 + 9z}{z^2 + 6z + 8} = \frac{7}{2}\frac{z}{z+2} - \frac{5}{2}\frac{z}{z+4}$$

$$Y_{zs}(z) = \frac{z^3}{(z^2 + 6z + 8)(z-2)} = -\frac{1}{2}\frac{z}{z+2} + \frac{4}{3}\frac{z}{z+4} + \frac{1}{6}\frac{z}{z-2}$$

对上述两式分别求取逆 z 变换，得：

$$y_{zi}(n) = \left[\frac{7}{2} \times (-2)^n - \frac{5}{2} \times (-4)^n\right]u(n)$$

$$y_{zs}(n) = \left[-\frac{1}{2} \times (-2)^n + \frac{4}{3} \times (-4)^n + \frac{1}{6} \times 2^n\right]u(n)$$

所以，系统的全响应为：

$$y(n) = y_{zi}(n) + y_{zs}(n) = \left[3 \times (-2)^n - \frac{7}{6} \times (-4)^n + \frac{1}{6} \times 2^n \right] u(n)$$

显然，本例结果与例 10.2-4 完全相同。

当然，本例也可以先在 z 域中求解系统的零状态响应，然后再利用 z 域或时域方法求解系统的零输入响应。在 z 域中求解零状态响应的过程如下：

设零状态，对差分方程取 z 变换，有：

$$Y_{zs}(z) + 6z^{-1}Y_{zs}(z) + 8z^{-2}Y_{zs}(z) = F(z)$$

即：

$$Y_{zs}(z) = \frac{1}{1 + 6z^{-1} + 8z^{-2}} F(z) = \frac{z^2}{z^2 + 6z + 8} F(z)$$

将 $f(n) = 2^n u(n) \leftrightarrow F(z) = \dfrac{z}{z-2}$ 代入上式，得：

$$Y_{zs}(z) = \frac{z^3}{(z^2 + 6z + 8)(z-2)} = -\frac{1}{2}\frac{z}{z+2} + \frac{4}{3}\frac{z}{z+4} + \frac{1}{6}\frac{z}{z-2}$$

对上式求取逆 z 变换，得：

$$y_{zs}(n) = \left[-\frac{1}{2} \times (-2)^n + \frac{4}{3} \times (-4)^n + \frac{1}{6} \times 2^n \right] u(n)$$

综上所述，如果题目中给出的已知条件是初始值 $y(0), y(1), \cdots, y(k-1)$，求解系统的零输入响应、零状态响应和全响应有两种处理方法：

① 先求出系统的初始状态再求解系统的响应。首先由系统初始值递推求得系统的初始状态 $y(-1), y(-2), \cdots, y(-k)$，然后在 z 域中求解系统的响应（如例 11.1-2）或在时域中求解系统的响应（如例 10.2-4）。

② 先求解系统的零状态响应，再求解系统的零输入响应和全响应。因为零状态响应的初始状态为零，即 $y_{zs}(-1) = y_{zs}(-2) = \cdots y_{zs}(-k) = 0$，故可通过时域法（如例 10.2-4）或 z 域法（如例 11.1-2 中 z 域求解零状态响应的过程）首先求出零状态响应，然后令 $n = 0, 1, \cdots, k-1$ 以求得 $y_{zs}(0), y_{zs}(1), \cdots, y_{zs}(k-1)$，根据式（10.2-1）求得零输入响应的初始值 $y_{zi}(0), y_{zi}(1), \cdots, y_{zi}(k-1)$，最后根据差分方程和零输入响应的初始值采用时域方法求得零输入响应（如例 10.2-4）或利用零输入条件下的差分方程通过递推由初始值求得初始状态 $y_{zi}(-1), y_{zi}(-2), \cdots, y_{zi}(-k)$，从而在 z 域中求解零输入响应。

下面从 z 域的角度讨论系统全响应中的自由响应与强迫响应、暂态响应与稳态响应。

例 11.1-3　描述某 LTI 离散系统的差分方程为

$$6y(n) - 5y(n-1) + y(n-2) = f(n)$$

若 $f(n) = 10\cos\left(\dfrac{n\pi}{2}\right) u(n)$，$y(-1) = 6$，$y(-2) = -20$，求系统的全响应。

解：对差分方程进行单边 z 变换，得：

$$6Y(z) - 5z^{-1}Y(z) - 5y(-1) + z^{-2}Y(z) + y(-2) + y(-1)z^{-1} = F(z)$$

整理得：

$$Y(z) = \frac{[5y(-1) - y(-2)] - y(-1)z^{-1}}{6 - 5z^{-1} + z^{-2}} + \frac{1}{6 - 5z^{-1} + z^{-2}} F(z)$$

将初始状态 $y(-1) = 6, y(-2) = -20$ 及 $f(n) = 10\cos\left(\dfrac{n\pi}{2}\right) u(n) \leftrightarrow F(z) = \dfrac{10z^2}{z^2 + 1}$ 代入上式并整理

得：

$$Y(z) = Y_{zi}(z) + Y_{zs}(z) = \frac{50z^2 - 6z}{6z^2 - 5z + 1} + \frac{z^2}{6z^2 - 5z + 1} \cdot \frac{10z^2}{z^2 + 1}$$

$$= \frac{50z^2 - 6z}{6\left(z - \frac{1}{2}\right)\left(z - \frac{1}{3}\right)} + \frac{10z^4}{6\left(z - \frac{1}{2}\right)\left(z - \frac{1}{3}\right)(z - j)(z + j)}$$

所以：

$$\frac{Y(z)}{z} = \frac{K_1}{\left(z - \frac{1}{2}\right)} + \frac{K_2}{\left(z - \frac{1}{3}\right)} + \frac{K_3}{\left(z - \frac{1}{2}\right)} + \frac{K_4}{\left(z - \frac{1}{3}\right)} + \frac{K_5}{(z - j)} + \frac{K_6}{(z + j)}$$

求待定系数：

$$K_1 = \left(z - \frac{1}{2}\right)\frac{Y_{zi}(z)}{z}\bigg|_{z=\frac{1}{2}} = \frac{50z - 6}{6\left(z - \frac{1}{3}\right)}\bigg|_{z=\frac{1}{2}} = 19$$

$$K_2 = \left(z - \frac{1}{3}\right)\frac{Y_{zi}(z)}{z}\bigg|_{z=\frac{1}{3}} = \frac{50z - 6}{6\left(z - \frac{1}{2}\right)}\bigg|_{z=\frac{1}{3}} = -\frac{32}{3}$$

$$K_3 = \left(z - \frac{1}{2}\right)\frac{Y_{zs}(z)}{z}\bigg|_{z=\frac{1}{2}} = \frac{10z^3}{6\left(z - \frac{1}{3}\right)(z - j)(z + j)}\bigg|_{z=\frac{1}{2}} = 1$$

$$K_4 = \left(z - \frac{1}{3}\right)\frac{Y_{zs}(z)}{z}\bigg|_{z=\frac{1}{3}} = \frac{10z^3}{6\left(z - \frac{1}{2}\right)(z - j)(z + j)}\bigg|_{z=\frac{1}{3}} = -\frac{1}{3}$$

$$K_5 = (z - j)\frac{Y_{zs}(z)}{z}\bigg|_{z=j} = \frac{10z^3}{6\left(z - \frac{1}{2}\right)\left(z - \frac{1}{3}\right)(z + j)}\bigg|_{z=j} = \frac{1 - j}{2}$$

$$K_6 = K_5^* = \frac{1 + j}{2}$$

所以有：

$$Y(z) = \frac{19z}{\left(z - \frac{1}{2}\right)} - \frac{32}{3}\frac{z}{\left(z - \frac{1}{3}\right)} + \frac{z}{\left(z - \frac{1}{2}\right)} - \frac{1}{3}\frac{z}{\left(z - \frac{1}{3}\right)} + \frac{1 - j}{2}\frac{z}{(z - j)} + \frac{1 + j}{2}\frac{z}{(z + j)}$$

可见，上式前四项为自由响应的象函数，它的形式由特征根确定，后两项为强迫响应的象函数，它的形式由激励的象函数 $F(z)$ 的极点确定；前两项为零输入响应的象函数，后四项为零状态响应的象函数。

求取上式的逆 z 变换，得：

$$y(n) = \left[19 \times \left(\frac{1}{2}\right)^n - \frac{32}{3} \times \left(\frac{1}{3}\right)^n + \left(\frac{1}{2}\right)^n - \frac{1}{3} \times \left(\frac{1}{3}\right)^n + \sqrt{2}\cos\left(\frac{n\pi}{2} - \frac{\pi}{4}\right)\right]u(n)$$

可见，上式前四项为自由响应且为暂态响应，第五项为强迫响应且为稳态响应；前两项为零输入响应，后三项为零状态响应。

11.1.2 系统函数

由式（11.1-5）可知：

$$Y_{zs}(z) = \frac{B(z)}{A(z)} F(z)$$

式中， $F(z)$ 为激励 $f(n)$ 的象函数、 $A(z) = \sum_{j=0}^{k} a_{k-j} z^{-j}$ 、 $B(z) = \sum_{i=0}^{m} b_{m-i} z^{-i}$ 。

同连续系统的复频域分析类似，离散系统的系统函数 $H(z)$ 定义为系统零状态响应的象函数 $Y_{zs}(z)$ 与激励的象函数 $F(z)$ 之比，即：

$$H(z) \overset{\text{def}}{=\!=} \frac{Y_{zs}(z)}{F(z)} = \frac{B(z)}{A(z)} \tag{11.1-6}$$

同连续系统类似，式（11.1-6）只是系统函数的定义式和计算式，并不能由此得出系统函数与激励成反比、与零状态响应成正比的结论。

由式（11.1-6）可知，系统零状态响应的象函数可以写为：

$$Y_{zs}(z) = H(z)F(z) \tag{11.1-7}$$

对上式求逆 z 变换即可得到系统的零状态响应。

实际上，由于系统的单位序列响应 $h(n)$ 是激励为 $\delta(n)$ 时系统的零状态响应，且根据常用序列的 z 变换对 $\delta(n) \leftrightarrow 1$ ，所以由式（11.1-7）知，系统的单位序列响应和系统函数是一对 z 变换：

$$h(n) \leftrightarrow H(z) \tag{11.1-8}$$

根据式（6.2-12），若 $f(n) \leftrightarrow F(z)$ 、 $h(n) \leftrightarrow H(z)$ 、 $y_{zs}(n) \leftrightarrow Y_{zs}(z)$ ，则对式（11.1-7）取其逆 z 变换，有：

$$y_{zs}(n) = h(n) * f(n)$$

这正是时域分析中的重要结论。

可见，时域卷积定理将离散系统的时域分析与 z 域分析紧密相连，使系统分析方法更加丰富，手段更加灵活，计算更加简便。

例 11.1-4 描述某 LTI 离散系统的差分方程为

$$y(n) + 3y(n-1) + 2y(n-2) = f(n)$$

求系统的单位序列响应。

解：本题已在例 10.3-1 中采用时域方法求解，现在采用 z 域方法求解。

对差分方程求解零状态条件下的 z 变换，有：

$$Y_{zs}(z) + 3z^{-1} Y_{zs}(z) + 2z^{-2} Y_{zs}(z) = F(z)$$

由式（11.1-6），有：

$$H(z) = \frac{Y_{zs}(z)}{F(z)} = \frac{1}{1 + 3z^{-1} + 2z^{-2}} = \frac{z^2}{z^2 + 3z + 2} = \frac{2z}{z+2} - \frac{z}{z+1}$$

由式（11.1-8），求其逆 z 变换，得：

$$h(n) = [-(-1)^n + 2 \times (-2)^n] u(n)$$

显然，本例结果与例 10.3-1 完全相同。

实际上，不但可以利用系统的差分方程求解系统函数进而求得系统的零状态响应，而且还可以利用系统函数得到系统的差分方程，下面举例说明。

例 11.1-5 若某 LTI 离散系统当激励为 $f(n) = \left(-\dfrac{1}{2}\right)^n u(n)$ 时，其零状态响应为

$$y_{zs}(n) = \left[\frac{3}{2} \times \left(\frac{1}{2} \right)^n + 4 \times \left(-\frac{1}{3} \right)^n - \frac{9}{2} \times \left(-\frac{1}{2} \right)^n \right] u(n)$$

求系统的单位序列响应 $h(n)$ 和描述系统的差分方程。

解：依题意，系统零状态响应的象函数为：

$$Y_{zs}(z) = \frac{3}{2} \cdot \frac{z}{z - \frac{1}{2}} + 4 \cdot \frac{z}{z + \frac{1}{3}} - \frac{9}{2} \cdot \frac{z}{z + \frac{1}{2}} = \frac{z^3 + 2z^2}{\left(z - \frac{1}{2} \right)\left(z + \frac{1}{3} \right)\left(z + \frac{1}{2} \right)}$$

由于 $f(n) = \left(-\frac{1}{2} \right)^n u(n) \leftrightarrow F(z) = \frac{z}{z + \frac{1}{2}}$，由式（11.1-6）可知系统函数为：

$$H(z) = \frac{Y_{zs}(z)}{F(z)} = \frac{z^2 + 2z}{\left(z - \frac{1}{2} \right)\left(z + \frac{1}{3} \right)} = \frac{3z}{z - \frac{1}{2}} + \frac{-2z}{z + \frac{1}{3}} = \frac{z^2 + 2z}{z^2 - \frac{1}{6}z - \frac{1}{6}}$$

求上式的逆 z 变换，得单位序列响应为：

$$h(n) = \left[3 \times \left(\frac{1}{2} \right)^n - 2 \times \left(-\frac{1}{3} \right)^n \right] u(n)$$

同连续系统类似，由系统函数求差分方程的思路有两个，先看第一种思路。

由式（11.1-6）可知：

$$A(z)Y_{zs}(z) = B(z)F(z)$$

根据已求得的系统函数表达式，有：

$$z^2 Y_{zs}(z) - \frac{1}{6} z Y_{zs}(z) - \frac{1}{6} Y_{zs}(z) = z^2 F(z) + 2z F(z)$$

考虑 z 变换的移位特性，对上式等号两端取逆 z 变换，得：

$$y_{zs}(n+2) - \frac{1}{6} y_{zs}(n+1) - \frac{1}{6} y_{zs}(n) = f(n+2) + 2f(n+1)$$

所以，可知系统的差分方程为：

$$y(n+2) - \frac{1}{6} y(n+1) - \frac{1}{6} y(n) = f(n+2) + 2f(n+1)$$

显然上式为前向差分方程，根据式（5.1-7）可将前向差分方程转换为常用的后向差分方程：

$$y(n) - \frac{1}{6} y(n-1) - \frac{1}{6} y(n-2) = f(n) + 2f(n-1)$$

当然，如果将系统函数的分子、分母变为 z 的负指数形式后再根据上述思路求解系统差分方程的话，则能够直接得到后向差分方程，其过程如下所述。

将系统函数的分子、分母同乘以 z^{-2}，得

$$H(z) = \frac{Y_{zs}(z)}{F(z)} = \frac{1 + 2z^{-1}}{1 - \frac{1}{6} z^{-1} - \frac{1}{6} z^{-2}}$$

上式对角相乘得：

$$Y_{zs}(z) - \frac{1}{6} z^{-1} Y_{zs}(z) - \frac{1}{6} z^{-2} Y_{zs}(z) = F(z) + 2z^{-1} F(z)$$

取逆 z 变换，得后向差分方程为：

$$y(n) - \frac{1}{6}y(n-1) - \frac{1}{6}y(n-2) = f(n) + 2f(n-1)$$

再看第二种思路。

根据式（11.1-1）和式（11.1-6）以及 $A(z)$ 和 $B(z)$ 的定义：

$$A(z) = \sum_{j=0}^{k} a_{k-j}z^{-j}, \quad B(z) = \sum_{i=0}^{m} b_{m-i}z^{-i}$$

考虑单边 z 变换的移位特性，可知系统函数 $H(z)$ 的分母、分子多项式的系数分别与系统差分方程等号左右两端的系数和差分阶数一一对应，所以，可知系统的差分方程为：

$$y(n+2) - \frac{1}{6}y(n+1) - \frac{1}{6}y(n) = f(n+2) + 2f(n+1)$$

或

$$y(n) - \frac{1}{6}y(n-1) - \frac{1}{6}y(n-2) = f(n) + 2f(n-1)$$

11.1.3 系统的 z 域框图

同连续系统的 s 域框图类似，如果根据离散系统的时域框图画出其相应的 z 域框图，就可直接按照 z 域框图列写代数方程，然后解出响应的象函数，取其逆 z 变换求得系统的响应，显然，这将简化运算。

利用 z 变换的线性性质和时移性质对各种基本运算部件（数乘器、加法器、延迟单元）的输入和输出分别取 z 变换，可得各部件的 z 域模型如表 11.1-1 所示。

由表 11.1-1 可以看出，含初始状态的 z 域框图比较复杂，而我们通常最关心的是系统的零状态响应，所以常采用零状态的 z 域框图。零状态条件下系统的 z 域框图与时域框图形式上相同，因而使用简便，当然也给求解零输入响应带来不便。

表 11.1-1　基本运算部件的 z 域模型

名　称	时　域　模　型	z 域模型
数乘器 （标量乘法器）		
加法器		
延迟单元		
延迟单元 （零状态）		

例 11.1-6　某 LTI 离散系统的时域框图如图 11.1-1 所示，已知激励 $f(n) = u(n)$。

1）求系统的单位序列响应 $h(n)$ 和零状态响应 $y_{zs}(n)$。

2）若 $y(-1) = 0, y(-2) = 0.5$，求系统的零输入响应 $y_{zi}(n)$。

解：1）设中间变量为 $X(z)$，则画出零状态条件下系统的 z 域框图如图 11.1-2 所示。

根据图 11.1-2，由左侧加法器可列象函数方程：

$$X(z) = 3z^{-1}X(z) - 2z^{-2}X(z) + F(z)$$

即：

$$X(z) = \frac{1}{1 - 3z^{-1} + 2z^{-2}}F(z)$$

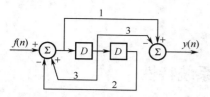

图 11.1-1　离散系统时域框图

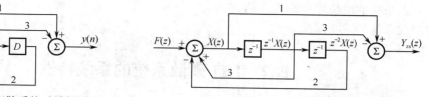

图 11.1-2　零状态条件下离散系统 z 域框图

由右侧加法器可列出象函数方程：

$$Y_{zs}(z) = X(z) - 3z^{-1}X(z)$$

从上述二式消去中间变量 $X(z)$，得：

$$Y_{zs}(z) = \frac{1 - 3z^{-1}}{1 - 3z^{-1} + 2z^{-2}}F(z) = H(z)F(z)$$

所以，

$$H(z) = \frac{1 - 3z^{-1}}{1 - 3z^{-1} + 2z^{-2}} = \frac{z^2 - 3z}{z^2 - 3z + 2} = \frac{2z}{z-1} + \frac{-z}{z-2}$$

取逆 z 变换，得系统单位序列响应为：

$$h(n) = (2 - 2^n)u(n)$$

当 $f(n) = u(n)$ 时，$F(z) = \dfrac{z}{z-1}$，由式（11.1-7）得：

$$Y_{zs}(z) = \frac{z^2 - 3z}{z^2 - 3z + 2} \cdot \frac{z}{z-1} = \frac{z^2(z-3)}{(z-1)^2(z-2)} = \frac{2z}{(z-1)^2} + \frac{3z}{z-1} + \frac{-2z}{z-2}$$

求上式的逆 z 变换，得系统的零状态响应为：

$$y_{zs}(n) = (2n + 3 - 2^{n+1})u(n)$$

2）因为系统函数为：

$$H(z) = \frac{1 - 3z^{-1}}{1 - 3z^{-1} + 2z^{-2}}$$

所以，系统的零输入响应满足方程：

$$y_{zi}(n) - 3y_{zi}(n-1) + 2y_{zi}(n-2) = 0$$

对上式取 z 变换，得：

$$Y_{zi}(z) - 3[z^{-1}Y_{zi}(z) + y_{zi}(-1)] + 2[z^{-2}Y_{zi}(z) + y_{zi}(-2) + y_{zi}(-1)z^{-1}] = 0$$

因为 $y_{zs}(-1) = y_{zs}(-2) = 0$，故 $y_{zi}(-1) = y(-1) = 0, y_{zi}(-2) = y(-2) = 0.5$，将其代入上式并整理得：

$$Y_{zi}(z) = \frac{-1}{1 - 3z^{-1} + 2z^{-2}} = \frac{-z^2}{z^2 - 3z + 2} = \frac{z}{z-1} + \frac{-2z}{z-2}$$

求其逆 z 变换，得系统的零输入响应为：

$$y_{zi}(n) = (1 - 2^{n+1})u(n)$$

练习题

11.1-1　描述某 LTI 离散系统的差分方程为

$$y(n+2)-3y(n+1)+2y(n)=f(n+1)-2f(n)$$

若 $f(n)=u(n)$，$y(0)=1$，$y(-1)=1$，求系统的零输入响应和零状态响应，并画出系统的模拟框图。

11.1-2 描述某二阶 LTI 离散因果系统的差分方程为

$$y(n)-0.25y(n-2)=f(n)+2f(n-1)$$

1）求系统的单位序列响应 $h(n)$；

2）求系统的阶跃响应 $g(n)$。

11.2 LTI 离散系统的系统特性

同 LTI 连续系统类似，集总参数 LTI 离散系统的系统函数 $H(z)$ 是 z 的有理分式，它既与描述系统的差分方程有直接联系，也与系统的单位序列响应以及 z 域响应关系密切，因而系统函数在系统分析中占有重要地位。本节首先介绍系统函数 $H(z)$ 的零、极点分布与系统时域特性和 z 域特性的关系，然后讨论系统的因果性和稳定性。读者可以对照 LTI 连续系统的系统特性一节学习本节内容，以达到事半功倍的效果。

11.2.1 系统函数与时域响应

集总参数 LTI 离散系统的系统函数是复变量 z 的有理分式，即：

$$H(z)=\frac{B(z)}{A(z)}=\frac{b_m z^m+b_{m-1}z^{m-1}+\cdots+b_1 z+b_0}{a_k z^k+a_{k-1}z^{k-1}+\cdots+a_1 z+a_0} \tag{11.2-1}$$

式中，系数 $a_i(i=0,1,2,\cdots,k)$ 和 $b_j(j=0,1,2,\cdots,m)$ 都是实数且 $a_k=1$。

类似于 LTI 连续系统，$A(z)=0$ 的根 $p_1,p_2,\cdots,p_k$ 称为系统函数 $H(z)$ 的极点，$B(z)=0$ 的根 $\xi_1,\xi_2,\cdots,\xi_m$ 称为系统函数 $H(z)$ 的零点，因此，系统函数 $H(z)$ 可写为：

$$H(z)=\frac{B(z)}{A(z)}=\frac{b_m\prod\limits_{j=1}^{m}(z-\xi_j)}{\prod\limits_{i=1}^{k}(z-p_i)} \tag{11.2-2}$$

$H(z)$ 的零、极点有以下几种类型：

① 位于 z 平面实轴上的一阶实零、极点；

② 位于 z 平面虚轴上并且对称于实轴的一阶共轭虚零、极点；

③ 位于 z 平面并对称于实轴的一阶共轭复零、极点。

此外，还有位于 z 平面的二阶及二阶以上的各类零、极点。

由式（11.2-1）可以看出，系统函数 $H(z)$ 一般有 k 个有限极点，m 个有限零点。如果 $k>m$，则当 z 沿任意方向趋于无穷，即当 $|z|\to\infty$ 时，$\lim\limits_{|z|\to\infty}H(z)=\lim\limits_{|z|\to\infty}\dfrac{b_m z^m}{z^k}=0$，可以认为 $H(z)$ 在无穷远处有一个 $k\text{-}m$ 阶零点；如果 $k<m$，则当 $|z|\to\infty$ 时，$\lim\limits_{|z|\to\infty}H(z)=\lim\limits_{|z|\to\infty}\dfrac{b_m z^m}{z^k}$ 趋于无穷，可以认为 $H(z)$ 在无穷远处有一个 $m\text{-}k$ 阶极点，此处只研究 $k\geqslant m$ 的情况。

类似于 LTI 连续系统，根据系统函数 $H(z)$ 的零、极点可以画出其零、极点分布图，但若根据零、极点分布图写出系统函数 $H(z)$ 的函数表达式，则还需要一些已知条件。

例 11.2-1 画出 $H(z) = \dfrac{2(z+2)}{(z+1)^2(z^2+1)}$ 的零、极点分布图。

解：由方程：

$$2(z+2) = 0$$
$$(z+1)^2(z^2+1) = 0$$

得零、极点坐标分别为：

$$\xi = -2, \quad p_1 = p_2 = -1, \quad p_{3,4} = \pm \mathrm{j}$$

零、极点分布如图 11.2-1 所示，图中的（2）表示二重极点。

例 11.2-2 已知 $H(z)$ 的零、极点分布图如图 11.2-1 所示，并且 $h(3)=2$，求 $H(z)$ 的表达式。

解：由图 11.2-1 可知 $H(z)$ 的零点坐标为 $\xi = -2$，极点坐标为 $p_1 = p_2 = -1$，$p_{3,4} = \pm \mathrm{j}$，故可令：

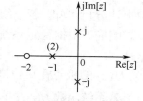

图 11.2-1　系统函数的零、极点分布图

$$H(z) = \frac{K(z+2)}{(z+1)^2(z^2+1)}$$

式中，K 为常实数。

根据式（6.2-29），有：

$$h(0) = \lim_{z \to \infty} H(z) = 0$$

$$h(1) = \lim_{z \to \infty} z \left[H(z) - h(0) \right] = 0$$

$$h(2) = \lim_{z \to \infty} z^2 \left[H(z) - h(0) - h(1)z^{-1} \right] = 0$$

$$h(3) = \lim_{z \to \infty} z^3 \left[\frac{K(z+2)}{(z+1)^2(z^2+1)} - h(0) - h(1)z^{-1} - h(2)z^{-2} \right] = K = 2$$

所以，系统函数为：

$$H(z) = \frac{2(z+2)}{(z+1)^2(z^2+1)}$$

下面根据系统函数的极点位置，讨论系统时域响应的形式。

由式（11.1-5）和式（11.1-6）及常用序列的 z 变换对可知，系统自由（固有）响应的序列形式由 $A(z)=0$ 的根确定（即由 $H(z)$ 的极点确定），而单位序列响应的函数形式也由 $H(z)$ 的极点确定。因此，通过 $H(z)$ 的极点位置就可以讨论系统的自由响应和单位序列响应的形式，下面予以具体分析，分析的对象仅限于 LTI 离散因果系统。

系统函数 $H(z)$ 的极点在 z 平面上的位置可分为单位圆内、单位圆上和单位圆外三类。

1）$H(z)$ 的极点在单位圆内

（1）若系统函数 $H(z)$ 有单极点 $p = a(|a|<1)$ 或 $p_{1,2} = a\mathrm{e}^{\pm j\beta}(|a|<1)$，则 $A(z)$ 必有因子 $(z-a)$ 或 $(z^2 - 2az\cos\beta + a^2)$，根据常用序列的 z 变换对，可知其对应的自由响应和单位序列响应的函数形式为：

$$Aa^n u(n)$$

或

$$Aa^n \cos(\beta n + \varphi)u(n)$$

式中，A 和 φ 为常数。由于 $|a|<1$，故上述二式均随 n 的增大而减小，且当 $n \to \infty$ 时，其趋于零，为暂态响应，波形如图 11.2-2 所示。

（2）若系统函数 $H(z)$ 有 r 重极点 $p_1 = p_2 = \cdots = p_r = a(|a| < 1)$ 或 $p_1 = p_2 = \cdots = p_r = ae^{\pm j\beta}(|a| < 1)$，则 $A(z)$ 必有因子 $(z-a)^r$ 或 $(z^2 - 2az\cos\beta + a^2)^{\frac{r}{2}}$，根据常用序列的 z 变换对及式（6.2-16），可知其对应的自由响应和单位序列响应的函数形式为：

$$A_j n^j a^n u(n)$$

或

$$A_j n^j a^n \cos(\beta n + \varphi_j)u(n) \quad (j = 0,1,2,\cdots,r-1)$$

式中，A_j 和 φ_j 为常数。用洛必达法则不难证明，当 $n \to \infty$ 时，它们均趋于零，为暂态分量。

由上述分析可知，若系统函数 $H(z)$ 的极点在单位圆内，则其相应的自由响应和单位序列响应均为暂态响应。根据稳定系统的定义，若 $H(z)$ 的极点全在单位圆内，则该 LTI 离散因果系统属于稳定系统。

2）$H(z)$ 的极点在单位圆上

（1）若系统函数 $H(z)$ 在单位圆上有单极点 $p=1$、$p=-1$ 或 $p_{1,2} = e^{\pm j\beta}$，则 $A(z)$ 必有因子 $(z-1)$、$(z+1)$ 或 $(z^2 - 2z\cos\beta + 1)$，根据常用序列的 z 变换对，可知其对应的自由响应和单位序列响应的函数形式为：

$$Au(n)$$

或

$$A(-1)^n u(n)$$

或

$$A\cos(\beta n + \varphi)u(n)$$

式中，A 和 φ 为常数。上述三式随 n 的增大保持不变或振荡变化，为稳态响应，波形如图 11.2-2 所示。

（2）若系统函数 $H(z)$ 在单位圆上有 r 重极点 $p_1 = p_2 = \cdots = p_r = 1$、$p_1 = p_2 = \cdots = p_r = -1$ 或 $p_{1,2} = p_{3,4} = \cdots = p_{r-1,r} = e^{\pm j\beta}$，则 $A(z)$ 必有因子 $(z-1)^r$、$(z+1)^r$ 或 $(z^2 - 2z\cos\beta + 1)^{\frac{r}{2}}$，根据常用序列的 z 变换对及式（6.2-16），可知其对应的自由响应和单位序列响应的函数形式为：

$$A_j n^j u(n)$$

或

$$A_j n^j (-1)^n u(n)$$

或

$$A_j n^j \cos(\beta n + \varphi_j)u(n)(j = 0,1,\cdots,r-1)$$

式中，A_j 和 φ_j 为常数。上述三式均随 n 的增大而增大，且当 $n \to \infty$ 时，它们均趋于无穷大。

由上述分析可知，若系统函数 $H(z)$ 的极点在单位圆上且为一阶极点，则其相应的自由响应和单位序列响应均为稳态响应。根据稳定系统的定义，此时该 LTI 离散因果系统属于稳定系统。若系统函数 $H(z)$ 的极点在单位圆上且为二阶及二阶以上极点，则其相应的自由响应和单位序列响应均为递增函数。根据稳定系统的定义，此时该 LTI 离散因果系统属于不稳定系统。

3）$H(z)$ 的极点在单位圆外

（1）若系统函数 $H(z)$ 有单极点 $p = a(|a| > 1)$ 或 $p_{1,2} = ae^{\pm j\beta}(|a| > 1)$，则 $A(z)$ 必有因子 $(z-a)$ 或 $(z^2 - 2az\cos\beta + a^2)$，根据常用序列的 z 变换对，可知其对应的自由响应和单位序列响应的函数形式为：

$$Aa^n u(n)$$

或

$$Aa^n \cos(\beta n + \varphi)u(n)$$

式中，A 和 φ 为常数。由于 $|a| > 1$，故上述二式均随 n 的增大而增大，且当 $n \to \infty$ 时，其趋于无穷大，波形如图 11.2-2 所示。

（2）若系统函数 $H(z)$ 有 r 重极点 $p_1 = p_2 = \cdots = p_r = a(|a| > 1)$ 或 $p_1 = p_2 = \cdots = p_r = ae^{\pm j\beta}(|a| > 1)$，则 $A(z)$ 必有因子 $(z-a)^r$ 或 $(z^2 - 2az\cos\beta + a^2)^{\frac{r}{2}}$，根据常用序列的 z 变换对及式（6.2-16），可知其对应的自由响应和单位序列响应的函数形式为：

$$A_j n^j a^n u(n)$$

或

$$A_j n^j a^n \cos(\beta n + \varphi_j)u(n) \quad (j = 0, 1, 2, \cdots, r-1)$$

式中，A_j 和 φ_j 为常数。由于 $|a| > 1$，故上述二式均随 n 的增大而增大，且当 $n \to \infty$ 时，它们均趋于无穷大。

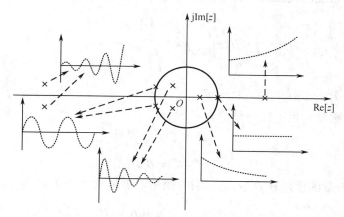

图 11.2-2　系统函数的极点与所对应的时域响应

由上述分析可知，若系统函数 $H(z)$ 的极点在单位圆外，则其相应的自由响应和单位序列响应均为递增函数，且当 $n \to \infty$ 时，均趋于无穷大。根据稳定系统的定义，若 $H(z)$ 的极点全在单位圆外，则该 LTI 离散因果系统属于不稳定系统。

综上所述，LTI 离散因果系统的自由响应、单位序列响应的函数形式由系统函数 $H(z)$ 的极点确定：

① $H(z)$ 在单位圆内的极点所对应的响应函数都是衰减的，当 $n \to \infty$ 时，响应函数趋近于零。因此，极点全部在单位圆内的 LTI 离散因果系统是稳定系统。

② $H(z)$ 在单位圆上的一阶极点对应的响应函数的幅值随 n 的增大保持不变或振荡变化，为稳态响应。

③ $H(z)$ 在单位圆上的二阶及二阶以上的极点或在单位圆外的极点，其所对应的响应函数都随 n 的增大而增大，当 $n \to \infty$ 时，它们都趋于无穷大，这样的系统是不稳定的。

11.2.2　系统函数与频域响应

前面讨论了系统函数 $H(z)$ 的极点与时域响应的关系，下面讨论系统函数 $H(z)$ 的零、极点与系统频域响应的关系。

如前所述，复变量 s 和 z 的关系为：

$$z = e^{sT}$$

复变量 s 可表示为直角坐标形式（σ 为复变量 s 的实部，ω 为复变量 s 的虚部）：

$$s = \sigma + j\omega$$

故有：

$$z = e^{(\sigma + j\omega)T} = e^{\sigma T} \cdot e^{j\omega T} = \rho e^{j\theta}$$

若令 $\sigma = 0$，则上式变为：

$$z = e^{j\omega T} = e^{j\theta} \tag{11.2-3}$$

由此得到了 z 变换与傅里叶变换的关系。当然，这里的傅里叶变换指的是离散时间傅里叶变换（DTFT）。根据 z 变换的定义，如果 $\sigma = 0$，则系统函数的收敛域一定在 z 域的单位圆上。因此，如果某序列的 z 变换存在，且其收敛域包含单位圆，则一定可以由 z 变换的象函数得到其离散时间傅里叶变换，即：

$$F(e^{j\theta}) = F(z)\Big|_{z=e^{j\theta}} \tag{11.2-4}$$

同理，若某离散系统的收敛域包含单位圆，则可得离散系统的频率响应函数 $H(e^{j\theta})$ 为：

$$H(e^{j\theta}) = H(z)\Big|_{z=e^{j\theta}} = \frac{b_m \prod\limits_{i=1}^{m}(e^{j\theta} - \xi_i)}{\prod\limits_{j=1}^{k}(e^{j\theta} - p_j)} \tag{11.2-5}$$

式中，ω 为角频率，T_s 为取样周期，$\theta = \omega T_s$。

在 z 平面上，任意复数也可以用矢量表示，令

$$\left.\begin{array}{l} e^{j\theta} - p_j = A_j e^{j\theta_j} \\ e^{j\theta} - \xi_i = B_i e^{j\psi_i} \end{array}\right\} \tag{11.2-6}$$

式中，A_j 和 B_i 是差矢量的模，θ_j 和 ψ_i 是它们的辐角，于是式（11.2-5）可改写为：

$$H(e^{j\theta}) = \left|H(e^{j\theta})\right| e^{j\varphi(\theta)} = \frac{b_m B_1 B_2 \cdots B_m}{A_1 A_2 \cdots A_k} \cdot e^{j\left(\sum\limits_{i=1}^{m}\psi_i - \sum\limits_{j=1}^{k}\theta_j\right)} \tag{11.2-7}$$

由此可得系统的幅频响应为：

$$\left|H(e^{j\theta})\right| = \frac{b_m B_1 B_2 \cdots B_m}{A_1 A_2 \cdots A_k} \tag{11.2-8}$$

相频响应为：

$$\varphi(\theta) = \sum_{i=1}^{m}\psi_i - \sum_{j=1}^{k}\theta_j \tag{11.2-9}$$

当 ω 从 0 变化到 $\dfrac{2\pi}{T_s}$，即复变量 z 自 $z=1$ 沿单位圆逆时针旋转一周时，各矢量的模和辐角也将随之变化：当 $z=1$ 时，$\theta=0$，$\omega=0$；当 ω 逐渐增大时，由于 $\theta = \omega T_s$，可知 θ 也随 ω 的增大而逐渐增大；当 $\omega = \dfrac{2\pi}{T_s}$ 时，$\theta = \omega T_s = \dfrac{2\pi}{T_s} T_s = 2\pi$（rad）。因此，根据式（11.2-8）和式（11.2-9）就能得到系统的幅频响应和相频响应曲线。

同连续系统类似，离散系统的幅频和相频响应曲线的绘制方法也有两种，其一是利用幅频响应和相频响应的表达式粗略绘制曲线图，其二是利用系统函数的零、极点分布图，采用矢量作图法粗略绘制曲线图。下面通过一个例题分别介绍上述两种方法。

例 11.2-3　某 LTI 离散系统的系统函数为

$$H(z) = \frac{2(z+1)}{3z-1}, \ |z| > \frac{1}{3}$$

求其频率响应，并粗略画出系统的幅频响应和相频响应曲线。

解：依题意可知，该系统函数的收敛域包含单位圆，故由式（11.2-5）可得其频率响应函数为：

$$H(e^{j\theta}) = H(z)\Big|_{z=e^{j\theta}} = \frac{2(e^{j\theta}+1)}{3e^{j\theta}-1} = \frac{2e^{j\frac{\theta}{2}}\left(e^{j\frac{\theta}{2}}+e^{-j\frac{\theta}{2}}\right)}{e^{j\frac{\theta}{2}}\left(3e^{j\frac{\theta}{2}}-e^{-j\frac{\theta}{2}}\right)} = \frac{4\cos\left(\frac{\theta}{2}\right)}{2\cos\left(\frac{\theta}{2}\right)+j4\sin\left(\frac{\theta}{2}\right)}$$

$$= \frac{2}{1+j2\tan\left(\frac{\theta}{2}\right)} = \frac{2-j4\tan\left(\frac{\theta}{2}\right)}{1+4\tan^2\left(\frac{\theta}{2}\right)} = \frac{2}{1+4\tan^2\left(\frac{\theta}{2}\right)} - j\frac{4\tan\left(\frac{\theta}{2}\right)}{1+4\tan^2\left(\frac{\theta}{2}\right)}$$

所以，该系统的幅频响应为：

$$\left|H(e^{j\theta})\right| = \sqrt{\left[\frac{2}{1+4\tan^2\left(\frac{\theta}{2}\right)}\right]^2 + \left[\frac{4\tan\left(\frac{\theta}{2}\right)}{1+4\tan^2\left(\frac{\theta}{2}\right)}\right]^2} = \sqrt{\frac{4+16\tan^2\left(\frac{\theta}{2}\right)}{\left[1+4\tan^2\left(\frac{\theta}{2}\right)\right]^2}}$$

$$= \sqrt{\frac{4\left[1+4\tan^2\left(\frac{\theta}{2}\right)\right]}{\left[1+4\tan^2\left(\frac{\theta}{2}\right)\right]^2}} = \frac{2}{\sqrt{1+4\tan^2\left(\frac{\theta}{2}\right)}}$$

相频响应为：

$$\varphi(\theta) = \arctan\left[-\frac{4\tan\left(\frac{\theta}{2}\right)}{1+4\tan^2\left(\frac{\theta}{2}\right)}\Bigg/\frac{2}{1+4\tan^2\left(\frac{\theta}{2}\right)}\right] = -\arctan\left[2\tan\left(\frac{\theta}{2}\right)\right]$$

下面先利用系统函数的零、极点分布绘制幅频特性和相频特性曲线。

由系统函数的表达式和零、极点坐标，根据式（11.2-7）可知：

$$H(e^{j\theta}) = \frac{2(e^{j\theta}+1)}{3\left(e^{j\theta}-\frac{1}{3}\right)} = \frac{2B}{3A}e^{j\varphi(\theta)}$$

因此，系统的幅频特性为：

$$\left|H(e^{j\theta})\right| = \frac{2B}{3A}$$

相频特性为：

$$\varphi(\theta) = \psi_1 - \theta_1$$

零、极点分布如图 11.2-3（a）所示。

1）当 $\omega T_s = 0$ 时，$\psi_1 = \theta_1 = 0$，$A_1 = \frac{2}{3}, B_1 = 2$，故有：

$$\left|H(e^{j\theta})\right| = \frac{2B}{3A} = \frac{2 \times 2}{3 \times \frac{2}{3}} = 2, \quad \varphi(\theta) = 0$$

2）当 ωT_s 在 $(0, \pi)$ 内逐渐增大时，A_1 增大而 B_1 减小，从而幅频特性 $\left|H(e^{j\theta})\right|$ 减小。由图 11.2-3（a）可以看出，此时，$\psi_1 < \theta_1$ 且 ψ_1 的变化速率小于 θ_1（ψ_1 由 0 变为 $\frac{\pi}{2}$ 的过程中，θ_1 由 0 变为 π），两者差距逐渐增大，故相频特性 $\varphi(\theta) = \psi_1 - \theta_1 < 0$ 且逐渐减小（绝对值逐渐增大）；

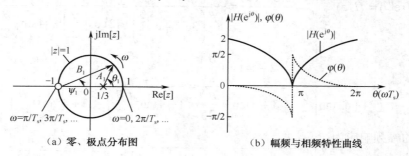

（a）零、极点分布图　　　　　（b）幅频与相频特性曲线

图 11.2-3　零、极点分布及频谱图

3）当 $\omega T_s = \pi$ 时，$\psi_1 = \frac{\pi}{2}, \theta_1 = \pi$，$B_1 = 0$，从而幅频特性 $\left|H(e^{j\theta})\right| = 0$，相频特性 $\varphi(\theta) = \frac{\pi}{2} - \pi = -\frac{\pi}{2}$；

4）当 ωT_s 从 π 继续增大的瞬间，$\psi_1 = \frac{3\pi}{2}, \theta_1 = \pi$，从而相频特性 $\varphi(\theta) = \frac{3\pi}{2} - \pi = \frac{\pi}{2}$，由于 A_1、B_1 未发生突变，故幅频特性 $\left|H(e^{j\theta})\right|$ 不发生突变，仍然为 0；

5）当 ωT_s 在 $(\pi, 2\pi)$ 内继续增大时，A_1 减小而 B_1 增大，从而幅频特性 $\left|H(e^{j\theta})\right|$ 增大。此时，$\psi_1 > \theta_1$ 且 ψ_1 的变化速率小于 θ_1（ψ_1 由 $\frac{3\pi}{2}$ 变为 2π 的过程中，θ_1 由 π 变为 2π），故其差值逐渐变小，故相频特性 $\varphi(\theta) = \psi_1 - \theta_1 > 0$ 且逐渐减小；

6）当 $\omega T_s = 2\pi$ 时，$\psi_1 = \theta_1 = 2\pi$，$A_1 = \frac{2}{3}, B_1 = 2$，从而幅频特性 $\left|H(e^{j\theta})\right| = \frac{2B}{3A} = \frac{2 \times 2}{3 \times \frac{2}{3}} = 2$，而相频特性 $\varphi(\theta) = \psi_1 - \theta_1 = 0$。

其幅频和相频特性曲线分别如图 11.2-3（b）中实线和虚线所示。

下面利用频率响应函数表达式粗略画出幅频特性和相频特性曲线。

1）当 $\frac{\theta}{2} = 0$，即 $\theta = 0$ 时，幅频特性 $\left|H(e^{j\theta})\right| = \frac{2}{\sqrt{1 + 4\tan^2\left(\frac{0}{2}\right)}} = 2$，相频特性

$$\varphi(\theta) = -\arctan\left[2\tan\left(\frac{0}{2}\right)\right] = 0 ;$$

2）复变量 z 逆时针旋转且 $\frac{\theta}{2} \in \left(0, \frac{\pi}{2}\right)$，即 $\theta \in (0, \pi)$ 时，随着 θ 增大，$\tan\left(\frac{\theta}{2}\right)$ 也增大，故幅频特性 $\left|H(e^{j\theta})\right|$ 减小。随着 θ 增大，$-\arctan\left[2\tan\left(\frac{\theta}{2}\right)\right]$ 减小，从而相频特性 $\varphi(\theta)$ 减小；

3）当 $\dfrac{\theta}{2}=\dfrac{\pi}{2}$ ，即 $\theta=\pi$ 时，幅频特性 $\left|H(\mathrm{e}^{\mathrm{j}\theta})\right|=\dfrac{2}{\sqrt{1+4\tan^2\left(\dfrac{\pi}{2}\right)}}=0$ ，相频特性

$$\varphi(\theta)=-\arctan\left[2\tan\left(\dfrac{\pi}{2}\right)\right]=-\dfrac{\pi}{2}\ ;$$

4）从 $\dfrac{\theta}{2}=\dfrac{\pi}{2}$ ，即 $\theta=\pi$ 逆时针开始旋转的瞬间， $\tan\left(\dfrac{\theta}{2}\right)$ 由 ∞ 变为 $-\infty$ ，故幅频特性

$\left|H(\mathrm{e}^{\mathrm{j}\theta})\right|=\dfrac{2}{\sqrt{1+4\tan^2\left(\dfrac{\theta}{2}\right)}}=0$ ，相频特性 $\varphi(\theta)=-\arctan\left[2\tan\left(\dfrac{\theta}{2}\right)\right]=\dfrac{\pi}{2}$ ；

5）复变量 z 逆时针旋转且 $\dfrac{\theta}{2}\in\left(\dfrac{\pi}{2},\pi\right)$ ，即 $\theta\in(\pi,2\pi)$ 时，随着 θ 增大， $\tan\left(\dfrac{\theta}{2}\right)$ 也增大，但由

于此时 $\tan\left(\dfrac{\theta}{2}\right)<0$ ，故 $\tan^2\left(\dfrac{\theta}{2}\right)$ 减小，从而幅频特性 $\left|H(\mathrm{e}^{\mathrm{j}\theta})\right|$ 增大。随着 θ 增大， $-\arctan\left[2\tan\left(\dfrac{\theta}{2}\right)\right]$

减小，从而相频特性 $\varphi(\theta)$ 减小；

6）当 $\dfrac{\theta}{2}=\pi$ ，即 $\theta=2\pi$ 时，幅频特性 $\left|H(\mathrm{e}^{\mathrm{j}\theta})\right|=\dfrac{2}{\sqrt{1+4\tan^2\left(\dfrac{2\pi}{2}\right)}}=2$ ，相频特性

$$\varphi(\theta)=-\arctan\left[2\tan\left(\dfrac{2\pi}{2}\right)\right]=0\ 。$$

由此得到的系统幅频特性和相频特性曲线与第一种方法求得的结果完全一致。

顺便说一句，类似于全通连续系统，离散系统也有全通系统。稳定的全通离散系统的系统函数的极点全在单位圆内，而零点全在单位圆外，并且零、极点有 $\xi_i=\dfrac{1}{p_i^*}$ 的对应关系，这种对应关系称为零点与极点一一镜像对称于单位圆。根据 z 域和 s 域的关系可知，这相当于在 s 平面上零、极点镜像对称于虚轴。

11.2.3　系统的因果性

如前所述，零状态响应不出现在激励之前的系统称为因果系统。对于离散系统来说，其含义为：对任意时刻 n_0 （一般可选 $n_0=0$ ）和任意激励 $f(n)$ ，若：

$$f(n)=0,\qquad n<n_0$$

其零状态响应满足：

$$y_{zs}(n)=T[\{0\},f(n)]=0,\qquad n<n_0$$

就称该系统为离散因果系统，否则称其为离散非因果系统。

设系统的激励 $f(n)=\delta(n)$ ，显然在 $n<0$ 时 $f(n)=0$ ，这时系统的零状态响应即为单位序列响应 $h(n)$ 。若系统是因果的，则必有：

$$h(n)=0\ ,\qquad n<0$$

对任意激励 $f(n)$ ，系统的零状态响应 $y_{zs}(n)$ 等于单位序列响应 $h(n)$ 与激励 $f(n)$ 的卷积和，即：

$$y_{zs}(n)=h(n)*f(n)=\sum_{i=-\infty}^{\infty}h(i)f(n-i)$$

考虑到若 $i<0$ 时， $h(i)=0$ ，且 $n-i<0$ 即 $i>n$ 时， $f(n-i)=0$ ，则上式可写为：

$$y_{zs}(n) = \sum_{i=0}^{n} h(i) f(n-i)$$

即当 $n < 0$ 时，$y_{zs}(n) = 0$。

所以，离散因果系统的充要条件是单位序列响应满足：

$$h(n) = 0, \ n < 0 \qquad (11.2\text{-}10)$$

根据 z 变换的定义，如果 $h(n)$ 满足式（11.2-10），则系统函数 $H(z)$ 的收敛域为半径等于 ρ_0 的圆外区域。换言之，$H(z)$ 的极点都在收敛圆 $|z| = \rho_0$ 的内部。

也就是说，离散因果系统的充要条件也可等价表示为系统函数 $H(z)$ 的收敛域：

$$|z| > \rho_0 \qquad (11.2\text{-}11)$$

11.2.4 系统的稳定性

如前所述，若对任意的有界输入，其零状态响应也是有界的，则称该系统是有界输入有界输出稳定系统，简称稳定系统。对于离散系统来说，其含义为：设 K_f, K_y 为正实常数，如果系统对于所有的激励：

$$|f(n)| \leqslant K_f$$

其零状态响应满足：

$$|y_{zs}(n)| \leqslant K_y$$

则称该系统是稳定的。

对于任意的满足 $|f(n)| \leqslant K_f$ 的激励 $f(n)$，考虑到系统的零状态响应等于系统的单位序列响应与激励的卷积和，因此，系统的零状态响应的绝对值为：

$$|y_{zs}(n)| = \left| \sum_{i=-\infty}^{\infty} h(i) f(n-i) \right| \leqslant \sum_{i=-\infty}^{\infty} |h(i)| \cdot |f(n-i)| \leqslant K_f \sum_{i=-\infty}^{\infty} |h(i)|$$

如果 $h(n)$ 是绝对可和的，即：

$$\sum_{n=-\infty}^{\infty} |h(n)| \leqslant K$$

式中，K 为正实常数。则系统的零状态响应满足：

$$|y_{zs}(n)| \leqslant K_f K$$

即对任意有界输入 $f(n)$，系统的零状态响应均有界，这说明 $h(n)$ 绝对可和是离散系统稳定的充分条件。

若：

$$f(-n) = \begin{cases} -1, & h(n) < 0 \\ 0, & h(n) = 0 \\ 1, & h(n) > 0 \end{cases}$$

则：

$$h(n)f(-n) = \begin{cases} -h(n), & h(n) < 0 \\ 0, & h(n) = 0 \\ h(n), & h(n) > 0 \end{cases} = |h(n)|$$

由于 $y_{zs}(n) = \sum_{i=-\infty}^{\infty} h(i) f(n-i)$，令 $n = 0$，有：

$$y_{zs}(0) = \sum_{i=-\infty}^{\infty} h(i)f(-i) = \sum_{i=-\infty}^{\infty} |h(i)|$$

上式表明，如果 $\sum_{i=-\infty}^{\infty} |h(i)|$ 无界，则至少 $y_{zs}(0)$ 无界。因此 $h(n)$ 绝对可和也是离散系统稳定的必要条件。

因此，离散系统是稳定系统的充要条件是：

$$\sum_{k=-\infty}^{\infty} |h(n)| \leqslant K \qquad (11.2\text{-}12)$$

式中，K 为正实常数。即若系统的单位序列响应是绝对可和的，则该系统是稳定的，反之亦反。

在系统函数与时域响应一节中分析了 LTI 离散因果系统稳定的充要条件是系统函数的极点全部在单位圆内，由于离散因果系统的系统函数的收敛域为收敛半径的圆外区域，所以其实质就是系统函数的收敛域包含单位圆。按照相同的思路，利用双边 z 变换，可以得出 LTI 离散反因果系统稳定的充要条件是系统函数的极点全部在单位圆外，其实质仍然是系统的收敛域包含单位圆。因此，在 z 域中，离散系统是稳定系统的充要条件是：系统函数 $H(z)$ 的收敛域包含单位圆。

如果 LTI 离散系统是因果的，显然系统稳定的充要条件可简化为：

$$\sum_{n=0}^{\infty} |h(n)| \leqslant K \qquad (11.2\text{-}13)$$

下面不加证明给出因果且稳定的 LTI 离散系统的充要条件。对于既是稳定的又是因果的 LTI 离散系统，其系统函数 $H(z)$ 的极点都在 z 平面的单位圆内。其逆也成立，即若 $H(z)$ 的极点均在单位圆内，则该系统必是既稳定又因果的 LTI 离散系统。

类似于连续系统，对有些系统来说，上述使用系统函数 $H(z)$ 的极点位置判断系统的稳定性是无效时。实际上，只有系统既是可观测的又是可控制的，用描述输出与输入关系的系统函数研究系统的稳定性才是有效的。

例 11.2-4 图 11.2-4 为某 LTI 离散因果系统的 z 域框图，为使系统稳定，求常数 a 的取值范围。

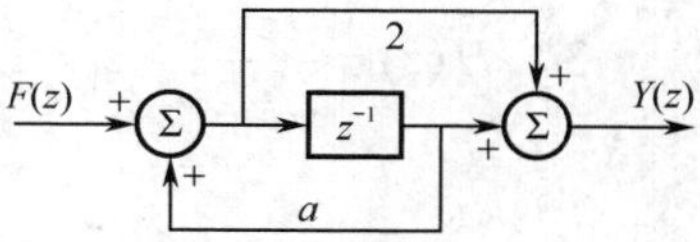

解： 设最靠近系统输入端的延迟单元的输入为 $X(z)$，根据两个加法器可列写如下方程：

图 11.2-4 离散因果系统框图

$$X(z) = F(z) + az^{-1}X(z)$$
$$Y(z) = 2X(z) + z^{-1}X(z)$$

整理得：

$$F(z) = (1 - az^{-1})X(z)$$
$$Y(z) = (2 + z^{-1})X(z)$$

根据系统函数的定义，可得：

$$H(z) = \frac{Y(z)}{F(z)} = \frac{2 + z^{-1}}{1 - az^{-1}} = \frac{2z + 1}{z - a}$$

由于系统是因果的，故为使系统稳定，$H(z)$ 的极点必须在单位圆内。所以，常数 a 的取值范围应为 $|a| < 1$。

例 11.2-5 已知某 LTI 离散系统的差分方程为

$$y(n) + 1.5y(n-1) - y(n-2) = f(n-1)$$

试求：

1）若为因果系统，求 $h(n)$，并判断是否稳定。

2）若为稳定系统，求 $h(n)$ 。

解：对差分方程求零状态条件下的单边 z 变换，得：

$$Y_{zs}(z) + 1.5z^{-1}Y_{zs}(z) - z^{-2}Y_{zs}(z) = z^{-1}F(z)$$

故系统函数为：

$$H(z) = \frac{z^{-1}}{1 + 1.5z^{-1} - z^2} = \frac{z}{z^2 + 1.5z - 1} = \frac{z}{(z-0.5)(z+2)} = \frac{0.4z}{z-0.5} + \frac{-0.4z}{z+2}$$

1）若为因果系统，则其收敛域为半径是 $\rho_0 = 2$ 的圆外区域，即 $|z| > 2$。所以，根据系统函数的收敛域求 $H(z)$ 的逆 z 变换可得单位序列响应为：

$$h(n) = 0.4[0.5^n - (-2)^n]u(n)$$

对于因果离散系统来说，其稳定的充要条件是系统函数 $H(z)$ 的极点均在单位圆内，显然 $H(z)$ 的极点 $p = -2$ 并不在单位圆内，故该系统不稳定。

2）若为稳定系统，则要求收敛域包含单位圆，因此，系统函数 $H(z)$ 的收敛域为 $0.5 < |z| < 2$。根据系统函数的收敛域求 $H(z)$ 的逆 z 变换可得单位序列响应为：

$$h(n) = 0.4 \times (0.5)^n u(n) + 0.4 \times (-2)^n u(-n-1)$$

练习题

11.2-1　画出下列滤波器的幅度频谱图，并说明滤波器类型。

1）$h(n) = \delta(n) - \delta(n-2)$　　　　2）$H(z) = \dfrac{z-2}{z-0.5}$

11.2-2　检验下列系统的因果性和稳定性。

1）$H(z) = \dfrac{z}{z-0.5}$，$|z| > 0.5$　　　　2）$H(z) = \dfrac{z}{z-2}$，$|z| > 2$

3）$H(z) = \dfrac{z}{z-2}$，$|z| < 2$　　　　4）$H(z) = \dfrac{z}{(z-0.5)(z-2)}$，$0.5 < |z| < 2$

11.3　LTI 离散系统的信号流图与结构

本节内容与连续系统相关内容极为类似，因此，读者可将本部分内容与第 9 章的相关内容对比学习，以期提高学习效率。

11.3.1　信号流图

对于离散系统，z 域框图可以通过系统函数 $H(z)$ 表征系统的激励和响应之间的关系。图 11.3-1（a）所示的框图表征了激励与零状态响应的关系，根据式（6.2-12），可知其输出为：

$$Y(z) = H(z)F(z) \tag{11.3-1}$$

图 11.3-1　信号流图表示法

所谓信号流图，就是用一些点和有向线段来描述系统各变量间因果关系的图形，它是一种加权的有向图。如图 11.3-1（a）所示的 z 域框图可用一个由输入指向输出的有向线段表示，如图 11.3-1（b）所示。它的起始点标记为 $F(z)$，终点标记为 $Y(z)$。系统函数 $H(z)$ 标记在线段的一侧，其输出如式（11.3-1）所示。

信号流图中涉及的常用术语、信号流图的线性性质及化简规则可参考 9.5.1 相关内容，在此不再赘述。

在离散系统中，信号流图和系统函数之间的转换仍然是利用梅森公式完成的，其具体使用方法与连续系统中梅森公式的使用方法极为类似。下面通过例题说明如何由离散系统的信号流图列写系统函数，至于由离散系统的系统函数构造信号流图的问题将在下一节进行介绍。

例 11.3-1　利用梅森公式求图 11.3-2 所示离散系统的系统函数 $H(z)$。

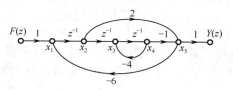

图 11.3-2　信号流图

解：1）找出所有前向通路

前向通路①：$F(z) \rightarrow x_1 \rightarrow x_2 \rightarrow x_5 \rightarrow Y(z)$，其前向通路增益为 $p_1 = 2z^{-1}$；

前向通路②：$F(z) \rightarrow x_1 \rightarrow x_2 \rightarrow x_3 \rightarrow x_4 \rightarrow x_5 \rightarrow Y(z)$，其前向通路增益为 $p_2 = -z^{-3}$。

2）找出所有回路

回路①：$x_1 \rightarrow x_2 \rightarrow x_5 \rightarrow x_1$，其回路增益为 $L_1 = -12z^{-1}$；

回路②：$x_1 \rightarrow x_2 \rightarrow x_3 \rightarrow x_4 \rightarrow x_5 \rightarrow x_1$，其回路增益为 $L_2 = 6z^{-3}$；

回路③：$x_3 \rightarrow x_4 \rightarrow x_3$，其回路增益为 $L_3 = -4z^{-1}$。

3）求特征行列式

系统只有一对两两互不接触的回路（回路①和回路③），其回路增益乘积为 $L_1 L_3 = 48z^{-2}$，没有三个及以上互不接触的回路，所以特征行列式为：

$$\Delta = 1 - (-12z^{-1} + 6z^{-3} - 4z^{-1}) + 48z^{-2}$$

4）求各前向通路特征行列式的余因子

不与前向通路①相接触的回路③的增益为 $L_3 = -4z^{-1}$，所以，$\Delta_1 = 1 + 4z^{-1}$；

由于各回路都与前向通路②相接触，所以，$\Delta_2 = 1$。

5）利用梅森公式求解系统函数

将上述参数代入式（9.5-2），得系统函数为：

$$H(z) = \frac{1}{\Delta} \sum_{i=1}^{2} p_i \Delta_i = \frac{2z^{-1}(1 + 4z^{-1}) + (-z^{-3}) \cdot 1}{1 - (-12z^{-1} + 6z^{-3} - 4z^{-1}) + 48z^{-2}} = \frac{2z^2 + 8z - 1}{z^3 + 16z^2 + 48z - 6}$$

11.3.2　系统结构

类似于连续系统，离散系统的实现也有三种形式：直接实现、级联实现和并联实现，下面分别加以讨论。

1. 直接实现

首先以二阶系统为例介绍如何将系统函数转化为信号流图，即如何实现系统的模拟。

设二阶系统的系统函数为：

$$H(z) = \frac{b_2 z^2 + b_1 z + b_0}{z^2 + a_1 z + a_0}$$

由于 z 域的信号流图（或框图）中以 z^{-1} 表示时域差分，因此，首先需要将系统函数的分子、分母同乘以 z^{-2}，以将其变为 z 的负指数多项式的形式，即上式可写为：

$$H(z) = \frac{b_2 + b_1 z^{-1} + b_0 z^{-2}}{1 + a_1 z^{-1} + a_0 z^{-2}}$$

根据式（9.5-2），系统函数的分母必须改写为 $1 - \sum_j L_j + \sum_{m,n} L_m L_n - \sum_{p,q,r} L_p L_q L_r + \cdots$ 的形式。假设各回路均与各前向通路相接触，上式改写为：

$$H(z) = \frac{b_2 + b_1 z^{-1} + b_0 z^{-2}}{1 - (-a_1 z^{-1} - a_0 z^{-2})}$$

根据梅森公式，上式的分母可看作是特征行列式 Δ，括号内表示有两个互相接触的回路，其增益分别为 $-a_1 z^{-1}$ 和 $-a_0 z^{-2}$；分子表示三条前向通路，其增益分别为 b_2、$b_1 z^{-1}$ 和 $b_0 z^{-2}$，并且不与各前向通路相接触的子图的特征行列式 $\Delta_i = 1(i = 1, 2, 3)$，也就是说，信号流图中的两个回路都与各前向通路相接触。这样就可得到图 11.3-3（a）和（b）所示的两种信号流图。其相应的 z 域框图如图 11.3-3（c）和（d）所示。实际上，如果将图 11.3-3（a）中所有支路的信号传输方向反转，并把源点与汇点对调，就得到图 11.3-3（b），反之亦然。信号流图的这种变换可称之为转置。于是可以得出结论：信号流图转置以后，其转移函数即系统函数保持不变。

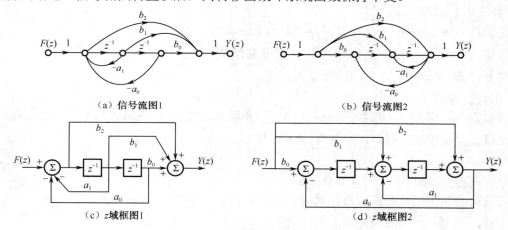

图 11.3-3　二阶系统的信号流图与框图

下面将上述分析方法推广到一般形式。如有系统函数（式中 $m \leqslant k$）：

$$H(z) = \frac{b_m z^m + b_{m-1} z^{m-1} + \cdots + b_1 z + b_0}{z^k + a_{k-1} z^{k-1} + \cdots + a_1 z + a_0}$$

则实现直接形式系统模拟的步骤如下：

① 将系统函数的分子、分母同乘以 z^{-k}，以将其变为 z 的负指数多项式的形式，即变为：

$$H(z) = \frac{b_m z^{-(k-m)} + b_{m-1} z^{-(k-m+1)} + \cdots + b_1 z^{-(k-1)} + b_0 z^{-k}}{1 + a_{k-1} z^{-1} + \cdots + a_1 z^{-(k-1)} + a_0 z^{-k}}$$

② 确保系统函数分母位置的第一个因式为 1；

③ 将系统函数的分母写为 $1 - \sum_j L_j$ 的形式，即：

$$H(z) = \frac{b_m z^{-(k-m)} + b_{m-1} z^{-(k-m+1)} + \cdots + b_1 z^{-(k-1)} + b_0 z^{-k}}{1 - (-a_{k-1} z^{-1} - \cdots - a_1 z^{-(k-1)} - a_0 z^{-k})}$$

④ 按照系统函数分子多项式的各因式画出 $m+1$ 条前向通路，按照系统函数分母多项式中括号

内的各因式画出 k 条相接触的回路，即完成了系统的直接模拟。

例 11.3-2   某 LTI 离散系统的系统函数为

$$H(z) = \frac{3z+6}{2z^3 + 16z^2 + 38z + 24}$$

用直接形式模拟此系统。

解：首先将系统函数的分子、分母同乘以 z^{-3}，得：

$$H(z) = \frac{3z^{-2} + 6z^{-3}}{2 + 16z^{-1} + 38z^{-2} + 24z^{-3}}$$

然后，将系统函数分子、分母同除以 2，以确保系统函数分母位置的第一个因式为 1：

$$H(z) = \frac{\frac{3}{2}z^{-2} + 3z^{-3}}{1 + 8z^{-1} + 19z^{-2} + 12z^{-3}}$$

再将系统函数的分母写为 $1 - \sum_j L_j$ 的形式，即：

$$H(z) = \frac{\frac{3}{2}z^{-2} + 3z^{-3}}{1 - (-8z^{-1} - 19z^{-2} - 12z^{-3})}$$

按照系统函数分子多项式的各因式画出两条前向通路，按照系统函数分母多项式中括号内的各因式画出三条相接触的回路，即可画出如图 11.3-4（a）所示的信号流图，将其进行转置即得如图 11.3-4（b）所示的信号流图，其相应的框图如图 11.3-4（c）和（d）所示。

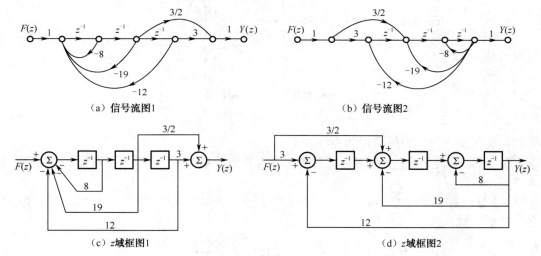

（a）信号流图1   （b）信号流图2

（c）z域框图1   （d）z域框图2

图 11.3-4   系统直接实现

2．级联实现

在时域中，子系统级联时，总系统的单位序列响应等于各子系统单位序列响应的卷积和。在 z 域中，子系统级联时，总系统的系统函数等于各子系统系统函数的乘积。因此，级联实现是将系统函数 $H(z)$ 分解为几个较简单的子系统系统函数的乘积，即：

$$H(z) = H_1(z)H_2(z)\cdots H_k(z) = \prod_{i=1}^{k} H_i(z) \tag{11.3-2}$$

其框图如图 11.3-5 所示，其中每一个子系统 $H_i(z)$ 均可用直接形式实现。

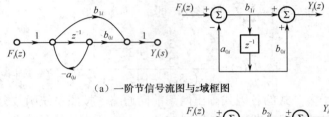

图 11.3-5　系统的级联实现

级联实现时，需要将 $H(z)$ 的分子和分母多项式分解为因式乘积的形式，并且要保证这些因式的系数必须是实数。与连续系统类似，即将系统函数分解为若干个一阶节和（或）二阶节相乘的形式，一阶节和二阶节的函数形式分别为：

$$H_i(z) = \frac{b_{1i} + b_{0i}z^{-1}}{1 + a_{0i}z^{-1}} \tag{11.3-3}$$

$$H_i(z) = \frac{b_{2i} + b_{1i}z^{-1} + b_{0i}z^{-2}}{1 + a_{1i}z^{-1} + a_{0i}z^{-2}} \tag{11.3-4}$$

其信号流图和框图如图 11.3-6 所示。

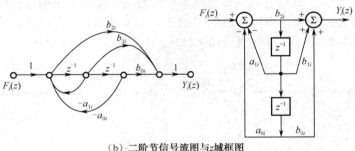

（a）一阶节信号流图与 z 域框图

（b）二阶节信号流图与 z 域框图

图 11.3-6　子系统的结构

由此可知，实现级联形式系统模拟的步骤如下：

① 将系统函数的分子、分母多项式分解为实系数的子系统系统函数（一阶节、二阶节）相乘的形式；

② 将子系统系统函数（一阶节、二阶节）的分子、分母同乘以 z^{-1} 或 z^{-2}，以将其变为 z 的负指数多项式的形式，即：

$$H_i(z) = \frac{b_{1i} + b_{0i}z^{-1}}{1 + a_{0i}z^{-1}} , \quad H_i(z) = \frac{b_{2i} + b_{1i}z^{-1} + b_{0i}z^{-2}}{1 + a_{1i}z^{-1} + a_{0i}z^{-2}}$$

③ 确保子系统系统函数分母位置的第一个因式为 1；

④ 将子系统系统函数的分母写为 $1 - \sum_j L_j$ 的形式，即：

$$H_i(z) = \frac{b_{1i} + b_{0i}z^{-1}}{1 - (-a_{0i}z^{-1})} , \quad H_i(z) = \frac{b_{2i} + b_{1i}z^{-1} + b_{0i}z^{-2}}{1 - (-a_{1i}z^{-1} - a_{0i}z^{-2})}$$

⑤ 按照子系统系统函数分子多项式的各因式画出各前向通路、分母多项式中括号内的各因式画出相接触的各条回路，并将子系统的信号流图进行级联，即完成了系统的级联模拟。

之所以将系统进行级联实现，是因为级联实现调试比较方便。当调节某子系统的参数时，只改变该子系统的零点或极点位置，对其余子系统的零、极点位置没有影响，而若采用直接形式实现，则当调节某个参数时，所有零点和极点的位置都将变动。实际上，并联实现同样有利于系统调试。

例 11.3-3　某 LTI 离散系统的系统函数为

$$H(z) = \frac{2z+6}{z^3 + 4z^2 + 7z + 6}$$

用级联形式模拟此系统。

解：系统函数的零点为 $\xi = -3$，极点为 $p_1 = -2, p_{2,3} = -1 \pm j\sqrt{2}$，显然存在共轭复极点，故可将其分解为一阶节和二阶节相乘的形式：

$$H(z) = H_1(z)H_2(z) = \frac{2(z+3)}{(z+2)(z^2 + 2z + 3)}$$

只要子系统的系统函数 $H_1(z)$ 和 $H_2(z)$ 相乘的结果等于总系统的系统函数 $H(z)$ 即可，因此，子系统的系统函数存在多种形式，如没有特殊要求，则可任选一种子系统的组合进行系统的级联实现。故可令：

$$H_1(z) = \frac{2}{z+2}, \quad H_2(z) = \frac{z+3}{z^2 + 2z + 3}$$

将 $H_1(z)$ 的分子、分母乘以 z^{-1}，$H_2(z)$ 的分子、分母乘以 z^{-2}，以将其变为 z 的负指数多项式的形式，并确保系统函数分母位置的第一个因式为 1，即变为：

$$H_1(z) = \frac{2z^{-1}}{1 + 2z^{-1}}, \quad H_2(z) = \frac{z^{-1} + 3z^{-2}}{1 + 2z^{-1} + 3z^{-2}}$$

将子系统系统函数的分母写为 $1 - \sum_j L_j$ 的形式，即：

$$H_1(z) = \frac{2z^{-1}}{1 - (-2z^{-1})}, \quad H_2(z) = \frac{z^{-1} + 3z^{-2}}{1 - (-2z^{-1} - 3z^{-2})}$$

画出子系统的信号流图并级联即可得到如图 11.3-7（a）所示的系统信号流图，其中，两个子系统由虚框加以标注，框图如图 11.3-7（b）所示。

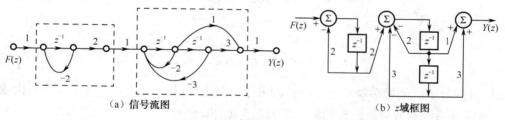

（a）信号流图　　　　　　　　　　（b）z 域框图

图 11.3-7　系统级联实现

3. 并联实现

在时域中，子系统并联时，总系统的单位序列响应等于各子系统单位序列响应之和。在 z 域中，子系统并联时，总系统的系统函数等于各子系统的系统函数之和。因此，并联实现是将系统函数 $H(z)$ 分解为几个较简单的子系统系统函数之和的形式，即：

$$H(z) = H_1(z) + H_2(z) + \cdots + H_k(z) = \sum_{i=1}^{k} H_i(z) \qquad (11.3\text{-}5)$$

其框图如图 11.3-8 所示，其中每一个子系统 $H_i(z)$ 均可用直接形式实现。

并联实现时，可按照级联实现的方式，将各子系统的系统函数表

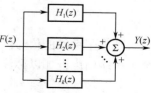

图 11.3-8　系统的并联实现

示为一阶节和二阶节的形式，然后将各子系统的系统函数求和即可。实现并联形式系统模拟的步骤如下：

① 利用部分分式展开法将系统函数分解为子系统系统函数（一阶节、二阶节）求和的形式；

② 将子系统系统函数（一阶节、二阶节）的分子、分母同乘以 z^{-1} 或 z^{-2}，以将其变为 z 的负指数多项式的形式，即变为：

$$H_i(z) = \frac{b_{1i} + b_{0i}z^{-1}}{1 + a_{0i}z^{-1}}, \quad H_i(z) = \frac{b_{2i} + b_{1i}z^{-1} + b_{0i}z^{-2}}{1 + a_{1i}z^{-1} + a_{0i}z^{-2}}$$

③ 确保子系统系统函数分母位置的第一个因式为 1；

④ 将子系统系统函数的分母写为 $1 - \sum_j L_j$ 的形式，即：

$$H_i(z) = \frac{b_{1i} + b_{0i}z^{-1}}{1 - (-a_{0i}z^{-1})}, \quad H_i(z) = \frac{b_{2i} + b_{1i}z^{-1} + b_{0i}z^{-2}}{1 - (-a_{1i}z^{-1} - a_{0i}z^{-2})}$$

⑤ 按照子系统系统函数分子多项式的各因式画出各条前向通路、分母多项式中括号内的各因式画出相接触各条回路，并将子系统的信号流图进行并联，即完成了系统的并联模拟。

例 11.3-4 某 LTI 离散系统的系统函数为

$$H(z) = \frac{2z + 6}{z^3 + 4z^2 + 7z + 6}$$

用并联形式模拟此系统。

解：由例 11.3-3 可知：

$$H(z) = \frac{2(z+3)}{(z+2)(z^2+2z+3)}$$

故其极点为 $p_1 = -2, p_{2,3} = -1 \pm \mathrm{j}\sqrt{2}$，根据部分分式展开法，得：

$$H(z) = \frac{\dfrac{2}{3}}{z+2} + \frac{\dfrac{-1-\mathrm{j}2\sqrt{2}}{3}}{z+1-\mathrm{j}\sqrt{2}} + \frac{\dfrac{-1+\mathrm{j}2\sqrt{2}}{3}}{z+1+\mathrm{j}\sqrt{2}} = \frac{\dfrac{2}{3}}{z+2} + \frac{-\dfrac{2}{3}z+2}{z^2+2z+3} = H_1(z) + H_2(z)$$

令：

$$H_1(z) = \frac{\dfrac{2}{3}}{z+2}, \quad H_2(z) = \frac{-\dfrac{2}{3}z+2}{z^2+2z+3}$$

将 $H_1(z)$ 的分子、分母乘以 z^{-1}，$H_2(z)$ 的分子、分母乘以 z^{-2}，以将其变为 z 的负指数多项式的形式，并确保系统函数分母位置的第一个因式为 1，即变为：

$$H_1(z) = \frac{\dfrac{2}{3}z^{-1}}{1 + 2z^{-1}}, \quad H_2(z) = \frac{-\dfrac{2}{3}z^{-1} + 2z^{-2}}{1 + 2z^{-1} + 3z^{-2}}$$

将子系统系统函数的分母写为 $1 - \sum_j L_j$ 的形式，即：

$$H_1(z) = \frac{\dfrac{2}{3}z^{-1}}{1 - (-2z^{-1})}, \quad H_2(z) = \frac{-\dfrac{2}{3}z^{-1} + 2z^{-2}}{1 - (-2z^{-1} - 3z^{-2})}$$

画出子系统的信号流图并将其并联即可得到如图 11.3-9（a）所示的系统信号流图，其中，两个子系统由虚框加以标注，框图如图 11.3-9（b）所示。

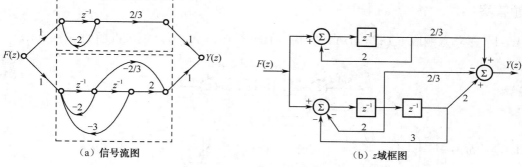

（a）信号流图　　　　（b）z域框图

图 11.3-9　系统并联实现

练习题

11.3-1　描述系统的信号流图如题图 11.3-1 所示，求该系统的系统函数。

题图 11.3-1　系统的信号流图

11.3-2　描述某离散系统的差分方程为

$$y(n)-\frac{1}{2}y(n-1)+\frac{1}{4}y(n-2)-\frac{1}{8}y(n-3)=2f(n)-2f(n-2)$$

用并联和级联形式的信号流图描述该系统。

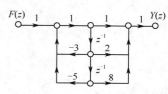

11.4　本 章 小 结

本章主要介绍了 LTI 离散系统的 z 域分析、系统特性、信号流图和系统结构等内容。差分方程的变换解、系统因果性和稳定性的判定及信号流图均需读者认真加以揣摩。

具体来讲，本章主要介绍了：

① LTI 离散系统的 z 域解。读者应能够理解并掌握利用 z 变换将时域中的差分方程转换为 z 域中的代数方程，并通过逆 z 变换求解系统的零输入响应、零状态响应和全响应的方法。

② 系统函数。重点是掌握系统函数和单位序列响应的关系，并深刻理解决定系统函数的因素，同时能够利用其求解系统的零状态响应。

③ 系统特性。重点是掌握系统函数的零、极点分布与系统时域响应和频域响应的关系，同时，读者还要能够根据系统函数判断系统的因果性和稳定性，并注意利用系统函数判断系统稳定性的局限性。

④ 信号流图和系统结构。重点是理解梅森公式并掌握系统函数和信号流图之间的转换，同时掌握系统的三种基本模拟结构。

本章的主要知识脉络如图 11.4-1 所示。

- LTI 离散系统的 z 域分析
  - LTI离散系统的z域分析
    - LTI离散系统的z域解（11.1-4）、（11.1-5）
    - 系统函数（11.1-6）、（11.1-8）
    - 系统的z域框图（表11.1-1）
  - LTI离散系统的系统特性
    - 系统函数的零、极点分布与系统的时域响应（图11.2-2）
    - 系统函数的零、极点分布与系统的频域响应（11.2-7）～（11.2-9）
    - 系统的因果性判定（11.2-10）、（11.2-11）
    - 系统的稳定性判定及其局限性（11.2-12）
  - LTI离散系统的信号流图与结构
    - 梅森公式及其应用
    - 系统的基本结构：直接型、级联型和并联型

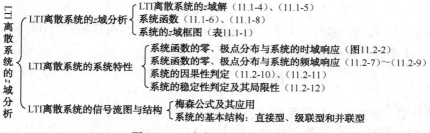

图 11.4-1　本章知识脉络示意图

练习题答案

11.1-1　零输入响应 $y_{zi}(n) = u(n)$，零状态响应 $y_{zs}(n) = nu(n)$。模拟框图如下图所示。

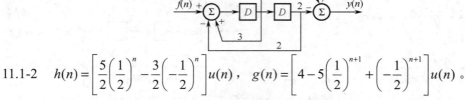

11.1-2　$h(n) = \left[\dfrac{5}{2}\left(\dfrac{1}{2}\right)^{n} - \dfrac{3}{2}\left(-\dfrac{1}{2}\right)^{n}\right]u(n)$，$g(n) = \left[4 - 5\left(\dfrac{1}{2}\right)^{n+1} + \left(-\dfrac{1}{2}\right)^{n+1}\right]u(n)$。

11.2-1　1）幅度频谱略，带通滤波器；　　　　　2）幅度频谱略，全通滤波器。

11.2-2　1）因果、稳定　　2）因果、不稳定　　3）非因果、稳定　　4）非因果、稳定

11.3-1　$H(z) = \dfrac{z^2 + 2z + 8}{z^2 + 3z + 5}$

11.3-2　级联：　　　　　　　　　　　　　　　　　　　　　　　　　　　　并联：

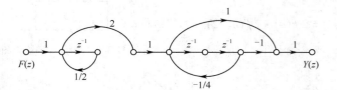
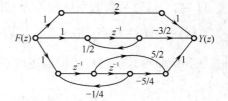

本 章 习 题

11.1　描述某 LTI 离散因果系统的差分方程为

$$y(n) + y(n-1) = f(n)$$

1）求系统函数和系统单位序列响应，并说明系统的稳定性；

2）若系统的初始状态为零，激励 $f(n) = 10u(n)$，求系统的响应。

11.2　现有某 LTI 离散系统，若

a）激励为 $f(n) = (-2)^n, -\infty < n < \infty$，则系统的零状态响应为 $y_{zs}(n) = 0, -\infty < n < \infty$

b）激励为 $f(n) = 2^{-n}, -\infty < n < \infty$，则系统的零状态响应为 $y_{zs}(n) = \delta(n) + a \times 4^{-n}u(n)$

式中，a 为常数。

求：1）常数 a；

2）若系统激励为 $f(n) = 1, -\infty < n < \infty$，求系统的零状态响应。

11.3　对滤波器：

$$H(z) = A\frac{z - a}{z - 0.5a}$$

若输入为 $u(n)$，它的稳态响应为 1；若输入为 $\cos\pi n$，它的稳态响应为 0；求 A 和 a 的值。

11.4　某 LTI 离散因果系统的系统函数为

$$H(z) = \frac{z^2 + 1}{z^2 + 0.5z + (k+1)}$$

为使系统稳定，常数 k 应该满足什么条件？

11.5　关于一个单位序列响应为 $h(n)$，系统函数为 $H(z)$ 的 LTI 离散系统，已知以下 5 个条件：

a）$h(n)$ 是实序列；　　　　　b）$h(n)$ 是右边序列；

c) $\lim_{z \to \infty} H(z) = 1$；　　　　　　d) $H(z)$ 有两个零点；

e) $H(z)$ 的极点中有一个位于 $|z| = \dfrac{3}{4}$ 圆上的一个非实数位置。

试判断：

1) 系统是因果的吗？

2) 系统是稳定的吗？

11.6　描述某 LTI 离散系统的差分方程为

$$y(n+1) - \frac{10}{3} y(n) + y(n-1) = f(n)$$

已知该系统是稳定的，求系统的单位序列响应。

11.7　已知 LTI 离散系统的单位序列响应 $h(n) = \left\{ \underset{\underset{n=0}{\uparrow}}{1}, 1, \frac{1}{2}, \frac{1}{2}, \frac{1}{4}, \frac{1}{4}, \frac{1}{8}, \frac{1}{8}, \cdots \right\}$，列写描述该系统的差分方程。

11.8　已知 LTI 离散系统差分方程为

$$y(n) - y(n-1) - \frac{3}{4} y(n-2) = f(n-1)$$

求：

1) 系统函数 $H(z)$；

2) 系统的单位序列响应 $h(n)$ 的三种选择；

3) 对每一种 $h(n)$ 讨论系统是否稳定，是否因果。

11.9　某数字滤波器结构如题图 11.1 所示。

1) 求系统函数 $H(z)$，并标明收敛域；

2) k 为何值时，系统稳定？

11.10　证明系统 $H(z) = \dfrac{b_2 + b_1 z^{-1} + z^{-2}}{1 + b_1 z^{-1} + b_2 z^{-2}}$ 为二阶全通离散系统。

11.11　某 LTI 离散系统的差分方程为

$$y(n) + 0.4 y(n-1) - 0.32 y(n-2) = 4 f(n) + 2 f(n-1)$$

求 $f(n) = 10 \cos\left(\dfrac{\pi}{2} n\right)$ 时的正弦稳态响应。

11.12　某 LTI 离散系统的系统函数为 $H(z)$，阶跃响应为 $g(n)$。证明：如果系统是稳定的，则有 $g(\infty) = H(1)$。

11.13　现有题图 11.2 所示 LTI 离散系统，已知其系统函数的零点为 $\xi_1 = -1$，$\xi_2 = 2$，极点为 $p_1 = -0.8$，$p_2 = 0.5$。求系数 a_0、a_1、b_0 和 b_1。

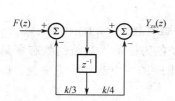

题图 11.1　数字滤波器结构图

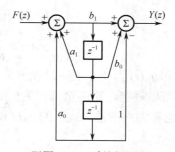

题图 11.2　系统框图

第 12 章　系统的状态变量分析

【内容提要】

前面各章讨论的系统分析方法着眼于激励与响应的关系，属于输入输出法或外部法。这种方法用于处理简单的单输入单输出系统非常方便，但对于多输入多输出系统则显得不太适用。另外，输入输出法无法描述系统内部各部分的工作情况，因此无法对系统进行全面的描述。

本章介绍的状态变量分析法不仅适用于单输入单输出系统，还适用于多输入多输出系统，它既可以描述系统的外部特性，也可以描述系统的内部特性，而且能够被推广到时变系统和非线性系统的分析中。读者需要重点掌握状态及状态方程的基本概念、系统状态方程的建立和求解等内容。

【重点难点】

- ★ 由电路建立状态方程
- ★ 由输入输出方程建立状态方程
- ★ 连续系统状态方程的 s 域解法
- ★ 离散系统状态方程的 z 域解法

12.1　系统状态变量描述法

12.1.1　状态与状态变量

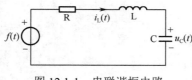

图 12.1-1　串联谐振电路

首先从一个简单的实例给出状态变量的初步概念。

对于图 12.1-1 所示的串联谐振电路，如果只考虑激励与电容两端电压之间的关系，这种研究系统的方法通常称为外部法或输入输出法。如果不仅希望了解电容上的电压 $u_C(t)$，还希望知道电感中电流 $i_L(t)$ 的变化情况，这时可以列写方程：

$$\begin{cases} Ri_L(t) + L\dfrac{\mathrm{d}}{\mathrm{d}t}i_L(t) + u_C(t) = f(t) \\ u_C(t) = \dfrac{1}{C}\displaystyle\int i_L(t)\mathrm{d}t \end{cases}$$

整理得：

$$\begin{cases} \dfrac{\mathrm{d}}{\mathrm{d}t}i_L(t) = -\dfrac{R}{L}i_L(t) - \dfrac{1}{L}u_C(t) + \dfrac{1}{L}f(t) \\ \dfrac{\mathrm{d}}{\mathrm{d}t}u_C(t) = \dfrac{1}{C}i_L(t) \end{cases}$$

上式是以 $i_L(t)$ 和 $u_C(t)$ 为变量的一阶微分方程组，只要知道电路中 $i_L(t)$ 和 $u_C(t)$ 的初始值以及系统激励 $f(t)$，就可以确定电路的全部行为。这样描述系统的方法称为系统的状态变量分析法或状态空间分析法，也称为内部法。式中的 $i_L(t)$ 和 $u_C(t)$ 即为串联谐振电路的状态变量，该方程组即为状态方程。

在状态变量分析法中，状态方程以矢量和矩阵的形式表示，于是上式可写为：

$$\begin{bmatrix} \dfrac{di_L(t)}{dt} \\ \dfrac{du_C(t)}{dt} \end{bmatrix} = \begin{bmatrix} -\dfrac{R}{L} & -\dfrac{1}{L} \\ \dfrac{1}{C} & 0 \end{bmatrix} \begin{bmatrix} i_L(t) \\ u_C(t) \end{bmatrix} + \begin{bmatrix} \dfrac{1}{L} \\ 0 \end{bmatrix} [f(t)]$$

电路的输出信号可能由多个状态变量以及输入信号的作用组合而成，于是还需要列写"输出方程"。对于图 12.1-1 所示电路，若以 $y(t)$ 表示输出信号，则输出方程可写为：

$$y(t) = \begin{bmatrix} 0 & 1 \end{bmatrix} \begin{bmatrix} i_L(t) \\ u_C(t) \end{bmatrix}$$

当系统的阶次较高因而状态变量数目较多或系统具有多输入多输出信号时，描述系统的方程形式仍如上面两式，只是矢量或矩阵的维数有所增加。

下面给出系统状态变量分析法中的几个基本概念。

状态：一个动态系统的状态是指表示系统的一组最少变量（被称为状态变量），只要知道 $t = t_0$ 时这组变量的值和 $t \geq t_0$ 时的输入，就能完全确定系统在 $t \geq t_0$ 的任何时刻的输出。

状态变量：能够表示系统状态的变量集称为状态变量。一般用 $x_1(t), x_2(t), \cdots, x_n(t)$ 这样一组变量集表示系统的状态变量。

状态方程：状态变量的方程称为状态方程，它是用状态变量和激励表示的一组独立的一阶微分方程。

输出方程：是由状态变量和激励来表示各个输出的方程组，它是代数方程组。

状态向（矢）量：设一个系统有 n 个状态变量 $x_1(t), x_2(t), \cdots, x_n(t)$，用这 n 个状态变量作分量构成向量 $\boldsymbol{x}(t)$，就称之为该系统的状态向（矢）量。

状态空间：状态向量的所有可能值的集合称为状态向量所在的空间，简称状态空间。

状态轨迹：在状态空间中，状态向量端点随时间变化的路径称为状态轨迹。

动态方程：状态方程和输出方程总称为动态方程或系统方程。

用状态变量法分析系统的优点在于：

① 便于研究系统内部的一些物理量在信号转换过程中的变化，这些物理量可以用状态向量的一个分量表现出来，从而便于研究其变化规律。

② 状态变量分析法与系统的复杂程度没有关系，复杂系统和简单系统的数学模型形式相似，都表示为一些状态变量的线性组合，这种以向量和矩阵表示的数学模型特别适用于描述多输入多输出系统。

③ 状态变量分析法既适用于连续系统也适用于离散系统，只不过在分析离散系统时改用一阶差分方程组来代替连续系统中的一阶微分方程组。

④ 状态方程的主要参数鲜明地表征了系统的关键性能。以系统状态变量参数为基础引出的系统可控制性和可观测性两个概念对于揭示系统内在特性具有重要意义，在控制系统分析与设计（如最优控制和最优估计）中得到广泛应用。此外，利用状态方程分析系统的稳定性也比较方便。

⑤ 由于状态方程就是一阶微分方程组或一阶差分方程组，因而便于采用数值解法，为使用计算机分析系统提供了有效的途径。

12.1.2 动态方程的一般形式

一般地，假设一个动态线性时不变连续系统有 k 个状态变量 $x_1(t)$，$x_2(t)$，…，$x_k(t)$，有 m 个激励源 $f_1(t)$，$f_2(t)$，…，$f_m(t)$，r 个输出 $y_1(t)$，$y_2(t)$，…，$y_r(t)$，则系统的状态方程矩阵形式表示为：

$$\begin{bmatrix} \dot{x}_1(t) \\ \dot{x}_2(t) \\ \vdots \\ \dot{x}_k(t) \end{bmatrix} = \begin{bmatrix} a_{11} & a_{12} & \cdots & a_{1k} \\ a_{21} & a_{22} & \cdots & a_{2k} \\ \vdots & \vdots & & \vdots \\ a_{k1} & a_{k2} & \cdots & a_{kk} \end{bmatrix} \begin{bmatrix} x_1(t) \\ x_2(t) \\ \vdots \\ x_k(t) \end{bmatrix} + \begin{bmatrix} b_{11} & b_{12} & \cdots & b_{1m} \\ b_{21} & b_{22} & \cdots & b_{2m} \\ \vdots & \vdots & & \vdots \\ b_{k1} & b_{k2} & \cdots & b_{km} \end{bmatrix} \begin{bmatrix} f_1(t) \\ f_2(t) \\ \vdots \\ f_m(t) \end{bmatrix} \qquad (12.1\text{-}1)$$

上式简记为：

$$\dot{x}(t) = Ax(t) + Bf(t) \qquad (12.1\text{-}2)$$

式中，$x(t)$ 为状态矢量；$\dot{x}(t)$ 称为状态矢量的微分，它定义为对矢量中各个元素的微分；$f(t)$ 称为激励矢量；A 和 B 分别为 $k \times k$ 维和 $k \times m$ 维矩阵。对于非时变系统而言，A 和 B 的各个元素都是常数。

输出方程矩阵形式为：

$$\begin{bmatrix} y_1(t) \\ y_2(t) \\ \vdots \\ y_r(t) \end{bmatrix} = \begin{bmatrix} c_{11} & c_{12} & \cdots & c_{1k} \\ c_{21} & c_{22} & \cdots & c_{2k} \\ \vdots & \vdots & & \vdots \\ c_{r1} & c_{r2} & \cdots & c_{rk} \end{bmatrix} \begin{bmatrix} x_1(t) \\ x_2(t) \\ \vdots \\ x_k(t) \end{bmatrix} + \begin{bmatrix} d_{11} & d_{12} & \cdots & d_{1m} \\ d_{21} & d_{22} & \cdots & d_{2m} \\ \vdots & \vdots & & \vdots \\ d_{r1} & d_{r2} & \cdots & d_{rm} \end{bmatrix} \begin{bmatrix} f_1(t) \\ f_2(t) \\ \vdots \\ f_m(t) \end{bmatrix} \qquad (12.1\text{-}3)$$

上式简记为：

$$y(t) = Cx(t) + Df(t) \qquad (12.1\text{-}4)$$

式中，$y(t)$ 为输出矢量，C 和 D 分别为 $r \times k$ 维和 $r \times m$ 维矩阵。对于非时变系统而言，C 和 D 的各个元素都是常数。

将式（12.1-2）和式（12.1-4）合起来，就构成了一组描述系统的动态方程。正如输入输出分析法中任何 k 阶系统都可以用通用形式的 k 阶微分方程来描述一样，在状态变量分析法中，任何具有 m 个输入和 r 个输出的 k 阶系统，都可以用变量描述多维矢量的一阶微分方程和一次代数方程。这样就把不同系统的描述，归入了一种统一的标准形式，便于计算机求解。

与上述数学表达式相对应，可画出如图 12.1-2 所示的系统状态方程和输出方程的结构示意图。

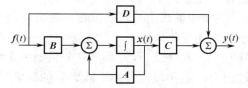

图 12.1-2　状态变量描述的结构图

观察状态方程与输出方程，可以看到状态变量的选择具有这样的特征：

① 每一状态变量的导数是所有状态变量和激励信号的函数；

② 每一微分方程中只包含一个状态变量对时间的导数；

③ 输出信号是状态变量和激励信号的函数。通常选择动态元件的输出作为状态变量，在连续系统中选择积分器的输出作为状态变量。

离散系统是用差分方程描述的，选择适当的状态变量把差分方程转化为关于状态变量的一阶差分方程组，这个差分方程组就是该系统的状态方程。对于一个有 m 个输入，r 个输出的 k 阶离散系统，其状态方程的一般形式是：

$$\begin{bmatrix} x_1(n+1) \\ x_2(n+1) \\ \vdots \\ x_k(n+1) \end{bmatrix} = \begin{bmatrix} a_{11} & a_{12} & \cdots & a_{1k} \\ a_{21} & a_{22} & \cdots & a_{2k} \\ \vdots & \vdots & & \vdots \\ a_{k1} & a_{k2} & \cdots & a_{kk} \end{bmatrix} \begin{bmatrix} x_1(n) \\ x_2(n) \\ \vdots \\ x_k(n) \end{bmatrix} + \begin{bmatrix} b_{11} & b_{12} & \cdots & b_{1m} \\ b_{21} & b_{22} & \cdots & b_{2m} \\ \vdots & \vdots & & \vdots \\ b_{k1} & b_{k2} & \cdots & b_{km} \end{bmatrix} \begin{bmatrix} f_1(n) \\ f_2(n) \\ \vdots \\ f_m(n) \end{bmatrix} \qquad (12.1\text{-}5)$$

输出方程为：

$$
\begin{bmatrix} y_1(n) \\ y_2(n) \\ \vdots \\ y_r(n) \end{bmatrix} = \begin{bmatrix} c_{11} & c_{12} & \cdots & c_{1k} \\ c_{21} & c_{22} & \cdots & c_{2k} \\ \vdots & \vdots & & \vdots \\ c_{r1} & c_{r2} & \cdots & c_{rk} \end{bmatrix} \begin{bmatrix} x_1(n) \\ x_2(n) \\ \vdots \\ x_k(n) \end{bmatrix} + \begin{bmatrix} d_{11} & d_{12} & \cdots & d_{1m} \\ d_{21} & d_{22} & \cdots & d_{2m} \\ \vdots & \vdots & & \vdots \\ d_{r1} & d_{r2} & \cdots & d_{rm} \end{bmatrix} \begin{bmatrix} f_1(n) \\ f_2(n) \\ \vdots \\ f_m(n) \end{bmatrix}
\tag{12.1-6}
$$

如果定义矢量：

$$
\boldsymbol{x}(n+1) = \begin{bmatrix} x_1(n+1) \\ x_2(n+1) \\ \vdots \\ x_k(n+1) \end{bmatrix}, \quad \boldsymbol{y}(n) = \begin{bmatrix} y_1(n) \\ y_2(n) \\ \vdots \\ y_r(n) \end{bmatrix}, \quad \boldsymbol{f}(n) = \begin{bmatrix} f_1(n) \\ f_2(n) \\ \vdots \\ f_m(n) \end{bmatrix}
$$

则离散系统的状态方程和输出方程可简记为：

$$
\boldsymbol{x}(n+1) = \boldsymbol{A}\boldsymbol{x}(n) + \boldsymbol{B}\boldsymbol{f}(n)
\tag{12.1-7}
$$

$$
\boldsymbol{y}(n) = \boldsymbol{C}\boldsymbol{x}(n) + \boldsymbol{D}\boldsymbol{f}(n)
\tag{12.1-8}
$$

上述二式中，$\boldsymbol{A}$、$\boldsymbol{B}$、$\boldsymbol{C}$、$\boldsymbol{D}$ 矩阵的形式和含义与连续系统中相似，这里不再赘述。可见，离散系统与连续系统的状态方程和输出方程的形式极为类似，只不过其中的状态方程是由一系列的一阶差分方程构成的。

需要指出的是，对于线性时变系统来说，向量矩阵 $\boldsymbol{A}$、$\boldsymbol{B}$、$\boldsymbol{C}$、$\boldsymbol{D}$ 不再为常数，而是关于时间的函数。

12.2 连续系统状态方程的建立与求解

建立给定系统状态方程的方法很多，这些方法大体可分为直接法和间接法两种。其中，直接法主要是指由电路图直接建立状态方程，该方法主要应用于电路分析、电网络（如滤波器）的计算机辅助设计；间接法包括由输入输出方程建立状态方程、由系统框图（或信号流图）建立状态方程以及由系统函数建立状态方程等，该方法常见于控制系统研究中。

12.2.1 由电路图直接建立状态方程

对于给定的电路网络，在建立状态方程之前，首先要选取状态变量。电系统的变量一般选取系统中元器件的电流或电压等物理量。由于状态方程中会出现状态变量的导数，所以选取的状态变量的导数最好具有明确的物理意义，这样便于列写状态方程。在电系统中，由于电容电压 $u_C(t)$ 和电感电流 $i_L(t)$ 这两个物理量的导数具有明确的物理意义，故通常选取二者作为状态变量。

电感电流的导数与电感电压有关，即：

$$
u_L(t) = L\frac{\mathrm{d}}{\mathrm{d}t}i_L(t)
$$

而电容电压的导数与电容电流有关，即：

$$
i_C(t) = C\frac{\mathrm{d}}{\mathrm{d}t}u_C(t)
$$

选用这些物理量作为状态变量无疑会给状态方程的建立带来方便。

建立电系统的状态方程，就要根据电路列出各个状态的一阶微分方程。如果状态变量是电感上的电流，为使状态方程中含有其一阶导数，可对含有该电感的回路列写 KVL 方程；如果状态变量是电容上的电压，为使状态方程中含有其一阶导数，可对接有该电容的节点列写 KCL 方程。列写出状态方程后，经化简消去一些不需要的变量，只留下状态变量和激励信号，经整理得到最终的状态方程。这里需要指出，建立电系统的状态方程时所选的状态变量必须是独立的（线性无关的）。

用状态变量法对电系统进行描述的最后一个步骤就是建立输出方程，由于系统中所有的输出响应或者系统内部需要知道的某些量都可以直接由状态变量和激励表示，所以已知电感电流和电容电压，要得到输出方程并不困难，这里不再赘述。

例 12.2-1 以电阻 R_1 上的电压 u_{R1} 和电阻 R_2 上的电流 i_{R2} 为输出，列写图 12.2-1 所示电路的状态方程和输出方程。

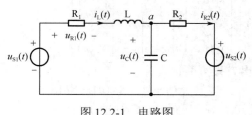

图 12.2-1 电路图

解：第一步，选电感中电流和电容两端电压为状态变量，则有 $x_1(t) = i_L(t)$，$x_2(t) = u_C(t)$。

第二步，列写左网孔 KVL 方程及节点 a 的 KCL 方程，得：

$$L\dot{x}_1(t) + R_1 x_1(t) + x_2(t) = u_{S1}(t)$$
$$C\dot{x}_2(t) + i_{R2}(t) = x_1(t)$$

第三步，消去非状态变量 $i_{R2}(t)$，列写右网孔 KVL 方程得 $R_2 i_{R2}(t) + u_{S2}(t) - x_2(t) = 0$，将其代入上式，整理得：

$$\dot{x}_1(t) = -\frac{R_1}{L}x_1(t) - \frac{1}{L}x_2(t) + \frac{1}{L}u_{S1}(t)$$

$$\dot{x}_2(t) = \frac{1}{C}x_1(t) - \frac{1}{R_2 C}x_2(t) + \frac{1}{R_2 C}u_{S2}(t)$$

表示成矩阵的形式为：

$$\begin{bmatrix} \dot{x}_1(t) \\ \dot{x}_2(t) \end{bmatrix} = \begin{bmatrix} -\dfrac{R_1}{L} & -\dfrac{1}{L} \\ \dfrac{1}{C} & -\dfrac{1}{R_2 C} \end{bmatrix} \begin{bmatrix} x_1(t) \\ x_2(t) \end{bmatrix} + \begin{bmatrix} \dfrac{1}{L} & 0 \\ 0 & \dfrac{1}{R_2 C} \end{bmatrix} \begin{bmatrix} u_{S1}(t) \\ u_{S2}(t) \end{bmatrix}$$

第四步，找出输出与状态变量的关系：$u_{R1}(t) = R_1 x_1(t)$，$i_{R2}(t) = \dfrac{-u_{S2}(t) + x_2(t)}{R_2}$。则输出方程为：

$$\begin{bmatrix} u_{R1}(t) \\ i_{R2}(t) \end{bmatrix} = \begin{bmatrix} R_1 & 0 \\ 0 & \dfrac{1}{R_2} \end{bmatrix} \begin{bmatrix} x_1(t) \\ x_2(t) \end{bmatrix} + \begin{bmatrix} 0 & 0 \\ 0 & -\dfrac{1}{R_2} \end{bmatrix} \begin{bmatrix} u_{S1}(t) \\ u_{S2}(t) \end{bmatrix}$$

根据上面的例子，总结出直接法列写状态方程、输出方程的一般步骤为：
① 选所有的独立电容电压和电感电流作为状态变量；
② 列写接有独立电容节点的 KCL 方程和含有独立电感回路的 KVL 方程；
③ 消去非状态变量，并将所列方程整理成状态方程的一般形式；
④ 通过观察，列写输出方程。

对于简单电路，用上述方法容易列写状态方程。当电路结构相对复杂时，需要利用其他方法，这些方法往往要借助计算机辅助设计（CAD）技术。

12.2.2 由系统的信号流图（系统框图）建立状态方程

信号流图和系统框图是描述系统最常用、最简单、最直观的方法，因而通过信号流图建立状态方程和输出方程最为方便。如果所给系统采用的是输入输出方程描述方式，那么一般将其转化成信号流图之后，再根据信号流图建立系统的状态方程和输出方程。

在信号流图中，基本动态部件就是积分器，而积分器的输入输出满足一阶微分方程，因此可以选取积分器的输出作为状态变量，积分器的输入作为状态变量的一阶微分，然后列写积分器输入端信号满足的方程，即可找到状态变量的一阶导数与状态变量及输入之间的关系，从而列写出状态方程；最后根据输出与状态变量的关系列写输出方程。下面通过例题具体说明状态方程和输出方程的建立过程。

例 12.2-2 已知系统的信号流图如图 12.2-2 所示，试求该系统一般形式的状态方程和输出方程。

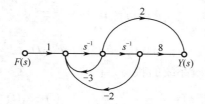

图 12.2-2 系统信号流图

解：第一步，确定系统的状态变量：最右端积分器的输出设为 $x_1(t)$，最左端积分器的输出设为 $x_2(t)$。

第二步，列写状态方程及输出方程：

$$\dot{x}_1(t) = x_2(t)$$
$$\dot{x}_2(t) = f(t) - 2x_1(t) - 3x_2(t)$$
$$y(t) = 8x_1(t) + 2x_2(t)$$

写成一般形式，状态方程为：

$$\begin{bmatrix} \dot{x}_1(t) \\ \dot{x}_2(t) \end{bmatrix} = \begin{bmatrix} 0 & 1 \\ -2 & -3 \end{bmatrix} \begin{bmatrix} x_1(t) \\ x_2(t) \end{bmatrix} + \begin{bmatrix} 0 \\ 1 \end{bmatrix} f(t)$$

输出方程为：

$$y(t) = \begin{bmatrix} 8 & 2 \end{bmatrix} \begin{bmatrix} x_1(t) \\ x_2(t) \end{bmatrix}$$

例 12.2-3 某系统框图如图 12.2-3 所示，状态变量图中已给出，试列出其状态方程和输出方程。

解：由于系统中含有三个一阶子系统，这里首先对其进行分析。一阶系统的基本形式如图 12.2-4 所示，将输出 $y(t)$ 作为状态变量。

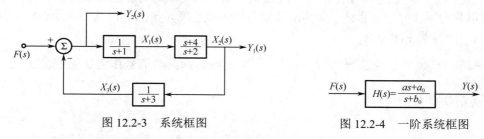

图 12.2-3 系统框图   图 12.2-4 一阶系统框图

设输入 $f(t)$、输出 $y(t)$ 的拉普拉斯变换分别为 $F(s)$ 和 $Y(s)$，则有：

$$\frac{Y(s)}{F(s)} = H(s) = \frac{as + a_0}{s + b_0}$$

于是有：

$$sY(s) + b_0 Y(s) = asF(s) + a_0 F(s)$$

求其拉普拉斯逆变换，得：

$$\dot{y}(t) + b_0 y(t) = a\dot{f}(t) + a_0 f(t)$$

对上式进行移位，得：

$$\dot{y}(t) = -b_0 y(t) + a\dot{f}(t) + a_0 f(t) \tag{12.2-1}$$

这和真正意义的状态方程是有差别的，因为方程右端含有输入信号的一阶导数 $\dot{f}(t)$。当然在具体的系统中，$\dot{f}(t)$ 是可以由其他状态变量来表示的，这样就可以得到一阶系统的状态方程了。如果 $a = 0$，即 $H(s) = \dfrac{a_0}{s + b_0}$，则式（12.2-1）可以简化为

$$\dot{y}(t) = -b_0 y(t) + a_0 f(t) \tag{12.2-2}$$

这种情况下，可以更容易得到一阶系统的状态方程。

设子系统 1 的系统函数为 $H_1(s) = \dfrac{1}{s+1}$，其输入为 $f(t) - x_3(t)$、输出为 $x_1(t)$；子系统 2 的系统函数为 $H_2(s) = \dfrac{s+4}{s+2}$，其输入为 $x_1(t)$、输出为 $x_2(t)$；子系统 3 的系统函数为 $H_3(s) = \dfrac{1}{s+3}$，其输入为 $x_2(t)$、输出为 $x_3(t)$。根据式（12.2-1）和式（12.2-2）列写状态方程：

$$\dot{x}_1(t) = -x_1(t) + f(t) - x_3(t) = -x_1(t) - x_3(t) + f(t)$$
$$\dot{x}_2(t) = -2x_2(t) + \dot{x}_1(t) - 4x_1(t) = 3x_1(t) - 2x_2(t) - x_3(t) + f(t)$$
$$\dot{x}_3(t) = -3x_3(t) + x_2(t) = x_2(t) - 3x_3(t)$$

在系统输出端列写输出方程为：

$$y_1(t) = x_2(t)$$
$$y_2(t) = -x_3(t) + f(t)$$

将状态方程和输出方程写成矩阵形式，得：

$$\begin{bmatrix} \dot{x}_1(t) \\ \dot{x}_2(t) \\ \dot{x}_3(t) \end{bmatrix} = \begin{bmatrix} -1 & 0 & -1 \\ 3 & -2 & -1 \\ 0 & 1 & -3 \end{bmatrix} \begin{bmatrix} x_1(t) \\ x_2(t) \\ x_3(t) \end{bmatrix} + \begin{bmatrix} 1 \\ 1 \\ 0 \end{bmatrix} f(t)$$

$$\begin{bmatrix} y_1(t) \\ y_2(t) \end{bmatrix} = \begin{bmatrix} 0 & 1 & 0 \\ 0 & 0 & -1 \end{bmatrix} \begin{bmatrix} x_1(t) \\ x_2(t) \\ x_3(t) \end{bmatrix} + \begin{bmatrix} 0 \\ 1 \end{bmatrix} f(t)$$

通过上述例题，可以总结出由信号流图或模拟框图列写状态方程的步骤：

① 选取积分器（或一阶系统）的输出端信号作为状态变量 $x_i(t)$，则其输入端信号就可用相应状态变量的一阶导数 $\dot{x}_i(t)$ 表示。

如果一阶子系统的系统函数为 $H_i(s) = \dfrac{as + a_0}{s + b_0}$，设其输出端信号作为状态变量 $x_i(t)$，则其输入端信号与 $f_i(t)$ 的关系为：

$$\dot{x}_i(t) + b_0 x_i(t) = a\dot{f}_i(t) + a_0 f_i(t)$$

② 在积分器（或一阶系统）的输入输出端列写状态方程，然后整理成一般形式。

这里还需要说明一下，对于给定系统的输入输出方程，其信号流图常可以画成直接型、并联型和级联型等不同形式，那么根据不同类型的信号流图得到的系统状态方程和输出方程是不一样的。同时由于这些模拟方法所得的状态变量是人为定义的，并不一定在物理上真有该变量存在，因此对这些变量一般都无法进行测量或观察。

在某些情况下，还需要将状态方程和输出方程转换成输入输出方程，下面通过例题来说明这种转换方法。

例 12.2-4 已知某系统的动态方程如下，列出描述 $y(t)$ 与 $f(t)$ 之间关系的微分方程。

$$\dot{x}(t) = \begin{bmatrix} -4 & 1 \\ -3 & 0 \end{bmatrix} x(t) + \begin{bmatrix} 1 \\ 1 \end{bmatrix} [f(t)]$$

$$y(t) = \begin{bmatrix} 1 & 0 \end{bmatrix} x(t)$$

解： 首先由状态方程可以判断该系统为二阶系统。由输出方程可以得到：

$$y(t) = x_1(t)$$

而 $y'(t)$ 和 $y''(t)$ 与状态变量之间的关系为：

$$y'(t) = x_1'(t) = -4x_1(t) + x_2(t) + f(t)$$

$$y''(t) = -4x_1'(t) + x_2'(t) + f'(t) = 13x_1(t) - 4x_2(t) - 3f(t) + f'(t)$$

联立以上三式，得：

$$y''(t) + ay'(t) + by(t)$$
$$= 13x_1(t) - 4x_2(t) - 3f(t) + f'(t) + a[-4x_1(t) + x_2(t) + f(t)] + bx_1(t)$$
$$= (13 - 4a + b)x_1(t) + (a - 4)x_2(t) + f'(t) + (a - 3)f(t)$$

因为系统输入输出方程中是不含状态变量的，故方程中 $x_1(t)$ 和 $x_2(t)$ 的系数为零，这样就可以得到以下方程组：

$$\begin{cases} 13 - 4a + b = 0 \\ a - 4 = 0 \end{cases}$$

解得 $a = 4$，$b = 3$，故描述系统的微分方程为：

$$y''(t) + 4y'(t) + 3y(t) = f'(t) + f(t)$$

12.2.3 连续系统状态方程的时域解

前面讨论了状态方程和输出方程的列写方法，本节将进一步讨论如何求解这些方程。

在式（12.1-2）等号两边左乘 e^{-At} 并移项有：

$$e^{-At}\dot{x}(t) - e^{-At}Ax(t) = e^{-At}Bf(t)$$

该式等价为 $\dfrac{d}{dt}[e^{-At}x(t)] = e^{-At}Bf(t)$，两边取积分，并考虑到初始时刻 $t_0 = 0_-$，得到：

$$e^{-At}x(t) - x(0_-) = \int_{0_-}^{t} e^{-A\tau}Bf(\tau)d\tau$$

对上式两边左乘 e^{At}，并考虑到 $e^{At}e^{-At} = I$，可得状态方程的解：

$$x(t) = e^{At}x(0_-) + \int_{0_-}^{t} e^{A(t-\tau)}Bf(\tau)d\tau = e^{At}x(0_-) + e^{At}B * f(t) \tag{12.2-3}$$

式中，$e^{At}x(0_-)$ 只与初始状态有关，为状态矢量零输入解；$e^{At}B * f(t)$ 只与输入激励有关，故为状态矢量零状态解。

设 $\boldsymbol{\varphi}(t) = e^{At}$，称之为状态转移矩阵，则输出矢量为：

$$y(t) = Cx(t) + Df(t)$$
$$= Ce^{At}x(0_-) + [Ce^{At}B * f(t) + Df(t)] \quad (12.2\text{-}4)$$
$$= C\boldsymbol{\varphi}(t)x(0_-) + [C\boldsymbol{\varphi}(t)B * f(t) + Df(t)]$$

式中，$C\boldsymbol{\varphi}(t)x(0_-)$ 为系统的零输入响应矢量，$C\boldsymbol{\varphi}(t)B * f(t) + Df(t)$ 为零状态响应矢量。

现在定义一个 $r \times m$ 的对角矩阵 $\boldsymbol{\delta}(t)$：

$$\boldsymbol{\delta}(t) = \begin{bmatrix} \delta(t) & 0 & \cdots & 0 \\ 0 & \delta(t) & \cdots & 0 \\ \vdots & \vdots & & \vdots \\ 0 & 0 & \cdots & \delta(t) \end{bmatrix}$$

则有：

$$y_{zs}(t) = C\boldsymbol{\varphi}(t)B * f(t) + Df(t) = [C\boldsymbol{\varphi}(t)B + D\boldsymbol{\delta}(t)] * f(t) = h(t) * f(t) \quad (12.2\text{-}5)$$

则系统的冲激响应矩阵为：

$$h(t) = C\boldsymbol{\varphi}(t)B + D\boldsymbol{\delta}(t) \quad (12.2\text{-}6)$$

通过上面的分析可以知道，要想求得系统状态方程和输出方程的解，关键是如何求出 $\boldsymbol{\varphi}(t) = e^{At}$。求解 $\boldsymbol{\varphi}(t)$ 的方法有很多，包括时域解法和变换域解法。时域解法适合计算机辅助运算，但因其相对复杂，故在计算时多采用变换域解法，这也是下一节重点介绍的方法。

12.2.4 连续系统状态方程的 s 域解

单边拉普拉斯变换是求解线性微分方程的有力工具，现在用它来求解状态方程和输出方程。设状态矢量 $x(t)$ 的拉普拉斯变换为 $X(s)$，由矩阵积分运算的定义可知：

$$X(s) = \begin{bmatrix} \mathscr{L}[x_1(t)] \\ \mathscr{L}[x_2(t)] \\ \vdots \\ \mathscr{L}[x_n(t)] \end{bmatrix} \quad (12.2\text{-}7)$$

根据式（4.2-7）对式（12.1-2）等号两端取拉普拉斯变换，得：

$$sX(s) - x(0_-) = AX(s) + BF(s) \quad (12.2\text{-}8)$$

移项得：

$$[sI - A]X(s) = x(0_-) + BF(s)$$

两边左乘 $[sI - A]^{-1}$，得：

$$X(s) = [sI - A]^{-1}x(0_-) + [sI - A]^{-1}BF(s) = \boldsymbol{\Phi}(s)x(0_-) + \boldsymbol{\Phi}(s)BF(s) \quad (12.2\text{-}9)$$

上式是状态矢量 $x(t)$ 的拉普拉斯变换。

由式（12.2-9）可见，其第一项的拉普拉斯逆变换是状态矢量的零输入解，第二项的拉普拉斯逆变换是状态矢量的零状态解。$\boldsymbol{\Phi}(s) = [sI - A]^{-1}$ 称为预解矩阵，对比式（12.2-3）和式（12.2-9）可知，$\boldsymbol{\Phi}(s)$ 即为状态转移矩阵 $\boldsymbol{\varphi}(t)$ 的拉普拉斯变换。因此，可以通过 $\boldsymbol{\Phi}(s)$ 求拉普拉斯逆变换得到 $\boldsymbol{\varphi}(t)$。

同理，如果对式（12.1-4）两边取拉普拉斯变换，即可得到：

$$Y(s) = CX(s) + DF(s) \quad (12.2\text{-}10)$$

将式（12.2-9）代入上式，可得：

$$Y(s) = C\boldsymbol{\Phi}(s)x(0_-) + [C\boldsymbol{\Phi}(s)B + D]F(s) \quad (12.2\text{-}11)$$

式（12.2-11）即为输出方程的变换解。容易看出，其第一项只与初始状态有关，对应零输入响应矢量的变换解；第二项只与激励有关，为零状态响应矢量的变换解。

由于：

$$Y_{zs}(s) = [C\boldsymbol{\Phi}(s)\boldsymbol{B} + \boldsymbol{D}]F(s)$$

所以系统函数矩阵为：

$$H(s) = C\boldsymbol{\Phi}(s)\boldsymbol{B} + \boldsymbol{D} \qquad\qquad (12.2\text{-}12)$$

通过上面的讨论可知，在求解状态方程和输出方程时，最关键的问题就是求出预解矩阵，这样就可以根据式（12.2-9）和式（12.2-11）求出 $\boldsymbol{X}(s)$ 和 $\boldsymbol{Y}(s)$，再取拉普拉斯逆变换即可求出状态矢量解和输出矢量解。

例 12.2-5 已知描述某 LTI 连续系统的状态方程和输出方程为

$$\dot{\boldsymbol{x}}(t) = \begin{bmatrix} 0 & 2 \\ -1 & -3 \end{bmatrix}\boldsymbol{x}(t) + \begin{bmatrix} -2 \\ 0 \end{bmatrix}[f(t)]$$

$$\boldsymbol{y}(t) = \begin{bmatrix} -1 & -3 \\ 0 & 1 \end{bmatrix}\boldsymbol{x}(t) + \begin{bmatrix} 0 \\ -1 \end{bmatrix}[f(t)]$$

若 $f(t) = u(t)$，$x_1(0_-) = 1$，$x_2(0_-) = 1$，求系统的状态变量和响应。

解：由题意可知，矩阵 $\boldsymbol{A} = \begin{bmatrix} 0 & 2 \\ -1 & -3 \end{bmatrix}$，$\boldsymbol{B} = \begin{bmatrix} -2 \\ 0 \end{bmatrix}$，$\boldsymbol{C} = \begin{bmatrix} -1 & -3 \\ 0 & 1 \end{bmatrix}$，$\boldsymbol{D} = \begin{bmatrix} 0 \\ -1 \end{bmatrix}$，故：

$$s\boldsymbol{I} - \boldsymbol{A} = s\begin{bmatrix} 1 & 0 \\ 0 & 1 \end{bmatrix} - \begin{bmatrix} 0 & 2 \\ -1 & -3 \end{bmatrix} = \begin{bmatrix} s & -2 \\ 1 & s+3 \end{bmatrix}$$

预解矩阵：

$$\boldsymbol{\Phi}(s) = [s\boldsymbol{I} - \boldsymbol{A}]^{-1} = \frac{(s\boldsymbol{I} - \boldsymbol{A})^*}{|s\boldsymbol{I} - \boldsymbol{A}|} = \begin{bmatrix} \dfrac{s+3}{(s+1)(s+2)} & \dfrac{2}{(s+1)(s+2)} \\[3mm] \dfrac{-1}{(s+1)(s+2)} & \dfrac{s}{(s+1)(s+2)} \end{bmatrix}$$

状态矢量：

$$\boldsymbol{X}(s) = \boldsymbol{\Phi}(s)\boldsymbol{x}(0_-) + \boldsymbol{\Phi}(s)\boldsymbol{B}F(s) = \begin{bmatrix} \dfrac{s+3}{(s+1)(s+2)} & \dfrac{2}{(s+1)(s+2)} \\[3mm] \dfrac{-1}{(s+1)(s+2)} & \dfrac{s}{(s+1)(s+2)} \end{bmatrix} \left\{ \begin{bmatrix} 1 \\ 1 \end{bmatrix} + \begin{bmatrix} -2 \\ 0 \end{bmatrix}\begin{bmatrix} \dfrac{1}{s} \end{bmatrix} \right\}$$

$$= \begin{bmatrix} \dfrac{s^2 + 3s - 6}{s(s+1)(s+2)} \\[3mm] \dfrac{s^2 - s + 2}{s(s+1)(s+2)} \end{bmatrix}$$

取拉普拉斯逆变换，得：

$$x_1(t) = (-3 + 8e^{-t} - 4e^{-2t})u(t)$$

$$x_2(t) = (1 - 4e^{-t} + 4e^{-2t})u(t)$$

输出矢量：

$$\boldsymbol{Y}(s) = \boldsymbol{C}\boldsymbol{X}(s) + \boldsymbol{D}F(s) = \begin{bmatrix} -1 & -3 \\ 0 & 1 \end{bmatrix}\begin{bmatrix} \dfrac{s^2 + 3s - 6}{s(s+1)(s+2)} \\[3mm] \dfrac{s^2 - s + 2}{s(s+1)(s+2)} \end{bmatrix} + \begin{bmatrix} 0 \\ -1 \end{bmatrix}\begin{bmatrix} \dfrac{1}{s} \end{bmatrix} = \begin{bmatrix} \dfrac{-4s}{(s+1)(s+2)} \\[3mm] \dfrac{-4}{(s+1)(s+2)} \end{bmatrix}$$

取拉普拉斯逆变换，得：

$$y_1(t) = (4e^{-t} - 8e^{-2t})u(t)$$
$$y_2(t) = (-4e^{-t} + 4e^{-2t})u(t)$$

练习题

12.2-1 以 $i_L(t)$ 和 $u_C(t)$ 作为状态变量，以 $u_L(t)$ 作为输出列写题图 12.2-1 所示电路的状态方程和输出方程。

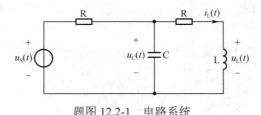

题图 12.2-1　电路系统

12.2-2 描述某 LTI 连续系统的微分方程为
$$y'''(t) + 5y''(t) + y'(t) + 2y(t) = f'(t) + 2f(t)$$
写出系统的状态方程和输出方程。

12.2-3 描述某 LTI 连续因果系统的状态方程和输出方程为
$$\begin{bmatrix} \dot{x}_1(t) \\ \dot{x}_2(t) \end{bmatrix} = \begin{bmatrix} -1 & 2 \\ -1 & -4 \end{bmatrix} \begin{bmatrix} x_1(t) \\ x_2(t) \end{bmatrix} + \begin{bmatrix} 0 \\ 1 \end{bmatrix} f(t) , \quad y(t) = \begin{bmatrix} 1 & 1 \end{bmatrix} \begin{bmatrix} x_1(t) \\ x_2(t) \end{bmatrix} + [1]f(t)$$
若 $f(t) = \delta(t)$ ，$x_1(0_-) = 3$ ，$x_2(0_-) = 2$ ，求状态变量和输出。

12.3　离散系统状态方程的建立与求解

离散系统状态方程和输出方程的建立与连续系统类似：列写方程时，一般先画出信号流图或系统框图，再建立相应的状态方程；求解方程时，一般采用变换域的方法求解。下面对离散系统状态方程和输出方程的建立及求解进行详细介绍。

12.3.1　离散系统状态方程的建立

离散系统状态方程描述的是状态变量的一阶前向移位与各个状态变量和输入之间的关系，所以选用延迟单元的输出作为状态变量，于是，延迟单元的输入信号即为状态变量的一阶前向移位。这样，列写延迟单元输入端信号满足的方程即可得到状态方程；最后根据输出与状态变量的关系列写输出方程。下面通过例题具体说明建立状态方程和输出方程的方法。

例 12.3-1 某离散系统的差分方程为
$$y(n) + 2y(n-1) - y(n-2) = f(n-1) - f(n-2)$$
列出其动态方程。

解：根据差分方程，可得系统函数为：
$$H(z) = \frac{z^{-1} - z^{-2}}{1 + 2z^{-1} - z^{-2}}$$
故可画出系统的信号流图如图 12.3-1 所示。

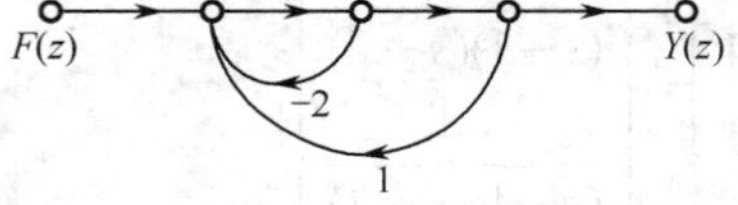

设最右端延迟单元的输出为 $x_1(n)$ ，最左端延迟单元的输出为 $x_2(n)$ ，可以列写状态方程和输出方程为：

图 12.3-1　系统信号流图

$$x_1(n+1) = x_2(n)$$
$$x_2(n+1) = x_1(n) - 2x_2(n) + f(n)$$
$$y(n) = -x_1(n) + x_2(n)$$

写成矩阵形式：

$$\begin{bmatrix} x_1(n+1) \\ x_2(n+1) \end{bmatrix} = \begin{bmatrix} 0 & 1 \\ 1 & -2 \end{bmatrix} \begin{bmatrix} x_1(n) \\ x_2(n) \end{bmatrix} + \begin{bmatrix} 0 \\ 1 \end{bmatrix} f(n)$$

$$y(n) = [-1 \quad 1] \begin{bmatrix} x_1(n) \\ x_2(n) \end{bmatrix}$$

根据上面的讨论，可以总结出离散系统动态方程的建立方法：

① 由系统的输入输出方程或系统函数画出其信号流图或系统框图；

② 选一阶子系统（迟延单元）的输出作为状态变量；

③ 根据每个一阶子系统的输入输出关系列写状态方程；

④ 在系统的输出端列写输出方程。

12.3.2 离散系统状态方程时域解

求解矢量差分方程的方法之一是迭代法或递推法。

若已知 $n = n_0$ 时状态 $\boldsymbol{x}(n_0)$ 和 $n \geq n_0$ 时的输入 $\boldsymbol{f}(n)$，则将它们代入式（12.1-7）并迭代，得：

$$\boldsymbol{x}(n_0+1) = \boldsymbol{A}\boldsymbol{x}(n_0) + \boldsymbol{B}\boldsymbol{f}(n_0)$$

$$\boldsymbol{x}(n_0+2) = \boldsymbol{A}\boldsymbol{x}(n_0+1) + \boldsymbol{B}\boldsymbol{f}(n_0+1) = \boldsymbol{A}^2\boldsymbol{x}(n_0) + \boldsymbol{A}\boldsymbol{B}\boldsymbol{f}(n_0) + \boldsymbol{B}\boldsymbol{f}(n_0+1)$$

$$\cdots$$

$$\boldsymbol{x}(n) = \boldsymbol{A}\boldsymbol{x}(n-1) + \boldsymbol{B}\boldsymbol{f}(n-1) = \boldsymbol{A}^{n-n_0}\boldsymbol{x}(n_0) + \sum_{i=n_0}^{n-1} \boldsymbol{A}^{n-1-i}\boldsymbol{B}\boldsymbol{f}(i) \tag{12.3-1}$$

考虑到激励信号在零时刻接入系统，所以取 $n_0 = 0$，则式（12.3-1）改写为：

$$\boldsymbol{x}(n) = \boldsymbol{A}^n\boldsymbol{x}(0) + \sum_{i=0}^{n-1} \boldsymbol{A}^{n-1-i}\boldsymbol{B}\boldsymbol{f}(i) \tag{12.3-2}$$

式中第一项为零输入解，第二项为零状态解。类似于连续系统，这里的 $\boldsymbol{A}^n$ 也称为状态转移矩阵，记作 $\boldsymbol{\varphi}(n)$。

这里需要说明，式（12.3-2）中，当 $n < 0$ 的时候，$\boldsymbol{x}(n) = 0$。式中第一项在 $n \geq 0$ 时有值，而第二项必须在 $n \geq 1$ 时才有值，所以式（12.3-2）可以改写成：

$$\boldsymbol{x}(n) = \boldsymbol{\varphi}(n)\boldsymbol{x}(0)u(n) + \boldsymbol{\varphi}(n-1)\sum_{i=0}^{n-1} u(n-1-i)\boldsymbol{B}\boldsymbol{f}(i) \tag{12.3-3}$$

$$= \boldsymbol{\varphi}(n)\boldsymbol{x}(0)u(n) + \boldsymbol{\varphi}(n-1)\boldsymbol{B}u(n-1) * \boldsymbol{f}(n)$$

将式（12.3-3）代入式（12.1-8）中，得：

$$y(n) = \boldsymbol{C}\boldsymbol{\varphi}(n)\boldsymbol{x}(0)u(n) + \boldsymbol{C}\boldsymbol{\varphi}(n-1)\boldsymbol{B}u(n-1) * \boldsymbol{f}(n) + \boldsymbol{D}\boldsymbol{f}(n)$$
$$= \boldsymbol{C}\boldsymbol{\varphi}(n)\boldsymbol{x}(0)u(n) + [\boldsymbol{C}\boldsymbol{\varphi}(n-1)\boldsymbol{B}u(n-1) + \boldsymbol{D}\delta(n)] * \boldsymbol{f}(n) \tag{12.3-4}$$

式中第一项为输出矢量零输入解，第二项为零状态解，$\delta(n)$ 为对角矩阵 $\begin{bmatrix} \delta(n) & \cdots\cdots & 0 \\ 0 & \delta(n) & \cdots & 0 \\ \vdots & \vdots & \ddots & \vdots \\ 0 & 0 & \cdots & \delta(n) \end{bmatrix}$。

定义：

$$\boldsymbol{h}(n) = \boldsymbol{C}\boldsymbol{\varphi}(n-1)\boldsymbol{B}u(n-1) + \boldsymbol{D}\delta(n) \tag{12.3-5}$$

为单位序列响应矩阵。

与连续系统类似，用时域的方法求解状态方程的关键是求状态转移矩阵 $\boldsymbol{\varphi}(n)$。在本书中，采用变换域的方法求解 $\boldsymbol{\varphi}(n)$。

12.3.3 离散系统状态方程变换域解

与连续系统状态方程的 s 域解法类似，离散系统的状态方程也可以用单边 z 变换的方法来求解。根据式（6.2-7）对式（12.1-7）等号两端取 z 变换，得：

$$zX(z) - zx(0) = AX(z) + BF(z) \tag{12.3-6}$$

移项得：

$$[zI - A]X(z) = zx(0) + BF(z)$$

两边左乘 $[zI-A]^{-1}$，得：

$$X(z) = [zI-A]^{-1}zx(0) + [zI-A]^{-1}BF(z) = \boldsymbol{\Phi}(z)x(0) + z^{-1}\boldsymbol{\Phi}(z)BF(z) \tag{12.3-7}$$

上式是状态矢量 $x(n)$ 的 z 变换。由式可见，其第一项的逆 z 变换是状态矢量的零输入解，第二项的逆 z 变换是状态矢量的零状态解。$\boldsymbol{\Phi}(z) = [zI-A]^{-1}z$ 称为预解矩阵，其为状态转移矩阵 $\boldsymbol{\varphi}(n)$ 的 z 变换。因此，可以通过 $\boldsymbol{\Phi}(z)$ 求逆 z 变换得到 $\boldsymbol{\varphi}(n)$。

同理，如果对式（12.1-8）等号两端取 z 变换，即可得到：

$$Y(z) = CX(z) + DF(z) \tag{12.3-8}$$

将式（12.3-7）代入上式，可得：

$$Y(z) = C\boldsymbol{\Phi}(z)x(0) + [Cz^{-1}\boldsymbol{\Phi}(z)B + D]F(z) \tag{12.3-9}$$

上式即为输出方程的变换解。容易看出，第一项只与初始状态有关，对应零输入响应矢量的变换解；第二项只与激励有关，为零状态响应的变换解。

由于：

$$Y_{zs}(z) = [Cz^{-1}\boldsymbol{\Phi}(z)B + D]F(z)$$

所以系统函数矩阵为：

$$H(z) = Cz^{-1}\boldsymbol{\Phi}(z)B + D \tag{12.3-10}$$

通过上面的讨论可知，在求解状态方程和输出方程时，最关键的问题就是求出预解矩阵，进而求出 $X(z)$ 和 $Y(z)$，再取逆 z 变换即可求出状态矢量解和输出矢量解。

例 12.3-2 某离散系统的状态方程和输出方程分别为

$$\begin{bmatrix} x_1(n+1) \\ x_2(n+1) \end{bmatrix} = \begin{bmatrix} 0 & \dfrac{1}{2} \\ -\dfrac{1}{2} & 1 \end{bmatrix} \begin{bmatrix} x_1(n) \\ x_2(n) \end{bmatrix} + \begin{bmatrix} 0 \\ 1 \end{bmatrix} f(n)$$

$$y(n) = \begin{bmatrix} 1 & 1 \end{bmatrix} \begin{bmatrix} x_1(n) \\ x_2(n) \end{bmatrix}$$

求状态转移矩阵及描述系统的差分方程。

解：由题意可知，矩阵 $A = \begin{bmatrix} 0 & \dfrac{1}{2} \\ -\dfrac{1}{2} & 1 \end{bmatrix}$，$B = \begin{bmatrix} 0 \\ 1 \end{bmatrix}$，$C = \begin{bmatrix} 1 & 1 \end{bmatrix}$，$D = 0$，故有：

$$zI - A = z\begin{bmatrix} 1 & 0 \\ 0 & 1 \end{bmatrix} - \begin{bmatrix} 0 & \dfrac{1}{2} \\ -\dfrac{1}{2} & 1 \end{bmatrix} = \begin{bmatrix} z & -\dfrac{1}{2} \\ \dfrac{1}{2} & z-1 \end{bmatrix}$$

$$[z\boldsymbol{I} - \boldsymbol{A}]^{-1} = \frac{(z\boldsymbol{I} - \boldsymbol{A})^*}{|z\boldsymbol{I} - \boldsymbol{A}|} = \frac{1}{z^2 - z + \frac{1}{4}} \begin{bmatrix} z-1 & \frac{1}{2} \\ -\frac{1}{2} & z \end{bmatrix}$$

预解矩阵为：

$$\boldsymbol{\Phi}(z) = (z\boldsymbol{I} - \boldsymbol{A})^{-1} z = \begin{bmatrix} \dfrac{-\frac{1}{2}z}{\left(z - \frac{1}{2}\right)^2} + \dfrac{z}{z - \frac{1}{2}} & \dfrac{\frac{1}{2}z}{\left(z - \frac{1}{2}\right)^2} \\ \dfrac{-\frac{1}{2}z}{\left(z - \frac{1}{2}\right)^2} & \dfrac{\frac{1}{2}z}{\left(z - \frac{1}{2}\right)^2} + \dfrac{z}{z - \frac{1}{2}} \end{bmatrix}$$

对上式取逆 z 变换得状态转移矩阵：

$$\boldsymbol{\varphi}(n) = \boldsymbol{A}^n = \begin{bmatrix} (1-n)\left(\frac{1}{2}\right)^n & n\left(\frac{1}{2}\right)^n \\ -n\left(\frac{1}{2}\right)^n & (1+n)\left(\frac{1}{2}\right)^n \end{bmatrix}, n \geq 0$$

系统函数矩阵为：

$$\boldsymbol{H}(z) = \boldsymbol{C}[z\boldsymbol{I} - \boldsymbol{A}]^{-1}\boldsymbol{B} + \boldsymbol{D} = \begin{bmatrix} 1 & 1 \end{bmatrix} \begin{bmatrix} \dfrac{z-1}{\left(z - \frac{1}{2}\right)^2} & \dfrac{\frac{1}{2}}{\left(z - \frac{1}{2}\right)^2} \\ \dfrac{-\frac{1}{2}}{\left(z - \frac{1}{2}\right)^2} & \dfrac{z}{\left(z - \frac{1}{2}\right)^2} \end{bmatrix} \begin{bmatrix} 0 \\ 1 \end{bmatrix} = \frac{z + \frac{1}{2}}{z^2 - z + \frac{1}{4}}$$

由系统函数矩阵可推得描述系统输入输出关系的差分方程为：

$$y(n) - y(n-1) + \frac{1}{4}y(n-2) = f(n-1) + \frac{1}{2}f(n-2)$$

练习题

12.3-1　列写题图 12.3-1 所示系统的状态方程和输出方程。

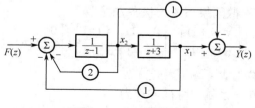

题图 12.3-1　系统框图

12.3-2　描述某 LTI 离散因果系统的状态方程和输出方程为

$$\begin{bmatrix} x_1(n+1) \\ x_2(n+1) \end{bmatrix} = \begin{bmatrix} 0 & 1 \\ -6 & 5 \end{bmatrix} \begin{bmatrix} x_1(n) \\ x_2(n) \end{bmatrix} + \begin{bmatrix} 0 \\ 1 \end{bmatrix} f(n) , \quad \begin{bmatrix} y_1(n) \\ y_2(n) \end{bmatrix} = \begin{bmatrix} 1 & 1 \\ 2 & -1 \end{bmatrix} \begin{bmatrix} x_1(n) \\ x_2(n) \end{bmatrix}$$

若 $f(n) = u(n)$，$\begin{bmatrix} x_1(0) \\ x_2(0) \end{bmatrix} = \begin{bmatrix} 1 \\ 2 \end{bmatrix}$，求系统状态方程的解和系统的输出。

12.4　系统的稳定性、可控制性和可观测性

12.4.1　由状态方程判定系统的稳定性

将 $\boldsymbol{\Phi}(s) = [s\boldsymbol{I} - \boldsymbol{A}]^{-1} = \dfrac{(s\boldsymbol{I} - \boldsymbol{A})^*}{|s\boldsymbol{I} - \boldsymbol{A}|}$ 代入式（12.2-12），得：

$$H(s) = \boldsymbol{C} \frac{(s\boldsymbol{I} - \boldsymbol{A})^*}{|s\boldsymbol{I} - \boldsymbol{A}|} \boldsymbol{B} + \boldsymbol{D} = \frac{\boldsymbol{C}(s\boldsymbol{I} - \boldsymbol{A})^* \boldsymbol{B} + \boldsymbol{D}|s\boldsymbol{I} - \boldsymbol{A}|}{|s\boldsymbol{I} - \boldsymbol{A}|}$$

多项式 $|s\boldsymbol{I} - \boldsymbol{A}|$ 即为连续系统的特征多项式，则 $H(s)$ 的极点就是特征方程：

$$|s\boldsymbol{I} - \boldsymbol{A}| = 0 \tag{12.4-1}$$

的根，即系统特征根。由于判断 LTI 连续因果系统的稳定性只需要判断 $H(s)$ 的极点是否都位于左半开平面。所以，可以通过状态方程矩阵 $\boldsymbol{A}$ 判断系统的稳定性。

同理，对于离散系统有：

$$H(z) = \boldsymbol{C}z^{-1}\boldsymbol{\Phi}(z)\boldsymbol{B} + \boldsymbol{D} = \frac{\boldsymbol{C}(z\boldsymbol{I} - \boldsymbol{A})^* \boldsymbol{B} + \boldsymbol{D}|z\boldsymbol{I} - \boldsymbol{A}|}{|z\boldsymbol{I} - \boldsymbol{A}|}$$

多项式 $|z\boldsymbol{I} - \boldsymbol{A}|$ 即为离散系统的特征多项式，则 $H(z)$ 的极点就是特征方程

$$|z\boldsymbol{I} - \boldsymbol{A}| = 0 \tag{12.4-2}$$

的根，即系统特征根。同样，可以根据系统矩阵 $\boldsymbol{A}$ 来判断离散因果系统的稳定性。

采用特征根判别系统的稳定性时，需要求解系统的特征根。如果遇到高阶方程，求解特征根的计算有一定的复杂性，可以不求特征根而通过罗斯阵列（连续系统）和朱里准则（离散系统）判断因果系统的稳定性。关于罗斯阵列和朱里准则可参考相关材料，下面仅给出二阶 LTI 因果系统稳定性的充要条件。

设一个系统的特征多项式为：

$$P(\lambda) = |\lambda\boldsymbol{I} - \boldsymbol{A}| = a_2\lambda^2 + a_1\lambda + a_0$$

LTI 连续因果系统稳定只需满足：a_2、a_1 和 a_0 同号；LTI 离散因果系统稳定则需满足 $P(-1) > 0$，$P(1) > 0$，$a_2 > |a_0|$。

例 12.4-1　已知某 LTI 离散因果系统的状态方程为

$$\begin{bmatrix} x_1(n+1) \\ x_2(n+1) \end{bmatrix} = \begin{bmatrix} 0 & 1 \\ b & -1 \end{bmatrix} \begin{bmatrix} x_1(n) \\ x_2(n) \end{bmatrix} + \begin{bmatrix} 0 \\ 1 \end{bmatrix} f(n)$$

试问，b 的取值在什么范围内时，系统是稳定的？

解：由式（12.4-2）可知，系统的特征方程为：

$$|z\boldsymbol{I} - \boldsymbol{A}| = \begin{vmatrix} z & -1 \\ -b & z+1 \end{vmatrix} = z^2 + z - b = 0$$

若要系统稳定，即系统特征根都在单位圆内，只需满足以下条件：

$$\begin{cases} 1-|b|>0 \\ (-1)^2+(-1)-b>0 \\ 1+1-b>0 \end{cases}$$

解得 $-1<b<0$。所以当 $-1<b<0$ 时，系统是稳定的。

12.4.2 系统的可控制性和可观测性

系统的可控制性（简称可控性）和可观测性（简称可观性）是卡尔曼（Kalman）在 1960 年首先提出来的，它们分别回答了以下两个问题：

1）输入能否控制状态的变化？——可控性。

2）状态的变化能否由输出反映出来？——可观性。

经典控制理论中用传递函数描述系统的输入输出特性，输出量即为被控量。只要系统是因果稳定的，输出量便可以受控，且输出量总是可以被测量的，因而不需要提出可控性和可观性的概念。

现代控制理论是建立在用状态变量法描述系统的基础上的，状态方程描述的是输入 $f(t)$ 引起状态 $x(t)$ 的变化过程；输出方程描述的是由状态变化所引起的输出 $y(t)$ 的变化。可控性和可观性分别定性地描述了输入 $f(t)$ 对状态 $x(t)$ 的控制能力以及输出 $y(t)$ 对状态 $x(t)$ 的反映能力。

可控性和可观性在现代控制理论中是非常重要的。例如：在最优控制问题中，其任务是寻找输入 $f(t)$，使状态达到预期的轨线。就 LTI 系统而言，如果系统的状态不受控于输入 $f(t)$，当然就无法实现最优控制。另外，为了改善系统的品质，在工程上常用状态变量作为反馈信息。可是状态 $x(t)$ 的值通常是难以测取的，往往需要从测量到的 $y(t)$ 中估计出状态 $x(t)$。如果输出 $y(t)$ 不能完全反映系统的状态 $x(t)$，那么就无法实现对状态的估计。

状态变量表达式是对系统完全的描述。判别系统的可控性和可观性的主要依据就是状态变量表达式。

对于 LTI 系统，如果存在一个分段连续的输入 $f(t)$，能在 $[t_0,t_f]$ 有限时间间隔内，使得系统从某一初始状态 $x(t_0)$ 转移到指定的任一终端状态 $x(t_f)$，则称此状态是可控的。若系统的所有状态都是可控的，则称此系统是状态完全可控的，简称系统是可控的。

对于 k 阶 LTI 系统，其系统状态完全可控的充分必要条件是：由 A、B 构成的可控性判别矩阵

$$Q_c=[\begin{matrix} B & AB & A^2B & \cdots & A^{k-1}B \end{matrix}] \tag{12.4-3}$$

满秩，即：

$$\mathrm{rank}\, Q_c=k \tag{12.4-4}$$

其中，k 为该系统的阶数。

对于 LTI 系统，如果存在一个分段连续的输入 $f(t)$，能在 $[t_0,t_f]$ 有限时间间隔内，使得系统从任意初始输出 $y(t_0)$ 转移到指定的任意最终输出 $y(t_f)$，则称该系统是输出完全可控的，简称系统输出可控。

对于 k 阶 LTI 系统，其输出可控的充分必要条件是：由 A、B、C、D 构成的输出可控性判别矩阵

$$Q_{yc}=[\begin{matrix} CB & CAB & CA^2B & \cdots & CA^{k-1}B & D \end{matrix}] \tag{12.4-5}$$

的秩等于输出变量的维数 r，即：

$$\mathrm{rank}\, Q_{yc}=r \tag{12.4-6}$$

可见，系统可控性分为状态可控性和输出可控性。如果系统部分状态不可控，系统输出仍然有可能是可控的，只要输出不涉及不可控状态即可；如果系统状态可控，那么系统输出一定是可控的。一般情况下，若不特别指明，系统可控性指状态可控性。

例 12.4-2 判断下列系统的可控性。

$$1）\dot{x}(t) = \begin{bmatrix} -2 & 1 \\ 0 & -1 \end{bmatrix} x(t) + \begin{bmatrix} 1 \\ 0 \end{bmatrix} f(t) \qquad 2）\dot{x}(t) = \begin{bmatrix} 1 & 1 & 0 \\ 0 & 1 & 0 \\ 0 & 1 & 1 \end{bmatrix} x(t) + \begin{bmatrix} 0 & 1 \\ 1 & 0 \\ 0 & 1 \end{bmatrix} f(t)$$

解： 1）由题意可知，系统矩阵 $A = \begin{bmatrix} -2 & 1 \\ 0 & -1 \end{bmatrix}$，$B = \begin{bmatrix} 1 \\ 0 \end{bmatrix}$，故 $AB = \begin{bmatrix} -2 \\ 0 \end{bmatrix}$。因其为二阶系统，所以：

$$Q_c = [B \quad AB] = \begin{bmatrix} 1 & -2 \\ 0 & 0 \end{bmatrix}$$

可见 $\mathrm{rank}\, Q_c = 1 < k = 2$，所以系统是不可控的。

2）由题意可知，系统矩阵 $A = \begin{bmatrix} 1 & 1 & 0 \\ 0 & 1 & 0 \\ 0 & 1 & 1 \end{bmatrix}$，$B = \begin{bmatrix} 0 & 1 \\ 1 & 0 \\ 0 & 1 \end{bmatrix}$，故 $AB = \begin{bmatrix} 1 & 1 \\ 1 & 0 \\ 1 & 1 \end{bmatrix}$，$A^2 B = \begin{bmatrix} 2 & 1 \\ 1 & 0 \\ 2 & 1 \end{bmatrix}$。因其为三阶系统，所以：

$$Q_c = [B \quad AB \quad A^2 B] = \begin{bmatrix} 0 & 1 & 1 & 1 & 2 & 1 \\ 1 & 0 & 1 & 0 & 1 & 0 \\ 0 & 1 & 1 & 1 & 2 & 1 \end{bmatrix}$$

可见 $\mathrm{rank}\, Q_c = 2 < k = 3$，所以系统是不可控的。

系统可观性的定义是：给定输入 $f(t)$，能在有限时间间隔内根据输出唯一地确定系统的各个状态，则系统即为可观的，否则系统不可观。

对于 k 阶 LTI 系统可观的充要条件是：由 A、C 构成的系统可观性判别矩阵

$$Q_o = \begin{bmatrix} C \\ CA \\ CA^2 \\ \vdots \\ CA^{k-1} \end{bmatrix} \tag{12.4-7}$$

满秩，即：

$$\mathrm{rank}\, Q_o = k \tag{12.4-8}$$

或：

$$\mathrm{rank}[C^T \quad A^T C^T \quad \cdots \quad (A^T)^{k-1} C^T] = k \tag{12.4-9}$$

例 12.4-3 判断系统的可观性。

$$\begin{bmatrix} \dot{x}_1(t) \\ \dot{x}_2(t) \end{bmatrix} = \begin{bmatrix} 1 & -1 \\ 1 & 1 \end{bmatrix} \begin{bmatrix} x_1(t) \\ x_2(t) \end{bmatrix} + \begin{bmatrix} 2 & -1 \\ 1 & 0 \end{bmatrix} f(t), \quad y(t) = \begin{bmatrix} 1 & 0 \\ -1 & 1 \end{bmatrix} \begin{bmatrix} x_1(t) \\ x_2(t) \end{bmatrix}$$

解： 由题意可知，系统矩阵 $A = \begin{bmatrix} 1 & -1 \\ 1 & 1 \end{bmatrix}$，$C = \begin{bmatrix} 1 & 0 \\ -1 & 1 \end{bmatrix}$，且为二阶系统，由于：

$$\mathrm{rank}\begin{bmatrix} C^T & A^T C^T \end{bmatrix} = \mathrm{rank} \begin{bmatrix} 1 & -1 & 1 & 0 \\ 0 & 1 & -1 & 2 \end{bmatrix} = 2 = k$$

故系统是可观的。

离散系统的可控性和可观性的判断与连续系统相同，这里不再赘述。

一个线性系统的可控性和可观性也可以通过系统函数来判定。如果系统函数中没有极点、零点相消现象，那么系统一定是完全可控与完全可观的。如果出现了极点与零点的相消，则系统就是不完全可控的或不完全可观的，具体情况视状态变量的选择而定。

练习题

12.4-1 描述 LTI 连续因果系统的状态方程为

$$\begin{bmatrix} \dot{x}_1(t) \\ \dot{x}_2(t) \end{bmatrix} = \begin{bmatrix} -1 & 2 \\ -1 & -4 \end{bmatrix} \begin{bmatrix} x_1(t) \\ x_2(t) \end{bmatrix} + \begin{bmatrix} 0 \\ 1 \end{bmatrix} f(t)$$

试判断系统的稳定性。

12.4-2 已知系统的状态方程与输出方程如下，试分析系统的可控性与可观性。

$$\begin{bmatrix} x_1(n+1) \\ x_2(n+1) \end{bmatrix} = \begin{bmatrix} 1 & 0 \\ -1 & 2 \end{bmatrix} \begin{bmatrix} x_1(n) \\ x_2(n) \end{bmatrix} + \begin{bmatrix} 1 \\ 0 \end{bmatrix} f(n), \quad y(n) = [0 \quad 1] \begin{bmatrix} x_1(n) \\ x_2(n) \end{bmatrix}$$

12.5 本 章 小 结

本章首先介绍了状态、状态变量、状态方程等概念。之后分别介绍了连续系统和离散系统状态方程的建立和求解方法。最后介绍了如何由状态方程判断系统的稳定性、可控性和可观性。

具体来讲，本章主要介绍了：

① 状态变量以及与之有关的基本概念。重点掌握状态方程和输出方程的一般形式。

② 连续系统状态方程的建立与求解。重点掌握由电路图以及信号流图（系统框图）建立状态方程的方法，并能够通过时域和变换域的方法求解系统状态方程。

③ 离散系统状态方程的建立与求解。重点掌握根据给定系统的差分方程、系统函数或信号流图列写状态方程的方法，并掌握离散系统的时域和变换域解法。

④ 系统的稳定性、可控性和可观性。深刻理解系统稳定性、可控性和可观性的概念，重点掌握如何通过系统状态方程判断系统的稳定性、可控性和可观性。

本章的主要知识脉络如图 12.5-1 所示。

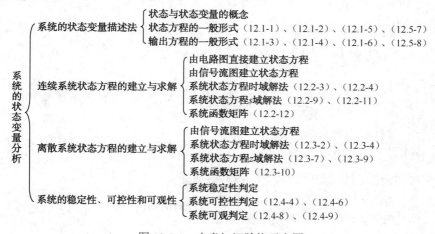

图 12.5-1 本章知识脉络示意图

练习题答案

12.2-1 状态方程：$\begin{bmatrix} \dot{u}_C(t) \\ \dot{i}_L(t) \end{bmatrix} = \begin{bmatrix} -\dfrac{1}{RC} & -\dfrac{1}{C} \\ \dfrac{1}{L} & -\dfrac{R}{L} \end{bmatrix} \begin{bmatrix} u_C(t) \\ i_L(t) \end{bmatrix} + \begin{bmatrix} \dfrac{1}{RC} \\ 0 \end{bmatrix} u_S(t)$

输出方程：$u_L(t) = \begin{bmatrix} 1 & -R \end{bmatrix} \begin{bmatrix} u_C(t) \\ i_L(t) \end{bmatrix}$

12.2-2 状态方程：$\begin{bmatrix} \dot{x}_1(t) \\ \dot{x}_2(t) \\ \dot{x}_3(t) \end{bmatrix} = \begin{bmatrix} 0 & 1 & 0 \\ 0 & 0 & 1 \\ -2 & -1 & -5 \end{bmatrix} \begin{bmatrix} x_1(t) \\ x_2(t) \\ x_3(t) \end{bmatrix} + \begin{bmatrix} 0 \\ 0 \\ 1 \end{bmatrix} f(t)$，输出方程：$y(t) = \begin{bmatrix} 2 & 1 & 0 \end{bmatrix} \begin{bmatrix} x_1(t) \\ x_2(t) \\ x_3(t) \end{bmatrix}$

12.2-3 $x(t) = \begin{bmatrix} 12\mathrm{e}^{-2t} - 9\mathrm{e}^{-3t} \\ 9\mathrm{e}^{-3t} - 6\mathrm{e}^{-2t} \end{bmatrix} u(t)$，$y(t) = \delta(t) + 6\mathrm{e}^{-2t}u(t)$

12.3-1 状态方程：$\begin{bmatrix} x_1(n+1) \\ x_2(n+1) \end{bmatrix} = \begin{bmatrix} -3 & 1 \\ -1 & -1 \end{bmatrix} \begin{bmatrix} x_1(n) \\ x_2(n) \end{bmatrix} + \begin{bmatrix} 0 \\ 1 \end{bmatrix} f(n)$，输出方程：$y(n) = \begin{bmatrix} 1 & -1 \end{bmatrix} \begin{bmatrix} x_1(n) \\ x_2(n) \end{bmatrix}$

12.3-2 $x(n) = \begin{bmatrix} \dfrac{1}{2}[1 + (3)^n] \\ \dfrac{1}{2}[1 + 3(3)^n] \end{bmatrix} u(n)$，$\begin{bmatrix} y_1(n) \\ y_2(n) \end{bmatrix} = \begin{bmatrix} 1 + 2(3)^n \\ \dfrac{1}{2}[1 - (3)^n] \end{bmatrix} u(n)$

12.4-1 稳定

12.4-2 可控、可观

本 章 习 题

12.1 已知系统状态方程的系数矩阵 $A = \begin{bmatrix} -1 & 0 & 0 \\ 0 & -4 & 0 \\ 0 & 0 & -2 \end{bmatrix}$，$B = \begin{bmatrix} 1 \\ 4 \\ 2 \end{bmatrix}$，$C = \begin{bmatrix} 1 & 2 & 1 \end{bmatrix}$，$D = 0$，输入 $f(t) = u(t)$，系统初始状态 $x(0) = \begin{bmatrix} 1 \\ 3 \\ 1 \end{bmatrix}$。试计算：1）状态转移矩阵；2）系统输出响应 $y(t)$。

12.2 设系统状态方程为 $\begin{bmatrix} \dot{x}_1(t) \\ \dot{x}_2(t) \end{bmatrix} = A \begin{bmatrix} x_1(t) \\ x_2(t) \end{bmatrix} + Bf(t)$，$y(t) = C \begin{bmatrix} x_1(t) \\ x_2(t) \end{bmatrix} + Df(t)$，状态转移矩阵为 $\boldsymbol{\varphi}(t) = \begin{bmatrix} 2\mathrm{e}^{-t} - \mathrm{e}^{-2t} & -2\mathrm{e}^{-t} + 2\mathrm{e}^{-2t} \\ \mathrm{e}^{-t} - \mathrm{e}^{-2t} & -\mathrm{e}^{-t}2\mathrm{e}^{-2t} \end{bmatrix} f(t)$，在 $f(t) = \delta(t)$ 的作用下，系统状态矢量和输出矢量的零状态解分别为 $\begin{bmatrix} \dot{x}_1(t) \\ \dot{x}_2(t) \end{bmatrix} = \begin{bmatrix} 12\mathrm{e}^{-t} - 12\mathrm{e}^{-2t} \\ 6\mathrm{e}^{-t} - 12\mathrm{e}^{-2t} \end{bmatrix} f(t)$ 和 $y(t) = \delta(t) + (6\mathrm{e}^{-t} - 12\mathrm{e}^{-2t})$，求系统的 A、B、C、D 矩阵。

12.3 已知离散系统的状态方程和输出方程为

$$\begin{bmatrix} x_1(n+1) \\ x_2(n+1) \end{bmatrix} = \begin{bmatrix} 1 & -2 \\ a & b \end{bmatrix} \begin{bmatrix} x_1(n) \\ x_2(n) \end{bmatrix} + \begin{bmatrix} 1 \\ 0 \end{bmatrix} f(n)，\quad y(n) = \begin{bmatrix} 1 & 1 \end{bmatrix} \begin{bmatrix} x_1(n) \\ x_2(n) \end{bmatrix}$$

系统的零输入响应 $y_{zi}(n) = 8(-1)^n - 5(-2)^n$。

试求：1）常数 a 和 b；2）状态变量的解。

下篇

实践提高

感性认识和理性认识是相辅相成、缺一不可的。只有感性认识而没有理性认识，则对事物的认识深度稍显欠缺；只有理性认识而没有感性认识，则对事物的具体表现缺乏直观了解。在上篇和中篇学习了信号和系统分析的理论之后，本篇通过各种实验帮助读者加深对相关理论的理解，提高自身的工程实践能力。

本篇主要介绍了信号的表示及可视化、信号的卷积积分及卷积和、傅里叶变换、拉普拉斯变换、z 变换、系统的零极点分析、系统时域响应求解、系统变换域响应求解等 41 个实验，每个实验均分别采用 MATLAB 语言和 Python 语言编程实现。

第 13 章　信号与系统实践

【内容提要】

本章首先简要介绍 MATLAB 和 Python 语言，然后重点介绍利用 MATLAB 和 Python 语言实现信号的表示及可视化、信号的卷积积分及卷积和、傅里叶变换、拉普拉斯变换、z 变换、系统的零极点分析、系统时域和变换域响应求解的仿真方法。通过学习本章内容，读者应能够掌握利用 MATLAB 和 Python 语言进行信号与系统重点知识仿真的基本方法和基本原理。

【重点难点】

★ MATLAB、Python 实现信号的时域表示、运算

★ MATLAB、Python 实现三大变换

★ MATLAB、Python 实现系统响应求解的仿真

★ MATLAB、Python 实现系统的零、极点分析

13.1　实验环境简介

本节简要介绍 MATLAB 和 Python 语言的基本知识。本节试图以最小的篇幅给出 MATLAB 和 Python 的核心框架，对初涉 MATLAB 和 Python 的人来说，本节内容是学习后续内容的必要基础。

13.1.1　MATLAB 语言简介

矩阵和数组是数值计算的最基本运算单元，在 MATLAB 中，数组运算与矩阵运算有着较大的区别。数组运算的规则是：无论在数组上施加何种运算，数组运算的结果都是将该运算平等地作用于数组中的每一个元素；而矩阵运算则遵循普通数学意义上的矩阵运算规则。由于 MATLAB 的大部分运算或命令都是在矩阵运算意义下执行的，因此下面着重介绍矩阵的相关知识。

MATLAB 最基本的数据结构是二维矩阵。每个矩阵的单元可以是数值、逻辑、字符类型或者其他任何的 MATLAB 数据类型。无论是单个数据还是一组数据，MATLAB 均采用二维矩阵来存储。

对于一个数据，MATLAB 用 1×1 矩阵来表示；对于一组数据，MATLAB 用 $1\times n$ 矩阵来表示，其中 n 是这组数据的长度。通常把 1×1 的矩阵称为标量，把 $1\times n$ 的矩阵称为向量。把至少有一维的长度为 0 的矩阵称为空矩阵，空矩阵可以用 "[]" 来表示。

例如，实数 2.5 是 1×1 的双精度浮点数类型矩阵。在 MATLAB 中可以用语句 whos 来显示数值的数据类型和存储矩阵大小。

```
>> a=2.5;
>>whos a
```

由上面的语句得到的输出代码如下：

```
Name     Size     Bytes Class     Attributes
   A       1×1         8           double
```

又例如，字符串 "happy new year" 是 1×14 的字符类型矩阵，可以用如下语句来查看该字符串的数据类型和存储矩阵大小。

```
>> str='happy new year';
```

```
>> whos str
```

由上面的语句得到的输出如下：

Name	Size	Bytes Class	Attributes
str	1×14	28	char

最简单的构造矩阵的方法就是采用矩阵构造符"[]"，构造一行的矩阵可以把矩阵元素放在矩阵构造符"[]"中，并以空格或者逗号来隔开它们，其代码如下：

```
>> a=[1 2 3 4] 或者>> a=[1,2,3,4]
a=
    1 2 3 4
```

如果矩阵是多行的，行与行之间用分号隔开，例如，一个 3×4 的矩阵可以用如下语句得到，其代码如下：

```
>> A=[1,2,3,4;5,6,7,8;9,10,11,12]
```

上述语句得到的矩阵 A 如下：

```
A=
    1    2    3    4
    5    6    7    8
    9   10   11   12
```

MATLAB 还提供了一些函数用来构造特殊矩阵。例如，要产生一个 3×4 的全 0 矩阵，可以采用函数 zeros 来实现，代码如下：

```
>> a=zeros(3,4)
a=
    0 0 0 0
    0 0 0 0
    0 0 0 0
```

另外，类似的函数还有诸如：ones 用来构造全 1 阵、eye 用来构造单位阵、diag 用来构造三角阵、rand 用来构造元素取值在[0,1]区间均匀分布的随机矩阵、randn 用来构造服从正态分布的随机矩阵等。

把两个或者两个以上的矩阵数据连接起来得到一个新矩阵的过程称为矩阵的合并。常用的矩阵合并符有"[]"和"[;]"，表达式 C=[A B]表示在水平方向合并矩阵 A 和 B，而表达式 C=[A;B]表示在竖直方向合并矩阵 A 和 B。

例如：

```
>> a=ones(2,3);
>> b=zeros(2,3);
>>c=[a;b]
```

由上述语句得到的结果如下：

```
c=
    1 1 1
    1 1 1
    0 0 0
    0 0 0
```

可以用矩阵合并符来构造任意大小的矩阵，需要注意的是在矩阵合并的过程中一定要保持矩阵的形状是方形的。

除了使用矩阵合并符来合并矩阵外，还可以使用矩阵合并函数来合并矩阵：cat(dim,A,B)表示在 dim 维方向合并矩阵 A 和 B；horzcat(A,B)与[A B]的用途相同，均表示在水平方向合并矩阵；

verrcat(A,B)的用途与[A;B]相同，均表示在竖直方向合并矩阵；repmat(A,m,n)表示通过复制矩阵来构造新的矩阵，得到 $m×n$ 个 A 的大矩阵。

要删除矩阵的某一行或者是某一列，只要把该行或该列赋予一个空矩阵即可。例如，有一个 4×4 的矩阵，代码设置如下：

```
>> A=magic(4)
A=
      16    2     3    13
       5   11    10     8
       9    7     6    12
       4   14    15     1
```

如果想要删除矩阵的第 3 行，则可以用如下语句：

```
>> A(3,:)=[]
```

由上述语句得到新的矩阵 A 如下：

```
A=
      16    2     3    13
       5   11    10     8
       4   14    15     1
```

下面介绍如何获取矩阵的信息，包括矩阵的大小、矩阵元素的数据类型和矩阵的数据结构。常用的矩阵尺寸函数如表 13.1-1 所示。常用的矩阵数值运算操作如表 13.1-2 所示。

表 13.1-1　矩阵尺寸函数

函 数 名	函 数 描 述	基 本 调 用 格 式
size	用于求出矩阵在各个方向的长度	d=size(a)，返回的大小信息以向量方式存储 [m,n]=size(a)，返回的大小信息分开存储，将 a 的行数给 m，列给 n m=size(a,dim)，返回某一维的大小信息
length	用于求出矩阵最长方向的长度	n=length(a)，相当于 max(size(a))
sum	用于实现矩阵元素的求和运算	sum(a)，若 a 为向量，则计算出向量 a 所有元素的和。若 a 为矩阵，则产生一行向量，其元素分别为矩阵 a 各列元素之和
max	用于求出矩阵元素的最大值	max(a)，若 a 为向量，则求出 a 所有元素的最大值。若 a 为矩阵，则产生一行向量，其元素分别为矩阵 a 各列元素的最大值
ndim	用于求出矩阵的维数	n=ndim(a)
numel	用于求出矩阵的元素个数	n=numel(a)

表 13.1-2　矩阵数值运算操作

操 作	功 能 描 述
A+B	与数组运算相同
A−B	与数组运算相同
S*B	与数组运算相同
A*B	内维相同的矩阵相乘
A/B	矩阵 A 右除矩阵 B
B\A	矩阵 B 左除矩阵 A

操　　作	功 能 描 述
A^S	矩阵的幂运算，A 为方阵
A'	矩阵的共轭转置
Expm(A)	求矩阵 A 的指数
Logm(A)	求矩阵 A 的对数
Sqrtm(A)	求矩阵 A 的平方根

MATLAB 提供了强大的图形绘制功能，使得处理结果更加直观。MATLAB 可以表达出数据的二维、三维和四维图形，通过对图形的线型、立面、色彩、光线等属性的控制，可把数据的内在特征表现得更加细腻完善。本节主要介绍二维图形的绘制。

二维图形的绘制是 MATLAB 语言图形处理的基础。下面主要介绍 plot、fplot、ezplot 这 3 个基本二维绘图命令，以及 figure、stem、subplot、title、xlabel、ylabel、axis、grid on(off)等绘图修饰指令。这里着重讲解 plot 命令。

plot 命令调用格式有如下 3 种。

1）plot(y)。参数 y 可以是实向量、实数矩阵或复向量。

若 y 为实向量，则绘制的图形以向量索引为横坐标值、以向量元素的值为纵坐标值。

若 y 为实数矩阵，则绘制 y 的列向量对其坐标索引的图形。

若 y 为复向量，则 plot(y)相当于 plot(real(y),imag(y))。

2）plot(x,y)。x、y 均可为向量和矩阵。

x、y 均为 n 维向量时，绘制向量 y 对向量 x 的图形，以 x 为横坐标，y 为纵坐标。

x 为 n 维向量，y 为 $m×n$ 或 $n×m$ 的矩阵时，该命令将在同一个图内绘得 m 条不同颜色的连线。

3）plot(x,y,s)。此格式用于绘制不同的线型、点标和颜色的图形。常用方法见表 13.1-3。

表 13.1-3　plot 命令的参数及其含义

参　　数	含　　义	参　　数	含　　义	参　　数	含　　义
y	黄色	.	点	——	实线
m	紫色	o	圆	:	虚线
c	青色	x	打叉	–	点划线
r	红色	+	加号	——	波折线
g	绿色	*	星号	^	向上的三角形
b	蓝色	s	正方形	<	向左的三角形
w	白色	d	菱形	>	向右的三角形
k	黑色	v	向下的三角形	p	五角星形

13.1.2　Python 语言简介

Python 是一种解释型、面向对象、动态数据类型的高级程序设计语言。由于 Python 语言的简洁、易读以及可扩展性，在国外用 Python 做科学计算的研究机构日益增多，一些知名大学已经采用 Python 教授程序设计课程。众多开源的科学计算软件包都提供了 Python 的调用接口，例如著名的计算机视觉库 OpenCV、三维可视化库 VTK、医学图像处理库 ITK。而 Python 专用的科学计算扩展库就更多了，比较经典的有 NumPy、SciPy 和 matplotlib，它们分别为 Python 提供了快速数组处理、数值运算以及绘图功能。

NumPy 系统是 Python 的一种开源的数值计算扩展。这种工具可用来存储和处理大型矩阵，比 Python 自身的嵌套列表结构要高效得多（该结构也可以用来表示矩阵）。可以说，NumPy 将 Python 变成了一种免费的功能更强大的MATLAB系统。NumPy 提供了两种基本的对象：ndarray（N-dimensional array object）和 ufunc（universal function object）。ndarray 是存储单一数据类型的多维数组，而 ufunc 则是能够对数组进行处理的函数。

Scipy 在 NumPy 的基础上增加了众多的数学、科学以及工程计算中的模块，例如统计、优化、整合、线性代数、常微分方程数值求解、傅里叶变换、信号处理、图像处理、稀疏矩阵等。Scipy 特定功能的子模块组成如表 13.1-4 所示。

表 13.1-4　Scipy 特定功能的子模块

模　　块	功　　能	模　　块	功　　能
scipy.cluster	矢量量化 / K-均值	scipy.odr	正交距离回归
scipy.constants	物理和数学常数	scipy.optimize	优化
scipy.fftpack	傅里叶变换	scipy.signal	信号处理
scipy.integrate	积分程序	scipy.sparse	稀疏矩阵
scipy.interpolate	插值	scipy.spatial	空间数据结构和算法
scipy.io	数据输入输出	scipy.special	任何特殊数学函数
scipy.linalg	线性代数程序	scipy.stats	统计
scipy.ndimage	n 维图像包		

Matplotlib 是一个二维图形库，它充分利用了 Python 数值计算软件包快速准确的矩阵运算能力，具有良好的绘图性能。它设计了大量的绘图函数，并充分利用了 Python 语言的简洁优美和面向对象的特点，使用起来十分方便，尤其对熟悉了 MATLAB 绘图函数的人员更是如此。

Matplotlib 一共包含如下三个模块：

1）Pylab Interface：包含一组类似 MATLAB 的绘图函数。

2）Matplotlib Founted：包含一组类，用于图形及其相关元素的创建、管理的繁重工作，是一个抽象层，它不涉及任何有关图形的输出问题。

3）Backends：是一个和具体设备无关的绘图设备，它承担前台绘图结果到打印设备和显示设备的转换。

具体来说，Matplotlib 的使用者主要和 Pylab Interface 打交道，利用它提供的函数绘图，Matplotlib Founted 则负责图形的创建和管理，完成大量涉及图形的运算和转换等，至于图形如何显示和打印则由 Backends 完成。这种模块化的优点是将绘图和输出分开处理，从而大大扩展了 Matplotlib 的使用范围。

因此，Python 语言及其众多的扩展库所构成的开发环境十分适合工程技术人员和科研人员处理实验数据、制作图表，甚至开发科学计算应用程序等。

对于信号与系统分析来说，更多的研究人员还是首先想到 MATLAB，那么，Python 能否像 MATLAB 那样从容地处理信号与系统分析中的问题呢？其实除了 MATLAB 的一些专业性很强的工具箱还无法替代外，MATLAB 的大部分常用功能都可以在 Python 世界中找到相应的扩展库。而且，和 MATLAB 相比，用 Python 做科学计算有如下优点：

首先，MATLAB 是一款商用软件，并且价格不菲。而 Python 完全免费，众多开源的科学计算库都提供了 Python 的调用接口。用户可以在任何计算机上免费安装 Python 及其绝大多数扩展库。

其次，与 MATLAB 相比，Python 是一门更易学、更严谨的程序设计语言。它能让用户编写出更易读、易维护的代码。

最后，MATLAB 主要专注于工程和科学计算。然而即使在计算领域，也经常会遇到文件管理、界面设计、网络通信等 MATLAB 很难满足的需求。而 Python 有着丰富的扩展库，可以轻松完成各种高级任务，开发者可以用 Python 实现完整应用程序所需的各种功能。

13.2 信号表示

13.2.1 连续信号的表示

MATLAB 提供了大量生成基本信号的函数，如指数信号、正余弦信号等。在 MATLAB 中，表示连续信号有两种方法：数值法和符号法。数值法是定义某一时间范围和取样时间间隔，然后调用该函数计算这些点的函数值，得到两组数值矢量，可用绘图语句画出其波形；符号法是利用 MATLAB 的符号运算功能，需定义符号变量和符号函数，运算结果是符号表达的解析式，也可用绘图函数 ezplot 画出其波形图。

在 Python 中，连续信号的表示与 MATLAB 类似，这里不再赘述。

例 13.2-1 指数信号。

指数信号在 MATLAB 中用 exp 函数表示，其调用格式为：

$$ft=A*exp(a*t)$$

在 Python 中，指数函数用 exp 函数表示，调用格式与 MATLAB 相同。

MATLAB 编程

```
A=1; a=-0.5;
t=0:0.01:10;          %定义时间点
ft=A*exp(a*t);        %计算这些点的函数值
plot(t,ft);           %画图命令，用直线段连接函数值表示曲线
grid on;              %设置网格
```

Python 编程

```
import numpy as np
import matplotlib.pyplot as plt
t=np.linspace(-3.0,3.0,1000)
plt.ylim(0,4)
plt.subplot(221)
plt.title(u'exp(-0.5*t)')
plt.plot(t,np.exp(-0.5*t))
plt.subplot(222)
plt.title(u'exp(0.5*t)')
plt.plot(t,np.exp(0.5*t))
plt.subplot(212)
plt.title(u'exp(0*t)')
plt.plot(t,np.exp(0*t))
plt.show()
```

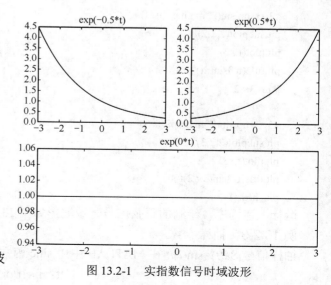

运行上述程序绘制的实指数信号时域波形如图 13.2-1 所示。

图 13.2-1　实指数信号时域波形

例 13.2-2 正弦信号。

正弦信号在 MATLAB 中用 sin 函数表示，调用格式为：

$$ft=A*sin(w*t+phi)$$

正弦信号在 Python 中用 sin 函数表示，调用格式与 MATLAB 相同。

MATLAB 编程

```
A=3; w=0.5*pi; phi=0;
t=0:0.01:8;
ft=A*sin(w*t+phi);
plot(t,ft);
grid on;
```

下面利用 Python 绘制正弦信号 $f(t) = 3\sin(\omega t)$ 当 $\omega = \pi / 2$、$\omega = \pi$ 和 $\omega = 3\pi / 2$ 时的时域波形，观察角频率对正弦信号的影响。

Python 编程

```
# -*- coding: utf-8 -*-
import numpy as np
import matplotlib.pyplot as plt
import matplotlib
import math
N =500
t = np.linspace(0,12,num=N)
# ω=π/2
fs = 0.25
x1=3*np.sin(2*math.pi*fs*t)
plt.subplot(2,2,1)
plt.plot(t,x1)
plt.title(u'3sin(π/2)t')
plt.ylim(-3.0,3.0)
# ω=π
fs = 0.5
x2=3*np.sin(2*math.pi*fs*t)
plt.subplot(2,2,2)
plt.plot(t,x2)
plt.title(u'3sin(πt)')
# ω=3π/2
fs = 0.75
x3=3*np.sin(2*math.pi*fs*t)
plt.subplot(2,2,3)
plt.plot(t,x3)
plt.title(u'3sin(3π/2)t')
plt.show()
```

运行上述程序，绘制的正弦信号时域波形如图 13.2-2 所示。

例 13.2-3 抽样信号。

抽样信号 Sa(t)=sin(t)/t 在 MATLAB 中用 sinc 函数表示，调用格式为：

$$ft=sinc(t/pi)$$

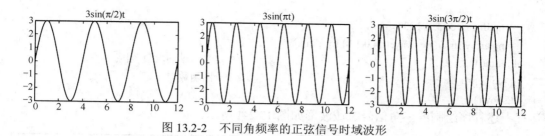

图 13.2-2 不同角频率的正弦信号时域波形

抽样信号在 Python 中用 sinc 函数表示，调用格式与 MATLAB 相同。

MATLAB 编程

```
t=-3*pi:pi/100:3*pi;
ft=sinc(t/pi);
plot(t,ft);
grid on;
axis([-10,10,-0.5,1.2]);    %定义画图范围，横轴，纵轴
title('抽样信号')            %定义图的标题名字
```

Python 编程

```
import numpy as np
import matplotlib.pyplot as plt
t=np.linspace(-3.0*np.pi,3.0*np.pi,1000)    #通过 linspace 函数指定 t 的取值范围
ft=np.sinc(t/np.pi)                          #调用 sinc 函数计算抽样信号
plt.ylim(-0.5,1.2)                           #定义纵轴的取值范围
plt.plot(t,ft)                               #绘图函数
plt.show()                                   #显示函数
```

运行上述程序绘制的抽样信号时域波形如图 13.2-3 所示。

例 13.2-4 三角信号。

三角信号在 MATLAB 中用 tripuls 函数表示。ft=tripuls(t, width, skew)，产生幅度为 1，宽度为 width，且以 0 为中心左右各展开 width/2 大小，斜度为 skew 的三角波。width 的默认值是 1，skew 的取值范围是[-1,1]。一般最大幅度 1 出现在 t=(width/2)*skew 的横坐标位置。在 Python 中用一个分段函数来表示三角信号。

程序如下：

MATLAB 编程

```
t=-3:0.01:3;
ft=tripuls(t,4,0);
plot(t,ft);
grid on;
```

Python 编程

```
import numpy as np
import matplotlib.pyplot as plt
def triangle_wave(x,c,hc):              #幅度为 hc，宽度为 c，斜度为 hc/2c 的三角波
    if x>=c/2:r=0.0
    elif x<=-c/2:r=0.0
    elif x>-c/2 and x<0 :r=2*x/c*hc+hc
    else:r=-2*x/c*hc+hc
    return r
```

```
x = np.linspace(-3,3, 1000)
y = np.array([triangle_wave(t,4.0,1.0) for t in x])
plt.ylim(-0.2,1.2)                          #定义纵轴的取值范围
plt.plot(x,y)                               #绘图函数
plt.show()
```

运行上述程序绘制的三角信号时域波形如图 13.2-4 所示。

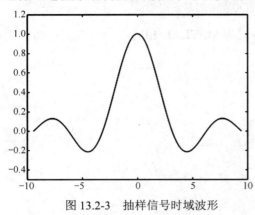

图 13.2-3　抽样信号时域波形　　　　　图 13.2-4　三角信号时域波形

例 13.2-5　复指数信号。

在 MATLAB 中，复指数函数的调用格式为：

$$exp((a+j*w)*t))$$

复指数信号在 Python 中的函数表示形式为 exp((complex(a,w))*t)。

MATLAB 编程

```
t=0:0.01:5;
a=0.5;
w=8;
X= 2*exp((a+j*w)*t);
Xr=real(X);                          %取实部
Xi=imag(X);                          %取虚部
Xa=abs(X);                           %取模
Xn=angle(X);                         %取相位
subplot(2,2,1),plot(t,Xr),axis([0,5,-(max(Xa)+0.5),max(Xa)+0.5]),title('real');
subplot(2,2,3),plot(t,Xi),axis([0,5,-(max(Xa)+0.5),max(Xa)+0.5]),title('imag');
subplot(2,2,2), plot(t,Xa),axis([0,5,0,max(Xa)+1]),title('abs');
subplot(2,2,4),plot(t,Xn),axis([0,5,-(max(Xn)+1),max(Xn)+1]),title('angle');
```

说明：subplot(m, n, i)命令的作用是建立 m 行 n 列的画图窗口，并指定画图位置 i。

Python 编程

```
import numpy as np
import matplotlib.pyplot as plt
t=np.linspace(-3.0,3.0,1000)
plt.ylim(0,4)
f=2*np.exp((complex(-0.5,8))*t)
plt.subplot(221)
plt.title(u'real')
plt.plot(t,np.real(f))               #取实部
```

```python
plt.subplot(222)
plt.title(u'imag')
plt.plot(t,np.imag(f))          #取虚部
plt.subplot(223)
plt.title(u'abs')
plt.plot(t,np.abs(f))           #取模
plt.subplot(224)
plt.title(u'angle')
plt.plot(t,np.angle(f))         #取相位
plt.show()
```

运行上述程序绘制的抽样信号时域波形如图 13.2-5 所示。

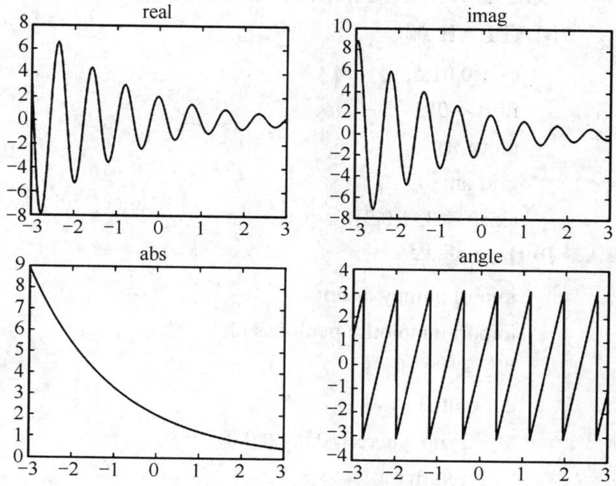

例 13.2-6 矩形脉冲信号。

在 MATLAB 中，矩形脉冲信号可用 rectpuls 函数产生，其调用格式为：

图 13.2-5　复指数信号时域波形

$$y=rectpuls(t,width)$$

该函数生成幅度为 1，宽度为 width，以 $t=0$ 为对称中心的矩形脉冲信号。与三角信号相似，在 Python 中用一个分段函数表示矩形脉冲信号。

MATLAB 编程

```
t=-2:0.01:2;
width=2;
ft=rectpuls(t,width);
plot(t,ft)
grid on;
axis([-2,4,-0.2,1.2]);
```

Python 编程

```python
import numpy as np
import matplotlib.pyplot as plt
    def rect_wave(x,c,c0):          #起点为c0，宽度为c的矩形波
    if x>=(c+c0):r=0.0
    elif x<c0:r=0.0
    else:r=1
    return r
x = np.linspace(-2,4, 1000)
y = np.array([rect_wave(t,2.0,-1.0) for t in x])
plt.ylim(-0.2,1.2)              #定义纵轴的取值范围
plt.plot(x,y)                   #绘图函数
plt.show()
```

运行上述程序绘制的矩形脉冲信号域波形如图 13.2-6 所示。

例 13.2-7 阶跃信号。

在 MATLAB 中，阶跃信号用"t>=0"产生，调用格式为：

$$ft=(t>=0)$$

在 Python 中可以利用 where 函数绘制阶跃信号波形，其调用格式为：

$$where(condition, [x, y])$$

该函数的返回结果是根据前面的条件判断输出 x 还是 y。

MATLAB 编程

```
t=-1:0.01:5;
ft=(t>=0);
plot(t,ft);
grid on;
axis([-1,3,-1.0,3]);
```

Python 编程

```
import numpy as np
import matplotlib.pyplot as plt
#定义阶跃信号
def unit(t):
    r=np.where(t>0.0,1.0,0.0)
    return r
    t=np.linspace(-1.0,3.0,1000)
plt.ylim(-1.0,3.0)
plt.plot(t,unit(t))
plt.show()
```

运行上述程序绘制的单位阶跃信号时域波形如图 13.2-7 所示。

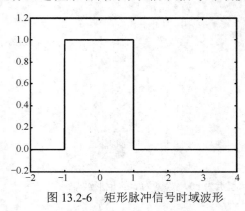

图 13.2-6　矩形脉冲信号时域波形

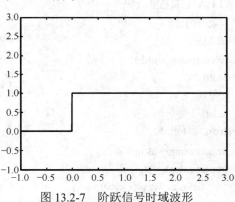

图 13.2-7　阶跃信号时域波形

例 13.2-8　符号算法表示正弦信号。

MATLAB 编程

```
syms t                    %定义符号变量 t
y=sin(pi/4*t)             %符号函数表达式
ezplot(y,[-16,16])        %符号函数画图命令
```

Python 编程

```
import numpy as np
from sympy import plot,sin,Symbol    #导入需要用到的函数
t=Symbol('t')                        #定义符号变量 t
y=sin(np.pi/4*t)
plot(y)
```

13.2.2 离散信号的表示

对于任意离散序列 $f(n)$，需用两个向量来表示：一个表示 n 的取值范围，另一个表示序列的值。例如序列 $f(n) = \left\{ 2,1,\underset{\underset{n=0}{\uparrow}}{1},-1,3,0,2 \right\}$，可用 MATLAB 表示为：

```
n=-2:4;
f=[2,1,1,-1,3,0,2];
```

若序列是从 $n = 0$ 开始的，即 $f(n) = \left\{ \underset{\underset{n=0}{\uparrow}}{2},1,1,-1,3,0,2 \right\}$，则只用一个向量 f 就可以表示该序列了。由于计算机内存的限制，MATLAB 无法表示一个任意的无穷序列。

对应于用 plot 绘制连续时间信号，离散信号的绘制可以用 stem。下面的例题中给出了常用序列的 MATLAB 和 Python 表示程序。

例 13.2-9 指数序列。

指数序列一般形式为 Aa^n，可以用 MATLAB 中的数组幂运算（即点幂运算）a.^n 来实现。Python 中用 a**n 实现。

本程序绘出了 a 不同取值的情况以便观察分析 a 的取值对实指数序列时域特性的影响。

MATLAB 编程

```
n=0:10;
A=1;
a=-0.6;
fn=A*a.^n;
stem(n, fn);
grid on;
```

Python 编程

```python
import numpy as np
import matplotlib.pyplot as plt
n=np.arange(0,15)
a=3.0/4
f=a**n
plt.subplot(221)
plt.title(u'a=3/4')
plt.stem(n,f)
a=-3.0/4
f=a**n
plt.subplot(222)
plt.title(u'a=-3/4')
plt.stem(n,f)
plt.subplot(223)
a=5.0/4
f=a**n
plt.title(u'a=5/4')
plt.stem(n,f)
a=-5.0/4
f=a**n
```

```
plt.subplot(224)
plt.title(u'a=-5/4')
plt.stem(n,f)
plt.show()
```

运行上述程序绘制的实指数序列时域波形如图 13.2-8 所示。

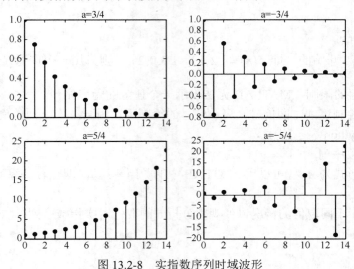

图 13.2-8　实指数序列时域波形

例 13.2-10　正弦序列。

正弦序列一般形式为 $A\sin(\beta n)$ 或是 $A\cos(\beta n)$，表示方法与连续信号类似，不再赘述。

MATLAB 编程

```
n=0:39;
fn=cos(pi/6*n);
stem(n,fn);
grid on;
```

Python 编程

```
import numpy as np
import matplotlib.pyplot as plt
n=np.arange(0,40)
plt.ylim(-1,1)
plt.subplot(211)
plt.title(u'cos(nπ/6)')
plt.stem(n,np.cos(n*np.pi/6))
plt.subplot(212)
plt.title(u'cos(4n)')
plt.stem(n,np.cos(4*n))
plt.show()
```

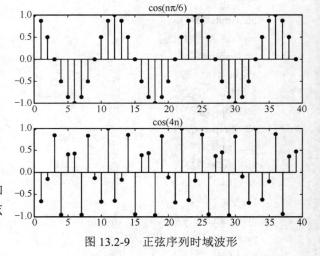

运行上述程序绘制的正弦序列时域波形如图 13.2-9 所示，从图中可以很直观的得到正弦序列的周期性。

图 13.2-9　正弦序列时域波形

例 13.2-11　单位序列。

在 MATLAB 中，可采用两种方法实现单位序列。在 Python 中，可以用 where 函数来实现单位序列。

MATLAB 编程

一种简单的表示方法是借助 MATLAB 中的全零矩阵函数 zeros。全零矩阵 zeros(1,N)产生一个由 N 个零组成的行向量，对于有限区间 $\delta(n)$，可以表示为如下程序：

```
n=-50:50;
delta=[zeros(1,50),1,zeros(1,50)];
stem(n,delta);
grid on;
axis([-4,4,-0.2,1.2]);
```

另一种更有效的表示方法是将单位序列写成 MATLAB 函数的形式，利用关系运算符"=="来实现。程序如下：

```
function[f,n]=impseq(n0,n1,n2)
%产生 f[n]=delta(n-n0);n1<=n<=n2
n=[n1:n2];
f=[(n-n0)==0];
```

程序中，关系运算"(n-n0)==0"的结果是一个由"0"和"1"组成的向量，即 n=n0 时返回 True 值 1，n≠n0 时返回 False 值 0。

Python 编程

```
import numpy as np
import matplotlib.pyplot as plt
#定义单位序列
def dwxl(t):
    r=np.where(t=0,1,0)
    return r
n=np.arange(-4,8)
plt.ylim(0,1)
plt.stem(n,dwxl(n))
plt.show()
```

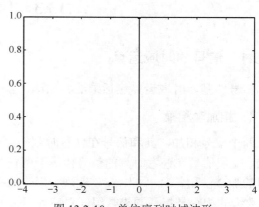

图 13.2-10 单位序列时域波形

运行上述程序绘制的单位序列时域波形如图 13.2-10 所示。

例 13.2-12 阶跃序列。

在 MATLAB 中，可采用两种方法实现阶跃序列。与单位序列类似，在 Python 中，同样可以用 where 函数来实现阶跃序列。

MATLAB 编程

一种简单的方法是借助 MATLAB 中单位矩阵函数（全一矩阵函数）ones 来表示。单位矩阵 ones(1,N)产生一个由 N 个"1"组成的行向量，对于有限区间的 $u(n)$，可以通过以下程序表示：

```
n=-50:50;
un=[zeros(1,50),ones(1,51)];
stem(n,un);
grid on;
axis([-4,8,-0.2,1.2]);
```

与冲激序列的 MATLAB 表示相似，也可以将阶跃序列写成 MATLAB 函数的形式，利用关系运算符">="来实现。若阶跃序列 $u(n-n_0)$ 在有限范围内，则用 MATLAB 函数形式可写为：

```
function[f,n]=stepseq(n0,n1,n2)
```

```
%产生 f[n]=u(n-n0);n1<=n<=n2
n=[n1:n2];
f=[(n-n0) >=0];
```

程序中关系运算"(n-n0)>=0"的结果是一个由"0"和"1"组成的向量，即 n>=n0 时返回 True 值 1，n<n0 时返回 False 值 0。

Python 编程

```
import numpy as np
import matplotlib.pyplot as plt
#定义阶跃序列
def dwjy(t):
    r=np.where(t>=0,1,0)
    return r
n=np.arange(-4,8)
plt.ylim(0,1)
plt.stem(n,dwjy(n))
plt.show()
```

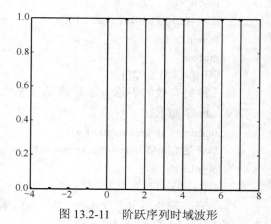

运行程序，得到阶跃序列如图 13.2-11 所示。

图 13.2-11　阶跃序列时域波形

13.3　信 号 运 算

13.3.1　信号的时域运算

信号的基本时域运算包括乘法、加法、差分和微分等，运算结果主要体现在值域的变化上。

1. 相加和相乘

两个信号相加，其和信号在任意时刻的信号值等于两信号在该时刻的信号值之和。两个信号相乘，其积信号在任意时刻的信号值等于两信号在该时刻的信号值之积。在 MATLAB 中，矩阵和数组的加减法用符号"+"、"−"实现。矩阵的乘法用"*"实现，并要求相乘的矩阵要有相邻公共维。数组的相乘是指两同维数组间对应元素之间的乘法，运算符为".*"。对于连续信号的相加（相减）和相乘就可以用符号运算实现。

与 MATLAB 类似，在 Python 中，连续信号的相加（相减）和相乘同样用符号"+"（"−"）、"*"实现。

例 13.3-1　若信号 $f_1(t) = e^{-3t}$，$f_2(t) = 0.2\sin(4\pi t)$，计算 $f_1(t) + f_2(t)$ 和 $f_1(t)f_2(t)$。

MATLAB 编程

```
t=0:0.01:2;
f1=exp(-3*t);
f2=0.2*sin(4*pi*t);
f3=f1+f2;
f4=f1.*f2;
subplot(2,2,1);
plot(t,f1);
title('f1(t)');
subplot(2,2,2);
plot(t,f2);
```

```
title('f2(t)');
subplot(2,2,3);
plot(t,f3);
title('f1(t)+f2(t)');
subplot(2,2,4);
plot(t,f4);
title('f1(t)*f2(t)');
```

Python 编程

```
import numpy as np
import matplotlib.pyplot as plt
t=np.linspace(0,2,200)
f1=np.exp(-3*t)
f2=0.2*np.sin(4*np.pi*t)
plt.subplot(221)
plt.ylim(-1,2)
plt.title(u'f1(t)')
plt.plot(t,f1)
plt.subplot(222)
plt.title(u'f2(t)')
plt.plot(t,f2)
plt.subplot(223)
plt.title(u'f1(t)+f2(t)')
plt.plot(t,f1+f2)
plt.subplot(224)
plt.title(u'f1(t)*f2(t)')
plt.plot(t,f1*f2)
plt.show()
```

运行上述程序，得到连续信号相加和相乘的时域波形如图 13.3-1 所示。

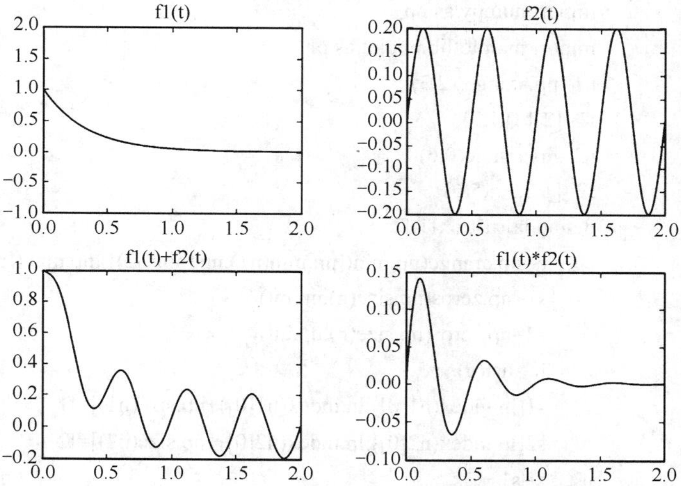

图 13.3-1 连续信号相加和相乘

在 MATLAB 和 Python 中，离散信号的相加和相乘运算是不能用符号运算来实现的，而必须通过向量表示的方法，而且参加运算的两个序列向量必须要有相同的维数。下面以一个例题来说明离散信号的加法与乘法。

例 13.3-2 若序列 $f_1(n)=\left\{2,1,\underset{\underset{n=0}{\uparrow}}{0},1,2\right\}$，$f_2(n)=\left\{\underset{\underset{n=0}{\uparrow}}{1},2,3,4,5,6\right\}$，计算 $f_1(n)+f_2(n)$ 和 $f_1(n)f_2(n)$。

MATLAB 编程

```
f1=[2,1,0,1,2];
n1=[-2:2];                                          %描述序列 f1(n)
f2=[1,2,3,4,5,6];
n2=[0:5];                                           %描述序列 f2(n)
n=min(min(n1),min(n2)):max(max(n1),max(n2));        %构造和（积）序列的长度
s1=zeros(1,length(n));
s2=s1;                                              %初始化新向量
s1(find((n>=min(n1))&(n<=max(n1))==1))=f1;          %扩展 f1 的向量长度
s2(find((n>=min(n2))&(n<=max(n2))==1))=f2;          %扩展 f2 的向量长度
```

```
    f3=f1+f2;                                    %和运算
    f4=f1.*f2;                                   %积运算
    subplot(2,2,1)
    stem(n1,f1)
    title('f1')
    subplot(2,2,2)
    stem(n2,f2)
    title('f2')
    subplot(2,2,3)
    stem(n,f3)
    title('f1+f2')
    subplot(2,2,4)
    stem(n,f4)
    title('f1*f2')
```

Python 编程

```python
import numpy as np
import matplotlib.pyplot as plt
n1=np.arange(-2,3)
f1=[2,1,0,1,2]
n2=np.arange(0,6)
f2=[1,2,3,4,5,6]
def addxl(n1,n2,f1,f2):
    n=np.arange(np.min([np.min(n1),np.min(n2)]),np.max([np.max(n1),np.max(n2)])+1)
    s1=np.zeros(np.size(n),np.int)
    s2=np.zeros(np.size(n),np.int)
    ln=list(n)
    s1[ln.index(n1[0]):ln.index(n1[0])+np.size(n1)]=f1
    s2[ln.index(n2[0]):ln.index(n2[0])+np.size(n2)]=f2
    x=s1+s2
    return n,x
def mulxl(n1,n2,f1,f2):
    n=np.arange(np.min([np.min(n1),np.min(n2)]),np.max([np.max(n1),np.max(n2)])+1)
    s1=np.zeros(np.size(n),np.int)
    s2=np.zeros(np.size(n),np.int)
    ln=list(n)
    s1[ln.index(n1[0]):ln.index(n1[0])+np.size(n1)]=f1
    s2[ln.index(n2[0]):ln.index(n2[0])+np.size(n2)]=f2
    x=s1*s2
    return n,x
plt.subplot(221)
plt.title(u'f1')
plt.stem(n1,f1)
plt.subplot(222)
plt.title(u'f2')
plt.stem(n2,f2)
```

```
plt.subplot(223)
plt.title(u'f1+f2')
[x,n]=addxl(n1,n2,f1,f2)
plt.stem(x,n)
plt.subplot(224)
plt.title(u'f1*f2')
[x,n]=mulxl(n1,n2,f1,f2)
plt.stem(x,n)
plt.show()
```

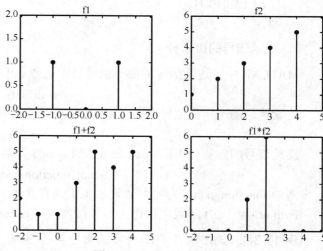

图 13.3-2 序列相加和相乘

运行上述程序得到两个序列相加和相乘的时域波形如图 13.3-2 所示。

2. 序列的差分与部分和

序列的差分 $\nabla f(n) = f(n) - f(n-1)$ 在 MATLAB 中用 diff 函数来实现，用以计算 f 相邻元素的差分，即 y=[f(2)-f(1) f(3)-f(2) … f(N)-f(N-1)]。其调用格式为：

$$y=diff(f)$$

序列求和 $\sum_{n=n_1}^{n_2} f(n)$ 与信号的相加运算不同，求和运算是把 n_1 和 n_2 之间的所有样本 $f(n)$ 加起来，在 MATLAB 中可利用 sum 函数来实现，其调用格式为：

$$y=sum(f)$$

Python 中序列的差分与部分和的实现方法与 MATLAB 类似，不再赘述。

例 13.3-3 已知 $f(n) = \left\{ \underset{\underset{n=0}{\uparrow}}{1}, 2,3,4,5,6,7,8,9,10 \right\}$，求 $\nabla f(n) = f(n) - f(n-1)$ 以及 $\sum_{n=0}^{9} f(n)$。

MATLAB 编程

```
n=0:9
fn=[1,2,3,4,5,6,7,8,9,10]
diff(fn)
y=sum(fn)
```

运行结果为：

```
ans =
    1  1  1  1  1  1  1  1  1
y=
    55
```

Python 编程

```
import numpy as np
import matplotlib.pyplot as plt
n=np.arange(0,10)
f=[1,2,3,4,5,6,7,8,9,10]
fn=np.diff(f)
print fn
y=np.sum(f)
print y
```

运行结果为：

[1 1 1 1 1 1 1 1 1]
55

3. 连续信号的微积分

MATLAB 中，连续信号的微分也可以用函数 diff 来近似计算。其调用格式为：
$$y=diff(ft)$$
连续信号的不定积分可由 int 函数来实现，其调用格式为：
$$y=int(ft)$$
连续信号的定积分可用 quad 函数（或 quad8 函数）来实现，其调用格式为：
$$quad(`function\_name`,a,b)$$
其中 function_name 为被积函数名（.m 文件名），a 和 b 为指定的积分区间。

Python 中用 diff 函数实现连续信号微分，用 integrate 函数实现连续信号积分。

例 13.3-4 画出信号 $f(t)=e^{-2t}$ 的微分 $\dfrac{df(t)}{dt}$ 及积分 $\displaystyle\int_{-\infty}^{t}f(\tau)d\tau$ 图形。

MATLAB 编程

```
syms t
y=exp(-2*t);
dy=diff(y);
ly=int(y);
subplot(2,1,1);
ezplot(dy);
title('df(t)/dt');
subplot(2,1,2);
ezplot(ly);
title('f-1(t)');
```

Python 编程

```
from sympy import *
x=symbols('x')
f=diff(exp(-2*x),x)
h=integrate(exp(-2*x),x)
plot(f,xlim=[-1,1],ylim=[-10, 0.1],ylabel='',title='df(t)/dt')
plot(h,xlim=[-2,1],ylim=[-10, 0.1],ylabel='',title='f-1(t)')
```

运行上述程序得到的信号微分与积分图形如图 13.3-3（a）、（b）所示。

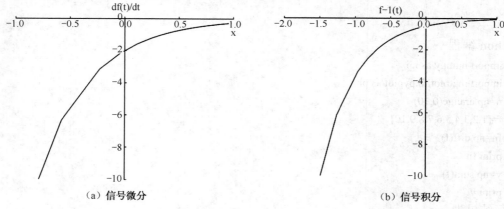

（a）信号微分 　　　　　　　　　（b）信号积分

图 13.3-3　信号的微积分

13.3.2 信号的时间变换

信号的时间变换包括信号的尺度变换、反转和平移（时移）运算。此类变换实际上是函数自变量的运算。在信号的尺度变换 $f(at)$ 和 $f(an)$ 中，函数的自变量乘以一个常数，在 MATLAB 中可用算术运算符"*"来实现。在信号反转 $f(-t)$ 和 $f(-n)$ 运算中，函数的自变量乘以一个负号，在 MATLAB 中可以直接用负号"–"写出也可以利用函数来实现，而反转后信号的坐标可由–fliplr(n) 得到。在信号时移 $f(t \pm t_0)$ 和 $f(n \pm n_0)$ 运算中，函数自变量加、减一个常数，在 MATLAB 中可用算术运算符"+"或"–"来实现。

在 Python 中，信号的时间变换处理与 MATLAB 类似，不再赘述。

例 13.3-5　若例 13.2-4 产生的三角信号为 $f(t)$，通过信号基本变换得到 $f(-2t + 2)$ 的波形。

MATLAB 编程

```
t=-3:0.001:3;
ft=tripuls(t,4,0);
subplot(3,1,1);
plot(t,ft);
title ('f(t)');
ft1= tripuls(2*t,4,0);
subplot(3,1,2);
plot(t,ft1);
title ('f(2t)');
ft2= tripuls(2-2*t,4,0);
subplot(3,1,3);
plot(t,ft2);
title ('f(2-2t)');
```

Python 编程

```
import numpy as np
import matplotlib.pyplot as plt
def unit(t):
    r=np.where(t>0.0,1.0,0.0)
    return r
def triangle_wave(x,c,hc):              #幅度为 hc，宽度为 c，斜度为 hc/2c 的三角波
    if x>=c/2:r=0.0
    elif x<=-c/2:r=0.0
    elif x>-c/2 and x<0 :r=2*x/c*hc+hc
    else:r=-2*x/c*hc+hc
    return r
t=np.linspace(-3,3,1000)
f = np.array([triangle_wave(x,4.0,1.0) for x in t])
plt.subplot(311)
plt.title(u'f(t)')
plt.plot(t,f)
plt.subplot(312)
plt.title(u'f(-2t)')
plt.plot(-1.0/2*t,f)
plt.subplot(313)
```

```
plt.title(u'f(-2*t+2)')
plt.plot(-1.0/2*t+1,f)
plt.show()
```

运行上述程序绘制的波形如图 13.3-4 所示。

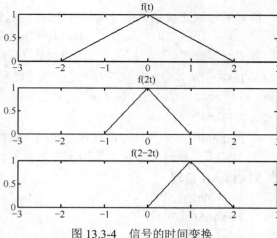

图 13.3-4 信号的时间变换

13.3.3 信号的卷积

1. 离散信号的卷积和

离散信号的卷积和定义为：

$$y(n) = f_1(n) * f_2(n) = \sum_{m=-\infty}^{\infty} f_1(m) f_2(n-m)$$

MATLAB 中用 conv 函数来求离散信号的卷积和，其调用格式为：

$$y=conv(f1,f2)$$

其中，f1，f2 表示离散时间信号值的向量；y 表示卷积结果。

在 Python 中用 convolve 函数求解离散信号的卷积和，其调用格式为：

$$convolve(a, v, ode='')$$

其中，a，v 表示离散时间信号的向量，mode 的可选项有"full"、"same"和"valid"，默认选项为"full"，该项可以省略。

例 13.3-6　求序列 $f_1(n) = \left\{\underset{n=0}{1}, 2, 3, 4\right\}$，$f_2(n) = \left\{\underset{n=0}{1}, 1, 1\right\}$ 的卷积和 $f(n) = f_1(n) * f_2(n)$。

MATLAB 编程
```
f1=[1,2,3,4];
f2=[1,1,1,1,1];
f=conv(f1,f2)
N=length(f);
stem(0:N-1,f);
```

Python 编程
```
import numpy as np
import matplotlib.pyplot as plt
n1=np.arange(0,4)
x1=[1,2,3,4]
n2=np.arange(0,3)
x2=[1,1,1]
n=np.arange(0,np.size(n1)+np.size(n2)-1)
f=np.convolve(x1,x2)
plt.stem(n,f)
plt.show()
```

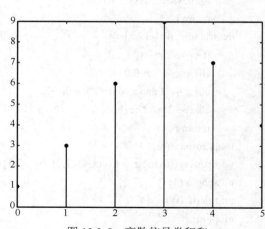

图 13.3-5 离散信号卷积和

运行程序，得到两序列的卷积和如图 13.3-5 所示。

2. 连续信号的卷积积分

连续信号的卷积积分定义为：

$$f(t) = f_1(t) * f_2(t) = \int_{-\infty}^{\infty} f_1(\tau) f_2(t-\tau) \mathrm{d}\tau$$

如果对连续信号 $f_1(t)$ 和 $f_2(t)$ 进行等间隔（Δ）均匀取样，则 $f_1(t)$ 和 $f_2(t)$ 分别变为离散信号 $f_1(m\Delta)$ 和 $f_2(m\Delta)$。其中，m 为整数。当 Δ 足够小时，$f_1(m\Delta)$ 和 $f_2(m\Delta)$ 即为连续信号 $f_1(t)$ 和 $f_2(t)$。因此连续信号的卷积积分可表示为：

$$f(t) = f_1(t) * f_2(t) = \int_{-\infty}^{\infty} f_1(\tau) f_2(t-\tau) \mathrm{d}\tau = \lim_{\Delta \to 0} \sum_{m=-\infty}^{\infty} f_1(m\Delta) \cdot f_2(t-m\Delta) \cdot \Delta$$

采用数值计算时，只需计算当 $t=n\Delta$ 时卷积积分 $f(t)$ 的值 $f(n\Delta)$，其中，n 为整数，即：

$$f(n\Delta) = \sum_{m=-\infty}^{\infty} f_1(m\Delta) f_2(n\Delta - m\Delta) \Delta = \Delta \sum_{m=-\infty}^{\infty} f_1(m\Delta) f_2[(n-m)\Delta]$$

其中，$\sum_{m=-\infty}^{\infty} f_1(m\Delta) f_2[(n-m)\Delta]$ 实际上就是离散序列 $f_1(m\Delta)$ 和 $f_2(m\Delta)$ 的卷积和。

当 Δ 足够小时，序列 $f(n\Delta)$ 就是连续信号 $f(t)$ 的数值近似，即：

$$f(t) \approx f(n\Delta) = \Delta[f_1(n) * f_2(n)]$$

上式表明，连续信号 $f_1(t)$ 和 $f_2(t)$ 的卷积，可用各自取样后序列的卷积和再乘以取样间隔 Δ 表示。显然，取样间隔 Δ 越小，误差越小。

MATLAB 中，应用 conv 函数近似计算信号的卷积积分。Python 中，用 convolve 函数近似计算信号的卷积积分。

例 13.3-7　求信号 $f_1(t) = u(t) - u(t-2)$ 与 $f_2(t) = e^{-3t}u(t)$ 的卷积积分 $f(t) = f_1(t) * f_2(t)$。

MATLAB 编程

```
dt=0.01; t=-1:dt:2.5;
f1=Heaviside(t)-Heaviside(t-2);
f2=exp(-3*t).*Heaviside(t);
f=conv(f1,f2)*dt;
n=length(f);
tt=(0:n-1)*dt-2;
subplot(221);
plot(t,f1);
grid on;
axis([-1,2.5,-0.2,1.2]);
title('f1(t)');
xlabel('t')
subplot(222);
plot(t,f2);
grid on;
axis([-1,2.5,-0.2,1.2]);
title('f2(t)');
xlabel('t')
subplot(212);
plot(tt,f);
grid on;
title('f(t)=f1(t)*f2(t)');
xlabel('t')
```

这里需要注意，$f_2(t) = e^{-3t}u(t)$ 是一个持续时间无限长的信号，而计算机数值计算不可能计算真正的无限长信号，所以在进行 $f_2(t)$ 的取样离散化时，所取的时间范围让 $f_2(t)$ 衰减到足够小就可以了（本例取 $t=2.5$）。由于 $f_1(t)$ 和 $f_2(t)$ 的时间范围都从 $t=-1$ 开始，所以卷积结果的时间范围从 $t=-2$ 开始，增量还是取样间隔 Δ，这就是语句 t=(0:n-1)*dt-2 的由来。

Python 编程

```python
import scipy.signal as signal
import numpy as np
import matplotlib.pyplot as plt
def unit(t):
    r=np.where(t>0.0,1.0,0.0)
    return r
def fconv(f1,f2,t1,t2):
    d=0.01
    f=np.convolve(f1,f2)
    f=f*d
    ts=t1[0]+t2[0]
    l=np.size(f1)+np.size(f2)-1
    t=np.linspace(ts,ts+l*d,l)
    return t,f
t1=np.linspace(-1,3,400)
f1=unit(t1)-unit(t1-2)
t2=t1
f2=np.exp(-3*t2)*unit(t2)
plt.subplot(221)
plt.title(u'f1(t)')
plt.ylim(0.0,1.1)
plt.plot(t1,f1)
plt.subplot(222)
plt.title(u'f2(t)')
plt.ylim(0.0,1.1)
plt.plot(t2,f2)
t,f=fconv(f1,f2,t1,t2)
print np.max(f)
plt.subplot(212)
plt.title(u'f(t)=f1(t)*f2(t)')
plt.plot(t,f)
plt.show()
```

运行结果如图 13.3-6 所示。

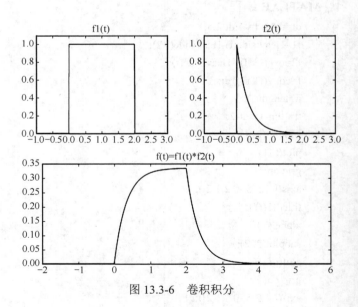

图 13.3-6　卷积积分

13.4　连续信号的傅里叶变换

13.4.1　连续周期信号的傅里叶级数

设周期信号 $f(t)$ 的周期为 T 且满足狄里赫利条件，则其指数型傅里叶级数的形式为：

$$f(t) = \sum_{n=-\infty}^{\infty} F_n \mathrm{e}^{jn\Omega t}$$

三角型傅里叶级数形式为：

$$f(t) = \frac{a_0}{2} + \sum_{n=1}^{\infty} a_n \cos(n\Omega t) + \sum_{n=1}^{\infty} b_n \sin(n\Omega t)$$

指数型傅里叶级数的系数为：

$$F_n = \frac{1}{T} \int_{-\frac{T}{2}}^{\frac{T}{2}} f(t) \mathrm{e}^{-jn\Omega t} \mathrm{d}t$$

三角型傅里叶系数为：

$$a_n = \frac{2}{T} \int_{-\frac{T}{2}}^{\frac{T}{2}} f(t) \cos(n\Omega t) \mathrm{d}t$$

$$b_n = \frac{2}{T} \int_{-\frac{T}{2}}^{\frac{T}{2}} f(t) \sin(n\Omega t) \mathrm{d}t$$

其中，基波角频率为 $\Omega = \dfrac{2\pi}{T}$。

对周期信号进行分析时，往往只需对其在一个周期内进行分析即可，通常选择主周期。假定 $f_0(t)$ 是 $f(t)$ 中的主周期，则 $F_n = \dfrac{1}{T} \int_{-\frac{T}{2}}^{\frac{T}{2}} f_0(t) \mathrm{e}^{-jn\Omega t} \mathrm{d}t$。同理可得相应 a_n 和 b_n。

由傅里叶系数的形式可以看出，其都属于积分形式，故在 MATLAB 和 Python 中均可以用积分函数来实现傅里叶系数的求解。

例 13.4-1　绘制周期 $T = 10$、幅度 $E = 1$，脉宽 $\tau = 1$ 的周期矩形脉冲的单边频谱图。

MATLAB 编程

```
syms t n y
T=10;                                      %设置周期
tao=1;                                     %设置脉宽
Nn=16;                                     %输出数据位数为16
Nf=30;                                     %谐波次数30
y=1;                                       %主周期波形
a0=2*int(y,t,-tao/2,tao/2)/T;              %直流分量
as=int(2*y*cos(2*pi*n*t/T)/T,t,-tao/2,tao/2);   %余弦项系数
bs=int(2*y*sin(2*pi*n*t/T)/T,t,-tao/2,tao/2);   %正弦项系数
an(1)=double(vpa(a0,Nn));
for k=1:Nf
    an(k+1)=double(vpa(subs(as,n,k),Nn));
    bn(k+1)=double(vpa(subs(bs,n,k),Nn));end   %符号量转数值量
cn=sqrt(an.*an+bn.*bn);                    %幅度谱
for i=0:Nf
    if an(i+1)>=0
        phase(i+1)=0;
    else
        phase(i+1)=pi;
    end
end                                        %相位谱
```

```
        subplot(211);
        k=0:Nf;
        stem(k,cn);
        subplot(212)
        stem(k,phase);
```

Python 编程

```python
        from sympy import cos,sin
        from sympy.abc import t,n,y
        from sympy.mpmath import quad
        from scipy import integrate
        import numpy as np
        import matplotlib.pyplot as plt
        Nf=30
        T=10
        tao=1.0
        an=np.zeros(Nf)
        bn=np.zeros(Nf)
        cn=np.zeros(Nf)
        phase=np.zeros(Nf)
        y=1
        an[0]=2*quad(lambda t:y,[-tao/2,tao/2])/T
        for n in range(1,Nf):
            half,err=integrate.quad(lambda t:2*y*cos(2.0/T*np.pi*n*t),-tao/2,tao/2)
            an[n]=half/10
            half1,err1=integrate.quad(lambda t:2*y*sin(2.0/T*np.pi*n*t),-tao/2,tao/2)
            bn[n]=half1/10
            cn[n]=np.sqrt(an[n]**2+bn[n]**2)
        for i in range(0,Nf):
            if an[i]>=0:
                phase[i]=0
            else:
                phase[i]=np.pi
        k=np.arange(0,Nf)
        plt.subplot(211)
        plt.stem(k,cn)
        plt.subplot(212)
        plt.stem(k,phase)
        plt.show()
```

运行程序，得到周期矩形脉冲频谱图如图 13.4-1（a）、（b）所示。

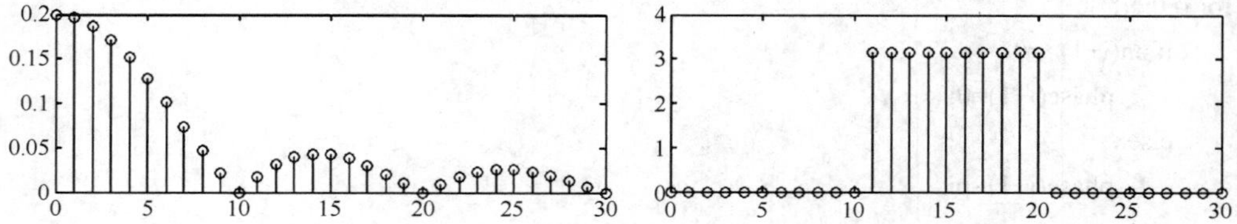

（a）幅度谱　　　　　　　　　　　　　（b）相位谱

图 13.4-1　周期矩形脉冲单边谱

13.4.2 连续非周期信号的傅里叶变换

傅里叶变换是信号分析的重要方法之一。由信号 $f(t)$ 求出相应的频谱函数 $F(j\omega)$ 的定义为：

$$F(j\omega) = \int_{-\infty}^{\infty} f(t)e^{-j\omega t}dt$$

傅里叶逆变换的定义为：

$$f(t) = \frac{1}{2\pi}\int_{-\infty}^{\infty} F(j\omega)e^{j\omega t}d\omega$$

MATLAB 进行傅里叶变换有两种方法，一种是利用 MATLAB 提供的专用函数直接求解函数的傅里叶变换，另一种是傅里叶变换的数值计算法。限于篇幅，本书只介绍使用函数求解法，数值计算法不再介绍。

在 MATLAB 中实现傅里叶变换的调用格式有：

$$F=fourier(f)$$

F 是符号函数 f 的傅里叶变换，默认返回是关于 w 的函数；

$$F=fourier(f,v)$$

F 是关于符号对象 v 的函数，而不是默认的 w；

$$F=fourier(f,u,v)$$

函数 f 是关于符号对象 u 的函数，返回函数 F 是关于符号对象 v 的函数。

傅里叶逆变换的调用格式有：

$$f=ifourier(F)$$

f 是符号函数 F 的傅里叶逆变换，默认的独立变量为 w，默认返回是关于 x 的函数；

$$f=ifourier(f,u)$$

返回函数 f 是 u 的函数，而不是默认的 x；

$$f=ifourier(F,v,u)$$

对 F(v)进行傅里叶逆变换，其结果为 f(u)。

这里需要注意的是，在调用函数 fourier 及 ifourier 之前，要用 syms 命令对所用到的变量（如 t、u、v、w）进行说明，即将这些变量说明成符号变量。

Python 中，用 fourier_transform 函数来实现傅里叶变换，用 inverse_fourier_transform 函数实现傅里叶逆变换，其用法与 MATLAB 中 fourier 函数类似。需要注意的是，Python 运行结果的自变量不是角频率 ω 而是频率 f。

例 13.4-2 求信号 $f(t) = e^{-2|t|}$ 的傅里叶变换。

MATLAB 编程

```
syms t
f=exp(-2*abs(t))
F=fourier(f)
运行结果为：
F=4/(4+w^2)
```

Python 编程

```
from sympy import fourier_transform, exp
from sympy.abc import t, f
ft=exp(-2*abs(t))
F=fourier_transform(ft,t,f)
运行结果：
1/(pi**2*f**2 + 1)
```

例 13.4-3 求单边指数信号 $f(t) = e^{-2t}u(t)$ 的傅里叶变换，并画出其幅度谱和相位谱。

MATLAB 编程

```
Syms t phase im re
f=exp(-2*t)*sym('Heaviside(t)')
F=fourier(f)
im=image(F)                          %计算 F 的实部
re=real(F)                           %计算 F 的虚部
phase=atan(im/re)                    %计算相位
subplot(211)
ezplot(abs(F))                       %绘制幅度谱
subplot(212)
ezplot(phase)                        %绘制相位谱
```

Python 编程

```
from sympy import fourier_transform, exp,plot,Heaviside,atan,im,re,pi
from sympy.abc import t, f
ft=exp(-2*t)*Heaviside(t)
F=fourier_transform(ft,t,f)
plot(abs(F))
plot(atan(im(F)/re(F)))
```

运行上述程序，得到信号的幅度谱和相位谱如图 13.4-2 （a）、（b）所示。

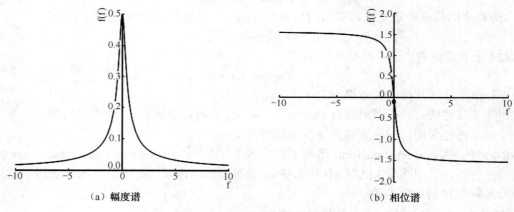

（a）幅度谱　　　　　　　　　　　　（b）相位谱

图 13.4-2　单边指数信号的频谱

例 13.4-4 求 $F(j\omega) = \dfrac{1}{1+\omega^2}$ 的傅里叶逆变换 $f(t)$。

MATLAB 编程

```
syms t w
F=1/(1+w^2)
f=ifourier(F,t)
```

运行结果为：

```
f=1/2*exp(-t)*Heaviside(t)+ 1/2*exp(t)*Heaviside(-t)
```

Python 编程

```
from sympy import inverse_fourier_transform, exp, sqrt, pi
from sympy.abc import t, f
ft=inverse_fourier_transform(1/(1+(2*pi*f)**2), f, t)
```

运行结果（只输出 $t \geqslant 0$ 部分的信号）：

exp(-t)/2

13.5 连续信号的 s 域分析

拉普拉斯变换是分析连续信号的重要手段。连续信号 $f(t)$ 的单边拉普拉斯变换 $F(s)$ 的定义为：

$$F(s) = \int_0^\infty f(t)\mathrm{e}^{-st}\mathrm{d}t$$

拉普拉斯逆变换定义为：

$$f(t) = \frac{1}{2\pi\mathrm{j}} \int_{\sigma-\mathrm{j}\infty}^{\sigma+\mathrm{j}\infty} F(s)\mathrm{e}^{st}\mathrm{d}s$$

显然，上式中 $F(s)$ 是复变量 s 的复变函数，为了便于理解和分析 $F(s)$ 随 s 的变化规律，将 $F(s)$ 写成模及相位的形式：

$$F(s) = |F(s)|\mathrm{e}^{\mathrm{j}\varphi(s)}$$

其中，$|F(s)|$ 为复信号 $F(s)$ 的模，而 $\varphi(s)$ 为 $F(s)$ 的相位。由于复变量 $s = \sigma + \mathrm{j}\omega$，如果以 σ 为横坐标（实轴），$\mathrm{j}\omega$ 为纵坐标（虚轴），这样，复变量 s 就构成一个复平面，即 s 平面。从三维几何空间的角度来看，$|F(s)|$ 和 $\varphi(s)$ 分别对应着 s 平面上的两个曲面，如果绘出它们的三维曲面图，就可以直观地分析连续信号的拉普拉斯变换 $F(s)$ 随复变量 s 的变化情况，在 MATLAB 语言中有专门对信号进行拉普拉斯变换和逆变换的函数，利用 MATLAB 的三维绘图功能很容易画出漂亮的三维曲面图。

13.5.1 拉普拉斯变换

在 MATLAB 中，拉普拉斯变换的调用格式为：

F=laplace(f)

对 f(t)进行拉普拉斯变换，其结果为 F(s)；

F=laplace (f,v)

对 f(t)进行拉普拉斯变换，其结果为 F(v)；

F=laplace(f,u,v)

对 f(u)进行拉普拉斯变换，其结果为 F(v)。

在调用函数 laplace 之前，要用 syms 命令对所有需要用到的变量（如 t、u、v、w）等进行说明，即要将这些变量说明成符号变量。对 laplace 中的 f 也要用符号定义符 sym 将其说明为符号表达式。

Python 中用 laplace_transform 来计算信号的拉普拉斯变换，其用法与 MATLAB 中 laplace 函数类似。

例 13.5-1 求信号 $f(t) = \mathrm{e}^{-t}\sin(at)u(t)$ 的拉普拉斯变换。

MATLAB 编程

```
f=sym('exp(-t)*sin(a*t)');
F=laplace(f);
```

运行结果为：

```
F =
a/((s+1)^2+a^2)
```

Python 编程

```
from sympy import laplace_transform, exp,sin,Heaviside,plot
from sympy.abc import t, s,a
ft=exp(-t)*sin(a*t)*Heaviside(t)
F=laplace_transform(ft,t,s)
print F
```

运行结果：

```
a/(a**2 + (s + 1)**2)
```

13.5.2 拉普拉斯逆变换

在 MATLAB 中，拉普拉斯逆变换的调用格式为：

$$f=ilaplace (F)$$

对 F(s)进行拉普拉斯逆变换，其结果为 f(t)；

$$f=ilaplace(F,u)$$

对 F(w)进行拉普拉斯逆变换，其结果为 f(u)；

$$f=ilaplace(F,v,u)$$

对 F(v)进行拉普拉斯逆变换，其结果为 f(u)。

与拉普拉斯变换相同，在调用函数 ilaplace 之前，要用 syms 命令对所有需要用到的变量（如 t、u、v、w）等进行说明。对 ilaplace 中的 F 也要用符号定义符 sym 将其说明为符号表达式。

Python 中用 inverse_laplace_transform 来计算信号的拉普拉斯逆变换，其用法与 MATLAB 中 ilaplace 函数类似。

例 13.5-2 求 $F_1 = \dfrac{4s+5}{s^2+5s+6}$ 的拉普拉斯逆变换。

MATLAB 编程

```
syms s;
L=(4*s+5)/(s^2+5*s+6);
F=ilaplace(L);
```

运行结果为：

```
F =
    7*exp(-3*t)-3*exp(-2*t)
```

即所求的拉普拉斯逆变换为 $(7e^{-3t} - 3e^{-2t})u(t)$ 。

Python 编程

```
from sympy.integrals.transforms import inverse_laplace_transform
from sympy import exp, Symbol
from sympy.abc import s, t
a = Symbol('a', positive=True)
S=inverse_laplace_transform((4*s+5)/(s**2+5*s+6), s, t)
print S
```

运行结果为：

```
-(3*exp(t) - 7)*exp(-3*t)*Heaviside(t)
```

13.5.3 s 域部分分式展开

在 MATLAB 中，函数 residue 可以得到复杂有理分式 $F(s)$ 的部分分式展开式，其调用格式为：

$$[r,p,k]=\text{residue(num,den)}$$

其中，num、den 分别为 $F(s)$ 的分子和分母多项式的系数向量，r 为部分分式的系数，p 为极点，k 为 $F(s)$ 中整式部分的系数，若 $F(s)$ 为有理真分式，则 k 为零。

Python 与 MATLAB 相似，使用函数 residue 得到复杂有理分式 $F(s)$ 的部分分式展开式。需要注意的是要导入相应的程序包。

例 13.5-3　计算 $F(s)=\dfrac{s+2}{s^3+4s^2+3s}$ 的部分分式展开式。

MATLAB 编程

```
format rat;                          %将结果数据以分数形式显示
num=[1,2];
den=[1,4,3,0];
[r,p]=residue(num,den);
```

执行程序后，得到 r，p 的值分别为：

r =

　　　-1/6
　　　-1/2
　　　 2/3

p =

　　　-3
　　　-1
　　　 0

所以，$F(s)$ 可展开为 $F(s)=\dfrac{2/3}{s}+\dfrac{-0.5}{s+1}+\dfrac{-1/6}{s+3}$。

Python 编程

```
import scipy.signal as signal
num=[1,2]
den=[1,4,3,0]
r,p,k=signal.residue(num,den)
print r
print p
```

print k 运行结果为：

```
[-0.16666667 -0.5         0.66666667]
[-3. -1.   0.]
[ 0.]
-1/(6*(s + 3)) - 1/(2*(s + 1)) + 2/(3*s)
```

13.6　离散信号的 z 域分析

序列的双边 z 变换定义为：

$$F(z)=\sum_{n=-\infty}^{\infty}f(n)z^{-n}$$

相应的，序列的单边 z 变换定义为：

$$F(z)=\sum_{n=0}^{\infty}f(n)z^{-n}$$

逆 z 变换定义为：

$$f(n) = \frac{1}{2\pi j} \oint_C F(z) z^{n-1} dz$$

13.6.1　z 变换

利用 MATLAB 中的 ztrans 函数，可求序列的单边 z 变换，调用格式为：

Z= ztrans(f)

输入变量 f 为序列 $f(n)$ 的符号表达式，输出参量 Z 为返回默认符号自变量为 n 的关于 f 的 z 变换的符号表达式；

Z= ztrans(f,w)

输入变量 f 为序列 $f(n)$ 的符号表达式，输出参量 Z 为返回符号自变量为 w 的关于 f 的 z 变换的符号表达式。

Python 中没有提供专门的 z 变换函数，由 z 变换的形式可以看出，其属于无穷级数求和。故对于一般序列，其 z 变换可以利用求和函数 sum 实现。

例 13.6-1　求单边指数序列 $f(n) = \left(\dfrac{1}{2}\right)^n u(n)$ 的 z 变换。

MATLAB 编程

```
syms n ;
f=(1/2)^n ;
Z=ztrans(f)
运行结果为
Z =
    2*z/(2*z-1)
```

Python 编程

```
from sympy import    S
from sympy.concrete.gosper import gosper_sum
from sympy.functions import factorial
from sympy.abc import k,z
f=(1.0/2)**k*z**(-k)
print gosper_sum(f,(k,0,S.Infinity))
```

运行结果：

```
2.0*z/(2.0*z - 1.0)
```

13.6.2　z 域部分分式展开

离散系统的 z 域表达式通常可用下列有理分式来表示：

$$F(z) = \frac{b_0 + b_1 z^{-1} + b_2 z^{-2} + \cdots + b_m z^{-m}}{a_0 + a_1 z^{-1} + a_2 z^{-2} + \cdots + a_n z^{-n}} = \frac{\text{num}(z)}{\text{den}(z)}$$

为了能从系统的 z 域表达式方便地得到其时域表达式，可将 $F(z)$ 展开成部分分式之和的形式，再对其求逆 z 变换。MATLAB 的信号处理工具箱提供了一个对 $F(z)$ 进行部分分式展开的函数 residuez，其调用格式为：

[r,p,k]=residuez(num,den)

式中 num 和 den 分别为 $F(z)$ 的分子多项式和分母多项式的系数向量，p 为极点向量，k 为多项式的系数向量。也就是说，借助于 residuez 函数，可将上述有理分式 $F(z)$ 展开为：

$$\frac{\text{num}(z)}{\text{den}(z)} = \frac{r(1)}{1-p(1)z^{-1}} + \cdots + \frac{r(n)}{1-p(n)z^{-1}} + k(1) + k(2)z^{-1} + \cdots + k(m-n+1)z^{-(m-n)}$$

Python 同样提供了部分分式展开的函数 residuez，用法与 MATLAB 类似。

例 13.6-2 计算 $F(z) = \dfrac{18}{18 + 3z^{-1} - 4z^{-2} - z^{-3}}$ 的部分分式展开式。

MATLAB 编程

```
num=[18];
den=[18  3  -4 -1];
[r,p,k]=residuez(num,den);
```

运行结果为：

```
r=
    0.3600     0.2400     0.4000
p=
    0.5000    -0.3333    -0.3333
k=
    []
```

从运行结果中可以看出，p(2)=p(3)，这说明该系统有一个二阶的重极点-0.3333，而 r(2)表示一阶极点前的系数。r(3)表示二阶极点前的系数。所以，$F(z)$ 的部分分式展开式为：

$$F(z) = \frac{0.36}{1 - 0.5z^{-1}} + \frac{0.24}{1 + 0.3333z^{-1}} + \frac{0.4}{(1 + 0.3333z^{-1})^2}$$

Python 编程

```
import scipy.signal as signal
num=[18]
den=[18,3,-4,-1]
r,p,k=signal.residuez(num,den)
print r
print p
print k
```

运行结果为：

```
[0.24  0.4    0.36]
[-0.33333333 -0.33333333   0.5]
[0.]
```

13.6.3 逆 z 变换

利用 MATLAB 中的 iztrans 函数求逆 z 变换，调用格式为：

$$f= \text{iztrans}(Z)$$
$$f= \text{iztrans}(Z,w)$$

其中，f 和 Z 分别为时域表达式和 z 域表达式的符号表示。

Python 中同样没有提供专门的逆 z 变换函数，而逆 z 变换定义式涉及围线积分，相对比较复杂，故这里不做介绍。

例 13.6-3 求 $F(z) = \dfrac{z(2z^2 - 11z + 12)}{(z-1)(z-2)^3}$ 的逆 z 变换。

```
FZ=sym('z*(2*z^2-11*z+12)/(z-1)/(z-2)^3');
f=iztrans(FZ);
```

f=simplify(f);

运行结果为：

f =

3*2^n-3-1/4*2^n*n-1/4*2^n*n^2

13.7 LTI 连续系统时域响应

13.7.1 零输入响应、零状态响应和全响应

MATLAB 符号工具箱提供了 dsolve 函数来计算常系数微分方程的零输入响应和零状态响应，从而求出系统的全响应，其调用格式为：

$$r=dsolve('eq1,eq2,\cdots', 'cond1,cond2, \cdots','v')$$

式中，参数 eq1，eq2，$\cdots$表示各微分方程，微分方程中用 Dy,D2y,D3y,$\cdots$,Dny 表示 y 的各阶导数 $y', y'', y''', \cdots, y^{(n)}$；参数 cond1,cond2,$\cdots$表示各起始条件；参数 v 表示自变量，默认为变量 t。

例 13.7-1 描述某 LTI 连续系统的微分方程为

$$y''(t) + 3y'(t) + 2y(t) = f'(t) + 3f(t)$$

若 $f(t) = e^{-3t}u(t)$，$y(0_-) = 1$，$y'(0_-) = 2$，利用 MATLAB 求系统的零输入响应、零状态响应和全响应。

程序如下：

```
eq1='D2y+3*Dy+2*y=0';
cond1='y(0)=1,Dy(0)=2';
yzi=dsolve(eq1,cond1);              %求系统的零输入响应
yi=simplify(yzi);
eq2='D2y+3*Dy+2*y=Dx+3*x';
eq3='x=exp(-3*t)*Heaviside(t)';
cond2='y(-0.001)=0,Dy(-0.001)=0';  %起始条件
yzs=dsolve(eq2,eq3,cond2);         %求系统的零状态响应
ys=simplify(yzs.y);                %dsolve 求解结果 yzs 为 x(t)和 y(t)两个变量，yzs.y 用来取
                                     出 yzs 中的 y(t)
y=simplify(yi+ys);                 %求系统的全响应
```

运行结果为：

yi =

-3*exp(-2*t)+4*exp(-t)

ys =

heaviside(t)*(-exp(-2*t)+exp(-t))

程序中 simplify 函数用于对求解结果化简，具体用法可以查阅相关书籍。

MATLAB 工具箱提供了一个用于求解零状态响应数值解的函数 lsim( )，其调用格式为：

$$y = lsim(sys,f,t)$$

该调用是对向量 t 定义的时间范围内，绘制 LTI 连续系统的时域波形，同时绘制出系统的激励信号对应的时域波形。其中，t 表示计算系统响应的取样点向量，f 是系统输入信号向量，sys 是 LTI 连续系统模型。在求解微分方程时，sys 要借助 MATLAB 中的 tf 函数来获得，其调用格式为：

$$sys = tf(b,a)$$

其中，b 和 a 分别为微分方程右端和左端各项系数的向量。

Python 同样提供了求解零状态响应的函数 lism，其用法与 MATLAB 类似。

例 13.7-2 描述 LTI 连续系统的微分方程为

$$y''(t) + 2'y(t) + 100y(t) = f(t)$$

若 $f(t) = 10\sin(2\pi t)$，求系统的零状态响应。

MATLAB 编程

```
ts=0;
te=5;
dt=0.01;
num=[1];
den=[1 2 100];
sys=tf(num,den);                  %调用 LTI 系统模型的函数
t=ts:dt:te;
f=10*sin(2*pi*t);
y=lsim(sys,f,t);                  %求零初始条件微分方程数值解
plot(t,y);
xlabel('t(sec)');
ylabel('y(t)');
grid
```

Python 编程

```
import numpy as np
import matplotlib.pyplot as plt
import scipy.signal as signal
b=[1]
a=[1,2,100]
t=np.linspace(0,5,500)
f=10*np.sin(2*np.pi*t)
system=(b,a)
tout,y,x=signal.lsim(system,f,t)
plt.plot(t,y)
plt.grid()
plt.show()
```

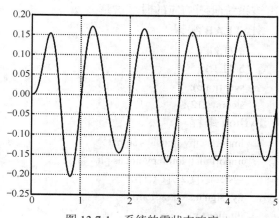

图 13.7-1　系统的零状态响应

程序运行结果如图 13.7-1 所示。

13.7.2　冲激响应和阶跃响应

在 MATLAB 中，可用控制系统工具箱提供的 impulse 函数和 step 函数分别求解 LTI 连续系统的冲激响应和阶跃响应的数值解，其调用格式分别为：

$$y=impulse(sys,t)$$

$$y=step(sys,t)$$

其中，t 表示系统响应的时间取样点向量；sys 表示 LTI 连续系统模型。冲激响应和阶跃响应数值解的函数用法与零状态响应数值解的函数 lsim 的用法相似，这里不再赘述。

Python 中的 scipy 包提供的 impulse 函数和 step 函数分别用来求解 LTI 连续系统的冲激响应和阶跃响应的数值解，调用格式分别为：

$$t,y=signal.impulse(system)$$

$$t,y=signal.step(system)$$

其中 system 表示 LTI 连续系统模型。

例 13.7-3 描述 LTI 某连续系统的微分方程为

$$y''(t) + y'(t) + y(t) = f'(t) + 2f(t)$$

绘出该系统冲激响应的时域波形。

MATLAB 编程

```
a=[1,2];
b=[1,1,1];
sys=tf(a,b);
impulse(sys,14);
```

Python 编程

```
import scipy.signal as signal
import matplotlib.pyplot as plt
system=([1,2],[1,1,1])
t,y=signal.impulse(system)
plt.plot(t,y)
plt.show()
```

程序运行结果如图 13.7-2 所示。

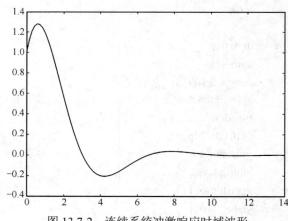

图 13.7-2　连续系统冲激响应时域波形

例 13.7-4 描述某连续系统的微分方程为

$$y''(t) + y'(t) + y(t) = f'(t) + 2f(t)$$

绘出该系统阶跃响应的时域波形。

MATLAB 编程

```
a=[1,2];
b=[1,1,1];
sys=tf(a,b);
step(sys,12);
```

Python 编程

```
import scipy.signal as signal
import matplotlib.pyplot as plt
system=([1,2], [1,1,1])
t,y=signal.step(system)
plt.plot(t,y)
plt.show()
```

程序运行结果如图 13.7-3 所示。

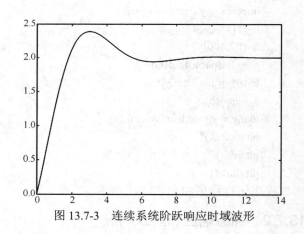

图 13.7-3　连续系统阶跃响应时域波形

13.8　LTI 连续系统的频率特性和频域分析

13.8.1　频率特性

MATLAB 信号处理工具箱提供的 freqs 函数可直接计算系统频率响应的数值解，其调用格式为：

$$H=freqs(b,a,\omega)$$

其中，b 和 a 分别表示 $H(j\omega)$ 的分子和分母多项式的系数向量；ω 为系统频率响应的频率范围，其一般形式为 $\omega_1:p:\omega_2$（ω_1 为频率起始值，p 为频率取样间隔，ω_2 为频率终止值）；H 表示返回 ω 所定义的频率点上系统频率响应的样值。这里需要注意，H 返回的样值可能为包含实部和虚部的复数。因此，还需利用 abs 函数和 angle 函数来分别求得系统的幅频特性和相频特性。

Python 的 signal 包同样提供 freqs 函数来计算系统频率响应的数值解，具体用法与 MATLAB 相似。

例 13.8-1 描述某 LTI 连续系统的微分方程为

$$y'''(t) + 2y''(t) + 2y'(t) + y(t) = f(t)$$

画出该系统的幅频响应 $|H(j\omega)|$ 和相频响应 $\varphi(j\omega)$ 曲线。

MATLAB 编程

```
w=linspace(0,5,200);
b=[1];
a=[1 2 2 1];
H=freqs(b,a,w);
subplot(2,1,1);
plot(w,abs(H));
set(gca,'xtick',[0 1 2 3 4 5]);
set(gca,'ytick',[0 0.4 0.707 1]);
xlabel('\omega(rads)');
ylabel('|H(j\omega)|');
grid on;
subplot(2,1,2);
plot(w,angle(H));
set(gca,'xtick',[0 1 2 3 4 5]);
xlabel('\omega(rad/s)');
ylabel('\phi(rad)');
grid on;
```

Python 编程

```python
# -*- coding: utf-8 -*-
import numpy as np
import scipy.signal as signal
import matplotlib.pyplot as plt
b=[1]
a=[1,2,2,1]
w,h=signal.freqs(b,a,worN=np.linspace(0,5,200))
plt.subplot(2,1,1)
plt.xlabel(u'$\omega$(rads)',fontproperties='SimHei')
plt.ylabel(u'|H(j$\omega$)|',fontproperties='SimHei')
plt.plot(w,np.abs(h))
plt.grid()
plt.subplot(2,1,2)
plt.plot(w,np.angle(h))
plt.xlabel(u'$\omega$(rads)',fontproperties='SimHei')
plt.ylabel(u'$\phi$(rad)',fontproperties='SimHei')
plt.grid()
plt.show()
```

程序运行结果如图 13.8-1 所示。

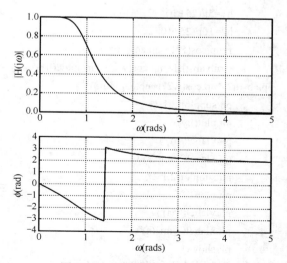

图 13.8-1 幅频响应和相频响应

13.8.2 频域分析

连续系统的频域分析主要用来分析系统的频率响应特性或分析输出信号的频谱，也可以用来求解激励作用下的稳态响应。

例 13.8-2 已知某 LTI 连续系统的频率响应函数为 $H(\mathrm{j}\omega) = \dfrac{\mathrm{j}\omega}{\mathrm{j}\omega + 25}$，当外加激励为

$f(t) = \cos(5t) + \cos(10t)$，$-\infty < t < \infty$ 时，求该系统的零状态响应 $y(t)$。

MATLAB 编程

```
t=linspace(-2,2,1024);
w1=5;
w2=10;
H1=j*w1/(j*w1+25);
H2=j*w2/(j*w2+25);
f=cos(w1*t)+cos(w2*t);
y=abs(H1)*cos(w1*t+angle(H1))+ abs(H2)*cos(w2*t+angle(H2));
subplot(2,1,1);
plot(t,f);
ylabel('f(t)');
xlabel('Time(s)');
subplot(2,1,2);
plot(t,y);
ylabel('y(t)');
xlabel('Time(s)');
```

Python 编程

```
import numpy as np
import matplotlib.pyplot as plt
t=np.linspace(-2,2,512)
w1=5
w2=10
h1=5j/(25+5j)
h2=10j/(25+10j)
f=np.cos(5*t)+np.cos(10*t)
y=np.abs(h1)*np.cos(w1*t+np.angle(h1))
+np.abs(h2)*np.cos(w2*t+np.angle(h2))
plt.subplot(2,1,1)
plt.plot(t,y)
plt.ylabel('f(t)')
plt.xlabel('Time(s)')
plt.subplot(2,1,2)
plt.plot(t,f)
plt.ylabel('y(t)')
plt.xlabel('Time(s)')
plt.show()
```

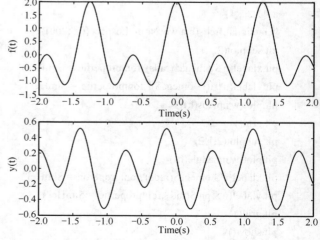

程序运行结果如图 13.8-2 所示。

图 13.8-2　频域分析

13.9 LTI 连续系统的系统函数

系统函数 $H(s)$ 通常是一个有理分式，其分子和分母都为多项式。MATLAB 提供了 roots 函数来求解对应方程的根，从而计算出 $H(s)$ 的零、极点。在 Python 中，用 tf2zpk 函数来计算零、极点，其调用格式为：

$$[z,p,k] = tf2zpk(b,a)$$

根据系统函数的极点情况即可判断系统稳定性。

例 13.9-1 已知系统函数 $H(s) = \dfrac{s-1}{s^2 + 2s + 2}$，求出该系统的零、极点。

MATLAB 编程

```
b=[1,-1];
a=[1,2,2];
zs=roots(b);
ps=roots(a);
figure
plot(real(zs),imag(zs),'o',real(ps),imag(ps),'*','markersize',12);
axis([-2 2 -2 2]);
grid on;
legend('零点','极点');          %在指定位置标出图例说明
```

Python 编程

```
import scipy.signal as signal
b=[1,2]
a=[1,2,5]
z,p,k=signal.tf2zpk(b,a)
print z,p,k
```

运行结果如下：

  [-2.] [-1.+2.j -1.-2.j] 1.0
  其中：零点 z=1
  极点 p=-1+j
     P=-1-j

在 MATLAB 中还有一种更简便的方法用来描述系统函数 $H(s)$ 的零、极点分布，即用 pzmap 函数画图。其调用格式为：

```
pzmap(sys)
```

sys 表示 LTI 连续系统模型。

上例的零、极点分布图若用 pzmap 函数画图，程序如下：

```
num=[1,-1];
den=[1,2,2];
sys=tf(num,den);
figure(1);
pzmap(sys);
```

执行程序，得到结果如图 13.9-1 所示。

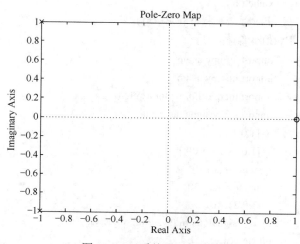

图 13.9-1 系统零、极点图

13.10 LTI 离散系统时域分析

13.10.1 零状态响应

LTI 离散系统可用以下线性常系数差分方程来描述:

$$\sum_{j=0}^{k} a_{k-j} y(n-j) = \sum_{i=0}^{m} b_{m-i} f(n-i)$$

式中 $a_j (j = 0, 1, 2, \cdots, k)$ 和 $b_i (i = 0, 1, 2, \cdots, m)$ 均为实常数, a_k 一般取 1。

MATLAB 提供的 filter 函数可对差分方程在指定时间范围内的输入序列所产生的响应进行求解, 其调用格式为:

$$y=filter(b,a,f)$$

其中, f 为输入离散序列; y 为输出离散序列; b 与 a 分别为差分方程右端与左端的系数向量。

Python 提供了 dlsim 函数求解差分方程, 其调用格式为:

$$tout,yout=scipy.signal.dlsim(system, u, t)$$

其中, system 为描述系统的向量, u 为输入离散序列, t 为输入时间序列; tout 为输出的时间序列, yout 为输出离散序列。

例 13.10-1 已知 LTI 离散系统的差分方程为

$$y(n) - \frac{3}{4} y(n-1) + \frac{1}{8} y(n-2) = f(n) + f(n-1)$$

若 $f(n) = \left(\frac{1}{3}\right)^n u(n)$, 求系统的零状态响应。

MATLAB 编程

```
a=[1,-3/4,1/8];
b=[1,1];
n=0:30;
f=(1/3).^n;
y=filter(b,a,f);
stem(n,y,'fill');
grid on;
xlabel('n');
title('系统零状态响应 y(n)');
```

Python 编程

```
import numpy as np
import numpy as np
import matplotlib.pyplot as plt
import scipy.signal as signal
b=[1.0,1.0]
a=[1.0,-3.0/4,1.0/8]
system=(b,a,1.0)
n=np.arange(0,30)
f=(1.0/3)**n
tout,y=signal.dlsim (system,f,np.asarray(n))
plt.stem(n,y)
```

```
plt.grid()
plt.show()
```

运行上述程序绘制的系统零状态响应如图 13.10-1 所示。

13.10.2 单位序列响应和阶跃响应

在 MATLAB 中求解离散系统单位序列响应，可应用信号处理工具箱提供的函数 impz，其调用格式为：

$$h=impz(b,a,n)$$

式中，a，b 分别是差分方程左、右端的系数向量，n 表示输出序列的取值范围（可省略），h 就是系统单位序列响应。如果没有输出参数，

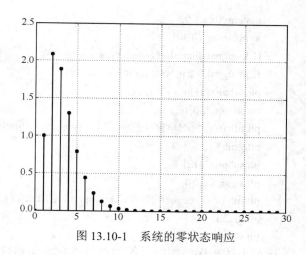

图 13.10-1　系统的零状态响应

直接调用 impz(b,a,n)，则 MATLAB 将会在当前绘图窗口中自动画出系统单位序列响应的图形。

在信号处理工具箱中还提供了求解离散系统阶跃响应的函数 stepz，其调用格式为：

$$g=stepz(b,a,n)$$

式中的参数与 impz 函数相同，如果没有输出参数，直接调用 stepz(b,a,n)，也将会在当前绘图窗口中自动画出系统阶跃响应的图形。

Python 中提供了 dimpulse 函数和 dstep 函数分别求解单位序列响应和单位阶跃响应，其用法与 MATLAB 中 impz 函数和 stepz 函数的用法类似，不再赘述。

例 13.10-2　LTI 离散系统的差分方程为

$$y(n) - \frac{3}{4}y(n-1) + \frac{1}{8}y(n-2) = f(n) + f(n-1)$$

求系统的单位序列响应和阶跃响应。

MATLAB 编程

```
n=0:30;
a=[1,-3/4,1/8];
b=[1,1];
h=impz(b,a,n);
g=stepz(b,a,n);
subplot(2,1,1);
stem(k,h);
title(`单位序列响应`);
grid on;
subplot(2,1,2);
stem(k,h);
title(`阶跃响应`);
grid on;
```

Python 编程

```
import numpy as np
import matplotlib.pyplot as plt
import scipy.signal as signal
b=[1.0,1.0]
a=[1.0,-3.0/4,1.0/8]
```

```
system=(b,a,1.0)
n=np.arange(0,30)
t1,h=signal.dimpulse(system,t=np.asarray(n))
t2,g=signal.dstep(system,t=np.asarray(n))
plt.subplot(211)
plt.stem(n,h[0])
plt.title(u'系统的单位序列响应',fontproperties='SimHei')
plt.grid()
plt.subplot(212)
plt.stem(n,g[0])
plt.title(u'系统的阶跃响应',fontproperties='SimHei')
plt.grid()
plt.show()
```

运行上述程序绘制的系统的单位序列响应和阶跃响应如图 13.10-2 所示。

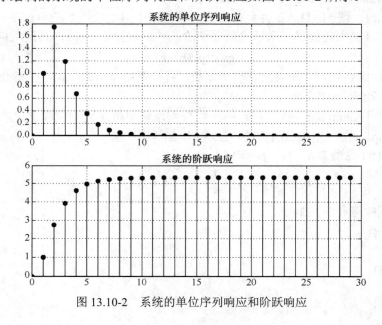

图 13.10-2　系统的单位序列响应和阶跃响应

13.11　LTI 离散系统的系统函数与 z 域分析

13.11.1　系统的零、极点分析

离散系统的系统函数定义为系统零状态响应的 z 变换与激励的 z 变换之比，即：

$$H(z)=\frac{Y(z)}{F(z)}$$

如果系统函数 $H(z)$ 的有理函数表达式为：

$$H(z)=\frac{b_1z^m+b_2z^{m-1}+\cdots+b_mz+b_{m+1}}{a_1z^m+a_2z^{m-1}+\cdots+a_mz+a_{m+1}}$$

在 MATLAB 中，系统函数的零、极点数值解可以通过 tf2zp 函数得到，也可以通过 roots 函数得到。这里重点介绍 tf2zp 函数，关于 roots 函数的使用方法，读者可查阅相关书籍。

tf2zp 函数的调用格式为：

$$[z,p,k]=tf2zp(B,A)$$

其中，B 和 A 分别表示 $H(z)$ 的分子与分母多项式的系数向量；z 表示系统的零点；p 表示系统的极点；k 为增益常数。

Python 同样提供 tf2zp 函数求解离散系统函数零、极点，用法与 MATLAB 中类似，不再赘述。

例 13.11-1 LTI 离散因果系统的系统函数为 $H(z) = \dfrac{z+3}{z^2+3z+2}$，求系统的零、极点。

MATLAB 编程

```
B=[1,3];
A=[1,3,2];
[r,p,k]=tf2zp(B,A);
```

执行结果为：

```
r=
    -3
p=
    -2
    -1
k=
    1
```

Python 编程

```
import scipy.signal as signal
b=[1,3]              #定义系统函数分子多项式系数向量
a=[1,3,2]            #定义系统函数分母多项式系数向量
z,p,k=signal.tf2zpk(b,a)
print 'z='
print z
print 'p='
print p
print 'k='
print k
```

运行结果为：

```
z=
[-3.]
p=
[-2. -1.]
k=
1.0
```

若要获得系统函数 $H(z)$ 的零、极点分布图，MATLAB 可直接应用 zplane 函数，其调用格式为：

$$zplane(b,a)$$

式中，b 和 a 分别为系统函数 $H(z)$ 有理分式表示式中分子多项式和分母多项式的系数向量，该函数的作用是在 Z 平面上画出单位圆及系统的零点和极点。

例 13.11-2 用 zplane 函数画出例 13.11-1 中系统函数的零、极点图。

```
b=[1,3];
a=[1,3,2];
zplane(b,a),grid on;
title('零、极点分布图');
legend('零点','极点');
```

运行程序，得零、极点图如图 13.11-1 所示。

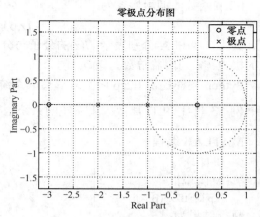

图 13.11-1　系统函数的零、极点图

13.11.2　系统的频率特性分析

对于因果稳定的离散系统，频率响应 $H(e^{j\omega}) = \left|H(e^{j\omega})\right|e^{j\varphi(\omega)}$，它是以 T 为周期的周期函数。若令 $T=1$，则角频率 $\omega_s = 2\pi$。因此，只要分析 $H(e^{j\omega})$ 在 $0 \leqslant \omega_s \leqslant \pi$ 范围内的情况，便可以知道系统的频率特性。

在 MATLAB 中，可以通过 freqz 函数来求离散系统的频率响应特性，其调用格式为：

$$[H,w]=freqz(B,A,N)$$

其中，B 和 A 分别表示 H(z)的分子与分母多项式的系数向量；N 为正整数，默认为 512；w 为 $[0:\pi]$ 内的 N 个频率等分点；H 表示离散时间系统频率响应 $H(e^{j\omega})$ 在 $[0:\pi]$ 内 N 个频率点处的值。

freqz 函数的另一种调用格式为：

$$[H,w]=freqz(B,A,N,'whole')$$

它将角频率范围由 $[0:\pi]$ 扩展到 $[0:2\pi]$。

若想得到系统幅频特性和相频特性，可用函数 abs 和 angle 实现。

需要注意的是，利用 freqz 函数求系统的频率响应时，一般需要将系统函数改写为下列形式：

$$H(z) = \frac{b_1 + b_2 z^{-1} + \cdots + b_{m+1} z^{-m}}{a_1 + a_2 z^{-1} + \cdots + a_{n+1} z^{-n}}$$

从而得到分子多项式系数向量和分母多项式系数向量。

Python 中，同样采用 freqz 函数来求离散时间系统频率响应特性，用法与 MATLAB 类似，这里不再赘述。

例 13.11-3　已知一 LTI 离散因果系统的系统函数为

$$H(z) = \frac{z^2 + 2z + 1}{z^3 - 0.5z^2 - 0.005z + 0.3}$$

画出幅频响应 $\left|H(e^{j\omega})\right|$。

MATLAB 编程

```
b=[0 1 2 1];
a=[1 -0.5 -0.005 0.3];
[H,w]=freqz(b,a);
plot(w/pi,abs(H));grid;
xlabel('\omega(rad/s)');
ylabel('abs(H)');
title('frequence Respone');
```

这里需要注意的是，分子多项式系数向量 b 的第一个 0 是不可省的。

Python 编程

```
import scipy.signal as signal
```

```
import matplotlib.pyplot as plt
import numpy as np
b=[0 ,1 ,2 ,1]
a=[1, -0.5, -0.005, 0.3]
w,h=signal.freqz(b,a)
plt.plot(w/np.pi,np.abs(h))
plt.grid()
plt.xlabel(u'(rad/s)')
plt.ylabel('abs(h)')
plt.title('frequence Response')
plt.show()
```

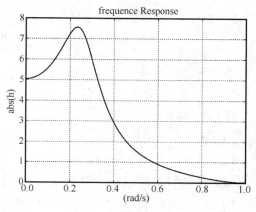

图 13.11-2　幅频响应曲线

运行以上程序,得到系统幅频特性如图 13.11-2 所示。

13.12　本　章　小　结

本章主要介绍了信号与线性系统分析中重要知识点的 MATLAB 及 Python 仿真,完成了数值计算、信号与系统分析原理及方法的可视化展现,从而为培养学生解决实际问题的能力和创新能力奠定了基础。

具体来讲,本章主要介绍了:

① 信号的表示及运算。

② 连续信号的傅里叶变换及其逆变换、拉普拉斯变换及其逆变换。

③ 离散信号的 z 变换及其逆变换。

④ 系统的时域响应。

⑤ 连续系统的频率特性与频域分析。

⑥ 系统函数零、极点分析及系统稳定性。

本章的主要知识脉络如图 13.12-1 所示。

信号与系统仿真
├ 信号的表示
│　├ 典型连续信号的时域表示及可视化
│　└ 典型离散信号的时域表示及可视化
├ 信号的时域运算
│　├ 信号相加相乘、连续信号微积分、离散信号差分与求和
│　├ 信号的平移、反转、尺度变换
│　└ 连续信号卷积积分、离散信号卷积和
├ 信号的变换域分析
│　├ 连续周期信号傅里叶级数
│　├ 连续信号傅里叶变换及其逆变换
│　├ 连续信号拉普拉斯变换及其逆变换
│　├ 离散信号 z 变换及其逆变换
│　└ 部分分式展开法
└ 系统分析
　　├ 系统时域分析
　　├ 系统频率特性及频域分析
　　└ 系统函数零、极点分析及系统稳定性判定

图 13.12-1　本章知识脉络示意图

习题参考答案

第1章　信号

1.1　略

1.2　1）×　　2）×　　3）√　　4）×　　5）×　　6）×　　7）×　　8）×

1.3　a）连续信号　　b）连续信号　　c）离散信号

1.4　1）非周期信号　　　　　2）周期信号 $T=\dfrac{\pi}{5}$　　　　　3）周期信号 $T=\dfrac{\pi}{8}$

　　4）非周期信号　　　　　5）周期信号 $T=20$　　　　6）非周期信号

1.5　1）功率信号 $P=1$　　　　2）功率信号 $P=1$　　　　3）功率信号 $P=\dfrac{3}{8}$

　　4）能量信号 $E=218.4$　　5）功率信号 $P=2$　　　6）能量信号 $E=\dfrac{4}{3}$

第2章　连续信号的时域分析

2.1

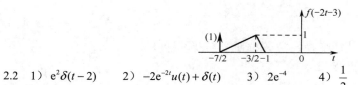

2.2　1）$\mathrm{e}^{2}\delta(t-2)$　　2）$-2\mathrm{e}^{-2t}u(t)+\delta(t)$　　3）$2\mathrm{e}^{-4}$　　4）$\dfrac{1}{2}$

2.3

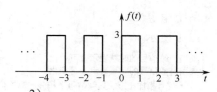

2.4　1）　　　　　　　　　　　2）

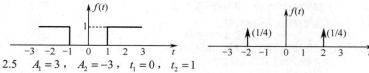

2.5　$A_{1}=3$，$A_{2}=-3$，$t_{1}=0$，$t_{2}=1$

2.6　1）√　　2）√　　3）√　　4）√

2.7　1）$\mathrm{e}^{-2(t-2)}$　　2）$-2\mathrm{e}^{-2(t-2)}u(t-2)+\delta(t-2)$

3）$\dfrac{1}{2}t^{2}u(t)-\dfrac{1}{2}(t-3)^{2}u(t-3)-\dfrac{1}{2}(t-2)^{2}u(t-2)-2(t-2)u(t-2)+\dfrac{1}{2}(t-5)^{2}u(t-5)+2(t-5)u(t-5)$

2.8　$4\sin\left(\dfrac{1}{2}\right)$

2.9　$(2+4\mathrm{e}^{-2t})u(t)-2\delta(t)+\delta'(t)$

2.10 1）$y(t) = \begin{cases} t, & 0 \leqslant t \leqslant a \\ a, & a \leqslant t \leqslant 1 \\ 1+a-t, & 1 \leqslant t \leqslant 1+a \\ 0, & \text{其他} t \end{cases}$ 2）$a=1$

2.11 $f_1(t) * f_2(-t) = \begin{cases} -t^2-2t-1, & -1 < t \leqslant 0 \\ t-1, & 0 < t \leqslant 2 \\ t^2-4t+5, & 2 < t \leqslant 3 \\ 5-t, & 3 < t \leqslant 5 \\ 0, & \text{其他} t \end{cases}$

2.12 $A = \dfrac{1}{1-e^{-3}}$

2.13、2.14 略

第 3 章 连续信号的频域分析

3.1 略

3.2 1）周期 $T=0.02\text{s}$

2）$A_n = \dfrac{6}{n}\sin\left(\dfrac{n\pi}{2}\right)$ $\varphi_n = \dfrac{n\pi}{3} - \dfrac{\pi}{2}$

$a_n = \dfrac{6}{n}\sin\left(\dfrac{n\pi}{2}\right)\sin\left(\dfrac{n\pi}{3}\right)$ $b_n = \dfrac{6}{n}\sin\left(\dfrac{n\pi}{2}\right)\cos\left(\dfrac{n\pi}{3}\right)$

3）半波对称（奇谐函数）

3.3 $x_1(t) = -\sqrt{2}\sin(\pi t)$ 和 $x_2(t) = \sqrt{2}\sin(\pi t)$

3.4 1）$f(t)$ 不是实函数 2）$f(t)$ 是偶函数 3）$\dfrac{\mathrm{d}f(t)}{\mathrm{d}t}$ 不是偶函数。

3.5 $A=1$，$B = \dfrac{\pi}{3}$，$C = 0$

3.6 略

3.7 $R(\omega) = \dfrac{3\sin(\omega)}{\omega}$

3.8 $F(\mathrm{j}\omega) = \dfrac{3\tau_1}{2}\mathrm{Sa}\left(\dfrac{3\omega\tau_1}{4}\right)\mathrm{Sa}\left(\dfrac{\omega\tau_1}{4}\right)$

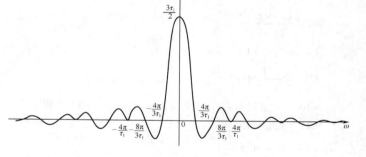

3.9

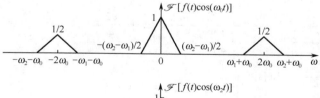

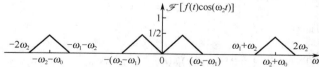

3.10 1）非实非虚、非奇非偶函数 2）虚奇函数

3.11 $F(-\mathrm{j}\omega)e^{-\mathrm{j}\omega\frac{t_0}{2}}$

3.12 1）$-\omega$ 2）4 3）2π 4）波形即为 $f(t)$ 的偶分量波形

3.13　1）$R(\omega) = \dfrac{\alpha}{\alpha^2 + \omega^2}$ ，　$X(\omega) = -\dfrac{\omega}{\alpha^2 + \omega^2}$　　　2）略　　3）略

3.14　略

3.15　$\pi(1 - \dfrac{|\omega|}{2})g_4(\omega)$

3.16　$A = 1/3$ ，　$B = 3$

3.17　$-j2\pi\omega e^{-|\omega|}$

3.18　1）不是周期性的　　2）是周期的　　　3）两个非周期信号卷积有可能是周期的

3.19　$f(t) = \sqrt{12}e^{-t}u(t) - \sqrt{12}e^{-2t}u(t)$

3.20　1）$\dfrac{A\omega_0}{\pi}\mathrm{Sa}[\omega_0(t + t_0)]$　　2）$\dfrac{-2A}{\pi t}\sin^2\left(\dfrac{\omega_0 t}{2}\right)$

3.21　1）（a）　　2）无

3.22　$2\pi\delta_\Omega(\omega) + \pi\delta_\Omega(\omega)e^{-j\omega}$ ，其中 $\Omega = \pi$

第 4 章　连续信号的复频域分析

4.1　$\dfrac{1}{1 + e^{-s}}$

4.2　1）$F(s) = \dfrac{e^{-s-5}}{s + 5}$ Re[s]>-5　　2）$A = -1$ 和 $t_0 = -1$ ；Re[s]<-5

4.3　Re[α]=3, 对于 α 的虚部没有限制。

4.4　$F(s) = \dfrac{1 + s}{s^2}$ ，　$F_b(s) = \dfrac{e^s}{s^2}$

4.5　$\dfrac{\pi}{(s + 1)^2 + \pi^2}\left[1 - e^{-2(s+1)}\right]$

4.6　$\dfrac{1}{s^2}(1 - e^{-s})^2$

4.7　$\dfrac{(2 + s)e^{1-s}}{(s + 1)^2}$

4.8　$aF(as + 1)$

4.9　$\dfrac{e^{as} - 1}{s}F(s)$

4.10　1）非时限信号　2）可能是左边信号　3）不可能是右边信号　4）可能是双边信号

4.11　双边信号

4.12　$\alpha = -1, \beta = \dfrac{1}{2}$

4.13　$F(s) = \dfrac{1/4}{\left(s^2 - \dfrac{s}{\sqrt{2}} + \dfrac{1}{4}\right)\left(s^2 + \dfrac{s}{\sqrt{2}} + \dfrac{1}{4}\right)}$ ，　$-\dfrac{\sqrt{2}}{4} < \mathrm{Re}[s] < \dfrac{\sqrt{2}}{4}$

4.14　$F(s) = \dfrac{16}{s^2 + 2s + 2}$ ，　Re[s]>-1。

4.15　$f(t) = \dfrac{1}{t}(e^{-9t} - 1)u(t)$

4.16　1）$\displaystyle\sum_{k=0}^{+\infty} u(t - 2k - 1)$　　2）$[\sin(t) - t\cos(t)]u(t)$

4.17　Re[s] > 0, $f(t) = [e^{-2t} + \cos(2t)]u(t)$

Re[s] < -2, $f(t) = -[e^{-2t} + \cos(2t)]u(-t)$

$-2 < \mathrm{Re}[s] < 0$, $f(t) = e^{-2t}u(t) - \cos(2t)u(-t)$

4.18　$f(t) = 2\sum_{k=0}^{+\infty}\delta(t-3k) - \sum_{k=0}^{+\infty}\delta(t-3k-2)$

第5章　离散信号的时域分析

5.1　1）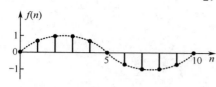　　2）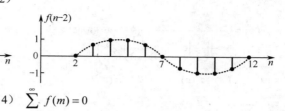

3）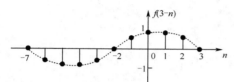　　4）$\sum_{m=-\infty}^{\infty}f(m) = 0$

5.2、5.3 略

5.4　$\left(\dfrac{1}{2} + \dfrac{9}{2}3^{n}\right)u(n+1) + 2^{n+2}u(-n-2)$

5.5　A、B、C、D

5.6　略

5.7　$y(n) = \begin{cases} 5, & n \leqslant 0 \\ 5-n, & 1 \leqslant n \leqslant 4 \\ 0, & n \geqslant 5 \end{cases}$

5.8　$h(n) = u(n)$

5.9　$(n+1)u(n)$

第6章　离散信号的 z 域分析

6.1　1）收敛域的以下几种情况：$|z| > 2$、$|z| < \dfrac{1}{2}$、$\dfrac{1}{2} < |z| < 2$

2）$|z| > 2$：$f(n) = \dfrac{1}{3}\left[4 \times 2^{n} - \left(\dfrac{1}{2}\right)^{n}\right]u(n)$

$|z| < \dfrac{1}{2}$：$f(n) = \dfrac{1}{3}\left[\left(\dfrac{1}{2}\right)^{n} - 4 \times 2^{n}\right]u(-n-1)$

$\dfrac{1}{2} < |z| < 2$：$f(n) = -\dfrac{1}{3}\left[\left(\dfrac{1}{2}\right)^{n}u(n) + 4 \times 2^{n}u(-n-1)\right]$

6.2　1）有限 z 平面内的零点个数为 1 个，无限远处零点 1 个

2）有限 z 平面内的零点个数为 2 个，无限远处没有零点

3）有限 z 平面内的零点个数为 1 个，无限远处零点 2 个

6.3　$f(n)$ 可能是右边序列或双边序列

6.4　$f(n)$ 只能是双边序列

6.5　1）$f(0) = 1$、$f(1) = \dfrac{2}{3}$、$f(2) = -\dfrac{2}{9}$　　2）$f(0) = 3$、$f(-1) = -6$、$f(-2) = 18$

6.6　$f(-3) = 1$，$f(-2) = 4$，$f(-1) = -5$，其他为 0

6.7 $f(n) = \left[-1 + \left(-\dfrac{1}{2} \right)^n \right] u(n)$

6.8 略

6.9 $f(n) = \dfrac{a^n \times (-1)^{n-1} u(n-1)}{n}$

6.10 $F(z) = \dfrac{2z^2}{\left(z - \left(\dfrac{1}{2} \right) e^{j\frac{\pi}{3}} \right) \left(z - \left(\dfrac{1}{2} \right) e^{-j\frac{\pi}{3}} \right)}$, $|z| > \dfrac{1}{2}$

6.11 1) $F(z) - z^{-1}F(z)$ 2) $F(z^2)$

第 7 章 系统

7.1 $y(n) = \left[3\left(\dfrac{1}{2} \right)^n - \left(-\dfrac{1}{2} \right)^n + 4 \right] u(n)$

7.2 1) $f_2(t) = 2f_1(t+1) + f_1(t) + 4f_1(t-1) - f_1(t-2) + f_1(t-3)$

2) $y_2(t) = 2y_1(t+1) + y_1(t) + 4y_1(t-1) - y_1(t-2) + y_1(t-3)$

7.3 1) 非线性，时不变，因果，稳定   2) 线性，时变，非因果，稳定

3) 线性，时变，因果，不稳定   4) 非线性，时不变，因果，稳定

5) 非线性，时不变，非因果，稳定

7.4 线性时变

7.5 线性时变因果

第 8 章 LTI 连续系统的时域分析

8.1 1) $y(0\_) = \dfrac{1}{2}, y'(0\_) = -\dfrac{1}{2}$ 2) $c = \dfrac{1}{2}$

8.2 1) $e^{-t}u(t)$ 2) $(2-t)e^{-t}u(t)$

8.3 全响应：$\left(\dfrac{3}{2} + 2e^{-t} - \dfrac{5}{2}e^{-2t} \right)u(t)$ ，零输入响应：$(4e^{-t} - 3e^{-2t})u(t)$ ，

零状态响应：$\left(\dfrac{3}{2} - 2e^{-t} + \dfrac{1}{2}e^{-2t} \right)u(t)$ ，自由响应：$\left(2e^{-t} - \dfrac{5}{2}e^{-2t} \right)u(t)$ ，强迫响应：$\dfrac{3}{2}u(t)$

8.4 0

8.5 $h(t) = \delta(t) - 3e^{-3t}u(t)$

8.6 $h(t) = \delta(t-1) + \delta(t) + u(t-1) - u(t-4)$

8.7 $h(t) = e^{-t+2}u(t-2)$

8.8 $h(t) = \delta(t) + \delta(t-1)$

8.9 $h(t) = \delta(t) - e^{-t}u(t)$

8.10 $h(t) = \displaystyle\sum_{k=0}^{\infty} \pi \cos[\pi(t-k)u(t-k)]$

8.11 $3\delta(t) + (-9e^{-t} + 12e^{-2t})u(t)$

第 9 章 LTI 连续系统的变换域分析

9.1 $y_{zs}(t) = 2(e^{-t} - e^{-2t})u(t)$ ，$h(t) = (e^{-t} + e^{-2t})u(t)$

9.2

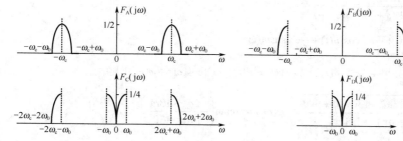

9.3　0

9.4　1）$g(t) = \mathrm{e}^{\mathrm{j}2\omega_c t}$　　2）向原点集中。

9.5　1）$h(t) = \delta(t) - \dfrac{\sin\omega_c t}{\pi t}$　　2）$g(0_+) = \dfrac{1}{2}$、$g(\infty) = 0$

9.6　$n \geq 9$ 时的 a_n 一定为零。

9.7　1）$F_n = \dfrac{3}{4}$　2）$F(\mathrm{j}\omega) = \dfrac{3\pi}{2}\sum\limits_{n=-\infty}^{\infty}\delta\left(\omega - \dfrac{3n\pi}{2}\right)$　　3）$y(t) = \dfrac{3}{4}\left[1 + 2\cos\left(\dfrac{3}{2}\pi t - \dfrac{\pi}{4}\right)\right]$

9.8　1）ω_s　2）ω_s　3）$2\omega_s$　4）ω_s　5）$3\omega_s$。

9.9　1）能　2）能　3）能　4）不能　5）能　6）能

9.10　$S(\mathrm{j}\omega) = \pi\sum\limits_{n=-\infty}^{\infty}\mathrm{Sa}\left(\dfrac{n\pi}{2}\right)\delta\left(\omega - n\dfrac{2\pi}{T}\right)$，$y(t)$ 频谱图略　使 $Y(\mathrm{j}\omega)$ 不混叠的 ω_m 的最大值为 $\dfrac{\pi}{T}$

9.11　$u(t)$

9.12　$i(t) = 5\left(1 - \dfrac{1}{2}\mathrm{e}^{-t}\right)u(t)$　$u_{\mathrm{L1}}(t) = 2.5\mathrm{e}^{-t}u(t) - 2.5\delta(t)$

9.13　$y(t) = \sqrt{2}\sin(2t - 45°)$

9.14　1）$M(s)$ 有两个极点。　　2）要求 $-\dfrac{a}{2} < 0$，即 $a > 0$。

9.15

1）可能的 ROC 是　　　　　　　　　2）I、不稳定和非因果

　I、$\mathrm{Re}[s] < -2$　　　　　　　　　II、不稳定和非因果

　II、$-2 < \mathrm{Re}[s] < -1$　　　　　　III、稳定和非因果

　III、$-1 < \mathrm{Re}[s] < 1$　　　　　　IV、不稳定和因果

　IV、$\mathrm{Re}[s] > 1$

9.16　1）

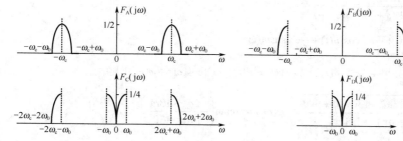

2）（a）$h(t) = -\dfrac{1}{3}\mathrm{e}^{2t}u(-t) - \dfrac{1}{3}\mathrm{e}^{-t}u(t)$

（b）$h(t) = \dfrac{1}{3}\mathrm{e}^{2t}u(t) - \dfrac{1}{3}\mathrm{e}^{-t}u(t)$

（c）$h(t) = -\dfrac{1}{3}\mathrm{e}^{2t}u(-t) + \dfrac{1}{3}\mathrm{e}^{-t}u(-t)$

9.17　1）$H(s) = \dfrac{1}{s+1}$，$\mathrm{Re}[s] > -1$、$F(s) = \dfrac{1}{s+2}$，$\mathrm{Re}[s] > -2$

2）$Y(s) = \dfrac{1}{(s+1)(s+2)}$，　$\mathrm{Re}[s] > -1$

3）$y(t) = \mathrm{e}^{-t}u(t) - \mathrm{e}^{-2t}u(t)$

9.18　$H(s) = \dfrac{2(s+2)}{s(s+4)(s+2)} = \dfrac{2}{s(s+4)}$

9.19　$y(t) = \dfrac{2}{5}e^t u(-t) + \dfrac{2}{5}e^{-t}\cos t u(t) + \dfrac{4}{5}e^{-t}\sin t u(t)$

9.20　1）$h(t) = \left(\dfrac{17}{9}e^{-10t} + \dfrac{1}{9}e^{-t}\right)u(t)$　2）$y(t) = A|H(j\omega_0)|\cos[\omega_0 t + \varphi(\omega_0)]$ 其中，

$|H(j\omega_0)| = \dfrac{\sqrt{4\omega_0^6 + 413\omega_0^4 + 1309\omega_0^2 + 900}}{(10 - \omega_0^2)^2 + 121\omega_0^2}$，　$\varphi(\omega_0) = \arctan\left(\dfrac{-2\omega_0^3 - 13\omega_0}{19\omega_0^2 + 30}\right)$。

9.21　$H(s) = \dfrac{s}{s^2 + 2s + 2}$，　$\mathrm{Re}[s] > -1$

9.22　1）能保证因果和稳定。2）不能保证是因果和稳定的。

9.23　1）低通　　2）高通

9.24　1）稳定　　2）$y'''(t) + 4y''(t) + 9y'(t) + 10y(t) = f''(t) + 4f'(t) + 3f(t)$

3）$y_{zs}(t) = \dfrac{13}{5}[e^{-2t} - e^{-t}\cos(2t) + 3e^{-t}\sin(2t)]u(t)$　　　4）$y(0_+) = 1$，　$y(0_-) = 1$

9.25　1）　　　　　　　　　　　　　　　　　　2）

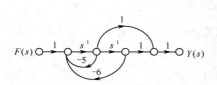
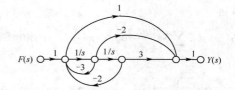

第 10 章　LTI 离散系统的时域分析

10.1　全响应：$y(n) = \left[-\dfrac{1}{2}(-1)^n + 4\times 2^n - \dfrac{3}{2}\right]u(n)$，自由响应：$y_h(n) = \left[-\dfrac{1}{2}(-1)^n + 4\times 2^n\right]u(n)$　　强迫响应：

$y_p(n) = -\dfrac{3}{2}u(n)$

10.2　$y(n) = \dfrac{n(n+1)}{2}$

10.3　1）$y(n) = u(n-2) - u(n-6)$　　　　　2）$y(n) = u(n-4) - u(n-8)$

3）不是 LTI 的　　　　　　　　　　　　　4）$y(n) = 2u(n) - \delta(n) - \delta(n-1)$

10.4　$A = \dfrac{1}{5}$

10.5　1）$x(n) = \delta(n)$

2）$h(n) = 4\delta(n+2) + (2-4a)\delta(n+1) + (1-2a)\delta(n) + \left(\dfrac{1}{2} - a\right)\delta(n-1) - \dfrac{a}{2}\delta(n-2)$

10.6　1）$\alpha = \dfrac{1}{4}$，$\beta = 1$　　2）$h(n) = \left[2\left(\dfrac{1}{2}\right)^n - \left(\dfrac{1}{4}\right)^n\right]u(n)$

10.7　$h(n) = \left[\dfrac{9}{20}3^n + \dfrac{4}{5}(-2)^n - \dfrac{1}{4}(-1)^n\right]u(n)$

10.8　略

10.9　$h(n) = \begin{cases} 0, & n\ \text{为奇数} \\ \left(\dfrac{1}{2}\right)^n, & n\ \text{为偶数} \end{cases}$

10.10　$y_{zs}(2) = 5$

11.1　1）$H(z) = \dfrac{z}{z+1}$ ，$h(n) = (-1)^n u(n)$ ，属于临界稳定。　　　2）$y(n) = [5(-1)^n + 5]u(n)$

11.2　1）$a = -\dfrac{9}{8}$　　2）$y(n) = -\dfrac{1}{4}$

11.3　$\alpha = -1$ ，$A = \dfrac{3}{4}$

11.4　$-1.5 < k < 0$

11.5　1）因果　　2）稳定

11.6　$h(n) = -\dfrac{3}{8}\left(\dfrac{1}{3}\right)^n u(n) - \dfrac{3}{8} 3^n u(-n-1)$

11.7　$y(n) - \dfrac{1}{2} y(n-2) = f(n) + f(n-1)$

11.8　1）$H(z) = \dfrac{z}{z^2 - z - \dfrac{3}{4}}$

2）当收敛域 $|z| > \dfrac{3}{2}$ 时，$h(n) = \left[\dfrac{1}{2}\left(\dfrac{3}{2}\right)^n - \dfrac{1}{2}\left(-\dfrac{1}{2}\right)^n\right]u(n)$ ；

当收敛域 $|z| < \dfrac{1}{2}$ 时，$h(n) = \left[-\dfrac{1}{2}\left(\dfrac{3}{2}\right)^n + \dfrac{1}{2}\left(-\dfrac{1}{2}\right)^n\right]u(-n-1)$ ；

当收敛域 $\dfrac{1}{2} < |z| < \dfrac{3}{2}$ 时，$h(n) = -\dfrac{1}{2}\left(\dfrac{3}{2}\right)^n u(-n-1) - \dfrac{1}{2}\left(-\dfrac{1}{2}\right)^n u(n)$ ；

3）第一种情况：因果不稳定，第二种情况：非因果不稳定，第三种情况：非因果稳定

11.9　1）$H(z) = \dfrac{z - \dfrac{k}{4}}{z + \dfrac{k}{3}}$ ，收敛域 $|z| > \dfrac{|k|}{3}$　　2）$-3 < k < 3$

11.10　略

11.11　$y(n) = 32.4\cos\left(\dfrac{\pi}{2} n - 9.7^\circ\right)$

11.12　略

11.13　$a_0 = 0.4$ ，$a_1 = -0.3$ ，$b_0 = -0.5$ ，$b_1 = 0.5$ 。

第 12 章　系统的状态变量分析

12.1　1）$e^{At} = \begin{bmatrix} e^{-t} & 0 & 0 \\ 0 & e^{-4t} & 0 \\ 0 & 0 & e^{-2t} \end{bmatrix}$　　　2）$y(t) = (4 + 4e^{-4t})u(t)$

12.2　$A = \begin{bmatrix} 0 & -2 \\ 1 & -3 \end{bmatrix}$　$B = \begin{bmatrix} 0 \\ -6 \end{bmatrix}$　$C = \begin{bmatrix} 0 & 1 \end{bmatrix}$　$D = 1$

12.3　1）$a = 3, b = -4$　　2）$x_1(n) = 4(-1)^n - 2(-2)^n$

$x_2(n) = 4(-1)^n - 3(-2)^n$

参 考 文 献

[1]　Alan V. Oppenheim,Alan S. Willsky,S.Hamid Nawab. 信号与系统（英文版）. 第二版. 北京：电子工业出版社，2015.

[2]　吴大正，杨林耀，张永瑞等.信号与线性系统分析. 第四版. 北京：高等教育出版社，2005.

[3]　郑君里，应启珩，杨为理. 信号与系统(上、下册). 第三版. 北京：高等教育出版社，2000.

[4]　管致中，夏恭恪，孟桥. 信号与线性系统. 第五版. 北京：高等教育出版社，2011.

[5]　张延华，刘鹏宇. 信号与系统. 北京：机械工业出版社，2015.

[6]　赵录怀，高金峰，刘崇新. 信号与系统分析. 第二版. 北京：高等教育出版社，2010.

[7]　段哲民. 信号与系统. 第三版. 北京：电子工业出版社，2012.

[8]　王明泉. 信号与系统. 北京：科学出版社，2008.

[9]　Simon Haykin，Barry Van Veen. 信号与系统（英文版）. 第二版. 北京：电子工业出版社，2012.

[10]　马金龙，胡建萍，王宛平等. 信号与系统. 第二版. 北京：科学出版社，2010.

[11]　王玲花. 信号与系统. 北京：机械工业出版社，2013.

[12]　熊庆旭，刘锋，常青. 信号与系统. 北京：高等教育出版社，2011.

[13]　徐亚宁，苏启常. 信号与系统. 第三版. 北京：电子工业出版社，2011.

[14]　郭宝龙，闫允一，朱娟娟. 工程信号与系统. 北京：高等教育出版社，2014.

[15]　金波，张正炳. 信号与系统分析. 北京：高等教育出版社，2011.

[16]　汤全武，陈晓娟，李德敏. 信号与系统. 北京：高等教育出版社，2011.

[17]　徐天成，谷亚林，钱玲. 信号与系统. 第四版. 北京：电子工业出版社，2012.

[18]　Mrinal Mandal Amir Asif. 连续与离散时间信号与系统（英文版）. 北京：人民邮电出版社，2010.

[19]　聂小燕，杜娥，任璧蓉. 信号与系统分析. 第二版. 北京：人民邮电出版社，2014.

[20]　杨晓非，何丰. 信号与系统. 第二版. 北京：科学出版社，2014.

[21]　赵泓扬. 信号与系统分析. 第二版. 北京：电子工业出版社，2014.

[22]　刘百芬，张利华. 信号与系统. 北京：人民邮电出版社，2012.

[23]　张维玺. 信号与系统. 第二版. 北京：电子工业出版社，2011.

[24]　解培中，周波. 信号与系统分析. 北京：人民邮电出版社，2011.

[25]　王宝祥. 信号与系统. 第三版. 北京：电子工业出版社，2010.

[26]　邵英. 信号与系统. 北京：国防工业出版社，2014.

[27]　宋家友. 信号与系统. 北京：国防工业出版社，2013.

[28]　王瑞兰. 信号与系统. 北京：机械工业出版社，2014.

[29]　谷源涛，应启珩，郑君里. 信号与系统-MATLAB 综合实验. 北京：高等教育出版社，2008.

[30]　梁虹，普园媛，梁洁. 信号与线性系统分析-基于 MATLAB 的方法与实现. 北京：高等教育出版社，2006.

[31]　杨（Yang, W.Y.）等著. 郑宝玉，等译. 信号与系统（MATLAB 版）. 北京：电子工业出版社，2012.

[32]　崔炜，王昊，王春阳，等. 信号与系统实验教程. 北京：电子工业出版社，2014.